华北陆块本溪组
含铝岩系形成机理

曹高社　杜　欣等　著

科学出版社
北　京

内 容 简 介

本书是华北陆块本溪组的研究专著，核心内容是运用本溪组的沉积作用、下伏碳酸盐岩的古岩溶作用和铝的富集作用三者协同演化的思想，在深入揭示本溪组含铝岩系的基本特征、本溪组形成时期的沉积构造环境和古岩溶形成本质的基础上，对本溪组含铝岩系的形成机理进行研究。

期望本书有助于对岩溶型铝土矿和下伏碳酸盐岩古岩溶的研究，也有助于对陆表海盆地沉积作用的研究。本书可供从事铝土矿地质学、沉积学、岩溶学方面的研究人员和高等地质院校师生使用参考。

图书在版编目(CIP)数据

华北陆块本溪组含铝岩系形成机理／曹高社等著．—北京：科学出版社，2020.12

ISBN 978-7-03-065719-0

Ⅰ.①华…　Ⅱ.①曹…　Ⅲ.①华北板块-铝土矿-成矿规律-研究　Ⅳ.①P578.4

中国版本图书馆CIP数据核字（2020）第133182号

责任编辑：王　运　柴良木／责任校对：张小霞

责任印制：吴兆东／封面设计：图阅盛世

科学出版社出版

北京东黄城根北街16号

邮政编码：100717

http://www.sciencep.com

北京建宏印刷有限公司印刷

科学出版社发行　各地新华书店经销

*

2020年12月第　一　版　开本：787×1092　1/16

2020年12月第一次印刷　印张：24 1/2

字数：580 000

定价：298.00 元

（如有印装质量问题，我社负责调换）

本书作者名单

曹高社　杜　欣　刘国印　刘恩法

周红春　陈永才　张红亮　孙凤余

张交东　郑广明　尹高科　徐光明

赵秋芳　刘玉芳

前　　言

上石炭统—下二叠统本溪组是华北陆块晚古生代陆表海盆地再次产生沉积的最早期地层记录，平行不整合于下伏寒武系或奥陶系碳酸盐岩之上，在华北陆块古生界地层柱中占据着重要的位置。本溪组以铝的富集为最显著的特征，为一套含铝岩系，是华北陆块铝土矿的主要赋矿地层。铝土矿体的形态与下伏碳酸盐岩的古岩溶形态具有明显的互补或印模关系，碳酸盐岩溶蚀作用产生的各类空间也是石油天然气的优良赋存空间。所以，长期以来，众多地质学家对本溪组的沉积作用、铝土矿的形成机理和下伏碳酸盐岩的岩溶作用进行了大量的和卓有成效的研究工作。但是，本溪组承载的盆地演化关键时期的古地理、古环境和古构造信息仍需深入挖掘；本溪组铝土矿作为典型的岩溶型铝土矿，其成矿机理仍不清晰；本溪组下伏碳酸盐岩古岩溶的形成本质还很模糊。

实际上，铝土矿仅是红土家族的一员，本溪组铝土矿的原始沉积物已受到了彻底的改造，其改造过程与下伏碳酸盐岩古岩溶的形成过程密切相关。所以，本溪组的形成过程绝不仅仅是沉积学的问题，也涉及土壤学、表生地球化学和岩溶学，是多重系统协同演化的结果。以这一思想为指导，应用新的和多重测试手段，对含铝岩系（包括铝土矿）的形成机理进行研究，并以含铝岩系的形成机理作为联系沉积作用和古岩溶作用的纽带，深入揭示本溪组形成时期的沉积构造环境和古岩溶过程的本质，是本书力图达到的目标。

华北陆块南部是我国重要的铝土矿成矿区，长期的地表开采，剥露了大量铝土矿露天采坑。2010 年始，在河南省国土资源厅探矿权采矿权使用费和价款支持下，河南省地质矿产勘查开发局第四地质勘查院开展了河南省偃龙煤田深部（洛阳部分）铝（黏）土矿预查、普查和详查工作，施工了大量密集的全取心钻孔，为深入解剖本溪组铝土矿的形成机理提供了得天独厚的条件，并为笔者提供了大量的第一手勘查资料和研究经费。2013 年始，在中国地质调查局油气资源调查中心“全国油气资源战略选区调查与评价”项目的支持下，笔者承担了“南华北盆地周缘上古生界烃源岩研究”工作，使得研究工作能扩展到整个华北陆块南部地区。

本书第一章着重分析了本溪组铝土矿的研究现状，明确了本溪组含铝岩系的沉积环境、物源区和物源组成、矿物和组构成因、下伏碳酸盐岩的古岩溶和含铝岩系的形成过程等研究中存在的问题。介绍了本书的研究内容和研究方法。

第二章介绍了本溪组含铝岩系的地质背景。首先总结了铝土矿化的基本条件和铝土矿在地史时期的分布，然后分析了华北陆块构造和沉积特征，最后对华北陆块晚古生代古气候特征和华北陆块南部晚古生代沉积特征进行了介绍。

第三章主要以华北陆块南部偃龙地区本溪组含铝岩系为例，应用大量的野外地质观察、系统的岩石薄片分析、扫描电镜分析、能谱分析、X 射线衍射分析、差热分析、红外光谱分析、地球化学全分析，对含铝岩系的产状、形态、结构构造、矿物学和地球化学等特征进行了全面的描述和分析。

第四章对本溪组含铝岩系的物质来源进行了深入分析。首先评述了基底碳酸盐岩来源、古陆铝硅酸盐来源，以及基底碳酸盐岩和古陆铝硅酸盐的混合来源等不同认识，然后根据碎屑锆石 LA-ICP-MS（激光剥蚀-电感耦合等离子体-质谱仪）U-Pb 测年，结合锆石成因矿物学和 Lu-Hf 同位素信息，分析了华北陆块南部偃龙地区、焦作地区、鹤壁地区、永城地区、禹州地区、渑池地区及其周缘淄博地区和临沂地区本溪组含铝岩系的物源区和物源。

第五章对本溪组含铝岩系的沉积和构造环境进行了研究。首先根据焦作地区本溪组残留的原始沉积物和原生沉积构造恢复了该地区本溪组原始沉积物的搬运方式和水动力特征；在此基础上，根据华北陆块东南部本溪组含铝岩系原始沉积物的恢复及其在平面上和垂向上的变化，分析了华北陆块东南部本溪组含铝岩系原始沉积物的搬运方式和水动力特征，从而确定了本溪组原始沉积物的沉积环境，并进一步确定了构造背景。

第六章对本溪组含铝岩系下伏的古岩溶进行了全面的分析。首先分析了本溪组下伏古岩溶不同时期的发育条件，然后根据大量的野外观察和古岩溶沉积物的测试，分析了古岩溶的个体形态和形态组合，并着重对岩溶塌陷的几何学、运动学和动力学进行分析。在此基础上，确定了本溪组下伏古岩溶的类型、形成期次和不同时期古岩溶的水循环特征。

第七章对本溪组含铝岩系的形成过程进行了全面的揭示。运用地质学、土壤学和岩溶学多学科交叉和系统论的思想，首先根据土壤化学的基本原理，分析了含铝岩系的矿物成因和组构成因，然后根据海平面变化和古岩溶作用的差异，分析了含铝岩系厚度和岩性序列变化的成因。以此为基础，分析了含铝岩系的形成阶段和形成模式，揭示了华北陆块本溪组含铝岩系形成的本质。

第八章为本书结论。根据上述研究，得出了本溪组含铝岩系基本特征和变化规律、物源区和物源、沉积环境和构造背景、下伏碳酸盐岩古岩溶作用时期和类型、含铝岩系形成过程和形成模式等五个方面的结论。

本书的出版得到了河南理工大学资源环境学院地质资源与地质工程河南省重点学科经费和中原经济区煤层（页岩）气河南省协同创新中心的资助；得到了河南理工大学齐永安教授、胡斌教授、宋党育教授、司荣军副教授、吴伟副教授、牛永斌副教授、张立军副教授、杨文涛副教授、王娟讲师、艾永亮讲师等多方面的帮助；得到了张松硕士、杜忠硕士、刘慧慧硕士、李茹硕士、毕景豪硕士、邢舟硕士、宋世豪硕士、刘凌之硕士、朱洪立硕士、余爽杰硕士和方磅磅硕士，以及 2012 届以来笔者指导的本科生大量的辛苦付出；得到了河南省地质矿产勘查开发局第四地质勘查院张清工程师、陈光工程师等给予的大力协助。在此一并表示衷心的感谢！

本溪组是多重系统协同演化的结果，导致了本溪组研究的特殊性、困难性和多解性。本书的一些研究成果也只是阶段性认识，难免有偏颇和有待深入讨论之处，希望各位同仁能给予批评指正，以利于本书的修订和再版。

曹高社
caogs@ hpu. edu. cn
2020 年 5 月 15 日

目　　录

第一章 概　　述

华北陆块是我国铝土矿产出的重要构造单元（廖士范等，1991；李启津和侯正洪，1989；吴国炎等，1996），矿体主要赋存于上古生界底部上石炭统—下二叠统本溪组中，本溪组平行不整合于下古生界寒武系或奥陶系碳酸盐岩之上，所以，华北陆块铝土矿应属于岩溶型铝土矿（Bárdossy，1982）。与世界上其他地区的岩溶型铝土矿相似（Mordberg et al.，2001；Öztürk et al.，2002；Temur and Kansun，2006；Mameli et al.，2007），尽管华北陆块本溪组铝土矿的地质研究程度较高，无论对于铝土矿赋存的沉积地层、岩石学和矿物学特征（刘春雷，2012；刘长龄和时子祯，1985；张乃娴和姬素荣，1985；甄秉钱和柴东浩，1986；杨冠群，1987；吕夏，1988；施和生，1989；程学志，1990；褚丙武和赵春芳，2000；魏红红，2002；宋建军，2009；陈守民等，2011），还是对于矿床的地质特征、矿床的成因和成矿地质条件（温同想，1996；施和生，1989；马既民，1991；吴国炎等，1996；葛宝勋和李凯琦，1992；翟东兴等，2002；陈全树等，2002；贺淑琴等，2007；陈廷臻等，1989；李启津和侯正洪，1989；王恩孚，1987；刘长龄，1988；廖士范，1998；袁跃清，2005；施和生，1989）均进行了较为详细的描述、分析和研究，取得了一系列重要的成果，但对于本溪组铝土矿的成矿过程尚缺少系统的研究，铝土矿的形成机理仍不清晰。由此，也影响了对于华北陆块该时期重要的沉积和构造作用信息的挖掘。

实际上，铝土矿仅是红土家族的一员，与母岩在地表的红土化①过程有关（Bárdossy，1982；廖士范，1986；廖士范等，1989；Bárdossy and Aleva，1990）。本溪组铝土矿也是原始沉积物的矿物成分、化学成分、沉积构造和沉积序列等强烈改造的结果（廖士范，1986；廖士范等，1989；王恩孚，1987；吕夏，1988；曹高社等，2016）。所以，本溪组铝土矿的研究不仅仅是沉积学的问题，也涉及岩溶学、土壤学和表生地球化学，是多重系统协同演化的结果。

华北陆块南部是我国重要的铝土矿成矿区，长期的勘探和研究成果，揭示了该区铝土矿资源的巨大潜力。尤其是近年来大量的铝土矿露天采坑和密集的铝土矿全取心钻孔，为研究本溪组铝土矿的形成机理提供了得天独厚的条件。

本书研究以华北陆块南部本溪组岩溶型铝土矿为主，以大量的钻孔岩心和地表露头为研究重点，以沉积学、矿物学、地球化学、矿床学、土壤化学、岩溶学等基础理论为指导，参考国内外铝土矿研究的最新成果和近年来华北陆块南部铝土矿的勘探实践，进行系统的岩心和地表地质观察，选择样品进行岩石薄片、扫描电镜、能谱、X 射线衍射、差

---

① 红土化即富铁铝化。广义的富铁铝化包括富铁化，富铁化的土壤中主要为高岭石和不同数量的氧化铁，极少有三水铝石；狭义的富铁铝化是指土壤中不仅包括高岭石和氧化铁，亦可产生三水铝石（于天仁和陈志诚，1990）。本书所指的富铁铝化主要是狭义的富铁铝化。

热、红外光谱、岩石地球化学全分析、碎屑锆石测年分析等多种测试，针对本溪组含铝岩系的物源区和物源组成、原始沉积物的沉积环境、含铝岩系的成因矿物学、含铝岩系组构的成因、古岩溶的形成过程、含铝岩系的形成过程等问题进行研究，厘清华北陆块铝土成矿机理和富集规律，为铝土矿的进一步勘探提供理论指导，也为华北陆块该时期沉积和构造背景研究提供资料。

第一节　研究现状和存在问题

1950 年 6 月，清华大学的冯景兰教授和西北大学的张伯声教授首先发现了华北陆块南部巩义市小关镇和涉村镇一带的本溪组铝土矿。1953 年始，当时隶属冶金工业部和地质部的地勘机构投入了大量的勘查工作，确立了华北陆块南部本溪组铝土矿成矿区的存在。伴随着勘探工作的开展，对铝土矿的研究也在不断深入。

一、研究现状

本溪组取名于李四光和赵亚曾（1926）在辽宁省本溪市牛毛岭创名的本溪系。全国第一届地层会议（1959 年）形成了对本溪组基本的统一认识，即与莫斯科阶比较，以 *Fusulina-Fusulinella* 带之顶为顶界，其下地层属本溪组，与斯蒂芬阶比较；其上覆地层为太原组，划分为 *Triticites* 带和 *Pseudoschwagerina* 带。显然，这一划分方案是用生物地层单位的界面作为岩石地层单位界面。陈晋镳和武铁山（1997）、彭玉鲸等（2003）根据“组是一个岩石地层的自然实体，并区别于相邻自然实体单位”的认识，将华北地区寒武系或奥陶系碳酸盐岩顶部不整合面之上、上古生界第一层灰岩底界之下的一套地层定义为本溪组，主要为富铝岩系（由铝土质泥岩和/或铝土矿组成），上部有薄层的富碳岩系（主要为富碳的铝土质泥岩），其时代属于 C_2—P_1，为一穿时的岩石地层单位。本书所涉及的华北陆块南部本溪组的划分也遵循这一原则，并将这套地层统称为含铝岩系。

华北陆块南部本溪组含铝岩系在大部分地区主要发育铝土质泥岩，部分地区夹有豆鲕（碎屑）状铝土矿，两种岩性的岩石在空间上具有渐变关系，外貌上显示为块状，内部相对缺少原生沉积构造和生物化石，上部往往被海相碳酸盐岩覆盖，所以，多数学者将本溪组归结为陆表海环境下的潟湖或潮坪沉积（甄秉钱和柴东浩，1986；杨起，1987；魏红红，2002；宋建军，2009；陈守民等，2011；刘春雷，2012）。

本溪组含铝岩系受基底碳酸盐岩岩溶形态的影响，厚度变化较大，为 0～86.77m（吴国炎等，1996），在岩溶作用强烈的负地形中，厚度较大。矿体主要有三种基本形态：层状和似层状、透镜状（或扁豆状）、溶斗状（或漏斗状或囊状）。多具有底部凸凹不平、顶部平坦而平滑的特征，与下部的岩溶形态呈互补或印模关系。在平面上，具有以厚大矿体为中心的由铝土矿→铝土质泥岩的环状分带现象；在剖面上，具有上部矿体宽度大，向下部逐渐尖灭，且由中心向两侧矿体厚度变薄以致尖灭，并过渡到铝土质泥岩的现象（李启津和侯正洪，1989；施和生，1989；廖士范等，1991；吴国炎等，1996；孙越英和王兴民，2006），与世界上主要的岩溶型铝土矿具有相似的产状形态（Bárdossy，1982；

D'Argenio and Mindszenty, 1995；Temur and Kansun, 2006；Zarasvandi et al., 2008, 2012)。

含矿的本溪组含铝岩系的岩性组成在地表露头和深部钻孔具有较大差别。在地表露头，自下而上可细分为三层：①铁质黏土岩层，主要为富含赤铁矿或者褐铁矿的铝土质泥岩；②铝土矿层，颜色以灰色为主，也见有青灰色、灰白色、土黄色和黄褐色的铝土矿，厚度变化较大，局部的铝土矿受铁质浸染，形成富铁铝土矿，由于风化淋滤，往往形成土状、多孔状或者蜂窝状铝土矿；③高岭石质黏土岩层，向上部过渡为碳质泥岩。深部钻孔的含铝岩系，自下而上也可细分为三层，下部和上部以深灰色-灰黑色铝土质泥岩为主，但下部泥岩以伊利石为主，上部泥岩以高岭石为主，中部以发育厚度不等的灰色豆鲕（碎屑）状铝土矿为特征，硬水铝石含量较高，黏土矿物含量较少。整个含铝岩系均含有黄铁矿，且在下部铝土质泥岩中尤其富集（曹高社等，2016）。

铝土矿中主要矿物为铝矿物、黏土矿物、铁矿物和钛矿物。矿物粒度微小，多呈隐晶质或微晶状。含铝岩系底部在地表除了黏土矿物外，主要是褐铁矿、赤铁矿、菱铁矿和鲕绿泥石，钻孔中主要矿物是黏土矿物和黄铁矿；中部则主要为硬水铝石和高岭石；上部主要是高岭石，顶部见有煤线。

铝土矿矿石的结构主要为豆鲕状、致密状、砂状、土状、蜂窝状和碎屑状。矿石构造主要为块状、层状构造。矿石的自然类型主要为豆鲕（碎屑）状铝土矿、致密状铝土矿，其次为砂状铝土矿、土状铝土矿和蜂窝状铝土矿。豆鲕（碎屑）状铝土矿最为常见，无论是在地表出露的矿床还是在深部钻孔，均有分布。砂状铝土矿、土状铝土矿、蜂窝状铝土矿的品位较高，多分布于地表较深的岩溶漏斗中。

铝土矿的主要化学成分为 Al_2O_3、SiO_2、Fe_2O_3、TiO_2，次要成分为 CaO、MgO、K_2O、Na_2O、S、P 等。其中，Al_2O_3含量一般为60%~70%，最高可达80.82%。SiO_2含量一般为5%~15%，最高可达22%，最低时可小于0.2%。Fe_2O_3含量一般为2%~4%，最高可达29.19%，最低为0.5%。TiO_2含量一般为2.5%~3.5%，最高可达5.58%，最低为1.38%。烧失量一般为13%~14%，最高可达15%，最低为10.61%，主要是硬水铝石和黏土矿物脱羧基引起的。K_2O、Na_2O含量一般较少。S的含量一般小于1%，但也有样品达到了13.44%，主要赋存在黄铁矿中。CaO、MgO在铝土矿中的含量较少，一般为0.2%~0.4%，个别高者可达2.65%。

华北陆块南部铝土矿与下伏的碳酸盐岩之间并无任何的渐变关系，矿物成分和化学成分迥然不同，所以，关于其成矿物质来源争议较大，主要有三种认识：①成矿物质来源为基底碳酸盐岩（王恩孚，1987；丰恺，1992；王绍龙，1992；吴国炎，1997；袁跃清，2005；孟健寅，2011；班宜红等，2012）；②成矿物质来源于古陆铝硅酸盐（刘长龄和时子祯，1985；真允庆和王振玉，1991；卢静文等，1997）；③成矿物质为上述两种来源的混合来源（范忠仁，1989；刘长龄，1992；温同想，1996；Liu et al., 2013）。随着LA-ICP-MS微区分析技术成功应用于碎屑锆石U-Pb同位素定年，对华北陆块本溪组含铝岩系的物源区和源岩分析有了长足的进展（Wang et al., 2010；Liu et al., 2014；马收先等，2011，2014；Cai et al., 2015；Wang et al., 2016；马千里等，2017；Zhao and Liu, 2019），结果表明，本溪组含铝岩系的物源区主要为华北陆块北部内蒙古隆起和华北陆块南侧北秦岭造山带，源岩主要为内蒙古隆起的海西期岩浆岩和北秦岭造山带的加里东期岩浆岩。遗憾的是，上述分析的样品主要位于华北陆块的北部或中部，仅有零星样品涉及华北陆块南部局部地区（Liu et al., 2014）。

矿床成因与成矿物质来源关系较大，持钙红土残积认识者认为，铝土矿的形成是基底碳酸盐岩在热带的大陆氧化环境下，经过长期的风化作用，特别是化学风化作用，碳酸盐岩被淋溶，其中的Al、Fe等残余物质保留在原地，或者发生近距离的搬运，从而在原地和准原地堆积形成高铁的铝土矿（王恩孚和张汉英，1985；王恩孚，1987；马既民，1991，1992）。持硅酸盐红土化认识者认为，成矿物质来源主要为铝硅酸盐，但对于红土化作用发生的位置具有不同的认识，早期认为铝土矿的形成是河流搬运铝胶体并在湖盆或者滨海沉积的结果，红土化发生在物源区。但随着现代测试技术的发展，证明红土中的铝以胶体形式被河流搬运的条件是极为苛刻和不现实的（Schwertmann and Taylor，1972；Bárdossy，1982；布申斯基，1984；廖士范等，1989；于天仁和陈志诚，1990）。廖士范（1986）、廖士范等（1989）根据我国岩溶型铝土矿（包括本区）矿物组成、矿石结构（鲕状、豆状、碎屑状等）等分析认为，我国铝土矿床全部为风化矿床，红土化作用主要发生在原地，但红土化作用形成的铝土物质可以经过一定的搬运和改造，这与Bárdossy和Aleva（1990）提出的“铝土矿化都可看成是一种特殊成壤的风化作用，这种作用局限于地表或近地表的环境”的认识相一致。王庆飞等（2012）、Liu等（2013）、Yang等（2019）根据零星的含铝岩系碎屑锆石LA-ICP-MS U-Pb测年分析，推测在含铝岩系形成的前期（晚志留世到早泥盆世期间）北秦岭造山带出露的岩浆岩在有效的气候下，得到集中风化，为后期铝土矿形成准备了丰富的富铝物质；在含铝岩系形成时期，海平面上升，将分布于北秦岭造山带之上以及华北各古陆之上的富铝物质搬运至华北陆块内部喀斯特洼地中形成铝土矿。这一认识与Öztürk等（2002）和Muzaffer-Karada等（2009）提出的岩溶型铝土矿的形成阶段和模式相一致。

华北陆块南部本溪组下伏的下古生界碳酸盐岩的岩溶现象非常普遍，这些岩溶现象主要集中在本溪组下伏的寒武系或奥陶系碳酸盐岩顶面（被称为“风化壳岩溶”）和其下部小于200m的范围内（被称为“层间岩溶”）。由溶蚀作用产生的各类空间不仅是石油天然气的优良赋存空间，也是地下水的优良富集空间，由此引起了人们对这些岩溶现象的广泛重视。但对于这些岩溶现象的解释却不尽一致，这主要体现在对于层间岩溶解释和风化壳岩溶的认识上：①对于发育在下古生界碳酸盐岩岩层内一定层位，并可多次重复出现的层间岩溶，多数学者认为是碳酸盐岩沉积过程中，因局部短暂暴露地表，伴随淡水成岩作用形成的，并称之为沉积岩溶或同生期岩溶（郑聪斌等，1995；李定龙等，1997；贾疏源，1997），但陈学时等（2004）、何江等（2013）一批学者认为这些层间岩溶是在上覆石炭系—二叠系沉积之前，下古生界寒武系—奥陶系碳酸盐岩暴露期间（这一时间可达1.2～1.5Ga）由碳酸盐岩古岩溶的垂向分带造成的，属于水平潜流岩溶带；②对于下古生界寒武系—奥陶系碳酸盐岩暴露期间的岩溶（或称为风化壳岩溶或表生期岩溶），一致的认识是，这些分布于下古生界碳酸盐岩表面和一定深度的岩溶现象是碳酸盐岩暴露期间长期遭受风化淋滤溶蚀作用的结果。

对于华北陆块南部铝土矿成矿作用与古岩溶作用之间的关系研究较少，一般认为，古岩溶在铝土矿形成之前就已存在，仅仅是为铝土矿的形成提供了容矿空间和暴露地表后良好的淋滤条件（孟祥化等，1987；马既民，1991；吴国炎，1997；张起钻，1999；陈旺，2009；刘学飞等，2012）。实际上，已有学者早已意识到岩溶型铝土矿的形成过程和下伏碳酸盐岩的岩溶过程可能是同时进行的，岩溶在岩溶型铝土矿形成过程中起到了重要作用（Bárdossy，1982）。Knechtel（1963）用岩溶洞穴的塌陷解释了美国 Valley and Ridge Province 漏斗状矿体的演化过程：首先在碳酸盐岩之上产生残积风化产物（该作者认为是"钙红土"），由于继续岩溶而塌陷被钙红土所充填，近塌陷洞穴的边壁淋滤作用最强，它使钙红土转变为黏土质铝土矿。但上述认识并没有结合海平面的变化、元素迁移、矿物转变、组构形成、岩溶发展的研究去深入揭示沉积过程、岩溶过程和成矿过程三者之间的协同发展过程。

二、存在问题

尽管对华北陆块南部本溪组铝土矿的基本地质特征进行了较为广泛和深入的研究，但铝土矿的成矿机理尚未被完全揭示，主要体现在以下几个方面。

1. 本溪组的沉积环境

本溪组的沉积环境多被确定为陆表海环境下的潟湖或潮坪。的确，潟湖以安静低能的细粒沉积物为主，并常伴有化学沉积，导致沉积构造和古生物化石的贫乏。但潟湖环境中的化学沉积主要发生于水体浓缩、盐度升高的情况下或潟湖底部的还原环境中，以出现石膏和盐岩夹层或黄铁矿、菱铁矿等自生矿物为特征（姜在兴，2003），而本溪组含铝岩系并不存在这些原生夹层和原生矿物，即使存在这些矿物也是后期成岩环境下的产物（廖士范等，1991；曹高社等，2016）。实际上，现代潟湖或潮坪环境至今没有铝的富集的报道，且由于铝的溶解度很低，铝元素也不可能以溶液或胶体的形式长距离迁移至潟湖或潮坪进行沉积（Schwertmann and Taylor，1972；Bárdossy，1982；布申斯基，1984；廖士范等，1989）。

2. 含铝岩系的物源区和物源组成

尽管对于本溪组含铝岩系的物源区和物源组成已有较多的认识，但这些认识多是根据铝土矿赋存的空间位置、某些地球化学参数的对比等间接证据得出的，对于铝土矿垂向分布的三层结构模式均无法解释（曹高社等，2016），且由于铝土矿原岩在成矿过程中多数元素能够活化、迁移和再分配（Maclean，1990），某些地球化学参数的对比，如 Al_2O_3/TiO_2 值的对比（Kronberg et al.，1982；吴国炎等，1996），Ga、Zr、Cr 三元图解投图（丰恺，1992）等均不能代表原岩的特征，限制了地球化学参数对比的意义。此外，铝土矿目前赋存的空间位置也不能代表铝土矿成矿时期的古地理特点（陈旺，2007）。所以，铝土矿的成矿物质来源尚需通过其他的指示标志进行确定。

尽管已有部分学者对山西、河南两省零星的铝土矿样品进行了碎屑锆石 U-Pb 年龄和 Lu-Hf 同位素测定（Wang et al.，2010；Liu et al.，2014；马收先等，2011，2014；Cai et al.，2015；Wang et al.，2016；马千里等，2017），推测源岩主要来自内蒙古隆起和北秦岭造山带，但对华北陆块南部涉及较少，且缺少垂向上和平面上系统的分析。

3. 含铝岩系的成因矿物学

含铝岩系是一种特殊的建造，是原岩（或原始沉积物）经过不同程度降解作用的产物（Bárdossy，1982；廖士范等，1989；王恩孚，1987；吕夏，1988；刘长龄，1988；廖士范，1986；曹高社等，2016），组成原岩（或原始沉积物）的矿物大多已难寻踪迹，就像红土型的土壤已很难保存原岩的矿物成分一样（于天仁和陈志诚，1990）。尽管已有部分学者认识到铝土矿床的矿物组成与红土化作用及其强度有关（廖士范等，1989；曹高社等，2016），但他们并没有揭示矿物形成的阶段性以及与成矿过程的关系，也未能解释含铝岩系垂向上和平面上矿物组成差异的原因。

4. 含铝岩系组构的成因

含铝岩系的组构，尤其是铝土矿矿石中常见的豆鲕和碎屑的成因问题，是铝土矿研究中争议较大的核心问题之一。部分学者认为，铝土矿中的豆鲕和碎屑是海域或湖域水体中沉积的自生结构，并将其作为铝土矿床是水体中沉积的矿床的证据（刘长龄和覃志安，1990）。但越来越多的学者相信含铝岩系中豆鲕的成因是伴随着红土化过程的化学成因（Valeton，1972；Bárdossy and Aleva，1990；廖士范等，1991；Berger and Frei，2014），是铝土矿化受到季节性变化的潜水面影响，Fe 在还原条件下被迁移，造成 Fe 和 Al 元素分离的结果。目前的研究，尚没有深入分析豆鲕内部矿物组成及其变化，也没有将豆鲕的形成过程与铝的富集过程相联系。实际上，含铝岩系中组构（不仅仅是豆鲕）的成因分析可能是揭示铝土矿成矿过程的重要切入点。

5. 古岩溶的形成机理

大量的本溪组铝土矿的勘探实践和研究表明，华北陆块南部本溪组的厚度差异较大，且零星分布面积较小、厚度异常大的地层，而上覆的太原组厚度差异较小，按照印模法恢复的下伏碳酸盐岩顶面无疑是岩溶漏斗零星分布、凸凹不平的表面，这一岩溶地貌应为岩溶青年期的地貌形态（袁道先，1993）。实际上，尽管在寒武系—奥陶系碳酸盐岩暴露期间的晚奥陶世、志留纪和泥盆纪，华北陆块处于高纬度干旱气候带（Boucot et al.，2009），岩溶速率可能较小，但从早石炭世开始，华北陆块已处于低纬度湿热气候带（Boucot et al.，2009），岩溶速率可能是很快的。以纬度在21°N～25°N之间的桂林-北海地区为例，演化到以孤峰、波立谷和岩溶平原为标志的壮年期—老年期的碳酸盐岩岩溶地貌可以在1Ma内完成（袁道先，1993），而华北陆块经过1.2～1.5Ga隆升后，尤其本溪组沉积时期及之前一段时期为湿热多雨的古气候条件，不可能仍停留在青年期的地貌形态。所以，目前保留的下古生界寒武系—奥陶系碳酸盐岩顶面的青年期岩溶地貌一定还有其他成因，并且可以排除本溪组沉积以后形成的可能性，因为本溪组沉积以后，寒武系—奥陶系碳酸盐岩再次隆升且剥露地表之前主要处于封闭-半封闭的环境，泄水条件较差，不可能产生寒武系—奥陶系碳酸盐岩顶面强烈的溶蚀现象。

作为岩溶型铝土矿，岩溶作用可能是联系成矿原岩（或原始沉积物）和铝土矿之间最关键的因素，而这一方面较低的研究程度可能是目前岩溶型铝土矿（包括华北陆块南部铝土矿）研究中存在的最大问题。

6. 含铝岩系的成矿过程

尽管铝土矿的形成与化学风化作用造成的铝的富集有关，但影响这一风化作用的主要因素，以及造成含铝岩系中铝的富集程度差异的主要因素尚需揭示。含铝岩系原始沉积物的沉积作用、沉积环境和沉积水动力条件与成矿作用之间有怎样的内在联系？古岩溶作用如何参与到成矿作用中？古岩溶作用又是怎样影响到沉积作用而造成不同位置含铝岩系垂向序列的差异？沉积作用、古岩溶作用和成矿作用是怎样协同发展的？回答这些问题不仅关系到岩溶型铝土矿成因机制的研究，也关系到铝土矿的控矿因素和矿床勘探。

7. 含铝岩系的时空分布规律

铝土矿有其基本的岩性序列。在地表露头，从含铝岩系的底部至顶部，通常为铁质黏土岩、铝土矿、铝土质泥岩和碳质泥岩；在深部钻孔，含铝岩系底部通常为灰黑色的铝土质泥岩，含有大量的黄铁矿团块，中部铝土矿中含有大量的豆鲕和碎屑，上部则又变为铝土质泥岩，且往往含有薄煤层或者煤线。是什么原因造成了含铝岩系这一基本的岩性序列？目前的认识尚不能很好地解释这一现象。

此外，本溪组在华北陆块的分布十分广泛，但是只在华北陆块南部（包括山西省部分地区）形成了铝土矿，其他地区则以耐火黏土为主，Al_2O_3的含量远远没有华北陆块南部的高。对于这一变化规律，目前的理论尚不能给予很好的解释。

第二节 研究内容和研究方法

华北陆块南部作为我国重要的铝土矿成矿区，经过长期的勘探和研究，尤其是近年来对铝土矿的露天开采和对深部隐伏矿体的勘探，剥露了大量的铝土矿露天采坑和施工了密集的全取心钻孔，为解决上述铝土矿研究中存在的问题提供了条件。新的分析方法的引入和新理论的涌现，也为解决上述铝土矿研究中存在的问题提供了新的研究手段。

一、研究内容

1. 含铝岩系的地质特征分析

在分析全球和华北陆块晚古生代时空地质背景的基础上，充分利用华北陆块南部已剥露的露天采坑和新施工的全取心钻孔，分析含铝岩系的产状、形态和组构特征。通过系统采集样品，分析含铝岩系主要组成岩石的矿物学特征，以及它们在垂向上和平面上的变化特征，揭示含铝岩系矿物学变化的基本规律。通过系统分析含铝岩系的主量元素、微量元素和稀土元素（rare earth element，REE），揭示含铝岩系地球化学的规律性。

2. 含铝岩系物源区和物源组成分析

含铝岩系物源区和物源组成，以及它们在垂向上和平面上的变化是沉积环境分析和成矿机理研究的基础。鉴于含铝岩系中元素组成相较于原始沉积物已有较大的改造，且目前的古构造和古地理格局不能代表含铝岩系形成时期的古构造和古地理格局，本书摒弃以往物源区研究中利用空间位置、某些地球化学参数的对比等间接推测物源区的方法，采用含铝岩系中受构造作用、风化和搬运作用影响较小的碎屑锆石作为研究的切入点，以土壤地球化学为理论指导，分析含铝岩系的物源区和物源组成，以及它们在垂向上和平面上的变化，为沉积环境分析和成矿机理研究奠定基础。

3. 含铝岩系沉积环境分析

含铝岩系是一种特殊的建造，原始沉积物多已经历了不同程度的降解作用，其现有的成分和组构已不足以反映原始沉积物的搬运方式和水动力特征。但是，局部地区本溪组仍残留有原始沉积物和原生沉积构造，所以，本书首先恢复这些地区本溪组原始沉积物的搬运方式和水动力特征，在此基础上，根据华北陆块南部本溪组含铝岩系原始沉积物的恢复及其在平面上和垂向上的变化，分析华北陆块南部本溪组含铝岩系原始沉积物的搬运方式和水动力特征，从而确定本溪组原始沉积物的沉积环境。

4. 含铝岩系的成因矿物学和组构成因分析

含铝岩系中矿物成因和组构成因关系到铝的富集机理，元素的活化、迁移和沉淀是联系含铝岩系原始沉积物中的矿物和含铝岩系现存的矿物之间的纽带。应用新的测试手段，分析含铝岩系中矿物组成及其时空变化，确定矿物形成的阶段性，厘清矿物和组构产生之间的关系，利用土壤化学的基本原理，分析含铝岩系中矿物和组构的成因，以及它们在垂向上和平面上变化的主控因素。

5. 含铝岩系下伏古岩溶研究

岩溶作用与岩性、地貌、构造、气候、植被、土壤等条件有关，所以，了解本溪组下伏碳酸盐岩的岩性特征，本溪组沉积前、沉积期和沉积后的地貌条件、构造条件、气候条件、植被条件和土壤条件是分析华北陆块南部本溪组下伏碳酸盐岩古岩溶的基础。充分利用露天采坑中剥蚀的良好露头，厘清古岩溶的个体形态和组合形态，以及由此引起的古岩溶塌陷特征，并进一步分析古岩溶的展布、古岩溶期次、古岩溶旋回和古岩溶的水循环特征。

6. 含铝岩系的形成过程分析

通过分析含铝岩系原始沉积物的沉积环境及其时空变化、含铝岩系矿物的序列及其类型、岩溶类型及其组合关系，运用地质学、土壤学和岩溶学的基本理论，以三水（大气降水、土壤水和岩溶水）转化和矿物成因分析为纽带，将海平面变化、矿物序列类型和岩溶类型紧密结合起来，反演本溪组原始沉积物的沉积过程、矿化过程和下伏碳酸盐岩的岩溶过程，以及三者的协同发展过程，揭示本溪组含铝岩系形成机理。

二、研究方法

本书选择华北陆块南部的偃师–龙门地区（简称偃龙地区）、焦作地区、鹤壁地区、永城地区、禹州地区、渑池地区及其周边淄博地区和临沂地区进行重点研究，以华北陆块南部本溪组含铝岩系作为研究对象，主要运用野外地质调查、沉积学、构造地质学、矿物学、地球化学、土壤化学和岩溶学等方法开展研究。

1. *矿物成分和组构成因的研究方法*

重点选择全取心、钻孔密集的偃龙地区，在垂向上和平面上对含铝岩系进行系统的样品采集，应用光学显微镜分析、电子探针分析、X射线衍射分析、差热分析、红外光谱分析、带能谱的扫描电镜分析、地球化学全分析，对含铝岩系的矿物组成、结构构造、矿物在垂向上和平面上的变化特征、不同组构中矿物组成和变化特征进行分析。在此基础上，应用地质学和土壤化学的基本原理，确定含铝岩系的矿物成分和组构成因。主要测试仪器如下。

X射线衍射分析在河南理工大学河南省生物遗迹与成矿过程重点实验室完成。X射线衍射仪为德国布鲁克AXS有限公司的D8 Advance，实验参数为：CuKα靶，测试电压为40kV，测试电流25mA，扫描宽度为3°~90°，扫描方式为连续扫描，发散狭缝尺寸为0.6°，接受狭缝尺寸为0.1mm，测量温度为25℃；扫描电镜为日本电子株式会社的JSM-6390LV扫描电子显微镜，样品镀金膜；能谱仪为英国牛津仪器公司生产的ZNCA-ZNERAGY250型能谱仪；差热分析采用美国TA仪器公司的Q600同步热分析仪，Ar气保护氛围，升温速率为15℃/min，升温范围为20~950℃；红外光谱为布鲁克公司的V70全自动切换傅里叶变换红外光谱仪，采用KBr压片，测试范围为400~4000cm^{-1}，主要的测试工作在河南理工大学河南省生物遗迹与成矿过程重点实验室完成。

岩石化学全分析在湖北省地质实验测试中心完成，其中氧化物用帕那克PW2440型波长色散X射线荧光光谱仪（XRF-1800），铑靶，电流60~120mA，电压30~60kV，真空度30Pa，机内温度30℃，高纯氩甲烷混合气流量0.017L/min，分析的相对标准偏差为0.3%~0.9%。稀土元素和微量元素用美国热电公司（现改名为赛默飞世尔科技公司）X7电感耦合等离子体质谱仪，功率1200W，冷却气流量13.0L/min，辅助气流量0.7L/min，雾化气流量1.0L/min，采样锥孔径1.0mm，截取锥孔径0.7mm，相对标准偏差小于8%。

2. *物源区研究方法*

尽管某些地球化学参数的对比已成为确定物源区的主要方法之一，但含铝岩系的原岩已受到强烈的改造，限制了地球化学参数对比的应用。所以，含铝岩系的物源区尚需通过其他的指示标志进行确定。沉积岩中含有大量的碎屑锆石，锆石具有已知矿物中最高的U-Pb和Lu-Hf体系封闭温度，基本不会受到风化、搬运、沉积、成岩和改造作用的影响，能够很好地保留源岩的信息（Kinny and Maas，2003；吴元宝和郑永飞，2004）。所以，随着LA-ICP-MS微区分析技术成功应用于锆石U-Pb同位素定年，结合锆石成因矿物学和Lu-Hf同位素信息，已经形成了一种判断沉积物源区（Sircombe，1999；Richards et al.，2005）的成熟可靠的研究方法，并已得到了广泛的应用（Bruguier et al.，1997；刘超等，2014；Ustaömer et al.，2016；Nazaridehkordi et al.，2017）。

但最新的研究表明，碎屑锆石的组成受到物源区岩石提供锆石的能力、沉积环境、搬运距离等因素的影响（Moecher and Samson，2006；Hawkesworth et al.，2009；Lawrence et al.，2011），所以，本次研究不仅系统采集了含铝岩系垂向上不同岩性的样品，也采集了华北陆块南部及其外围不同地区（包括偃龙地区、禹州地区、永城地区、焦作地区、渑池地区、鹤壁地区、临沂地区、淄博地区）的含铝岩系样品，分析含铝岩系的物源区和物源组成，以及它们在垂向上和平面上的变化，为含铝岩系原岩的沉积环境和含铝岩系形成过程的研究提供基础。主要测试工作如下。

锆石的挑选是在廊坊市地科勘探技术服务有限公司完成，制靶工作和阴极发光照相在北京地时科技有限公司完成，锆石 LA-ICP-MS U-Pb 测年在合肥工业大学资源与环境工程学院实验中心完成。锆石 LA-ICP-MS U-Pb 测年的激光剥蚀系统为 Geo Las 2005，等离子体质谱仪为 Agilent 7500a，激光束斑直径 32μm，激光脉冲重复频率为 6Hz。每测定 5 个样品选用标准锆石 91500 进行两次锆石 U/Pb 值及年龄校准，每测 10 个样品点测一次 NIST610 和年龄监控样 Plesovice。锆石测试原始数据的处理采用 ICP-MS Date Cal 7.5 软件，并采用 Andersen（2002）的方法进行普通铅年龄校正，年龄计算和图谱制作运用 Isoplot 处理，详细的分析技术和参数见 Liu 等（2008，2010）。

锆石 Hf 同位素在 Neptune Plus 多接收等离子质谱仪及配套的 ESI NWR193 紫外激光剥蚀系统（LA-MC-ICP-MS）上进行，实验过程中采用 He 作为剥蚀物质载气，剥蚀直径采用 40μm，测定时使用锆石国际标样 GJ1 作为参考物质，分析点与 U-Pb 定年分析点为锆石的同一环带。相关仪器运行条件及详细分析流程见侯可军等（2007）和 Wu 等（2006）。分析过程中锆石标准 GJ1 的 $^{176}Hf/^{177}Hf$ 测试加权平均值分别为 0.282007±0.000007（2σ，$n=36$），与文献报道值（Morel et al.，2008）在误差范围内一致。

3. 本溪组沉积环境研究方法

在确定本溪组含铝岩系物源区和物源组成，以及它们在垂向上和平面上的变化规律的基础上，恢复含铝岩系的原始沉积物及其组成。根据含铝岩系垂向上和平面上碎屑锆石组成的差异和粒度变化，结合局部地区本溪组原始沉积物的搬运方式、水动力特征及其反映的沉积环境剖析，分析华北陆块东南部含铝岩系原始沉积物的搬运方式和水动力学特征，从而确定本溪组含铝岩系的沉积环境，并进一步分析其构造背景。

4. 古岩溶研究方法

利用巩义、渑池和禹州地区大量露天采坑，以及良好的含铝岩系及其下伏碳酸盐岩的露头条件，采用将今论古的研究方法，将现代岩溶作用的研究成果应用于古岩溶的研究中，分析古岩溶的特征、影响因素和发展阶段。

5. 成矿过程研究方法

含铝岩系的形成过程绝不简单地是一个地质过程，它不仅与沉积过程和当时的古地理、古气候有关，也与土壤化学过程和古岩溶过程有关，它们组成了一个完整的物理化学系统，强调任何一个侧面都是偏颇的，所以，应用系统论的思想将上述过程有机联系起来，是本书研究成矿过程的主要研究方法。

参考文献

班宜红，郭锐，王军强，等. 2012. 河南省钙红土风化壳型铝土矿沉积规律及找矿远景概论 [J]. 矿产与地质，26（3）：210-220.

布申斯基 Г И. 1984. 铝土矿地质学 [M]. 王恩孚，张汉英，祝修怡，译. 北京：地质出版社：1-266.

曹高社，张松，徐光明，等. 2016. 豫西偃师龙门地区上石炭统本溪组含铝岩系矿物学特征及其原岩分析 [J].

地质论评，62（5）：1300-1314.
陈晋镳，武铁山．1997. 华北区区域地层［M］. 武汉：中国地质大学出版社：1-199.
陈全树，何文平，周迪．2002. 河南省洛阳—三门峡铝土矿地质特征及其勘查开发前景［J］. 地质找矿论丛，17（4）：252-256，270.
陈守民，张璐，胡斌，等．2011. 河南省上石炭统—下二叠统本溪组沉积时期古地理特征［J］. 古地理学报，13（2）：127-138.
陈廷臻，张天乐，廖士范．1989. 河南不同成因类型铝土矿的矿石特征［J］. 矿物学报，9（1）：89-94，103-104.
陈旺．2007. 豫西石炭系铝土矿出露位置的控制因素［J］. 大地构造与成矿学，31（4）：452-456.
陈旺．2009. 豫西石炭纪铝土矿成矿系统［D］. 北京：中国地质大学.
陈学时，易万霞，卢文忠．2004. 中国油气田古岩溶与油气储层［J］. 沉积学报，22（2）：244-253.
程学志．1990. 河南铝土矿的物质组成及矿物组合类型［J］. 河南地质，8（4）：12-18.
褚丙武，赵春芳．2000. 河南支建铝土矿的矿物学特征研究［J］. 矿产与地质，14（4）：251-254.
范忠仁．1989. 就微量元素地球化学特征论河南铝土矿成因［J］. 河南地质，7（3）：9-19.
丰恺．1992. 河南铝土矿成因的一点认识［J］. 轻金属，（7）：1-8.
葛宝勋，李凯琦．1992. 河南登封白坪铝土矿的古地貌控制［J］. 煤田地质与勘探，20（4）：1-5.
何江，方少仙，侯方浩，等．2013. 风化壳古岩溶垂向分带与储集层评价预测——以鄂尔多斯盆地中部气田区马家沟组马五$_5$—马五$_1$亚段为例［J］. 石油勘探与开发，40（5）：534-542.
贺淑琴，郭建卫，胡云沪．2007. 河南省三门峡地区铝土矿矿床地质特征及找矿方向［J］. 矿产与地质，21（2）：181-185.
侯可军，李延河，邹天人，等．2007. LA-MC-ICP-MS 锆石 Hf 同位素的分析方法及地质应用［J］. 岩石学报，23（10）：2595-2604.
贾疏源．1997. 中国岩溶缝洞系统油气储层特征及其勘探前景［J］. 特种油气藏，4（4）：1-5，9.
姜在兴．2003. 沉积学［M］. 北京：石油工业出版社：1-540.
李定龙，周治安，王桂梁．1997. 马家沟灰岩（古）岩溶研究中的若干问题探讨［J］. 地质科技情报，16（1）：25-30.
李启津，侯正洪．1989. 中国铝土矿床［M］. 贵阳：《矿山地质》编辑部.
李四光，赵亚曾．1926. 中国北部古生代含煤系之分层及其关系［J］. 中国地质学会志，5（2）：107-134.
廖士范．1986. 我国铝土矿成因及矿层沉积过程［J］. 沉积学报，4（1）：1-8.
廖士范．1998. 铝土矿矿床成因与类型（及亚型）划分的新意见［J］. 贵州地质，15（2）：139-144.
廖士范，梁同荣，张月恒．1989. 论我国铝土矿床类型及其红土化风化壳形成机制问题［J］. 沉积学报，7（1）：1-10.
廖士范，梁同荣，等．1991. 中国铝土矿地质学［M］. 贵阳：贵州科技出版社：1-277.
刘超，孙蓓蕾，曾凡桂．2014. 太原西山上二叠统—下三叠统地层最大沉积年龄的碎屑锆石 U-Pb 定年约束［J］. 地质学报，88（8）：1579-1587.
刘春雷．2012. 鄂尔多斯盆地东部本溪组沉积体系研究［D］. 西安：西北大学.
刘学飞，王庆飞，李中明，等．2012. 河南铝土矿矿物成因及其演化序列［J］. 地质与勘探，48（3）：449-459.
刘长龄．1988. 中国石炭纪铝土矿的地质特征与成因［J］. 沉积学报，6（3）：1-10，130-131.
刘长龄．1992. 论铝土矿的成因学说［J］. 河北地质学院学报，15（2）：195-204.
刘长龄，覃志安．1990. 我国沉积铝土矿中鲕豆粒的特征与成因［J］. 地质找矿论丛，5（1）：72-83.

刘长龄，时子祯 . 1985. 山西、河南高铝粘土铝土矿矿床矿物学研究 [J]. 沉积学报，3 (2)：18-36，165-166.

卢静文，徐丽杰，彭晓蕾 . 1997. 山西铝土矿床成矿物质来源 [J]. 长春地质学院学报，27 (2)：147-151.

吕夏 . 1988. 河南省中西部石炭系铝土矿中硬水铝石的矿物学特征研究 [J]. 地质论评，34 (4)：293-301，389-390.

马既民 . 1991. 河南岩溶型铝土矿床的成矿过程 [J]. 河南地质，9 (3)：15-20.

马既民 . 1992. 包心构造是铝土矿床的成因标志 [J]. 矿产与地质，27 (1)：19-24.

马千里，许欣然，杜远生 . 2017. 北京周口店三好砾岩的时代，物源背景及其古地理意义：来自沉积学和碎屑锆石年代学的证据 [J]. 地质科技情报，36 (4)：29-35.

马收先，孟庆任，曲永强 . 2011. 华北地块北缘上石炭统—中三叠统碎屑锆石研究及其地质意义 [J]. 地质通报，30 (10)：1485-1500.

马收先，吕同艳，武国利，等 . 2014. 平泉地区本溪组和刘家沟组厘定 [J]. 中国地质，41 (3)：728-740.

孟健寅，王庆飞，刘学飞，等 . 2011. 山西交口县庞家庄铝土矿矿物学与地球化学研究 [J]. 地质与勘探，47 (4)：593-604.

孟祥化，葛铭，肖增起 . 1987. 华北石炭纪含铝建造沉积学研究 [J]. 地质学报，61 (2)：182-197.

彭玉鲸，陈跃军，刘跃文 . 2003. 本溪组——岩石地层和年代地层与穿时性 [J]. 世界地质，22 (2)：111-118.

施和生 . 1989. 豫西铝土矿的成矿学特征 [J]. 大地构造与成矿学，(3)：280-282.

宋建军 . 2009. 河南省石炭-二叠系层序地层及聚煤作用研究 [D]. 北京：中国矿业大学 .

孙越英，王兴民 . 2006. 豫西北地区铝土矿地质特征及找矿方向 [J]. 地质找矿论丛，21 (3)：191-194.

王恩孚 . 1987. 论中国古生代铝土矿之成因 [J]. 轻金属，1：1-5.

王恩孚，张汉英 . 1985. 云南某地区铝土矿地质特征及其成因 [J]. 轻金属，5：1-5.

王庆飞，邓军，刘学飞，等 . 2012. 铝土矿地质与成因研究进展 [J]. 地质与勘探，48 (3)：430-448.

王绍龙 . 1992. 再论河南 G 层铝土矿的物质来源 [J]. 河南地质，10 (1)：15-19.

魏红红 . 2002. 鄂尔多斯地区石炭-二叠系沉积体系及层序地层学研究 [D]. 西安：西北大学 .

温同想 . 1996. 河南石炭纪铝土矿地质特征 [J]. 华北地质矿产杂志，11 (4)：6-48，50-52，54-65.

吴国炎 . 1997. 华北铝土矿的物质来源及成矿模式探讨 [J]. 河南地质，15 (3)：2-7.

吴国炎，姚公一，吕夏，等 . 1996. 河南铝土矿床 [M]. 北京：冶金工业出版社：1-183.

吴元宝，郑永飞 . 2004. 锆石成因矿物学研究及其对 U-Pb 年龄解释的制约 [J]. 科学通报，49 (16)：1589-1604.

杨冠群 . 1987. 河南小关低品位铝土矿矿物成分的扫描电镜研究 [J]. 岩石矿物学杂志，6 (1)：82-86，94-95.

杨起 . 1987. 河南禹县晚古生代煤系沉积环境与聚煤特征 [M]. 北京：地质出版社：1-246.

于天仁，陈志诚 . 1990. 土壤发生中的化学过程 [M]. 北京：科学出版社：1-498.

袁道先 . 1993. 中国岩溶学 [M]. 北京：地质出版社：1-207.

袁跃清 . 2005. 河南省铝土矿床成因探讨 [J]. 矿产与地质，19 (1)：52-56.

翟东兴，刘国明，陈德杰，等 . 2002. 河南省陕—新铝土矿带矿床地质特征及其成矿规律 [J]. 地质与勘探，38 (4)：41-44.

张乃娴，姬素荣 . 1985. 河南巩县铝土矿及其含矿岩系的岩石学矿物学特点 [J]. 地质科学，2：170-179.

张起钻.1999. 桂西岩溶堆积型铝土矿床地质特征及成因［J］. 有色金属矿产与勘查，8（6）：486-489.
真允庆，王振玉.1991. 华北式（G层）铝土矿稀土元素地球化学特征及其地质意义［J］. 桂林冶金地质学院学报，11（1）：49-56.
甄秉钱，柴东浩.1986. 晋豫（西）本溪期铝土矿成矿富集规律及其沉积环境探讨［J］. 沉积学报，4（3）：115-126.
郑聪斌，冀小林，贾疏源.1995. 陕甘宁盆地中部奥陶系风化壳古岩溶发育特征［J］. 中国岩溶，14（3）：280-288.
Andersen T. 2002. Correction of common lead in U-Pb analyses that do not report ^{204}Pb［J］. Chemical Geology，192：59-79.
Bárdossy G. 1982. Karst bauxites（Bauxite deposits on carbonate rocks）［M］. New York：Elsevier Scientific Publishing Company：1-441.
Bárdossy G，Aleva G J J. 1990. Lateritic bauxites［M］. Oxford：Elsevier Science Ltd：1-552.
Berger A，Frei R. 2014. The fate of chromium during tropical weathering：A laterite profile from Central Madagascar［J］. Geoderma，213（1）：521-532.
Boucot A J，陈旭，Scotese C R，等.2009. 显生宙全球古气候重建［M］. 北京：科学出版社：1-173.
Bruguier O，Lancelot J R，Malavieille J. 1997. U-Pb dating on single detrital zircon grains from the Triassic Songpan-Ganze flysch（Central China）：provenance and tectonic correlations［J］. Earth and Planetary Science Letters，152（1）：217-231.
Cai S H，Wang Q F，Liu X F，et al. 2015. Petrography and detrital zircon study of late Carboniferous sequences in the southwestern North China Craton：implications for the regional tectonic evolution and bauxite genesis［J］. Journal of Asian Earth Sciences，98：421-435.
D'Argenio B，Mindszenty A. 1995. Bauxites and related paleokarst：tectonic and climatic event markers at regional unconformities［J］. Eclogae Geologicae Helvetiae，88（3）：453-499.
Hawkesworth C，Cawood P，Kemp T，et al. 2009. A matter of preservation［J］. Science，323（5910）：49-50.
Kinny P D，Maas R. 2003. Lu-Hf and Sm-Nd isotope systems in zircon［J］. Reviews in Mineralogy and Geochemistry，53（1）：327-341.
Knechtel M M. 1963. Bauxitization of terra rossa in the Southern Appalachian region［J］. US Geol Surv Bull Prof Paper，Washington：475-C：151-155.
Kronberg B I，Fyfe W S，McKinnon B J，et al. 1982. Model for bauxite formation：Paragominas（Brazil）［J］. Chemical Geology，35（3-4）：311-320.
Lawrence R L，Cox R，Mapes R W，et al. 2011. Hydrodynamic fractionation of zircon age populations［J］. Geological Society of America Bulletin，123（1/2）：295-305.
Liu J，Zhao Y，Liu A，et al. 2014. Origin of Late Palaeozoic bauxites in the North China Craton：constraints from zircon U-Pb geochronology and in situ Hf isotopes［J］. Journal of the Geological Society，171（5）：695-707.
Liu X，Wang Q，Feng Y，et al. 2013. Genesis of the Guangou karstic bauxite deposit in western Henan，China［J］. Ore Geology Reviews，55（10）：162-175.
Liu Y S，Hu Z C，Gao S，et al. 2008. In situ，analysis of major and trace elements of anhydrous minerals by LA-ICP-MS without applying an internal standard［J］. Chemical Geology，257（1）：34-43.
Liu Y S，Hu Z C，Zong K Q，et al. 2010. Reappraisement and refinement of zircon U-Pb isotope and trace element analyses by LA-ICP-MS［J］. Chinese Science Bulletin，55（15）：1535-1546.

Maclean W H. 1990. Mass change calculations in altered rock series [J]. Mineralium Deposita, 25 (1): 44-49.

Mameli P, Mongelli G, Oggiano E D. 2007. Geological, geochemical and mineralogical features of some bauxite deposits from Nurra (Western Sardinia, Italy): insights on conditions of formation and parental affinity [J]. International Journal of Earth Science (Geological Rundsch), 96: 887-902.

Moecher D P, Samson S D. 2006. Differential zircon fertility of source terranes and natural bias in the detrital zircon record: implications for sedimentary provenance analysis [J]. Earth and Planetary Science Letters, 247 (3-4): 252-266.

Mordberg L E, Stanley C J, Germann K. 2001. Mineralogy and geochemistry of trace elements in bauxites: the Devonian Schugorsk deposit, Russia [J]. Mineralogical Magazine, 65 (1): 81-101.

Morel M L A, Nebel O, Nebel-Jacobsen Y J, et al. 2008. Hafnium isotope characterization of the GJ-1 zircon reference material by solution and laser-ablation MC-ICPMS [J]. Chemical Geology, 255: 231-235.

Muzaffer-Karada M, Küpeli S, Aryk F, et al. 2009. Rare earth element (REE) geochemistry and genetic implications of the Mortas bauxite deposit (Seydis-ehir/Konya-Southern Turkey) [J]. Chemie der Erde Geochemistry, 69: 143-159.

Nazaridehkordi T, Spandler C, Oliver N H S, et al. 2017. Provenance, tectonic setting and source of Archean metasedimentary rocks of the Browns Range Metamorphics, Tanami Region, Western Australia [J]. Australian Journal of Earth Sciences, 64 (3): 1-19.

Öztürk H, Hein J R, Hanilçi N. 2002. Genesis of the Doğankuzu and Mortaş bauxite deposits, Taurides, Turkey: separation of Al, Fe, and Mn and implications for passive margin metallogeny [J]. Economic Geology, 97 (5): 1063-1077.

Richards A, Argles T, Harris N, et al. 2005. Himalayan architecture constrained by isotopic tracers from clastic sediments [J]. Earth and Planetary Science Letters, 236 (3): 773-796.

Schwertmann U, Taylor R M. 1972. The influence of silicate on the transformation of lepidocrocite to goethite [J]. Clays Clay Miner, 20 (3): 159-164.

Sircombe K N. 1999. Tracing provenance through the isotope ages of littoral and sedimentary detrital zircon, eastern Australia [J]. Sedimentary Geology, 124 (1-4): 47-67.

Temur S, Kansun G. 2006. Geology and petrography of the Masatdagi diasporic bauxites, Alanya, Antalya, Turkey [J]. Journal of Asian Earth Sciences, 27 (4): 512-522.

Ustaömer T, Ustaömer P A, Robertson A H F, et al. 2016. Implications of U-Pb and Lu-Hf isotopic analysis of detrital zircons for the depositional age, provenance and tectonic setting of the Permian-Triassic Palaeotethyan Karakaya Complex, NW Turkey [J]. International Journal of Earth Sciences, 105 (1): 1-32.

Valeton I. 1972. Bauxites development in soil sciences [M]. Amsterdam: Elsevier: 1-226.

Wang Q F, Deng J, Liu X F, et al. 2016. Provenance of Late Carboniferous bauxite deposits in the North China Craton: new constraints on marginal arc construction and accretion processes [J]. Gondwana Research, 38: 86-98.

Wang Y, Zhou L, Zhao L, et al. 2010. Palaeozoic uplands and unconformity in the North China Block: constraints from zircon LA-ICP-MS dating and geochemical analysis of Bauxite [J]. Terra Nova, 22 (4): 264-273.

Wu F Y, Yang Y H, Xie LW, et al. 2006. Hf isotopic compositions of the standard zircons and baddeleyites used in U-Pb geochronology [J]. Chemical Geology, 234 (1-2): 105-126.

Yang S, Huang Y, Wang Q, et al. 2019. Mineralogical and geochemical features of karst bauxites from Poci (western Henan, China), implications for parental affinity and bauxitization [J]. Ore Geology Reviews, 105: 295-309.

Zarasvandi A, Charchi A, Carranza E J M, et al. 2008. Karst bauxite deposits in the Zagros Mountain Belt, Iran [J]. Ore Geology Reviews, 34 (4): 521-532.

Zarasvandi A, Carranzab E J M, Ellahia S S. 2012. Geological, geochemical, and mineralogical characteristics of the Mandan and Deh-now bauxite deposits, Zagros Fold Belt, Iran [J]. Ore Geology Reviews, 48: 125-138.

Zhao L, Liu X. 2019. Metallogenic and tectonic implications of detrital zircon U-Pb, Hf isotopes, and detrital rutile geochemistry of late carboniferous karstic bauxite on the southern margin of the North China Craton [J]. Lithos, 350-351: 1-30.

第二章　本溪组含铝岩系的地质背景

铝土矿仅是红土家族的一员，当红土中的铝含量达到工业品位时便可称为铝土矿（Bárdossy，1982；廖士范，1986；王恩孚，1987）。

红土化作用需要特定的甚至是严格的条件，这些条件与当时全球的构造演化阶段及其所限定的古地理和古气候背景有关，也与华北陆块当时的大地构造性质和所处的大地构造单元所限定的古地理和古气候条件有关。所以，对这一时空地质背景进行分析是研究铝土矿形成机理的前提。

第一节　铝土矿化的地质背景

一、铝土矿化的基本条件

现代的铝土矿化仅形成于狭窄的温暖潮湿的热带气候环境：①年平均气温在26℃左右；②最热月份的平均温度在30℃左右；③最冷月份平均温度为20℃；④平均日气温的年度累计值为9000～10000℃；⑤有雨月份为10～11月；⑥干燥月份为1～2月；⑦近地表温度在雨季为20～30℃，在旱季为35～45℃；⑧年降雨量在1200～1500mm；⑨年日照合计为160～180cal/cm^2（1cal=4.184J），年散射合计40～60cal/cm^2，辐射平衡为+70～+80cal/cm^2；⑩气候类型为热带季风气候（Bárdossy and Aleva，1990）。

Bárdossy（1982）认为，铝土矿化最有利的条件是雨季之后，在旱季的一两个月内地下水位下降，风化带变干燥且温度上升，其内部开始氧化，土壤胶体凝结并以三水铝石、赤铁矿、针铁矿的形式结晶。这些沉淀下来的或结晶的矿物在下一个雨季期间则不易再被溶解。随着时间的增长，它们便富集起来。如果旱季的时间较长，就会使沉淀物中铁矿物的含量增高，从而形成铁壳和富铁的粒度较大的豆粒。

除了气候条件外，构造因素也对铝土矿的形成起着重要的作用，它主要表现为影响地貌条件和水文地质条件。

经过对铝土矿的地貌条件分析，迄今最常见的盛产铝土矿的地形条件是高原台地等正地形，并且矿体厚、铝硅比（A/S）高的铝土矿多出现在强烈切割的高原台地上，沿着高原台地边缘优先形成铝土矿化（Bárdossy and Aleva，1990）。Bárdossy（1982）认为，即使在沟谷切割之前铝土矿化可以发生，但强烈的铝土矿化是发生在沟谷强烈切割的前提条件下。

铝土矿化过程中，为了有效淋滤和脱除溶解物，必定需要良好的泄水条件，这就要求地下水位不能太高。与铝土矿床有关的正地形是水文地质方面的基本条件：地下水源源不断地流经风化剖面，并借此排出溶解的化学成分。此外，要形成较厚和较纯的铝土矿，这一泄水条件必须长期维持。但一般的地质作用是，随着风化作用的进行，风化表面离地下水位必定逐渐靠近，泄水条件必定逐渐变差，这就要求地表不断地抬升以抵消风化作用对地形的影响（Bárdossy，1982），地表不断抬升必然会产生强烈切割的地貌，这也是强烈切割地貌有利于铝土矿化的原因。

岩溶型铝土矿的时空分布表明，在时间上，铝土矿的形成时代主要与板块的强烈活动时期相对应（Hose，1986），如地中海沿岸的铝土矿形成于特提斯洋闭合的中生代，太平洋中的所罗门群岛、洛亚尔提群岛、拉乌岛弧群中的环礁上原生三水型岩溶铝土矿形成于太平洋板块强烈俯冲的更新世或上新世，并延续至今；在空间上，岩溶型铝土矿主要分布于岛弧、褶皱造山带、多旋回的台地、活动大陆边缘等构造单元，如岩溶型铝土矿的主要产出地区加勒比海地区、乌拉尔地区和地中海沿岸的铝土矿有85%位于造山带环境，15%位于板内环境（Bogatyrev and Zhukov，2009）。

板内环境的岩溶型铝土矿的形成时代也主要与板缘造山时代相一致（Bárdossy and Aleva，1990），成矿所需的陆地环境（构造隆起）及盆地环境（构造拗陷）或受控于板缘造山过程的挤压活动，或为板内块断的差异升降所致。造山带内富铝的陆壳岩石、岩浆岩化学风化作用的产物可作为岩溶型铝土矿的物质来源（D′Argenio and Mindszenty，1995）。

长期的侵蚀间断和相对稳定的大地构造背景条件有利于铝土矿的形成与保存（刘幼平等，2010），岩溶型铝土矿总是分布在不整合面上，并且，铝土矿的层数与大地构造所控制的地壳抬升和沉降有关，显示了大地构造的抬升-沉降对铝土矿的层位分布的约束（D′Argenio and Mindszenty，1995）。

二、铝土矿在地史时期的分布

Frakes（1979，转引自 Bárdossy and Aleva，1990）绘制的全球地史时期的气温和降雨量曲线表明（图2-1），在早石炭世和晚二叠世温度较高且降雨量多，所以，晚古生代成为岩溶型铝土矿形成的最佳时期。此外，早寒武世—晚奥陶世、晚古新世—早中新世、中中新世和晚上新世也具有相似的条件。但根据全部已知矿床获得的铝土矿的形成强度（图2-1 右侧），寒武纪仅有少数几处岩溶型铝土矿。奥陶纪和志留纪的气候条件也十分有利，却没有铝土矿的产出，这可能是红土化和铝土矿化的物质没有植物的保护或者没有植物来加速这种化学风化，从而使风化产物未能得到保存（Bárdossy and Aleva，1990）。

根据统计，铝土矿广泛产出的时期始于中泥盆世，在早石炭世达到了高峰（Bárdossy and Aleva，1990），这与 Frakes 的曲线所推断的有利时期吻合。成矿强度的增大可能与泥盆纪占据大陆的陆生植物对风化的促进作用以及对红土化物质的保护作用有关。晚石炭世末期—早二叠世全球铝土矿开始减少，在晚二叠世较短的有利时期又增多，Bárdossy（1982）分析认为，可能与全球气候变冷有关，这与 Frakes（1979，转引自 Bárdossy and Aleva，1990）气候变化曲线相吻合。但对于这一特点要做具体分析，这一时期的确是晚古生代冰期主要发育时期，然而冰川主要发育在冈瓦纳大陆，所以这一特点仅是反映冈瓦纳大陆的特点，对于劳亚大陆却不是这样。劳亚大陆在这一时期没有冰川，具有赤道及低

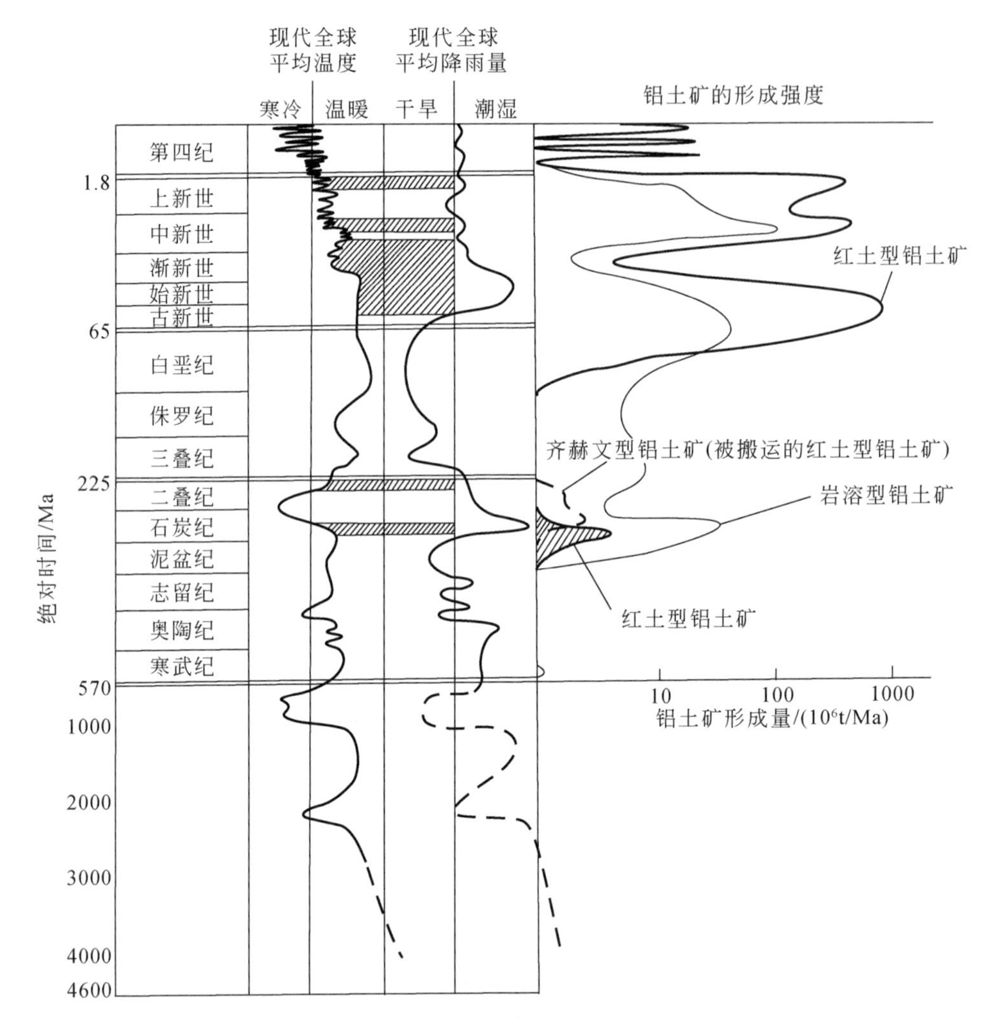

图 2-1　显生宙温度和降雨量综合曲线及各时期铝土矿的分布

阴影部分表示有铝土矿形成和保存有利时期

纬度地区的热带、亚热带气候，也是有利于铝土矿形成的主要时期。

Ziegler 等（1981，转引自 Bárdossy and Aleva，1990）重建了早石炭世维宪期的古地理图，发现该时期的铝土矿矿床都位于热带。岩溶型铝土矿在俄罗斯的蒂曼山、哈萨克斯坦板块南缘，以及扬子陆块都有分布。Rowley 等（1985，转引自 Bárdossy and Aleva，1990）以降雨量对 Ziegler 的古地理重建图加以完善，表明大多数铝土矿区都位于非常潮湿的地区，如中国北部和哈萨克斯坦是中等降雨量地区。因此，在早石炭世，温度和降雨量的数据与铝土矿的分布都较为一致（图 2-2）。

晚石炭世，在美国密苏里州产有宾夕法尼亚纪的小规模岩溶型铝土矿，也与当时的潮湿气候有关（Rowley et al.，1985，转引自 Bárdossy and Aleva，1990）。

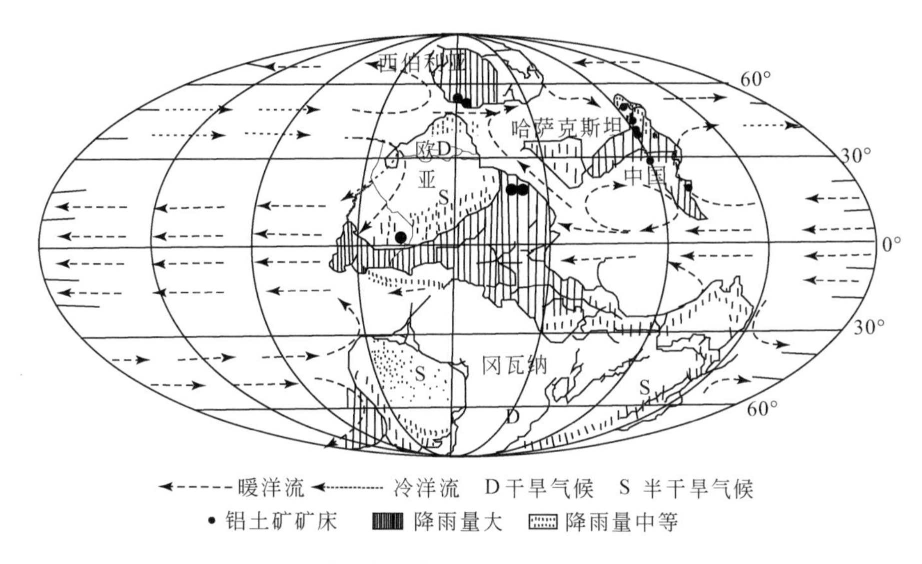

图 2-2　早石炭世维宪期大陆重建图和古气候图

大陆重建图据 Ziegler 等（1981），古雨量分布状况和铝土矿床据 Rowley 等（1985，转引自 Bárdossy and Aleva，1990）

第二节　华北陆块构造和沉积特征

华北陆块与其他古老的稳定大陆克拉通板块相似，具有典型的双层构造，其形成演化不仅与克拉通形成时期微板块的聚合有关，也与克拉通形成之后周边的活动带有关［图 2-3（a）］，由此造就了华北陆块独特的构造和沉积特征。

华北陆块的基底由新太古界 TTG① 片麻岩穹窿和少量的表壳岩系组成的多个微板块（或块体）经过最终的碰撞缝合产生（Wu and Liu，1998；Zhao et al.，2001；Kusky and Li，2003；Zhai，2004），新太古界 TTG 片麻岩穹窿和少量的表壳岩系多具有约 2.5Ga 的峰期形成年龄和变质年龄（Pidgeon，1980；Kröner et al.，1998；Zhao et al.，1998，2001），最终的碰撞缝合带被认为位于华北陆块的中部，称为 Trans-North China Orogen（华北中部造山带）（Zhao et al.，2001），缝合时间在约 1.85Ga（Zhao et al.，2001）。

华北陆块的盖层主要由三套未变质的以沉积岩为主的地层组成，下部盖层为局部发育的厚度巨大的中元古界和新元古界火山岩-碎屑岩-碳酸盐岩组合，沉积盆地性质为拗拉谷和裂谷盆地（郝石生等，1990；张宗清等，1994；万渝生等，1990；周洪瑞和王自强，1999；温献德，1997）。

中部盖层为广泛发育的寒武系—奥陶系海相碎屑岩和碳酸盐岩，其下部为陆源碎屑岩-碳酸盐岩建造，向上部陆源碎屑减少，发展为碳酸盐台地沉积，中奥陶世以后华北陆块普遍隆升，碳酸盐台地遭到不均匀剥蚀，仅在华北陆块的中部保留有中奥陶世最晚期的沉积记录，普遍缺失上奥陶统—志留系—泥盆系—下石炭统。该时期沉积盆地主要受南侧秦岭-

① 英云闪长岩-奥长花岗岩-花岗闪长岩（tonalite-trondhjemite-granodiorite，TTG）。

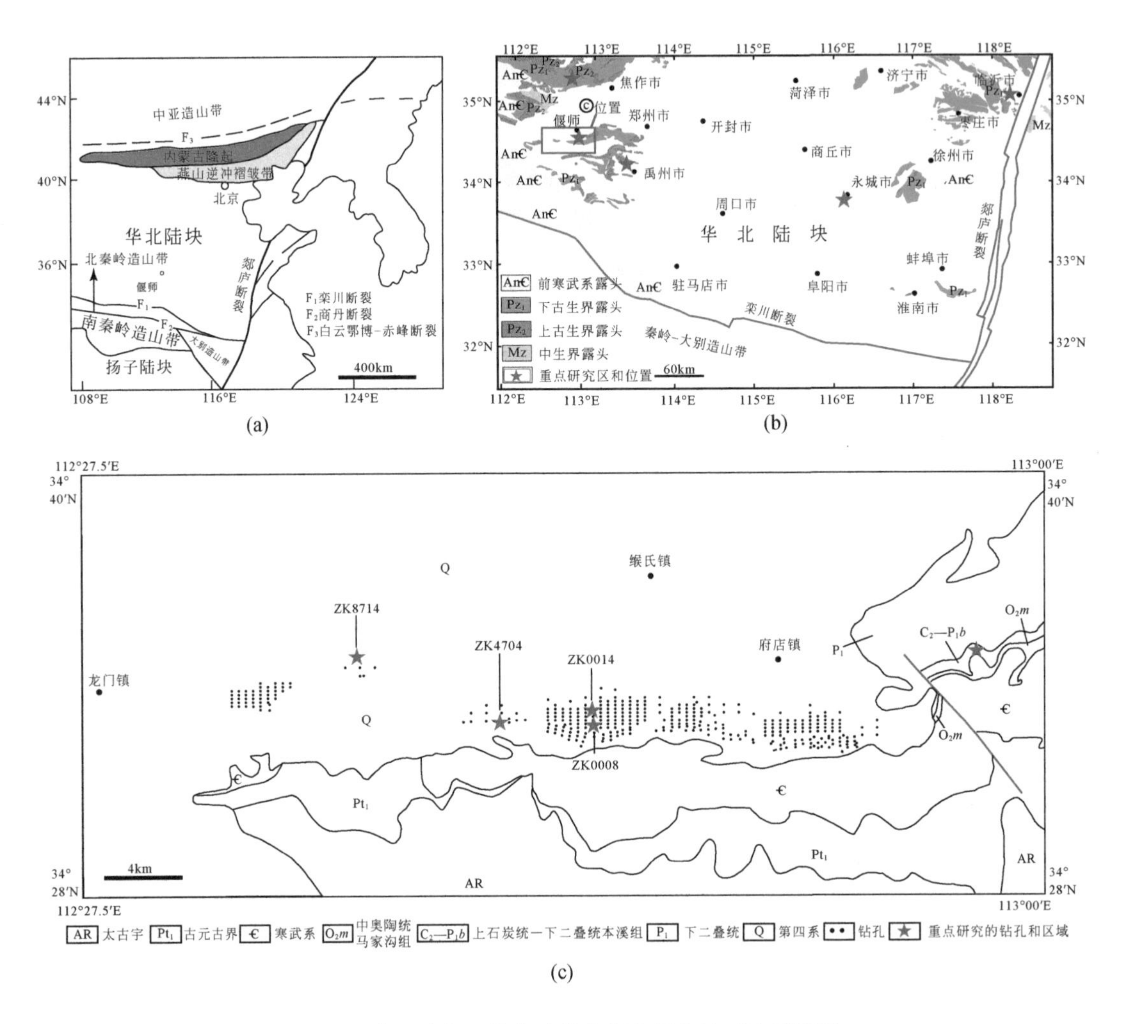

图 2-3　华北陆块、华北陆块南部和偃龙地区地质简图

(a) 华北陆块地质简图（据 Davis et al., 2001 修改）；(b) 华北陆块南部地质简图（据 1989 年河南省地质矿产局 1 : 50 万地质图修改）；(c) 偃龙地区地质简图（据 1965 年河南省地质局区域地质测量队 1 : 20 万临汝幅地质图修改）

大别活动区和北侧兴蒙活动区的影响，早期（张夏组及其沉积之前的时期）分别在南侧秦岭-大别活动区和北侧兴蒙活动区发育两个被动大陆边缘盆地，晚期（张夏组沉积之后的早古生代时期）由于南侧和北侧大洋盆地的消减和闭合，形成挤压拗陷型盆地（张善文和隋风贵，2009）。

上部盖层为上石炭统—二叠系—中下三叠统，整体表现为海退的沉积序列，该套地层普遍平行不整合于下伏的碳酸盐台地之上，这一平行不整合是在进一步的南北向挤压作用下，华北陆块整体抬升，海水逐渐退出全区造成的。晚石炭世—二叠纪—早中三叠世全球一级海平面变化表现为持续下降的过程（Vail et al., 1977），但华北陆块却再次接受了沉积，无疑，这一次的海侵应与局部的构造作用有关（张善文和隋风贵，2009）。

晚三叠世以来，主要受到古太平洋构造域的影响，华北陆块遭到越来越强烈的构造分化（亦称为克拉通的破坏），断裂作用和岩浆作用活跃，已不再具有稳定板块的性质（朱日祥等，2012）。

华北陆块南部以栾川断裂带为界与北秦岭造山带相邻，北秦岭造山带南侧以商丹断裂带为界与南秦岭造山带分界［图2-3（a）］。一般认为，秦岭造山带由华北陆块与扬子板块之间的不同时期和不同构造背景下形成的构造单元经多时期的缝合组成，其中最主要的缝合带为早古生代形成的商丹缝合带（Mattauer et al.，1985；Şengör，1985；Zhang et al.，1989；Enkin et al.，1992；Kröner et al.，1993；Okay et al.，1993；Li，1994；Hacker et al.，1998；Meng and Zhang，1999；Faure et al.，2001；张国伟等，2001；Ratschbacher et al.，2006；Dong et al.，2011，2012，2013；Bader et al.，2013；Dong and Santosh，2016）。目前沿该缝合带向北依次残存有早古生代形成的蛇绿混杂岩、北秦岭岛弧、二郎坪弧后盆地等构造单元（Dong et al.，2010，2011）。组成蛇绿混杂岩的玄武岩既有N-MORB型和IAB型（523±26Ma，陆松年等，2003），也有E-MORB型（471±1.4Ma，Dong et al.，2010），代表岛弧性质的中基性侵入岩（514±1.3Ma，陈志宏等，2004）主要侵入于秦岭岩群中，后者主要由片麻岩、角闪岩和大理岩组成，形成时代被限定在中元古代晚期—新元古代早期（Shi et al.，2013）；二郎坪弧后盆地主要由二郎坪群所代表，岩性由变质程度较弱的碎屑岩、碳酸盐岩和基性火山岩组成。在二郎坪群的北部还存在呈狭长带状展布的宽坪岩群，该岩群经历了多期变质和变形作用，由多个构造岩片拼接而成，主要为一套变质的火山岩、陆源碎屑岩及碳酸盐岩，变质程度达到绿片岩相到角闪岩相，原岩主要形成于1000Ma之前的陆内拉张环境（Dong and Santosh，2016）。上述构造单元中普遍侵入有大面积分布的与俯冲碰撞有关的加里东期花岗岩（刘丙祥，2014），部分构造单元分布960～940Ma之间的新元古代侵入岩（王涛等，2009；张宏飞等，1993）。

华北陆块北部以白云鄂博-赤峰断裂为界与兴蒙造山带相邻［图2-3（a）］，兴蒙造山带是西伯利亚板块与华北陆块之间中亚巨型复合造山带的东段部分，南部以白云鄂博-赤峰断裂为界与华北陆块北部的内蒙古隆起相邻［图2-3（b）］。普遍认为，华北陆块与西伯利亚板块之间在古生代存在一个古亚洲洋，并散布有多个前寒武纪的微陆块，这些微陆块通过不同时期的碰撞缝合，导致古亚洲洋的消失和兴蒙造山带的形成（邵济安等，1997；Wilde et al.，2003；Windley et al.，2007；Wang et al.，2012）。但对于古亚洲洋的最终闭合时间却存在相当大的争议，可归纳为晚泥盆世—早石炭世最终闭合（徐备等，2014；邵济安等，2015）和晚二叠世最终闭合（Zhang et al.，2007，2009；Li，2006；Cao et al.，2013）两种认识。前者注重兴蒙造山带内部晚古生代以来的沉积建造、变形变质作用、岩浆活动以及区域构造背景的综合研究（徐备等，2014；邵济安等，2015），后者侧重于华北陆块北缘内蒙古隆起岩浆岩形成的大地构造背景研究（Zhang et al.，2007，2009）。Zhang等（2009）认为，内蒙古隆起的早石炭世晚期—中二叠世的岩浆活动与古亚洲洋向华北陆块的俯冲作用有关，二叠纪末—三叠纪的岩浆活动与华北陆块和西伯利亚板块拼合后的伸展及岩石圈拆沉作用有关。但同样是这些岩浆岩，徐备等（2014）和邵济安等（2015）认为，它们更多地与板内自身热演化有关，受华北陆块内部深断裂的明显控制，与板块的俯冲作用无关。近年来，对内蒙古隆起南侧上古生界底部本溪组碎屑锆石的年代学研究表明，存在一个明显的与地层年龄相近的约300Ma的峰值，源岩被认为是内蒙古隆起同时期活动的火山岩，并借此佐证华北陆块北部在晚石炭世—早二叠世存在板块俯冲作用（Liu et al., 2014；Wang et al., 2010, 2016）。

华北陆块东部缺失整个新元古界—古生界的边缘相，被郯庐断裂带所切截，与具有扬子陆块性质的基底或盖层相交接［图 2-3（a）］，所以，郯庐断裂带的构造性质和演化过程是中国地学研究中最受重视的科学问题之一（Xu et al., 1987；Okay and Şengör, 1992；Yin and Nie, 1993；Li, 1994；Xu and Zhu, 1994；Lin and Li, 1995；Chang, 1996；Zhu et al., 2009；Leech and Webb, 2013；Zhao et al., 2016；田洪水等, 2017）。这一活动带常被当作中生代以来形成的巨型平移断层（Xu et al., 1987；Xu and Zhu, 1994；Leech and Webb, 2013），但走滑断距却非常怪异：如果以该断裂东侧的苏鲁造山带和西侧的大别造山带作为被错开的对应体，则走滑断距大约 400km；如果以该断裂的北部错开华北陆块的北部边界计算，则断距仅 150km 左右（Zhu et al., 2009）。多数学者认为，郯庐断裂产生这一怪异断距的原因可能与中生代早期大别-苏鲁造山带同造山期的撕裂作用有关（Okay and Şengör, 1992；Yin and Nie, 1993；Li, 1994；Lin, 1995；Zhu et al., 2009；Zhao et al., 2016）。此外，尽管目前对于郯庐断裂带在中新生代具有强烈构造活动的认识大致趋于统一，但对于郯庐断裂带的启动时间存在相当大的争议（Okay and Şengör, 1992；Yin and Nie, 1993；Li, 1994；Lin and Li, 1995；Chang, 1996；Qiao and Zhang, 2002；Zhu et al., 2009；田洪水等, 2017），争议的焦点在于郯庐断裂带在中生代之前是否已经存在。尽管沿着郯庐断裂带新元古代—古生代沉积地层中保存有大量的古地震记录，并推测郯庐断裂带在中生代前就已存在（Qiao et al., 1994；田洪水等, 2017），但尚需进一步的证据支持。

第三节　华北陆块晚古生代古气候特征

已有的古地磁数据和以太原为参考点进行的古纬度换算表明，华北陆块在卡西莫夫期至格舍尔期的平均古纬度是 9.0°N；在阿瑟尔期为 10.6°N；在空谷期—卡赞期和鞑靼期分别为 16.3°N 和 19.7°N。这说明了，华北陆块在石炭纪—二叠纪处于北半球中低纬度（林金录, 1987, 1989）。张泓等（1999）依据不同时期和地域的气候和植被演替特征，将华北陆块划分为 3 个生态域。

一、赤道和热带常湿生态域

该生态域的植被类型是热带雨林。据对植物的最近似生活关系分析，属于这个生态域的代表性植物有乔木状石松类（*Lepidodendron*）。在沉积特征上，无红层和蒸发岩，但有厚煤层出现，成煤植物以乔木状石松类（其根系为 *Stigmaria*）占主导地位。具有红树习性的 *Stigmaria* 向心辐射状浅根系是热带雨林沼生植物的重要标志之一，这种形式的根系从未在南温带（冈瓦纳大陆）和北温带（安加拉古陆）生态域被发现过。

热带雨林出现于气温高（年均温 26～29℃，年较差 1～3℃）和强降水（每月的平均降雨量均>20mm）地区，并沿着赤道向北（南）纬 10°之间的地带分布，在大陆的东海岸，可达北（南）纬 25°。

卡西莫夫期至亚丁斯克期早期的整个华北陆块以及亚丁斯克期晚期—卡赞期的华北陆块东南部应属于这个生态域。

二、热带和亚热带夏湿生态域

该生态域的植被以热带季雨林、落叶林和稀树草原（savanna）为特征。植物的叶型多样，大而薄的落叶和旱生叶兼而有之，既有乔木，也有草本植物。标志性植物有属于美羊齿类的 *Callipteris*，苏铁类（*Nilssonia*，*Pteropyllum* 和部分 *Taeniopteris*），具有落叶习性的银杏植物（*Rhipidopsis*，*Ginkgophytopsis*，*Ginkgophyton*，*Ginkgoites*，*Sphenobaiera*，*Pseudorhipidopsis*）和具旱生叶的松柏类（*Walchia*，*Ullmannia*）等。在沉积特征上，除薄煤线外，无厚煤层和蒸发岩，但有钙质土状结核和草丘微地形（gilgai）构造；并出现杂色、暗紫色和红色沉积物，或者它们与绿色、灰色、黄绿色沉积物呈互层出现。

热带和亚热带夏湿生态域出现于热带内聚带（intertropical confluence zone，ITCZ）边缘或 ITCZ 极度偏离的季风区，沿着北（南）纬 10°～15°之间的地区分布，在大陆东部近海内带可扩张至北（南）纬 25°。该生态域的年均温仍然较高，但年较差稍大；降水集中于夏季，主要受制于夏季季风和 ITCZ 在夏季的扩张，每年有 3～10 个月的月平均降雨量在 20mm 以上。

华北陆块西北部和东南部之间的过渡地带在亚丁斯克期晚期—卡赞期处于这个生态域。

三、亚热带沙漠生态域

亚热带沙漠生态域以荒漠植被为特征，其标志性植物是具有旱生结构和肉质叶的松柏类（*Walchia*，*Ullmannia*，*Pseudovoltzia*，*Quadracladus*）以及具有落叶习性的银杏类（*Rhipidopsis*）。在沉积特征上，有巨厚的红层，局部地区见有蒸发岩（石膏）和风成沙丘。

该生态域主要出现于北（南）纬 15°～32°之间受哈德利（Hadley）气团影响的干热地区，年均温较高，年较差较大，每年最多有 3 个月的月平均降雨量>20mm。

亚丁斯克期晚期—卡赞期的华北陆块西北部和鞑靼期的整个华北陆块处于亚热带沙漠生态域。

从上述分析可以看出，上石炭统—下二叠统本溪组沉积时期主要为热带和亚热带夏湿生态域与赤道和热带常湿生态域，与 Boucot 等（2009）根据气候敏感沉积物确定的古气候一致，具有铝土矿形成的极好条件。

第四节　华北陆块南部晚古生代沉积特征

本书所指的华北陆块南部主要包括栾川-确山-固始-肥中断裂以北、焦作-商丘断裂以南、郯庐断裂以东的地区，西部包括豫西隆起区［图 2-3（a）］。该区晚古生代沉积地层包括上石炭统和二叠系，为连续沉积，划分为 5 个岩石地层单元：上石炭统—下二叠统本溪组、下二叠统太原组、中二叠统山西组、中二叠统下石盒子组和上二叠统上石盒子组。

一、上石炭统—下二叠统本溪组（C_2—P_1b）

本溪组为华北陆块上古生界底部沉积，主要由铝土质泥岩、粉砂质泥岩、豆鲕（碎屑）状铝土岩组成，局部夹有碳质泥岩和煤层（线）。厚度变化较大，多为5～30m。该组与下伏寒武系—奥陶系碳酸盐岩呈平行不整合关系，上部以铝土质泥岩的结束为标志与太原组整合接触。

本溪组下伏地层在不同地区具有差别，如在鹤壁地区，下伏地层为马家沟组八段，到焦作、修武一带则为马家沟组七段，到黄河以南的巩义一带为马家沟组五段，登封附近为马家沟组三段，禹州附近为马家沟组二段，宜阳地区为上寒武统崮山组，到平顶山、确山地区则变为中寒武统张夏组。总体上在陕县—登封一线以北超覆于中奥陶统之上，在该线以南超覆于寒武系之上（图2-4）。

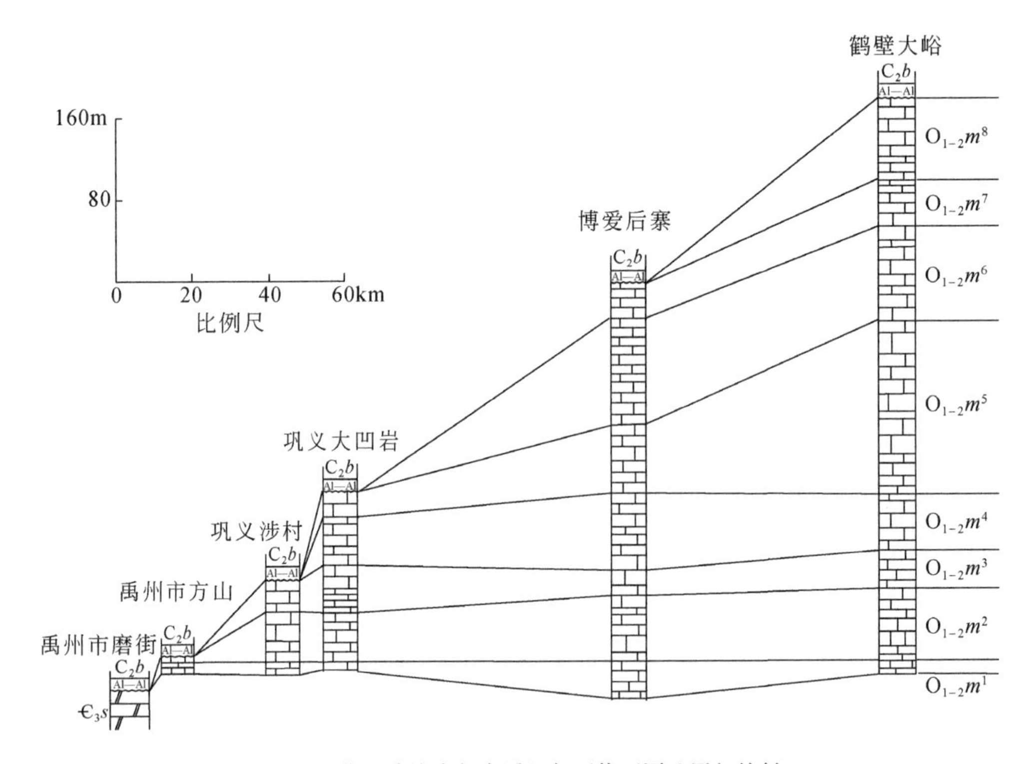

图2-4　华北陆块南部本溪组与下伏不同地层相接触

吴秀元等（1987）等对黄河以北的鹤壁、沁阳、辉县、博爱以及永城等地本溪组的植物化石组合和上覆太原组生物碎屑灰岩中䗴化石组合进行分析，认为这些地区的本溪组应属于晚石炭世晚期。而黄河以南的嵩箕地层分区中的本溪组则含有一些太原组常见的植物化石，因此其地质时代应属于早二叠世早期。

本溪组不同岩性的岩石在空间上呈渐变关系，外貌上显示为块状，内部相对缺少原生沉积构造和生物化石，上部往往被海相碳酸盐岩覆盖，所以，多数学者将本溪组沉积环境归结为陆表海环境下的潟湖沉积。但在第一章中已有述及，现代潟湖中尚没有铝富集的报道，所以，本溪组的沉积环境尚需进一步研究。

二、下二叠统太原组（P_1t）

下二叠统太原组是一套陆表海碳酸盐岩、滨岸碎屑岩沉积，以灰色-深灰色薄-中厚层状生物碎屑灰岩为主，由泥岩、灰岩、细砂岩、粉砂岩及煤层组成，夹厚度不等的灰色中-细粒砂岩、粗砂岩或灰白色石英砂岩。在纵向沉积序列上，太原组常分为下部灰岩段，中部碎屑岩段和上部灰岩段。下部灰岩段由4～5层灰岩组成，夹薄层细砂岩、粉砂岩、砂质泥岩和煤层（煤线），本段灰岩总厚度大于碎屑岩总厚度；中部碎屑岩段由灰白、灰色中-细粒石英砂岩、粉砂岩、砂质泥岩、泥岩夹薄煤层（2～3层）及不稳定生物碎屑微晶灰岩（常呈透镜体，1～3层）组成，本段灰岩总厚度小于碎屑岩总厚度；上部灰岩段由深灰色中厚-厚层状含燧石灰岩、生物碎屑灰岩、泥灰岩、砂质泥岩、泥岩和煤组成，本段含灰岩2～3层，局部可达4～5层，其中下部2～3层灰岩发育较稳定，本段灰岩总厚度大于碎屑岩总厚度。本组灰岩以生物碎屑灰岩为主，次为含生物碎屑灰岩和泥晶灰岩，常含燧石结核或条带，具不规则层理。太原组厚22.5～169m，平均为68m，多数地区常为70～90m，豫东北及东部地区厚，豫西南地区薄。太原组顶界以最上一层灰岩或含腕足动物化石的海相泥岩（或硅质泥岩）顶面与山西组整合接触，其底界大多数地区是以最底部一层较稳定的灰岩底与本溪组整合接触，西部少数地区是以较稳定分布的砂岩底部或煤层（线）底与其下本溪组铝土质泥岩整合接触。

三、中二叠统山西组（P_2s^1）

山西组为一套潮坪、泥炭沼泽及三角洲沉积，含煤2～8层，俗称二煤段，岩性以中-细粒砂岩、粉砂岩、砂质泥岩和泥岩为主，夹有煤层或煤线，常发育有大型楔状、板状、槽状交错层理、平行层理、波状层理和脉状层理等。一般厚70～95m，南部较薄，一般为50～60m，而安阳、鹤壁及永城一带厚100m左右。基于岩性的垂向上的分布特点，山西组自下而上可划分为四个岩性段。

下部为二$_1$煤段，以褐色、灰黑色粉砂质泥岩，局部夹灰黄色细粒岩屑石英砂岩及灰黑色泥岩和煤层为特征，具脉状、透镜状层理，含动植物化石和遗迹化石，下部的二$_1$煤段在华北陆块南部基本稳定，是全区主要开采煤层。本段平均厚度15m。

中部层段为大占砂岩段，由灰色砂岩及深灰色-灰黑色泥岩、砂质泥岩和煤层组成，下部为灰白色、灰黄色中-细粒岩屑石英砂岩和杂砂岩（俗称大占砂岩），为二$_1$煤的直接或间接顶板（杜慧英和王家德，1994），成分以石英为主，次为长石，砂岩中含丰富的白云母碎片和炭屑，有时可见含菱铁质结核及泥质包体，局部相变为泥岩或砂质泥岩。大占砂岩的分选性中等，磨圆度较差，与下伏泥岩呈冲刷关系（陈书龙等，1987），发育高角度大型楔状、板状、槽状交错层理和平行层理，底部有时含砾岩和粗粒砂岩，向上粒度变细，厚度变薄。上部为泥岩和砂质泥岩，具水平层理和波状层理，含大量植物化石及碎片，本段平均厚度为31m。

上部层段为香炭砂岩段，由灰色、深灰色泥岩、砂质泥岩和中-细粒砂岩组成，其中浅灰色-深灰色中-细粒长石石英砂岩俗称香炭砂岩，厚6～31m，平均8m，砂岩颗粒呈圆状、次圆状和棱角状，分选中等，胶结物以硅质为主，部分为钙质。其中夹有薄层的细粒砂岩、砂质泥岩、泥岩和1～4层薄煤层，局部夹粗粒砂岩。本段含丰富的植物化石，底部常见粗大植物茎秆和泥砾等。本段厚18.6m。

顶部层段为小紫泥岩段，由灰色、灰黄色、灰绿色泥岩、紫斑泥岩和粉砂质泥岩组成，具紫斑及菱铁质鲕粒，硅质胶结。本段厚2.5～36.7m，平均厚度为26m。

四、中二叠统下石盒子组（P_2x^2）

中二叠统下石盒子组为一套河流、三角洲沉积，以砂锅窑砂岩底为底界，以上石盒子组底部田家沟砂岩底为顶界。本组总厚195～444m，一般为265m，下与山西组、上与上石盒子组均为整合接触。岩性主要为灰白色、土黄色长石石英砂岩、砂质泥岩、页岩、紫斑泥岩、粉砂岩、泥岩，夹煤层（线）和细砾岩，砂岩普遍含海绿石和菱铁质结核，中、下部含火山凝灰岩屑。底部为浅灰色-灰白色含砾中、粗粒长石石英砂岩，局部夹细砾岩，俗称砂锅窑砂岩；其上为灰紫色铝土质泥岩或灰白色高岭石黏土岩，具豆鲕状结构，俗称大紫泥岩，为普遍发育良好的标志层；再往上则由灰绿色、灰白色砂岩、灰黄色砂质泥岩、泥岩及煤层组成。下石盒子组的分布特点总体上表现为南厚北薄，砂岩厚度变化不大，泥岩和煤层（线）多分布在黄河以南，黄河以北基本不含煤，下石盒子组的聚煤中心较山西组明显南移，在平顶山—确山一线。

本组泥岩所占比例较大，砂岩次之，砂泥比低于0.5。泥岩以灰绿色、黄色、灰黄色为主，紫斑泥岩较为发育，在各个层段均有发现，局部的紫斑成层发育，厚度高达0.3～1m；碳质泥岩也较为发育，在豫西济源局部发育较好，可形成煤线或薄煤层，但基本不可采；在豫中禹州等地，煤层发育较好，但横向上不稳定，基本都是局部可采；砂岩以黄色、灰黄色、灰绿色为主，磨圆度较好，石英含量较高，常含少量云母，粒度以中细粒为主，局部含少量的细砾岩和粗砂岩，平行层理发育，可见楔状、槽状交错层理和羽状交错层理。

五、上二叠统上石盒子组（P_3s^1）

上二叠统上石盒子组也主要为一套河流、三角洲沉积，以田家沟砂岩底为底界，以平顶山砂岩底为顶界，本组厚140～300m，平均厚248m，与下伏下石盒子组和上覆孙家沟组呈整合接触。岩性主要由灰黄色、灰绿色泥岩、紫斑泥岩、粉砂质泥岩、泥岩、粉砂岩、细砂岩夹煤层组成。在区域分布上，上石盒子组总体为南薄北厚。砂岩夹层向北变厚，煤层向北减少以至消失。紫色粉砂质泥岩向北逐渐增多。区域上本组具明显东厚西薄的特征，豫北济源煤田、豫西陕渑煤田、新安煤田、宜洛煤田及偃龙煤田西部，因后期盆地抬升剥蚀而缺失上石盒子组上部地层。

参考文献

陈书龙，孟凡顺，刘植恒，等.1987. 豫西登封煤田马岭山一带山西组沉积环境及二$_1$煤层厚度变化因素分析［J］. 焦作矿业学院学报，8（1）：21-32.

陈志宏，陆松年，李怀坤，等.2004. 秦岭造山带富水中基性侵入杂岩的成岩时代——锆石U-Pb及全岩Sm、Nd同位素年代学新证据［J］. 地质通报，23（4）：322-328.

杜慧英，王家德.1994. 河南省山西组孢粉组合特征及环境意义［J］. 河南地质，12（3）：198-203.

郝石生，高耀武，张有成，等.1990. 华北北部中-上元古界石油地质学［M］. 东营：中国石油大学出版社：85-107.

廖士范.1986. 我国铝土矿成因及矿层沉积过程［J］. 沉积学报，4（1）：1-8.

林金录.1987. 中国古地磁数据表（1）［J］. 地质科学，2：183-187.

林金录.1989. 中国古地磁数据表（2）［J］. 地质科学，4：400-404.

刘丙祥.2014. 北秦岭地体东段岩浆作用与地壳演化［D］. 合肥：中国科学技术大学.

刘幼平，夏云，王洁敏.2010. 黔北地区铝土矿成矿特征与成矿因素研究［J］. 矿物岩石地球化学通报，29（4）：422-425.

陆松年，李怀坤，李惠民，等.2003. 华北克拉通南缘龙王幢碱性花岗岩U-Pb年龄及其地质意义［J］. 地质通报，22（10）：762-768.

邵济安，牟保磊，何国琦，等.1997. 华北北部在古亚洲域与古太平洋域构造叠加过程中的地质作用［J］. 中国科学（D辑），5：390-394.

邵济安，何国琦，唐克东.2015. 华北北部二叠纪陆壳演化［J］. 岩石学报，31（1）：47-55.

田洪水，祝介旺，王华林，等.2017. 沂沭断裂带及其近区地震事件地层的时空分布及意义［J］. 古地理学报，19（3）：393-417.

万渝生，刘国惠，丛日祥.1990. 东秦岭商洛地区宽坪群变质玄武岩的地球化学特征［C］//刘国惠，张寿广. 秦岭-大巴山地质论文集（1）——变质地质. 北京：北京科学技术出版社：47-59.

王恩孚.1987. 论中国古生代铝土矿之成因［J］. 轻金属，1：1-5.

王涛，王晓霞，田伟，等.2009. 北秦岭古生代花岗岩组，岩浆时空演变及其对造山作用的启示［J］. 中国科学（D辑），39（7）：949-971.

温献德.1997. 华北北部中、上元古界的大陆裂谷模式和地层划分［J］. 前寒武纪研究进展，20（3）：21-28.

吴秀元，席运宏，阎国顺.1987. 河南省西北部本溪组植物群［J］. 古生物学报，26（4）：420-434，516-520.

徐备，赵盼，鲍庆中，等.2014. 兴蒙造山带前中生代构造单元划分初探［J］. 岩石学报，30（7）：1841-1857.

张国伟，张本仁，袁学诚.2001. 秦岭造山带和大陆动力学［M］. 北京：科学出版社：1-855.

张宏飞，张本仁，骆庭川.1993. 北秦岭新元古代花岗岩类成因与构造环境的地球化学研究［J］. 地球科学，18（2）：194-202，248.

张泓，沈光隆，何宗莲.1999. 华北板块晚古生代古气候变化对聚煤作用的控制［J］. 地质学报，73（2）：131-139.

张善文，隋风贵.2009. 渤海湾盆地前古近系油气地质与远景评价［M］. 北京：地质出版社：1-446.

张宗清，刘敦一，付国民.1994. 北秦岭变质地层同位素年代研究［M］. 北京：地质出版社：1-185.

周洪瑞，王自强.1999. 华北大陆南缘中、新元古代大陆边缘性质及构造古地理演化［J］. 现代地质，

13 (3): 261-267.
朱日祥，徐义刚，朱光，等. 2012. 华北克拉通破坏 [J]. 中国科学：地球科学，42 (8): 1135-1159.
Bader T, Ratschbacher L, Franz L, et al. 2013. The heart of China revisited, I. Proterozoictectonics of the Qin mountains in the core of supercontinent Rodinia [J]. Tectonics, 32: 661-687.
Bárdossy G. 1982. Karst bauxites (Bauxite deposits on carbonate rocks) [M]. New York: Elsevier Scientific Publishing Company: 1-441.
Bárdossy G, Aleva G J J. 1990. Lateritic bauxites [M]. Oxford: Elsevier Science Ltd.
Bogatyrev B A, Zhukov V V, 2009. Bauxite provinces of the world [J]. Geology of Ore Deposits, 51 (5): 339-355.
Boucot A J, 陈旭, Scotese C R, 等. 2009. 显生宙全球古气候重建 [M]. 北京：科学出版社：1-173.
Cao H H, Xu W L, Pei F P, et al. 2013. Zircon U-Pb geochronology and petrogenesis of the Late Paleozoic-Early Mesozoic intrusive rocks in the eastern segment of the northern margin of the North China Block [J]. Lithos, 170-171: 191-207.
Chang E Z. 1996. Collision orogen between north and south China and its eastern extension in the Korean Peninsula [J]. Journal of Asian Earth Sciences, 13 (3), 267-277.
D'Argenio B, Mindszenty A. 1995. Bauxites and related paleokarst: tectonic and climatic event markers at regional unconformities [J]. Eclogae Geologicae Helvetiae, 88 (3): 453-499.
Davis G A, Zheng Y, Wang C, et al. 2001. Mesozoic tectonic evolution of the Yanshan fold and thrust belt, with emphasis on Hebei and Liaoning provinces, northern China [C] //Hendrix M S, Davis G A. Paleozoic and mesozoic tectonic evolution of central and Eastern Asia: from continental assembly to intracontinental deformation. Memoirs-Geological Society of America: 171-198.
Dong Y P, Santosh M. 2016. Tectonic architecture and multiple orogeny of the Qinling Orogenic Belt, Central China [J]. Gondwana Research, 29 (1): 1-40.
Dong Y P, Zhang G W, Yang Z, et al. 2010. A new model of the early Paleozoic tectonics and evolutionary history in the Northern Qinling, China [J]. Geophysical Research Abstracts, 12: 222-230.
Dong Y P, Zhang G W, Hauzenberger C, et al. 2011. Palaeozoic tectonics and evolutionary history of the Qinling orogen: evidence from geochemistry and geochronology of ophiolite and related volcanic rocks [J]. Lithos, 122 (1-2): 39-56.
Dong Y P, Liu X M, Santosh M, et al. 2012. Neoproterozoic accretionary tectonics along the northwestern margin of the Yangtze Block, China: constraints from zircon U-Pb geochronology and geochemistry [J]. Precambrian Research, 196-197: 247-274.
Dong Y P, Liu X, Neubauer F, et al. 2013. Timing of Paleozoic amalgamation between the North China and South China Blocks: evidence from detrital zircon U-Pb ages [J]. Tectonophysics, 586: 173-191.
Enkin R J, Yang Z, Chen Y, et al. 1992. Paleomagnetic constraints on the geodynamic history of the major blocks of China from the Permian to the present [J]. Journal of Geophysical Research: Solid Earth, 97 (B10): 13953-13989.
Faure M, Lin W, Le Breton N. 2001. Where is the North China-South China block boundary in eastern China? [J]. Geology, 29 (2): 119-122.
Hacker B R, Ratschbacher L, Webb L, et al. 1998. U/Pb zircon ages constrain the architecture of the ultrahigh-pressure Qinling-Dabie Orogen, China [J]. Earth and Planetary Science Letters, 161 (1-4): 215-230.
Hose H R. 1986. Mediterranean karst bauxite genesis and plate tectonics during the Mesozoic [C]. Athens: 4th International Congress for the Study of Bauxite, Alumina and Aluminum: 333-341.

Kröner A, Zhang G W, Sun Y. 1993. Granulites in the Tongbai area, Qinling belt, China: geochemistry, petrology, single zircon geochronology, and implications for the tectonic evolution of eastern Asia [J]. Tectonics, 12 (1): 245-255.

Kröner A, Cui W Y, Wang S Q, et al. 1998. Single zircon ages from high-grade rocks of the Jianping Complex, Liaoning Province, NE China [J]. Journal of Asian Earth Sciences, 16 (5-6): 519-532.

Kusky T M, Li J. 2003. Paleoproterozoic tectonic evolution of the North China Craton [J]. Journal of Asian Earth Sciences, 22 (4): 383-397.

Leech M L, Webb L E. 2013. Is the HP-UHP Hong'an-Dabie-Sulu orogen a piercing point for offset on the Tan-Lu Fault? [J]. Journal of Asian Earth Sciences, 63: 112-129.

Li J Y. 2006. Permian geodynamic setting of Northeast China and adjacent regions: closure of the Paleo-Asian Ocean and subduction of the Paleo-Pacific Plate [J]. Journal of Asian Earth Sciences, 26 (3): 207-224.

Li Z X. 1994. Collision between the North and South China blocks: a crustal-detachment model for suturing in the region east of the Tanlu Fault [J]. Geology, 22 (8): 739-742.

Lin S, Li Z X. 1995. Collision between the North and South China blocks: a crustal-detachment model for suturing in the region east of the Tanlu Fault: comment and Reply [J]. Geology, 23 (6): 574-576.

Liu J, Zhao Y, Liu A, et al. 2014. Origin of Late Palaeozoic bauxites in the North China Craton: constraints from zircon U-Pb geochronology and in situ Hf isotopes [J]. Journal of The Geological Society, 171 (5): 695-707.

Mattauer M, Matte P, Malavieille J, et al. 1985. Tectonics of the Qinling belt: build-up and evolution of eastern Asia [J]. Nature, 317: 496-500.

Meng Q R, Zhang G W. 1999. Timing of collision of the North and South China blocks: controversy and reconciliation [J]. Geology, 27 (2): 123-126.

Okay A I, Sengör A M C. 1992. Evidence for intracontinental thrust-related exhumation of the ultra-high-pressure rocks in China [J]. Geology, 20 (5): 411-414.

Okay A I, Sengör A M C, Satir M. 1993. Tectonics of an ultrahigh-pressure metamorphic terrane: the Dabie Shan/Tongbai Shan Orogen, China [J]. Tectonics, 12 (6): 1320-1334.

Pidgeon R T. 1980. Isotopic ages of the zircons from the Archean granulite facies rocks, eastern Hebei, China [J]. Ore Geology Reviews, 26: 198-207.

Qiao X F, Zhang A D. 2002. North China block, Jiao-Liao-Korea block and Tanlu fault [J]. Geology in China, 29 (4): 337-345.

Qiao X F, Song T R, Gao L Z, et al. 1994. Seismic sequence in carbonate rocks by vibrational liquefaction [J]. Acta Geologica Sinica (English Edition), 68: 16-29.

Ratschbacher L, Franz L, Enkelmann E, et al. 2006. The Sino-Korean-Yangtze suture, the Huwan detachment, and the Paleozoic-Tertiary exhumation of (ultra) high-pressure rocks along the Tongbai-Xinxian-Dabie Mountains [J]. Special Paper-Geological Society of America, 403: 452-456.

Sengör A M C. 1985. East Asia tectonic collage [J]. Nature, 318: 16-17.

Shi Y, Yu J H, Santosh M. 2013. Tectonic evolution of the Qinling orogenic belt, Central China: new evidence from geochemical, zircon U-Pb geochronology and Hf isotopes [J]. Precambrian Research, 231: 19-60.

Vail P R, Mitchum R M, Thompson S. 1977. Seismic stratigraphy and global change in sea level, Part 3: relative change of sea level from coastal onlap [J]. American Association of Petroleum Geologists, 26: 63-81.

Wang F, Xu W L, Meng E, et al. 2012. Early Paleozoic amalgamation of the Songnen-Zhangguangcai Range and Jiamusi massifs in the eastern segment of the Central Asian Orogenic Belt: geochronological and geochemical evidence from granitoids and rhyolites [J]. Journal of Asian Earth Sciences, 49: 234-248.

Wang Q F, Deng J, Liu X F, et al. 2016. Provenance of Late Carboniferous bauxite deposits in the North China Craton: new constraints on marginal arc construction and accretion processes [J]. Gondwana Research, 38: 86-98.

Wang Y, Zhou L, Zhao L, et al. 2010. Palaeozoic uplands and unconformity in the North China Block: constraints from zircon LA-ICP-MS dating and geochemical analysis of Bauxite [J]. Terra Nova, 22 (4): 264-273.

Wilde S A, Wu F Y, Zhang X Z. 2003. Late Pan-African magmatism in northeastern China: SHRIMP U-Pb zircon evidence from granitoids in the Jiamusi Massif [J]. Precambrian Research, 122 (1): 311-327.

Windley B F, Alexeiev D, Xiao W J, et al. 2007. Tectonic models for accretion of the Central Asian Orogenic Belt [J]. Journal of the Geological Society London, 164: 31-48.

Wu T R, Liu S W. 1998. PTt paths of meso-neoproterozoic blocks in the northern margin of north China plate and their tectonic interpretation [J]. Earth Science: Journal of China University of Geoscienees, 23 (5): 487-492.

Xu J W, Zhu G. 1994. Tectonic models of the Tan-Lu fault zone, eastern China [J]. International Geology Review, 36 (8): 771-784.

Xu J W, Zhu G, Tong W, et al. 1987. Formation and evolution of the Tancheng-Lujiang wrench fault system: a major shear system to the northwest of the Pacific Ocean [J]. Tectonophysics, 134 (4): 273-310.

Yin A, Nie S. 1993. An indentation model for the North and South China collision and the development of the Tan-Lu and Honam fault systems, eastern Asia [J]. Tectonics, 12 (4): 801-813.

Zhai M G. 2004. 2.1–1.7Ga geological event group and its geoteetonic significance [J]. Actor Petrologica Sinica, 20 (6): 1343-1354.

Zhang G W, Yu Z P, Sun Y, et al. 1989. The major suture zone of the Qinling orogenic belt [J]. Journal of Southeast Asian Earth Sciences, 3: 63-76.

Zhang S H, Zhao Y U E, Song B, et al. 2007. Carboniferous granitic plutons from the northern margin of the North China block: implications for a late Palaeozoic active continental margin [J]. Journal of the Geological Society, 164 (2): 451-463.

Zhang S H, Zhao Y, Song B, et al. 2009. Contrasting Late Carboniferous and Late Permian-Middle Triassic intrusive suites from the northern margin of the North China craton: geochronology, petrogenesis, and tectonic implications [J]. Geological Society of America Bulletin, 121 (1-2): 181-200.

Zhao G, Wilde S A, Cawood P A, et al. 1998. Thermal evolution of Archean basement rocks from the eastern part of the North China Craton and its bearing on tectonic setting [J]. International Geology Review, 40 (8): 706-721.

Zhao T, Zhu G, Lin S, et al. 2016. Indentation-induced tearing of a subducting continent: evidence from the Tan-Lu Fault Zone, East China [J]. Earth-Science Reviews, 152: 14-36.

Zhao Z G, Li B F, Zhang H L. 2001. Comparative study on REE geochemistry of Late Paleozoic at the northern foot of Dabie Mountains and in North China Platform [J]. Geochimica, 30 (4): 368-374.

Zhu G, Liu G S, Niu M L, et al. 2009. Syn-collisional transform faulting of the Tan-Lu Fault Zone, East China [J]. International Journal of Earth Sciences, 98 (1): 135-155.

第三章 本溪组含铝岩系的地质特征

含铝岩系的产状、形态、结构构造、矿物学和地球化学特征是分析铝土矿形成机理的基础。含铝岩系的形成不仅与沉积作用有关，也与化学风化作用有关，还与岩溶作用有关，所以，导致了这些方面研究的特殊性、困难性和多解性，从而造成了对铝土矿成因认识的巨大分歧。以地质体为中心，客观地揭示地质体中的各种现象，是认识本溪组含铝岩系本质的前提。

第一节 含铝岩系产状和形态特征

根据华北陆块南部偃龙地区 402 口网距为 800m×400m 的钻孔所做的本溪组含铝岩系厚度等值线图分析（附图 1），厚度<15m 的本溪组占 79.4%，主要呈层状（似层状）分布，但零星见有厚度>20m 的本溪组，经地表调查，厚度较大的本溪组一般赋存于下伏马家沟组灰岩的岩溶漏斗中，形态呈漏斗状。在偃龙地区的南东侧还见有密集分布的厚度大于 25m 的本溪组，呈透镜状展布。

在偃龙地区的南部和东部的含铝岩系出露地区，呈层状或似层状的矿体已剥蚀殆尽，矿体主要表现为漏斗状，尤其是在风化剥蚀更强烈的靠近嵩山隆起北坡的地区，漏斗状矿体的形态尤为明显［图 3-1（a）］，平面形态一般呈不规则状，长轴一般 20～80m，短轴一般 10～30m，深度一般在 20～100m。含铝岩系与马家沟组灰岩之间的接触界线常常很清晰，界线产状较陡，界面凸凹不平，突出处为马家沟组灰岩，凹陷处多为赤铁矿化强烈的铝土质泥岩充填，由于铝土质泥岩易风化剥落，显示出非常明显的圆滑状马家沟组灰岩凸凹不平的表面，显然是碳酸盐岩差异岩溶作用的结果［图 3-1（b）］。经大量的区域调查，这些遭到溶蚀的、产状较陡的碳酸盐岩与本溪组含铝岩系的界面具有明显的优势方向，一组走向约 320°，另一组走向近东西向。嵩山隆起北坡露头区向北，有第四系黄土覆盖的露天民采区，含铝岩系上部往往有太原组覆盖，露天采矿区范围可达到数百米，矿体形态多为似层状，但在这些似层状含铝岩系的中部往往为漏斗状，含铝岩系向漏斗中心倾斜，厚度向漏斗中心变厚，呈一个宽缓的向斜形态［图 3-1（c）］。

上述的层状（似层状）、透镜状和漏斗状矿体在平面上是逐渐过渡的，主要与下伏马家沟组灰岩岩溶作用的形态类型和形态组合有关。马家沟组灰岩表面平坦时，矿体呈似层状；马家沟组灰岩表面为溶洼或者溶斗时，矿体为透镜状或者漏斗状。总体上，偃龙地区含铝岩系呈向北缓倾的单斜层，平均倾角为 18°～20°，顶板产状较稳定，底板产状变化较大。

(a) (b) (c)

图 3-1　华北陆块南部偃龙地区本溪组含铝岩系漏斗状形态特征，夹沟村
（a）漏斗状含铝岩系轮廓；（b）漏斗状含铝岩系侧壁较陡，溶蚀现象明显；（c）漏斗状含铝岩系向岩溶漏斗中心倾斜，呈一个宽缓的向斜形态

第二节　含铝岩系矿物成分特征

现代测试技术的不断发展使得对含铝岩系矿物成分的识别越来越精确和全面，现已识别出了 30 多种矿物，主要为黏土矿物、铝矿物、铁矿物、钛矿物和其他矿物（廖士范和梁同荣，1991；吴国炎等，1996），但对于这些矿物在含铝岩系中的发育位置和变化规律尚需深入分析。

本次研究对偃龙地区全取心钻孔和地表露头的本溪组含铝岩系，在垂向上和平面上进行系统取样，通过岩石薄片、X 射线衍射、扫描电镜和能谱分析、差热分析、红外光谱分析等手段对含铝岩系的矿物学特征进行分析。

一、含铝岩系的岩性

通过对偃龙地区 200 余口本溪组含铝岩系全取心钻孔的观察，含铝岩系的岩性主要为铝土质泥岩，部分钻孔中夹有豆鲕（碎屑）状铝土矿。

含铝岩系下部为灰黑色致密状铝土质泥岩（以下简称下部铝土质泥岩），手感细腻，块状构造，见有不规则的纹层（图 3-2①），纹层常由颜色较浅的不规则条带显示出来，一般在毫米级，纹层的上部可见有与纹层平行排列的碎屑层，碎屑呈棱角状或撕裂状，一般在1cm以下，成分单一，主要为浅色致密状的铝土质泥岩。该层含有较多的团块状、星点状和条带状黄铁矿，局部见有>3cm的黄铁矿团块（图3-2②），黄铁矿条带有时沿着纹层发育（图3-2③）。该层的厚度不一，最薄处只有数厘米或缺失，厚者达数米，在有豆鲕（碎屑）状铝土矿层存在的情况下，向上与豆鲕（碎屑）状铝土矿层呈逐渐过渡或突变接触关系（图3-2④），与下部中奥陶统马家沟组灰岩接触界线明显。

含铝岩系中部有时夹有灰色豆鲕状和碎屑状铝土矿［以下简称中部豆鲕（碎屑）状铝土矿］，有时以豆鲕状颗粒为主，有时以碎屑状颗粒为主，但豆鲕状铝土矿中常含有碎屑颗粒，碎屑状铝土矿中常含有豆鲕状颗粒（图3-2④上部）。该层致密程度较下部铝土质泥岩差，放大镜下见有微孔隙，手摸有砂感。豆粒和鲕粒多为圆状和椭圆状，豆粒粒径一般在2～5cm之间，鲕粒粒径小于2mm，多数豆鲕粒圈层构造明显，长轴有时见定向排列（图3-2⑥）。碎屑常呈不规则状，既有棱角分明的角砾，也有与基质界线不太清晰呈拉长撕裂状的角砾（图3-2⑦），粒度一般小于3cm。在纵向上，常可见到由下部的豆鲕颗粒为主逐渐变为豆鲕与碎屑颗粒共存，再变化到以碎屑颗粒为主的特点。此外，中部豆鲕（碎屑）状铝土矿中常夹有薄层（或多层）铝土质泥岩，并常见有流动纹层，有时夹有碳质泥岩或薄煤层，豆鲕（碎屑）状铝土矿中的豆鲕和碎屑常具有向上部粒径变大的趋势，然后突变为铝土质泥岩（图3-2⑤、⑪），由此组成多个由铝土质泥岩到豆鲕（碎屑）状铝土矿的岩性序列，每个序列一般4～50cm不等（图3-2⑧）。豆鲕（碎屑）状铝土矿中黄铁矿也较常见，尤其是下部。黄铁矿见有交代豆鲕和碎屑的（图3-2⑨、⑩），也见有平行于流动纹层的。该层厚度变化较大，有时完全缺失，有时厚度可达数十米，基本的规律是本溪组厚度大，该层厚度也大。

含铝岩系上部主要为灰黑色铝土质泥岩（以下简称上部铝土质泥岩），常见有平行的细纹层发育（图3-2⑫），细纹层中有时夹有毫米级的煤线，并向上部煤线逐渐增多，最后过渡为本溪组与太原组交界的薄煤层（图3-2⑬）。该层厚度差异也较大，但一般都存在，在1m至数米之间。

二、铝土质泥岩的矿物学特征

铝土质泥岩主要由黏土矿物组成，含量可达90%以上，但存在少量硬水铝石、锐钛矿、菱铁矿、方解石、炭屑、黄铁矿、石膏等多种矿物。总体上，铝土质泥岩中的矿物粒度较小、结晶较差，多为隐晶质。

1. 高岭石

高岭石普遍出现在含铝岩系的上部铝土质泥岩中，在不含豆鲕（碎屑）状铝土矿的含铝岩系的下部铝土质泥岩中也可出现。岩石薄片中，高岭石主要呈隐晶质集合体存在，单偏光和正交偏光下均呈黑色或褐色，可能是铁质含量较高造成。少量的薄板状和不规则粒状高岭石微晶散布于隐晶质集合体中，单偏光下无色，正交偏光下为无色、蓝色或淡黄色，局部可以见到结晶较好、粒度较大的高岭石晶体，呈团块状或脉状（图3-3），在高岭石晶体之间和脉状高岭石的侧壁见有星点状和条带状的铁质矿物，单偏光和正交偏光镜下均呈黑色，可能为结晶较差的黄铁矿。

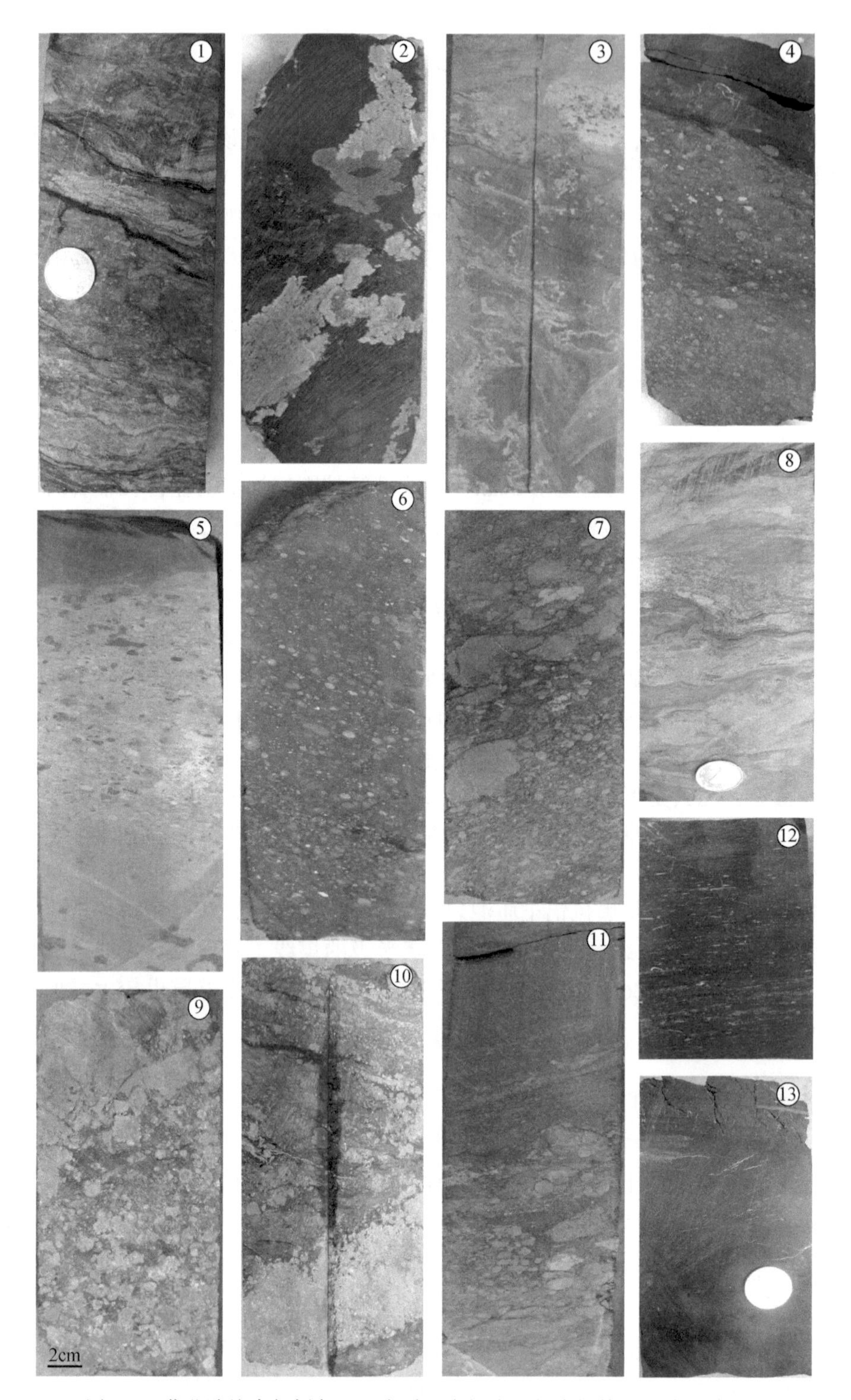

图 3-2　华北陆块南部偃龙地区本溪组含铝岩系的岩性特征（岩心切面）

①下部铝土质泥岩的不规则条带，ZK2404，217.65m；②下部铝土质泥岩中的团块状黄铁矿，ZK12404，330.70m；③黄铁矿沿不规则纹层发育，ZK0810，484.38m；④豆鲕（碎屑）状铝土矿与铝土质泥岩的突变接触关系，ZK12404，323.79m；⑤豆鲕（碎屑）状铝土矿豆鲕粒的粒径变化，与上部的铝土质泥岩截然接触，与下部的铝土质泥岩呈渐变关系，ZK1108，337.9m；⑥豆鲕粒长轴的定向排列，ZK0008，315.90m；⑦碎屑状铝土矿中不规则状碎屑，ZK2012，412.06m；⑧多个由铝土质泥岩到豆鲕（碎屑）状铝土矿的岩性序列，并显示不规则纹层，ZK12408，398m；⑨豆粒被黄铁矿交代现象，ZK0008，324m；⑩碎屑状铝土矿及黄铁矿交代现象，ZK0802，167.45m；⑪碎屑状铝土矿与上部铝土质泥岩的突变接触关系，ZK2012，413.15m；⑫上部铝土质泥岩，具有微细层理，ZK3210，328.30m；⑬上部铝土质泥岩与煤线的渐变接触关系，ZK0406，256.48m

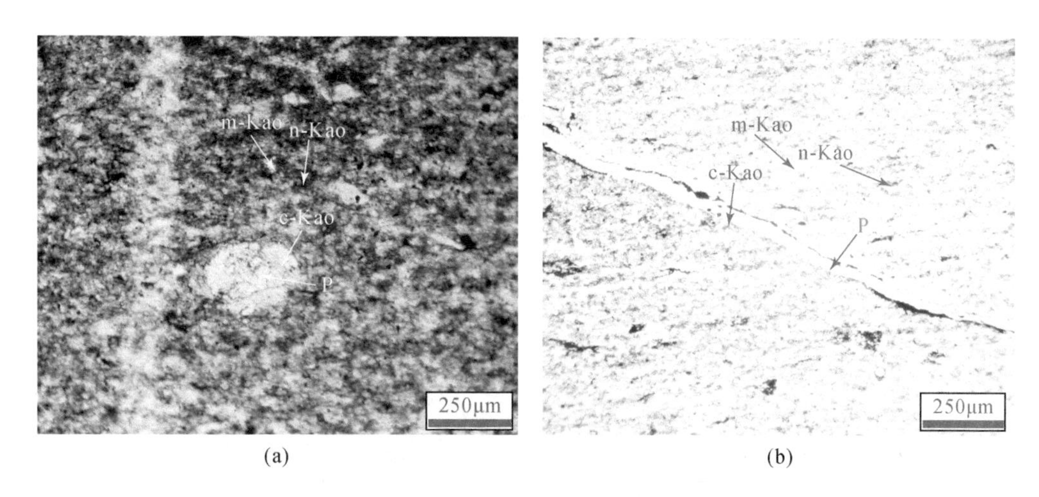

(a)　(b)

图 3-3　华北陆块南部偃龙地区本溪组含铝岩系铝土质泥岩中高岭石镜下特征，ZK0014-8
(a) 高岭石主要呈隐晶质集合体，少量高岭石微晶散布于隐晶质集合体中，局部见到团状结晶较好、粒度较大的高岭石晶体，晶体之间见有星点状黄铁矿（单偏光）；(b) 高岭石主要呈隐晶质集合体和微晶存在，见有脉状高岭石晶体，脉的侧壁上见有条带状黄铁矿（单偏光）。n-Kao-高岭石隐晶质集合体；m-Kao-高岭石微晶；c-Kao-高岭石粗晶；P-黄铁矿；下同

扫描电镜下，高岭石集合体主要呈两种形态存在，一种为不规则致密团块状，这些团块断续相连，对应着薄片中的隐晶质集合体［图 3-4（a）-a］；另一种为充填在不规则致密团块状隐晶质高岭石集合体的间隙或孔洞中的薄片状高岭石，内部微孔丰富，对应着薄片中的微晶和结晶较好的高岭石［图 3-4（a）-b］。能谱分析表明，隐晶质集合体中，Si 含量较高，Si 稍大于 Al，并含有一定量的 Fe 和 Mn［图 3-4（b）］；微晶和结晶较好的高岭石，Si 和 Al 含量近于相等，不含 Fe 和 Mn［图 3-4（c）］。

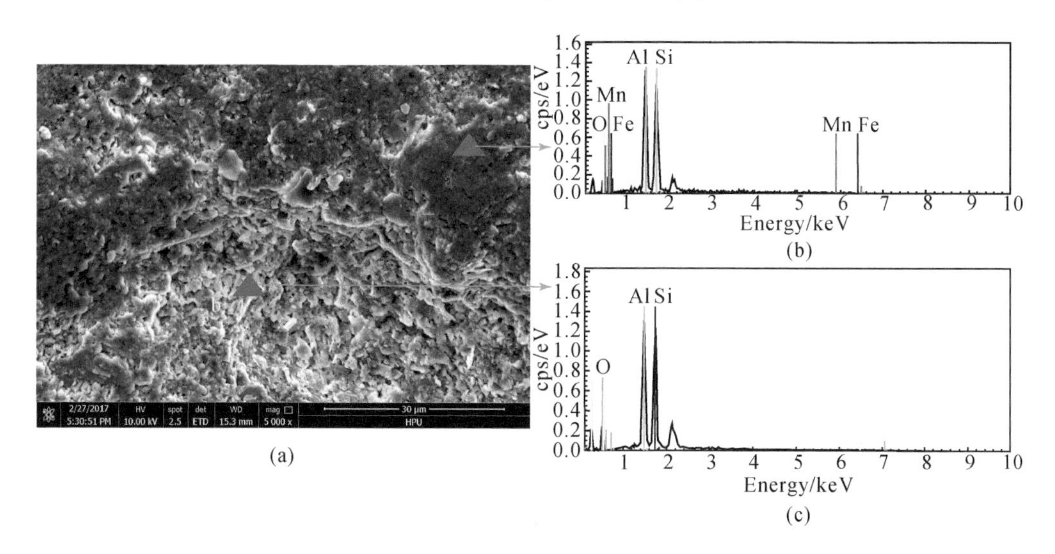

(a)　(b)　(c)

图 3-4　华北陆块南部偃龙地区本溪组含铝岩系铝土质泥岩中高岭石扫描电镜特征，ZK0014-8
(a) 高岭石的扫描电镜特征：a-不规则致密团块状高岭石集合体，b-充填在不规则致密团块状高岭石集合体间隙中的薄片状高岭石。(b) 不规则致密团块状高岭石能谱。(c) 薄片状高岭石能谱。cps 为记数率，下同；Energy 为能量，下同

2. 伊利石

伊利石主要出现在含有豆鲕（碎屑）状铝土矿的含铝岩系中，主要在这些序列的下部和豆鲕（碎屑）状铝土矿的铝土质泥岩夹层中。薄片中伊利石主要呈隐晶质集合体存在，单偏光和正交偏光下均呈褐黑色，可能是铁质含量较高造成的。在隐晶质集合体中见有板条状伊利石微晶，含量较少，单偏光下呈白色，正交偏光下呈淡绿色和淡蓝色，近似均匀地分布于隐晶质伊利石中（图3-5）。

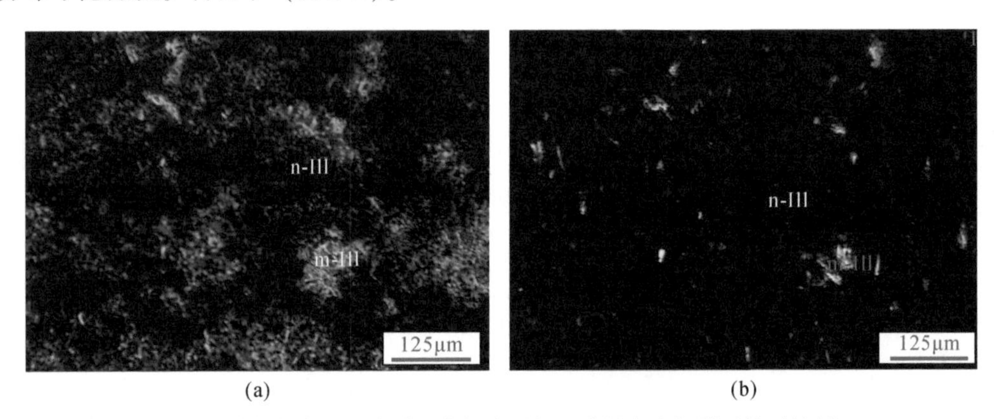

图3-5　华北陆块南部偃龙地区本溪组含铝岩系铝土质泥岩中伊利石镜下特征，ZK4704-2

（a）伊利石隐晶质集合体单偏光下呈褐黑色，其中见有白色板条状伊利石微晶（单偏光）；（b）伊利石隐晶质集合体呈褐黑色，伊利石微晶呈淡绿色和淡蓝色（正交偏光）。n-Ill-伊利石隐晶质集合体，m-Ill-伊利石微晶

扫描电镜下，伊利石也主要呈两种形态，一种为致密团块状，边缘不规则，有时这些团块断续相连，对应着薄片中的隐晶质集合体［图3-6（a）-a］；另一种为充填在致密团块状隐晶质伊利石的间隙或孔洞中的薄片状伊利石，内部微孔丰富，对应着薄片中的微晶和结晶较好的伊利石［图3-6（a）-b］。能谱分析表明，隐晶质和结晶质集合体中，主要元素为O、Si、Al、K，与伊利石的元素组成相同，但隐晶质集合体中Fe、Mn含量较高［图3-6（b）（c）］。

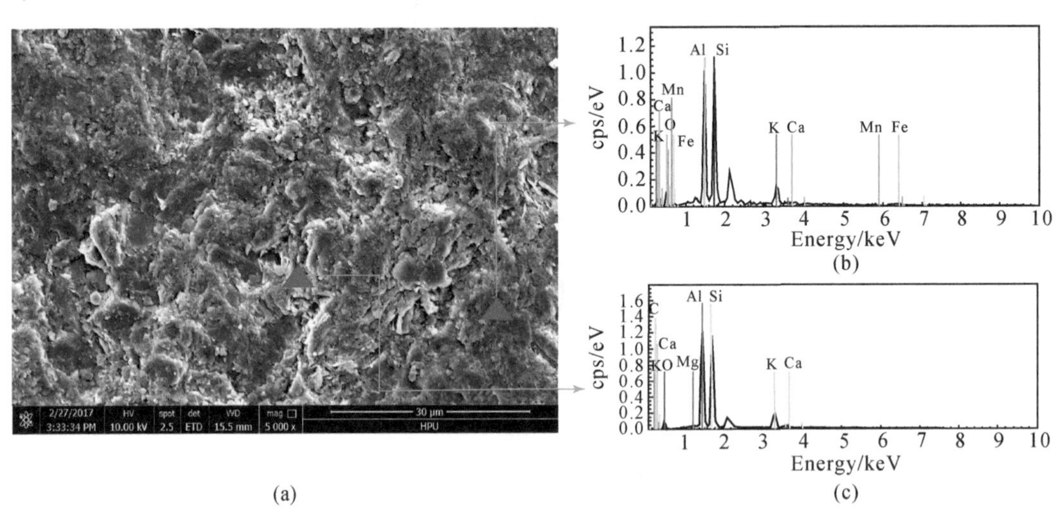

图3-6　华北陆块南部偃龙地区本溪组含铝岩系铝土质泥岩中伊利石扫描电镜特征，ZK4704-2

（a）伊利石的扫描电镜特征：a-不规则致密团块状伊利石集合体，b-充填在不规则致密团块状伊利石集合体间隙中的薄片状伊利石。（b）隐晶质伊利石能谱。（c）薄片状伊利石能谱

3. 叶蜡石

叶蜡石在单偏光下呈浅褐色或无色，正交光下，颜色鲜艳似白云母，呈平行消光，常与结晶较好的高岭石交织在一起（图3-7）。X射线衍射图谱中，叶蜡石的主要特征峰9.17Å、4.59Å、3.06Å清晰存在，主、次、第三峰对应良好（图3-8）。扫描电镜下，叶蜡石主要存在于致密团块状隐晶质黏土矿物集合体的间隙或孔洞中，能谱分析表明主要元素组成为Al、Si、O，且Si>Al（图3-9），具有叶蜡石的化学式$Al_2[Si_4O_{10}](OH)_2$特征。

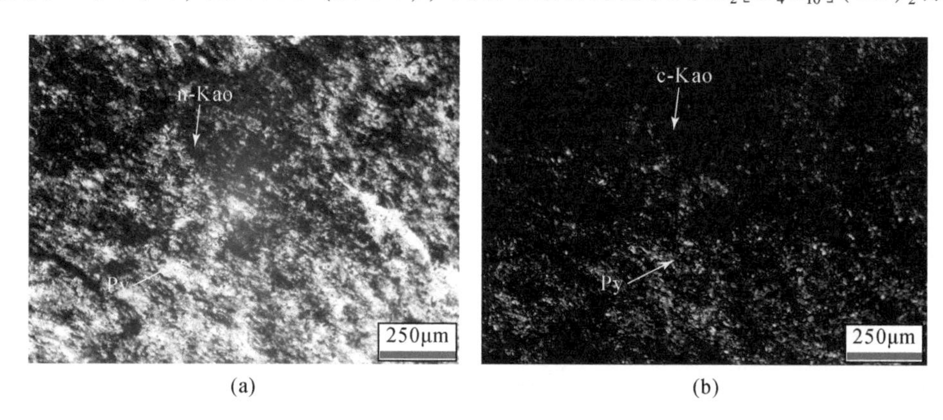

图3-7　华北陆块南部偃龙地区本溪组含铝岩系铝土质泥岩中叶蜡石镜下特征，ZK0008-44
（a）叶蜡石在单偏光下呈浅褐色或无色；（b）叶蜡石在正交偏光下呈蓝色、黄色等颜色。
n-Kao-高岭石隐晶质集合体；c-Kao-高岭石粗晶；Py-叶蜡石

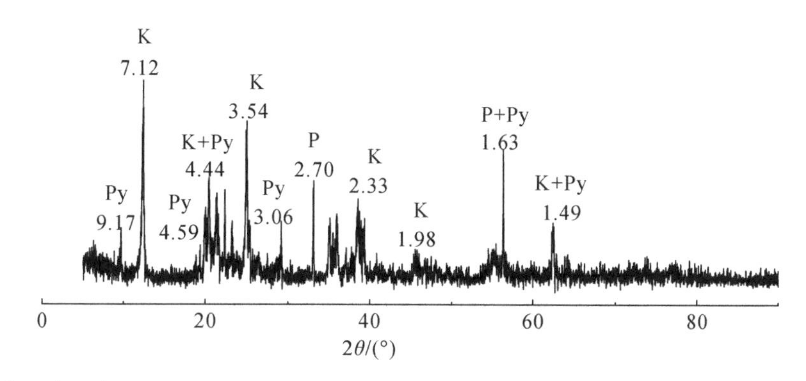

图3-8　华北陆块南部偃龙地区本溪组含铝岩系铝土质泥岩中叶蜡石X射线衍射特征，ZK0008-42
K-高岭石；Py-叶蜡石；P-黄铁矿

4. 鲕绿泥石

鲕绿泥石的鉴别主要基于X射线衍射特征，2θ角在3°～30°之间，具有14Å、7Å、4.7Å、3.5Å四个基面衍射峰，为绿泥石的特征衍射峰，且在7Å附近衍射峰较强，14Å衍射峰微弱，3.51Å衍射峰较强，应是其中Fe含量较高所致，为鲕绿泥石的特征衍射峰（赵杏媛和张有瑜，1990）。在岩石薄片中主要对应于单偏光和正交偏光下均为暗色的结晶较差的部分。在扫描电镜下，主要呈不规则致密团块状，能谱分析表明，除了Al、Si、O、K等元素外，Fe、Mg含量也较高（图3-10）。

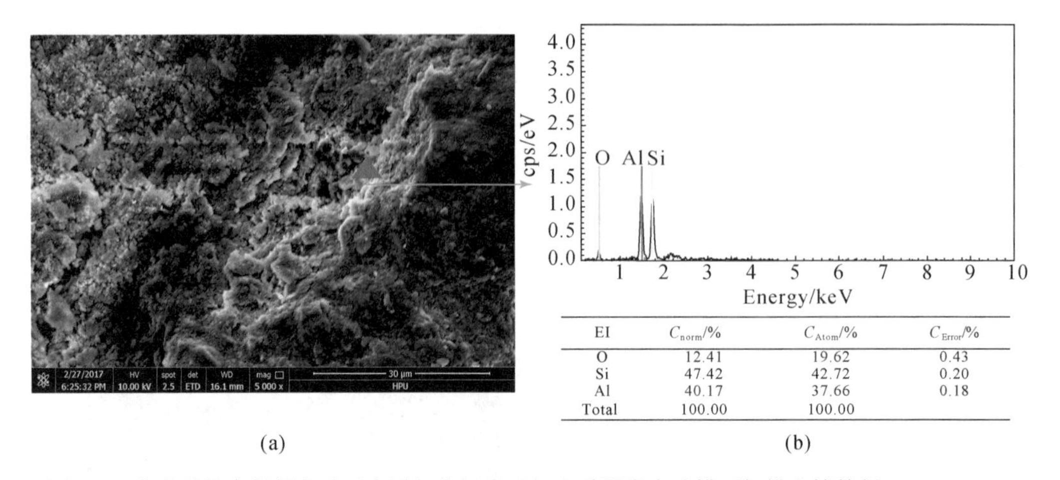

EI	C_{norm}/%	C_{Atom}/%	C_{Error}/%
O	12.41	19.62	0.43
Si	47.42	42.72	0.20
Al	40.17	37.66	0.18
Total	100.00	100.00	

(a)　　(b)

图 3-9　华北陆块南部偃龙地区本溪组含铝岩系铝土质泥岩中叶蜡石扫描电镜特征，ZK0008-42

（a）叶蜡石主要存在于致密团块状隐晶质黏土矿物集合体的孔洞中；（b）叶蜡石的能谱。EI 为元素，下同；C_{norm} 为归一化的重量比，下同；C_{Atom} 为原子比，下同；C_{Error} 为误差，下同；Total 为总体，下同

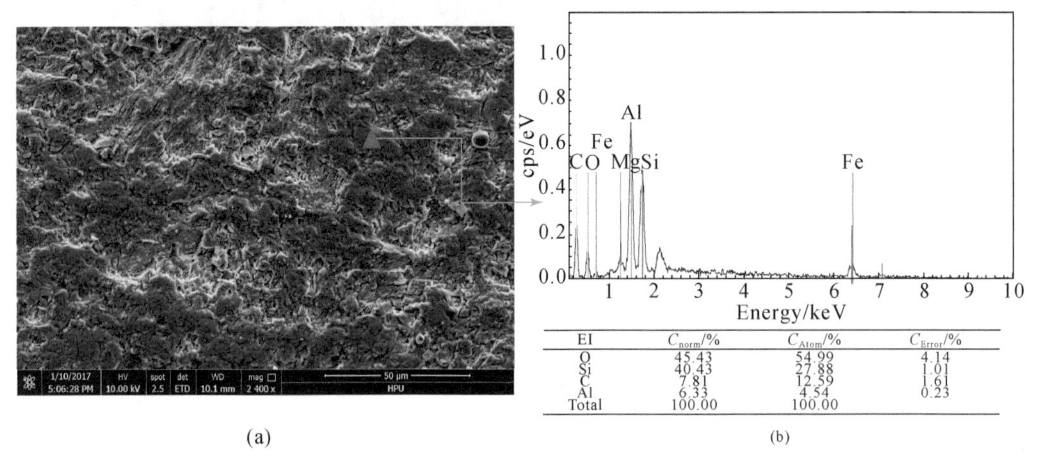

EI	C_{norm}/%	C_{Atom}/%	C_{Error}/%
O	45.43	54.99	4.14
Si	40.43	27.88	1.01
C	7.81	12.59	1.61
Al	6.33	4.54	0.23
Total	100.00	100.00	

(a)　　(b)

图 3-10　华北陆块南部偃龙地区本溪组含铝岩系铝土质泥岩中鲕绿泥石扫描电镜特征，ZK4704-1

（a）鲕绿泥石主要呈不规则团块状；（b）鲕绿泥石的能谱

5. 硬水铝石

铝土质泥岩中的硬水铝石颗粒细小，含量少，在岩石薄片中不易辨认，电镜下可以看出硬水铝石主要呈细小的颗粒分布于黏土矿物的表面或孔隙中（图 3-11）。

6. 方解石

扫描电镜下方解石主要呈结晶较好的集合体，与结晶较好的黏土矿物共生［图 3-12（a）］。能谱分析主要元素为 Ca、Mg、O，并存在少量的 Si 和 Al［图 3-12（b）］。

7. 菱铁矿

菱铁矿在单偏光下无色，菱形解理完全，在正交偏光下呈黄褐色，有时见其与黄铁矿条带相伴生［图 3-13（a）］，并充填在菱铁矿的裂隙中。扫描电镜下，可以清晰见到菱铁矿的解理纹［图 3-13（b）］，主要元素为 Fe、C 和 O［图 3-13（c）］。

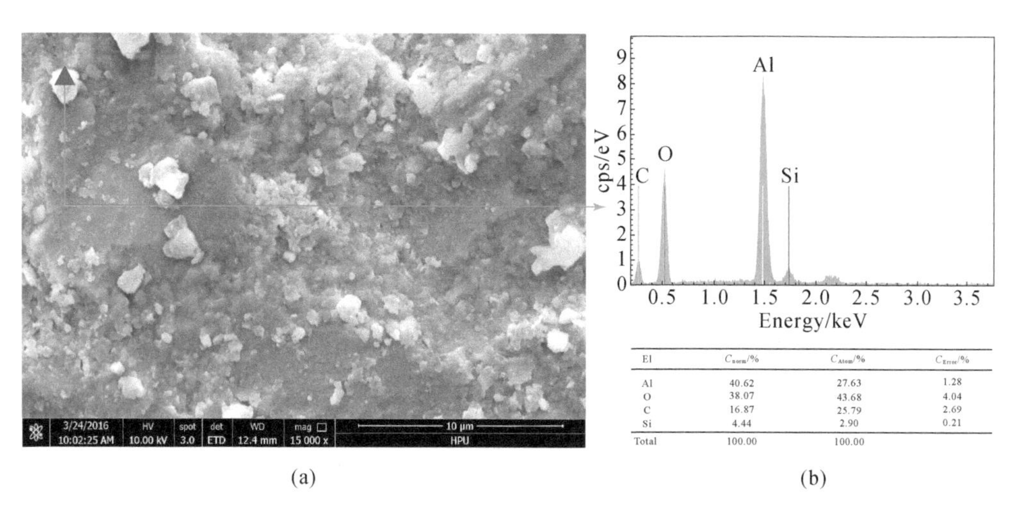

El	C_{norm}/%	C_{Atom}/%	C_{Error}/%
Al	40.62	27.63	1.28
O	38.07	43.68	4.04
C	16.87	25.79	2.69
Si	4.44	2.90	0.21
Total	100.00	100.00	

(a)　(b)

图 3-11　华北陆块南部偃龙地区本溪组含铝岩系铝土质泥岩中硬水铝石扫描电镜特征，ZK8714-5

（a）扫描电镜下硬水铝石呈细小的颗粒存在于黏土矿物的表面；（b）硬水铝石的能谱

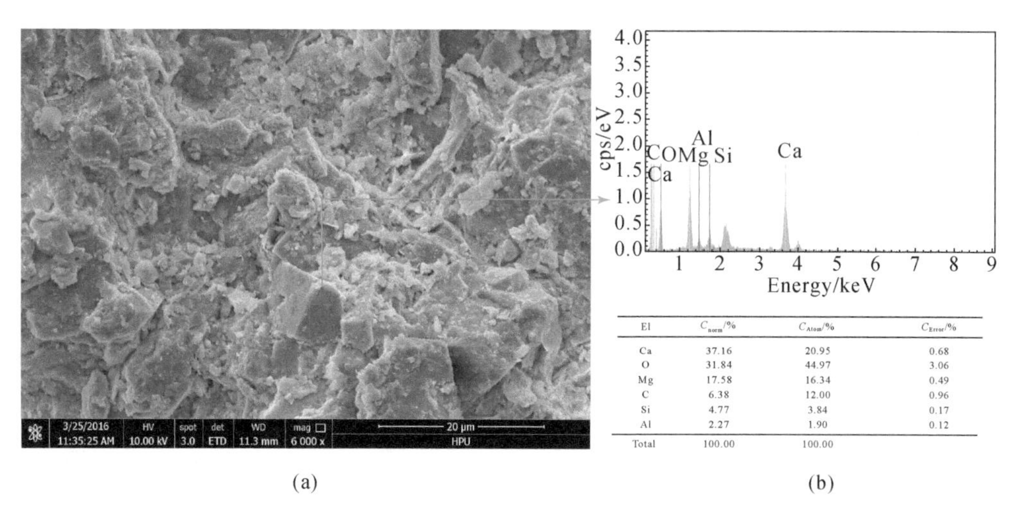

El	C_{norm}/%	C_{Atom}/%	C_{Error}/%
Ca	37.16	20.95	0.68
O	31.84	44.97	3.06
Mg	17.58	16.34	0.49
C	6.38	12.00	0.96
Si	4.77	3.84	0.17
Al	2.27	1.90	0.12
Total	100.00	100.00	

(a)　(b)

图 3-12　华北陆块南部偃龙地区本溪组含铝岩系铝土质泥岩中方解石扫描电镜特征，ZK2016-2

（a）扫描电镜下方解石晶体；（b）方解石的能谱

8. 黄铁矿

黄铁矿为不透明矿物，主要根据显微镜下的形态特征和扫描电镜的能谱特征进行鉴别。黄铁矿主要呈细粒状、条带状和团块状，总体结晶较差，但可以见到结晶较好的细粒状黄铁矿。条带状和细粒状黄铁矿主要与结晶相对较好的高岭石条带相伴生，形态不规则，条带宽度不一（图 3-13）；团块状黄铁矿常与条带状和细粒状黄铁矿共生在一起[图 3-14（a）]，形态多样，既有不规则状，也见有圆球状，在球状黄铁矿的核部和边缘见有三叉状［图 3-14（b）］和环状［图 3-14（c）］的收缩裂纹，被结晶较好的高岭石所充填。

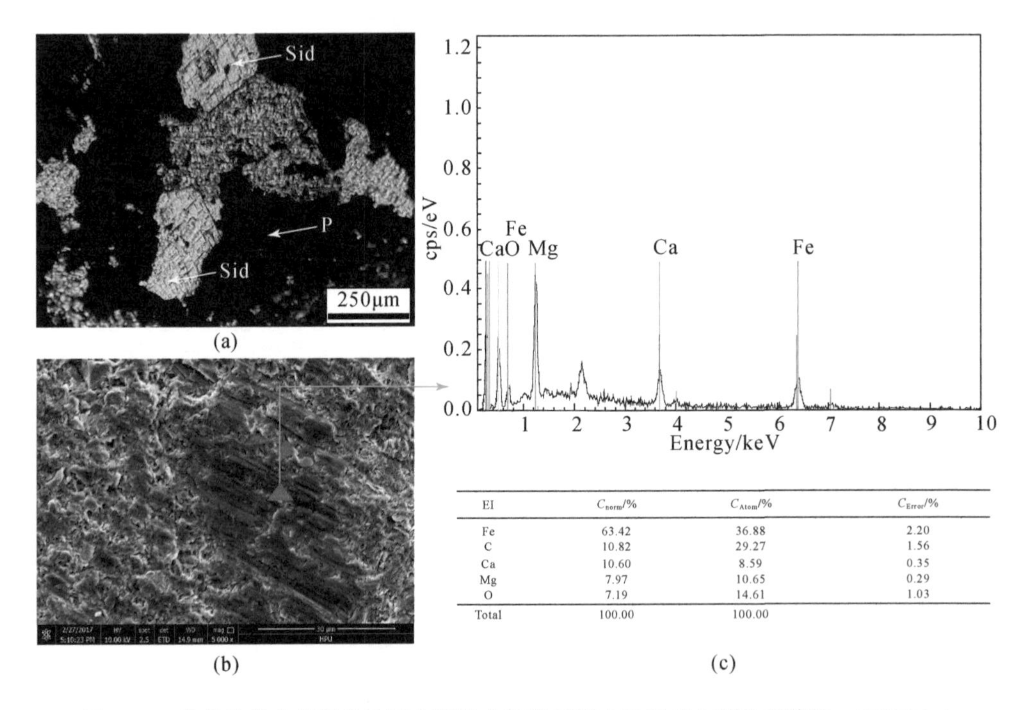

EI	C_{norm}/%	C_{Atom}/%	C_{Error}/%
Fe	63.42	36.88	2.20
C	10.82	29.27	1.56
Ca	10.60	8.59	0.35
Mg	7.97	10.65	0.29
O	7.19	14.61	1.03
Total	100.00	100.00	

图 3-13　华北陆块南部偃龙地区本溪组含铝岩系铝土质泥岩中菱铁矿特征，ZK8714-4

（a）镜下菱铁矿菱形解理完全（单偏光）；（b）扫面电镜下菱铁矿晶体；（c）菱铁矿的能谱。Sid-菱铁矿；P-黄铁矿

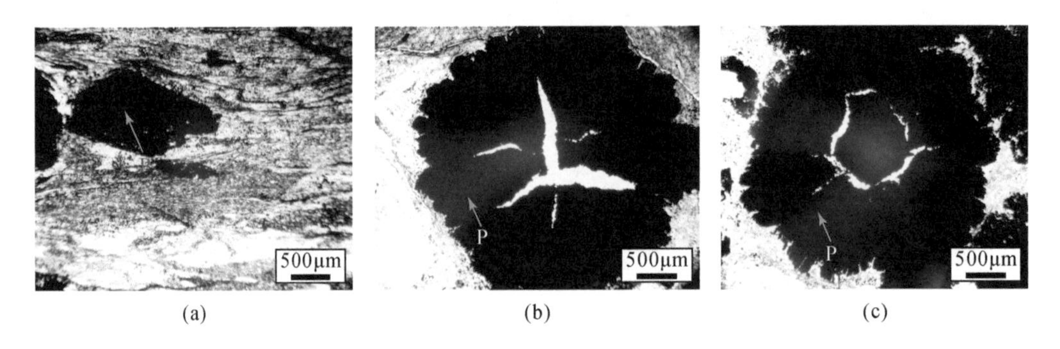

图 3-14　华北陆块南部偃龙地区本溪组含铝岩系铝土质泥岩中黄铁矿特征，ZK0014-5

（a）团块状黄铁矿与条带状和细粒状黄铁矿共生（单偏光）；（b）球状黄铁矿的核部三叉状收缩裂纹（单偏光）；（c）球状黄铁矿的边缘环状收缩裂纹（单偏光）。P-黄铁矿

9. *炭屑*

炭屑在显微镜下不易辨认，在扫描电镜下，根据能谱分析可发现炭屑，呈不规则粒状，内部疏松多孔，可能为植物纤维之间的孔隙（图 3-15）。

10. *锐钛矿*

锐钛矿含量较少，主要存在于结晶较好的高岭石空隙中，呈微小的圆球状（图 3-16）。

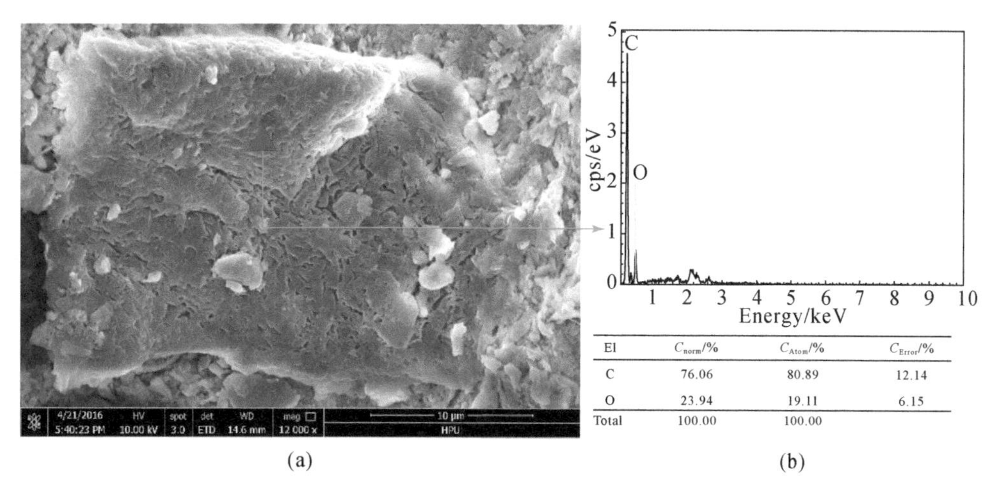

El	C_{norm}/%	C_{Atom}/%	C_{Error}/%
C	76.06	80.89	12.14
O	23.94	19.11	6.15
Total	100.00	100.00	

图 3-15 华北陆块南部偃龙地区本溪组含铝岩系铝土质泥岩中炭屑扫描电镜和能谱特征，ZK0014-8
（a）扫描电镜下炭屑特征；（b）炭屑的能谱

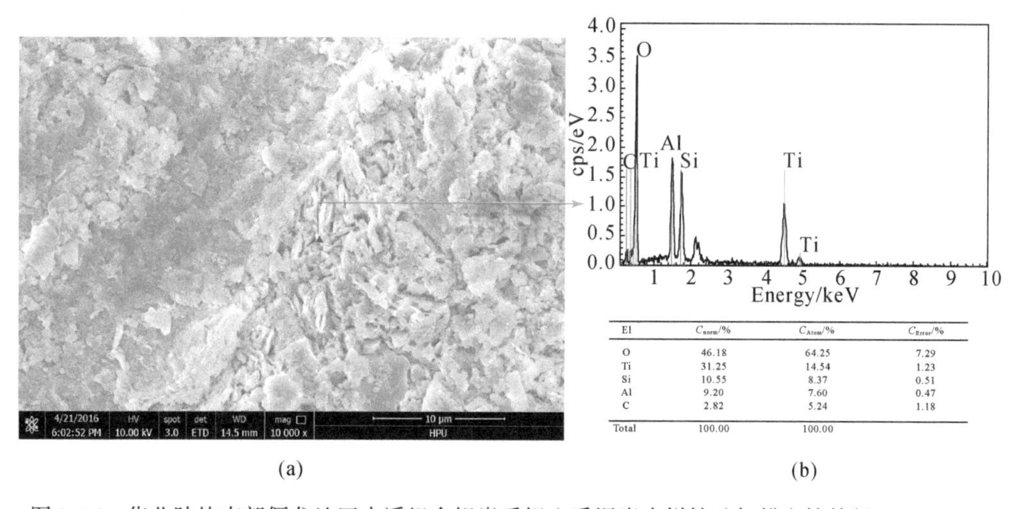

El	C_{norm}/%	C_{Atom}/%	C_{Error}/%
O	46.18	64.25	7.29
Ti	31.25	14.54	1.23
Si	10.55	8.37	0.51
Al	9.20	7.60	0.47
C	2.82	5.24	1.18
Total	100.00	100.00	

图 3-16 华北陆块南部偃龙地区本溪组含铝岩系铝土质泥岩中锐钛矿扫描电镜特征，ZK4704-3
（a）锐钛矿存在于结晶较好的高岭石空隙中；（b）锐钛矿的能谱

11. *石膏*

野外露头中，石膏常见于含铝岩系的底部，呈宽度小于 1cm 的脉状，穿插于黄铁矿条带中或团块中［图 3-17（a）］或存在于铝土质泥岩的裂隙中［图 3-17（b）］。

三、豆鲕（碎屑）状铝土矿的矿物学特征

豆鲕（碎屑）状铝土矿主要由硬水铝石组成，含量有时可达 90% 以上，但普遍含有黏土矿物，尤其是硬水铝石在后期被强烈溶蚀时（详见第七章），黏土矿物的含量可大于硬水铝石的含量，除此之外，还含有锐钛矿、菱铁矿、方解石、炭屑、黄铁矿等多种矿物。总体上，豆鲕（碎屑）状铝土矿中矿物粒度较大、结晶较好。

图 3-17　华北陆块南部偃龙地区本溪组含铝岩系底部的石膏条带，关帝庙村

（a）石膏条带穿插于黄铁矿团块中；（b）石膏条带赋存在铝土质泥岩的裂隙中。P-黄铁矿；Gy-石膏

1. 硬水铝石

薄片中硬水铝石主要呈隐晶质或微晶存在，隐晶质集合体在单偏光和正交偏光下均呈褐色，主要存在于豆鲕之间的胶结物中和豆鲕的暗色圈层中。硬水铝石微晶在单偏光下呈无色或灰色，正交偏光下为蓝色和绿色，正高突起，形态呈半自形–他形粒状、板柱状或针状，主要分布在豆鲕的亮色圈层中和部分豆鲕之间的胶结物中（图 3-18），这些微晶的集合体呈交织镶嵌状，无定向排列。

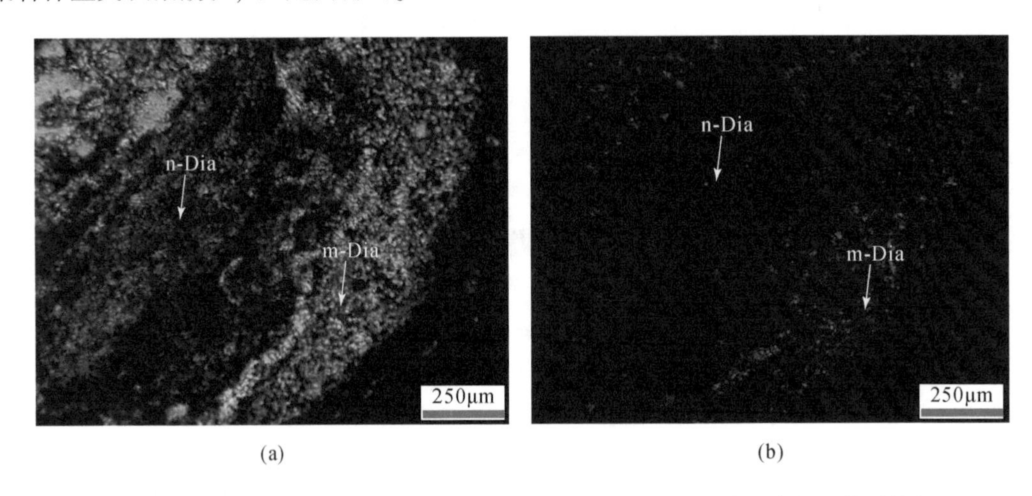

图 3-18　华北陆块南部偃龙地区本溪组含铝岩系豆鲕（碎屑）状铝土矿中硬水铝石镜下特征，ZK4704-5

（a）硬水铝石呈隐晶质或微晶存在于豆鲕之间的胶结物中和豆鲕的暗色圈层中，硬水铝石微晶存在于豆鲕的亮色圈层中（单偏光）；（b）硬水铝石呈隐晶质或微晶存在于豆鲕之间的胶结物中和豆鲕的暗色圈层中，硬水铝石微晶存在于豆鲕的亮色圈层中（正交偏光）。n-Dia-硬水铝石隐晶质集合体；m-Dia-硬水铝石微晶

扫描电镜下，硬水铝石也主要呈两种形态，一种为隐晶质，其集合体断续相连，外缘不规则，致密，色暗［图 3-19（a）］；另一种为晶体形态较好的硬水铝石，粒状，分布于隐晶质硬水铝石集合体的间隙或孔洞中，这些孔洞或散布于隐晶质硬水铝石集合体中，或组成断续相连的条带或环带［图 3-19（c）］，内部微孔丰富。能谱分析表明，豆鲕（碎屑）状铝

土矿层下部，硬水铝石隐晶质集合体中含有较多的 Fe、Mg 等元素［图 3-19（d）］，硬水铝石晶体元素较为单一，主要为 Al 和 O，有时含有少量的 Ti［图 3-19（c）］。

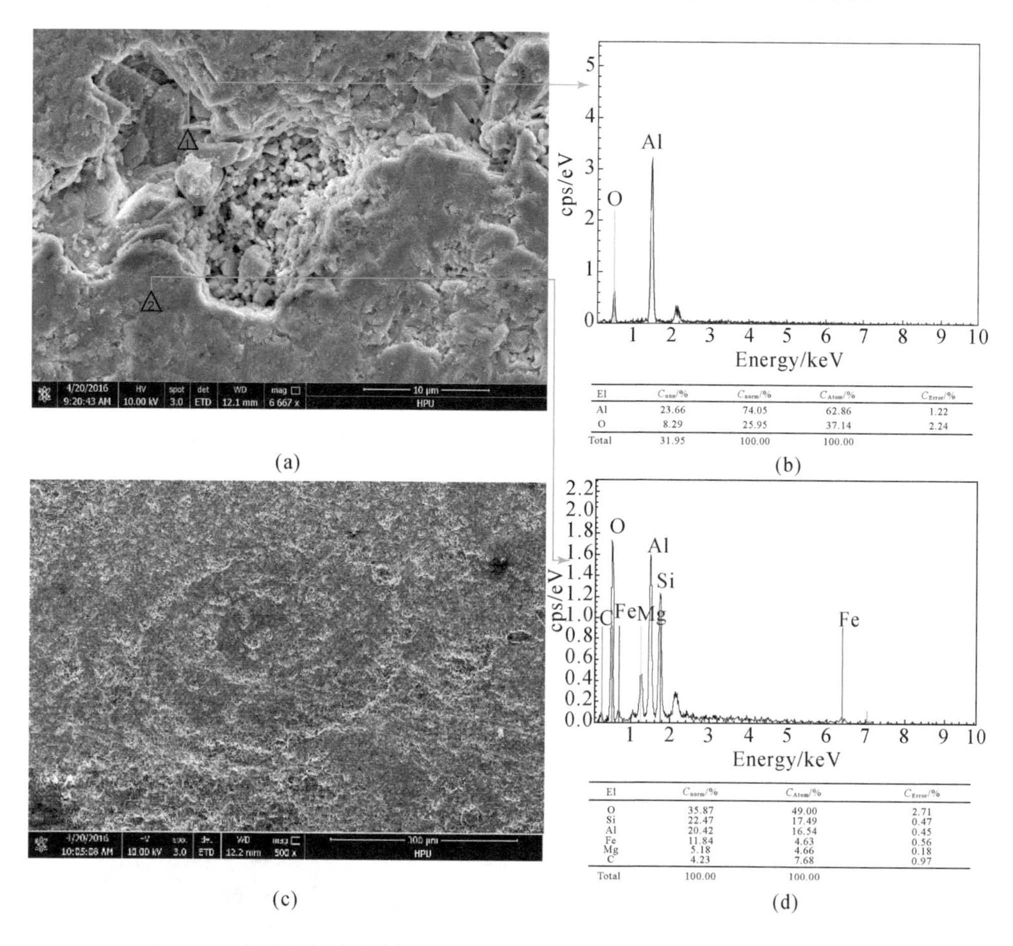

El	C_{unn}/%	C_{norm}/%	C_{Atom}/%	C_{Error}/%
Al	23.66	74.05	62.86	1.22
O	8.29	25.95	37.14	2.24
Total	31.95	100.00	100.00	

El	C_{norm}/%	C_{Atom}/%	C_{Error}/%
O	35.87	49.00	2.71
Si	22.47	17.49	0.47
Al	20.42	16.54	0.45
Fe	11.84	4.63	0.56
Mg	5.18	4.66	0.18
C	4.23	7.68	0.97
Total	100.00	100.00	

图 3-19　华北陆块南部偃龙地区本溪组含铝岩系豆鲕（碎屑）状铝土矿中硬水铝石扫描电镜特征，ZK4704-5

（a）硬水铝石的扫描电镜特征，不规则致密团块状硬水铝石集合体及其间隙中的短柱状硬水铝石；（b）短柱状硬水铝石的能谱；（c）孔洞或散布于团块状硬水铝石集合体中，组成断续相连的环带；（d）致密团块状硬水铝石能谱。C_{unn} 为未归一化的重量比

2. 锐钛矿

锐钛矿主要呈微小的粒状或圆球状存在于隐晶质硬水铝石集合体的孔洞中，但含有一定量的 Al（图 3-20）。

3. 伊利石

岩石薄片中，伊利石主要呈板条状晶体，单偏光下无色，正交偏光下呈淡绿色和淡蓝色，主要存在于豆鲕的核部和边缘，也可存在于豆鲕之间的胶结物中［图 3-21（a）］。伊利石集合体与隐晶质硬水铝石边缘呈侵蚀状接触，也可呈细脉状穿切豆鲕的圈层，但往往细脉与伊利石的较大集合体相连［图 3-21（b）］。需要指出，有时在豆鲕（碎屑）状铝土矿层的下部可以见到含有大量伊利石的豆鲕，铁质矿物散布于伊利石中呈环状或分布于豆

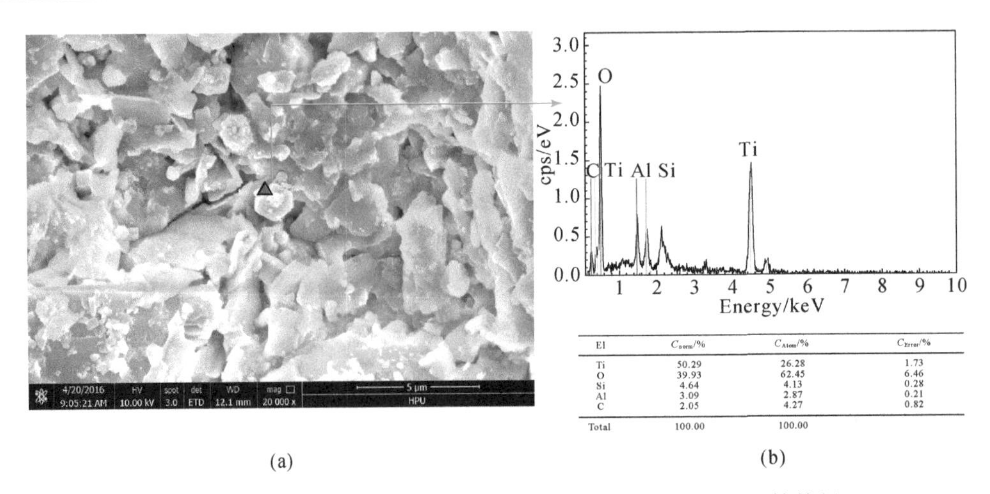

El	C_{norm}/%	C_{Atom}/%	C_{Error}/%
Ti	50.29	26.28	1.73
O	39.93	62.45	6.46
Si	4.64	4.13	0.28
Al	3.09	2.87	0.21
C	2.05	4.27	0.82
Total	100.00	100.00	

(a)　　(b)

图 3-20　华北陆块南部偃龙地区豆鲕（碎屑）状铝土矿中锐钛矿扫描电镜特征，ZK4704-5

（a）锐钛矿存在于隐晶质硬水铝石集合体的孔洞中；（b）锐钛矿的能谱

鲕的边缘［图 3-21（b）（c）］。扫描电镜下，可以发现伊利石主要存在于隐晶质硬水铝石集合体的孔洞中，呈薄片状集合体，结晶良好，有时可充填在结晶较好的硬水铝石空隙中，解理垂直于孔隙边缘（图 3-22）。

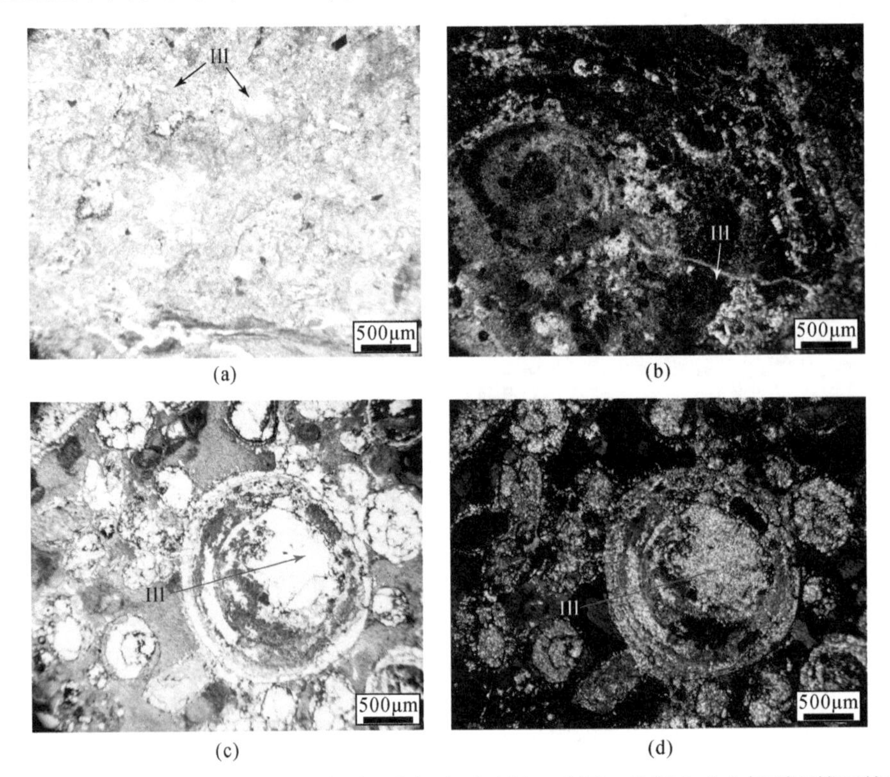

图 3-21　华北陆块南部偃龙地区本溪组含铝岩系豆鲕（碎屑）状铝土矿中伊利石镜下特征

（a）伊利石主要存在于豆鲕的核部和边缘，也可存在于豆鲕之间的胶结物中（单偏光），ZK4704-3；（b）细脉状伊利石穿切豆鲕的圈层，与伊利石的较大集合体相连（正交偏光），ZK4704-6；（c）主要由伊利石组成的豆鲕（单偏光），ZK18312-2；（d）主要由伊利石组成的豆鲕（正交偏光），ZK18312-2。Ill-伊利石

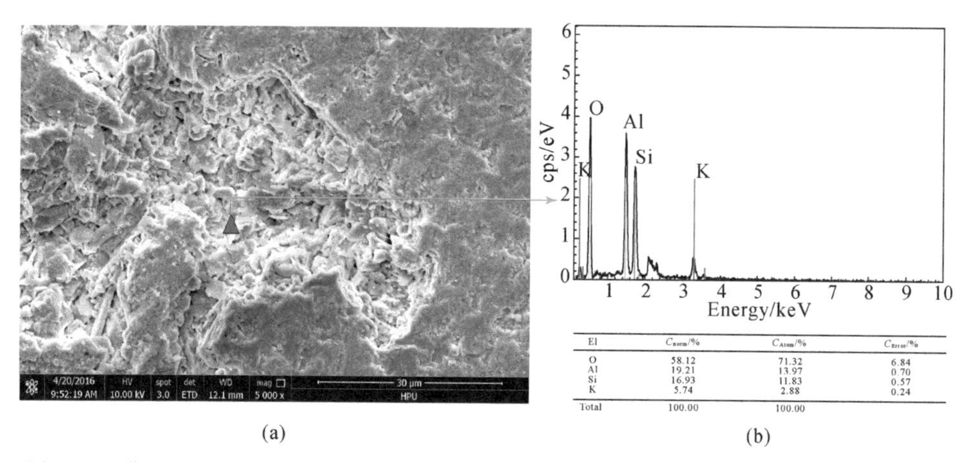

El	C_{norm}/%	C_{Atom}/%	C_{Error}/%
O	58.12	71.32	6.84
Al	19.21	13.97	0.70
Si	16.93	11.83	0.57
K	5.74	2.88	0.24
Total	100.00	100.00	

图3-22　华北陆块南部偃龙地区豆鲕（碎屑）状铝土矿中伊利石扫描电镜特征，ZK4704-5
（a）伊利石存在于隐晶质硬水铝石集合体的孔洞中；（b）伊利石的能谱

4. 高岭石

高岭石主要存在于豆鲕（碎屑）状铝土矿层的上部，分布于豆鲕的核部和边缘，结晶较好，单偏光下无色，正交偏光下为无色、蓝色或淡黄色（图3-23）。在豆鲕（碎屑）状铝土矿层的顶部，高岭石含量增加。不仅在豆鲕内部存在大量高岭石，而且在豆鲕之间的胶结物中也存在大量的高岭石，有时整个豆鲕都被高岭石充填。扫描电镜下，高岭石也主要存在于隐晶质硬水铝石集合体的孔洞中（图3-24）。

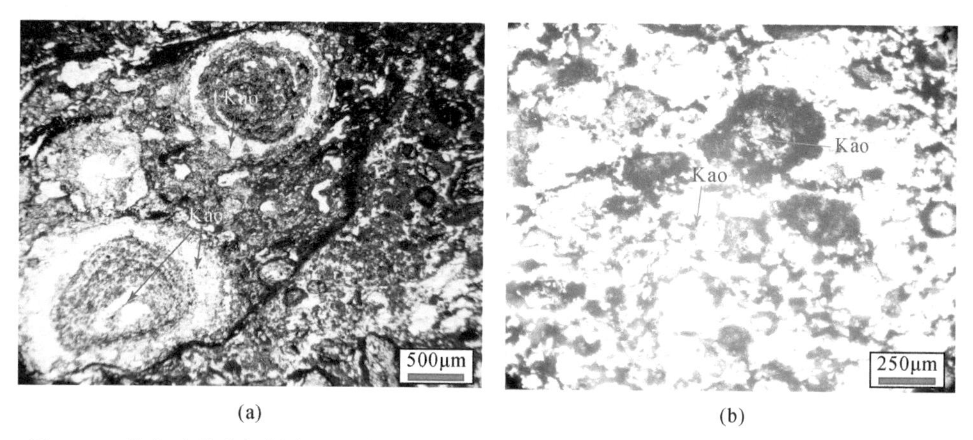

图3-23　华北陆块南部偃龙地区本溪组含铝岩系豆鲕（碎屑）状铝土矿中高岭石镜下特征
（a）高岭石分布于豆鲕的核部和边缘，结晶较好，单偏光下无色（单偏光），ZK0008-38；（b）高岭石含量增加，不仅在豆鲕内部，在豆鲕之间的胶结物中也存在大量的高岭石（正交偏光），K4704-8。Kao-高岭石

5. 叶蜡石

叶蜡石在单偏光下呈浅褐色或无色，具一组完全解理，正交光下，颜色鲜艳似白云母，平行消光，最高干涉色为一级顶至二级底（图3-25）。X射线衍射中，叶蜡石的主要特征峰9.13Å、4.59Å、3.06Å清晰存在，主、次、第三峰对应良好（图3-26）。扫描电镜下，叶蜡石呈明显的片状，有时见有放射状，主要存在于隐晶质硬水铝石集合体

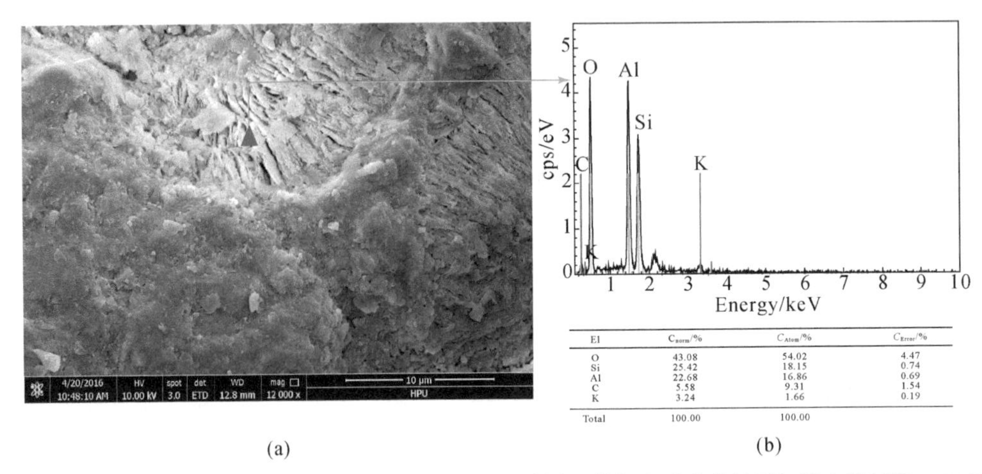

El	C_{norm}/%	C_{Atom}/%	C_{Error}/%
O	43.08	54.02	4.47
Si	25.42	18.15	0.74
Al	22.68	16.86	0.69
C	5.58	9.31	1.54
K	3.24	1.66	0.19
Total	100.00	100.00	

(a)　(b)

图 3-24　华北陆块南部偃龙地区本溪组含铝岩系豆鲕（碎屑）状铝土矿中高岭石扫描电镜特征，ZK4704-8

（a）高岭石存在于隐晶质硬水铝石集合体的孔洞中；（b）高岭石的能谱

的孔洞中［图 3-27（a）］。能谱分析表明主要元素组成为 Al、Si、O，且 Si>Al，具有叶蜡石的化学式 $Al_2[Si_4O_{10}](OH)_2$ 特征［图 3-27（b）］。

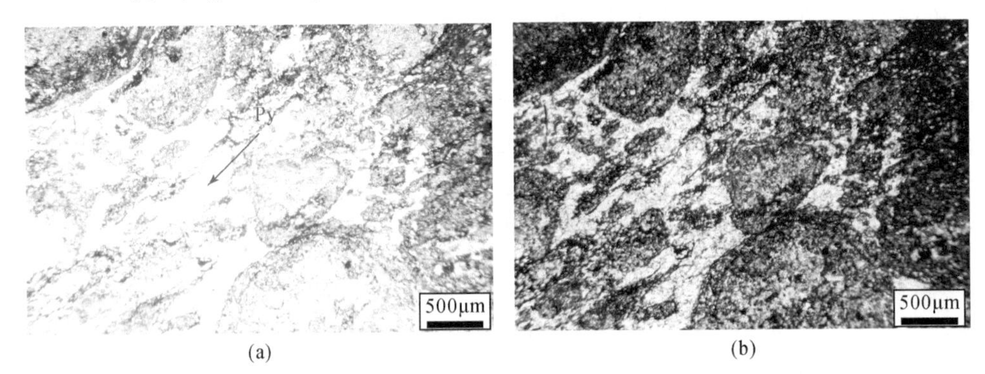

(a)　(b)

图 3-25　华北陆块南部偃龙地区本溪组含铝岩系豆鲕（碎屑）状铝土矿中叶蜡石特征

（a）叶蜡石在单偏光下呈浅褐色或无色，1571-11；（b）叶蜡石在正交偏光下呈蓝色和黄色，1571-11。Py-叶蜡石

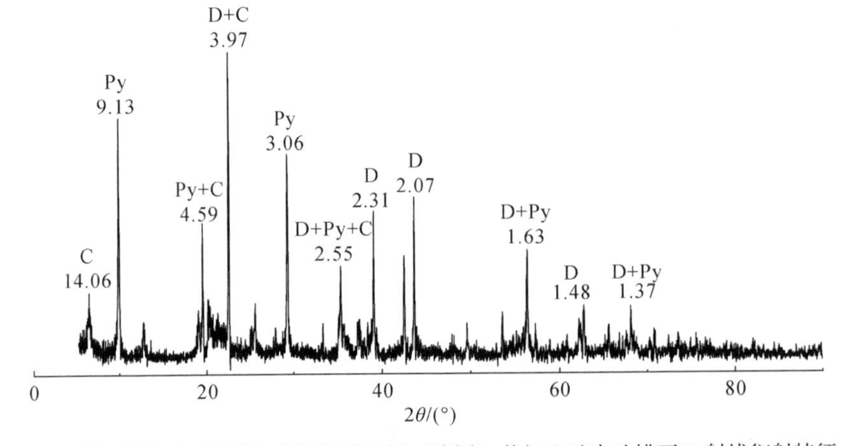

图 3-26　华北陆块南部偃龙地区本溪组含铝岩系豆鲕（碎屑）状铝土矿中叶蜡石 X 射线衍射特征，ZK0008-38

Py-叶蜡石；D-硬水铝石；C-方解石

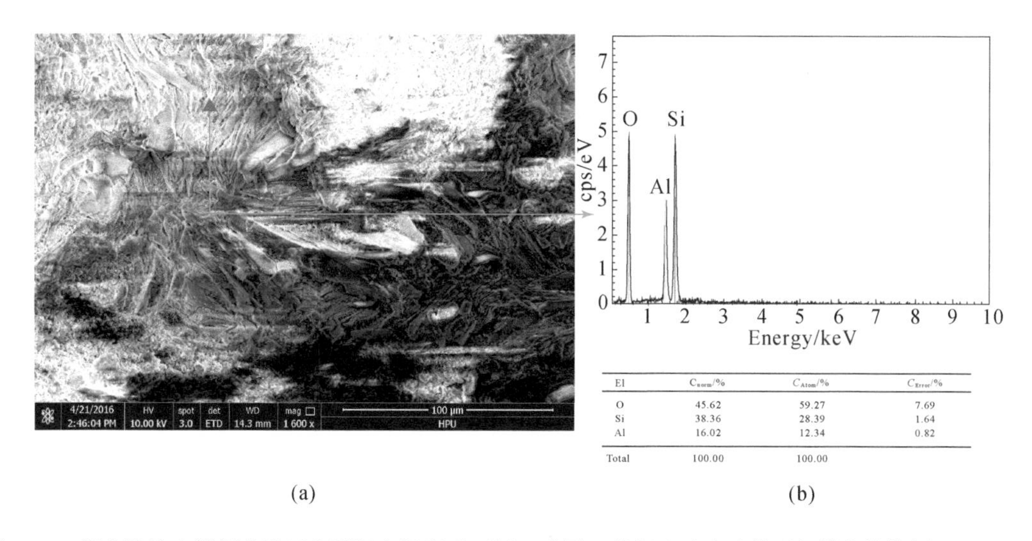

El	C_{norm}/%	C_{Atom}/%	C_{Error}/%
O	45.62	59.27	7.69
Si	38.36	28.39	1.64
Al	16.02	12.34	0.82
Total	100.00	100.00	

图 3-27　华北陆块南部偃龙地区本溪组含铝岩系豆鲕（碎屑）状铝土矿中叶蜡石扫描电镜特征，ZK0008-35
（a）叶蜡石存在于隐晶质硬水铝石集合体的孔洞中；（b）叶蜡石的能谱

6. 菱铁矿

菱铁矿在单偏光下无色，菱形解理，在正交偏光下呈黄褐色［图 3-28（a）］，主要存在于豆鲕粒的核部。扫描电镜下，可见到较好的菱铁矿菱形晶体［图 3-28（b）］，能谱分析表明，主要元素为 Fe、C、O，含有少量的 Mg［图 3-28（c）］。

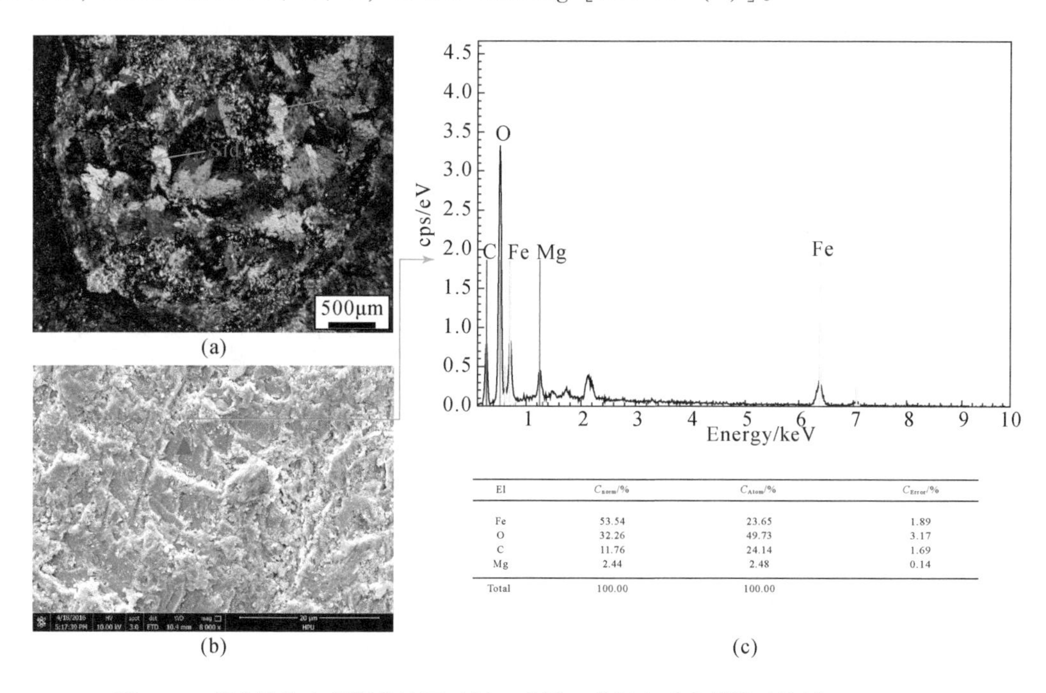

El	C_{norm}/%	C_{Atom}/%	C_{Error}/%
Fe	53.54	23.65	1.89
O	32.26	49.73	3.17
C	11.76	24.14	1.69
Mg	2.44	2.48	0.14
Total	100.00	100.00	

图 3-28　华北陆块南部偃龙地区豆鲕（碎屑）状铝土矿中菱铁矿特征，ZK4704-3
（a）菱铁矿的菱形解理，主要存在于豆鲕粒的核部（单偏光）；（b）菱铁矿扫描电镜下特征；（c）菱铁矿的能谱。
Sid-菱铁矿

7. 蛋白石

蛋白石呈细小的颗粒状或圆球状，在岩石薄片中不易辨识，扫描电镜下，见蛋白石主要存在于隐晶质硬水铝石集合体的孔洞中，常分布在较大晶体的表面（图3-29）。

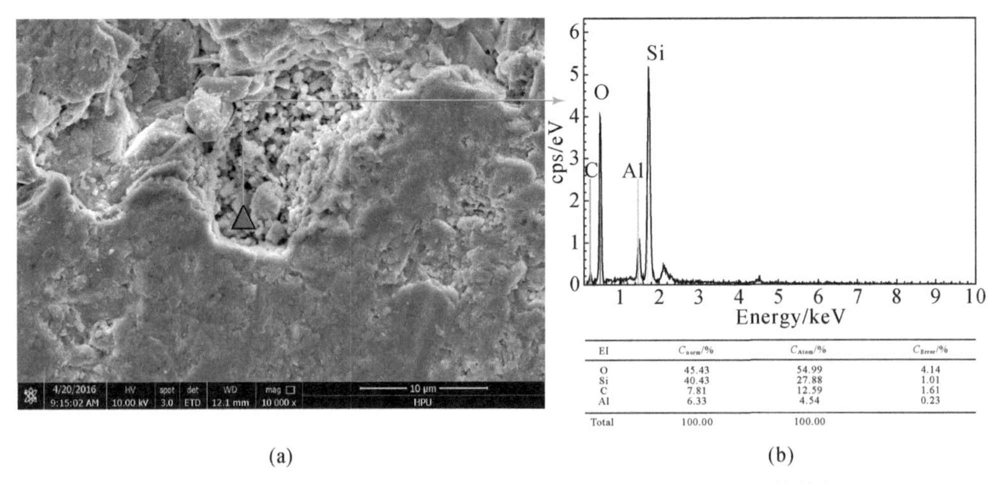

El	C_{norm}/%	C_{Atom}/%	C_{Error}/%
O	45.43	54.99	4.14
Si	40.43	27.88	1.01
C	7.81	12.59	1.61
Al	6.33	4.54	0.23
Total	100.00	100.00	

(a)　　(b)

图3-29　华北陆块南部偃龙地区豆鲕（碎屑）状铝土矿中蛋白石扫描电镜特征，ZK4704-5

（a）蛋白石呈细小的颗粒，存在于隐晶质硬水铝石集合体的孔洞中；（b）蛋白石的能谱

8. 黄铁矿

黄铁矿在豆鲕（碎屑）状铝土矿中普遍存在，主要有三种存在方式：其一为存在于伊利石、高岭石或叶蜡石等结晶质矿物的空隙中，粒度较小，但立方体晶体清晰［图3-30（a）］；其二为存在于伊利石、高岭石或叶蜡石等结晶质矿物细脉的侧壁或圈层的边缘，结晶较差（图3-3）；其三为存在于豆鲕的核心，粒度较大，结晶有好有差［图3-30（b）］。

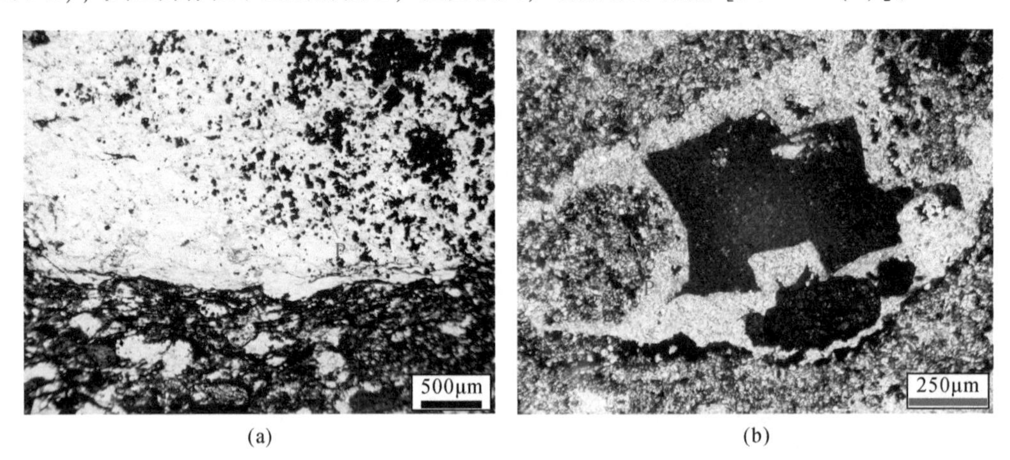

(a)　　(b)

图3-30　华北陆块南部偃龙地区本溪组含铝岩系豆鲕（碎屑）状铝土矿中黄铁矿特征，ZK0008-38

（a）高岭石晶间的黄铁矿颗粒（单偏光）；（b）豆鲕核心的黄铁矿（正交偏光）。P-黄铁矿

9. 石膏

石膏在扫描电镜下表现出良好的纤维状或放射状形态，存在于隐晶质硬水铝石的表面

[图3-31（a)]。能谱分析表明，主要元素为Ca、S、O，且Ca和S原子百分比相近，具有石膏的成分特征［图3-31（b)]。

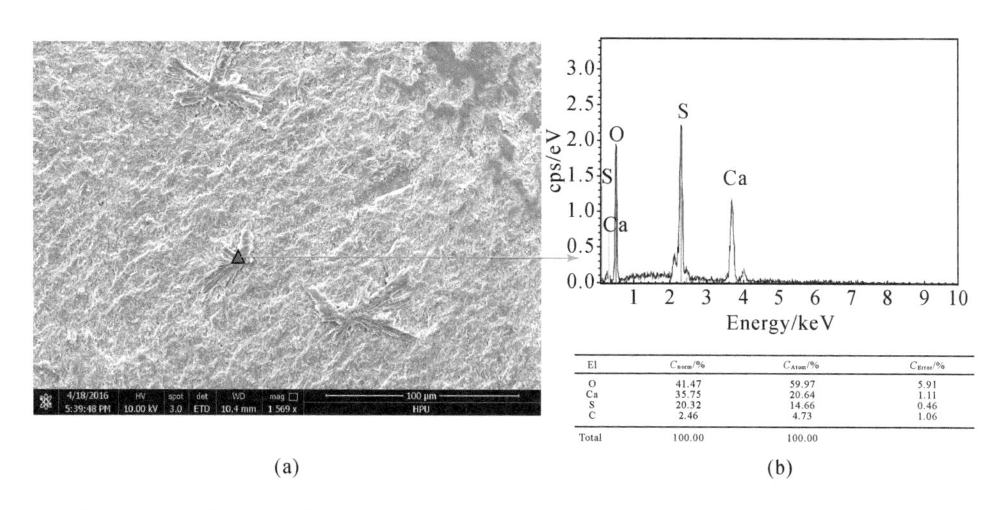

El	C_{norm}/%	C_{Atom}/%	C_{Error}/%
O	41.47	59.97	5.91
Ca	35.75	20.64	1.11
S	20.32	14.66	0.46
C	2.46	4.73	1.06
Total	100.00	100.00	

(a) (b)

图3-31 华北陆块南部偃龙地区本溪组含铝岩系豆鲕（碎屑）状铝土矿中石膏的扫描电镜特征，ZK4704-3
（a）石膏表现出良好的纤维状或放射状形态，存在于隐晶质硬水铝石的表面；（b）石膏的能谱

四、含铝岩系垂向上的矿物变化特征

通过对偃龙地区大量的野外地质测量和200余口钻孔岩心的观察，发现该区含铝岩系不仅厚度和岩石组合差异较大，而且在垂向上由底到顶的岩性序列也有较大的差异，但总体上可以分为四种：铝土质泥岩（序列一)、铝土质泥岩—豆鲕（碎屑）状铝土矿—铝土质泥岩（序列二)、铝土质泥岩—具有夹层的豆鲕（碎屑）状铝土矿—铝土质泥岩（序列三）和厚层纹层状铝土质泥岩—薄层豆鲕（碎屑）状铝土矿—铝土质泥岩（序列四)。不同的岩性序列在垂向上具有不同的矿物变化特征。

（一）序列一：铝土质泥岩序列

该序列整体岩性为铝土质泥岩，地表露头表现为灰色、黄色等杂色泥岩。钻孔岩心整体为灰黑色，见有与较浅颜色条带组成的纹层构造，普遍含有星散状的黄铁矿颗粒，底部往往见有黄铁矿较为集中的薄层，有时这一薄层也在含铝岩系的中部出现。该岩性序列厚度一般小于10m，但总体上具有北厚南薄的特点。经地表观察和钻孔揭露的华北陆块南部偃龙地区本溪组含铝岩系厚度等值线图分析（附图1)，该序列常出现在远离岩溶漏斗处。

在垂向上该序列矿物组成具有规律性的变化，下面以ZK0014钻孔为例对其进行分析。该钻孔位于偃龙地区的中部，含铝岩系沉积厚度4.46m，整体岩性为铝土质泥岩，灰黑色，含有团块状和星散状黄铁矿，底部与马家沟组灰岩接触界面平整，顶部出现薄层碳质泥岩，并过渡为太原组底部的薄煤层，采样位置和岩性描述如图3-32所示。

P_1t	499.73m		生物碎屑灰岩 煤
C_2—P_1b	504.19m	ZK0014-8 ZK0014-7 ZK0014-5 ZK0014-3 ZK0014-1	铝土质泥岩，灰黑色，见有与较浅颜色条带组成的纹层构造，普遍含有星散状黄铁矿，底部见有黄铁矿较为集中的薄层
O_2m			灰岩

图 3-32　华北陆块南部偃龙地区 ZK0014 钻孔本溪组含铝岩系柱状图和采样位置

X 射线衍射图谱中，高岭石的 7.15Å、3.57Å 特征衍射峰普遍存在，此外 4.45Å、2.56Å、2.33Å、1.99Å、1.63Å 和 1.49Å 的其他次级衍射峰也对应较好，伊利石 10Å 左右的特征峰主要出现在含铝岩系的下部（图 3-33 中 ZK0014-1，ZK0014-3，ZK0014-5），同时 4.97Å、4.48Å、3.33Å、2.55Å、1.99Å 高级次衍射峰也较明显，但从含铝岩系的下部向上部，伊利石的特征峰逐渐减弱以致消失，而高岭石的特征峰明显增强。在含铝岩系的中部出现 2.70Å、2.21Å、1.62Å 的黄铁矿特征峰（图 3-33 中 ZK0014-3，ZK0014-5，ZK0014-7）。

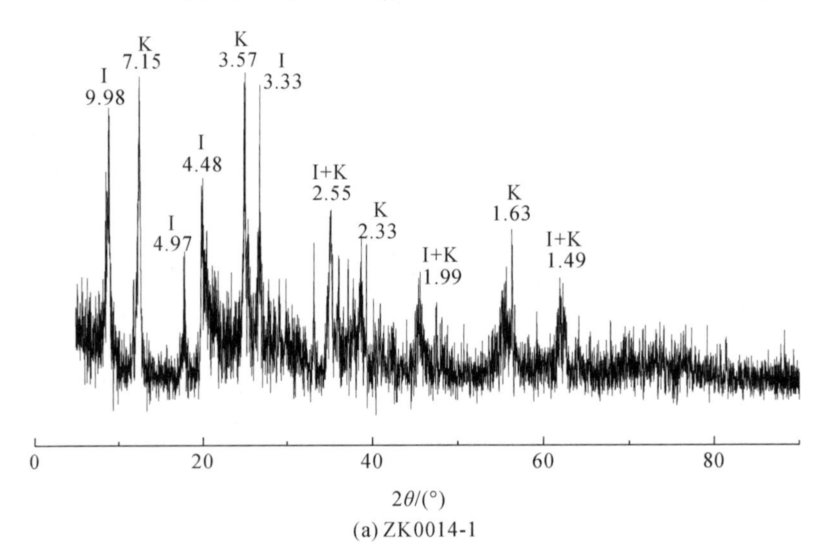

(a) ZK0014-1

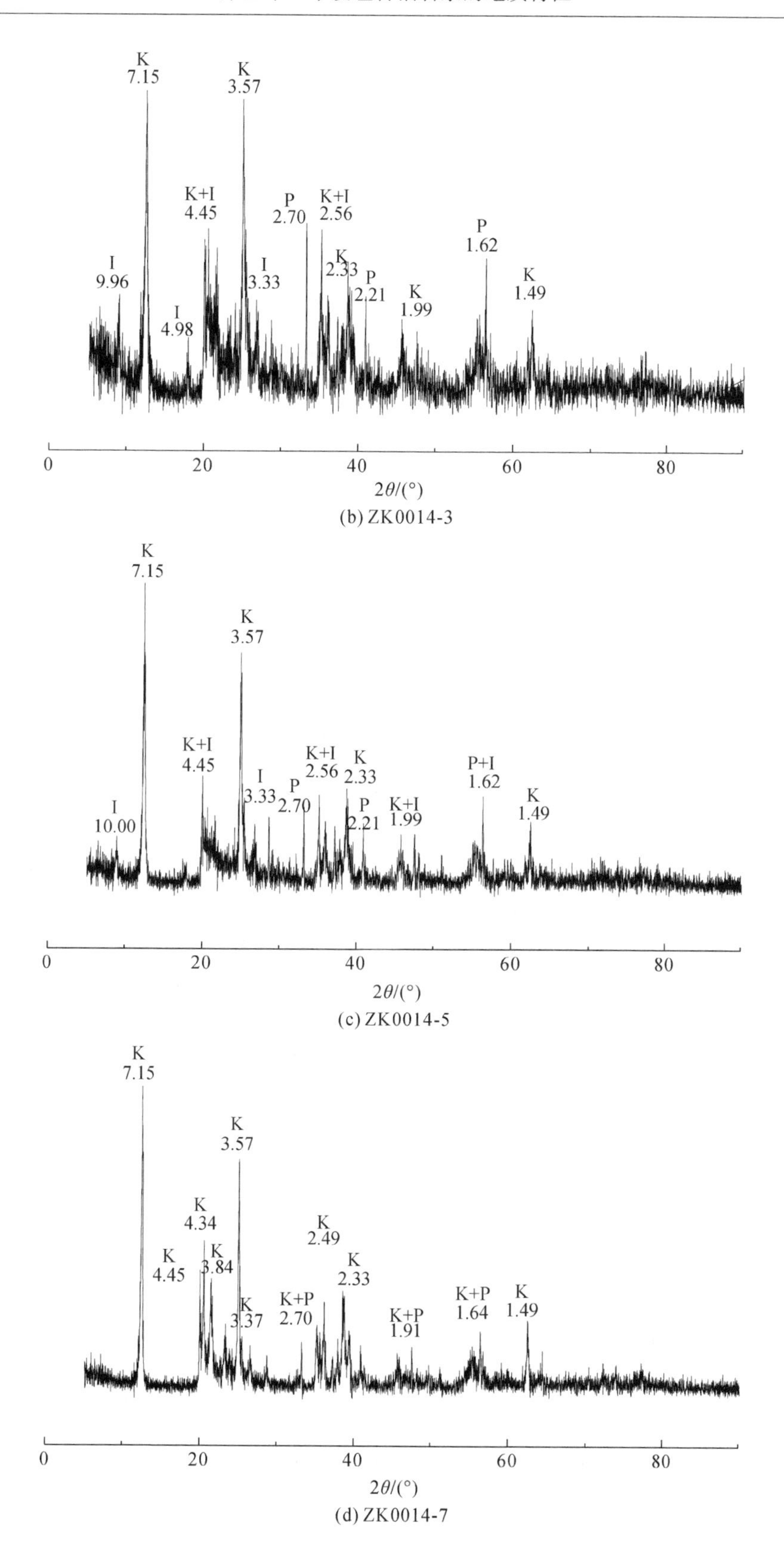

(b) ZK0014-3

(c) ZK0014-5

(d) ZK0014-7

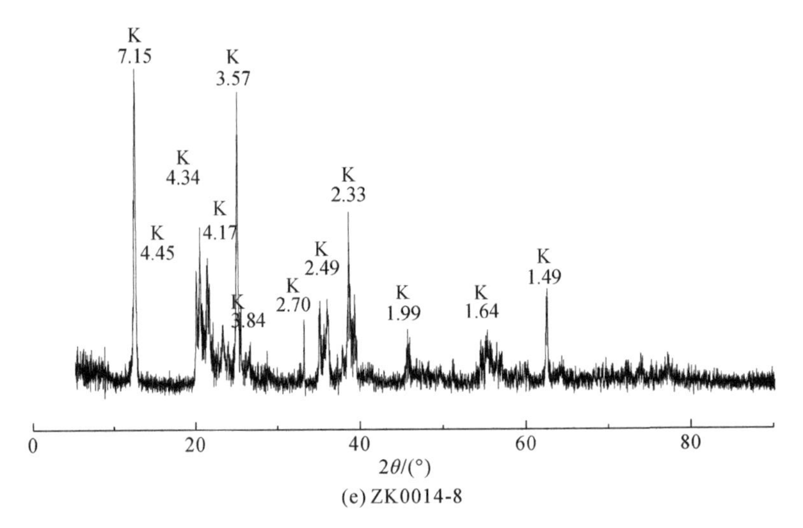

(e) ZK0014-8

图 3-33　华北陆块南部偃龙地区 ZK0014 钻孔本溪组含铝岩系 X 射线衍射图谱

I-伊利石；K-高岭石；P-黄铁矿

上述分析表明，铝土质泥岩序列的主要矿物成分为高岭石和伊利石，高岭石存在于整个序列，伊利石主要出现在该序列的下部，且向上部逐渐减少以致消失。

（二）序列二：铝土质泥岩—豆鲕（碎屑）状铝土矿—铝土质泥岩序列

该序列表现为铝土质泥岩中夹有厚度不等的豆鲕（碎屑）状铝土矿，豆鲕（碎屑）状铝土矿整体为块状，颜色较铝土质泥岩浅，常为灰色，含有大小、形状和数量各异的豆鲕或碎屑颗粒，钻孔岩心中常见黄铁矿的团块和不规则纹层。豆鲕（碎屑）状铝土矿与下部铝土质泥岩呈逐渐过渡或截然的接触关系，与上部铝土质泥岩呈突变接触。下部铝土质泥岩在露头表现为灰色、黄色等杂色泥岩薄互层，钻孔中为灰黑色致密状，手感细腻，块状构造，见有颜色深浅表现出的不规则纹层，含有较多的团块状、星点状和条带状黄铁矿，局部见有直径>3cm 的黄铁矿团块。上部铝土质泥岩在地表露头与下部铝土质泥岩有相似的特征，在钻孔岩心中主要呈灰黑色，细纹层发育，常夹有毫米级的煤线，并向上部煤线逐渐增多，最后过渡为本溪组与太原组交界的煤层。

该序列厚度变化较大，有时厚度可达数十米，有时仅 1m 左右，经地表观察和钻孔揭露的华北陆块南部偃龙地区本溪组含铝岩系厚度等值线图分析（附图 1），厚度大者常出现在漏斗中部，厚度小者常出现在漏斗旁侧。

下面以 ZK4704 钻孔为例对该序列的矿物学特征和在垂向上的变化规律进行分析。该钻孔含铝岩系厚度 7.96m，下部铝土质泥岩厚 2.2m，中部豆鲕（碎屑）状铝土矿厚 4.66m，上部铝土质泥岩厚 1.1m，采样位置和岩性描述如图 3-34 所示。

1. 下部铝土质泥岩矿物成分

1）黏土矿物

下部泥岩 X 射线衍射图谱具有 10Å 左右的整数基面衍射序列（图 3-35 中 ZK4704-1，ZK4704-2），这是伊利石矿物的主要特征峰，一些高级次衍射峰如 5.00Å、3.33Å、1.99Å 较

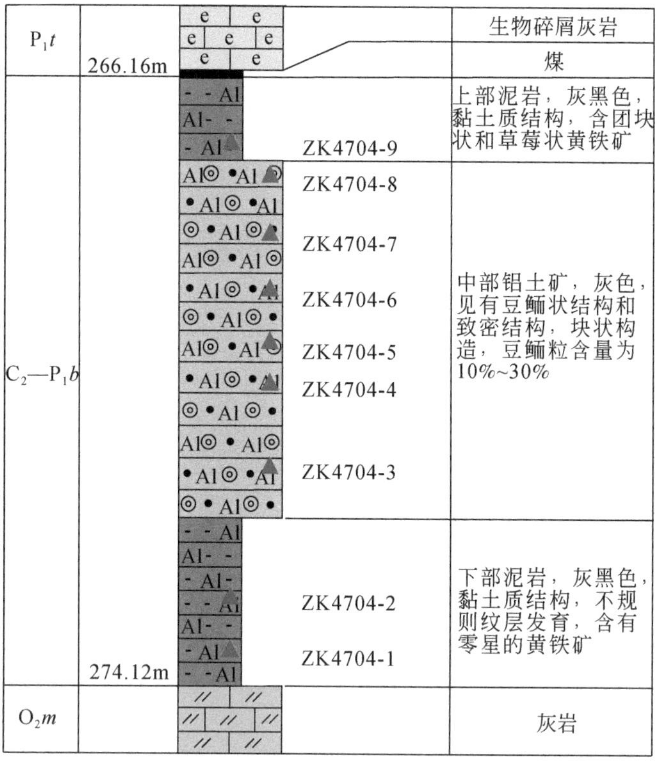

地层	深度	采样位置	岩性描述
P_1t	266.16m		生物碎屑灰岩
			煤
C_2—P_1b		ZK4704-9	上部泥岩，灰黑色，黏土质结构，含团块状和草莓状黄铁矿
		ZK4704-8 ZK4704-7 ZK4704-6 ZK4704-5 ZK4704-4 ZK4704-3	中部铝土矿，灰色，见有豆鲕状结构和致密结构，块状构造，豆鲕粒含量为10%~30%
	274.12m	ZK4704-2 ZK4704-1	下部泥岩，灰黑色，黏土质结构，不规则纹层发育，含有零星的黄铁矿
O_2m			灰岩

图 3-34　华北陆块南部偃龙地区 ZK4704 钻孔本溪组含铝岩系柱状图和采样位置

明显，其他一些衍射峰如 4.46Å、2.56Å、1.50Å 均能对应。此外，在 2θ 角为 3°～30°之间，具有 14.33Å、7.01Å、4.69Å、3.51Å 基面衍射峰，为绿泥石的特征衍射峰。

伊利石矿物的化学成分和结构变化较大，在差热分析中常表现为从 400℃开始直至 900℃均存在脱羟基反应。下部泥岩的两个样品的差热曲线在 400～600℃范围内有一宽缓的吸热谷，同时伴随有较明显的热失重现象，为伊利石脱羟基所造成，在 850～1000℃有微弱的吸热效应，热失重现象微弱，为伊利石排除剩余的结构水所造成（图 3-36 中 ZK4704-1，ZK4704-2）。两个样品在 760℃有一微弱的放热峰，可能是含量较少的鲕绿泥石相变的放热反应（图 3-36 中 ZK4704-1，ZK4704-2）。红外光谱主要表现为伊利石的吸收特征，吸收波数为 $3620cm^{-1}$、$3412cm^{-1}$、$1024cm^{-1}$、$754cm^{-1}$、$536cm^{-1}$、$476cm^{-1}$、$420cm^{-1}$，其中 $3620cm^{-1}$附近的宽缓 OH 伸缩振动吸收峰和 $754cm^{-1}$附近的吸收峰是伊利石矿物的特征吸收峰。鲕绿泥石在红外光谱中的特征不明显，可能与鲕绿泥石含量较少有关（图 3-37 中 ZK4704-1，ZK4704-2）。

2）其他矿物

岩心中下部泥岩含有大量的团块状、草莓状和立方体状黄铁矿，在 X 射线衍射、差热和红外光谱分析中，为避免干扰，样品处理时尽量选择肉眼未见黄铁矿的位置进行分析，因而在实验分析中未见有黄铁矿。此外，样品 ZK4704-2 的差热曲线在 524℃有一微弱的吸热谷（图 3-36），可能为少量的微晶硬水铝石的吸热反应。

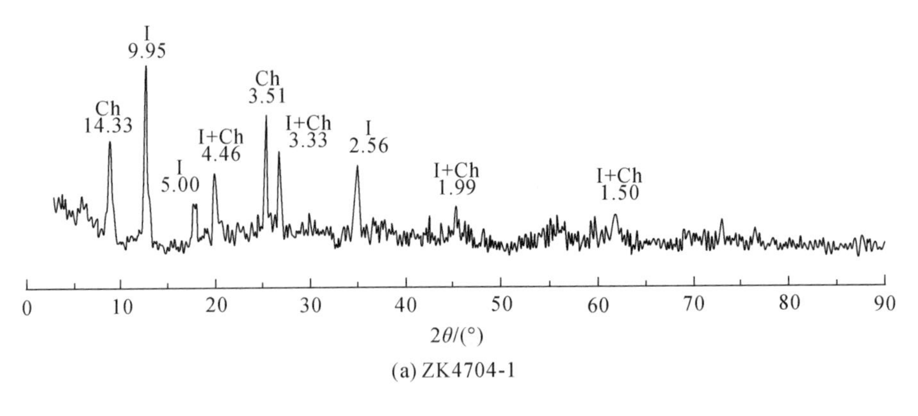

(a) ZK4704-1

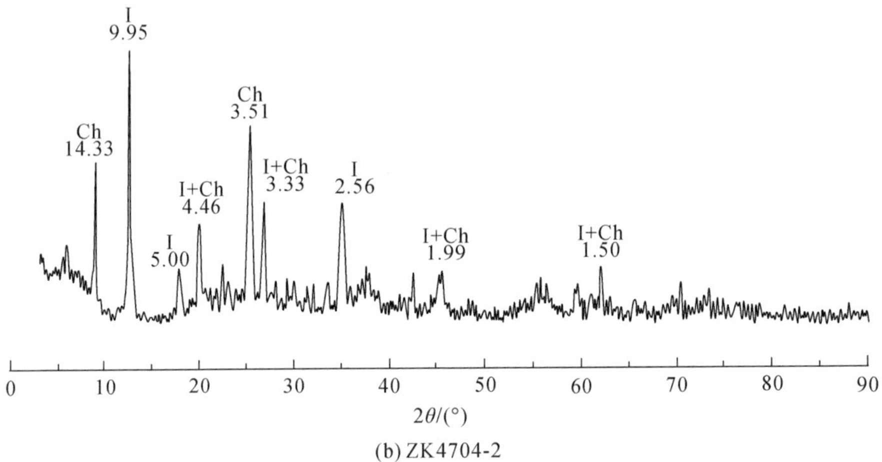

(b) ZK4704-2

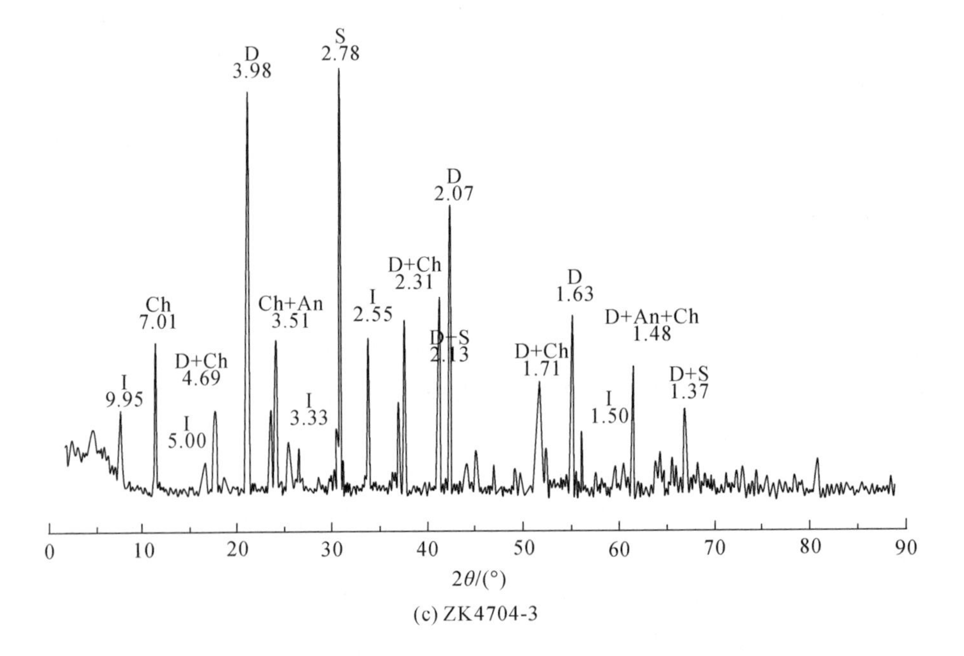

(c) ZK4704-3

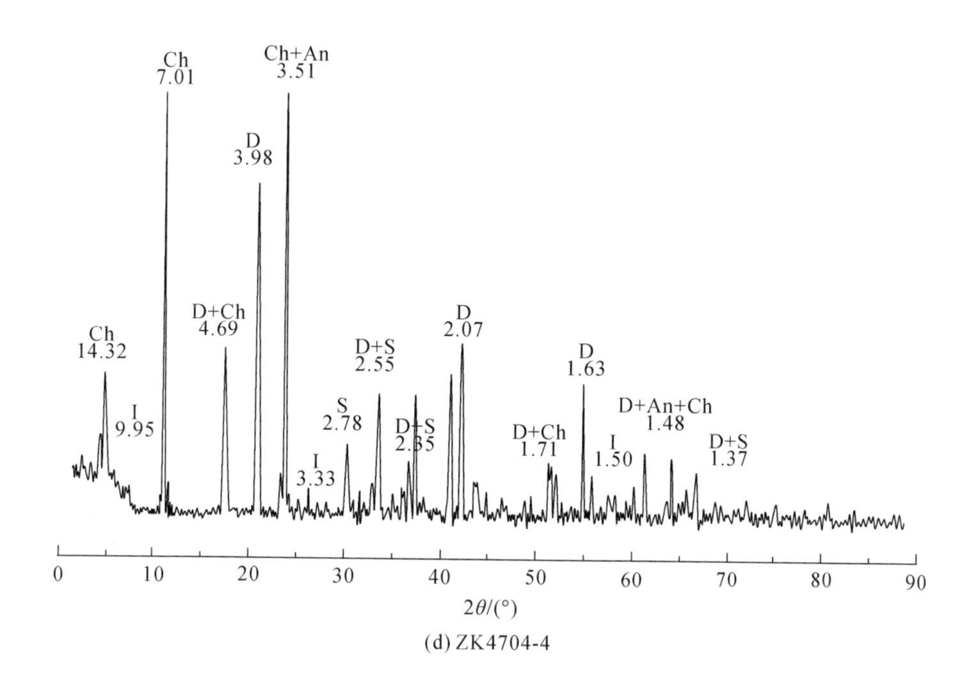

(d) ZK4704-4

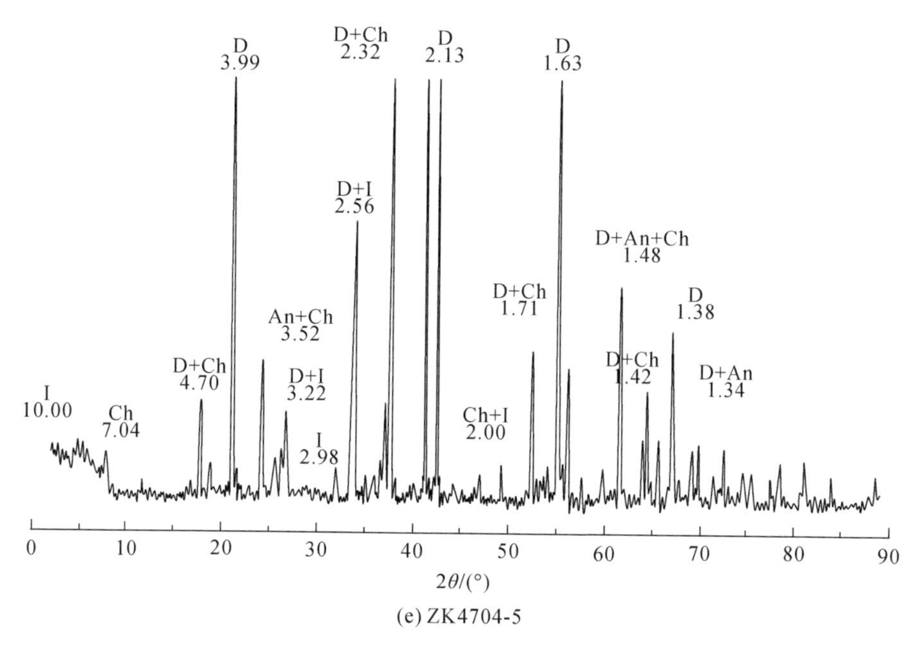

(e) ZK4704-5

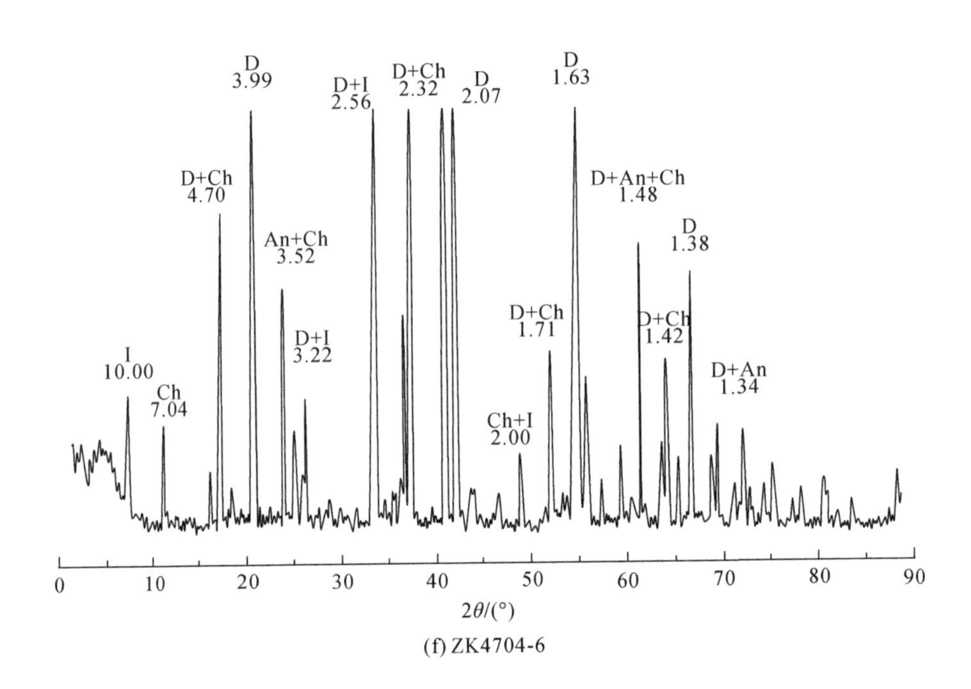

(f) ZK4704-6

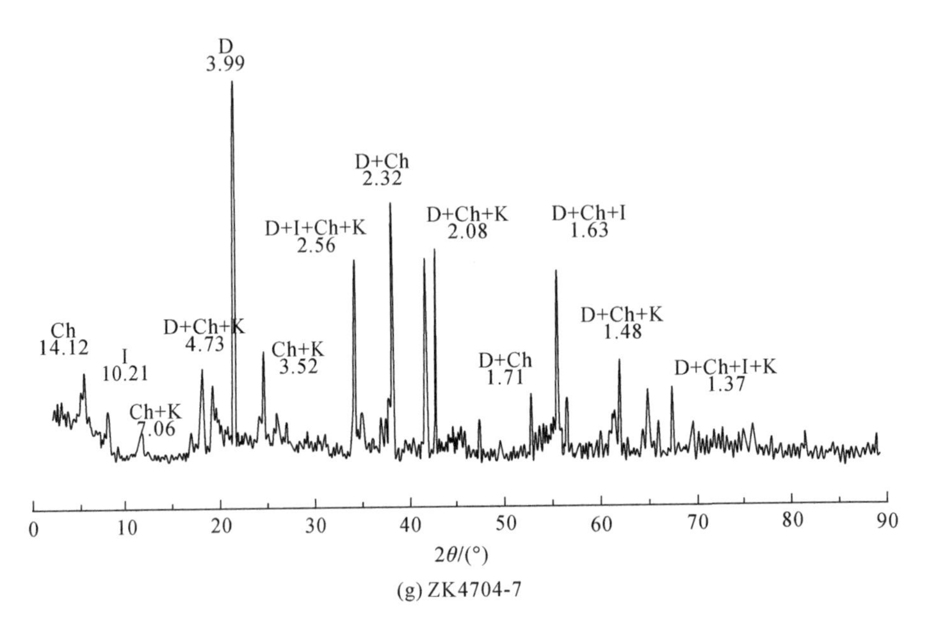

(g) ZK4704-7

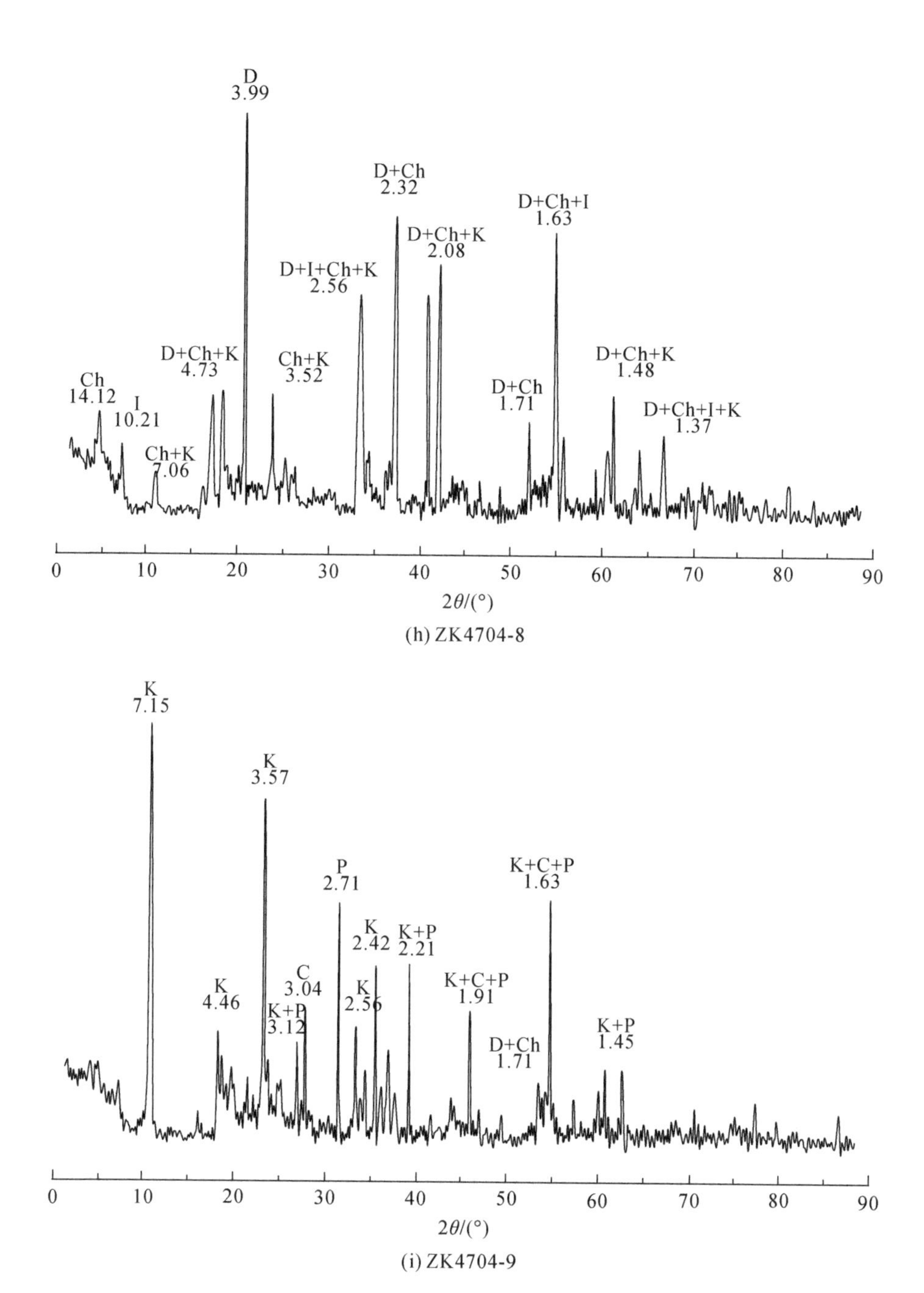

图 3-35　华北陆块南部偃龙地区 ZK4704 钻孔本溪组含铝岩系 X 射线衍射图谱

I-伊利石；Ch-鲕绿泥石；D-硬水铝石；An-锐钛矿；S-菱铁矿；K-高岭石；C-方解石；P-黄铁矿

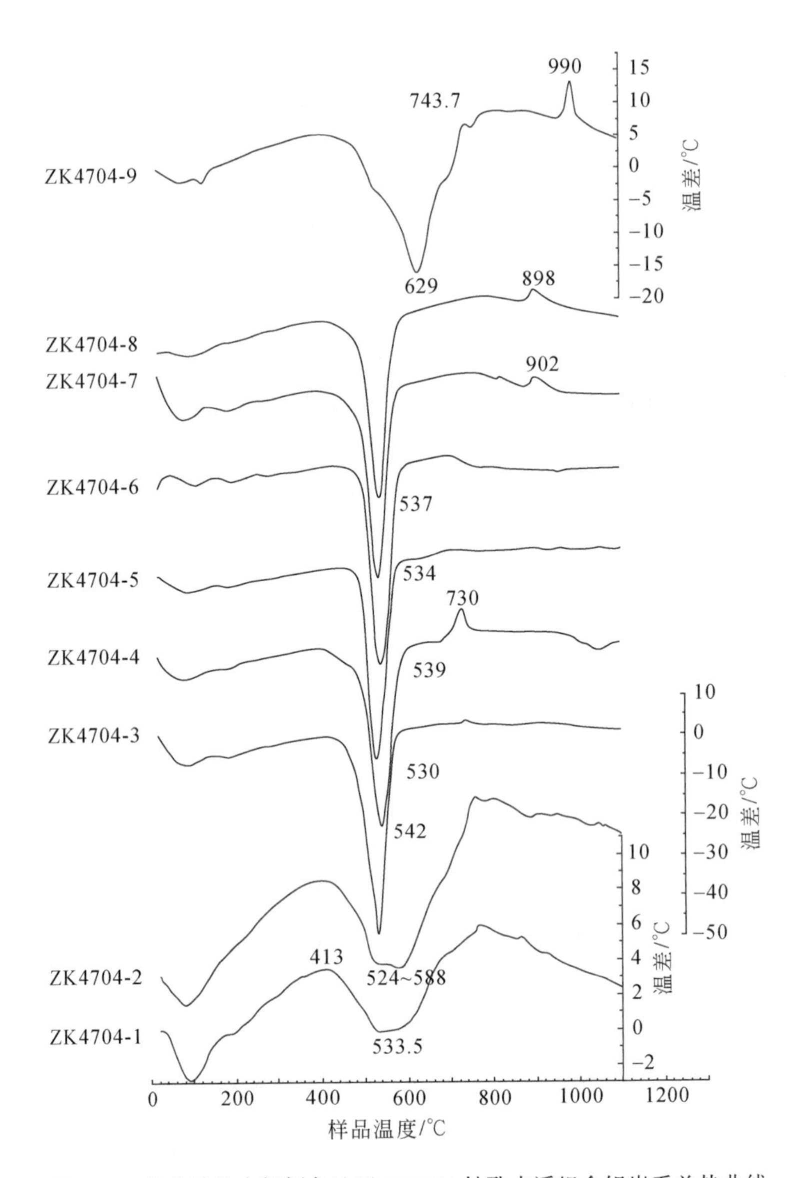

图 3-36　华北陆块南部偃龙地区 ZK4704 钻孔本溪组含铝岩系差热曲线

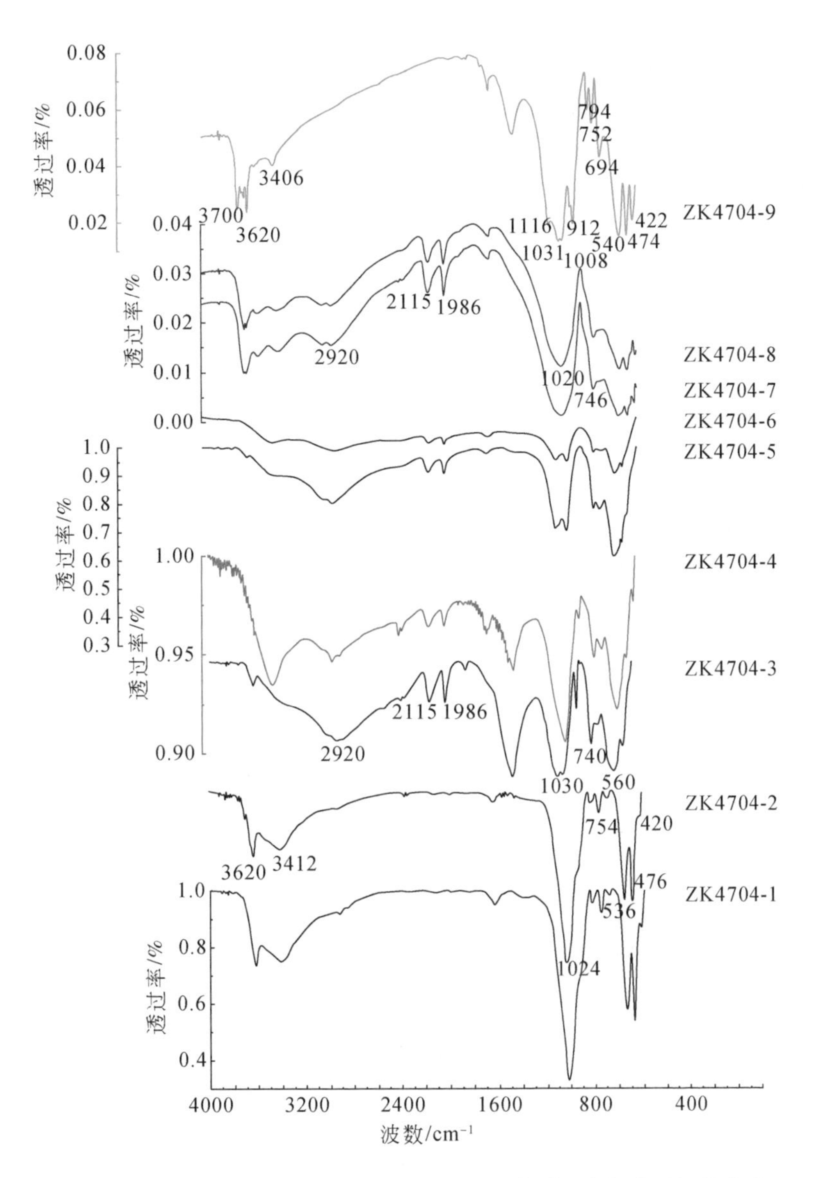

图 3-37　华北陆块南部偃龙地区 ZK4704 钻孔本溪组含铝岩系红外光谱

2. 中部豆鲕（碎屑）状铝土矿矿物成分

1）铝矿物

中部豆鲕（碎屑）状铝土矿 6 个样品均具有硬水铝石 X 射线衍射的特征衍射峰：4.69Å、3.98Å、2.56Å、2.32Å、2.07Å、1.63Å、1.48Å，且峰形尖锐，强度高（图 3-35 中 ZK4704-3，ZK4704-4，ZK4704-5，ZK4704-6，ZK4704-7，ZK4704-8），具有由下部（ZK4704-3 和 ZK4704-4）向上部（ZK4704-6、ZK4704-7 和 ZK4704-8）硬水铝石主强峰增强的趋势。差热曲线在 450～600℃具有较强的吸热反应，吸热谷为 534～542℃，同时伴随有强烈的失重现象（图 3-36 中 ZK4704-3，ZK4704-4，ZK4704-5，ZK4704-6，ZK4704-

7，ZK4704-8），主要为硬水铝石晶格受到破坏的脱羟基反应。红外光谱中吸收波数主要有 $2920cm^{-1}$、$2115cm^{-1}$、$1986cm^{-1}$、$740cm^{-1}$、$560cm^{-1}$，与硬水铝石的吸收波数一致（图 3-37 中 ZK4704-3，ZK4704-4，ZK4704-5，ZK4704-6，ZK4704-7，ZK4704-8）。

2）黏土矿物

中部豆鲕（碎屑）状铝土矿普遍具有 14Å、10Å 和 7Å 附近的衍射峰，这是黏土矿物的主要衍射峰。14Å 附近衍射峰是鲕绿泥石类矿物的特征衍射峰，并具有 4.73Å、3.52Å、2.56Å、2.32Å、2.13Å、2.08Å、1.71Å、1.63Å、1.48Å、1.37Å 的次级衍射峰，但鉴于主强峰强度较小，且次强峰与硬水铝石和高岭石的衍射峰存在重合，说明鲕绿泥石的结晶程度较差，含量较少。7Å 附近衍射峰既是高岭石的特征衍射峰，也是鲕绿泥石的次级衍射峰，鉴于差热分析中上部两个样品 ZK4704-7 和 ZK4704-8 具有 900℃左右的放热峰，确定上部两个样品 ZK4704-7 和 ZK4704-8 的 7Å 附近衍射峰为高岭石的特征衍射峰，其他样品的 7Å 附近衍射峰为鲕绿泥石的次级衍射峰。10Å 附近的衍射峰是伊利石的特征衍射峰，并具有 5.00Å、3.33Å、3.22Å、2.56Å、2.00Å 的次级衍射峰，部分衍射峰与硬水铝石存在重合，伊利石的衍射峰整体强度较小，结合红外光谱在 $3630cm^{-1}$、$3400cm^{-1}$、$1030cm^{-1}$有微弱的吸收，所以确定样品中普遍存在伊利石，但伊利石结晶程度较差，含量较少。

3）其他矿物

样品中普遍具有锐钛矿 3.51Å、1.48Å、1.34Å 的主要衍射峰，其他峰也有对应，但强度较弱。能谱分析显示硬水铝石中含有少量的钛元素，表明锐钛矿在中部铝土矿中普遍存在，但含量较少，结晶较差，应是同生的锐钛矿。ZK4704-4 样品具有菱铁矿 2.78Å、2.55Å、2.35Å、1.37Å 的特征衍射峰（图 3-35），差热曲线在 730℃有较明显的放热峰，为二价铁离子转化为三价铁离子的放热反应（图 3-36）。

3. 上部铝土质泥岩矿物成分

1）黏土矿物

上部铝土质泥岩 X 射线衍射图谱中 7.15Å 和 3.57Å 的衍射峰强度较大（图 3-35 中 ZK4704-9），这是高岭石矿物的特征衍射峰。此外，高岭石的其他次级衍射峰如 4.46Å、3.12Å、2.56Å、2.42Å、2.21Å、1.91Å、1.63Å 和 1.45Å 对应也较好。差热曲线在 450～700℃有一个幅度较大的吸热谷，并在 629℃达到最大值，为高岭石脱羟基组分的反映，在 990℃有一个特征明显的放热峰，为高岭石莫来石化形成的放热峰，表明上部泥岩的主要矿物成分为高岭石（图 3-36）。红外光谱的吸收波数主要有 $3700cm^{-1}$、$3620cm^{-1}$、$3406cm^{-1}$、$1116cm^{-1}$、$1031cm^{-1}$、$1008cm^{-1}$、$912cm^{-1}$、$794cm^{-1}$、$752cm^{-1}$、$694cm^{-1}$、$540cm^{-1}$、$474cm^{-1}$、$422cm^{-1}$（图 3-37 中 ZK4704-9），与高岭石的标准红外光谱吸收波数一致，也说明上部泥岩的主要矿物成分为高岭石。

2）其他矿物

X 射线衍射图谱中具有方解石 3.04Å 的特征衍射峰，差热曲线在 756℃有一个微弱的吸热谷，说明上部铝土质泥岩中含有少量的方解石。钻孔岩心中含有少量的团块状黄铁矿，X 射线衍射分析中也发现有 2.71Å 和 3.12Å 的特征峰，表明黄铁矿的存在。

上述分析表明，该岩性序列的矿物成分主要是黏土矿物和硬水铝石。黏土矿物存在于整个序列中，垂向上具有显著的变化规律：下部铝土质泥岩黏土矿物几乎全部为伊利石；中部铝土矿黏土矿物减少，其下部主要含伊利石，其上部主要含高岭石；上部铝土质泥岩黏土矿物几乎全为高岭石。硬水铝石主要出现在中部豆鲕（碎屑）状铝土矿中。黄铁矿在含铝岩系中普遍存在，除上部泥岩外，鲕绿泥石也普遍存在。

（三）序列三：铝土质泥岩—具有夹层的豆鲕（碎屑）状铝土矿—铝土质泥岩序列

该序列与序列二的差异主要表现在豆鲕（碎屑）状铝土矿中夹有层数不等的夹层。夹层的岩性主要有铝土质泥岩、碳质泥岩和薄煤层（线）。铝土质泥岩是常见的夹层，并见有复杂的流动纹层，厚度变化较大，一般在数厘米至数米之间。煤层和碳质泥岩仅在个别的钻孔和地表的铝土矿采坑中见到，厚度一般在2m以下，露头中见有碳质泥岩从漏斗中心向两侧逐渐减薄并尖灭的现象（图3-38）。该序列厚度往往较大，但厚度变化也较大，一般在10～60m之间，经地表观察和钻孔揭露的华北陆块南部偃龙地区本溪组含铝岩系厚度等值线图分析（附图1），该序列常出现在岩溶漏斗的中部。

图3-38　华北陆块南部偃龙地区铝土矿采坑中碳质泥岩从漏斗中心向边部逐渐减薄并尖灭的现象，贾沟

下面以ZK0008钻孔为例对该序列的矿物成分进行分析。该钻孔含铝岩系厚度20.57m，下部铝土质泥岩厚6.36m，中部豆鲕（碎屑）状铝土矿厚13.08m，夹有两层铝土质泥岩，厚度分别约为1m和5m，上部铝土质泥岩厚1.13m，岩性描述和采样位置如图3-39所示。

1. 下部铝土质泥岩矿物成分

下部铝土质泥岩X射线衍射图谱具有10Å附近的整数基面衍射序列（图3-40中ZK0008-2，ZK0008-4，ZK0008-9，ZK0008-13），这是伊利石矿物的主要特征峰，一些高级次衍射峰如4.46Å、3.34Å、2.56Å较明显，此外还有一些衍射峰如5.00Å、3.51Å、2.99Å、2.00Å、1.50Å均能对应。此外，下部铝质泥岩中还含有较多的白云母，其特征衍射峰10.00Å、5.00Å、4.46Å、3.34Å、2.99Å、2.56Å、2.38Å、2.00Å、1.50Å均对应良好（图3-40中ZK0008-2，ZK0008-4，ZK0008-13）。同时，还见有4.46Å、2.55Å、4.46Å、1.50Å蒙脱石的特征峰存在（图3-40中ZK0008-9）。

地层	深度	采样位置	岩性
P_1t	312.97m		生物碎屑灰岩,下部为薄煤层
C_2—P_1b		ZK0008-42 ZK0008-40	灰黑色铝土质泥岩
		ZK0008-38 ZK0008-35 ZK0008-32	深灰色豆鲕(碎屑)状铝土矿
		ZK0008-30 ZK0008-27	灰黑色铝土质泥岩
		ZK0008-25 ZK0008-23 ZK0008-21	深灰色豆鲕(碎屑)状铝土矿
		ZK0008-20	灰黑色铝土质泥岩
		ZK0008-18 ZK0008-17	深灰色豆鲕(碎屑)状铝土矿
	333.54m	ZK0008-13 ZK0008-9 ZK0008-4 ZK0008-2	黑色、灰黑色铝土质泥岩
O_2m			灰岩

图 3-39　华北陆块南部偃龙地区 ZK0008 钻孔本溪组含铝岩系柱状图和采样位置

2. 中部具有夹层的豆鲕（碎屑）状铝土矿矿物成分

1）铝矿物

中部豆鲕（碎屑）状铝土矿被两层铝土质泥岩夹层分为上、中、下三层豆鲕（碎屑）状铝土矿，7 个样品中均具有硬水铝石 X 射线衍射的特征衍射峰：4.70Å、3.97Å、2.55Å、2.31Å、2.07Å、1.63Å、1.48Å，且峰形尖锐，强度高（图 3-40 中 ZK0008-17，ZK0008-18，ZK0008-21，ZK0008-23，ZK0008-32，ZK0008-35，ZK0008-38），具有由下部分层向上部分层硬水铝石主强峰增强的趋势。

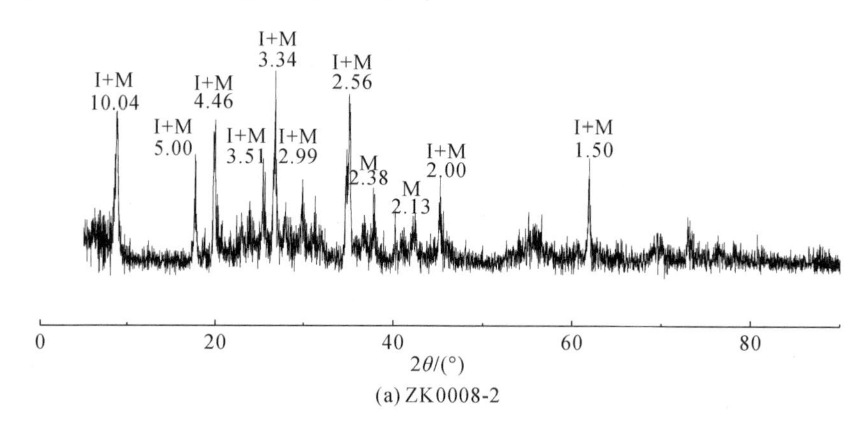

(a) ZK0008-2

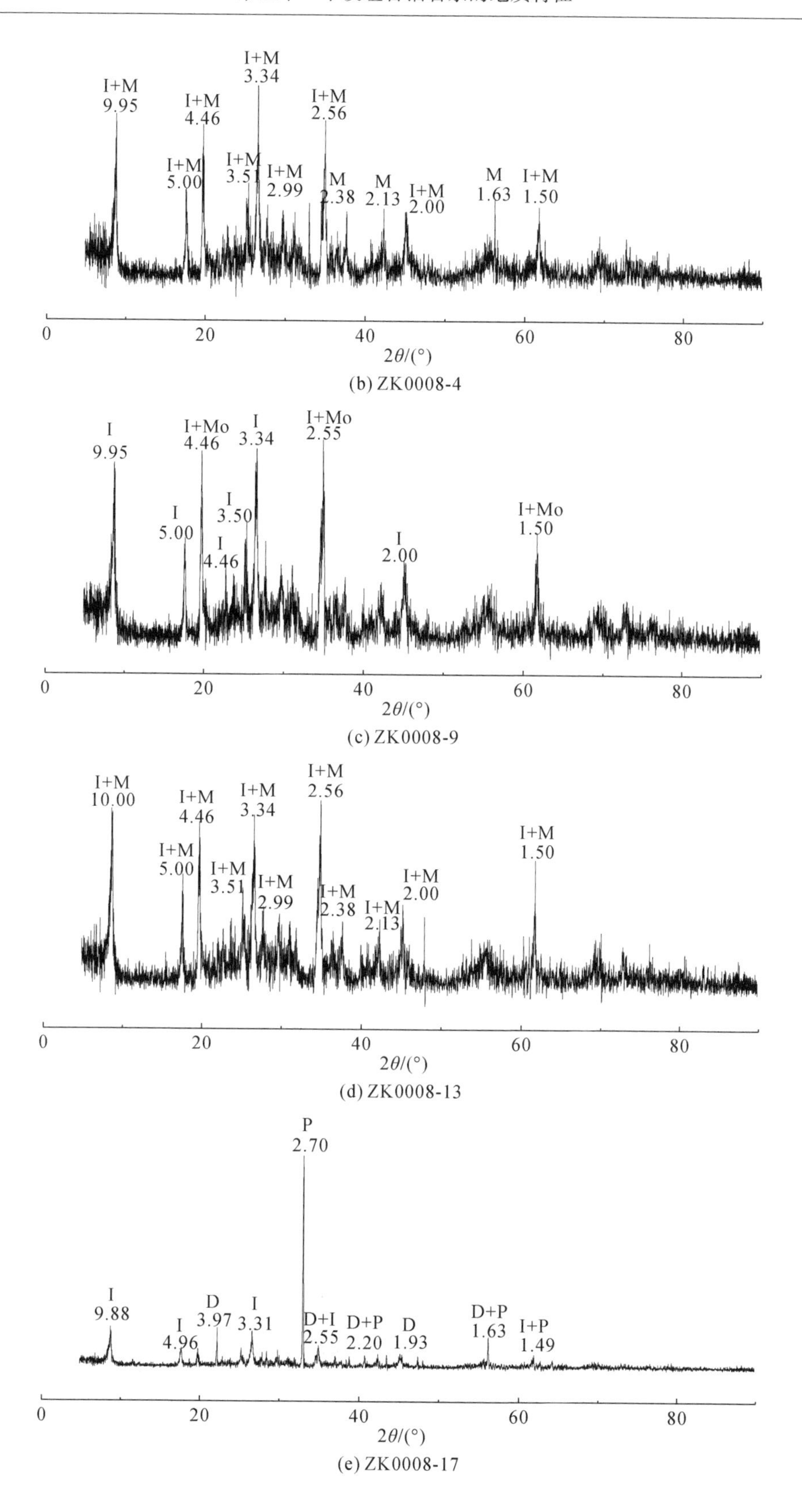

(b) ZK0008-4

(c) ZK0008-9

(d) ZK0008-13

(e) ZK0008-17

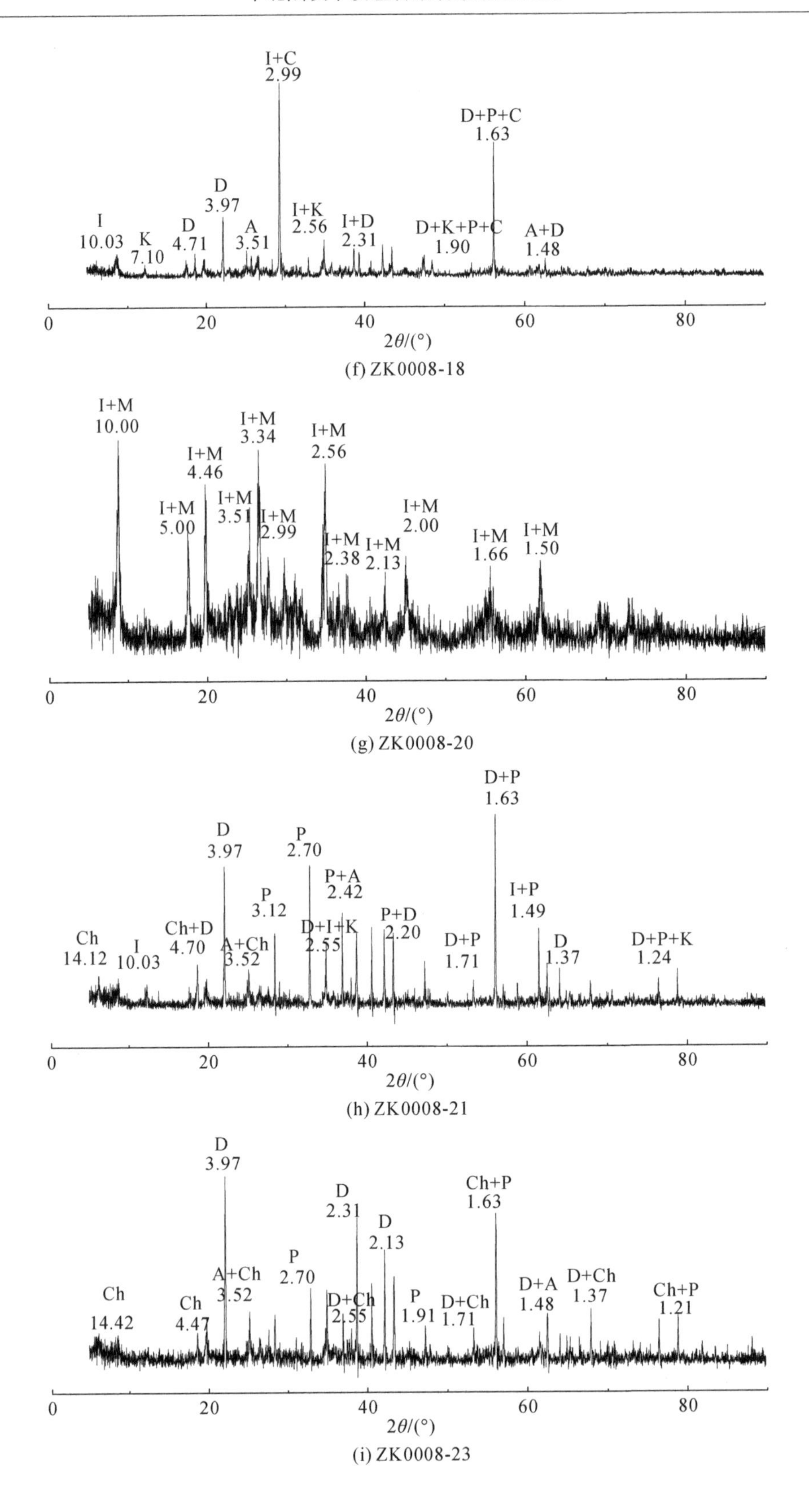
I+C
2.99
D+P+C
1.63
D
3.97
I
10.03
K
7.10
D
4.71
A
3.51
I+K
2.56
I+D
2.31
D+K+P+C
1.90
A+D
1.48
0
20
40
60
80
2θ/(°)
(f) ZK0008-18
I+M
10.00
I+M
4.46
I+M
3.34
I+M
2.56
I+M
5.00
I+M
3.51
I+M
2.99
I+M
2.38
I+M
2.13
I+M
2.00
I+M
1.66
I+M
1.50
0
20
40
60
80
2θ/(°)
(g) ZK0008-20
D+P
1.63
D
3.97
P
2.70
P+A
2.42
P
3.12
I+P
1.49
P+D
2.20
Ch
14.12
I
10.03
Ch+D
4.70
A+Ch
3.52
D+I+K
2.55
D+P
1.71
D
1.37
D+P+K
1.24
0
20
40
60
80
2θ/(°)
(h) ZK0008-21
D
3.97
D
2.31
Ch+P
1.63
D
2.13
P
2.70
A+Ch
3.52
Ch
14.42
Ch
4.47
D+Ch
2.55
P
1.91
D+Ch
1.71
D+A
1.48
D+Ch
1.37
Ch+P
1.21
0
20
40
60
80
2θ/(°)
(i) ZK0008-23

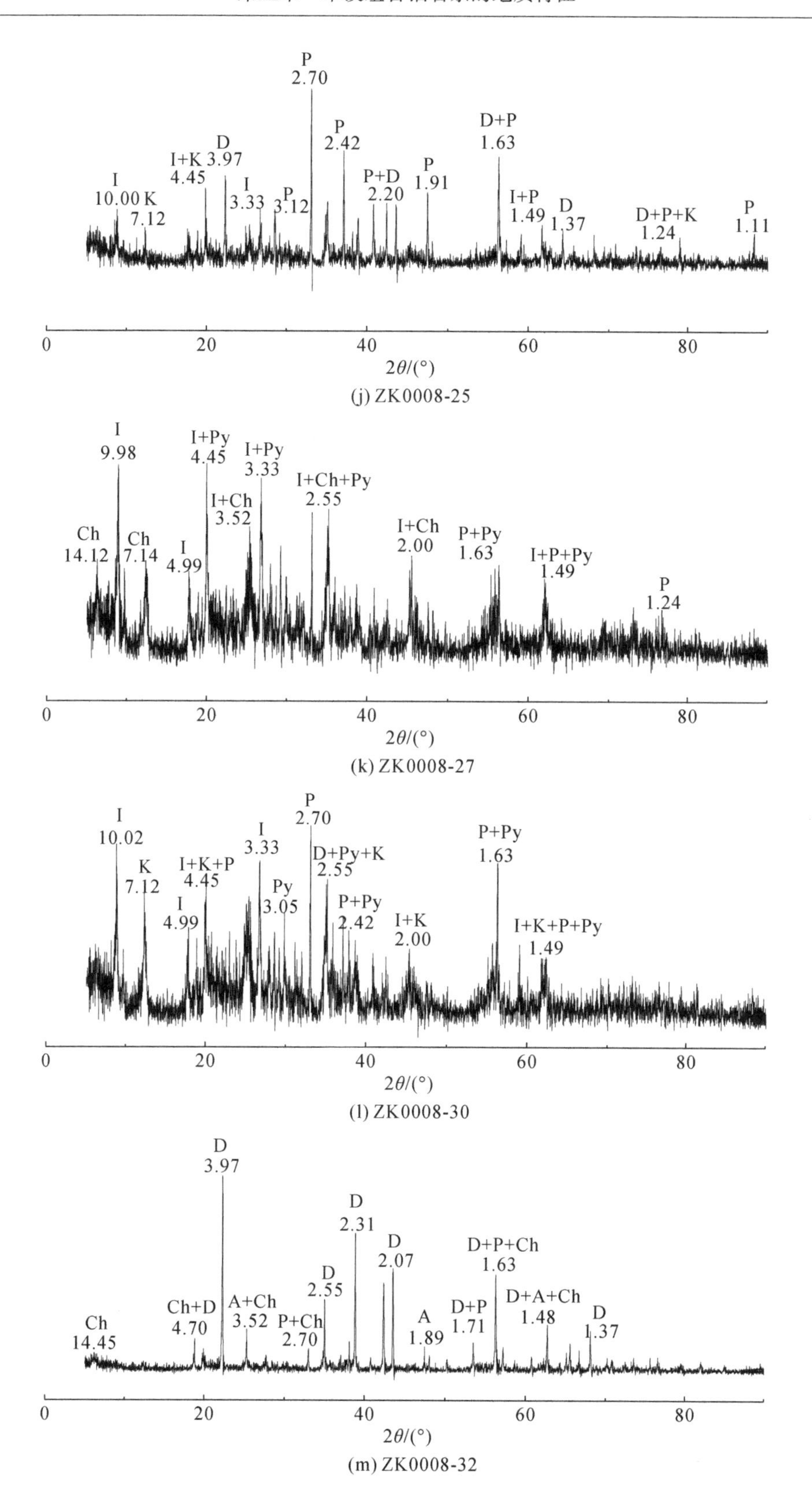

(j) ZK0008-25

(k) ZK0008-27

(l) ZK0008-30

(m) ZK0008-32

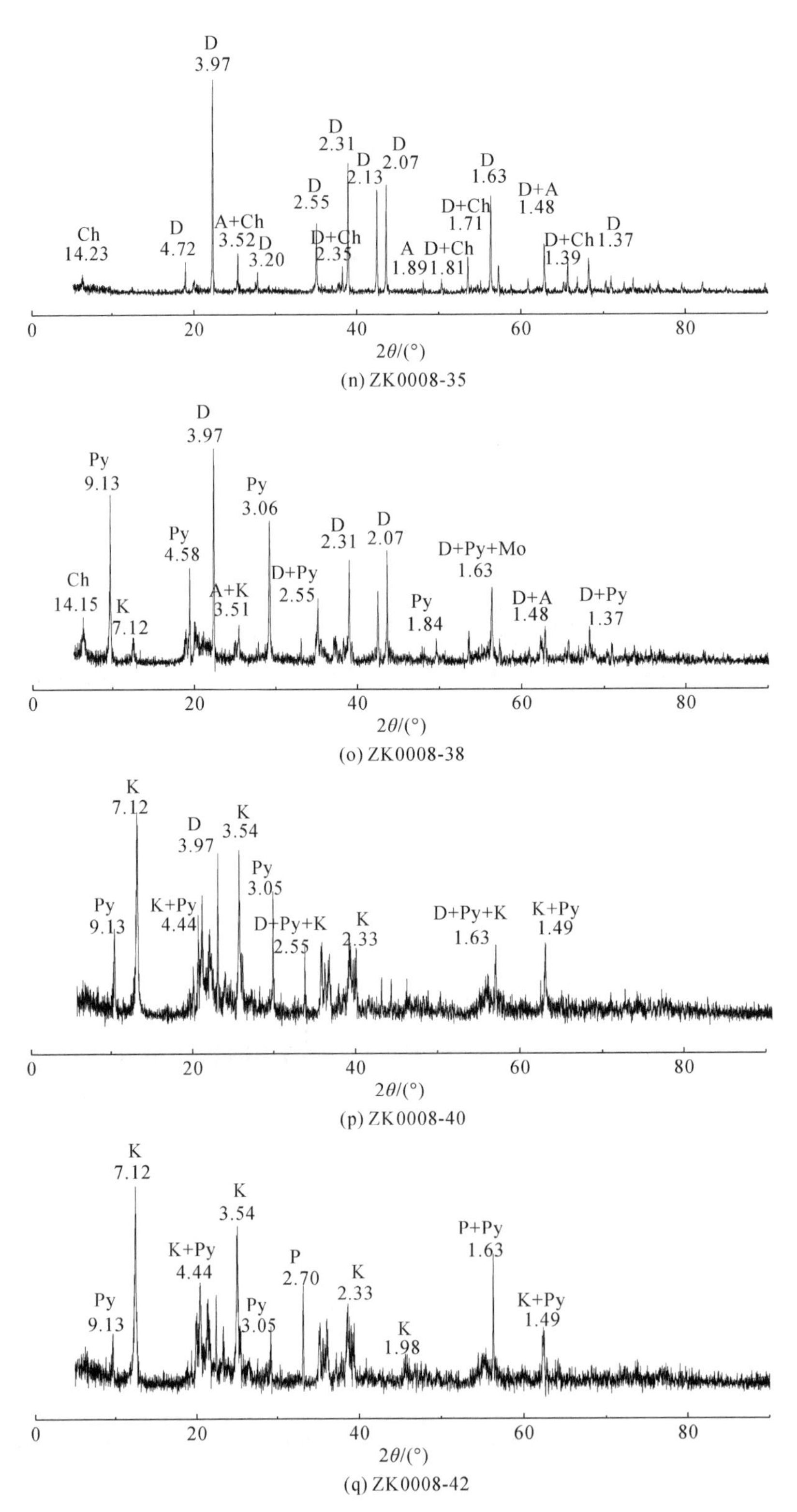

图 3-40　华北陆块南部偃龙地区 ZK0008 钻孔本溪组含铝岩系 X 射线衍射图谱

I-伊利石；Ch-鲕绿泥石；D-硬水铝石；A-锐钛矿；K-高岭石；C-方解石；P-黄铁矿；M-白云母；Mo-蒙脱石；Py-叶蜡石

2）黏土矿物

被铝质泥岩夹层划分的上、中、下三层豆鲕（碎屑）状铝土矿中，下部豆鲕（碎屑）状铝土矿分层的两个样品中均具有10.00Å附近的伊利石特征衍射锋，此外还有4.96Å、3.31Å、2.56Å高级次衍射峰（图3-40中ZK0008-17，ZK0008-18），同时见有7.10Å、2.56Å、1.90Å高岭石的特征峰（图3-40中ZK0008-18），但峰值不强，其他特征峰表现不明显。中部豆鲕（碎屑）状铝土矿分层中（图3-40中ZK0008-21和ZK0008-23）见有伊利石的特征峰10.03Å、2.55Å、1.49Å较为微弱，除此之外，鲕绿泥石的特征峰也表现得较为明显，如14.42Å、4.70Å、4.47Å、3.52Å、2.55Å、1.63Å、1.37Å、1.21Å等特征峰。上部豆鲕（碎屑）状铝土矿夹层中，主要表现为鲕绿泥石的特征峰（图3-40中ZK0008-32，ZK0008-35，ZK0008-38）。

豆鲕（碎屑）状铝土矿中的两层铝土质泥岩夹层，在X射线衍射图谱中具有伊利石10.00Å附近的特征衍射峰，还具有5.00Å、4.46Å、3.51Å、3.34Å、2.99Å、2.56Å、2.38Å、2.13Å、2.00Å、1.50Å的伊利石次级衍射峰，对应良好（图3-40中ZK0008-20、ZK0008-27、ZK0008-30），说明铝土质泥岩夹层中黏土矿物成分主要为伊利石。上部铝土质泥岩夹层普遍具有叶蜡石的特征衍射峰9.13Å、4.58Å、3.06Å、2.70Å、2.55Å、1.63Å、1.49Å，样品ZK0008-30中还存在7.12Å、4.45Å、3.54Å高岭石的衍射峰。

3）其他矿物

锐钛矿主要分布在豆鲕（碎屑）状铝土矿中，具有3.51Å、2.42Å、1.89Å、1.48Å的主要衍射峰。此外，黄铁矿也普遍存在（图3-40中ZK0008-17，ZK0008-18，ZK0008-21，ZK0008-23，ZK0008-25，ZK0008-30，ZK0008-32）。

3. 上部铝土质泥岩矿物成分

1）黏土矿物

上部铝土质泥岩成分较为单一，以高岭石为主，普遍含有叶蜡石。在X射线衍射图谱中，高岭石的衍射特征峰7.12Å和3.54Å明显（图3-40中ZK0008-40，ZK0008-42），其他次级衍射峰4.44Å、2.55Å、2.33Å、1.98Å、1.63Å、1.49Å也与高岭石次级衍射峰对应良好。叶蜡石的特征衍射峰9.13Å、4.44Å、3.05Å、2.55Å、1.63Å、1.49Å普遍存在，对应良好（图3-40中ZK0008-40，ZK0008-42）。

2）其他矿物

在样品ZK0008-40中，具有硬水铝石的主要特征峰3.97Å，其他次级衍射峰2.55Å、1.63Å与硬水铝石均能对应（图3-40中ZK0008-40），表明上部铝土质泥岩的底部含有少量的硬水铝石。

根据上述分析，该序列下部铝土质泥岩以伊利石为主，并含有一定量的白云母；中部的豆鲕（碎屑）状铝土矿以硬水铝石为主，并普遍含有锐钛矿、鲕绿泥石；上部铝土质泥岩以高岭石为主，普遍含有叶蜡石，并见有少量的硬水铝石。该序列中部豆鲕（碎屑）状铝土矿中的两层铝土质泥岩夹层，主要黏土矿物成分为伊利石，但上部铝土质泥岩夹层出现叶蜡石和高岭石。所以，该序列整体上仍具有与序列二一致的矿物学变化规律，有所不同的是，该序列可划分为三个次一级的铝土质泥岩—豆鲕（碎屑）状铝土矿—铝土质泥岩序列，每个次一级的序列仍具有下部泥岩以伊利石为主的特征，豆鲕（碎屑）状铝土矿以硬水铝石为主，上部铝土质泥岩由于它同时作为上个序列的下部铝土质泥岩，黏土矿物组成多样，伊利石和高岭石均有存在。

（四）序列四：厚层纹层状铝土质泥岩—薄层豆鲕（碎屑）状铝土矿—铝土质泥岩序列

该序列主要见于钻孔岩心中，下部为厚层-巨厚层纹层状铝土质泥岩，黑色，水平纹层发育，层面上常见植物叶片和根茎化石，碳质含量较高，污手。底部含有顺层分布的团块状、条带状黄铁矿，向上部仅见星散状的黄铁矿，部分钻孔中见有大小不等、含量不一的菱铁矿结核。豆鲕（碎屑）状铝土矿常出现在序列的上部，厚度不一，但一般小于2m，其上部为薄层含碳质的铝土质泥岩（一般小于1m），并过渡为太原组底部的煤层。

该序列厚度较大，但厚度变化也较大，一般大于20m，经钻孔揭露的华北陆块南部偃龙地区本溪组含铝岩系厚度等值图分析（附图1），该序列常出现在研究区北部的岩溶洼地中。

下面以ZK8714钻孔为例对该序列矿物成分进行分析。该钻孔含铝岩系厚度38.36m，下部为黑色厚层铝土质泥岩，水平纹层发育，层面上见有大量的蕨类植物 *Conchophyllum richthofenii*（李氏霍芬贝叶）化石（图3-41），夹有厚度小于1m颜色较浅的含有豆鲕的铝土质泥岩，上部为厚1.96m灰色豆鲕（碎屑）状铝土矿，该层上部为灰褐色铝土质泥岩，厚0.7m，过渡为太原组底部的煤层。岩性描述和采样位置如图3-42所示。

图3-41　华北陆块南部偃龙地区本溪组含铝岩系铝土质泥岩中的植物化石，ZK8714，483.31m

1. 下部厚层纹层状铝土质泥岩矿物成分

X射线衍射图谱中，下部的厚层铝土质泥岩在 2θ 0°~20°之间出现宽广的非晶包，伊利石和高岭石的主强峰很弱，且仅在下部出现有伊利石的主强峰，向上部逐渐消失（图3-43中ZK8714-4，ZK8714-5，ZK8714-6）。高岭石其他次级衍射峰4.45Å、3.57Å、2.56Å、2.33Å、1.63Å、1.23Å，以及伊利石的其他次级衍射峰5.02Å、4.48Å、3.34Å、2.56Å、1.49Å，尽管也有对应，但强度也很弱。ZK8714-5中还见有蒙脱石的4.48Å、2.56Å特征衍射峰，但强度较弱。

此外，下部厚层铝土质泥岩中常具有硬水铝石X射线衍射的特征衍射峰3.99Å、2.56Å、2.13Å、2.33Å、1.91Å、1.73Å、1.63Å、1.42Å，但强度较弱（图3-43中ZK8714-4，

地层	深度	样品	岩性
P_1t			生物碎屑灰岩
	482.79m		煤
C_2—P_1b		ZK8714-3	灰褐色铝土质泥岩
		ZK8714-2B	灰色豆鲕状铝土矿
		ZK8714-4	黑色厚层铝土质泥岩，发育水平纹层，层面上见有大量植物化石
		ZK8714-5	
	521.15m	ZK8714-6	
O_2m			灰岩

图 3-42　华北陆块南部偃龙地区 ZK8714 钻孔本溪组含铝岩系柱状图和采样位置

ZK8714-5 和 ZK8714-6）。样品 ZK8714-2B、ZK8714-4 中具有 1. 91Å、1. 63Å 黄铁矿的特征衍射峰，样品 ZK8714-5 见有 3. 59Å、2. 79Å、2. 34Å、2. 13Å、1. 73Å、1. 42Å、1. 35Å 菱铁矿的特征衍射峰，且对应良好。样品 ZK8714-5 中，炭的特征衍射峰 3. 34Å 和 2. 07Å 也有出现。

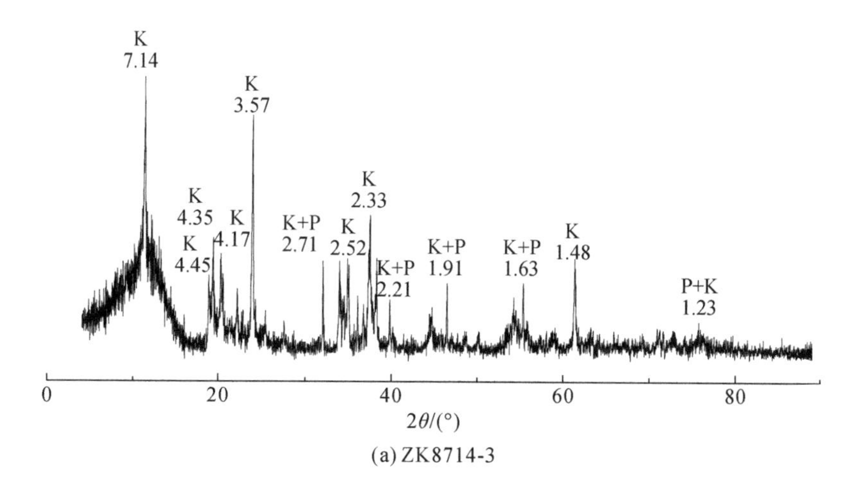

(a) ZK8714-3

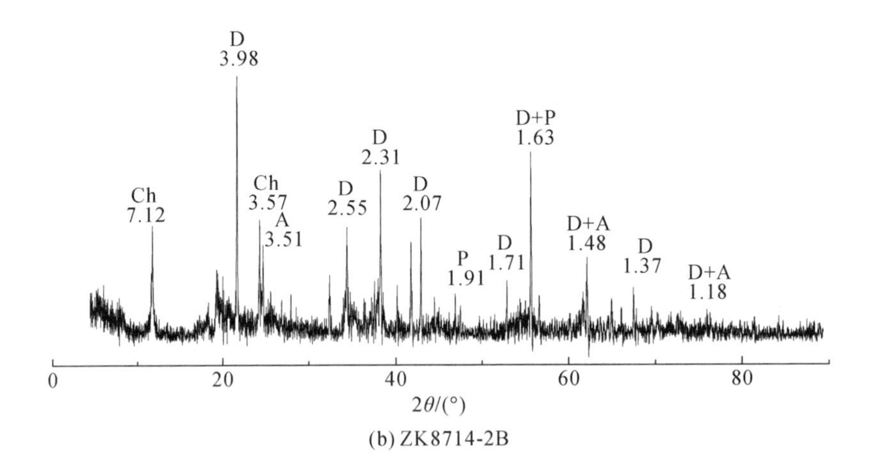

(b) ZK8714-2B

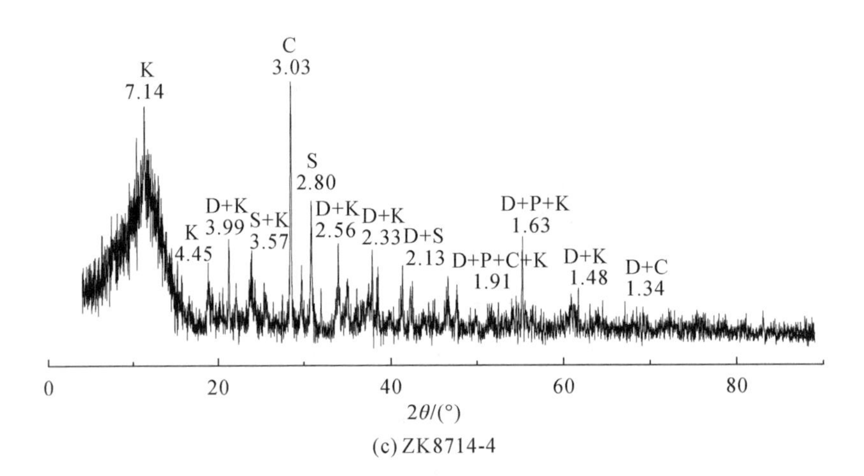

(c) ZK8714-4

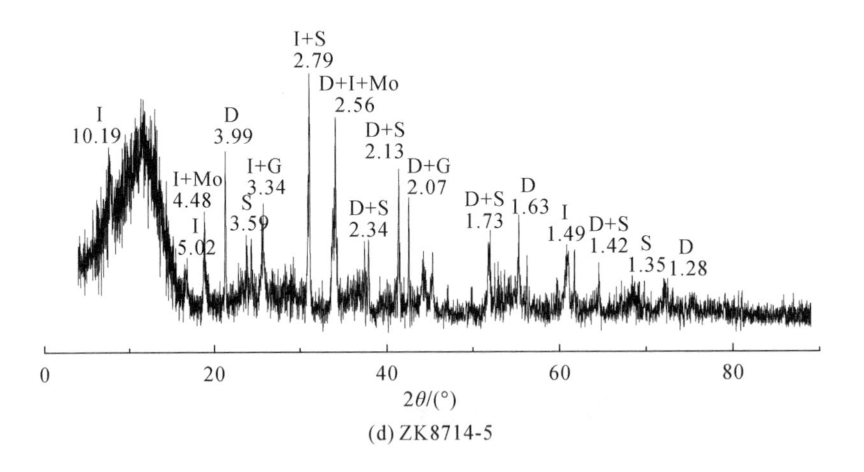

(d) ZK8714-5

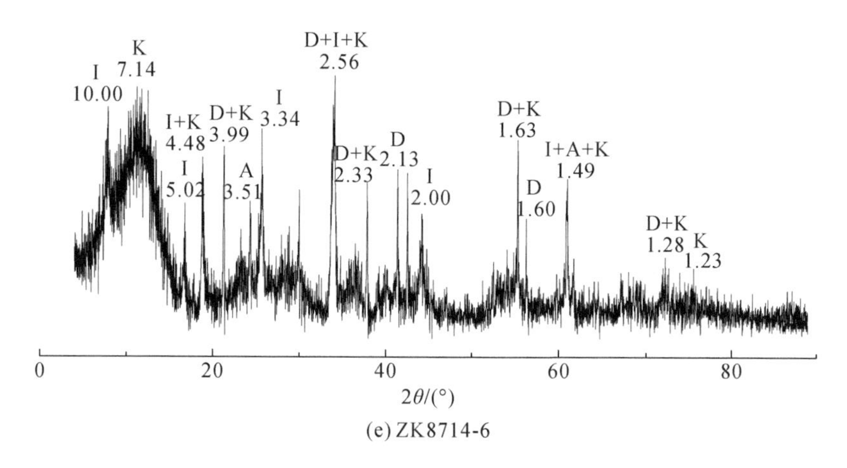

(e) ZK8714-6

图 3-43　华北陆块南部偃龙地区 ZK8714 钻孔本溪组含铝岩系 X 射线衍射图谱

I-伊利石；K-高岭石；D-硬水铝石；A-锐钛矿；C-方解石；P-黄铁矿；S-菱铁矿；Mo-蒙脱石；G-炭；Ch-鲕绿泥石

2. 薄层豆鲕（碎屑）状铝土矿矿物成分

薄层豆鲕（碎屑）状铝土矿显示出硬水铝石 X 射线衍射的特征衍射峰：3.98Å、2.55Å、2.31Å、2.07Å、1.71Å、1.63Å、1.48Å、1.37Å、1.18Å，且峰形尖锐，强度高（图 3-43 中 ZK8714-2B）。此外，锐钛矿的 3.51Å、1.48Å、1.18Å 主要衍射峰也很明显，鲕绿泥石的特征衍射峰 7.12Å、3.57Å 也有出现，黄铁矿也普遍存在，具有 1.63Å、1.91Å 的特征衍射峰。

3. 上部铝土质泥岩矿物成分

上部薄层铝土质泥岩中，在 2θ 0°～20°之间也具有宽广的非晶包，高岭石的主强峰明显但较弱，其他次级衍射峰 4.45Å、3.57Å、2.33Å、1.63Å、1.48Å、1.23Å 均有对应（图 3-43 中 ZK8714-3）。此外，黄铁矿的特征衍射峰 2.71Å、1.91Å、1.63Å 也有出现。

该序列铝土质泥岩中在 2θ 0°～20°之间普遍具有宽广的非晶包，黏土矿物伊利石和高岭石尽管主强峰较为明显，但强度很弱，说明黏土矿物的结晶程度很差，并主要呈非晶质存在。此外，较弱的伊利石主强峰主要在厚层粉砂质泥岩的下部出现。铝矿物尽管在多数样品中存在，但强度较弱，说明铝矿物的结晶程度也较差。薄层豆鲕（碎屑）状铝土矿中主要矿物成分为硬水铝石和锐钛矿。

五、含铝岩系平面上的矿物变化特征

平面上，含铝岩系的岩性变化主要表现为同一岩层由岩溶漏斗的旁侧至漏斗中心岩性的变化，下面以巩义圣水村附近的露天采坑为例进行分析。在距离采坑中心西侧 15m 处主要为灰色、灰黑色、红褐色等杂色铝土质泥岩，往东 3m 见到底部和顶部主要为杂色铝土质泥岩，中部为灰白色块状含细小豆鲕的铝土矿，但在锤击下易裂为片状，再往东，灰白色块状铝土矿层的厚度变大，豆鲕含量增多，豆鲕粒径也增大，至漏斗中心统一变为灰白色块状铝土矿，在锤击下依旧维持块状形态（图 3-44）。

图 3-44　华北陆块南部偃龙地区本溪组含铝岩系在平面上的岩性变化和采样位置，圣水村

对上述岩性变化序列进行系统取样，通过 X 射线衍射分析发现，尽管所有样品均含有伊利石、硬水铝石和锐钛矿，但在岩溶漏斗的边部，伊利石的特征峰显著，黏土矿物的非晶包明显，硬水铝石的主强峰较弱；逐渐至岩溶漏斗中心，伊利石的特征峰逐渐不显著，黏土矿物的非晶包变弱，而硬水铝石的主强峰逐渐增强（图 3-45）。

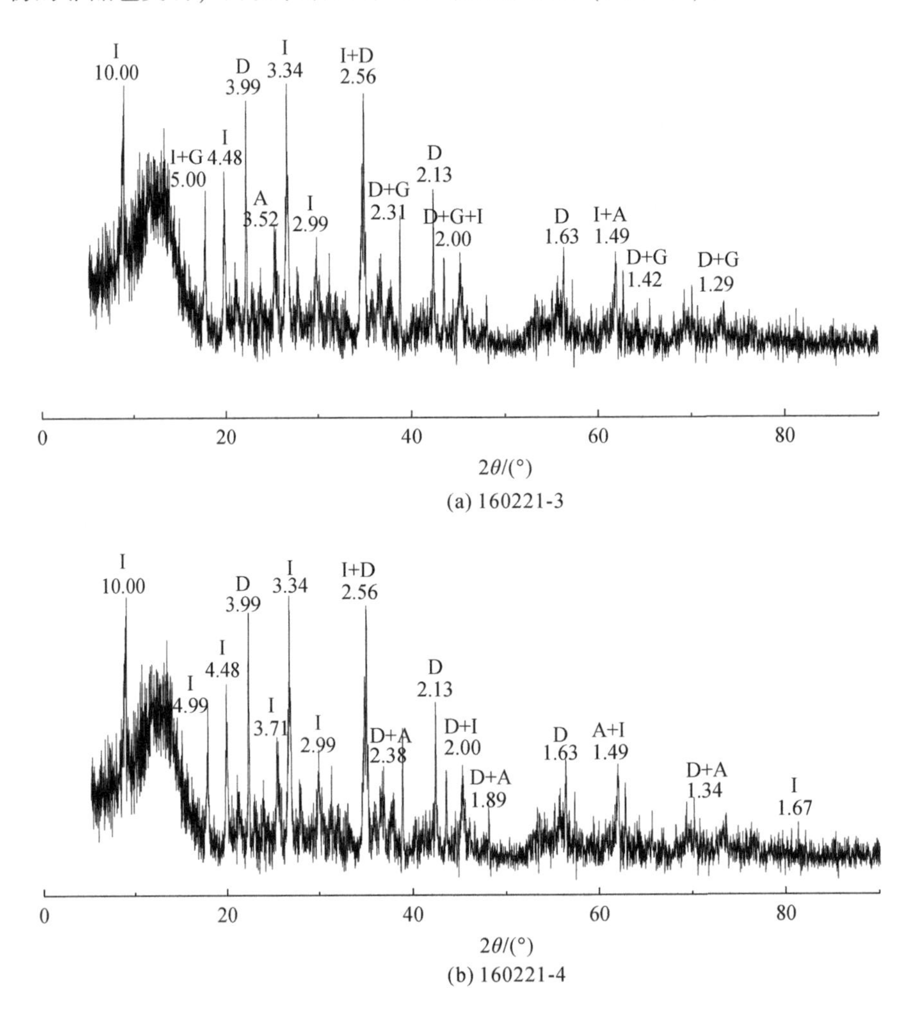

(a) 160221-3

(b) 160221-4

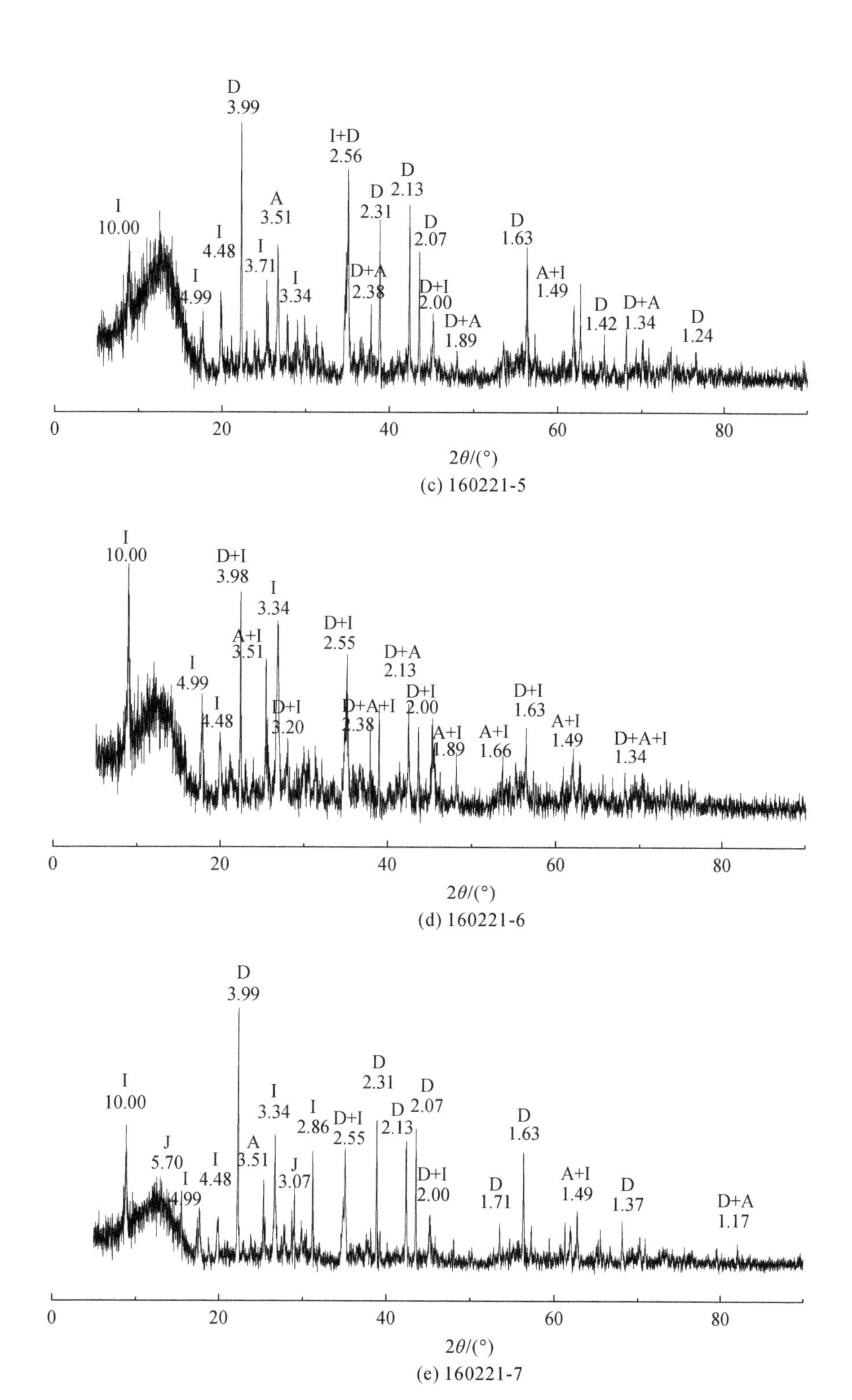

(c) 160221-5

(d) 160221-6

(e) 160221-7

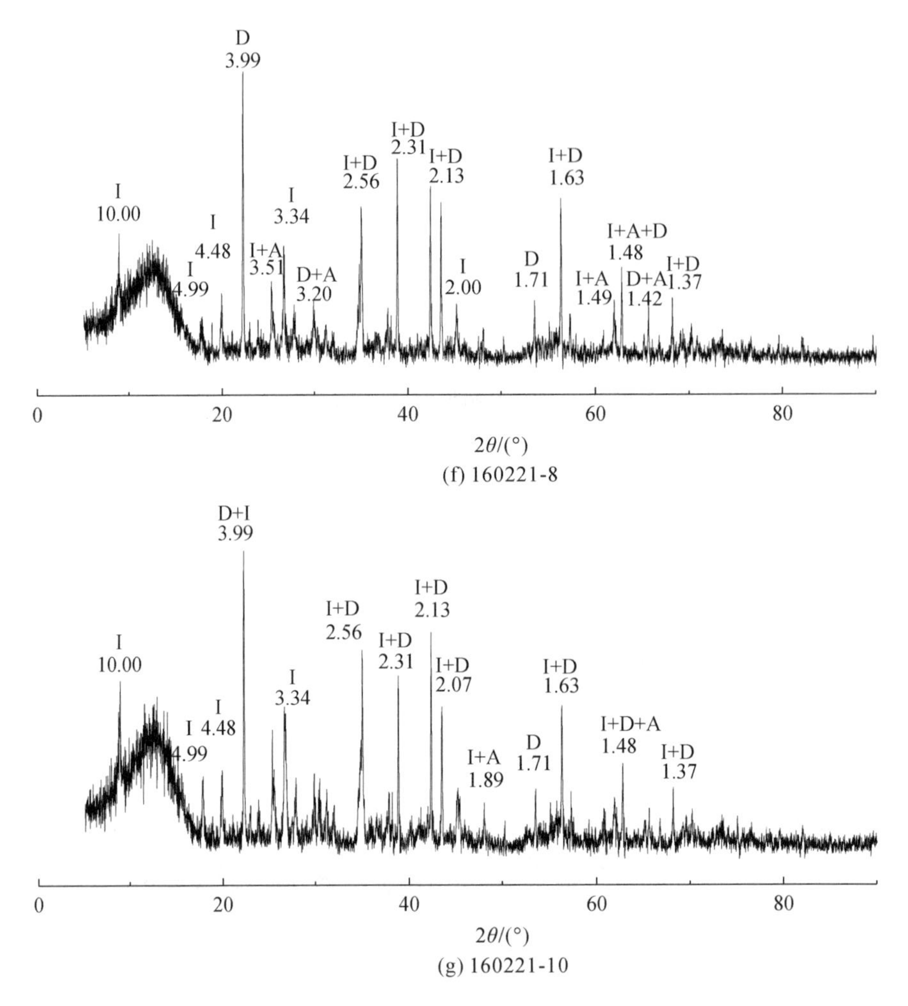

图 3-45　华北陆块南部偃龙地区铝土矿采坑中本溪组含铝岩系 X 射线衍射图谱，圣水村

I-伊利石；D-硬水铝石；A-锐钛矿；G-针铁矿

六、含铝岩系矿物学的总体特点

上述分析表明，含铝岩系中无论是铝土质泥岩还是豆鲕状铝土矿，其矿物组成基本相似，仅是不同矿物的含量具有差异。并且根据矿物的结晶程度，均可分为两部分——结晶较差的部分和结晶较好的部分。

结晶较差的部分色暗，铁、锰质含量较多，整体呈致密块状，断续相连，其中发育有大小不一、边缘参差不平的孔洞。在同一层位中，这部分的矿物成分大致相同，但在不同层位中，这部分的矿物成分差异明显：下部铝土质泥岩和豆鲕状铝土矿夹层中的铝土质泥岩以伊利石和/或高岭石为主，豆鲕状铝土矿以硬水铝石为主，上部铝土质泥岩以高岭石为主。

结晶较好的部分色浅，铁、锰质含量较少，整体呈疏松状，主要出现在结晶较差的矿物组成的孔、洞、缝中，这些孔、洞、缝可呈分散状，或呈条带状，或呈断续相连的环带状，不仅主要出现在豆鲕的核部和边缘，在豆鲕（碎屑）状铝土矿的基质中和铝土质泥岩中也大量存在。结晶较好的矿物成分多样，主要为硬水铝石、伊利石和高岭石，但普遍含有叶蜡石、方解石、白云石等矿物，晶体形态良好，相互交织。在这些矿物的表面或空隙中可以见到大量的细小的蛋白石、硬水铝石、伊利石、锐钛矿和高岭石等不同成分的球粒。

总体上，结晶较好的部分与结晶较差的部分呈侵蚀状接触关系，两者的矿物成分差异较大。但无论在铝土质泥岩中，还是在豆鲕（碎屑）状铝土矿中，结晶较好部分的矿物成分基本相同，差异较小。

在垂向上，由底到顶含铝岩系的岩性序列具有较大的差异，但总体上可以分为四种：铝土质泥岩（序列一）、铝土质泥岩—豆鲕（碎屑）状铝土矿—铝土质泥岩（序列二）、铝土质泥岩—具有夹层的豆鲕（碎屑）状铝土矿—铝土质泥岩（序列三）和厚层纹层状铝土质泥岩—薄层豆鲕（碎屑）状铝土矿—铝土质泥岩（序列四）。上述四种岩性序列尽管在厚度和矿物组成上具有一定的差异，但也具有如下共同的矿物学特征和变化规律。

（1）黏土矿物普遍存在于含铝岩系中，但豆鲕（碎屑）状铝土矿中含量较少。在垂向上，无论是含铝岩系总体的黏土矿物组成，还是序列三中次级岩性序列的黏土矿物组成，均具有明显的变化规律：①伊利石往往在含铝岩系下部出现，尤其在序列二和序列三中含铝岩系下部几乎全为伊利石，向上部伊利石含量逐渐减少，并过渡为以高岭石为主；②高岭石主要出现在含铝岩系的上部，但在序列一和序列四中含铝岩系的下部和中部也有出现；③叶蜡石主要出现在含铝岩系的上部；④鲕绿泥石主要出现在下部铝土质泥岩和豆鲕（碎屑）状铝土矿中。

（2）硬水铝石可以在整个含铝岩系中出现，但在铝土质泥岩和厚层纹层状铝土质泥岩中硬水铝石含量少，结晶程度差，豆鲕（碎屑）状铝土矿中硬水铝石含量高，结晶程度也较好，且具有由下部向上部，或由序列三中的下部分层向上部分层，硬水铝石的主强峰逐渐增强的趋势，再往上部往往截然地变为不含硬水铝石的铝土质泥岩。

（3）黄铁矿普遍存在于含铝岩系中，在含铝岩系的局部具有富集的特征。

（4）锐钛矿在含铝岩系中普遍存在但含量较少，尤其存在于豆鲕（碎屑）状铝土矿中。

（5）白云母、方解石、菱铁矿和炭屑也有出现，分布在不同的岩性序列中和含铝岩系的局部层段。

在平面上，同一岩层由岩溶漏斗的旁侧至漏斗中心，具有硬水铝石含量逐渐增加、黏土矿物逐渐减少的规律。

第三节　含铝岩系结构构造特征

结构主要指组成岩石的颗粒、胶结物和孔隙的基本特征，构造主要指组成岩石的各个部分的组合方式。对于沉积岩来说，结构构造是反映沉积环境、水流介质、水动力状态等的重要标志。但对于含铝岩系，由于原始沉积物受到了强烈的化学风化（红土化过程或富铁铝化过程）的改造，原始沉积物残留的结构构造保留较少，更多的是反映了化学风化过程中形成的组构，这些组构对于分析含铝岩系的形成过程和机理也具有重要的意义。

一、含铝岩系的结构特征

含铝岩系具有一般沉积岩组成的结构要素——颗粒、胶结物和孔隙，但与正常的水流状态下形成的颗粒和沉积过程中形成的胶结物、孔隙具有相当大的不同，它们是原始沉积物经地表化学风化作用的产物。

（一）颗粒

含铝岩系的颗粒可以分成两类：第一类是在化学风化过程中所形成的豆粒和鲕粒；第二类是经历同沉积改造作用所形成的颗粒。

1. 豆粒和鲕粒

豆粒和鲕粒主要出现在豆鲕（碎屑）状铝土矿中，前者粒径一般在2～5mm，后者小于2mm，均是球状构造的一种（奥古士梯蒂斯，1989），在剖面上具有圈层构造。按照圈层的密集程度和矿物结晶程度等，可分为两类。一类为圈层多且密集，由暗色和浅色矿物组成的层偶可达十多个，色暗，矿物结晶较差，粒径较大，具有显著的剪切塑性变形[图3-46（a）（b）]；另一类为圈层少且稀疏，一般有2～5个暗色和浅色矿物组成的层偶，颜色较浅，矿物结晶较好，剪切塑性变形不强烈（图3-46）。在薄片中，可以见到后一类豆鲕切穿前一类豆鲕的环带并使之变形的现象［图3-46（a）（b）］。显然，前一类豆鲕形成较早，后一类豆鲕形成较晚。本书主要对后一类豆鲕进行矿物学和能谱分析。

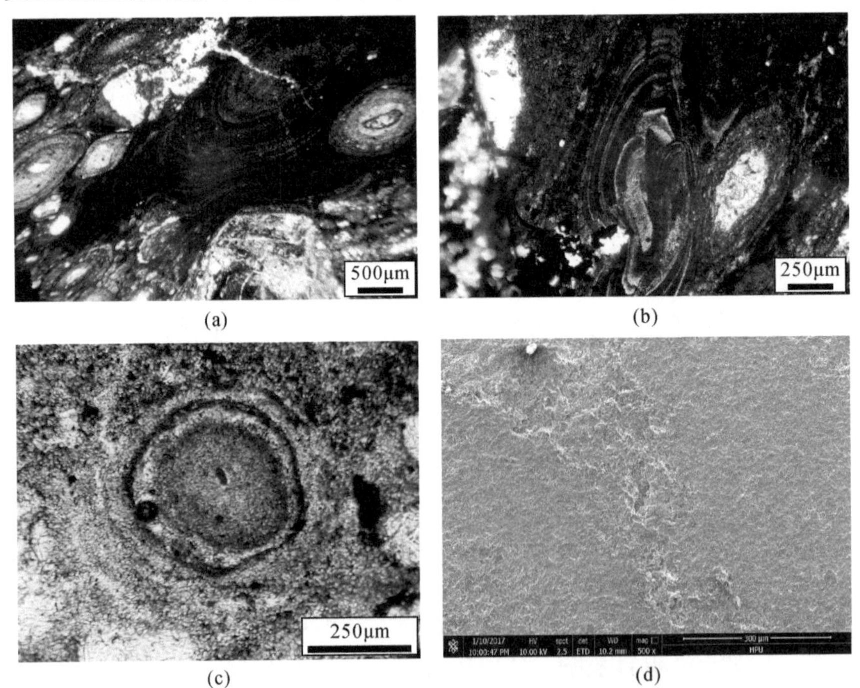

图3-46　华北陆块南部偃龙地区本溪组含铝岩系豆鲕的特征，ZK4704-5

（a）圈层多且密集豆鲕，塑性变形强烈，其环带被圈层少且稀疏的豆鲕所改造（单偏光）；（b）圈层多且密集豆鲕，剪切塑性变形强烈，其环带被圈层少且稀疏的豆鲕所改造（单偏光）；（c）未变形的圈层少且稀疏的豆鲕（单偏光）；（d）豆鲕的扫描电镜特征：不同圈层结晶程度差异较大宏观上未变形的豆鲕粒呈圆球状，粒径一般在1cm以下，与胶结物边界明显，硬度较大，在地表风化较强时，豆鲕粒可从胶结物中脱落下来，但也有长轴呈定向排列的椭球状，其宏观特征详见本章“含铝岩系的岩性”有关部分。显微镜下，后期改造较小的豆鲕粒呈规则的圆状，具有明显的圈层构造，圈层由暗色和浅色的层偶表现出来，尽管它们的主要矿物成分为硬水铝石，但暗色圈层的铁质和黏粒含量较高，矿物结晶较差，粒度较小，且不同圈层之间具有渐变过渡的特征［图3-46（a）］。扫描电镜下，豆鲕也表现出暗色和浅色圈层的层偶，暗色圈层致密，矿物结晶较差；浅色圈层孔隙发育，矿物结晶较好［图3-46（b）］。能谱分析表明，豆鲕的不同圈层Al、Si、Fe和Mn的能谱曲线波动强烈，Al的高值对应着相对浅色圈层，Si、Fe和Mn的高值对应着相对深色圈层。总体上，Al的最高值对应着Si、Fe和Mn的最小值，Si、Fe和Mn具有同步变化，说明Al与Si、Fe和Mn的分离，亮色圈层主要矿物成分为硬水铝石，暗色圈层含有较高的铁质和黏粒（图3-47）。

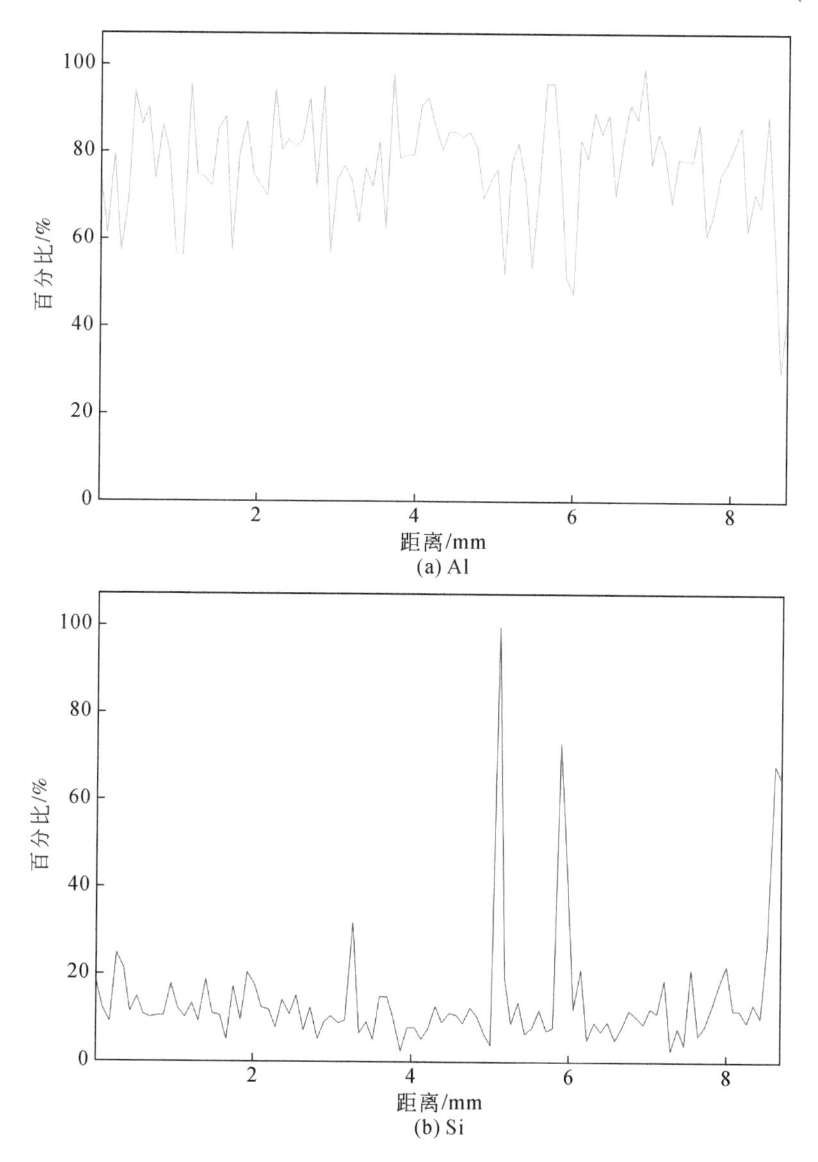

(a) Al

(b) Si

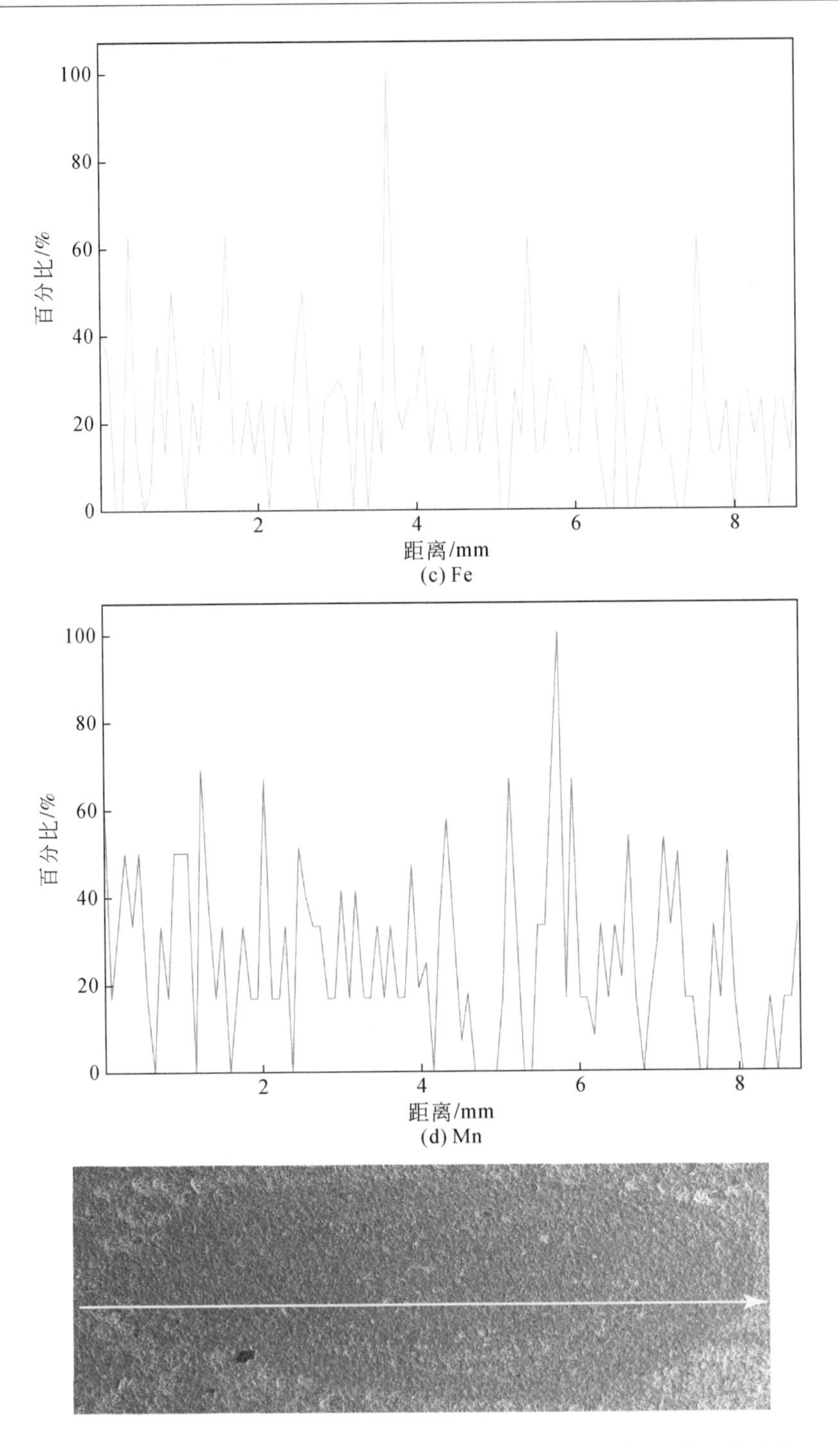

图 3-47　华北陆块南部偃龙地区本溪组含铝岩系豆鲕的 Al、Si、Fe 和 Mn 的能谱曲线，ZK4704-5

根据上述分析，另一类圈层多且密集的豆鲕也应当具有相似的矿物学和能谱特征，它们的差异可能表现在圈层多且密集的豆鲕整体上矿物结晶较差，Si、Fe 和 Mn 含量较高，Al 含量较低。

2. 碎屑颗粒

钻孔岩心中，本溪组中部豆鲕（碎屑）状铝土矿和下部铝土质泥岩普遍可见由颜色深浅显示的流动纹层，浅色层作为相对刚性层常被相对塑性的深色层割裂或穿插，并使前者呈大小不一的椭圆状、藕节状、不规则状撕裂团块（图3-48①、②、③、④、⑤、⑥），长轴平行于纹层层面。中部豆鲕（碎屑）状铝土矿和下部铝土质泥岩流动纹层的差别主要在于前者深色层较薄，且浅色层中富含豆鲕。此外，中部豆鲕状铝土矿中，可以见到发育流动纹层的地层沿着浅色层脆性破裂面流动（图3-48⑦），或覆盖于具有楔状破裂的浅色层之上（图3-48⑧）。

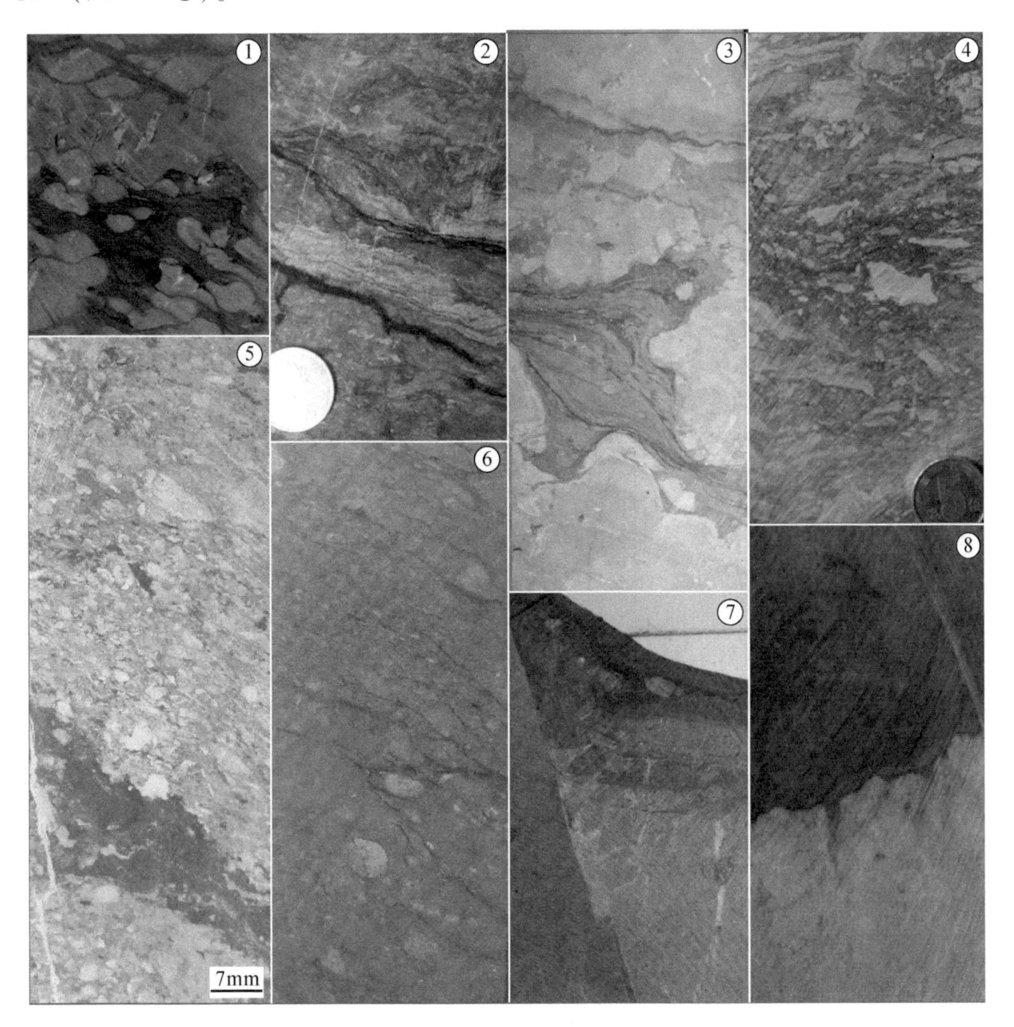

图3-48　华北陆块南部偃龙地区钻孔岩心中本溪组含铝岩系中碎屑颗粒和变形现象

①本溪组下部铝土质泥岩中浅色层形成的椭圆状、藕节状团块，ZK7906；②本溪组下部铝土质泥岩中浅色层的撕裂现象，ZK2404；③本溪组下部铝土质泥岩中浅色层形成的不规则团块，ZK2006；④本溪组下部铝土质泥岩中浅色层形成的不规则团块，ZK2016；⑤本溪组中部豆鲕（碎屑）状铝土矿被暗色层穿插形成的撕裂现象，ZK1108；⑥本溪组中部豆鲕（碎屑）状铝土矿被暗色层穿插形成的撕裂现象，ZK0408；⑦本溪组中部豆鲕（碎屑）状铝土矿中暗色地层沿着浅色层脆性破裂的破裂面上的流动现象，ZK12808；⑧本溪组中部豆鲕（碎屑）状铝土矿中暗色层覆盖于具有楔状破裂的浅色层之上，ZK12808

岩石薄片中，铝土质泥岩可见富含铁质的隐晶质伊利石（宏观上表现为深色层）切割伊利石和硬水铝石的微晶集合体（宏观上表现为浅色层），使微晶集合体成为不规则条带和形状及大小不一的团块［图 3-49（a）］。中部豆鲕（碎屑）状铝土矿也可见到不透明的富含铁质的矿物条带穿插于含有大量硬水铝石的块体中，使后者形成大小不一的撕裂状团块，团块的长轴和其中鲕粒的长轴平行于条带方向［图 3-49（b）］。

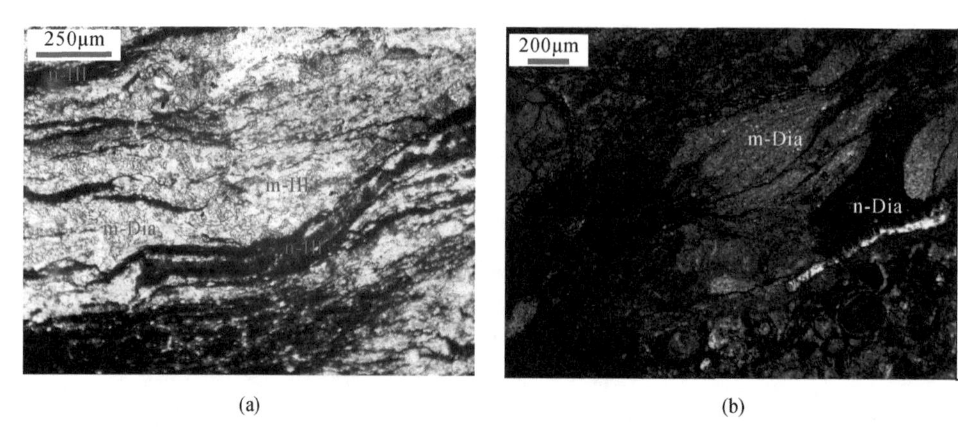

图 3-49　华北陆块南部偃龙地区本溪组含铝岩系中碎屑颗粒和变形现象微观特征

（a）本溪组下部铝土质泥岩的撕裂条带和团块（单偏光），160221-6；（b）本溪组中部豆鲕（碎屑）状铝土矿的撕裂团块，ZK1206-1-a（正交偏光）。n-Ill-伊利石隐晶质集合体；m-Ill-伊利石微晶；n-Dia-硬水铝石隐晶质集合体；m-Dia-硬水铝石微晶

根据上面的描述，无论是下部铝土质泥岩还是中部豆鲕（碎屑）状铝土矿，碎屑颗粒主要是由结晶程度具有差异（宏观上表现为颜色的深浅）的纹层差异流动造成的，结晶程度较好的浅色纹层作为相对刚性层，被结晶程度较差的暗色塑性层所切割和撕裂，而使结晶程度较好的纹层转化为大小不一、形状各异的“颗粒”。这些“颗粒”又根据与结晶程度较差的相对塑性层的强度差异分为两种，一种为棱角分明的“刚性颗粒”（图 3-48③、④），一种是具有撕裂特征的“塑性颗粒”（图 3-48①）。

（二）胶结物

从上面的描述可知，下部铝土质泥岩和中部豆鲕（碎屑）状铝土矿的胶结物均为隐晶质矿物集合体，富含铁质。所不同的是下部铝土质泥岩的胶结物主要为隐晶质伊利石，中部豆鲕（碎屑）状铝土矿的胶结物主要为隐晶质硬水铝石。

因为含铝岩系中的颗粒与胶结物均为化学风化作用形成，是化学风化程度的差异和后期改造的结果，所以含铝岩系中的碎屑和胶结物与碎屑岩中的碎屑和胶结物显著不同，不能够反映水动力状态和原始沉积环境。

二、含铝岩系的构造特征

含铝岩系中的构造不仅可以反映化学风化作用的特点，也可以反映准同生变形的性质，根据构造的形态，分为以下几类。

1. 块状构造

块状构造常见于本溪组含铝岩系的豆鲕（碎屑）状铝土矿中，整体呈灰色-深灰色，内部不显任何层理，缺少生物化石，相较于铝土质泥岩，锤击下不易破碎。厚度往往在岩溶漏斗的中部最大（图3-38），向岩溶漏斗周侧变薄或渐变为铝土质泥岩（图3-44），与下部铝土质泥岩也多呈渐变过渡关系（图3-2⑤），但由于下部铝土质泥岩常发育流动构造，使得这一渐变关系常发生改造［图3-50（a）］。豆鲕（碎屑）状铝土矿与上部铝土质泥岩常呈突变关系，并且受流动改造较弱［图3-2④，图3-50（b）］。豆鲕（碎屑）状铝土矿中的豆鲕有时呈均匀状分布，有时具有向上部含量增加、粒径增大的趋势（图3-2④）。

(a)

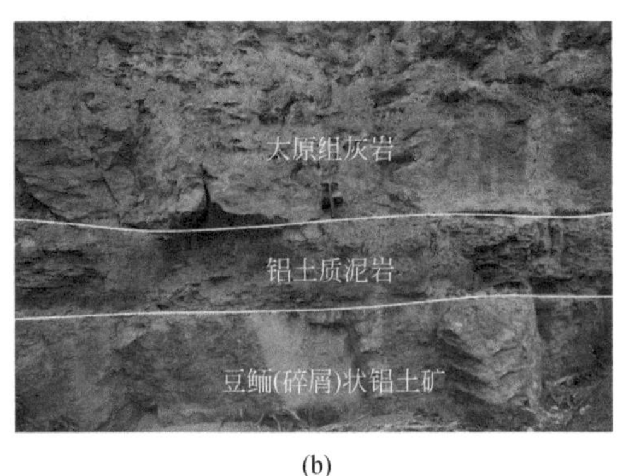

(b)

图3-50　华北陆块南部偃龙地区本溪组含铝岩系中豆鲕（碎屑）状铝土矿的块状构造

（a）豆鲕（碎屑）状铝土矿与下部铝土质泥岩原始具有渐变过渡关系，但下部铝土质泥岩常发育流动构造，使得这一渐变关系产生改造，涉村；（b）豆鲕（碎屑）状铝土矿与上部铝土质泥岩的突变关系，沟东村

2. 纹层状构造

研究区内纹层状构造非常普遍，尤其在新鲜的钻孔岩心中常见。根据纹层的形态可分为水平纹层状构造和不规则纹层状构造。水平纹层状构造表现为成分略有差异的条带相互水平排列，每一纹层厚度在毫米级，主要出现在岩性序列四中和含铝岩系底部及顶部的铝土质泥岩中。顶部铝土质泥岩的上部常可见到铝土质泥岩纹层与煤相间排列组成的纹层，向上过渡到太原组底部煤层［图3-2⑬，图3-50（a）］。显微镜下，水平纹层构造主要表现为纹层平直，且纹层之间相互平行，两个纹层之间可以呈截然接触关系［图3-51（a）］，也可为渐变接触关系［图3-51（b）］，有时可在暗色非晶质的黏土矿物层内部见有微裂隙，其中充填有微晶高岭石。根据扫描电镜的能谱分析，亮色的微晶黏土矿物层中Al含量较高，Fe、Mn、Ca、K含量较低，暗色的非晶质黏土矿物层中则刚好相反（图3-52）。

不规则纹层常出现在下部铝土质泥岩层和中部豆鲕（碎屑）状铝土矿层的铝土质泥岩夹层中，在对碎屑颗粒的描述中已有提及（图3-48）。宏观上，其表现为波浪状、褶曲状，呈现明显的流动状态。纹层宽度在横向上变化强烈，一般在数毫米到数厘米，并且这些纹层合并分叉强烈，组成网状，整体平行于地层产状。需要注意的是，纹层与颗粒间常可组成韵律，每一韵律的底部为铝土质泥岩，向上部逐渐富含豆鲕或碎屑，且粒度逐渐变大，再向上部与上一序列底部的纹层状铝土质泥岩呈截然接触关系（图 3-53）。韵律层厚度在横向上变化剧烈，一般在数厘米到 1m 之间。这一现象的产生可能有两个阶段：第一个阶段形成一个个原始的韵律层；第二个阶段是原始韵律层的流动性改造，使得韵律的宽度在横向上变化较大，但韵律本身的原始特征仍能保留（图 3-53）。显微镜下见流动构造，并可见流动纹层对颗粒产生的撕裂现象（图 3-49）。

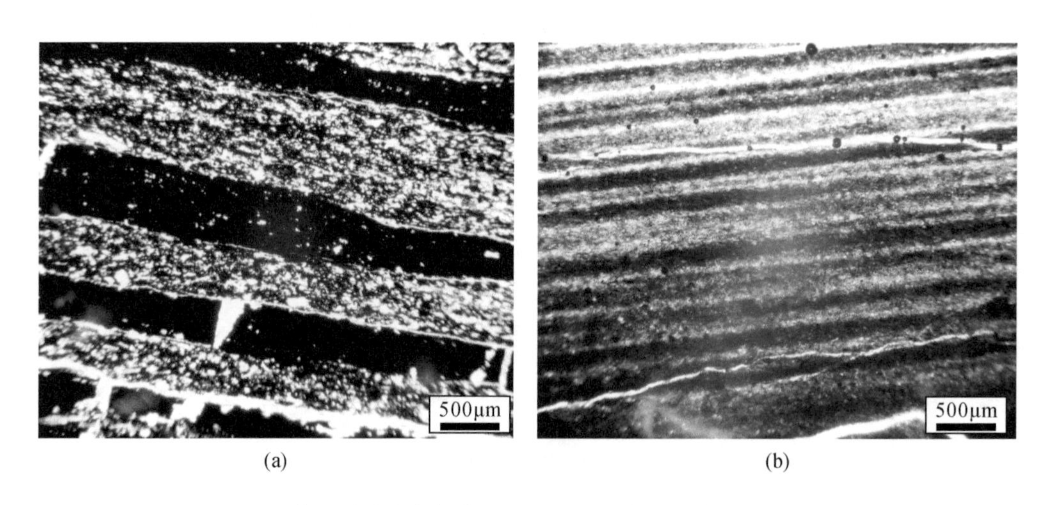

图 3-51　华北陆块南部偃龙地区铝土质泥岩中规则的纹层状构造

（a）明暗相间的纹层呈截然接触关系，暗色非晶质的黏土矿物层内部见有微裂隙（×40-），ZK4704-9；（b）明暗相间的纹层呈渐变接触关系（×40-），ZK4704-1

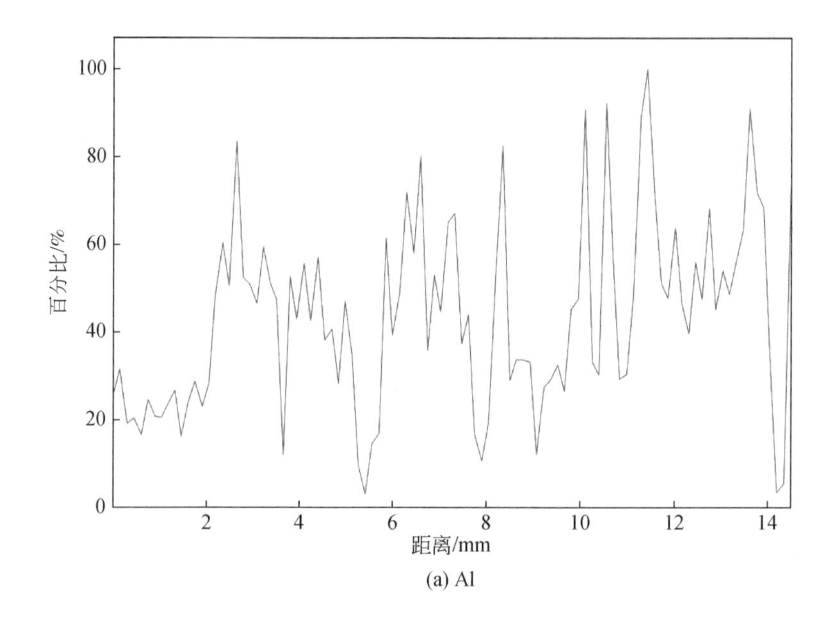

(a) Al

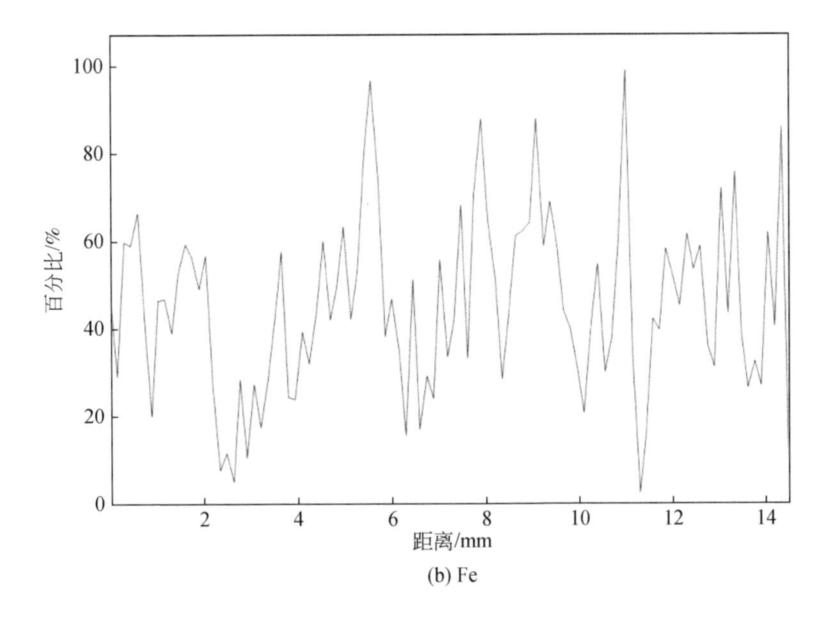
百分比/%
0
20
40
60
80
100
2
4
6
8
10
12
14
距离/mm

(b) Fe

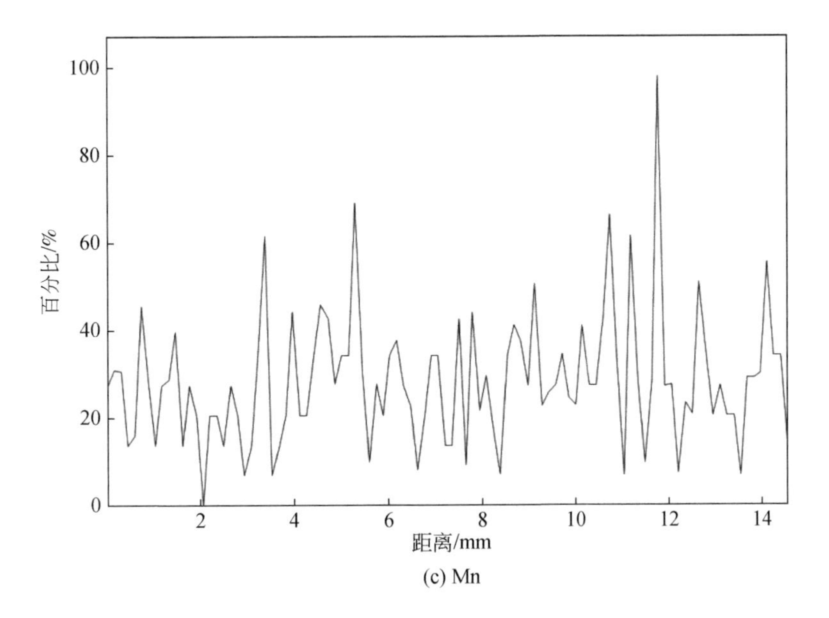
百分比/%
0
20
40
60
80
100
2
4
6
8
10
12
14
距离/mm

(c) Mn

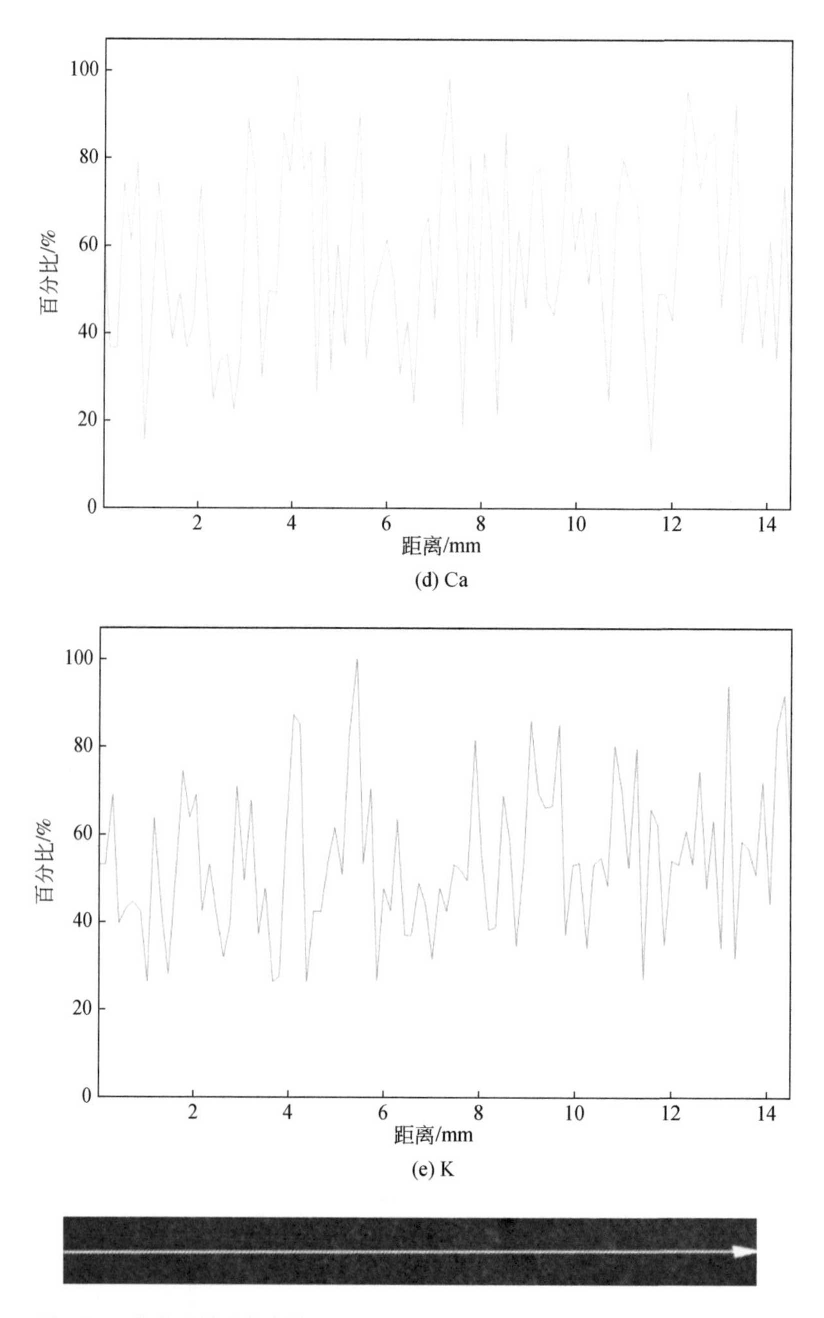

图 3-52　华北陆块南部偃龙地区铝土质泥岩中纹层的能谱分析，ZK4704-1

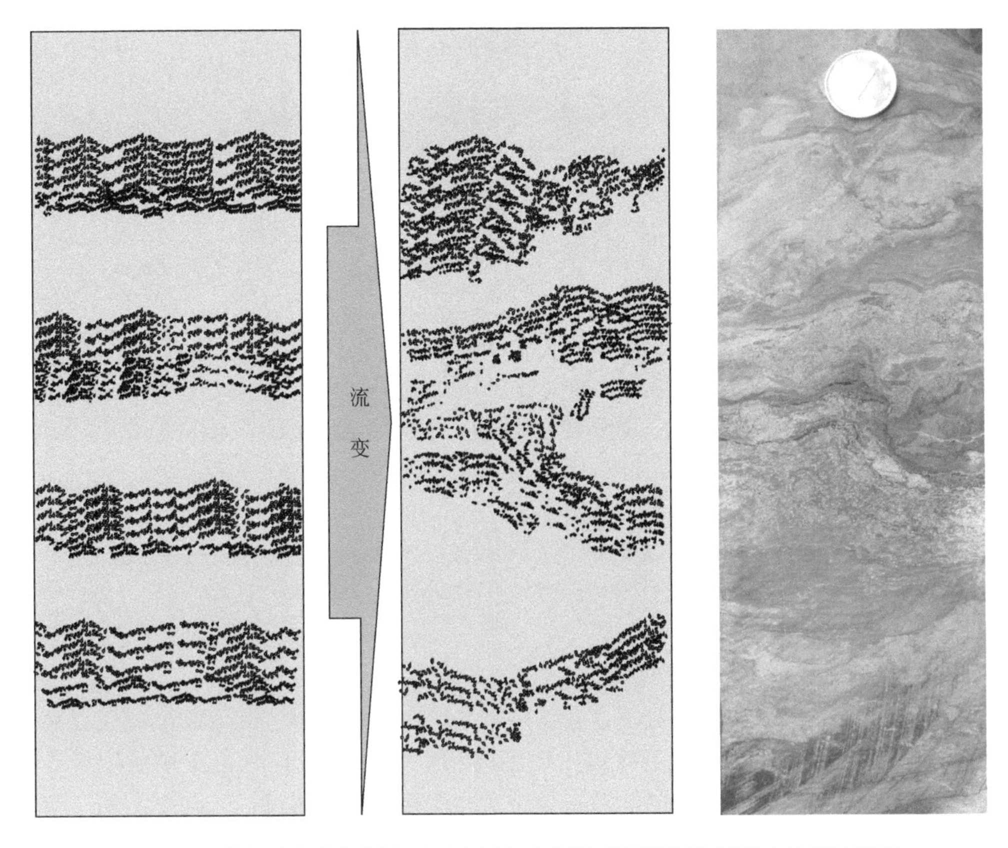

图 3-53　华北陆块南部偃龙地区本溪组含铝岩系不规则纹层形成过程示意图

流动纹层的形成可能与剪切作用有关，主要表现在两方面：其一表现为钻孔岩心中，可见浅色矿物颗粒在深色纹层之间组成书斜式构造［图 3-54（a）］，岩石薄片中，也可见到相似的书斜式构造［图 3-54（b）］；其二表现为透镜状颗粒顺着流动纹层的排列和颗粒呈碎斑拖尾现象［图 3-54（c）］，也反映了剪切流动的改造。

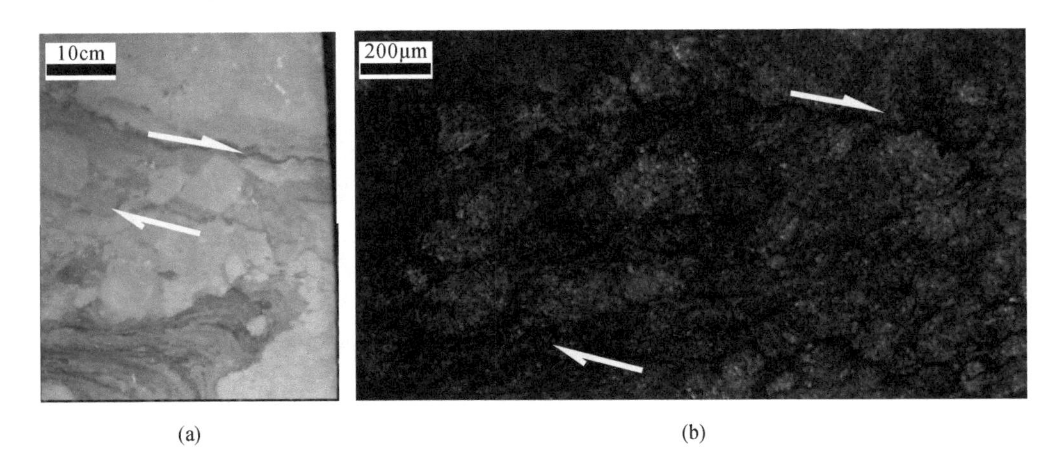

(a)　(b)

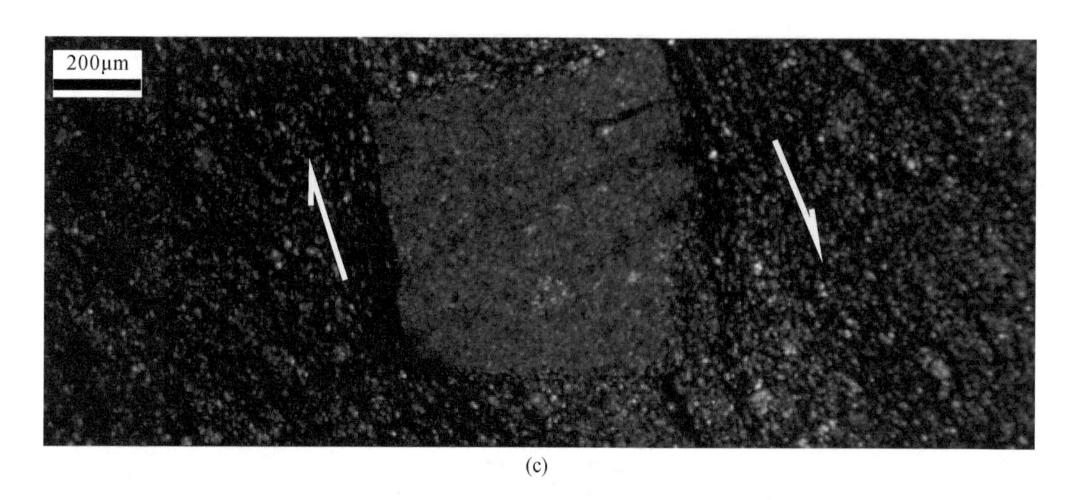

(c)

图 3-54　华北陆块南部偃龙地区本溪组含铝岩系铝土质泥岩中的剪切现象

（a）浅色矿物颗粒在深色纹层之间组成书斜式构造，ZK2006；（b）岩石薄片中的书斜式构造，ZK1608-1；（c）岩石薄片中矿物颗粒呈碎斑拖尾现象，ZK0810-1

3. 褶曲构造

本溪组含铝岩系的褶曲构造常发育在岩溶漏斗的中部和两侧，既可以出现在豆鲕（碎屑）状铝土矿中，也可以出现在下部铝土质泥岩和豆鲕（碎屑）状铝土矿的铝土质泥岩夹层中，与古岩溶塌陷具有直接的关系。关于这些褶曲构造的描述、几何学分析、运动学和动力学分析，详见第六章第二节“古岩溶塌陷”部分。

4. 滑塌构造

滑塌构造一般出现在溶蚀较强烈的岩溶漏斗中，其底部常为铝土质泥岩，并发育复杂的流动纹层，该层一般向漏斗的边缘变薄或尖灭［图 3-55（a）］。向上部常见有铝土质泥岩包裹的大小不一的角砾，最大砾径可达 40cm，成分单一，成分为铝土质泥岩和豆鲕（碎屑）状铝土矿，角砾的长轴呈定向排列现象，且与整体地层产状一致［图 3-55（b）］。

(a)

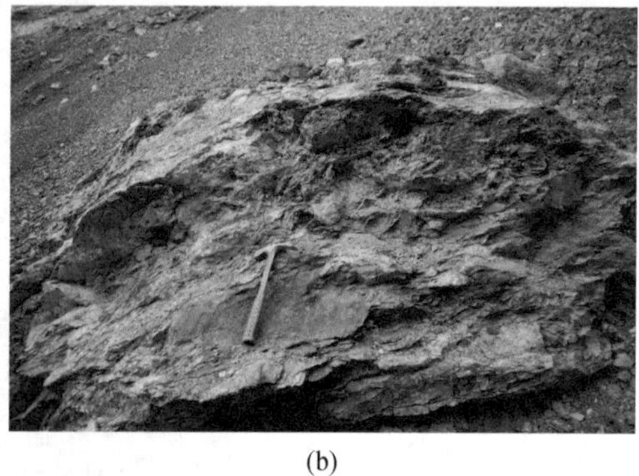

(b)

图 3-55　华北陆块南部偃龙地区本溪组含铝岩系的角砾状构造和滑塌构造

（a）滑塌构造，鸡毛窑；（b）角砾状构造，沟后村

5. 浸染状构造

浸染状构造在铝土质泥岩和豆鲕（碎屑）状铝土矿中均可见。铝土质泥岩中的浸染状构造主要表现为铁质含量较高的隐晶质黏土矿物作为团块被结晶较好的黏土矿物所包裹，接触边界呈不规则状和港湾状［图3-56（a）］，有时见到前者包裹后者，呈球状，并由一个细脉与前者的块体相连［图3-56（b）］，有时见到前者沿着后者的纹层侵入［图3-56（c）］。豆鲕（碎屑）状铝土矿中，也存有大量的浸染状构造，详见第七章第二节“豆鲕的后期变化”部分。

图3-56　华北陆块南部偃龙地区铝土质泥岩中的团块状结构，ZK4704-2
（a）港湾状浸染接触现象（×40+）；（b）铝土质泥岩中的不规则团块（×40-）；
（c）铝土质泥岩中的透镜状团块（×40-）

6. 网状构造

网状构造主要出现在含铝岩系中部豆鲕（碎屑）状铝土矿粒度较大的碎屑中或粒径较大的豆鲕中［图3-57（a）］，表现为呈三叉状或不规则状的灰白色铁质含量较少的细脉，穿插于暗色铁质含量较高的碎屑中或豆鲕的圈层中，有时可见到网状细脉贯穿整个豆鲕，有时也可见到豆鲕的不同圈层对网状构造的改造［图3-57（b）］。网状细脉的宽度一般小于100μm，有时见到与豆鲕的亮色圈层相连接［图3-57（c）（d）］，与两侧的矿物渐变过渡，矿物成分主要为结晶较好的高岭石和/或硬水铝石。

扫描电镜下，铝土质泥岩中也可见到网状构造，常表现为三叉状或不规则状，但受到颗粒边界的限制［图3-57（e）、（f）］，常发育在颜色较浅的碎屑颗粒中。

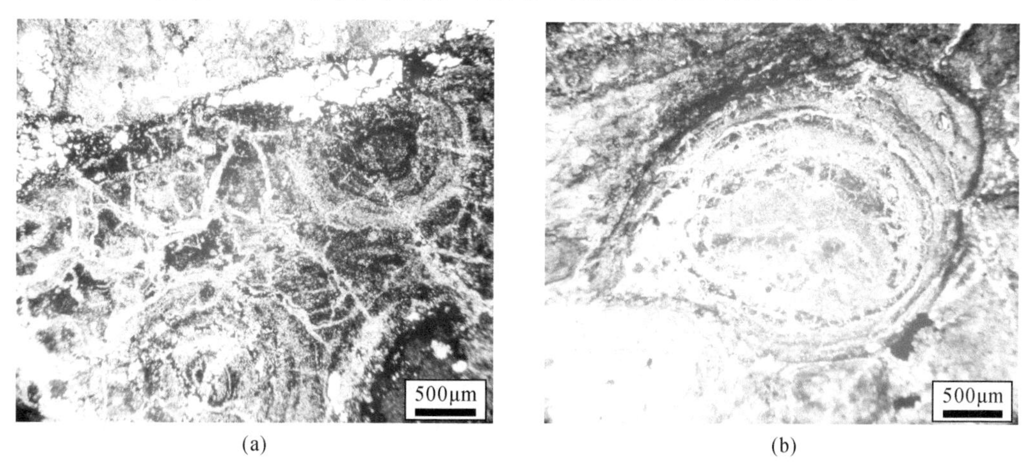

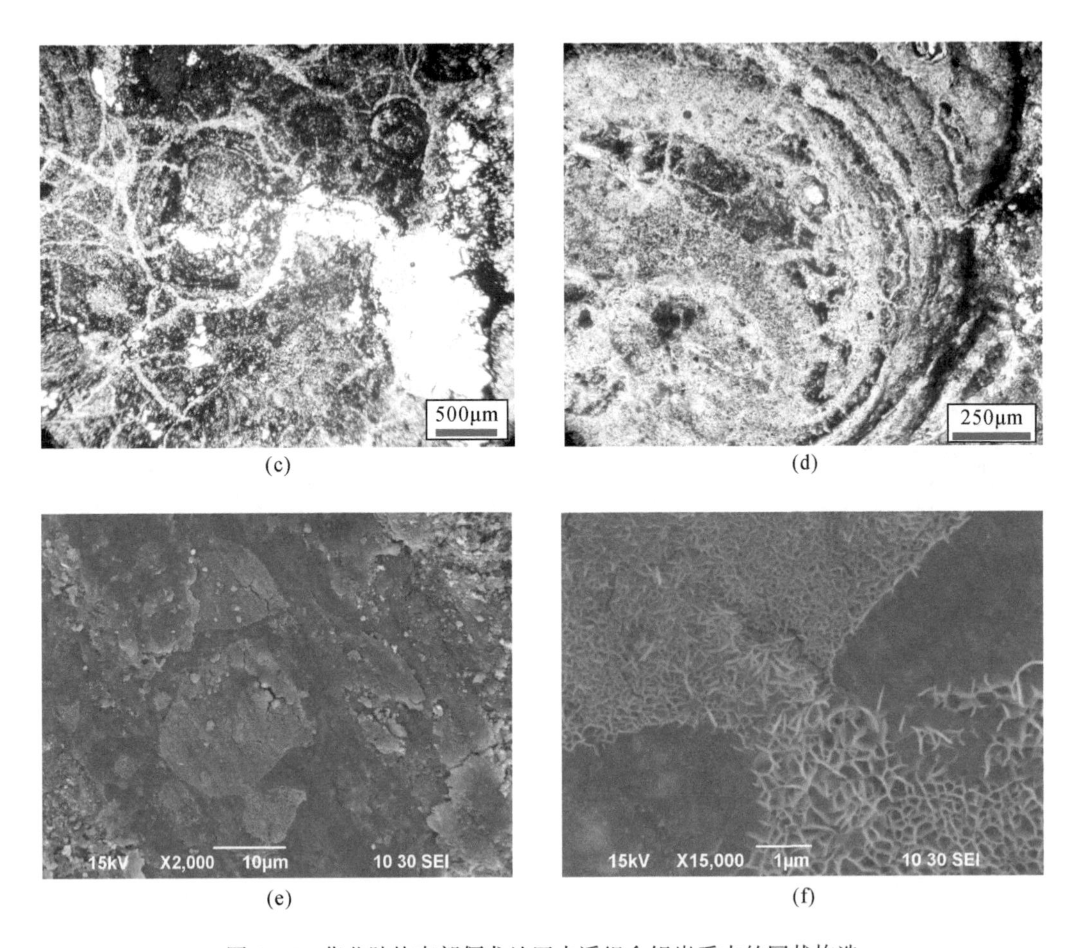

图 3-57　华北陆块南部偃龙地区本溪组含铝岩系中的网状构造

(a) 豆鲕（碎屑）状铝土矿中碎屑的网状构造（×40-），JE-1b；（b）豆鲕的不同圈层组成的网状构造（×40-），ZK4704-6；（c）网状脉与豆鲕的亮色圈层相连接（×40-），JE-1b；（d）网状脉与豆鲕的亮色圈层相连接（×100-），ZK4704-6；（e）铝土质泥岩中的网状构造受颗粒边界限制，ZK6008-1，461.13m；（f）铝土质泥岩中的网状构造，ZK6008-1，461.13m

第四节　含铝岩系的化学成分特征

含铝岩系是原始母岩或原始沉积物经过风化淋滤作用的产物。无疑，其地球化学特征受到原岩或原始沉积物化学成分和表生作用下元素的地球化学行为两方面因素的影响。如果假设原岩或原始沉积物的化学成分在垂向上没有发生变化，那么含铝岩系的化学组成必然受到风化淋滤时的环境因素和风化淋滤的程度控制。所以，系统地分析含铝岩系的化学成分及其垂向上的变化，不仅对于恢复原岩或原始沉积物的化学成分具有重要意义，也对于分析含铝岩系形成时的环境因素和风化淋滤的程度具有重要意义。

前人对于铝土矿化学成分的研究主要集中于少数几个重要的主量元素，如 Al_2O_3、SiO_2、TiO_2、Fe_2O_3等，并得出了几条基本的规律：①Al_2O_3、TiO_2和 Fe_2O_3的含量具有正相关性；②Al_2O_3和SiO_2的含量具有负相关性；③在垂向上，Al_2O_3、TiO_2和Fe_2O_3在矿体的中部具有最大值，并向上、向下逐渐减小，SiO_2则相反。无疑，上述的规律性认识对于含铝岩系的成因研究是重要的，但是不全面。含铝岩系的元素变化与表生环境下元素的地球化学行为有关，而表生环境下元素的迁移富集规律不仅表现在某些主量元素，稀土元素和多数微量元素的表生地球化学对于环境和风化程度更为敏感，所以，综合考虑主量元素、微量元素和稀土元素的特征、组合及其在垂向上的变化具有更重要的意义，可以描绘含铝岩系形成过程中更多的细节。

本次研究系统采集了ZK4704钻孔的9个样品，样品涵盖下部铝土质泥岩、中部豆鲕（碎屑）状铝土矿和上部铝土质泥岩（表3-1），采样位置如图3-34所示。测试的主量元素包括Na_2O、MgO、Al_2O_3、SiO_2、P_2O_5、K_2O、CaO、TiO_2、MnO、Fe_2O_3、FeO和烧失量（表3-2）；微量元素包括Sc、Li、Be、Co、Cu、Zn、Ga、Rb、Zr、Nb、In、Cs、Hf、Ta、Pb、Th、U、Ba、Cr、Ni、Sr、V、As、Sb、Bi等（表3-3）；稀土元素包括La、Ce、Pr、Nd、Sm、Eu、Gd、Tb、Dy、Ho、Er、Tm、Yb、Lu、Y（表3-4）。样品测试由国土资源部武汉矿产资源监督检测中心（湖北省地质实验测试中心）完成。

表3-1　华北陆块南部偃龙地区ZK4704钻孔本溪组含铝岩系采样表

样号	岩性描述	采样位置（孔深）/m
ZK4704-1	泥岩，灰黑色，黏土质结构，块状构造，含团块状和草莓状黄铁矿	274.12
ZK4704-2	泥岩，灰黑色，黏土质结构，块状构造，含团块状和草莓状黄铁矿	273.42
ZK4704-3	铝土矿，灰色，致密状结构，块状构造，含有约20%的鲕粒和少量豆粒	271.10
ZK4704-4	铝土矿，灰色，致密结构，块状构造，豆粒和碎屑40%，豆粒粒径2～4mm	269.93
ZK4704-5	铝土矿，灰色，豆状结构，块状构造，豆粒粒径2～4mm，含量约30%	269.33
ZK4704-6	铝土矿，灰色，豆状结构，块状构造，豆粒粒径3～5mm，含量约10%	268.36
ZK4704-7	铝土矿，灰黑色，黏土质结构，块状构造，整体致密均匀，层理不发育	267.28
ZK4704-8	铝土矿，灰黑色，黏土质结构，致密块状，含有零星豆粒	266.18
ZK4704-9	泥岩，灰黑色，黏土质结构，水平层理发育，含有零星的黄铁矿	266.08

表3-2　华北陆块南部偃龙地区ZK4704钻孔本溪组含铝岩系主量元素含量表

样号	Na_2O/%	MgO/%	Al_2O_3/%	SiO_2/%	P_2O_5/%	K_2O/%	CaO/%	TiO_2/%	MnO/%	Fe_2O_3/%	FeO/%	烧失量/%	CIA*
ZK4704-1	0.17	1.72	33.16	39.30	0.31	5.72	0.18	1.58	0.01	6.37	3.12	7.86	84.53
ZK4704-2	0.17	1.27	34.24	38.14	0.25	5.47	0.34	1.58	0.01	5.96	4.65	7.61	85.13
ZK4704-3	0.10	1.59	46.62	7.89	0.11	1.22	0.43	2.44	0.19	1.85	17.60	18.58	96.38
ZK4704-4	0.07	1.53	44.08	10.11	0.14	0.44	0.53	1.84	0.14	2.96	20.90	15.09	97.70
ZK4704-5	0.09	0.30	71.52	6.08	0.07	0.89	0.08	4.66	0.01	1.62	0.53	14.00	98.54
ZK4704-6	0.10	0.29	73.90	5.32	0.06	0.77	0.07	3.54	0.01	1.12	0.50	14.14	98.74
ZK4704-7	0.08	0.43	56.11	23.57	0.05	2.12	0.15	3.03	0.01	1.20	0.27	12.84	95.98

续表

样号	Na_2O /%	MgO /%	Al_2O_3 /%	SiO_2 /%	P_2O_5 /%	K_2O /%	CaO /%	TiO_2 /%	MnO /%	Fe_2O_3 /%	FeO /%	烧失量 /%	CIA*
ZK4704-8	0.08	0.40	56.67	23.09	0.04	2.13	0.13	3.10	0.01	0.94	0.30	12.92	96.03
ZK4704-9	0.12	0.45	25.62	32.27	0.16	1.72	3.81	1.44	0.06	14.83	0.45	20.00	81.93

* CIA 为化学风化指数。

表 3-3 华北陆块南部偃龙地区 ZK4704 钻孔本溪组含铝岩系微量元素含量表

（单位：μg/g）

元素	ZK4704-1	ZK4704-2	ZK4704-3	ZK4704-4	ZK4704-5	ZK4704-6	ZK4704-7	ZK4704-8	ZK4704-9
Sc	27.70	31.99	47.38	64.47	50.88	36.22	33.54	29.73	13.66
Li	960.50	684.20	23.59	112.10	44.08	23.27	3067.00	3007.00	218.30
Be	15.54	7.79	4.10	3.12	6.19	5.89	5.34	5.47	2.33
Co	133.40	28.62	8.14	25.27	14.13	9.08	6.26	6.48	11.64
Cu	317.90	29.80	14.79	18.77	36.55	26.24	55.29	24.43	37.93
Zn	121.60	64.01	55.77	60.79	70.59	57.80	88.32	72.40	45.68
Ga	37.15	26.85	56.71	43.48	112.20	97.05	90.36	97.12	19.85
Rb	60.41	49.81	11.18	1.97	13.14	11.72	18.74	22.38	50.85
Zr	341.70	316.50	601.30	408.80	1652.60	1364.70	1013.00	1127.90	318.10
Nb	32.92	29.67	46.47	34.57	109.80	78.54	95.18	74.24	31.89
In	0.17	0.15	0.75	0.37	0.40	0.21	0.23	0.21	0.06
Cs	11.09	5.10	0.35	0.11	0.25	0.24	1.61	1.61	4.07
Hf	11.63	10.27	18.93	12.87	52.03	44.24	31.98	37.40	11.04
Ta	3.32	2.93	12.42	3.29	7.04	4.79	13.35	6.15	3.59
Pb	12.84	12.57	7.06	28.03	54.48	27.15	23.07	27.51	212.40
Th	23.77	21.35	63.33	30.57	102.40	97.59	40.37	62.87	36.93
U	6.97	8.44	20.34	14.48	35.43	28.69	10.97	16.77	20.71
Ba	320.15	257.88	78.33	72.24	412.76	362.78	235.83	305.55	164.75
Cr	124.40	174.10	235.10	188.30	310.50	244.50	213.00	233.20	164.90
Ni	301.20	99.88	5.25	16.99	7.21	5.24	2.69	2.73	121.90
Sr	908.29	189.72	119.05	77.39	103.52	65.00	67.58	79.19	140.56
V	219.18	183.36	226.45	202.82	498.45	305.73	430.64	431.18	191.55
As	0.55	0.27	5.99	56.56	5.46	1.96	2.83	2.65	102.11
Sb	0.29	0.14	0.31	2.69	3.11	1.28	0.83	1.00	1.97
Bi	0.66	0.15	0.98	4.31	2.44	1.87	2.11	1.94	0.82

表 3-4　华北陆块南部偃龙地区 ZK4704 钻孔本溪组含铝岩系稀土元素含量表

元素	ZK4704-1	ZK4704-2	ZK4704-3	ZK4704-4	ZK4704-5	ZK4704-6	ZK4704-7	ZK4704-8	ZK4704-9
La	286.00	145.40	65.68	40.30	8.16	5.14	11.72	9.38	71.97
Ce	273.70	305.90	224.50	173.00	79.64	32.73	60.41	46.22	104.50
Pr	116.63	34.63	12.32	7.33	2.54	1.63	3.52	2.90	13.08
Nd	609.66	109.37	36.91	21.92	10.90	7.09	12.14	10.24	43.19
Sm	133.50	17.78	5.65	3.37	2.73	1.80	2.39	2.09	6.23
Eu	11.41	3.78	0.87	0.64	0.53	0.36	0.53	0.46	1.01
Gd	80.68	20.12	8.08	5.50	3.01	1.95	2.95	2.46	7.29
Tb	12.02	2.52	1.04	0.85	0.85	0.64	0.69	0.62	0.87
Dy	48.57	12.02	6.36	4.59	6.83	5.47	5.10	4.85	4.37
Ho	8.78	2.29	1.43	0.91	1.52	1.28	1.14	1.06	0.92
Er	21.95	5.95	4.17	2.40	3.96	3.71	3.29	2.98	2.53
Tm	3.09	0.97	0.78	0.42	0.73	0.65	0.54	0.52	0.47
Yb	20.55	6.65	5.04	2.79	4.65	4.13	3.50	3.21	3.07
Lu	2.95	0.98	0.79	0.44	0.73	0.65	0.56	0.52	0.48
Y	212.80	51.83	33.30	21.33	38.26	32.61	31.71	29.31	22.80
ΣREE	1842.29	720.19	406.92	285.79	165.04	99.84	140.19	116.82	282.78
LREE	1430.90	616.86	345.93	246.56	104.50	48.75	90.71	71.29	239.98
HREE	411.39	103.33	60.99	39.23	60.54	51.09	49.48	45.53	42.8
LREE/HREE	3.48	5.97	5.67	6.28	1.73	0.95	1.83	1.57	5.61
$(La/Sm)_N$	1.35	5.14	7.31	7.51	1.88	1.80	3.09	2.82	7.27
$(Gd/Yb)_N$	3.17	2.44	1.29	1.59	0.52	0.38	0.68	0.62	1.92
$(La/Yb)_N$	9.38	14.75	8.79	9.73	1.18	0.84	2.26	1.97	15.82
δEu	0.33	0.71	0.46	0.49	0.45	0.44	0.54	0.53	0.55
δCe	0.36	1.01	1.78	2.25	4.18	2.71	2.24	2.12	0.76

注：LREE 为轻稀土元素；HREE 为重稀土元素；稀土元素含量单位为 μg/g。

一、主量元素地球化学特征

下部铝土质泥岩 Al_2O_3 含量为 33.16%~34.24%，平均 33.70%，SiO_2 含量为 38.14%~39.30%，平均 38.72%，Fe_2O_3 和 FeO 含量为 9.49%~10.61%，平均 10.05%，TiO_2 含量为 1.58%，平均 1.58%；中部豆鲕（碎屑）状铝土矿 Al_2O_3 含量为 44.08%~73.90%，平均 58.15%，SiO_2 含量为 5.32%~23.57%，平均 12.68%，Fe_2O_3 和 FeO 含量为 1.24%~23.86%，平均 8.30%，TiO_2 含量为 1.84%~4.66%，平均 3.10%；上部铝土质泥岩 Al_2O_3 含量为 25.62%，SiO_2 含量为 32.27%，Fe_2O_3 和 FeO 含量为 15.28%，TiO_2 含量为 1.44%。

上部铝土质泥岩和下部铝土质泥岩 Al 和 Si 摩尔百分含量接近 1∶1，这是由铝土质泥岩的主要矿物成分为黏土矿物所决定的，下部泥岩 K_2O 含量为 5.47%~5.72%，与下部泥岩主要矿物成分为伊利石相吻合，上部铝土质泥岩 CaO 含量为 3.81%，与方解石含量有关（图 3-35），中部豆鲕（碎屑）状铝土矿 Al_2O_3 含量较高，与其中较高的硬水铝石含量有关（图 3-35），ZK4704-3 和 ZK4704-4 中 FeO 含量较高，分别为 17.60% 和 20.90%，与菱铁矿含量较高有关（图 3-35）。

整体而言，整个含铝岩系的 Na、Ca、Mg、P、Mn、Si 等元素的百分含量变化幅度不大，但相较地壳克拉克值均有显著亏损（Rudnick and Gao，2003），K 除在下部铝土质泥岩富集外（与钾被析出后向下部迁移，且被土壤所吸附有关），也有显著亏损，表明含铝岩系中的这些元素经受了强烈的淋溶作用。

化学风化指数（CIA）通常用来衡量沉积物和岩石的风化程度（Nesbitt，1982，1997），其表达式为：$CIA=[(Al_2O_3)/(Al_2O_3+CaO+K_2O+Na_2O)]\times100$，含铝岩系自下至上化学风化指数见表 3-2，下部铝土质泥岩的化学风化指数为 84.53 ~85.13，上部铝土质泥岩化学风化指数为 81.93，中部铝土矿的化学风化指数为 95.98 ~98.74，表明含铝岩系均遭受了强烈的化学风化作用，但中部豆鲕（碎屑）状铝土矿风化程度远高于下部和上部铝土质泥岩。

根据含铝岩系在垂向上连续变化的 Al_2O_3-SiO_2-Fe_2O_3、FeO-TiO_2 相关性图解（图 3-58），可以看出，Al_2O_3 含量从下部铝土质泥岩到中部豆鲕（碎屑）状铝土矿逐渐增高，但上部铝土质泥岩中 Al_2O_3 含量突然降低。由于水解过程中铝一般作为不活动元素而富集，说明含铝岩系整体上向上部风化程度逐渐增强，但在晚期急剧降低。Al_2O_3 含量与 TiO_2 含量存在着明显的正相关关系，相关系数为 0.89，此与钛在表生条件下比较稳定，一般不形成可溶性化合物有关。Al_2O_3 含量与 SiO_2 和 Fe_2O_3、FeO 存在着明显的负相关关系，与 SiO_2 相关系数为-0.58，与除去 ZK4704-3 和 ZK4704-4 的 Fe_2O_3、FeO 的相关系数为-0.83，Fe_2O_3、FeO 在 ZK4704-3 和 ZK4704-4 中相关性特征并不明显，与这两个样品中较高的菱铁矿含量有关。

上述表明，含铝岩系具有强烈的脱硅去铁的过程。硅的淋失与硅酸盐的结晶格架被破坏以后，分解出来的硅氧化合物以水溶胶的形式进行迁移有关，但相对于极易迁移的元素 K、Na、Ca、Mg 等，硅又表现出一定的稳定性，这与其他元素迁移出体系后，硅可以黏土矿物的形式残存下来有关。铁在中性水中溶解度很低，也是难迁移元素，但铁是变价元素，在强还原条件下，三价铁可以还原成二价铁进行迁移，所以，Al_2O_3 与 Fe_2O_3、FeO 的负相关关系说明，含铝岩系除具有早期的化学风化过程，在晚期应存在重要的还原过程。

二、微量元素地球化学特征

微量元素在上部铝土质泥岩、下部铝土质泥岩和中部豆鲕（碎屑）状铝土矿中的富集特征也具有显著差异（图 3-59）。

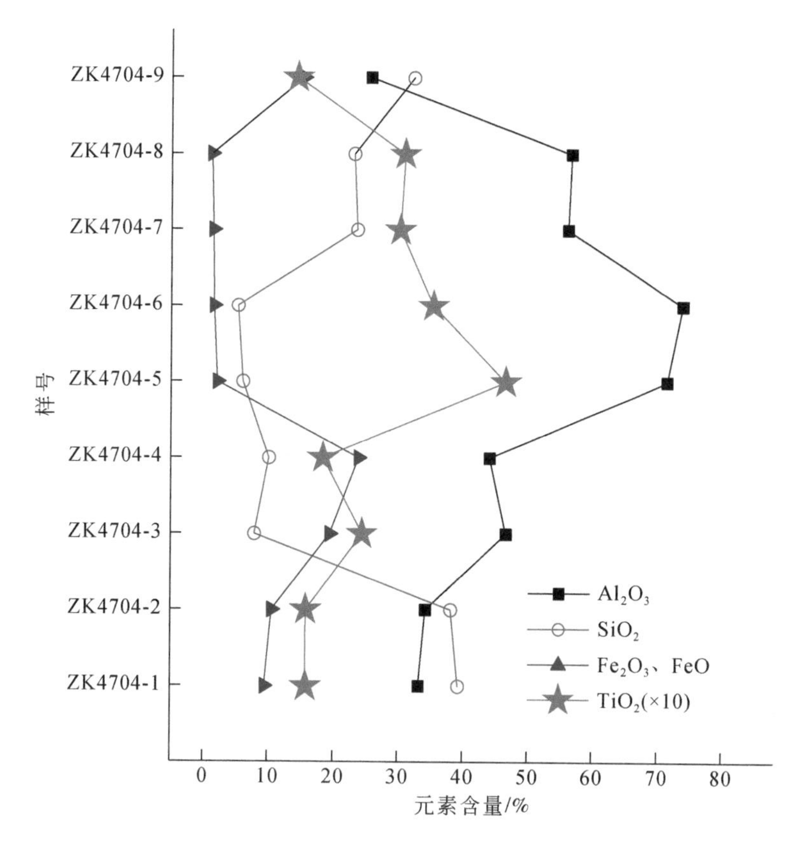

图 3-58　华北陆块南部偃龙地区 ZK4704 本溪组含铝岩系常量元素变化图

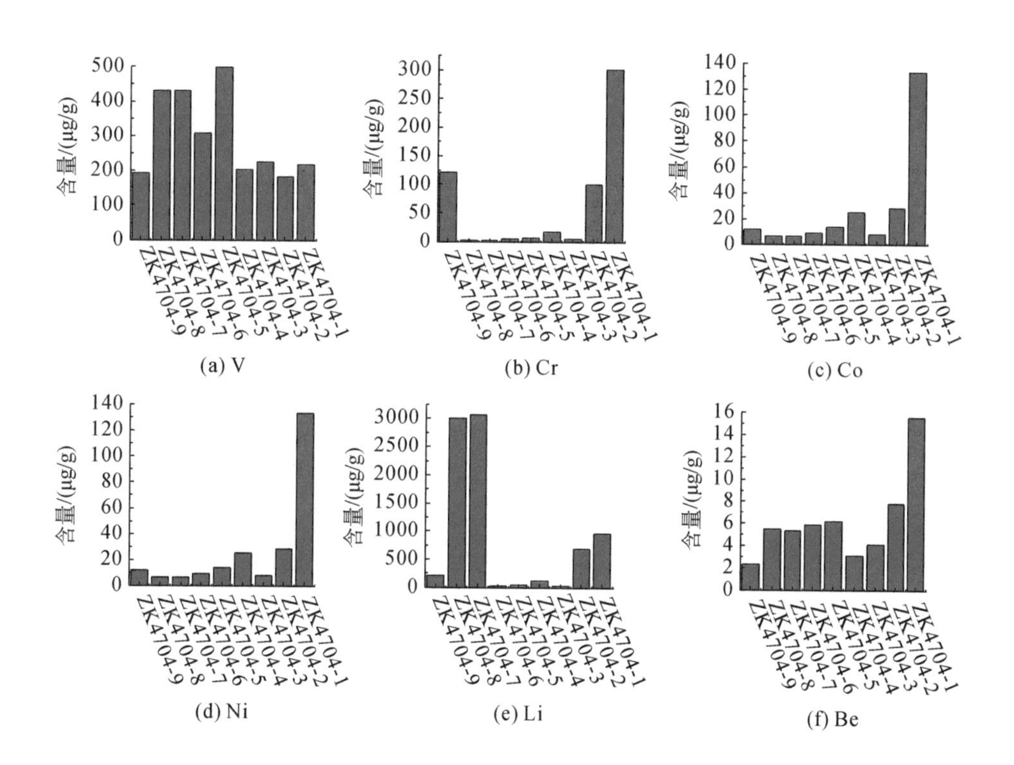

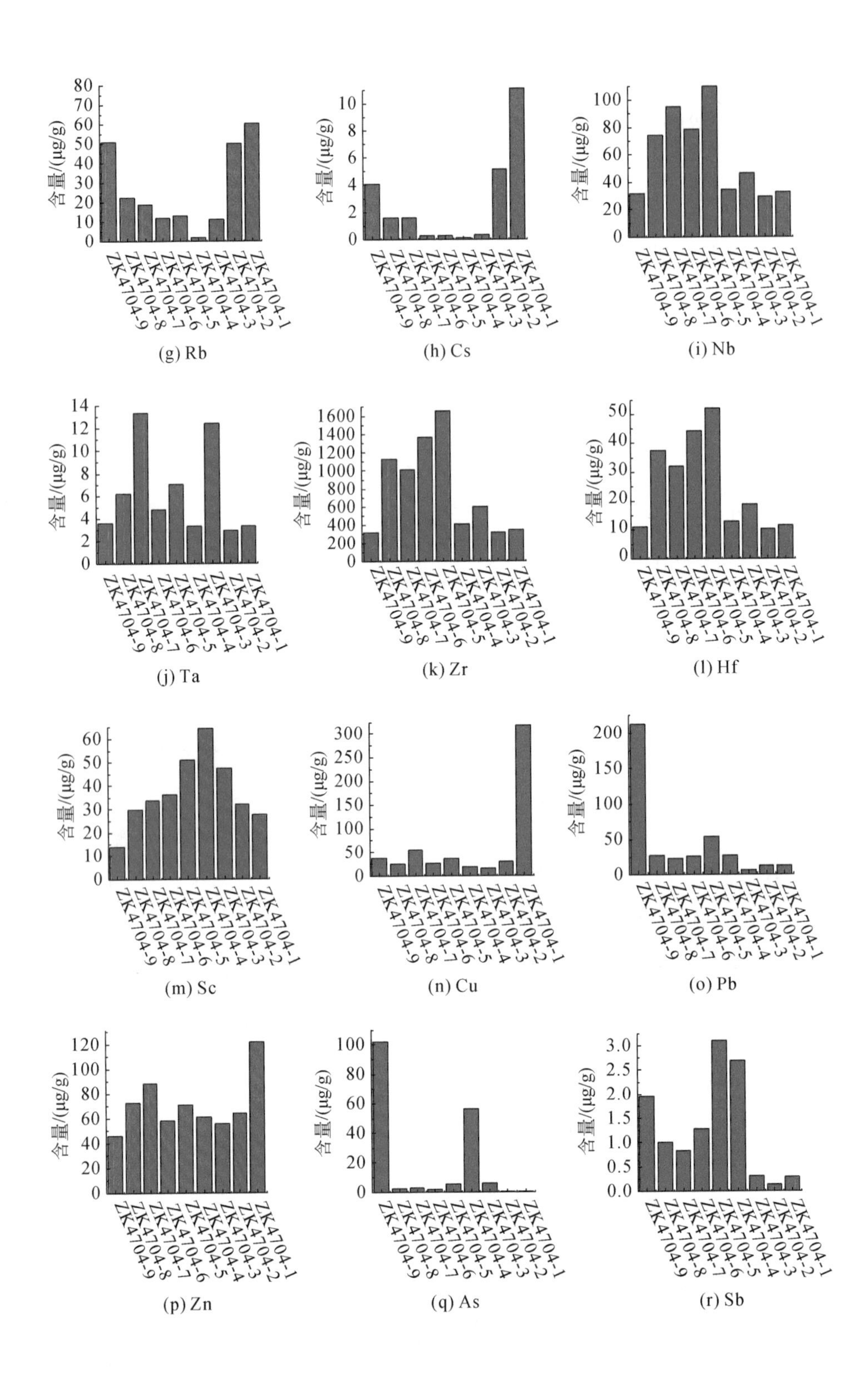
含量/(μg/g)
ZK4704-9
ZK4704-8
ZK4704-7
ZK4704-6
ZK4704-5
ZK4704-4
ZK4704-3
ZK4704-2
ZK4704-1
(g) Rb
(h) Cs
(i) Nb
(j) Ta
(k) Zr
(l) Hf
(m) Sc
(n) Cu
(o) Pb
(p) Zn
(q) As
(r) Sb

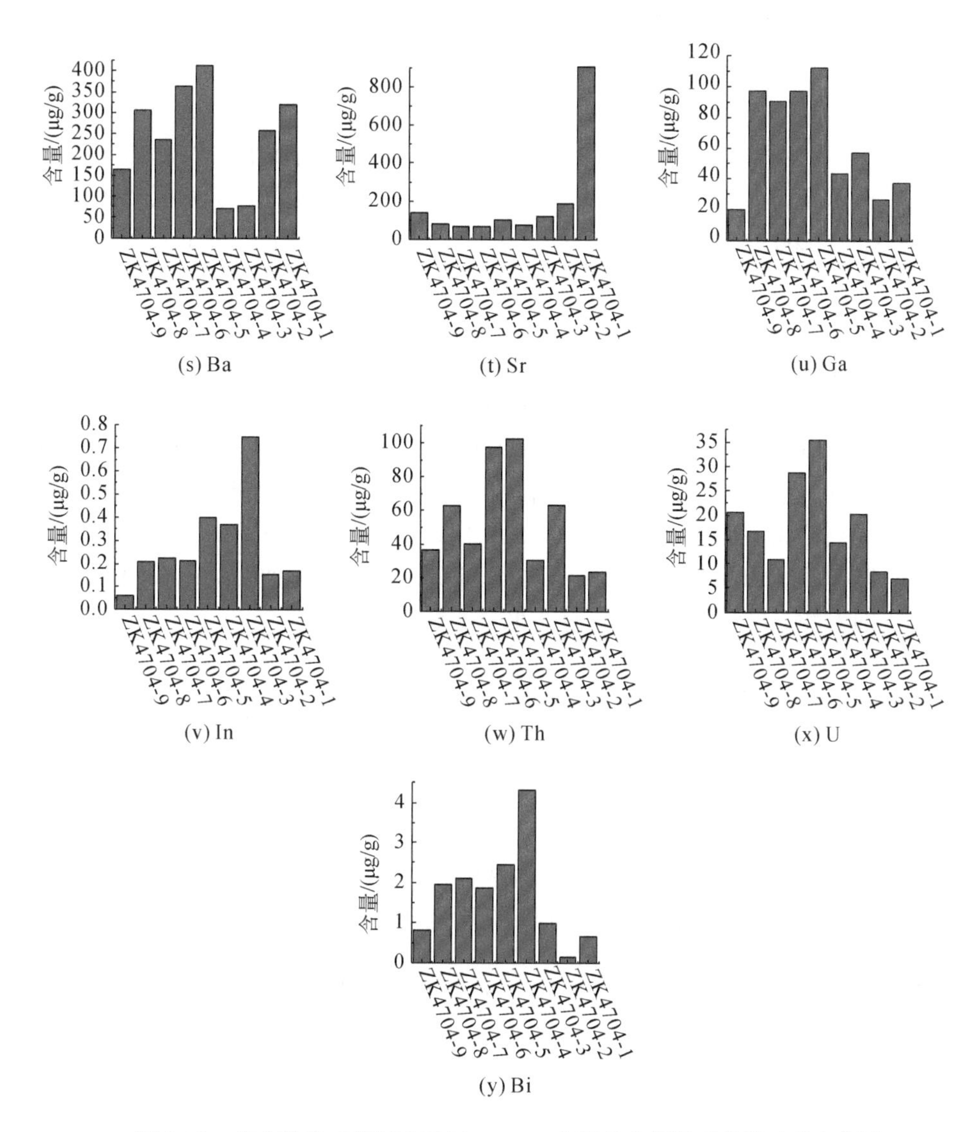

图 3-59　华北陆块南部偃龙地区 ZK4704 本溪组含铝岩系微量元素变化图

上部铝土质泥岩和下部铝土质泥岩及靠近顶部的豆鲕（碎屑）状铝土矿中富含 Li，下部铝土质泥岩中 Li 含量为 684.20～960.50μg/g，上部铝土质泥岩 Li 含量为 218.30μg/g，靠近上部铝土质泥岩的豆鲕（碎屑）状铝土矿中 Li 含量高达 3007.00～3067.00μg/g。Li 在表生风化作用条件下，很容易迁移，但是又容易被黏土矿物所吸附。含铝岩系中 Li 的含量变化很大，说明了 Li 的强烈迁移性质，而 Li 的富集则与 Li 被黏土矿物吸附有关。但其含量远高于正常泥质沉积物中 Li 的含量，可能与原始沉积物中 Li 的高含量有关，研究表明，只有酸性的岩浆岩才具有这样的条件（刘英俊等，1984）。

Rb 和 Cs 在含铝岩系的上部和下部铝土质泥岩向中部豆鲕（碎屑）状铝土矿呈减小的趋势，由于 Rb 和 Cs 易从风化岩石中析出，并被流水带走，说明了中部豆鲕（碎屑）状铝土矿风化作用较强。同时，在风化作用过程中，Rb 和 Cs 的离子半径较大，它们的阳离子易被带负电的黏土胶体所吸附，导致在上部和下部铝土质泥岩中含量较高。

Be 的含量整体较高，尤其在含铝岩系的底部含量很高，可能与 Be 的迁移和黏土矿物的吸附有关。

Ba 和 Sr 的化学性质相近，在表生带中极易分解进入表生循环中，具有较高的移动性。含铝岩系中除 Sr 在下部铝土质泥岩含量较高外，Ba 和 Sr 与地壳克拉克值相比均有减少（Rudnick and Gao，2003），Ba 在中部豆鲕（碎屑）状铝土矿和下部铝土质泥岩中相对含量较高，Sr 则主要富集在下部铝土质泥岩中，说明 Sr 的活动性较 Ba 强，且易于被黏土矿物吸附。

As 的含量较地壳克拉克值具有明显的富集（Rudnick and Gao，2003），中部豆鲕（碎屑）状铝土矿的含量较高，但在上部铝土质泥岩中含量最高。

中部豆鲕（碎屑）状铝土矿中 Al 的高值对应着 Sb 的高值，说明了 Sb 在化学风化作用中，迁移性较弱，但 Sb 在上部铝土质泥岩中含量最高，可能与有机质对 Sb 的富集作用有关。Bi 较地壳克拉克值也有明显富集（Rudnick and Gao，2003），中部豆鲕（碎屑）状铝土矿的含量最高，但 Al 含量的高值并不对应 Bi 含量的高值，而是集中在中部豆鲕（碎屑）状铝土矿的下部，可能是 Bi 较 Al 具有更强的迁移性有关。

含铝岩系中 Co、Ni、Cu、Zn 含量自上而下有增加的趋势，并在最底层的铝土质泥岩中富集，这可能是 Co、Ni、Cu、Zn 迁移和黏土矿物吸附双重作用的结果。

V 在含铝岩系中相对富集，在上部铝土质泥岩和下部铝土质泥岩中含量较少。V 在表生作用过程中迁移性较弱，通常趋向于富集在淋积土中，在铝红壤中含量最高。

含铝岩系中 Cr 的含量与 Al 含量变化相对一致（图 3-60），表明 Cr 的相对迁移能力较差。Cr 在表生氧化条件下，+3 价离子容易被氧化为+6 价的铬酸根离子，从而使不活动的铬离子转变为可溶的络阴离子转移，但络阴离子可以转入土壤空隙中，经蒸发作用发生浓缩。

Pb 的含量较地壳克拉克值高，尤其是在 Al_2O_3 含量较高的样品中，说明了有 Pb 的富集作用发生。但上部铝土质泥岩铅含量很高，可能与生物对铅的富集有关。

Sc 相较地壳克拉克值具有明显的富集，尤其是在中部豆鲕（碎屑）状铝土矿中富集明显，与 Al 的变化相近，说明 Sc 在风化过程中难以迁移，这与 Sc 主要赋存在耐风化的重矿物中有关。呈类质同象存在于辉石、角闪石、橄榄石等暗色矿物中的钪，虽可以迁移但易被黏土矿物所吸附。

上部铝土质泥岩和下部的铝土质泥岩中 Ga 的含量明显低于中部豆鲕（碎屑）状铝土矿中 Ga 的含量，并且 Al 的最高值对应着 Ga 的最高值（图 3-60）。岩石圈中绝大部分的 Ga 隐藏在不同成因含 Al 的矿物之中。在表生作用中，富铝硅酸盐强烈风化时形成 Al 的氢氧化物和含水硅酸盐，并伴随有 Ga 的累积，Ga 的含量一般与 Al 的含量呈正相关的关系。

Zr 在上部铝土质泥岩和下部铝土质泥岩中含量相近，在中部豆鲕（碎屑）状铝土矿中含量远高于地壳克拉克值，此与含铝岩系中富含难以水解的锆石有关（见第四章第二节）。Zr 和 Hf 具有相似的地球化学性质，常作为类质同象元素存在于锆石中，与 Zr 具有相似的变化规律（图 3-60）。

上部铝土质泥岩和下部铝土质泥岩中 Nb 和 Ta 的含量都比较低，中部豆鲕（碎屑）

状铝土矿中的含量较高，与 Al 的变化规律相近。Nb 和 Ta 的物理及化学性质十分相似，地球化学特性也基本相同，在地质作用过程中 Nb 和 Ta 常在同一矿物中出现。在表生风化作用过程中，Nb、Ta 矿物一般耐风化，趋向富集于黏土、红土和铝土矿中。

In 的含量较地壳克拉克值具有明显的富集，且在中部豆鲕（碎屑）状铝土矿中富集程度更高。+3 价的 In 的活动性与 Fe^{3+}、Al^{3+}、Ga^{3+} 十分相似，它在地表的活动性不大，属于搬运不远、容易发生氢氧化物沉淀的元素。

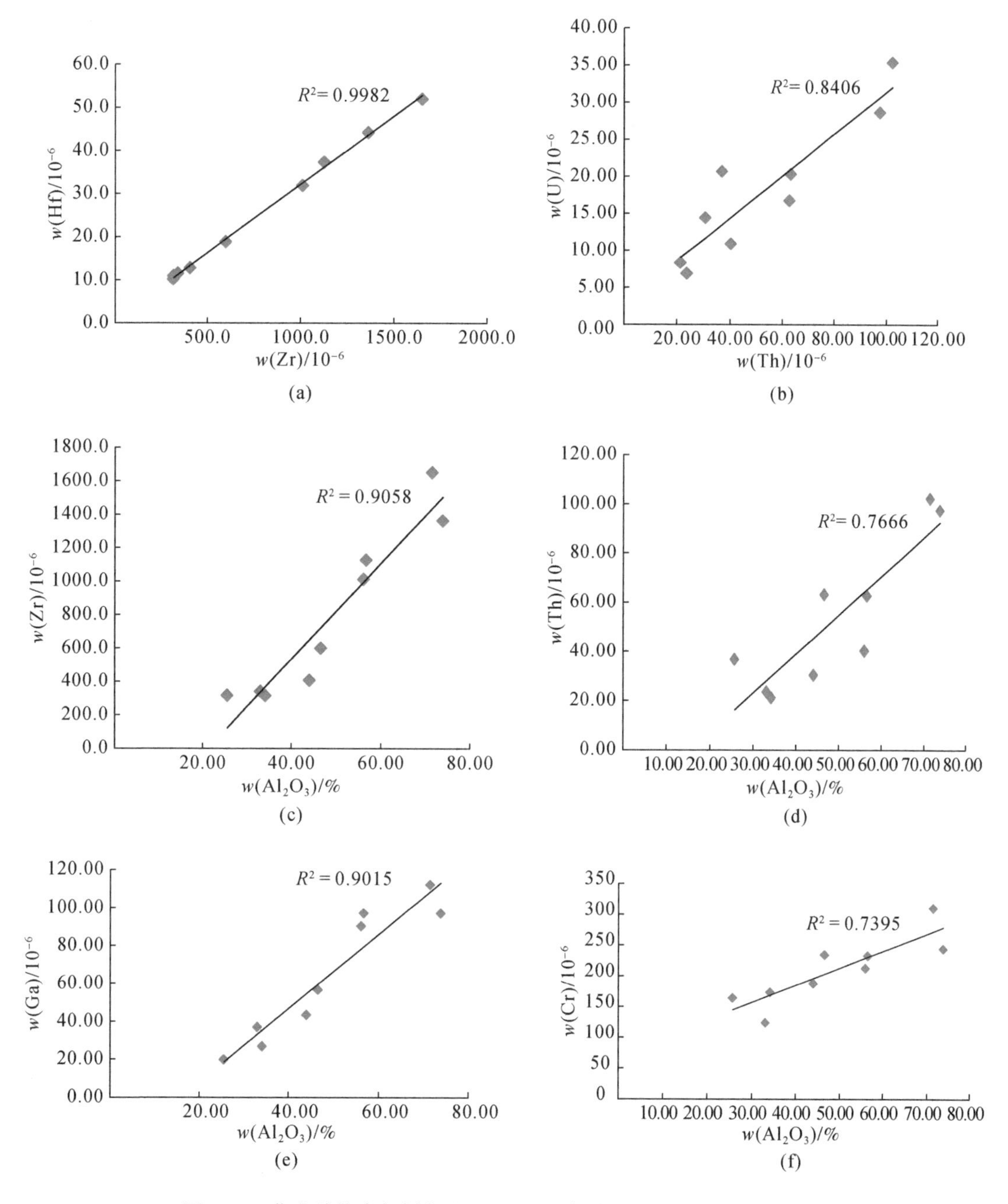

图 3-60 华北陆块南部偃龙地区 ZK4704 本溪组含铝岩系元素相关图

Th 的整体含量相对较高，说明具有一定的富集作用，尤其是在中部豆鲕（碎屑）状铝土矿中富集程度较高，与 Al 的变化趋势相似（图 3-60）。U 的含量变化特征与 Th 相似（图 3-60），说明了 Th 与 U 的相关性，唯一的差别是上部铝土质泥岩中 U 含量较高，可能与腐殖质具有较强的聚 U 能力有关。Th^{4+} 和 U^{4+} 的关系特别密切，它们的硅酸盐和氧化物的构造类型基本相同，常呈类质同象替换。在表生条件下，均可富集在土壤和风化岩石的残留物中。

三、稀土元素地球化学特征

本溪组含铝岩系整体表现出稀土元素的明显富集，这与岩石风化时含有稀土元素的抗风化能力强的矿物常被保留下来有关。但稀土元素总量 ∑REE 变化较大，总体上从含铝岩系的上部到下部，含量逐渐增加（图 3-61），也说明了稀土元素的强烈迁移性质。此外，上部铝土质泥岩稀土总含量较高，下部铝土质泥岩稀土含量增加明显，说明了黏土矿物对稀土元素的吸附作用。稀土元素配分曲线总体表现为中等右倾（图 3-62），轻稀土富集，这可能与黏土矿物对 ∑Ce 的吸附能力大于对 ∑Y 的吸附能力有关。含铝岩系中除了顶部和底部的铝土质泥岩外，整个含铝岩系均表现为 Ce 的正异常（图 3-61），且正异常的高值对应着铝含量的高值。Ce 的行为与其他稀土元素有所差异，在风化壳的上部，由于氧气充足，Ce^{3+} 易氧化成 Ce^{4+}。在酸性条件下，Ce^{4+} 易水解，从而在原地保存下来，不随其

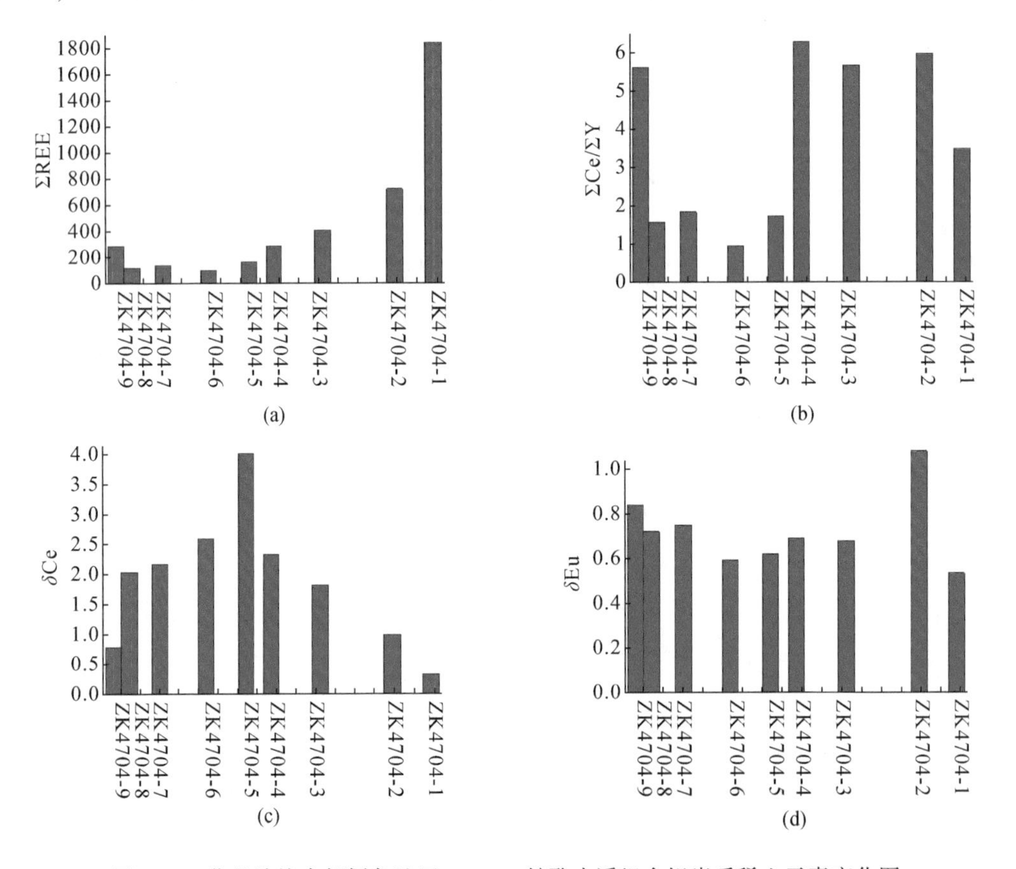

图 3-61　华北陆块南部偃龙地区 ZK4704 钻孔本溪组含铝岩系稀土元素变化图

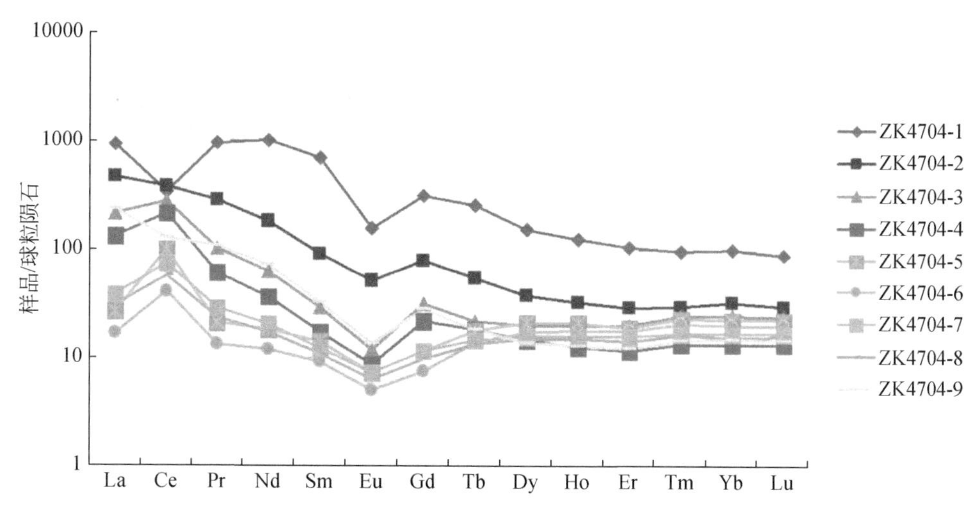

图3-62　华北陆块南部偃龙地区ZK4704钻孔本溪组含铝岩系稀土元素配分曲线（球粒陨石值据Boynton，1984）

他元素向下运移，造成Ce的正异常，进一步说明Ce的正异常是由风化作用所引起的。含铝岩系大部分样品均表现为Eu的负异常，整体上中部豆鲕（碎屑）状铝土矿Eu负异常的程度要大一些（图3-61），说明风化程度较高，Eu的流失可能稍强一些，这可能与Eu^{2+}具有较强的迁移能力有关。

参考文献

奥古士梯蒂斯S S. 1989. 球状结构构造图册及其成因意义［M］. 罗庆坤，戴睿榕，刘成刚，等，译. 北京：地质出版社：1-188.

廖士范，梁同荣. 1991. 中国铝土矿地质学［M］. 贵阳：贵州科技出版社：1-277.

刘英俊，曹励明，李兆麟，等. 1984. 元素地球化学［M］. 北京：科学出版社：1-377.

吴国炎，姚公一，吕夏，等. 1996. 河南铝土矿床［M］. 北京：冶金工业出版社：1-183.

赵杏媛，张有瑜，1990. 粘土矿物与粘土矿物分析［M］. 北京：海洋出版社：129-131.

Boynton W V. 1984. Cosmochemistry of the rare earth elements：meteorite studies［J］. Developments in Geochemistry，2（2）：63-114.

Nesbitt H W，Young G M. 1982. Early Proterozoic climates and plate motions inferred from major element chemistry of lutites［J］. Nature，299（21）：715-717.

Nesbitt H W，Markovics G. 1997. Weathering of granodioritic crust，long-term storage of elements in weathering profiles，and petrogenesis of siliciclastic sediments［J］. Geochimica et Cosmochimica Acta，61（8）：1653-1670.

Rudnick R，Gao S. 2003. Composition of the continental crust［M］//Runick R. The crust，treatise on geochemistry. Amsterdam：Elsevier，3：1-64.

第四章　本溪组含铝岩系的物质来源

本溪组含铝岩系的物源区和物源区提供的碎屑沉积物，不仅关系到含铝岩系的形成过程，也承载着当时古地理、古环境和古构造的重要信息。对于红土型铝土矿，往往铝土矿体与下伏岩石在矿物成分和组构上具有渐变过渡的关系，其成矿物质来源较易确定（Bárdossy and Aleva，1990）。但对于岩溶型铝土矿，由于铝土矿体与下伏的碳酸盐岩没有任何的渐变关系，由矿物成分所决定的铝含量也差异明显，所以，长期以来，对其成矿物质来源争议较大（Goldich and Bergquist，1947，1948；Bárdossy，1982；Zarasvandi et al.，2008）。华北陆块南部本溪组铝土矿作为岩溶型铝土矿，也同样存在着争议（王恩孚，1987；廖士范和梁同荣，1991；丰恺，1992；王绍龙，1992；吴国炎，1997；刘长龄，1988，1992；真允庆和王振玉，1991；卢静文等，1997；范忠仁，1989；施和生等，1989；温同想，1996；孟健寅等，2011；班宜红等，2012；Liu et al.，2013）。本章将对岩溶型铝土矿成矿物质来源的不同认识，以及它们的主要证据和不足之处进行分析，进而根据基本的地质事实和运用新的测试手段，明确华北陆块南部本溪组含铝岩系的物源区，以及物源区提供原始沉积物的性质和潜力，为研究本溪组含铝岩系的古地理和古环境条件，以及含铝岩系的形成过程打下基础。

第一节　岩溶型铝土矿成矿物质来源的不同认识

一、国外岩溶型铝土矿成矿物质来源的不同认识

国外对于岩溶型铝土矿的成矿物质来源认识较多，但尚无定论。由于铝硅酸盐一般是红土型铝土矿的源岩，所以铝硅酸盐也常被作为岩溶型铝土矿的首选源岩（Bárdossy and Aleva，1990）。但是，世界上多数岩溶型铝土矿的附近并没有铝硅酸盐及其剥蚀的残留物。所以，下伏碳酸盐岩是否可作为源岩成为争论的焦点（Bárdossy，1982；Ionescu，1993；D'Argenio and Mindszenty，1995；Temur and Kansun，2006；Zarasvandi et al.，2008，2012；Mongelli et al.，2014），尽管在碳酸盐岩源岩说基础上发展的钙红土成因论认为，碳酸盐岩风化残余物可以从相当大的区域冲积到局部的洼地中，从而能增加铝的供给，但这一认识并没有考虑风化残余物可能被水流等带出而流失。碳酸盐岩中黏土岩、泥灰岩夹层也被认为有可能作为岩溶型铝土矿的源岩（Zarasvandi，2008），但所有的岩溶型铝土矿都没有发现泥灰岩风化所留下的残留物，相反，岩溶型铝土矿在泥灰岩越发育的地方，铝土矿化作用反而越弱（Bárdossy，1982）。由于火山灰含有较高的Al、Ti、Fe，且易于化学风化，也不需要要求火山灰的源区出现在岩溶型铝土矿的附近，所以，火山灰作为岩溶型铝土矿的源岩早在20世纪40年代就已被提出（Goldich and Bergquist，1947，

1948)，但反对者认为，岩溶型铝土矿发育地区往往没有同时代强烈的火山活动，并且铝土矿中也没有发现火山灰的风化残余物（Bárdossy，1982）。

二、华北陆块南部岩溶型铝土矿成矿物质来源的不同认识

华北陆块南部本溪组铝土矿的物质来源，长期以来主要有三种认识：基底碳酸盐岩来源（王恩孚，1987；丰恺，1992；王绍龙，1992；吴国炎等，1996；袁跃清，2005；孟健寅等，2011；班宜红等，2012）、古陆铝硅酸盐来源（刘长龄和时子祯，1985；真允庆和王振玉，1991；卢静文等，1997），以及基底碳酸盐岩和古陆铝硅酸盐的混合来源（范忠仁，1989；刘长龄，1992；温同想，1996；Liu et al.，2013）。

（一）基底碳酸盐岩说

基底碳酸盐岩说认为，铝土矿成矿物质来源主要为下伏的寒武系—奥陶系碳酸盐岩，并提出了如下主要证据：

（1）华北陆块南部本溪组铝土矿严格赋存在下伏碳酸盐岩基底的不整合面上，未发现有赋存在铝硅酸岩上的铝土矿；

（2）在下伏寒武系—奥陶系碳酸盐岩中充填有 Al_2O_3 含量较高的水云母黏土岩，被认为是碳酸盐岩的逐渐富铝化过程；

（3）在相同的条件下碳酸盐岩风化速度要比硅酸盐快得多，如果碳酸盐岩的剥蚀厚度较大，则可以提供可观的 Al_2O_3，此外，碳酸盐岩地层还有泥岩夹层，可以增加 Al_2O_3 的供给；

（4）通过人工重砂分析，基底碳酸盐岩含有铝土矿中所见的锆石、金红石、电气石等重矿物；

（5）通过铝土矿和碳酸盐岩的地球化学对比，认为铝土矿的钛率（Al_2O_3/TiO_2）与基底碳酸盐岩相近，而与隆起区的铝硅酸盐相差较大。

上述证据主要是根据铝土矿的某些特点得出的间接证据，忽视了许多铝土矿的基本地质特征，并且许多推测是不严谨的。

（1）从下伏碳酸盐岩到含铝岩系下部铝土质泥岩，再到中部豆鲕（碎屑）状铝土矿，的确有铝含量增加的规律，但这一特征并不能作为铝土矿物源是下部碳酸盐岩的证据。不仅因为从碳酸盐岩到下部铝土质泥岩铝含量的增加是跳跃式的，两者不存在必然的关联，而且因为从含铝岩系中部豆鲕（碎屑）状铝土矿到上部铝土质泥岩，铝含量是不增反降的。铝土矿下伏的碳酸盐岩缝隙中普遍见到的铝土质泥岩并不是碳酸盐岩风化的产物，而是在覆盖型岩溶作用下，溶蚀孔隙被铝土质泥岩充填的结果（见第六章）。

（2）本次研究对研究区东南部的基底碳酸盐岩全岩氧化物分析表明，下伏马家沟组灰岩 Al_2O_3 的平均含量为4.48%，与河南省16个铝土矿区下伏的碳酸盐岩 Al_2O_3 含量的平均值2.75%相近（吴国炎等，1996）。如果下伏碳酸盐岩是铝土矿的物源，那么就要求风化剥蚀掉巨厚的地层，并且剥蚀残留的物质必须全部保留，这是不可能的！因为风化剥蚀掉巨厚的地层需要长时期隆起的存在，但根据地质学的基本原理，隆起区一般不会有沉积作

用发生，即使有，也仅是填平补齐的局部沉积，仅靠这一部分的沉积物不可能产生如此丰富的铝土矿。并且，本溪组含铝岩系不是填平补齐式的局部沉积，而是普遍存在于寒武系—奥陶系碳酸盐岩之上。

（3）基底碳酸盐岩与铝土矿的钛率（Al_2O_3/TiO_2）相比较，被认为两者数值相近，从而认为铝土矿物源是基底的碳酸盐岩，这一认识是非常不严谨的。钛和铝在表生状态下，都作为不活动元素，从而表现出了某些相关性，并被作为成矿物质来源的指标（刘长龄和时子祯，1985；吴国炎等，1996；李启津等，1996）。但实际上，钛比铝更稳定：当 pH 小于4.5 或大于9 时，Al_2O_3溶解于水中，而 TiO_2只有当 pH 小于3 时才微溶于水。所以导致 Al_2O_3与 TiO_2的相关关系可正可负，Kronberq 等（1982，转引自 Bárdossy and Aleva，1990）发现在巴西的帕拉格米拉斯成矿区的一些矿床，TiO_2并不遵循铝土矿层中 Al_2O_3的富集模式。本次工作连续采集了偃龙地区本溪组含铝岩系从底部到顶部的地球化学样品，发现 Al_2O_3/TiO_2值变化较大，最高 23.96，最低 15.34，且规律性不强（见第三章）。铝土矿与下部碳酸盐岩的钛率在总体平均值上有些相似性也是可以理解的，因为碳酸盐岩的 Al_2O_3和 TiO_2的含量主要是由非方解石矿物的黏土矿物等提供，而这些黏土矿物，与含铝岩系中黏土矿物相似，也是铝硅酸盐强烈风化的产物。所以，根据钛率（Al_2O_3/TiO_2）的对比来确定源岩，其意义是有限的。同样，根据 Ga、Zr、Cr 进行三元图解投图，尽管铝土矿与下伏碳酸盐岩都落在同一区域（黏土质源岩区，Ⅲ区）（丰恺，1992），也不能说明铝土矿源区是碳酸盐岩，因为 Ga、Zr、Cr 的含量也主要由非方解石矿物的黏土矿物等表现出来。

（4）含铝岩系的副矿物（锆石、金红石、锐钛矿等）在晶形、形态、颜色、光泽、透明度上与基底碳酸盐岩更为接近，而与古陆铝硅酸盐仅有部分特征相近，这一特征也不能作为物源来自碳酸盐岩的证据。根据对偃龙地区矿物学分析，本区铝土矿存在锐钛矿，但主要是作为自生矿物存在（见第三章），一般认为，在表生带的钛矿物遭受风化作用时，钛呈氢氧化物（$TiO_2 \cdot nH_2O$）沉淀，当它失去一部分水发生重结晶，就形成锐钛矿，这种过程再进一步就形成金红石。所以，强风化的产物中都可形成自生锐钛矿和金红石，它们无疑是相似的。如前所述，纯的灰岩不可能有这些副矿物，它们只能存在于难溶的黏土矿物中，这些黏土矿物无疑也是强烈风化作用的产物。

（5）基底碳酸盐岩说无法解释第三章所述的含铝岩系不同岩性序列、矿物成分、化学成分和结构构造特征及其变化规律。而这些特征和规律是确定源岩绕不开的、最基本的、最重要的约束条件。

（二）古陆铝硅酸盐说

古陆铝硅酸盐说认为，古老隆起区的铝硅酸盐提供了成矿物质来源，主要有以下证据：

（1）现有的铝土矿床多分布于“古陆”周边，远离“古陆”则矿石品位变差，“相变”为黏土矿物；

（2）与基底碳酸盐岩相比，铝硅酸盐类岩石的铝含量要远远高于碳酸盐岩；

（3）含铝岩系中的副矿物，如金红石、锆石、电气石等，与古陆中铝硅酸盐所含的副矿物相接近；

（4）铝土矿的一些元素的比值或地球化学特征较碳酸盐岩更接近于古陆铝硅酸盐；

（5）铝土矿中具有一些“碎屑搬运”的特点，在红土化气候条件下，古陆铝硅酸盐较碳酸盐岩更容易形成红土风化壳，这些成熟的红土风化壳可以被剥蚀搬运，并在碳酸盐岩洼地上沉积起来。

的确，铝硅酸盐与下伏的碳酸盐岩相比具有更高的铝含量和金红石、锆石、电气石等副矿物含量，并且，现在开采的铝土矿多分布在有大片铝硅酸盐出露的隆起周边，但是这些特征并不是铝土矿原始沉积物来自这些隆起的充分必要条件。且不说铝土矿形成时这些隆起是否存在，即使存在，对下列现象也很难解释：

（1）古陆铝硅酸盐作为物源的一个重要证据是远离这些隆起的矿石品位变差，“相变”为黏土矿物，这一认识主要是根据嵩箕隆起及其北侧的特征得出的，但是，这些研究者同样把中条隆起作为“古陆”，而紧靠这些“古陆”的焦作和鹤壁地区，铝土矿的品质非常差，仅为黏土矿或碳质泥岩；

（2）与基底碳酸盐岩说一样，铝土矿的副矿物（锆石、金红石、锐钛矿等）在晶形、形态、颜色、光泽、透明度上与“古陆”中铝硅酸盐所含的副矿物相近，一些元素的比值或地球化学特征接近于古陆铝硅酸盐，均不能作为物质来源的证据；

（3）铝土矿中的豆鲕和碎屑被认为是红土风化壳被剥蚀搬运造成的，但实际上，目前呈现的含有豆鲕和碎屑的铝土矿组构未见有任何的水流沉积构造，研究认为，铝土矿中的豆鲕和碎屑应是原地强烈化学风化作用的结果或原地剪切流动改造的结果（见第三章和第七章）；

（4）与基底碳酸盐岩说一样，也无法解释第三章所述的含铝岩系不同岩性序列、矿物成分、化学成分和结构构造特征及其变化规律。

实际上，在本溪组含铝岩系形成时期，这些所谓的“古陆”并不存在。大地构造学研究表明，华北陆块内部强烈的构造活动和差异升降时期发生在中新生代（朱日祥等，2012），目前大面积分布铝硅酸盐的嵩箕隆起和中条隆起是中生代开始，新生代才强烈隆升的（陈旺，2007），中生代以前，这些隆起区并不存在，华北陆块主要作为稳定区进行整体的升降运动（叶连俊，1983）。此外，偃龙地区本溪组的铝土矿产状为北西或北东倾向，倾角一般为10°~20°，如果按此向南延伸，那么嵩箕隆起的剥蚀厚度是达不到相应高度的，即所谓的“古陆”并没有出露地表。

（三）基底碳酸盐岩和古陆铝硅酸盐的混合来源说

基底碳酸盐岩和古陆铝硅酸盐的混合来源说认为，铝土矿床的物质来源是多样的，既不是单一的古陆铝硅酸盐岩石，也不是单一的下伏基底碳酸盐岩，而是两者不同程度的混合，主要的理由是：

（1）任何含有 Al_2O_3 的岩石在适宜的古气候、地貌和物理化学条件下均可发生化学风化作用，形成铝土矿床；

（2）铝土矿在空间上的两个分布特征，一是分布于古海洋的边缘，二是形成于古侵蚀面上，这就意味着铝土矿的形成可能与古陆和基底都有一定的关系；

（3）在化学元素分析对比上，有些比值接近于碳酸盐岩，有些比值接近于古陆铝硅酸盐，可能是混源造成的结果；

（4）金红石、锐钛矿、板钛矿等副矿物在含量上、形态上、粒度上有些与下伏碳酸盐岩相似，有些与古陆铝硅酸盐相似，因而多源说能较好地解决这些争议。

关于混合来源的不足之处，可以参考基底碳酸盐岩说和古陆铝硅酸盐说的相关论述，此处不再赘述。

第二节　本溪组含铝岩系的物源区和物源

沉积岩中的重矿物对于分析沉积物的源区具有重要的意义（Morton and Hurst，1995；Got et al.，1981；蔡雄飞等，1990；和钟铧等，2001），尤其对于源岩或原始沉积物受到彻底改造的含铝岩系，利用某些稳定的重矿物去进行源区的分析就显得尤其重要。

锆石具有已知矿物中最高的 U-Pb 和 Lu-Hf 体系封闭温度，基本不会受到风化、搬运、成岩和改造作用的影响，能够很好地保留源岩的信息（Kinny and Maas，2003；吴元宝和郑永飞，2004）。所以，随着 LA-ICP-MS 微区分析技术成功应用于沉积岩碎屑锆石 U-Pb 同位素定年，结合锆石成因矿物学和 Lu-Hf 同位素信息，已经形成了一种判断沉积物源区的成熟可靠的研究方法（Sircombe and Freeman，1999），并已得到了广泛的应用（Ustaömer et al.，2016；Nazari-Dehkordi et al.，2017）。对华北陆块本溪组含铝岩系物源区和源岩的分析也有了长足的进展（Wang et al.，2010；马收先等，2011，2014；Liu et al.，2014；Cai et al.，2015；Wang et al.，2016；马千里等，2017），已有成果表明，本溪组含铝岩系的物源区主要为华北陆块北部的内蒙古隆起和华北陆块南侧的北秦岭造山带，源岩主要为内蒙古隆起的海西期岩浆岩和北秦岭造山带的加里东期岩浆岩，但不同地区的物源组成具有很大的差异。遗憾的是，上述文献分析的样品主要位于华北陆块的北部或中部，多关注的是内蒙古隆起对本溪组沉积物的贡献，以求揭示内蒙古隆起北侧兴蒙造山带的构造活动信息，仅有零星样品涉及华北陆块南部的局部地区（Liu et al.，2014）（图 4-1）。

鉴于陆表海盆地在较广泛的范围内岩性和岩相变化较小，且沉积岩中碎屑锆石的组成除了受源岩提供锆石的能力控制外，受水动力的影响也较大（Cawood et al.，2012；Morton and Hallsworth，1999）。为了在空间上把握华北陆块南部本溪组含铝岩系物源组成及其变化，本次研究除对华北陆块南部偃龙地区、焦作地区、鹤壁地区、永城地区、禹州地区、渑池地区本溪组含铝岩系采集样品外，也对华北陆块东北部淄博地区和临沂地区采集了样品（图 4-1）；为了在时间上把握华北陆块本溪组含铝岩系物源组成及其变化，对偃龙地区、焦作地区、渑池地区和临沂地区本溪组含铝岩系在垂向上的不同岩性也进行了取样。

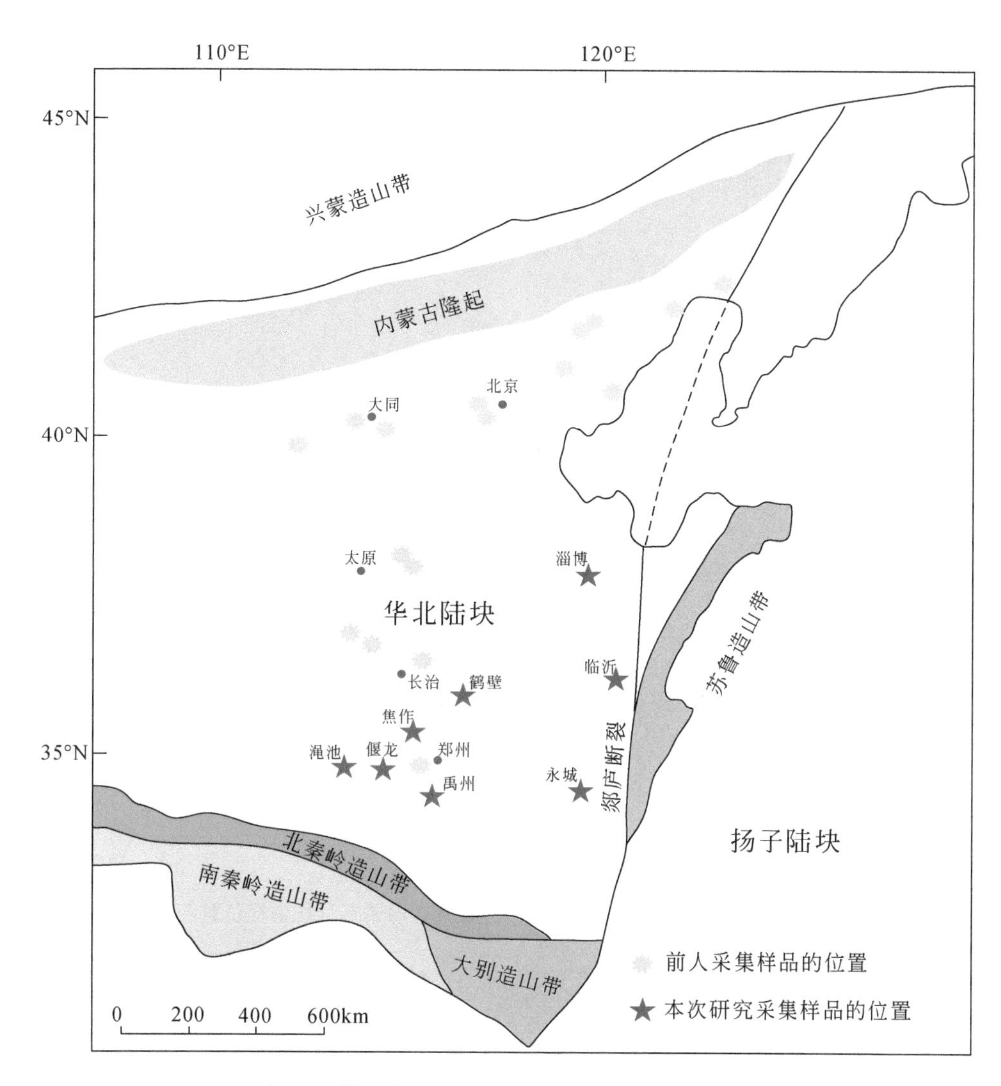

图 4-1　华北陆块本溪组碎屑锆石样品采样位置图

一、样品采集

偃龙地区的样品采集于 ZK8714 钻孔和 ZK0008 钻孔，以及偃龙地区东部巩义火石嘴的野外露头［图 2-3（c）］。ZK8714 钻孔的基本特征见第三章第二节有关部分，样品 ZK8714-4 取自下部铝土质泥岩，由于岩心采收率的影响和对样品有一定的重量要求，采样岩心的长度为 4.5m（图 4-2）。经 X 射线衍射分析，样品主要矿物成分为高岭石、硬水铝石、方解石和黄铁矿（图 3-43）。岩石薄片中，单偏光下，明暗相间的纹层构造清晰可见（图 4-3①），正交偏光下整体呈褐黑色，其中散布有少量粒度很小的板柱状硬水铝石微晶和薄片状高岭石微晶（图 4-3②）。

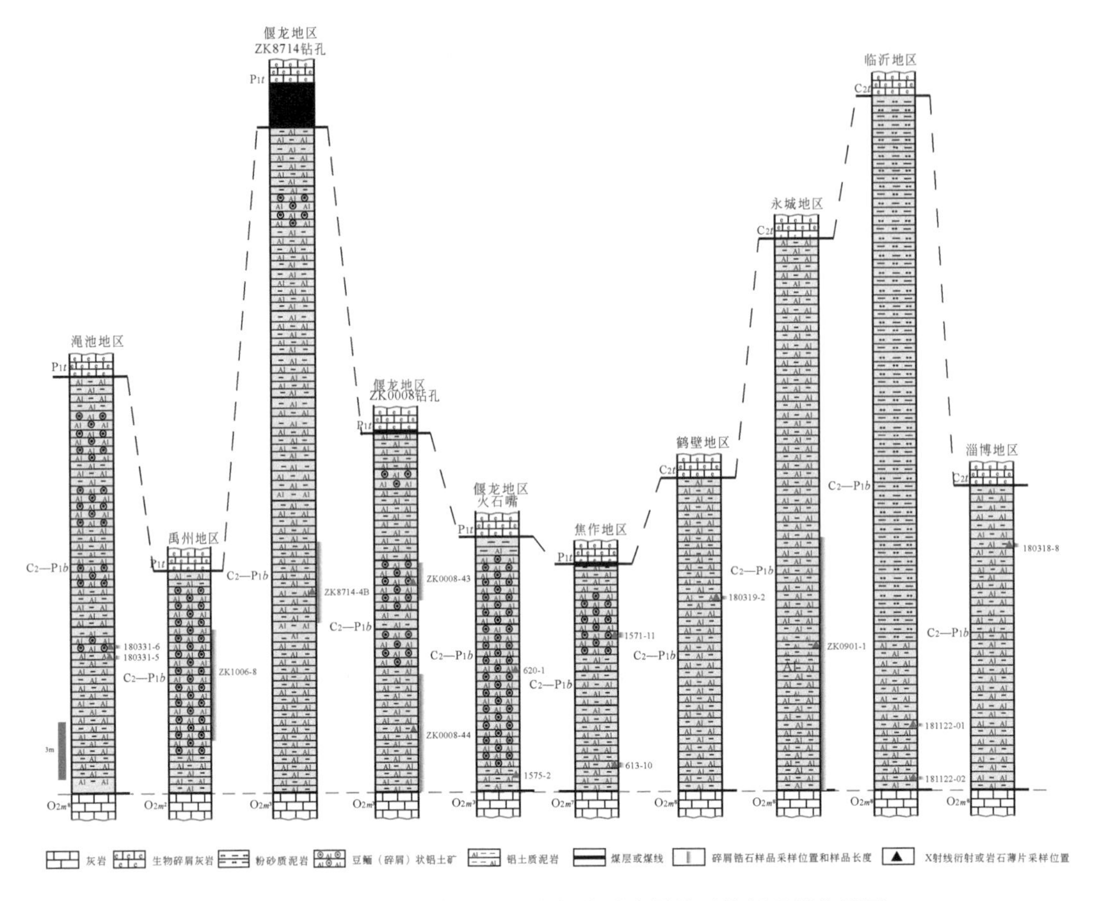

图4-2　华北陆块东南部本溪组含铝岩系碎屑锆石分析采样位置图

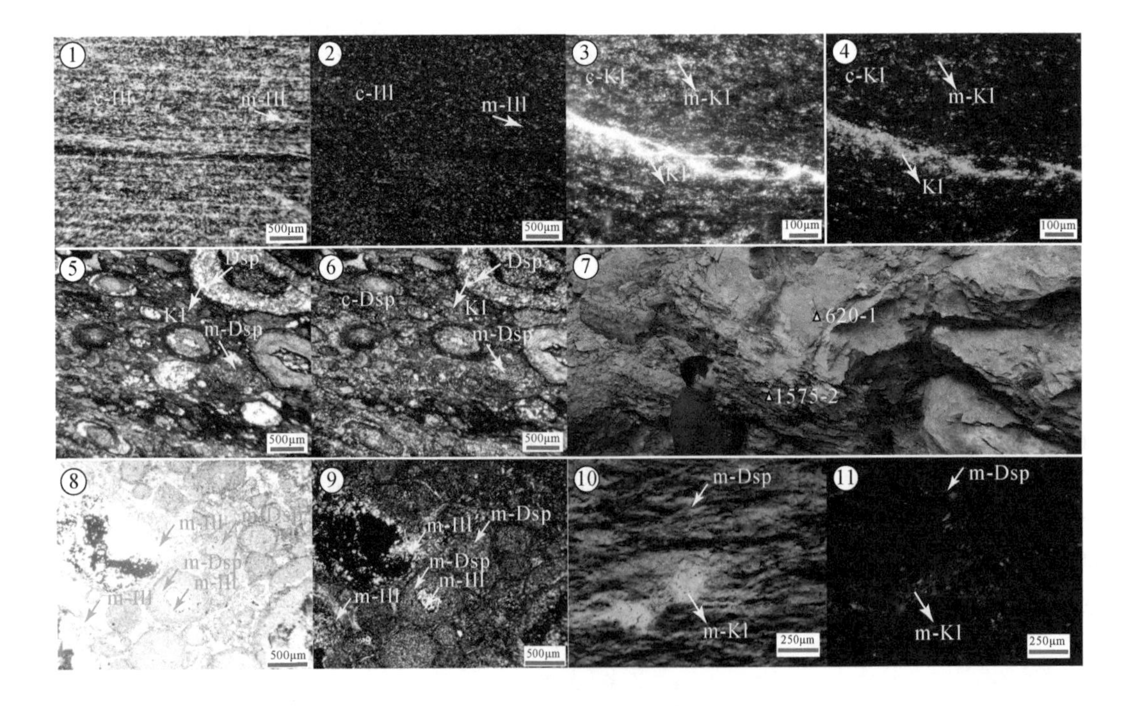

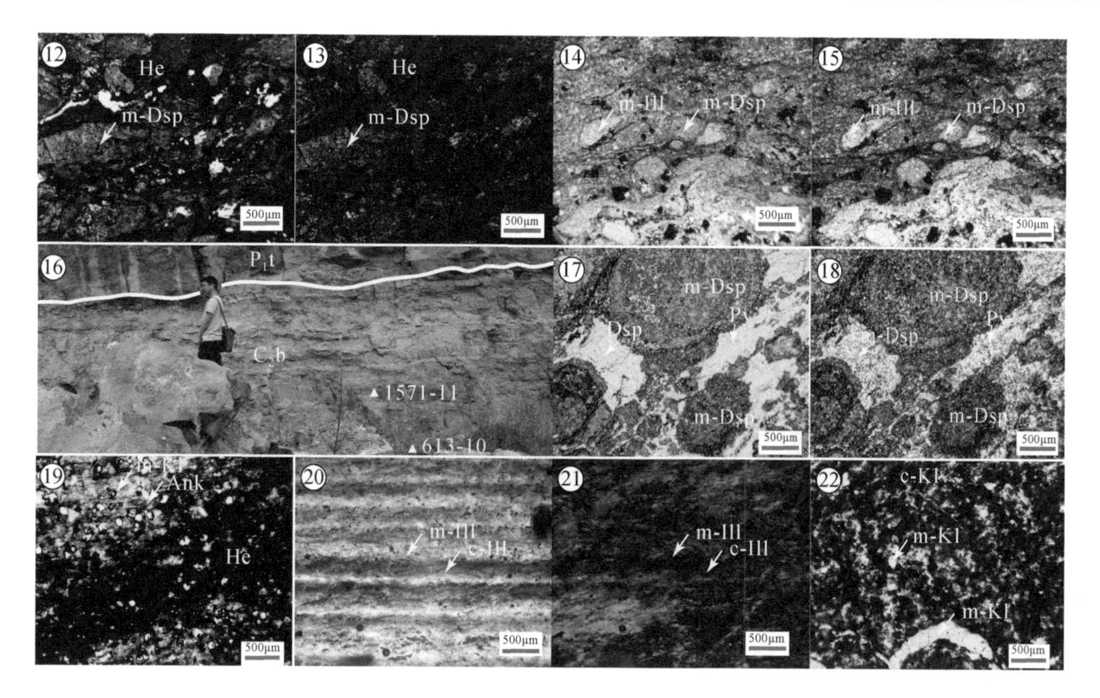

图 4-3　华北陆块东南部本溪组含铝岩系碎屑锆石样品宏观和显微特征

①ZK8714-4 单偏光镜下特征；②ZK8714-4 正交偏光镜下特征；③ZK0008-44 单偏光镜下特征；④ZK0008-44 正交偏光镜下特征；⑤ZK0008-43 单偏光镜下特征；⑥ZK0008-43 正交偏光镜下特征；⑦1575-2 和 620-1 取样位置；⑧620-1 单偏光镜下特征；⑨620-1 正交偏光镜下特征；⑩180331-5 单偏光镜下特征；⑪180331-5 正交偏光镜下特征；⑫180331-6 单偏光镜下特征；⑬180331-6 正交偏光镜下特征；⑭ZK1006-8 单偏光镜下特征；⑮ZK1006-8 正交偏光镜下特征；⑯613-10 和 1571-11 采样位置；⑰1571-11 单偏光镜下特征；⑱1571-11 正交偏光镜下特征；⑲180319-2 单偏光镜下特征；⑳ZK0901-1 单偏光镜下特征；㉑ZK0901-1 正交偏光镜下特征；㉒180318-8 单偏光镜下特征。c-Ill-伊利石隐晶质集合体；m-Ill-伊利石微晶；c-Kl-高岭石隐晶质集合体；m-Kl-高岭石微晶；Kl-高岭石晶体；c-Dsp-硬水铝石隐晶质集合体；m-Dsp-硬水铝石微晶；Dsp-硬水铝石晶体；He-赤铁矿；Prl-叶蜡石；Ank-铁白云石

ZK0008 钻孔位于 ZK8714 钻孔的东南部，基本特征见第三章第二节有关部分，样品 ZK0008-44 取自下部铝土质泥岩（图 4-2），采样岩心的长度为 6.8m。经 X 射线衍射分析，主要显示宽而弥散的伊利石特征峰，也见有强度较弱的硬水铝石的主要特征峰。岩石薄片中，可见伊利石主要呈隐晶质集合体存在，少量的薄板状和不规则粒状伊利石微晶散布于隐晶质集合体中，局部见到结晶较好的伊利石细脉（图 4-3③、④）。样品 ZK0008-43 取自上部豆鲕（碎屑）状铝土矿（图 4-2），采样岩心的长度为 2.0m，经 X 射线衍射分析，主要矿物成分为硬水铝石、高岭石和锐钛矿。岩石薄片中，可见有大量的含硬水铝石微晶的扁豆状豆鲕散布于隐晶质硬水铝石中，部分豆鲕的核部和边部存在结晶较好的高岭石（图 4-3⑤、⑥）。

偃龙地区火石嘴露头区样品 1575-2 为灰色铝土质泥岩（图 4-2，图 4-3⑦），经 X 射线衍射分析，主要矿物成分为结晶程度较差的伊利石［图 4-4（a）］。样品 620-1 为浅灰色豆鲕（碎屑）状铝土矿（图 4-3⑦），经 X 射线衍射分析，主要矿物成分为硬水铝石、锐钛矿和伊利石［图 4-4（b）］。岩石薄片中，可见有大量的含硬水铝石微晶的豆鲕，伊利石主要出现在基质和豆鲕的核部（图 4-3⑧、⑨）。

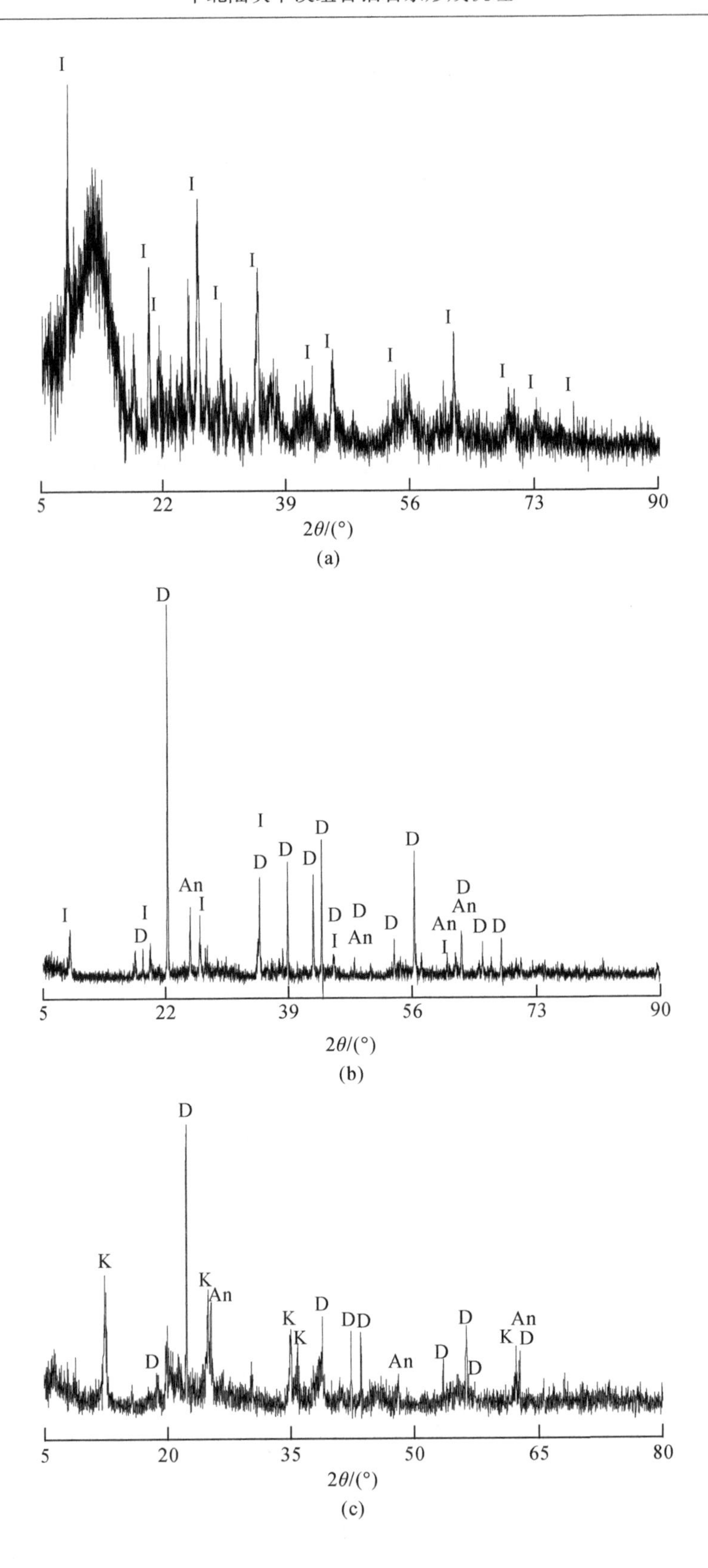
I
I
I
I
I
I
I
I
I
I
I
I
I
5
22
39
56
73
90
2θ/(°)
(a)
D
I
D
D
D
D
An
I
I
D
I
D
D
An
D
D
An
I
D
D
D
An
I
5
22
39
56
73
90
2θ/(°)
(b)
D
K
K
An
D
K
K
D
DD
An
D
D
D
K
An
D
5
20
35
50
65
80
2θ/(°)
(c)

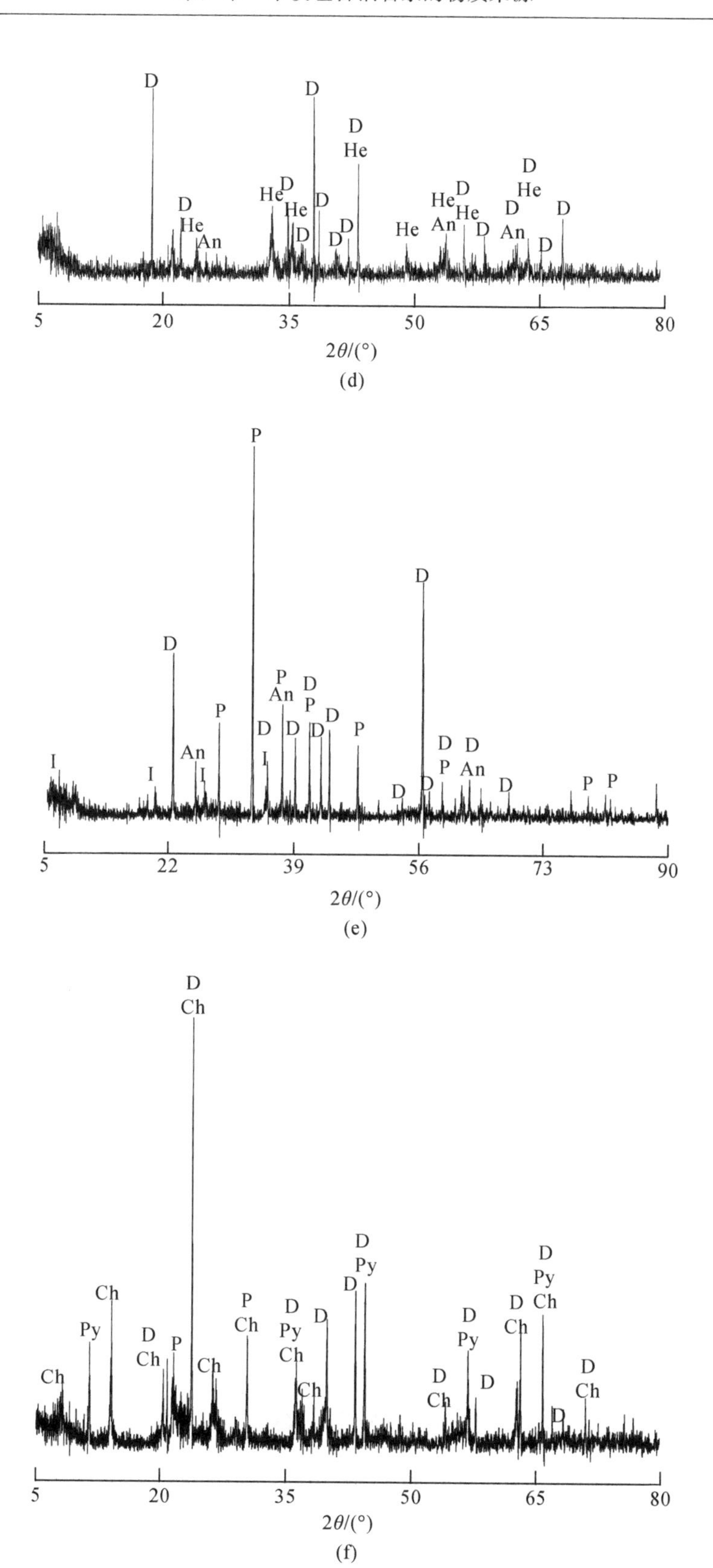
2θ/(°)
(d)
2θ/(°)
(e)
2θ/(°)
(f)

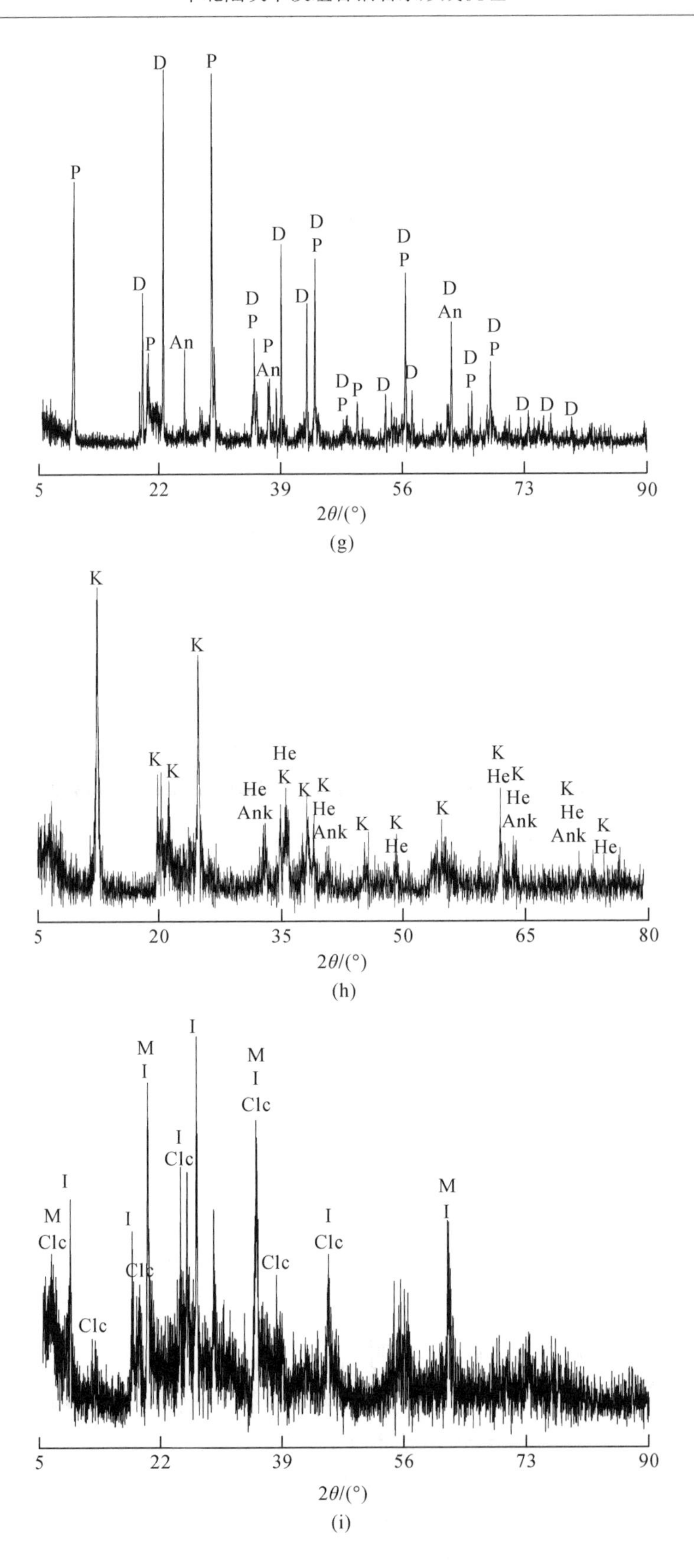

P
D
P
An
D
P
An
D
D
D
P
D
P
D
P
D
D
D
An
D
P
D
P
D
D
D
5
22
39
56
73
90
2θ/(°)
K
K
K
K
He
Ank
He
K
K
K
He
Ank
K
K
He
K
K
He
K
He
Ank
K
He
Ank
K
He
5
20
35
50
65
80
2θ/(°)
M
Clc
I
Clc
I
Clc
M
I
I
Clc
I
M
I
Clc
Clc
I
Clc
M
I
5
22
39
56
73
90
2θ/(°)

(g)

(h)

(i)

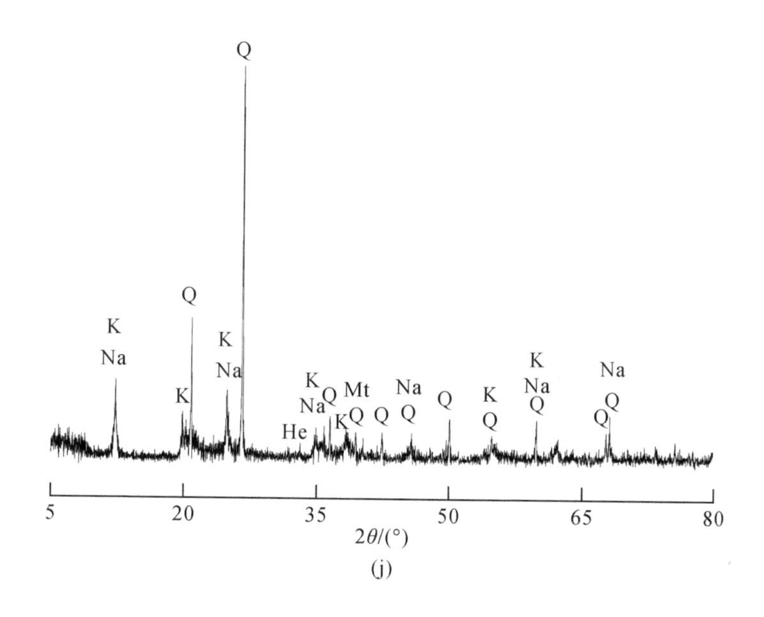
Q
Q
K
Na
K
Na
K
K
Na
Q
Mt
K
Q
Q
He
Na
Q
Q
K
Q
K
Na
Q
Na
Q
Q
5
20
35
50
65
80
2θ/(°)

(j)

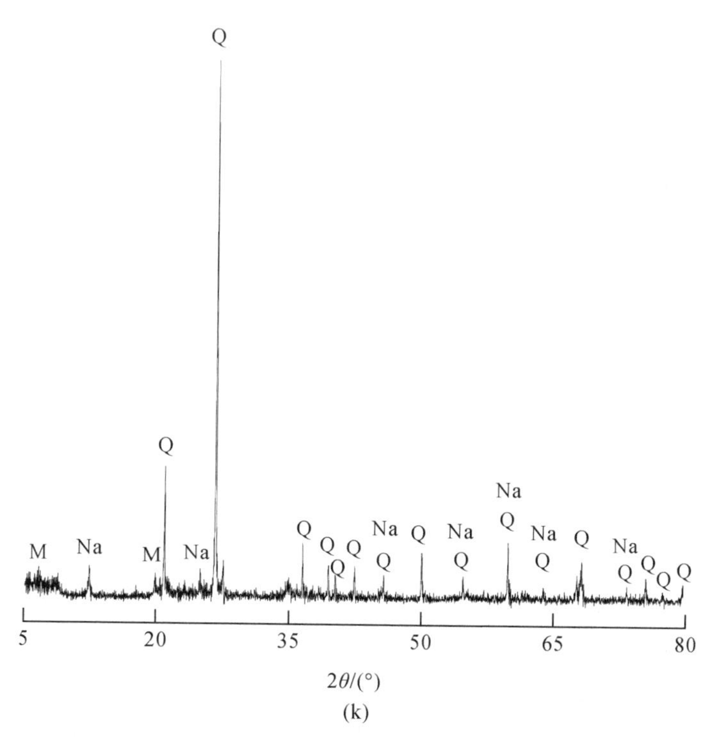
Q
Q
M
Na
M
Na
Q
Q
Q
Q
Na
Q
Q
Na
Q
Na
Q
Na
Q
Q
Na
Q
Q
Q
Q
5
20
35
50
65
80
2θ/(°)

(k)

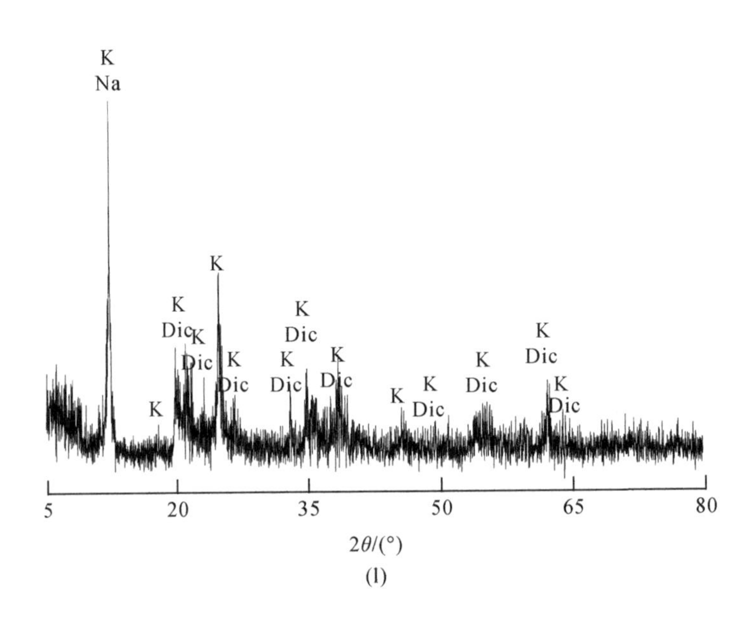

图4-4　华北陆块东南部本溪组含铝岩系碎屑锆石样品X射线衍射特征

(a) 1575-2 X射线衍射图谱；(b) 620-1 X射线衍射图谱；(c) 180331-5 X射线衍射图谱；(d) 180331-6 X射线衍射图谱；(e) ZK1006-8 X射线衍射图谱；(f) 613-10 X射线衍射图谱；(g) 1571-11 X射线衍射图谱；(h) 180319-2 X射线衍射图谱；(i) ZK0901-1 X射线衍射图谱；(j) 181122-02 X射线衍射图谱；(k) 181122-01 X射线衍射图谱；(l) 180318-8 X射线衍射图谱。K-高岭石；I-伊利石；M-蒙脱石；Na-珍珠陶土；Ch-绿泥石；Py-叶蜡石；D-硬水铝石；An-锐钛矿；Q-石英；Clc-斜绿泥石；P-黄铁矿；He-赤铁矿；Ank-铁白云石；Dic-地开石

渑池地区的样品采集于渑池县西北部的料坡村，该地区也是华北陆块南部铝土矿的主要产区，也具有岩溶漏斗中富集厚大矿体的特征，但与偃龙地区不同的是，该地区层状(似层状)矿体很发育，层状(似层状)矿体中可见有多个由灰色铝土质泥岩→灰色豆鲕状铝土矿的岩性序列，每一序列厚度约20cm。含铝岩系下部的岩性序列以铝土质泥岩为主，上部岩性序列以豆鲕状铝土矿为主。样品180331-5岩性为铝土质泥岩，采集于下部以铝土质泥岩为主的岩性序列中(图4-2)。经X射线衍射分析，主要矿物成分为高岭石、硬水铝石和锐钛矿［图4-4(c)］。岩石薄片中，铁质含量较少、结晶较好的高岭石和硬水铝石集合体呈不规则团块状和条带状，与铁质含量高、结晶较差的部分总体呈不规则互层状(图4-3⑩、⑪)。样品180331-6岩性为豆鲕(碎屑)状铝土矿，采集于上部以豆鲕状铝土矿为主的岩性序列中(图4-2)，经X射线衍射分析，主要矿物成分为硬水铝石、锐钛矿和赤铁矿［图4-4(d)］。岩石薄片中，可见有大量的含硬水铝石微晶的豆鲕和撕裂状团块，而基质中则含有大量的赤铁矿(图4-3⑫、⑬)。

禹州地区采集的样品位于禹州市西部的ZK1006钻孔中，该钻孔含铝岩系厚度为11.5m，除底部和顶部有薄层的灰色铝土质泥岩外，主要为浅灰色豆鲕(碎屑)状铝土矿，在浅灰色豆鲕(碎屑)状铝土矿中采集一个样品(样品编号：ZK1006-8)(图4-2)，采样岩心的长度为5.8m。经X射线衍射分析，主要矿物成分为硬水铝石、黄铁矿、伊利石和锐钛矿［图4-4（e）］，但后两种矿物主强峰的强度较弱，可能与较少的含量有关。岩石薄片中，硬水铝石主要呈微晶存在，但在豆鲕中结晶程度较好，伊利石零散分布于硬水铝石微晶集合体中，黄铁矿呈大小不一的草莓状分布于豆鲕和基质中（图4-3⑭、⑮）。

焦作地区采集的样品位于焦作市北部的刘庄露头区，含铝岩系厚度为12.5m，主要为铝土质泥岩，上部见有厚约3.0m的豆鲕（碎屑）状铝土矿，在下部铝土质泥岩（样品编号：613-10）和上部豆鲕（碎屑）状铝土矿（样品编号：1571-11）中各采集一个样品（图4-2和图4-3⑯）。经X射线衍射分析，下部铝土质泥岩（613-10）和上部豆鲕（碎屑）状铝土矿（1571-11）均含有硬水铝石和叶蜡石，但豆鲕（碎屑）状铝土矿中峰形尖锐，强度较高［图4-4（f）、（g）］，说明硬水铝石和叶蜡石在豆鲕（碎屑）状铝土矿中不仅含量高，而且结晶程度也较好，这在豆鲕（碎屑）状铝土矿的岩石薄片中可以进一步佐证：硬水铝石微晶集合体在豆鲕中大量发育，基质中板柱状或针状硬水铝石晶体和叶片状叶蜡石晶体也大量存在，且相互交织（图4-3⑰、⑱）。除此之外，豆鲕（碎屑）状铝土矿中见有锐钛矿的主要衍射峰，铝土质泥岩中见有绿泥石的主要衍射峰，但主强峰强度均较弱，说明无论是豆鲕（碎屑）状铝土矿中的锐钛矿，还是铝土质泥岩中的绿泥石均含量较少和/或结晶较差。

鹤壁地区采集的样品位于鹤壁市姬家山乡土门村的露头，含铝岩系厚度为17.5m，主要岩性为紫红色、灰白色、黄色等杂色铝土质泥岩，下部与马家沟组灰岩平行不整合接触，界面平整，上部与太原组灰岩整合接触（图4-2）。样品180319-2采集于含铝岩系的中部，岩性为紫色-灰白色铝土质泥岩。经X射线衍射分析，主要矿物成分为高岭石、铁白云石和赤铁矿［图4-4（h）］。岩石薄片中，可见有由高岭石微晶和赤铁矿含量差异组成的不规则条带，其中散布有菱形或不规则形铁白云石晶体（图4-3⑲）。

永城地区采集的样品位于永城市西部的ZK0901钻孔中，该钻孔含铝岩系厚度约30m，岩性主要为铝土质泥岩，下部为灰色，向上部渐变为灰黑色。样品ZK0901-1采集于含铝岩系的下部，岩性为灰白色铝土质泥岩（图4-2），采样岩心的长度为12.5m。经X射线衍射分析，主要矿物成分为伊利石、蒙脱石和斜绿泥石，但除伊利石的主强峰强度较高外，蒙脱石和斜绿泥石的主、次强峰均呈现出宽而弥散的特征，反映了除部分伊利石结晶较好外，其他矿物的结晶较差［图4-4（i）］。岩石薄片中，单偏光下显示出明暗相间的清晰纹层构造（图4-3⑳），正交偏光下整体呈褐黑色，其中散布有灰白色或淡绿色伊利石团块或带状，其他矿物为结晶较差的伊利石、蒙脱石和斜绿泥石（图4-3㉑）。

临沂地区采集的样品位于临沂市罗庄区山西头村的露头，为一采焦宝石的采坑，含铝岩系厚度>35m，底部为紫色铝土质泥岩，向上部渐变为土黄色细砂岩与粉砂质泥岩互层，未见顶（图4-2）。样品181122-02位于含铝岩系的底部，岩性为紫色铝土质泥岩。经X射线衍射分析，主要矿物成分为高岭石、珍珠陶土、石英和赤铁矿［图4-4（j）］。样品181122-01位于含铝岩系的中部，岩性为土黄色粉砂质泥岩。经X射线衍射分析，主要矿物成分为蒙脱石、珍珠陶土和石英［图4-4（k）］。

淄博地区采集的样品位于淄博市博山区东万山村的露头，含铝岩系厚度为16.4m，岩性主要为紫色、黄色等杂色铝土质泥岩，向上部过渡为灰白色铝土质泥岩（图4-2）。样品180318-8位于含铝岩系的下部，岩性为紫色、黄色等杂色铝土质泥岩。经X射线衍射分析，主要矿物成分为高岭石，并含有少量地开石［图4-4（1）］。岩石薄片中，可见有高岭石微晶集合体与非晶质集合体呈网状不规则分布，局部见有高岭石微晶集合体呈脉状分布（图4-3㉒）。

上述8个地区15个样品均进行了碎屑锆石LA-ICP-MS U-Pb年龄测试，并对偃龙地区ZK0008-43、焦作地区613-10、焦作地区1571-11、永城地区ZK0901-1、禹州地区ZK1006-8、淄博地区180318-8、鹤壁地区180319-2和渑池地区180331-5共8个样品进行了Lu-Hf同位素测试，分析方法和测试流程见第一章有关部分。

二、分析结果

沉积岩中碎屑锆石的形貌特征、微量元素特征、U-Pb年龄特征和Hf同位素特征均能不同程度地提供锆石寄主岩石的信息，下面分别叙述。

1. 碎屑锆石的形貌特征

8个地区15个样品的碎屑锆石阴极射线发光（cathodoluminescence，CL）图像显示（图4-5），古生代锆石一般具有清晰的明暗相间的震荡环带，少数具有扇形分带，自形程度高，晶型较为完整，晶棱清晰，多呈柱状或细长柱状，显示了岩浆锆石的形貌特征。前寒武纪碎屑锆石外形多不规则，有时呈卵圆形，晶面复杂，时代越老的锆石晶棱越圆润，内部结构越复杂。此外，前寒武纪碎屑锆石中常见有继承锆石的残留晶核和颜色分明的增生边，表明这些锆石多存在不同程度的后期变质作用，但部分锆石和多数锆石的残留晶核仍具有震荡环带，说明这些锆石可能是岩浆锆石或为岩浆锆石的变质增生锆石。

8个地区15个样品的碎屑锆石粒径在45.1～341.8μm之间，但不同地区和不同年龄碎屑锆石的粒度具有较大的差异。总体上，前寒武纪碎屑锆石粒度较小；加里东期碎屑锆石普遍存在于本溪组含铝岩系中，但明显地，南部和西部地区的粒度较大；晚古生代碎屑锆石主要存在于北部和东部地区，且越往北部和东部粒度越大。关于碎屑锆石粒度的详细分析见第五章。

2. 碎屑锆石的微量元素特征

8个地区15个样品的本溪组碎屑锆石的Th/U值和Zr/Hf值如图4-6所示。可以看出，不同时期多数锆石的Th/U值>0.4，极少数Th/U值<0.1，显示了岩浆锆石的Th/U值特征（Hermann et al.，2001；吴元宝和郑永飞，2004）。大部分锆石Zr/Hf值>40，一般认为，岩浆锆石中Hf含量总体较低（Vavra et al.，1996），但少部分碎屑锆石Zr/Hf值<40，可能是部分岩浆锆石由于变质增生作用所造成的（Dubińska et al.，2004）。

根据锆石形貌和微量元素特征，华北陆块本溪组含铝岩系的古生代锆石主要为岩浆成因锆石，前寒武纪碎屑锆石主要为岩浆锆石或岩浆锆石的变质增生锆石。

3. 碎屑锆石的U-Pb年龄特征

本次研究对每个样品随机选择超过80颗碎屑锆石进行测试，一共1442个测试数据。古老锆石（>1000Ma）多存在着一定程度的铅丢失，而^{207}Pb和^{206}Pb在相同的初始条件和共同的地质构造环境中具有同步变化的特征，两者保持相对稳定的比值，因此对于>1000Ma 的锆石，采用$^{207}Pb/^{206}Pb$表面年龄；对于<1000Ma 的锆石，由于放射性成因 Pb 含量低和普通 Pb 校正的不确定性，采用更为可靠的$^{206}Pb/^{238}U$表面年龄（Sircombe，1999）。测试数据中已剔除了谐和度<90%的年龄数据，剩余数据在 U-Pb 谐和图（图 4-7）上，大部分测试点落在了谐和线上或接近于谐和线，仅有少数分析点偏离谐和线，反映少部分锆石可能存在一定程度的 Pb 丢失或 U 丢失。

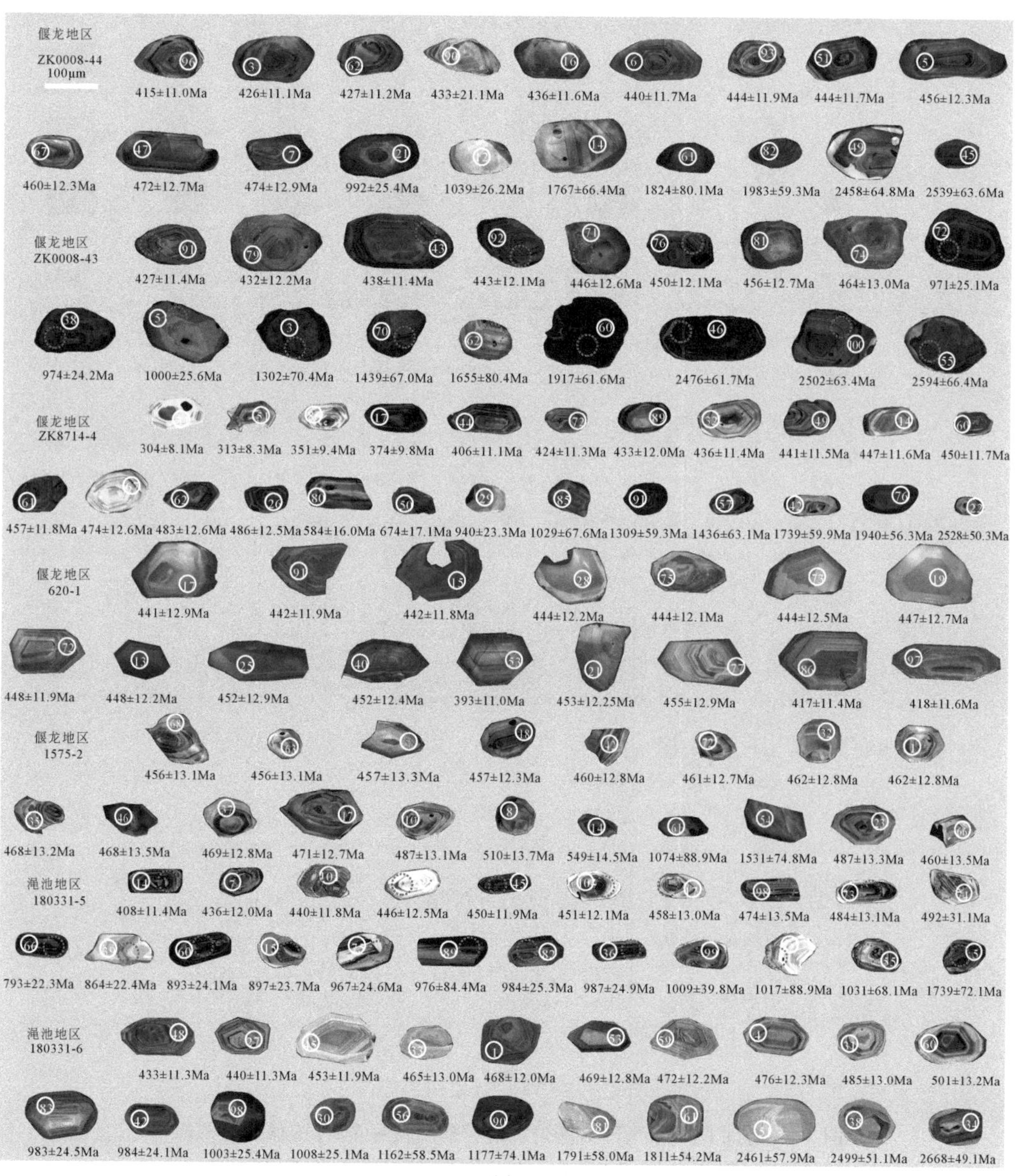

(a)

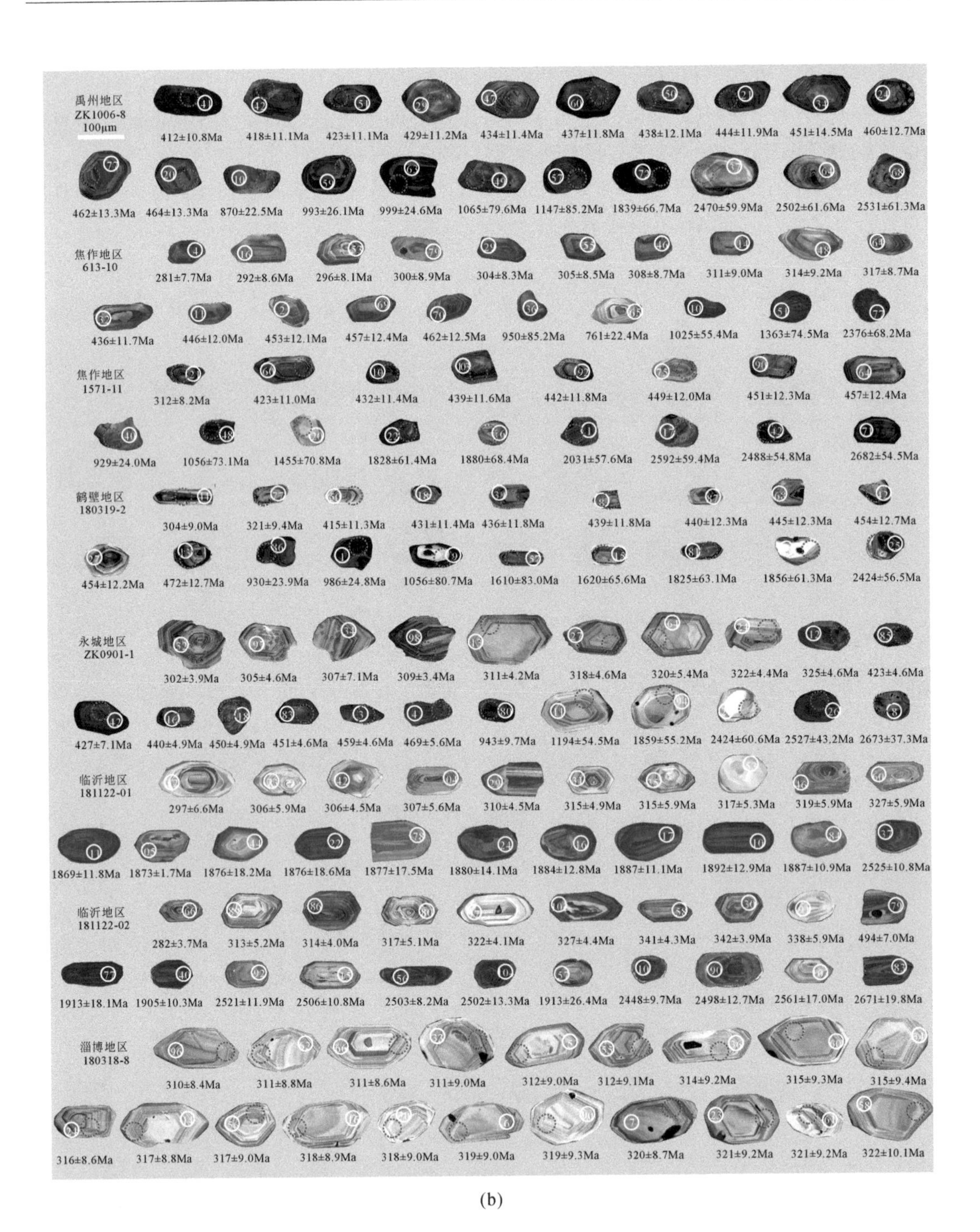

(b)

图 4-5　华北陆块东南部本溪组含铝岩系代表性碎屑锆石的 CL 图像

实线圆圈和数字代表 U-Pb 年龄测试位置和编号，虚线圆圈代表 Hf 同位素测试位置

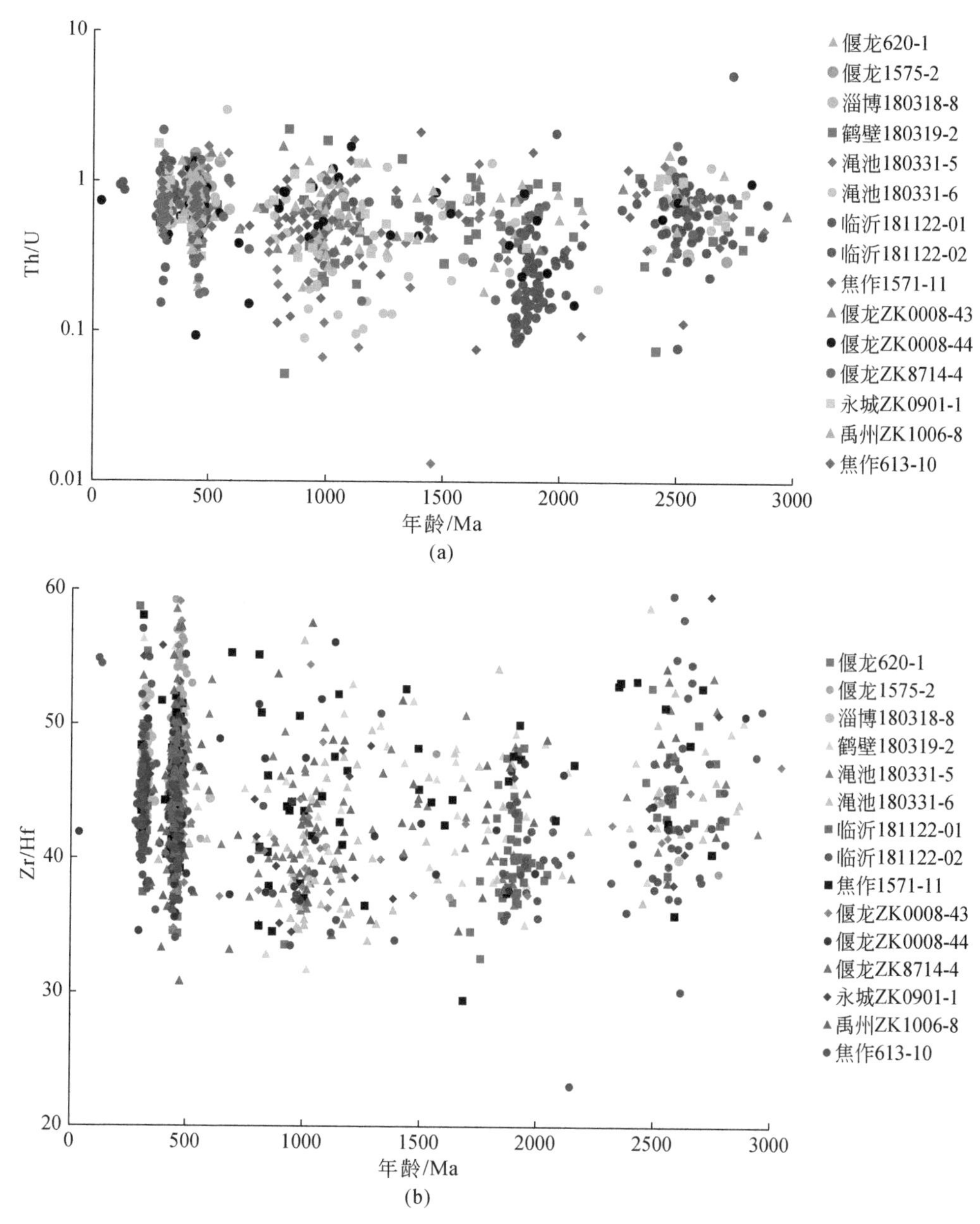

图4-6　华北陆块东南部本溪组含铝岩系碎屑锆石Th/U和Zr/Hf值

1）偃龙地区

ZK0008钻孔下部铝土质泥岩（样品ZK0008-44）所测试的100粒锆石中，有4颗锆石谐和度小于90%，不参与年龄统计，96颗锆石的谐和年龄（附表1）可以分成3组：第一组3颗，占所有锆石颗粒的3%，为晚古生代锆石，由三颗年龄分别为326Ma、322Ma、291Ma的碎屑锆石组成；第二组65颗，占所有锆石颗粒的68%，年龄介于378～491Ma，主要为早古生代锆石，主要峰值约443Ma；第三组28颗，占29%，年龄介于544～3116Ma，为前寒武纪碎屑锆石，年龄分布零散，具有不太明显的约823Ma、约966Ma、约

1887Ma 的峰值年龄［图 4-7（a）］。

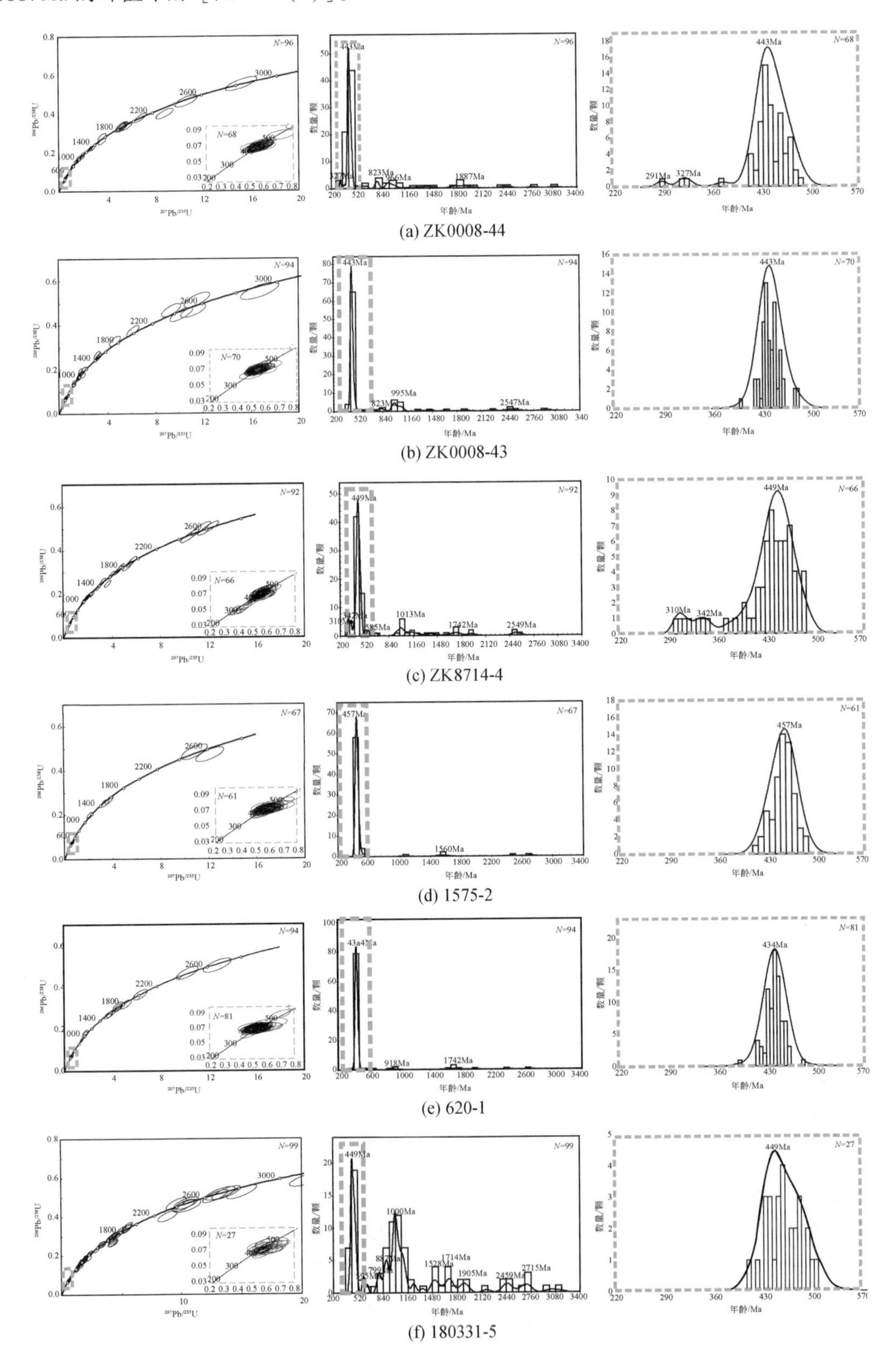

(a) ZK0008-44

(b) ZK0008-43

(c) ZK8714-4

(d) 1575-2

(e) 620-1

(f) 180331-5

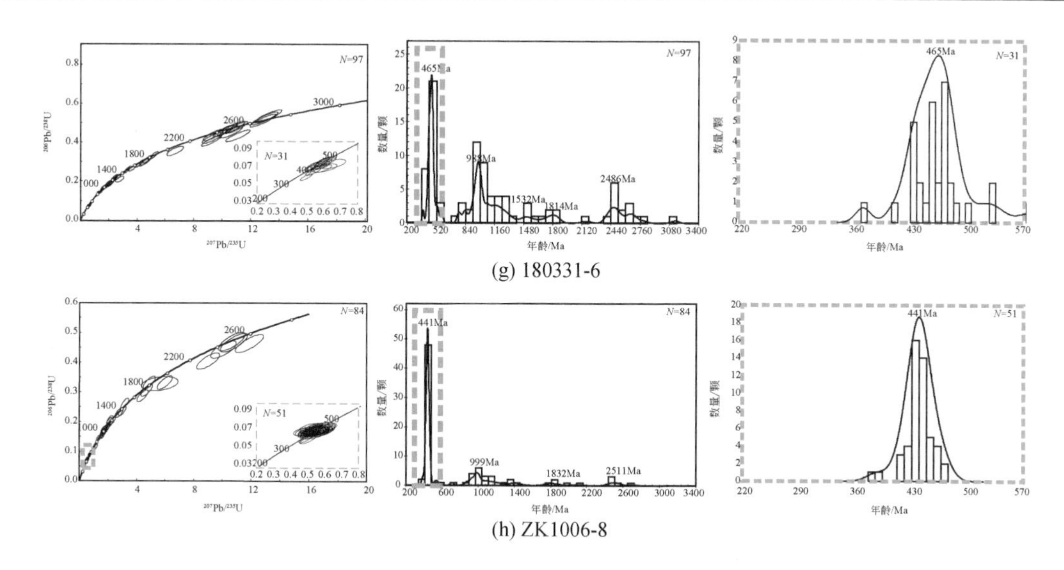

图 4-7　华北陆块东南部本溪组含铝岩系碎屑锆石的谐和曲线和年龄频谱

各分图中左侧为碎屑锆石 U-Pb 谐和图；中间为所有碎屑锆石的年龄图谱；右侧为古生代碎屑锆石的年龄图谱

ZK0008 钻孔上部豆鲕（碎屑）状铝土矿（样品 ZK0008-43）所测试的 100 颗锆石中，有 6 颗锆石谐和度小于 90%，不参与年龄统计，94 颗锆石的谐和年龄（附表 2）可以分成 2 组：第一组 70 颗，占所有锆石颗粒的 75%，年龄介于 402 ~ 510Ma，主要为早古生代碎屑锆石，峰值约 443Ma；第二组 24 颗，占 25%，年龄介于 630 ~ 2974Ma，为前寒武纪碎屑锆石，具有不太明显的约 823Ma、约 995Ma、约 2547Ma 的年龄峰值［图 4-7（b）］。

ZK8714 钻孔铝土质泥岩（样品 ZK8714-4）中所测的 95 颗锆石中，有 3 颗锆石谐和度小于 90%，不参与年龄统计，92 颗锆石的谐和年龄（附表 3）可以分成 3 组：第一组 7 颗，占所有锆石颗粒的 8%，年龄介于 304 ~ 351Ma，为晚古生代碎屑锆石，峰值约 310Ma；第二组 59 颗，占 64%，年龄介于 374 ~ 486Ma，主要为早古生代碎屑锆石，峰值约 449Ma；第三组 26 颗，占 28%，年龄介于 562 ~ 2568Ma，为前寒武纪碎屑锆石，年龄分布零散，具有不太明显的约 585Ma、约 1013Ma、约 1742Ma、约 2549Ma 的年龄峰值［图 4-7（c）］。

火石嘴露头区铝土质泥岩（样品 1575-2）所测试的 79 颗锆石中，有 12 颗锆石谐和度小于 90%，不参与年龄谱图的统计，67 颗锆石的谐和年龄（附表 4）可以分成 2 组：第一组 61 颗，年龄介于 413 ~ 510Ma，主要为早古生代碎屑锆石，占 91%，峰值约 457Ma；第二组 6 颗，年龄介于 549 ~ 2713Ma，为前寒武纪碎屑锆石，占 9%，具有不太明显的约 1560Ma 的峰值年龄［图 4-7（d）］。

火石嘴露头区豆鲕（碎屑）状铝土矿（样品 620-1）所测试的 100 颗锆石中，有 6 颗锆石谐和度小于 90%，不参与年龄谱图的统计，94 颗锆石的谐和年龄（附表 5）可以分成 2 组：第一组 81 颗，年龄介于 393 ~ 484Ma，主要为早古生代碎屑锆石，占 86%，峰值为约 434Ma；第二组 13 颗，年龄介于 555 ~ 2714Ma，为前寒武纪碎屑锆石，占 14%，峰值为约 918Ma、约 1742Ma［图 4-7（e）］。

2）渑池地区

渑池地区铝土质泥岩（样品 180331-5）所测试的 106 颗锆石中，有 7 颗锆石谐和度小于90%，不参与年龄统计，99颗锆石的谐和年龄（附表6）可以分成2组：第一组27颗，年龄介于408～507Ma，主要为早古生代碎屑锆石，占27%，峰值约449Ma；第二组72颗，年龄介于584～3531Ma，为前寒武纪碎屑锆石，占73%，除约1000Ma的峰值明显外，尚有不太明显的约595Ma、约799Ma、约887Ma、约1528Ma、约1714Ma、约1905Ma、约2459Ma和约2715Ma的峰值年龄［图4-7（f）］。

渑池地区豆鲕（碎屑）状铝土矿（样品180331-6）所测试的100颗锆石中，有3颗锆石谐和度小于90%，不参与年龄统计，97颗锆石的谐和年龄（附表7）可以分为2组：第一组31颗，年龄介于372～531Ma，主要为早古生代碎屑锆石，占33%，峰值约465Ma；第二组66颗，年龄介于577～3145Ma，占67%，除约988Ma的峰值明显外，尚有不太明显的约1532Ma、约1814Ma、约2486Ma的峰值年龄［图4-7（g）］。

3）禹州地区

禹州地区ZK1006钻孔豆鲕（碎屑）状铝土矿（样品ZK1006-8）所测试的90颗锆石中，有6颗锆石谐和度小于90%，不参与年龄统计，84颗锆石的谐和年龄（附表8）可以分成2组：第一组51颗，占所有锆石颗粒的61%，年龄介于385～522Ma，主要为早古生代碎屑锆石，峰值约441Ma；第二组33颗，占39%，年龄介于550～2700Ma，为前寒武纪碎屑锆石，年龄分布零散，具有不太明显的约999Ma、约1832Ma、约2511Ma的年龄峰值［图4-7（h）］。

4）焦作地区

焦作地区下部铝土质泥岩（样品613-10）测试的80颗锆石中，有4颗锆石谐和度小于90%，不参与年龄统计，76颗锆石的谐和年龄（附表9）可以分成3组：第一组42颗，占所有锆石颗粒的55%，年龄介于281～332Ma，主要为晚古生代碎屑锆石，峰值为约304Ma；第二组19颗，占25%，年龄介于431～514Ma，主要为早古生代碎屑锆石，峰值约451Ma；第三组15颗，占20%，年龄介于761～3083Ma，为前寒武纪碎屑锆石，年龄分布零散，具有不太明显的约819Ma、约941Ma、约1342Ma、约2591Ma的年龄峰值［图4-8（a）］。

上部豆鲕（碎屑）状铝土矿（样品1571-11）测试的110颗锆石中（附表10），有9颗锆石谐和度小于90%，不参与年龄统计，101颗锆石的谐和年龄可以分成3组：第一组7颗，占所有锆石颗粒的6%，年龄介于297～314Ma，主要为晚古生代碎屑锆石，峰值约304Ma；第二组46颗，占46%，年龄介于383～470Ma，主要为早古生代碎屑锆石，峰值约442Ma；第三组48颗，占48%，年龄介于675～3461Ma，为前寒武纪碎屑锆石，年龄分布零散，具有较弱的约824Ma、约1162Ma的峰值［图4-8（b）］。

5）鹤壁地区

鹤壁地区杂色铝土质泥岩（样品180319-2）所测试的90颗锆石中，有12颗锆石谐和度小于90%，不参与年龄统计，78颗锆石的谐和年龄（附表11）可以分成3组：第一组5颗，占所有锆石颗粒的7%，年龄介于304～321Ma，为晚古生代碎屑锆石，峰值约318Ma；第二组22颗，占所有锆石颗粒的28%，年龄介于415～537Ma，主要为早古生代碎屑锆石，峰值约442Ma；第三组51颗，占65%，年龄介于735～2813Ma，为前寒武纪碎屑锆石，年龄分布零散，具有不明显的约1000Ma、约1642Ma、约1883Ma、约2406Ma、约 2791Ma 的年龄峰值［图 4-8（c）］。

6）永城地区

永城地区 ZK0901 钻孔铝土质泥岩（样品 ZK0901-1）所测试的 100 颗锆石中，有 14 颗锆石谐和度小于 90%，不参与年龄统计，86 颗锆石的谐和年龄（附表 12）可以分成 3 组：第一组 55 颗，占所有锆石颗粒的 64%，年龄介于 285 ~ 335Ma，为晚古生代碎屑锆石，峰值约 309Ma；第二组 13 颗，占 15%，年龄介于 386 ~ 470Ma，主要为早古生代碎屑锆石，除峰值 455Ma 较明显外，尚有不明显的约 386Ma 和约 426Ma 的峰值年龄；第三组 18 颗，占 21%，年龄介于 776 ~ 2707Ma，为前寒武纪碎屑锆石，年龄分布零散，具有不明显的约 788Ma、约 880Ma、约 950Ma、约 1210Ma、约 2470Ma 的年龄峰值［图 4-8（d）］。

7）临沂地区

临沂地区含铝岩系底部紫色铝土质泥岩（样品 181122-02）所测试的 106 颗锆石中，有 24 颗锆石谐和度小于 90%，不参与年龄统计，82 颗锆石的谐和年龄（附表 13）可以分成 2 组：第一组 20 颗，占所有锆石颗粒的 24%，年龄介于 275 ~ 494Ma，为古生代碎屑锆石，具有明显的约 314Ma 的峰值年龄，此外尚有不明显的约 284Ma、约 315Ma、约 353Ma 和约 490Ma 的峰值年龄；第二组 62 颗，占 76%，年龄介于 1151 ~ 2709Ma，为前寒武纪碎屑锆石，具有明显的约 1910Ma 和约 2505Ma 的年龄峰值［图 4-8（e）］。

临沂地区含铝岩系中部土黄色粉砂质泥岩（样品 181122-01）所测试的 89 颗锆石中，有 11 颗锆石谐和度小于 90%，不参与年龄统计，78 颗锆石的谐和年龄（附表 14）可以分成 2 组：第一组 18 颗，占所有锆石颗粒的 23%，年龄介于 290 ~ 327Ma 之间，为晚古生代碎屑锆石，峰值约 315Ma；第二组 60 颗，占 77%，年龄介于 1645 ~ 2753Ma，为前寒武纪碎屑锆石，具有明显的约 1873Ma 和约 2525Ma 的年龄峰值［图 4-8（f）］。

8）淄博地区

淄博地区含铝岩系下部杂色铝土质泥岩（样品 180318-8）所测试的 98 颗锆石中，有 5 颗锆石谐和度小于 90%，不参与年龄统计，93 颗锆石的谐和年龄（附表 15）可以分成 2 组：第一组 92 颗，占所有锆石颗粒的 99%，年龄介于 297 ~ 355Ma，为晚古生代锆石，峰值约 316Ma；第二组 1 颗，占 1%，年龄为 2550Ma［图 4-8（g）］。

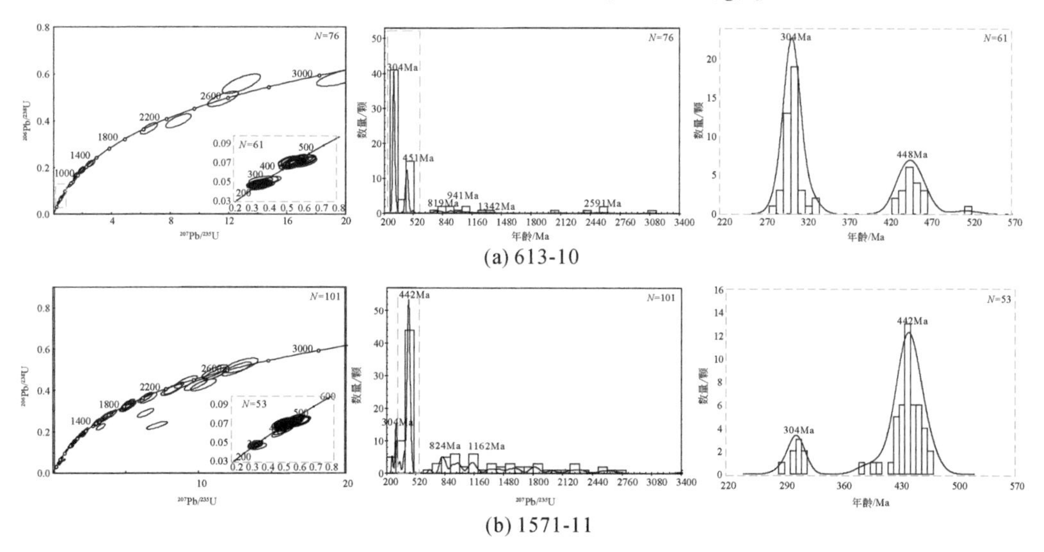

(a) 613-10

(b) 1571-11

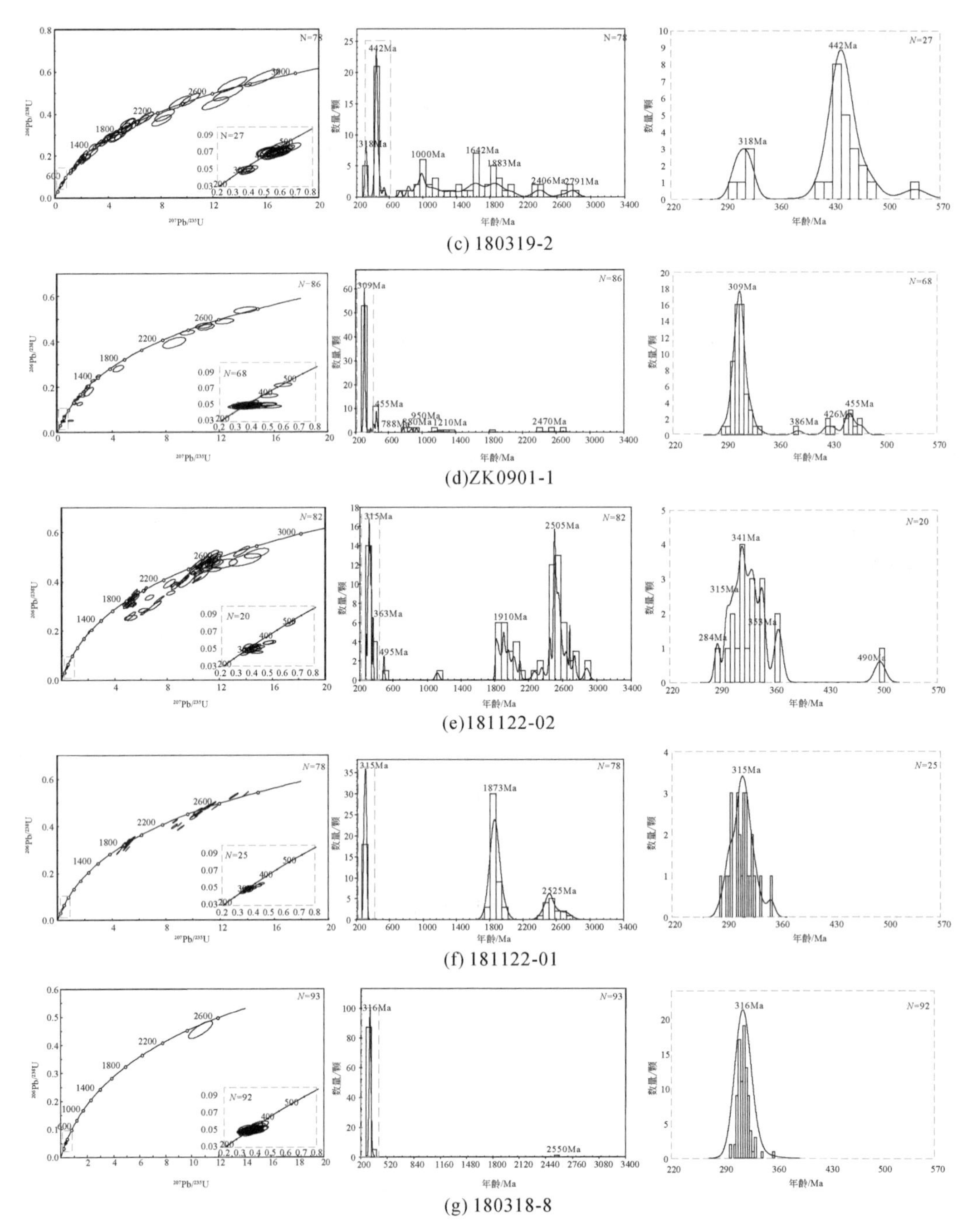

图 4-8　华北陆块东南部本溪组含铝岩系碎屑锆石的谐和曲线和年龄频谱

各分图中左侧为碎屑锆石 U-Pb 谐和图；中间为所有碎屑锆石的年龄图谱；右侧为古生代碎屑锆石的年龄图谱

将上述 15 个样品谐和度大于 90% 的 1317 颗碎屑锆石年龄汇总（图 4-9），可以看到，约 310Ma 和约 446Ma 的峰值明显，组成约 310Ma 峰的碎屑锆石占所有锆石的 19%，组成约 446Ma 峰的碎屑锆石占所有锆石的 42%；剩余的 39% 主要为前寒武纪的碎屑锆石，除了约 999Ma 的峰值较为明显外，尚有约 808Ma、约 1830Ma、约 2514Ma 等不太显著的峰值。

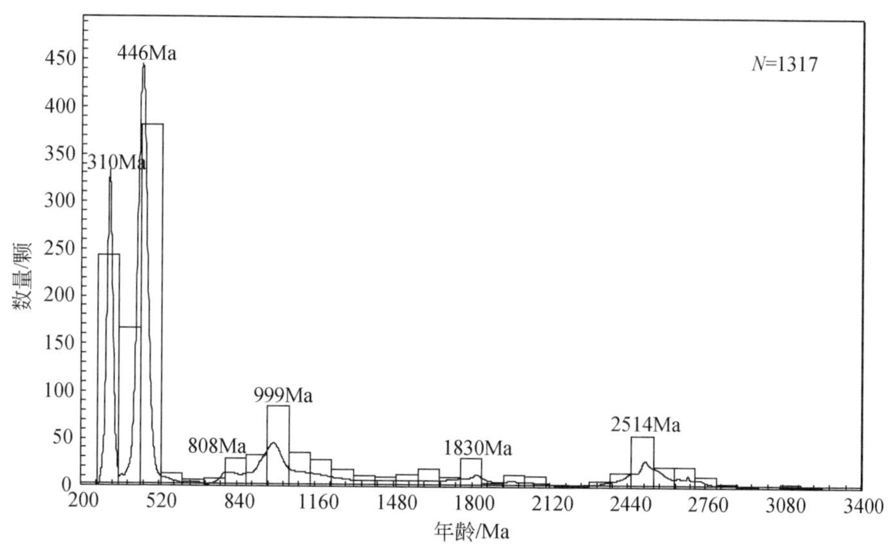

图 4-9　华北陆块东南部本溪组含铝岩系所有样品碎屑锆石的年龄频谱图

4. 碎屑锆石的 Hf 同位素特征

本次研究对 7 个地区 8 个样品进行了 Hf 同位素分析，随机测试不同年龄碎屑锆石的 Hf 同位素，测点与锆石 U-Pb 年龄的分析点位于同一环带，共测试 263 颗锆石，每颗锆石一个点。263 颗锆石的 ^{176}Yb/^{177}Hf 和 ^{176}Lu/^{177}Hf 值范围分别为 0.001875 ~ 0.105686 和 0.00005 ~ 0.001991，^{176}Lu/^{177}Hf 普遍小于 0.002，表明这些锆石在形成后基本没有放射性成因 Hf 的积累，可以代表这些锆石形成时的同位素组成（吴福元等，2007）。

1）偃龙地区

偃龙地区豆鲕（碎屑）状铝土矿（样品 ZK0008-43）选取的 23 颗碎屑锆石中（附表 16），峰值在约 443Ma 的加里东期碎屑锆石计 12 颗，^{176}Hf/^{177}Hf 介于 0.282451 ~ 0.282809，$\varepsilon_{Hf}(t)$ 值介于 -1.8 ~ 11.1，两阶段模式年龄（T_{DM2}）介于 599 ~ 1537Ma；前寒武纪年龄碎屑锆石计 11 颗，^{176}Hf/^{177}Hf 介于 0.281281 ~ 0.282212，$\varepsilon_{Hf}(t)$ 值介于 -7.7 ~ 3.4，两阶段模式年龄（T_{DM2}）介于 1750 ~ 3122Ma。

2）渑池地区

渑池地区铝土质泥岩（180331-5）选取的 31 颗碎屑锆石中（附表 17），峰值约 449Ma 的碎屑锆石为 8 颗，^{176}Hf/^{177}Hf 介于 0.282276 ~ 0.282867，$\varepsilon_{Hf}(t)$ 值为 -17.5 ~ 1，两阶段模式年龄（T_{DM2}）为 869 ~ 2192Ma；前寒武纪碎屑锆石为 23 颗，^{176}Hf/^{177}Hf 介于 0.281065 ~ 0.282301，$\varepsilon_{Hf}(t)$ 值为 -13.7 ~ 14.6，两阶段模式年龄（T_{DM2}）为 2137 ~ 4843Ma。

3）禹州地区

禹州地区豆鲕（碎屑）状铝土矿（样品 ZK1006-8）选取的 42 颗碎屑锆石中（附表 18），峰值在约 441Ma 的加里东期碎屑锆石计 22 颗，^{176}Hf/^{177}Hf 介于 0.282241 ~ 0.282832，$\varepsilon_{Hf}(t)$ 值介于 -1.8 ~ 13.0，两阶段模式年龄（T_{DM2}）介于 642 ~ 2025Ma；前寒武纪年龄碎屑锆石计 20 颗，^{176}Hf/^{177}Hf 介于 0.281229 ~ 0.282354，$\varepsilon_{Hf}(t)$ 值介于 -9.6 ~ 10.3，两阶段模式年龄（T_{DM2}）介于 1314 ~ 2974Ma。

4）焦作地区

焦作地区铝土质泥岩（613-10）选取的27颗碎屑锆石中（附表19），峰值在约303Ma的晚古生代碎屑锆石19颗，$^{176}Hf/^{177}Hf$介于0.282384～0.282745，$\varepsilon_{Hf}(t)$值介于-7.3～3.1，两阶段模式年龄（T_{DM2}）介于1143～1950Ma；峰值在约450Ma的加里东期碎屑锆石7颗，$^{176}Hf/^{177}Hf$介于0.282133～0.282934，$\varepsilon_{Hf}(t)$值介于-13.2～12，两阶段模式年龄（T_{DM2}）介于718～2509Ma；前寒武纪年龄碎屑锆石1颗，$^{176}Hf/^{177}Hf$为0.281941，$\varepsilon_{Hf}(t)$值为-11.9，两阶段模式年龄（T_{DM2}）为2932Ma。

豆鲕（碎屑）状铝土矿（样品1571-11）选取的40颗碎屑锆石中（附表20），峰值在约300Ma的晚古生代碎屑锆石3颗，$^{176}Hf/^{177}Hf$介于0.282292～0.282856，$\varepsilon_{Hf}(t)$值介于-10.7～9.5，两阶段模式年龄（T_{DM2}）介于893～2155Ma；峰值在约442Ma的加里东期碎屑锆石19颗，$^{176}Hf/^{177}Hf$介于0.282118～0.282813，$\varepsilon_{Hf}(t)$值介于-13.4～10.9，两阶段模式年龄（T_{DM2}）介于990～2541Ma；前寒武纪碎屑锆石18颗，$^{176}Hf/^{177}Hf$介于0.281069～0.282187，$\varepsilon_{Hf}(t)$值介于-7.0～8.0，两阶段模式年龄（T_{DM2}）介于2390～4832Ma。

5）鹤壁地区

鹤壁地区杂色铝土质泥岩（180319-2）选取的31颗碎屑锆石中（附表21），峰值约318Ma的碎屑锆石为2颗，$^{176}Hf/^{177}Hf$介于0.282472～0.282300，$\varepsilon_{Hf}(t)$值为-9.8～-4.3，两阶段模式年龄（T_{DM2}）为1755～2139Ma；峰值约442Ma的碎屑锆石为10颗，$^{176}Hf/^{177}Hf$介于0.281716～0.282771，$\varepsilon_{Hf}(t)$值为-25.6～8.9，两阶段模式年龄（T_{DM2}）为1086～3428Ma；前寒武纪碎屑锆石18颗，$^{176}Hf/^{177}Hf$介于0.281161～0.282396，$\varepsilon_{Hf}(t)$值为-7.5～17.5，两阶段模式年龄（T_{DM2}）为1925～4633Ma。

6）永城地区

永城地区铝土质泥岩（样品ZK0901-1）选取的31颗碎屑锆石中（附表22），峰值在约309Ma的晚古生代碎屑锆石12颗，$^{176}Hf/^{177}Hf$介于0.282211～0.282491之间，$\varepsilon_{Hf}(t)$值介于-13.0～-3.4，两阶段模式年龄（T_{DM2}）介于1534～2152Ma；峰值在约455Ma的加里东期碎屑锆石8颗，$^{176}Hf/^{177}Hf$介于0.282281～0.282688，$\varepsilon_{Hf}(t)$值介于-8.1～6.0，两阶段模式年龄（T_{DM2}）介于1025～1934Ma；前寒武纪年龄碎屑锆石11颗，$^{176}Hf/^{177}Hf$介于0.281191～0.282481，$\varepsilon_{Hf}(t)$值介于-11.2～15.5，两阶段模式年龄（T_{DM2}）介于1023～3025Ma。

7）淄博地区

淄博地区杂色铝土质泥岩（180318-8）选取的35颗碎屑锆石中（附表23），峰值在约316Ma的碎屑锆石为34颗，$^{176}Hf/^{177}Hf$介于0.282191～0.282465，$\varepsilon_{Hf}(t)$值为-14～-4，两阶段模式年龄（T_{DM2}）为1770～2380Ma；前寒武纪碎屑锆石为1颗，$^{176}Hf/^{177}Hf$值为0.281386，$\varepsilon_{Hf}(t)$值为7.1，两阶段模式年龄（T_{DM2}）为4147Ma。

三、物源区

沉积岩中碎屑锆石的年龄组成、成因矿物学和Hf同位素特征提供了有效的对比源区的信息，可以结合当时的沉积环境、古地理特征和古构造背景，对物源区进行直接推测。

根据华北陆块东南部本溪组含铝岩系中碎屑锆石组成的峰值和构造运动发展的阶段性，本次研究将组成峰值为 304 ~ 341Ma 的碎屑锆石统称为海西期碎屑锆石，将组成峰值为 434 ~465Ma 的碎屑锆石统称为加里东期碎屑锆石，将组成峰值（或年龄）>542Ma 的碎屑锆石统称为前寒武纪碎屑锆石，下面分别就上述三个时期碎屑锆石的物源区进行讨论。

1. 加里东期碎屑锆石的物源区

华北陆块北部的内蒙古隆起，连同其北侧的兴蒙造山带，以及华北陆块南部的北秦岭造山带和南秦岭造山带均有可能成为华北陆块上古生界的沉积物源区。但由于晚古生代期间，华北陆块北侧的兴蒙大洋正处于闭合时期（Zhang et al.，2007，2009；Li，2006；Cao et al.，2013）或闭合后兴蒙造山带的裂陷作用（邵济安等，2015；Luo et al.，2016；Zhang and Tang，1989；徐备和陈斌，1997），以及北秦岭造山带南侧的勉略洋正处于扩张阶段（Dong and Santosh，2016），所以，兴蒙造山带和南秦岭造山带作为华北陆块上古生界物源区的可能性较小，这已被近年来大量的有关华北陆块上古生界物源区的研究成果所证实（Wang et al.，2010；Liu et al.，2014；马收先等，2011，2014；Cai et al.，2015；Wang et al.，2016；马千里等，2017；Zhao and Liu，2019）。

华北陆块北部的内蒙古隆起，在加里东期的岩浆活动并不强烈（Zhang et al.，2007；徐备等，2014）[图 4-10（b）]，与此相反，早古生代是北秦岭地区主要的构造活跃期，造山带内分布着大量的加里东期岩浆岩，并构成了北秦岭岩浆岩带的主体［图 4-10（c）]，岩石类型主要为中-酸性花岗质侵入岩，位于北秦岭地区主要的变质地层秦岭群、二郎坪群和宽坪群中（卢欣祥等，2000；刘丙祥，2014；Dong and Santosh，2016）。对面积较大的古生代岩浆岩体（包括板山坪、五垛山、四棵树、冢岗庙水库、蛮子营、西庄河、漂池、灰池子等岩体）锆石 U-Pb 定年表明，其年龄区间在 386 ~499Ma，峰值年龄在 450Ma，形成背景与古生代期间商丹洋壳的俯冲和闭合有关（张国伟等，2001；雷敏，2010；刘丙祥，2014）。

华北陆块南部本溪组含铝岩系存在大量峰值约 446Ma 的岩浆锆石，年龄介于 360 ~ 520Ma（图 4-9），与北秦岭造山带加里东期中-酸性花岗质侵入岩的年龄峰值和年龄区间非常相似（雷敏，2010；刘丙祥，2014；Dong and Santosh，2016）［图 4-10（c）]。这些碎屑锆石的$^{176}Hf/^{177}Hf$ 介于 0.282118 ~0.282813，$\varepsilon_{Hf}(t)$ 值约-13.4 ~10.9，两阶段模式年龄（T_{DM2}）为 733 ~2278Ma，与北秦岭造山带峰值在 450Ma 的岩浆岩 $\varepsilon_{Hf}(t)$ 值和两阶段模式年龄（T_{DM2}）非常一致（图 4-11），所以，华北陆块东南部本溪组含铝岩系中峰值约 446Ma 的碎屑锆石应主要来源于北秦岭造山带加里东期中-酸性花岗质侵入岩，这与华北陆块北缘早古生代碎屑锆石也主要来自北秦岭造山带的认识一致（Wang et al.，2016；Cai et al.，2015）。尽管本溪组加里东期碎屑锆石的 $\varepsilon_{Hf}(t)$ 值也有部分点落在中亚造山带南部 $\varepsilon_{Hf}(t)$ 值的范围内［图 4-11（a）]，但后者较高的$^{176}Lu/^{177}Hf$ 值（0.017 ~0.019）（Chen et al.，2016a）与研究区本溪组 Hf 同位素具有较大的不同，两阶段模式年龄（T_{DM2}）也有显著的差别。此外，峰值为 434 ~465Ma 的碎屑锆石具有由华北陆块北缘向南部含量逐渐增加的趋势（参见第五章第二节有关部分），所以，远离兴蒙造山带的华北陆块东南部的本溪组峰值在约 446Ma 的碎屑锆石不可能来自兴蒙造山带。

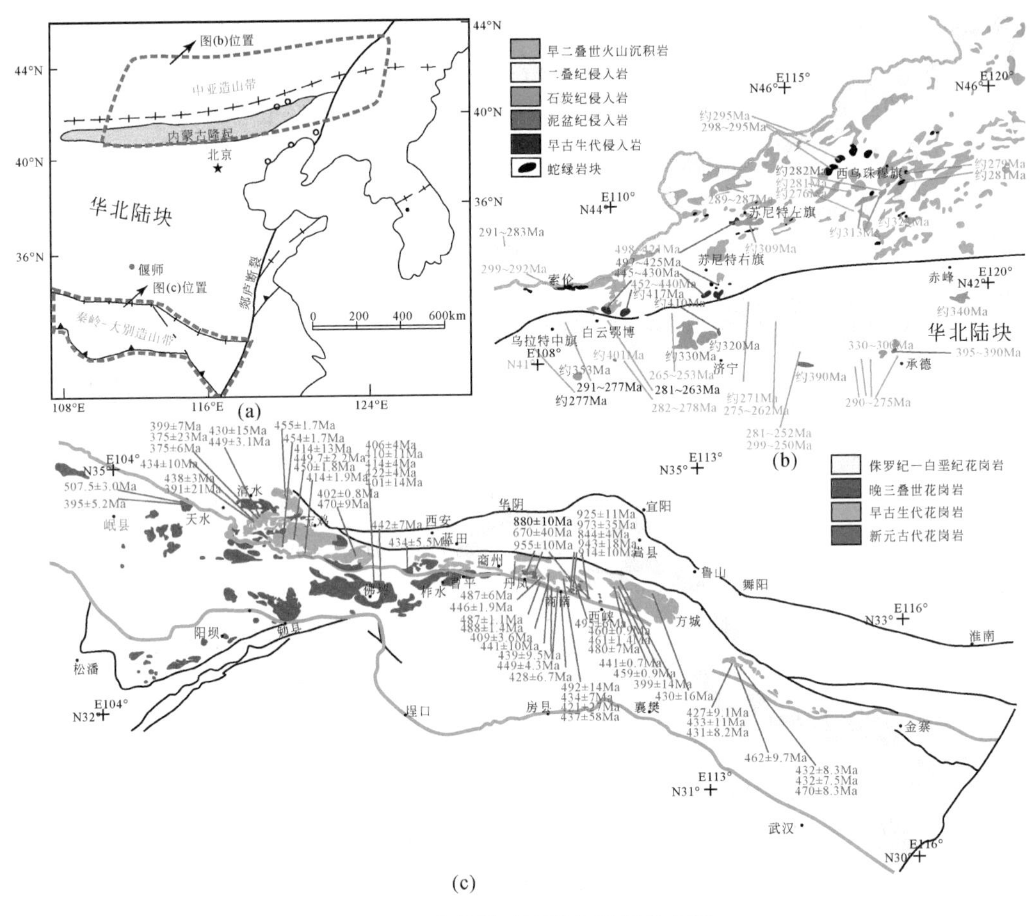

图4-10　华北陆块周缘岩浆岩分布图

（a）华北陆块大地构造位置；（b）华北陆块北缘内蒙古隆起和北侧兴蒙造山带岩浆岩分布（Chen et al.，2016a）；（c）华北陆块南侧秦岭造山带岩浆岩分布（Dong and Santosh，2016）

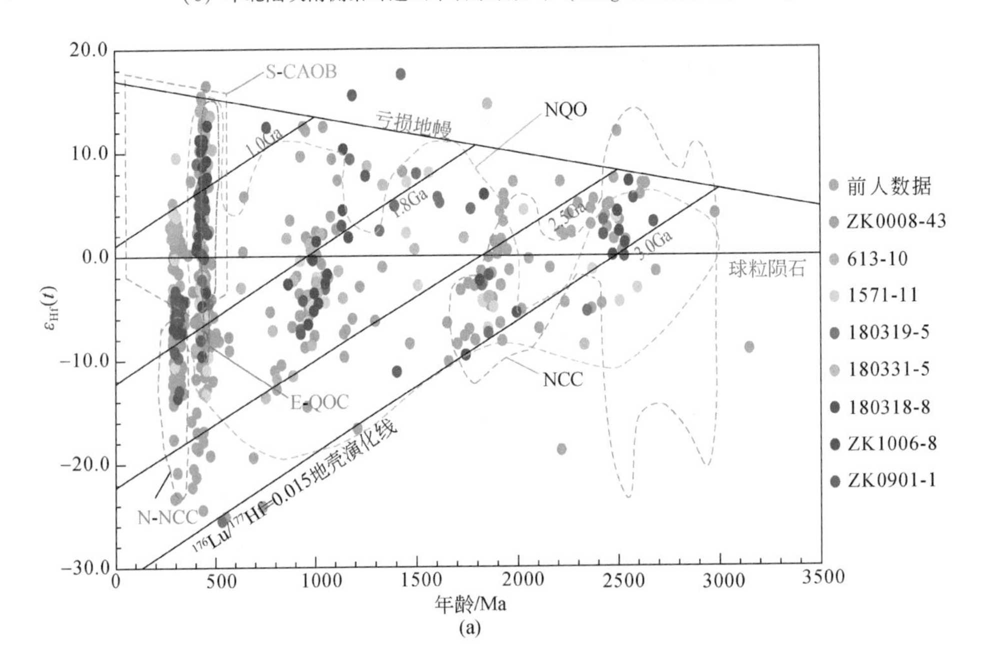

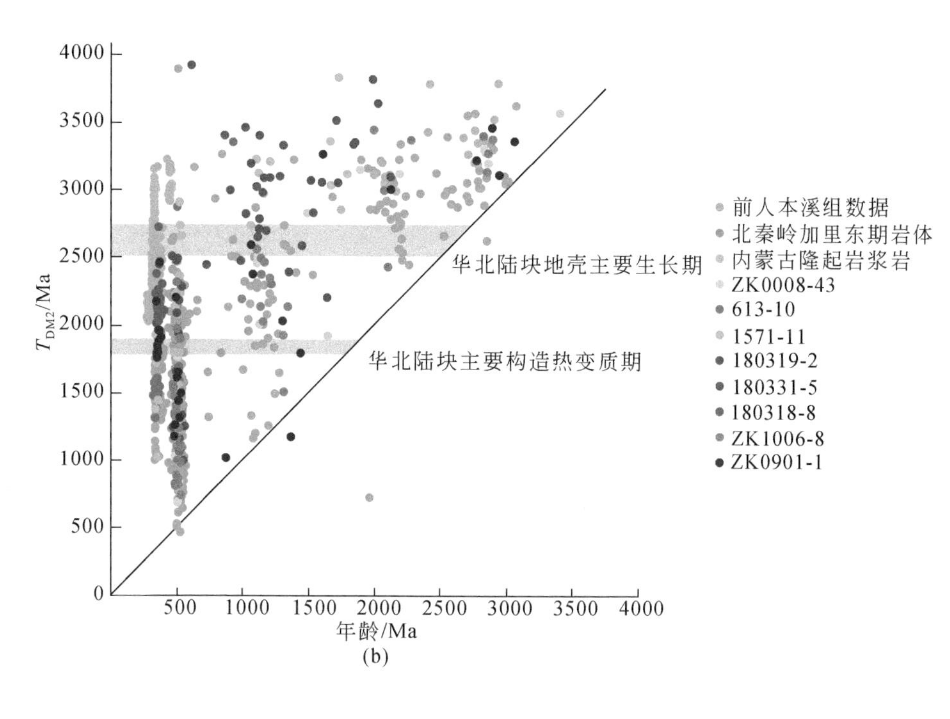
4000
3500
3000
2500
2000
1500
1000
500
0
T_{DM2}/Ma
500 1000 1500 2000 2500 3000 3500 4000
年龄/Ma
华北陆块地壳主要生长期
华北陆块主要构造热变质期
前人本溪组数据
北秦岭加里东期岩体
内蒙古隆起岩浆岩
ZK0008-43
613-10
1571-11
180319-2
180331-5
180318-8
ZK1006-8
ZK0901-1
(b)

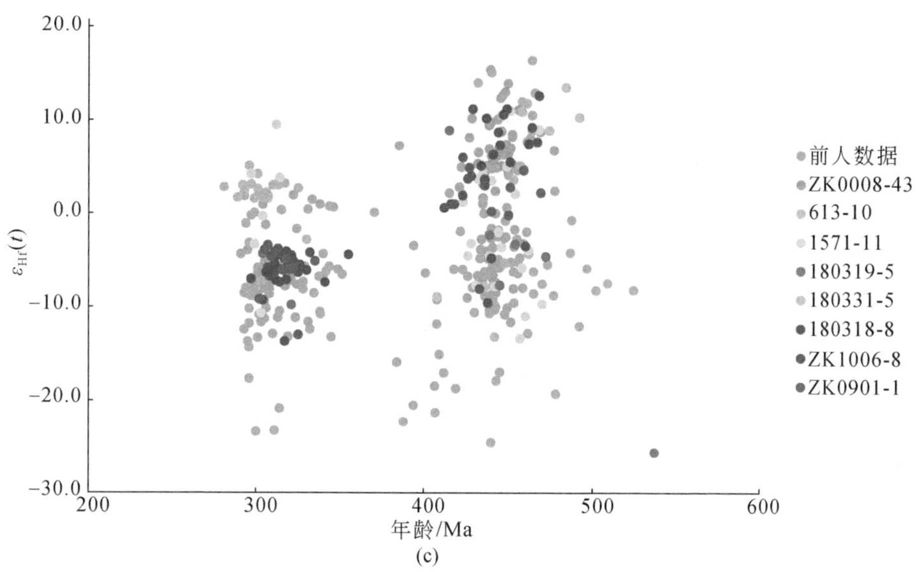
20.0
10.0
0.0
−10.0
−20.0
−30.0
$\varepsilon_{Hf}(t)$
200 300 400 500 600
年龄/Ma
前人数据
ZK0008-43
613-10
1571-11
180319-5
180331-5
180318-8
ZK1006-8
ZK0901-1
(c)

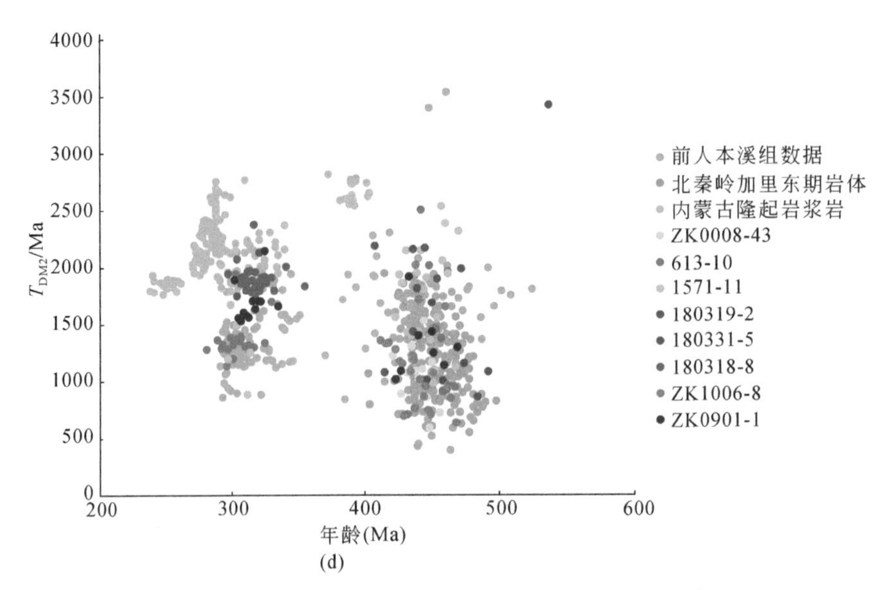

(d)

图 4-11　华北陆块东南部本溪组含铝岩系碎屑锆石 $\varepsilon_{Hf}(t)$ 值和 T_{DM2}图

(a) $\varepsilon_{Hf}(t)$-年龄图；(b) T_{DM2}-年龄图；(c) 200～600Ma 区间 $\varepsilon_{Hf}(t)$-年龄图；(d) 200～600Ma 区间 T_{DM2}-年龄图。NQO-北秦岭造山带 $\varepsilon_{Hf}(t)$ 范围引自 Shi 等（2013），稍有修改；S-CAOB-中亚造山带南部 $\varepsilon_{Hf}(t)$ 范围引自 Yang 等（2006）；N-NCC-华北陆块北缘岩浆岩及侵入岩 $\varepsilon_{Hf}(t)$ 范围引自 Liu 等（2014）；E-QOC-秦岭造山带东段加里东期岩浆岩 $\varepsilon_{Hf}(t)$ 范围引自雷敏（2010）；NCC-华北陆块前寒武纪岩浆岩及变质岩 $\varepsilon_{Hf}(t)$ 范围引自 Zhu 等（2014）和万渝生等（2015）

2. *海西期碎屑锆石的物源区*

华北陆块北部的内蒙古隆起由于受到其北侧兴蒙活动带的影响，具有显著的晚古生代岩浆活动［图4-10（b）］，岩浆岩的 $\varepsilon_{Hf}(t)$ 值以较高的负值区别于兴蒙造山带同时期的岩浆岩（Zhang et al.，2009；Yang et al.，2006；邵济安等，2015），显示了内蒙古隆起晚古生代岩浆活动受古老地壳再循环的强烈影响，而华北陆块南缘的北秦岭造山带中，晚古生代岩浆岩分布稀少（卢欣祥等，2000；刘丙祥，2014；Dong and Santosh，2016）［图4-10（c）］，所以，几乎所有的研究者根据华北陆块内部上古生界碎屑锆石的年龄和 $\varepsilon_{Hf}(t)$ 值，将其中晚古生代碎屑锆石归源于内蒙古隆起（Liu et al.，2014；Wang et al.，2010，2016）。

但根据本次研究，并结合已发表的资料，将本溪组峰值为 304～341Ma 的碎屑锆石归源于内蒙古隆起的观点，对于以下问题是很难解释的。其一，根据华北陆块本溪组峰值为 304～341Ma 的海西期碎屑锆石的含量变化，其最高值分布于华北陆块的东北部，向北部、南部和西部均有减少，并且从华北陆块东北部淄博地区—东部永城地区—中部焦作地区和鹤壁地区—西部偃龙地区，海西期碎屑锆石粒度也明显减小（见第五章第二节有关部分）。所以，如果峰值为 304～341Ma 的碎屑锆石来自内蒙古隆起，那么它们的含量和粒度在平面上的变化是很难解释的。其二，约 310Ma 为华北陆块东南部本溪组含铝岩系晚古生代的主要峰值［图4-12（c）（d）］，与本溪组的沉积时代相近，但该时期内蒙古隆起的岩浆活动并不特别显著（邵济安等，2015）［图4-12（b）①］，即使存在少量该时期的岩浆岩，但几乎全部为侵入岩，它不可能为近于同一时期的沉积盆地提供物源，即使已有学者认为该地区曾经存在但现今已经剥蚀的、与本溪组沉积年龄相近的火山岩（Zhang et al.，2006），且已有学者认为本溪组约 310Ma 的碎屑沉积物可能是靠风力搬运的（Liu et al.，2014；Wang et al.，2010），但事实上粒径大于 20μm 的颗粒很少在空气中悬浮较长时间（Pye and Tsoar，1987），而 Liu 等（2014）和 Wang 等（2010）论文中展示的锆石粒径多大于 100μm，本次研究所揭示的约 310Ma 的碎屑锆石粒径几乎都大于 20μm，所以，峰值约 310Ma 的碎屑锆石不可能由风力搬运，即使存在风力搬运，也不可能在淄博、临沂、永城和焦作地区非常丰富，而在偃龙、禹州和渑池地区分布很少，甚至荡然无存。其三，根据对已发表的文献中内蒙古隆起南侧不同地区 8 个本溪组碎屑锆石样品的统计，320 颗锆石中，古生代年龄的锆石 148 颗，均为岩浆锆石，组成明显的约 310Ma、约 382Ma 和约 442Ma 的年龄峰值［图 4-12（a）（b）］，峰值年龄约 442Ma 的碎屑锆石，已如前述，多数学者认为来源于北秦岭造山带。约 310Ma 和约 382Ma 的两个峰值年龄的锆石均被认为来自内蒙古隆起（Liu et al.，2014；Wang et al.，2010，2016）。约 382Ma 峰值的岩浆活动是内蒙古隆起主要存在的三期岩浆活动之一（邵济安等，2015，图 4-12（b）①），与华北陆块北部本溪组含铝岩系该时期的 $\varepsilon_{Hf}(t)$ 和 T_{DM2} 相近（图 4-11），且它们的侵入年龄大于本溪组的沉积年龄，完全可能被剥蚀至地表为该时期的沉积盆地提供物源，所以，华北陆块北部本溪组中峰值为约 382Ma 的碎屑锆石应来自内蒙古隆起该时期的侵入岩，但如果这一时期的岩浆锆石来源于内蒙古隆起，那么华北陆块东南部的晚古生代碎屑锆石就不仅应该具有峰值约 310Ma 的碎屑锆石，更应该具有峰值约 382Ma 的碎屑锆石，但实际上，华北陆块东南部碎屑锆石不仅没有约 382Ma 的峰值年龄，而且这一时期的碎屑锆石含量也非常少［图 4-12（d）］。其四，$\varepsilon_{Hf}(t)$ 值和二阶段模式年龄（T_{DM2}）与岩浆的来源和演化过程有关，是判断碎屑锆石来源的重要依据之一（吴福元等，2007）。以前的研究者根据本溪组晚古生代碎屑锆石 $\varepsilon_{Hf}(t)$ 多为负值，相似于内蒙古隆起的 $\varepsilon_{Hf}(t)$ 值，从而认为本溪组晚古生代碎屑锆石均来自内蒙古隆起。但事实上，本溪组含铝岩系中除了峰值约 382Ma 的碎屑锆石具有较大的负值而与内蒙古隆起同时期岩浆岩 $\varepsilon_{Hf}(t)$ 相重合外（图 4-11）（Liu et al.，2014；Wang et al.，2010，2016），无论南部还是北部本溪组含铝岩系中峰值约 310Ma 的碎屑锆石 $\varepsilon_{Hf}(t)$ 多为小的负值和小的正值，与内蒙古隆起该时期岩浆岩 $\varepsilon_{Hf}(t)$ 多为较大的负值显然不同（图 4-11）（Zhang et al.，2009）。此外，本溪组含铝岩系中峰值约 310Ma 的碎屑锆石 T_{DM2} 在 1800～2800Ma 之间，且年龄分散，与内蒙古隆起该时期岩浆岩 T_{DM2} 值多在 2000～3000Ma 的特点也有显著差别（图 4-11）（Shi et al.，2010；凤永刚等，2009；王芳等，2009）。

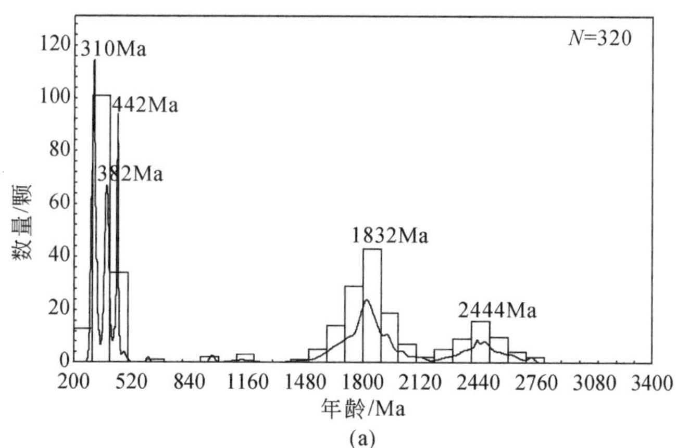

(a)

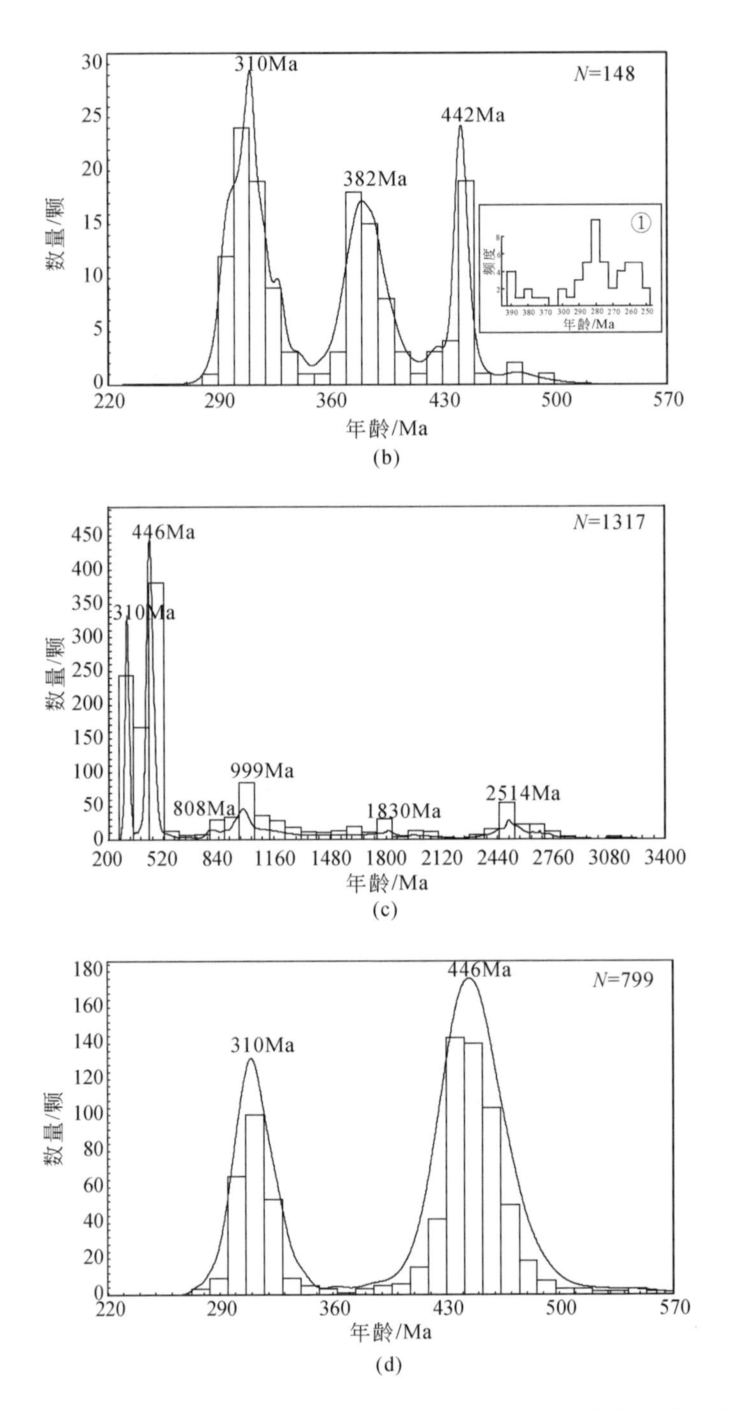

图 4-12　华北陆块东南部和北部本溪组含铝岩系碎屑锆石年龄图谱比较

（a）华北陆块北部本溪组碎屑锆石年龄图谱（Liu et al.，2014；Wang et al.，2010，2016）；（b）华北陆块北部本溪组古生代碎屑锆石年龄图谱（Liu et al.，2014；Wang et al.，2010，2016）；（c）华北陆块东南部本溪组碎屑锆石年龄图谱；（d）华北陆块东南部本溪组古生代碎屑锆石年龄图谱。①内蒙古隆起晚古生代深成岩的年龄分布频数图（邵济安等，2015）

所以，简单地依据碎屑锆石的年龄与现有可能的物源区进行对比，从而推论所有晚古生代岩浆锆石来源于内蒙古隆起，可能是有问题的。本次研究认为，华北陆块东南部本溪组含铝岩系中峰值约310Ma的碎屑锆石可能来自华北陆块东部已经消失的物源区，华北陆块北部峰值约310Ma的碎屑锆石也可能不是来源于内蒙古隆起，它们或者来源于东部已经消失的物源区，或者来源于兴蒙造山带，进一步的讨论详见第五章。

3. 前寒武纪碎屑锆石的物源区

华北陆块南部（除临沂和淄博地区外）本溪组碎屑锆石具有大量的前寒武纪碎屑锆石，但年龄分布零散，具有较多的年龄峰值［图4-13（a）］。与华北陆块基底的年龄谱图相对比［图4-13（d）］，尽管存在约1800Ma和约2500Ma两个相近的年龄峰，但华北陆块南部本溪组碎屑锆石中约1800Ma和约2500Ma峰相对于其他峰并不显著，与华北陆块基底的年龄谱图具有显著的差异。实际上，约1800Ma和约2500Ma被认为是华北陆块甚至全球地壳增长的两个主要阶段（Zhai et al.，2005；Zhao et al.，2005；Peng et al.，2010；Kusky and Li，2003），华北陆块基底及其周缘的构造单元具有这两个相似的峰也是不奇怪的。根据前述，华北陆块南部本溪组古生代锆石不可能来自兴蒙造山带，所以，在华北陆块南部本溪组含铝岩系中前寒武纪碎屑锆石来自兴蒙造山带的基底可能性不大。目前出露在秦岭造山带北侧的华北陆块基底主要是在中新生代才剥露地表的（叶连俊，1983），所以，华北陆块南部本溪组含铝岩系中前寒武纪碎屑锆石来自华北陆块南部基底的可能性也不大。

可以注意到，华北陆块南部本溪组前寒武纪碎屑锆石多具有磨圆的特征（图4-5），所以，它们作为再循环的沉积岩中的锆石可能性很大。研究表明，由于锆石晶体和其U-Pb系统的稳定性，它可以在经历多次沉积旋回后仍留于沉积物中（Link et al.，2005；Thomas et al.，2004），并对碎屑锆石的年龄谱产生影响（Thomas，2011）。所以，在应用碎屑锆石进行物源区分析时，不仅应调查周缘造山带结晶岩体的年龄分布，还应调查早期沉积岩和下伏沉积岩碎屑锆石的年龄分布。

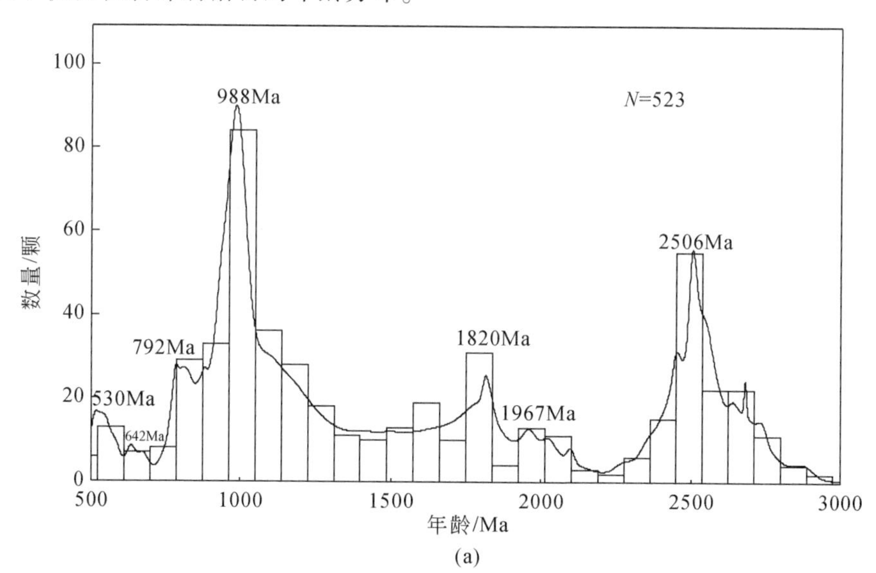

(a)

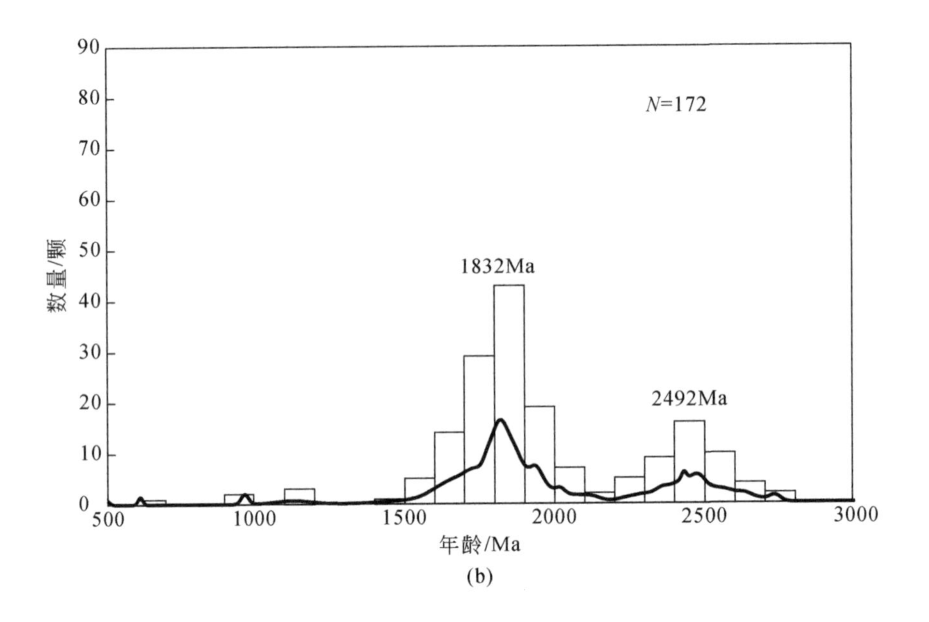
N=172
1832Ma
2492Ma
数量/颗
年龄/Ma
0
10
20
30
40
50
60
70
80
90
500
1000
1500
2000
2500
3000
(b)

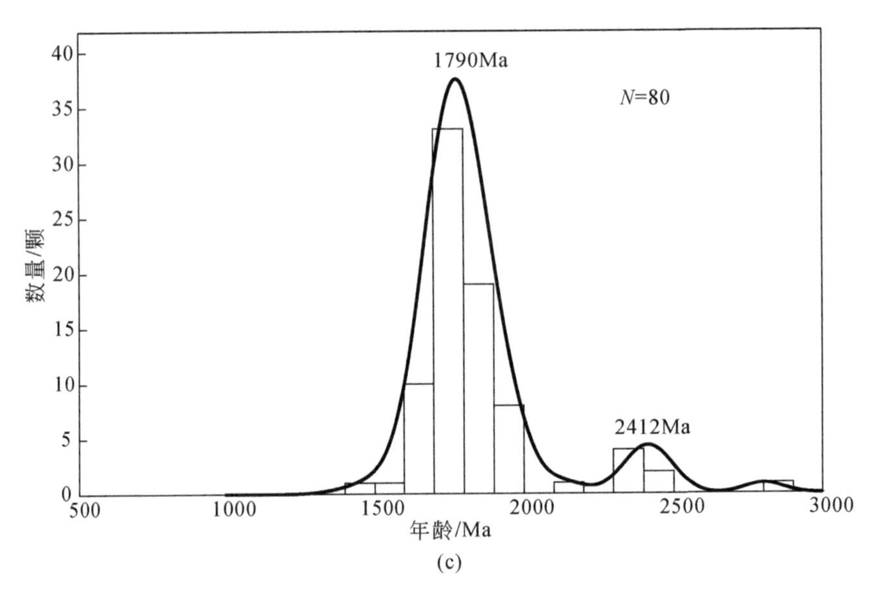
1790Ma
N=80
2412Ma
数量/颗
年龄/Ma
0
5
10
15
20
25
30
35
40
500
1000
1500
2000
2500
3000
(c)

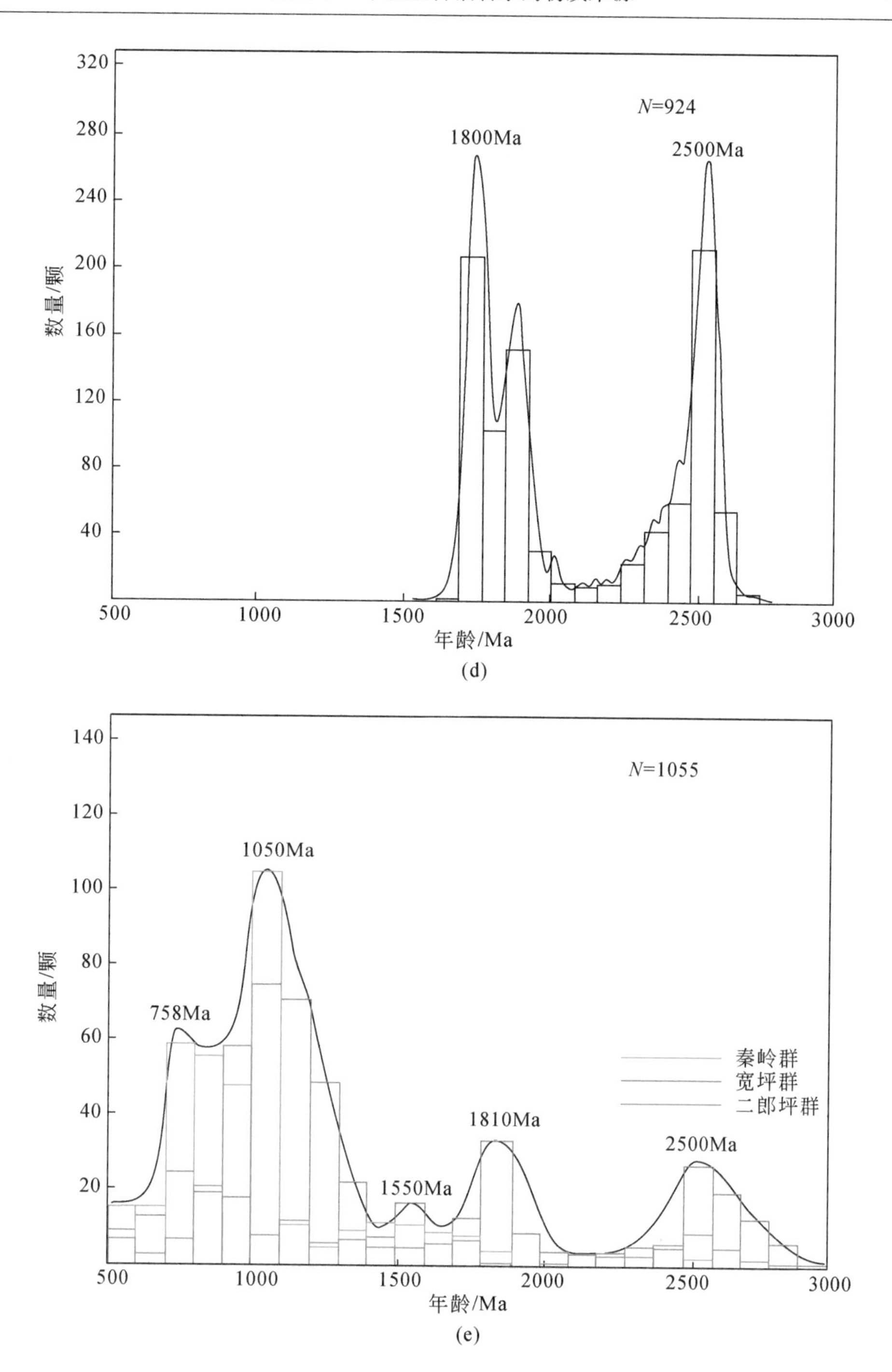

图4-13　华北陆块北部和南部本溪组含铝岩系、马家沟组泥灰岩、华北陆块基底、北秦岭造山带主要变质地层前寒武纪碎屑锆石的年龄频谱图

(a) 华北陆块北部本溪组（Liu et al., 2014；Wang et al., 2010, 2016）；(b) 华北陆块南部本溪组；(c) 马家沟组泥灰岩（曹高社等，2018）；(d) 华北陆块基底（Yang and Santosh, 2017；阳琼艳，2016；Darby and Gehrels, 2006；Kröner et al., 2006）；(e) 北秦岭造山带（秦岭群、宽坪群和二郎坪群）（Shi et al., 2013；Zhu et al., 2014；第五春荣等，2010；杨敏等，2016；杨敏，2017）

焦作地区的本溪组下伏马家沟组泥灰岩也含有大量碎屑锆石，主要峰值年龄约1790Ma，此外还有一个不太显著的约2410Ma峰值年龄［图4-13（c）］，与华北陆块基底的两个峰值年龄相近，可能代表了陆块地壳增长的两个主要阶段，与华北陆块南部本溪组总体的碎屑锆石年龄谱和前寒武纪碎屑锆石的年龄谱具有较大的差异，所以，马家沟组泥灰岩作为本溪组物源的可能性较小。此外，根据后述（见第六章），在本溪组沉积前，由于马家沟组侵蚀基准面远低于地表，不可能有沉积物的残留，且长期的剥蚀作用可使地表向准平原转化。本溪组沉积时期，华北陆块区开始接受海侵，侵蚀基准面变浅，同时转变为湿润多雨的气候（Boucot et al.，2009），在前期准平原的基础上，地表迅速地向岩溶夷平面转化，岩溶不溶物有可能被携带到陆表海的边缘沉积，从而有可能作为本溪组源岩的一部分。但是，这一部分沉积物的数量可能是极其有限的（见第六章）。

北秦岭地区所出露的主要变质地层——宽坪群、二郎坪群和秦岭群中的碎屑锆石大多数为前寒武纪碎屑锆石，年龄分布零散，具有约559Ma、约638Ma、约815Ma、约974Ma、约1759Ma、约2518Ma的峰值年龄（Shi et al.，2013；Zhu et al.，2014；第五春荣等，2010；杨敏等，2016；杨敏，2017）［图4-11（e）］，且与华北陆块南部本溪组前寒武纪碎屑锆石的年龄谱和$\varepsilon_{Hf}(t)$值非常相似［图4-11（a）］，所以可以推测，本溪组中前寒武纪碎屑锆石主要是由北秦岭地区的变质地层所提供，它们与侵入其中的加里东期岩浆岩一同被剥蚀，共同为华北陆块本溪组含铝岩系提供物源。本次测定的华北陆块南部本溪组含铝岩系样品中，加里东期碎屑锆石的含量与前寒武纪碎屑锆石含量具有显著的正相关关系，可为此进一步佐证。

除此之外，北秦岭地区还分布多个新元古代（800～1000Ma）形成的花岗岩体（张宏飞等，1993；Chen et al.，2004；王涛等，2009），由东向西依次为寨根、德河、牛角山、石槽沟、黄柏岔和蔡凹等岩体，它们也可能为本溪组前寒武纪碎屑锆石有所贡献，或直接剥蚀提供物源，或通过为宽坪群、二郎坪群和秦岭群提供物源（第五春荣等，2010；Shi et al.，2013；Zhu et al.，2014；杨敏等，2016；杨敏，2017）而间接地为本溪组提供物源，华北陆块南部本溪组前寒武纪碎屑锆石中这一区间的年龄所占比例最大，峰值最强可能与此有关。

与华北陆块南部本溪组前寒武纪碎屑锆石年龄谱不同，华北陆块北部本溪组前寒武纪碎屑锆石主要峰值只有两个，分别为约1832Ma和约2492Ma，其中约1832Ma的峰值尤其明显［图4-13（b）］，与华北陆块基底的两个年龄峰值约1800Ma和约2500Ma相近，且$\varepsilon_{Hf}(t)$值也在华北陆块基底的范围内，所以，华北陆块北部本溪组前寒武纪碎屑锆石可能主要来源于华北陆块基底，且主要来自北部内蒙古隆起区域内的华北陆块基底。前已述及，华北陆块北部本溪组峰值为约382Ma的碎屑锆石来自内蒙古隆起该时期的侵入岩，无疑说明，在本溪组沉积时期，年龄为约382Ma的侵入岩已剥蚀至地表，被侵入的华北陆块基底也可能同时剥蚀至地表，这可从内蒙古隆起的基底为北侧兴蒙造山带内的裂陷盆地提供成分成熟度很高的砾石得到佐证（Chen et al.，2016b）。至于峰值约1832Ma的碎屑锆石特别丰富的原因，可能与华北克拉通北缘曾经存在一个1930～1900Ma的拼合带有关（Kusky et al.，2007；Santosh，2010；翟明国，2010）。

此外，临沂地区的两个样品（181122-01和181122-02）前寒武纪碎屑锆石分别只有两个峰值：约1873Ma和约2525Ma、约1910Ma和约2505Ma（图4-8），淄博地区仅有一颗前寒武纪碎屑锆石，年龄为2550Ma，与北秦岭造山带前寒武纪碎屑锆石的年龄谱具有很大差异，而与华北陆块基底的年龄谱相似，可能说明临沂和淄博地区本溪组含铝岩系中前寒武纪碎屑锆石主要由华北陆块基底提供。根据临沂和淄博地区不存在内蒙古隆起典型的约382Ma峰值，而存在东部消失物源区的约315Ma和约316Ma峰值，可以推测，临沂和淄博地区前寒武纪碎屑锆石不是由内蒙古隆起区域内的华北陆块基底提供的，而是由华北陆块东部已经消失的物源区提供的，这一物源区应该有华北陆块基底的出露，不仅能够提供峰值为约315Ma的碎屑锆石，也能提供华北陆块基底的碎屑锆石。

四、物源

根据前述分析，华北陆块东南部本溪组碎屑锆石的物源区主要为华北陆块南部的北秦岭造山带和华北陆块东部已经消失的物源区，而华北陆块北部内蒙古隆起几乎没有为华北陆块南部的本溪组提供物源。

研究表明，利用沉积岩的碎屑锆石去进行物源分析时，不能简单地根据沉积岩的碎屑锆石年龄谱与目前周缘隆起区地质体的年龄进行对比，还应关注不同源岩的锆石产出能力（Moecher and Samson，2006）、源区的保存能力（Hawkesworth et al.，2009）、水动力对锆石的分选作用（Lawrence et al.，2011）、物源区的沉积物通量（Cawood et al.，2012）等因素。

北秦岭造山带的物源区能够提供早古生代锆石的主要为加里东期与商丹洋壳的俯冲和闭合有关的中-酸性花岗质侵入岩，不仅因为这一类岩体往往具有较高的锆石丰度（Moecher and Samson，2006），而且因为北秦岭造山带的主要沉积岩或变质岩仅含有非常少量的古生代锆石（第五春荣等，2010；Shi et al.，2013；Zhu et al.，2014；杨敏等，2016；杨敏，2017）。所以，北秦岭造山带加里东期中-酸性花岗质侵入岩无疑是华北陆块南部本溪组的主要物源之一。但是，尽管华北陆块南部本溪组加里东期碎屑锆石总体上所占比例达到41%，但有可能它们提供沉积物的比例要小一些。

北秦岭造山带的物源区能够提供前寒武纪碎屑锆石的为该地区的主要变质地层——宽坪群、二郎坪群和秦岭群。宽坪群由多个构造岩片拼接而成，主要为一套变质的火山岩、陆源碎屑岩及碳酸盐岩，变质程度达到绿片岩相到角闪岩相。二郎坪群主要由变质程度较弱的碎屑岩、碳酸盐岩和基性火山岩组成。秦岭群主要由片麻岩、角闪岩和大理岩组成。上述岩性均有可能为华北陆块南部本溪组提供物源，但它们提供的主要是再循环的前寒武纪碎屑锆石，并且它们的锆石产出能力相对加里东期中-酸性花岗质侵入岩的锆石产出能力要弱，所以，尽管华北陆块南部本溪组前寒武纪碎屑锆石总体上所占比例并不大（图4-9），但有可能它们提供沉积物的比例要大一些。此外，北秦岭地区分布在800～1000Ma之间的新元古代花岗质侵入岩体（张宏飞等，1993；Chen et al.，2004；王涛等，2009）也可能为本溪组物源有所贡献，或直接剥蚀提供物源，或通过为宽坪群、二郎坪群和秦岭群提供物源（第五春荣等，2010；Shi et al.，2013；Zhu et al.，2014；杨敏等，2016；杨敏，2017）而间接地为本溪组提供物源，本溪组前寒武纪碎屑锆石中这一区间的年龄所占比例最大，峰值最强可能与此有关（图4-9）。但由于这一时期的岩体也主要为与板块碰撞有关的酸性岩，具有较高的锆石丰度，所以，它们提供物源的比例可能并不如这一时期碎屑锆石所占的比例高。

华北陆块东部目前已经消失的物源区提供的碎屑锆石主要为海西期碎屑锆石，总体上比例可达19%，这一物源区的消失可能与汇聚板块边缘环境下岩石保存的潜力相对较小（Hawkesworth et al., 2009），以及后期的构造活动有关，详细的分析见第五章。汇聚板块边缘环境下，为沉积盆地提供物源的主要有两种中酸性岩浆岩：其一为火山岩，常具有与地层年龄相近的锆石结晶年龄，但相对于侵入岩，火山岩中发育的锆石能力较低（Dickinson and Gehrels，2008）；其二为侵入岩，其锆石结晶年龄常大于沉积年龄（两者之差为滞后时间），滞后时间主要取决于岩体侵入的深度和上覆围岩剥蚀的速率，但侵入岩中锆石的发育能力较强。华北陆块南部本溪组海西期碎屑锆石，具有大量与地层年龄（关于地层年龄的讨论详见第五章）相近的碎屑锆石，大于地层年龄的碎屑锆石滞后时间也多在10Ma之内，说明了与本溪组同一沉积时期的中酸性火山岩可能是东部目前已经消失的物源区的主要物源提供者，大于地层年龄的岩浆岩是次要物源提供者，它们或是早期的火山岩，或是侵入深度较浅的侵入岩，也可能因为当时上覆围岩的剥蚀速率较大。

上述对于物源的讨论主要是针对锆石产出能力，其他因素如源区的保存能力、水动力对锆石的分选作用、物源区的沉积物通量等也对锆石年龄谱，以及由此揭示的物源和物源组成具有重要的影响。实际上，华北陆块东南部不同地区，以及同一地区不同层位本溪组碎屑锆石的年龄谱均具有较大的差异，这也主要与上述诸因素的综合影响有关，关于这一方面的内容将在第五章详述。

参考文献

班宜红，郭锐，王军强，等 . 2012. 河南省钙红土风化壳型铝土矿沉积规律及找矿远景概论［J］. 矿产与地质，26（3）：210-220.

蔡雄飞，黄思骥，肖劲东，等 . 1990. 人工重矿物组分的研究法在岩相古地理研究中的应用——以广坝王家山组浅变质岩系为例［J］. 岩相古地理，10（1）：12-18.

曹高社，邢舟，毕景豪，等 . 2018. 豫西偃龙地区本溪组铝土矿成矿物质来源分析［J］. 地质学报，92（7）：1507-1523.

陈旺 . 2007. 豫西石炭系铝土矿出露位置的控制因素［J］. 大地构造与成矿学，31（4）：452-456.

第五春荣，孙勇，刘良，等 . 2010. 北秦岭宽坪岩群的解体及新元古代 N-MORB［J］. 岩石学报，26（7）：2025-2038.

范忠仁 . 1989. 就微量元素地球化学特征论河南铝土矿成因［J］. 河南地质，7（3）：9-19.

丰恺 . 1992. 河南铝土矿成因的一点认识［J］. 轻金属，（7）：1-8.

凤永刚，刘树文，吕勇军，等 . 2009. 冀北凤山晚古生代闪长岩-花岗质岩石的成因：岩石地球化学，锆石 U-Pb 年代学及 Hf 同位素制约［J］. 北京大学学报（自然科学版），45（1）：59-70.

和钟铧，刘招君，张峰 . 2001. 重矿物分析在盆地中的应用研究进展［J］. 地质科技情报，20（4）：29-32.

雷敏 . 2010. 秦岭造山带东部花岗岩成因及其与造山带构造演化的关系［D］. 北京：中国地质科学院.

李启津，杨国高，侯正洪 . 1996. 铝土矿床成矿理论研究中的几个问题［J］. 矿产与地质，10（1）：22-26.

廖士范，梁同荣 . 1991. 中国铝土矿地质学［M］. 贵阳：贵州科技出版社：1-277.
刘丙祥 . 2014. 北秦岭地体东段岩浆作用与地壳演化［D］. 合肥：中国科学技术大学 .
刘长龄 . 1988. 中国石炭纪铝土矿的地质特征与成因［J］. 沉积学报，6（3）：1-10，130-131.
刘长龄 . 1992. 论铝土矿的成因学说［J］. 河北地质学院学报，15（2）：195-204.
刘长龄，时子祯 . 1985. 山西，河南高铝粘土铝土矿矿床矿物学研究［J］. 沉积学报，3（2）：18-36，165-166.
卢静文，徐丽杰，彭晓蕾 . 1997. 山西铝土矿床成矿物质来源［J］. 长春地质学院学报，27（2）：147-151.
卢欣祥，肖庆辉，董有 . 2000. 秦岭花岗岩大地构造图［M］. 西安：西安地图出版社 .
马千里，许欣然，杜远生 . 2017. 北京周口店三好砾岩的时代，物源背景及其古地理意义：来自沉积学和碎屑锆石年代学的证据［J］. 地质科技情报，36（4）：29-35.
马收先，孟庆任，曲永强 . 2011. 华北地块北缘上石炭统–中三叠统碎屑锆石研究及其地质意义［J］. 地质通报，31（10）：1485-1500.
马收先，吕同艳，武国利，等 . 2014. 平泉地区本溪组和刘家沟组厘定［J］. 中国地质，41（3）：728-740.
孟健寅，王庆飞，刘学飞，等 . 2011. 山西交口县庞家庄铝土矿矿物学与地球化学研究［J］. 地质与勘探，47（4）：593-604.
邵济安，何国琦，唐克东 . 2015. 华北北部二叠纪陆壳演化［J］. 岩石学报，31（1）：47-55.
施和生，王冠龙，关尹文 . 1989. 豫西铝土矿沉积环境初探［J］. 沉积学报，7（2）：89-97.
万渝生，董春艳，颉颃强，等 . 2015. 华北克拉通太古宙研究若干进展［J］. 地球学报，36（6）：685-700.
王恩孚 . 1987. 论中国古生代铝土矿之成因［J］. 轻金属，（1）：1-5.
王芳，陈福坤，侯振辉，等 . 2009. 华北陆块北缘崇礼–赤城地区晚古生代花岗岩类的锆石年龄和 Sr-Nd-Hf 同位素组成［J］. 岩石学报，25（11）：3057-3074.
王绍龙 . 1992. 再论河南 G 层铝土矿的物质来源［J］. 河南地质，10（1）：15-19.
王涛，王晓霞，田伟，等 . 2009. 北秦岭古生代花岗岩组合，岩浆时空演变及其对造山作用的启示［J］. 中国科学（D 辑），39（7）：949-971.
温同想 . 1996. 河南石炭纪铝土矿地质特征［J］. 华北地质矿产杂志，11（4）：6-48，50-52，54-65.
吴福元，李献华，郑永飞，等 . 2007. Lu-Hf 同位素体系及其岩石学应用［J］. 岩石学报，23（2）：185-220.
吴国炎 . 1997. 华北铝土矿的物质来源及成矿模式探讨［J］. 河南地质，15（3）：2-7.
吴国炎，姚公一，吕夏，等 . 1996. 河南铝土矿床［M］. 北京：冶金工业出版社：1-183.
吴元宝，郑永飞 . 2004. 锆石成因矿物学研究及其对 U-Pb 年龄解释的制约［J］. 科学通报，49（16）：1589-1604.
徐备，陈斌 . 1997. 内蒙古北部华北板块与西伯利亚板块之间中古生代造山带的结构及演化［J］. 中国科学（D 辑），27（3）：227-232.
徐备，赵盼，鲍庆中，等 . 2014. 兴蒙造山带前中生代构造单元划分初探［J］. 岩石学报，30（7）：1841-1857.
阳琼艳 . 2016. 华北克拉通前寒武纪地壳演化——来自岩石学、地球化学和地质年代学的证据［D］. 北京：中国地质大学（北京）：133-136.
杨敏 . 2017. 东秦岭地区二郎坪、宽坪及陶湾岩群变沉积岩碎屑锆石年代学研究及其地质意义［D］. 西安：西北大学 .

杨敏，刘良，王亚伟，等.2016. 北秦岭二郎坪杂岩变沉积岩碎屑锆石年代学及其构造地质意义［J］. 岩石学报，32（5）：1452-1466.

叶连俊.1983. 华北地台沉积建造［M］. 北京：科学出版社：1-141.

袁跃清.2005. 河南省铝土矿床成因探讨［J］. 矿产与地质，19（1）：52-56.

翟明国.2010. 华北克拉通的形成演化与成矿作用［J］. 矿床地质，29（1）：24-36.

张国伟，张本仁，袁学诚，等.2001. 秦岭造山带与大陆动力学［M］. 北京：科学出版社：1-855.

张宏飞，张本仁，骆庭川.1993. 北秦岭新元古代花岗岩类成因与构造环境的地球化学研究［J］. 地球科学，18（2）：194-202，248.

真允庆，王振玉.1991. 华北式（G层）铝土矿稀土元素地球化学特征及其地质意义［J］. 桂林冶金地质学院学报，11（1）：49-56.

朱日祥，徐义刚，朱光，等.2012. 华北克拉通破坏［J］. 中国科学：地球科学，42（8）：1135-1159.

Bárdossy G. 1982. Karst bauxites（Bauxite deposits on carbonate rocks）［M］. New York：Elsevier Scientific Publishing Company：1-441.

Bárdossy G，Aleva G J J. 1990. Lateritic bauxites［M］. Amsterdam：Akademéai Kiadó，Budapest（joint with Elsevier Science Publishers）：1-552.

Boucot A J，陈旭，Scotese C R，等.2009. 显生宙全球古气候重建［M］. 北京：科学出版社：1-173.

Cai S H，Wang Q F，Liu X F，et al. 2015. Petrography and detrital zircon study of late Carboniferous sequences in the southwestern North China Craton：implications for the regional tectonic evolution and bauxite genesis［J］. Journal of Asian Earth Sciences，98：421-435.

Cao H H，Xu W L，Pei F P，et al. 2013. Zircon U-Pb geochronology and petrogenesis of the Late Paleozoic-Early Mesozoic intrusive rocks in the eastern segment of the northern margin of the North China Block［J］. Lithos，170：191-207.

Cawood P A，Merle R E，Strachan R A，et al. 2012. Provenance of the Highland Border Complex：constraints on Laurentian margin accretion in the Scottish Caledonides［J］. Journal of the Geological Society，169（5）：575-586.

Chen D，Liu L，Sun Y，et al. 2004. LA-ICP-MS zircon U-Pb dating for high-pressure basic granulite from North Qinling and its geological significance［J］. Chinese Science Bulletin，49（21）：2296-2304.

Chen Y，Zhang Z，Li K，et al. 2016a. Detrital zircon U-Pb ages and Hf isotopes of Permo-Carboniferous sandstones in central Inner Mongolia，China：implications for provenance and tectonic evolution of the southeastern Central Asian Orogenic Belt［J］. Tectonophysics，671：183-201.

Chen Y，Zhang Z C，Li K，et al. 2016b. Geochemistry and zircon U-Pb-Hf isotopes of Early Paleozoic arc-related volcanic rocks in Sonid Zuoqi，Inner Mongolia：implications for the tectonic evolution of the southeastern Central Asian Orogenic Belt［J］. Lithos，264：392-404.

Darby B J，Gehrels G. 2006. Detrital zircon reference for the North China block［J］. Journal of Asian Earth Sciences，26（6）：637-648.

D'Argenio B，Mindszenty A. 1995. Bauxites and related paleokarst：tectonic and climatic event markers at regional unconformities［J］. Eclogae Geologicae Helvetiae，88（3）：453-499.

Dickinson W R，Gehrels G E. 2008. Sediment delivery to the Cordilleran foreland basin：insights from U-Pb ages of detrital zircons in Upper Jurassic and Cretaceous strata of the Colorado Plateau［J］. American Journal of Science，308（10）：1041-1082.

Dong Y P，Santosh M. 2016. Tectonic architecture and multiple orogeny of the Qinling Orogenic Belt，Central China［J］. Gondwana Research，29（1）：1-40.

Dubińska E, Bylina P, Kozłowski A, et al. 2004. U-Pb dating of serpentinization: hydrothermal zircon from a metasomatic rodingite shell (Sudetic ophiolite, SW Poland) [J]. Chemical Geology, 203 (3): 183-203.

Goldich S S, Bergquist H R. 1947. Aluminous lateritic soil of the Sierra de Bahoruco area, Dominican Republic, W. I. [M]. Washington: United States Government Printing Office.

Goldich S S, Bergquist H R. 1948. Aluminous lateritic soil of the Republic of Haiti, W. I. [R]. Washington: United States Government Printing Office.

Got H, Monaco A, Vittori J, et al. 1981. Sedimentation on the Ionian active margin (Hellenic arc)-Provenance of sediments and mechanisms of deposition [J]. Sedimentary Geology, 28 (4): 243-272.

Hawkesworth C, Cawood P, Kemp T, et al. 2009. A matter of preservation [J]. Science, 323 (10): 49-50.

Hermann J, Rubatto D, Korsakov A. 2001. Multiple zircon growth during fast exhumation of diamondiferous, deeply subducted continental crust (Kokchetav Massif, Kazakhstan) [J]. Contributions to Mineralogy and Petrology, 141 (1): 66-82.

Ionescu G E. 1993. Bauxite development in the North Apuseni mountains, western Romania [J]. Cretaceous Research, 14 (6): 669-683.

Kinny P D, Maas R. 2003. Lu-Hf and Sm-Nd isotope systems in zircon [J]. Reviews in Mineralogy and Geochemistry, 53 (1): 327-341.

Kröner A, Wilde S A, Zhao G C, et al. 2006. Zircon geochronology and metamorphic evolution of mafic dykes in the Hengshan complex of northern China: evidence for Late Palaeoproterozoic extension and subsequent high-pressure metamorphism in the North China Craton [J]. Precambrian Research, 146 (1-2): 45-67.

Kusky T M, Li J. 2003. Paleoproterozoic tectonic evolution of the North China Craton [J]. Journal of Asian Earth Sciences, 22 (4): 383-397.

Kusky T M, Windley B F, Zhai M G. 2007. Tectonic evolution of the north china block: from orogen to craton to orogeny [J] //Zhai M G, Windley B F, Kusky T M, et al. Mesozoic Sub-continental lithospheric thinning under Eastern Asia. Geological Society, London, Special Publications, 280 (1): 1-34.

Lawrence R L, Cox R, Mapes R W, et al. 2011. Hydrodynamic fractionation of zircon age populations [J]. Geological Society of America Bulletin, 123 (1-2): 295-305.

Li J Y. 2006. Permian geodynamic setting of Northeast China and adjacent regions: closure of the Paleo-Asian Ocean and subduction of the Paleo-Pacific Plate [J]. Journal of Asian Earth Sciences, 26 (3-4): 207-224.

Link P K, Fanning C M, Beranek L P. 2005. Reliability and longitudinal change of detrital-zircon age spectra in the Snake River system, Idaho and Wyoming: an example of reproducing the bumpy barcode [J]. Sedimentary Geology, 182 (1-2-3-4): 101-142.

Liu J, Zhao Y, Liu A, et al. 2014. Origin of Late Palaeozoic bauxites in the North China Craton: constraints from zircon U-Pb geochronology and in situ Hf isotopes [J]. Journal of the Geological Society, 171 (5): 695-707.

Liu X, Wang Q, Feng Y, et al. 2013. Genesis of the Guangou karstic bauxite deposit in western Henan, China [J]. Ore Geology Reviews, 55 (10): 162-175.

Luo Z W, Zhang Z C, Li K, et al. 2016. Petrography, geochemistry, and U-Pb detrital zircon dating of early Permian sedimentary rocks from the North Flank of the North China Craton: implications for the late Palaeozoic tectonic evolution of the eastern Central Asian Orogenic Belt [J]. International Geology Review, 58 (7): 787-806.

Moecher D P, Samson S D. 2006. Differential zircon fertility of source terranes and natural bias in the detrital zircon record: implications for sedimentary provenance analysis [J]. Earth and Planetary Science Letters,

247 (3-4): 252-266.

Mongelli G, Boni, M, Buccione, R, et al. 2014. Geochemistry of the Apulian karst auxites (southern Italy): chemical fractionation and parental affinities [J]. Ore Geology eviews, 63: 9-21.

Morton A, Hurst A. 1995. Correlation of sandstones using heavy minerals: an example from the Statfjord Formation of the Snorre Field, northern North Sea [A] //Dunay R E, Hailwood E A. Non-biostratigraphical methods of dating and correlation. Geological Society Special Publication, 89: 3-22.

Morton A C, Hallsworth C R. 1999. Processes controlling the composition of heavy mineral assemblages in sandstones [J]. Sedimentary Geology, 124 (1-4): 3-29.

Nazari-Dehkordi T, Spandler C, Oliver N H S, et al. 2017. Provenance, tectonic setting and source of Archean metasedimentary rocks of the Browns Range Metamorphics, Tanami Region, Western Australia [J]. Australian Journal of Earth Sciences, 64 (6): 723-741

Peng P, Guo J H, Zhai M G, et al. 2010. Paleoproterozoic gabbronoritic and granitic magmatism in the northern margin of the North China Craton: evidence of crust- mantle interaction [J]. Precambrian Research, 183 (3): 635-659.

Pye K, Tsoar H. 1987. The mechanics and geological implications of dust transport and deposition in deserts with particular reference to loess formation and dune sand digenesis in northern Negev, Israel [J]. Ecological Society Special Publication, 35: 139-156.

Santosh M. 2010. A synopsis of recent conceptual models on supercontinent tectonics in relation to mantle dynamics, life evolution and surface environment [J]. Journal of Geodynamics, 50 (3-4): 116-133.

Shi Y R, Liu D Y, Miao L C, et al. 2010. Devonian A-type granitic magmatism on the northern margin of the North China Craton: SHRIMP U-Pb zircon dating and Hf-isotopes of the Hongshan granite at Chifeng, Inner Mongolia, China [J]. Gondwana Research, 17: 632-641.

Shi Y, Yu J H, Santosh M. 2013. Tectonic evolution of the Qinling orogenic belt, Central China: new evidence from geochemical, zircon U-Pb geochronology and Hf isotopes [J]. Precambrian Research, 231: 19-60.

Sircombe K N. 1999. Tracing provenance through the isotope ages of littoral and sedimentary detrital zircon, eastern Australia [J]. Sedimentary Geology, 124 (1-4): 47-67.

Sircombe K N, Freeman M J. 1999. Provenance of detrital zircons on the Western Australia coastline—Implications for the geologic history of the Perth basin and denudation of the Yilgarn craton [J]. Geology, 27 (10): 879-882.

Temur S, Kansun G. 2006. Geology and petrography of the Masatdagi diasporic bauxites, Alanya, Antalya, Turkey [J]. Journal of Asian Earth Sciences, 27 (4): 512-522.

Thomas W A. 2011. Detrital-zircon geochronology and sedimentary provenance [J]. Lithosphere, 3 (4): 304-308.

Thomas W A, Astini R A, Mueller P A, et al. 2004. Transfer of the Argentine Precordillera terrane from Laurentia: constraints from detrital-zircon geochronology [J]. Geology, 32 (11): 965-968.

Ustaömer T, Ustaömer P A, Robertson A H F, et al. 2016. Implications of U-Pb and Lu-Hf isotopic analysis of detrital zircons for the depositional age, provenance and tectonic setting of the Permian-Triassic Palaeotethyan Karakaya Complex, NW Turkey [J]. International Journal of Earth Sciences, 105 (1): 7-38.

Vavra G, Gerhard D, Schmid R. 1996. Multiple zircon growth and recrystallization during polyphase Late Carboniferous to Triassic metamorphism in granulites of the Ivrea Zone (Southern Alps): an ion microprobe (SHRIMP) study [J]. Contributions to Mineralogy and Petrology 122 (4): 337-358.

Wang Q F, Deng J, Liu X, et al. 2016. Provenance of Late Carboniferous bauxite deposits in the North China

Craton: new constraints on marginal arc construction and accretion processes [J]. Gondwana Research, 38: 86-98.

Wang Y, Zhou L, Zhao L, et al. 2010. Palaeozoic uplands and unconformity in the North China Block: constraints from zircon LA-ICP-MS dating and geochemical analysis of Bauxite [J]. Terra Nova, 22 (4): 264-273.

Yang J H, Wu F Y, Shao J A, et al. 2006. Constraints on the timing of uplift of the Yanshan Fold and Thrust Belt, North China [J]. Earth and Planetary Science Letters, 246 (3-4): 336-352.

Yang Q Y, Santosh M. 2017. The building of an Archean microcontinent: evidence from the North China Craton [J]. Gondwana Research, 50: 3-37.

Zarasvandi A, Charchi A, Carranza E J M, et al. 2008. Karst bauxite deposits in the Zagros mountain belt, Iran [J]. Ore Geology Reviews, 34 (4): 521-532.

Zarasvandi A, Carranzab E J M, Ellahia S S. 2012. Geological, geochemical, and mineralogical characteristics of the Mandan and eh-now bauxite deposits, Zagros Fold Belt, Iran [J]. Ore Geology Reviews, 48: 125-138.

Zhai M G, Guo J H, Liu W J. 2005. Neoarchean to Paleoproterozoic continental evolution and tectonic history of the North China Craton: a review [J]. Journal of Asian Earth Sciences, 24 (5): 547-561.

Zhang S H, Zhao Y, Song B. 2006. Hornblende thermobarometry of the Carboniferous granitoids from the Inner Mongolia Paleo-uplift: implications for the geotectonic evolution of the northern margin of North China Block [J]. Mineral Petrol, 87: 123-141.

Zhang S H, Mao Y, Song B, et al. 2007. Zircon SHRIMP U-Pb and in-situ Lu-Hf isotope analyses of a tuff from Western Beijing: evidence for missing late Paleozoic arc volcano eruptions at the northern margin of the North China Block [J]. Gondwana Research, 12: 157-165.

Zhang S H, Zhao Y, Kröner A, et al. 2009. Early Permian plutons from the northern North China Block: constraints on continental arc evolution and convergent margin magmatism related to the Central Asian Orogenic Belt [J]. International Journal of Earth Sciences, 98 (6): 1441-1467.

Zhang Y P, Tang K D. 1989. Pre-Jurassic tectonic evolution of intercontinental region and the suture zone between the North China and Siberian platforms [J]. Journal of Southeast Asian Earth Sciences, 3 (1-4): 47-55.

Zhao G C, Sun M, Wilde S A, et al. 2005. Late Archean to Paleoproterozoic evolution of the North China Craton: key issues revisited [J]. Precambrian Research, 136 (2): 177-202.

Zhao L, Liu X. 2019. Metallogenic and tectonic implications of detrital zircon U-Pb, Hf isotopes, and detrital rutile geochemistry of late carboniferous karstic bauxite on the southern margin of the North China Craton [J]. Lithos, 350-351: 1-30.

Zhu X Q, Zhu W B, Ge R F, et al. 2014. Late Paleozoic provenance shift in the south-central North China Craton: implications for tectonic evolution and crustal growth [J]. Gondwana Research, 25 (1): 383-400.

第五章　本溪组含铝岩系的沉积和构造环境

本溪组含铝岩系外貌上显示为较均一的块状体，缺乏原生沉积构造和古生物化石，矿物成分以黏土矿物为主，所以，几乎所有的研究者根据这些特征将这套地层的沉积环境归结为陆表海环境下的潟湖或潮坪沉积。但表生环境下，铝元素的溶解度很低，不可能以溶液或胶体的形式长距离迁移至潟湖或潮坪进行沉积（Schwertmann and Taylor，1972；Bárdossy，1982；布申斯基，1984；廖士范等，1989；于天仁和陈志诚，1990），实际上，现代潟湖和潮坪环境至今没有铝富集的报道。

沉积物的搬运方式和水动力学特征是确定沉积环境的关键，本项研究遵循这一基本思路。但本溪组原始沉积物在大部分地区已遭受了彻底的降解，其现有的成分和组构已不足以反映原始沉积物的搬运方式和水动力特征，所以，本次研究首先根据焦作地区本溪组残留的原始沉积物和原生沉积构造恢复该地区本溪组原始沉积物的搬运方式和水动力特征。在此基础上，根据华北陆块东南部本溪组含铝岩系原始沉积物的恢复及其在平面上和垂向上的变化，分析华北陆块东南部本溪组含铝岩系原始沉积物的搬运方式和水动力特征，从而确定本溪组原始沉积物的沉积环境，并进一步分析其构造背景。

第一节　焦作地区本溪组原始沉积物的搬运和沉积方式

焦作地区位于华北陆块南部，中新生代近东西向焦作-商丘断裂和北东向太行山东缘断裂的构造活动强烈，使焦作地区处于太行山隆起和开封断陷盆地两大构造单元相交接的位置（图5-1）。太行山隆起主要出露中奥陶统马家沟组，但在其南部仍残留有大面积的上古生界，尤其上古生界底部的本溪组出露较好，不仅出露有华北陆块其他地区常见的铝土质泥岩和豆鲕状铝土矿，而且出露有其他地区不常见的砾岩、砂岩和粉砂岩，这些砾岩、砂岩和粉砂岩的降解作用（化学风化作用）较弱，不仅较好保留了原始沉积物的碎屑成分，也保留了大量的能够反映水动力学特征的沉积构造，并且在平面上和垂向上这些碎屑成分和沉积构造具有规律性的变化，为研究该地区本溪组原始沉积物的搬运和沉积方式提供了很好的条件。

一、地层和岩性特征

焦作北部红砂岭地区的本溪组以砾岩、砂岩和粉砂岩为主，分布于下伏马家沟组岩溶漏斗（关于本溪组下伏碳酸盐岩的古岩溶分析，详见第六章）的中心或旁侧，远离岩溶漏斗则风化殆尽。马家沟组地层产状稳定，为23°∠30°，但岩溶漏斗中的本溪组地层倾向多变，倾角均较马家沟组的倾角大，且具有由漏斗边缘向漏斗中心逐渐变小的趋势（图5-2），本溪组与马家沟组的接触界面或陡直，或为较大的角度（56°~86°）。

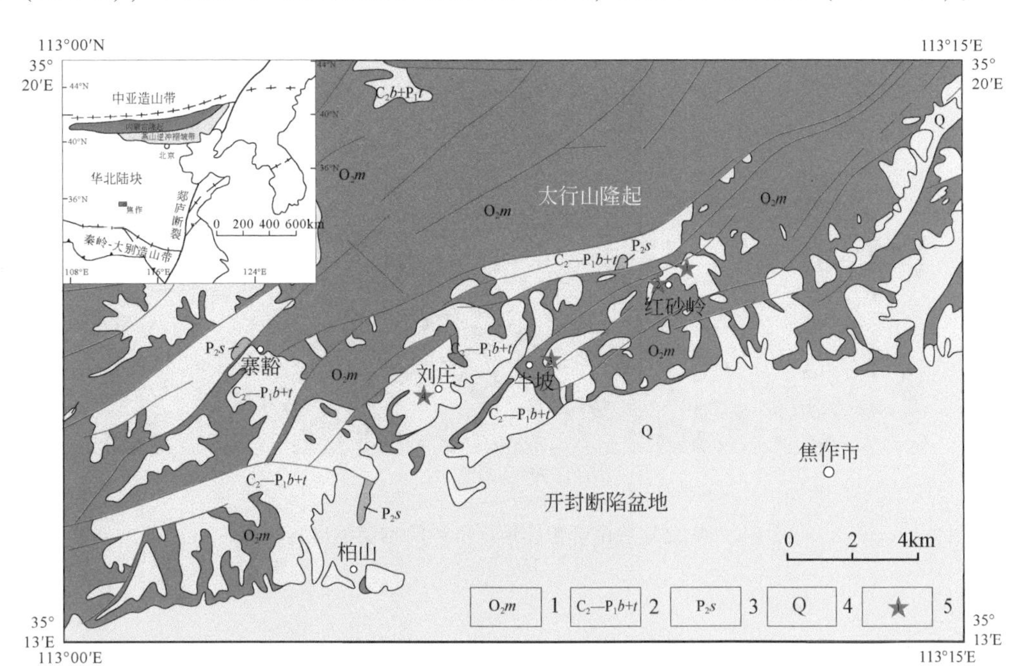

图5-1　华北陆块南部焦作地区地质简图（据河南省地质局区域地质测量队，1980[①]修改）

1-中奥陶统马家沟组；2-上石炭统—下二叠统本溪组和下二叠统太原组；3-中二叠统山西组；4-第四系；5-重点观察和采样位置（五角星内编号对应图5-3柱状图编号）

红砂岭东北部本溪组（图5-3①）底部为红色泥岩，厚度变化较大［图5-2（a）］，最薄处仅1m左右（图5-4①），X射线衍射鉴定的主要矿物成分为高岭石（样品180315-4）［图5-5（a）］，显微镜下主要为相互交织的高岭石隐晶质集合体和高岭石微晶集合体（图5-6①、②）。

(a) 红砂岭东北部

① 1980年河南省地质局区域地质测量队1：20万区域地质调查报告（郑州幅）。

(b) 红砂岭西南部

图 5-2　华北陆块南部焦作地区红砂岭本溪组出露轮廓

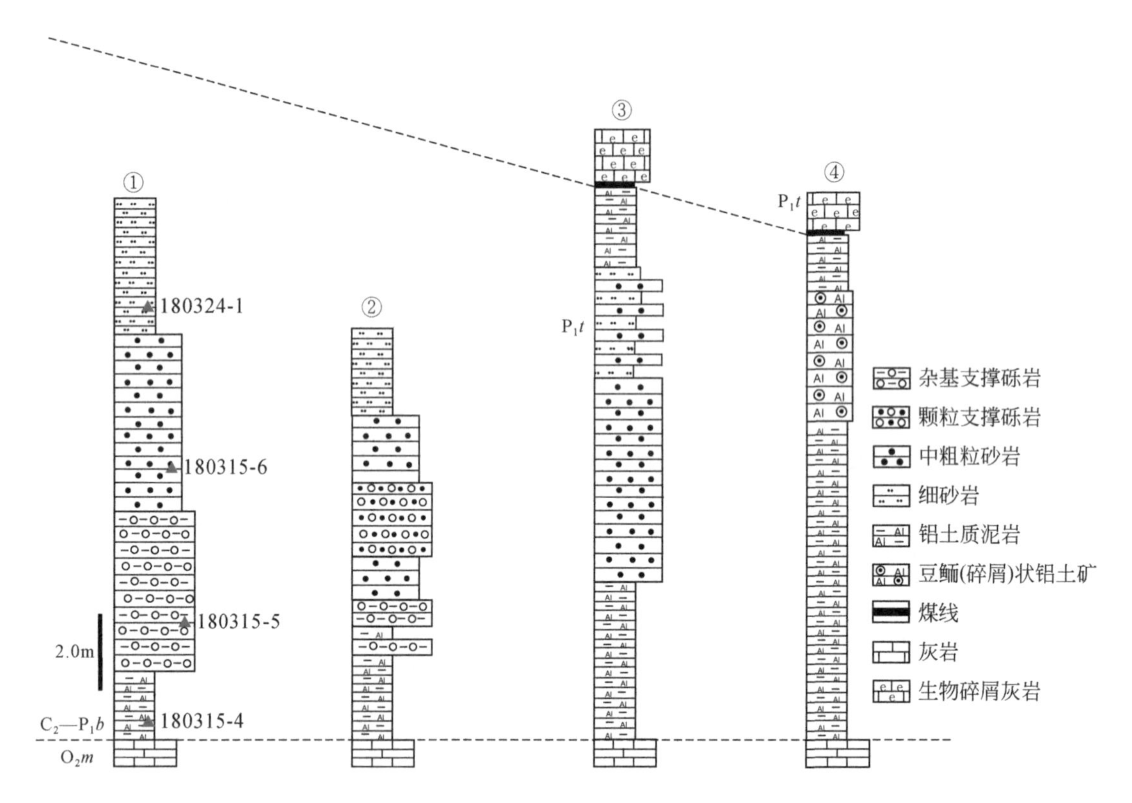

图 5-3　华北陆块南部焦作地区本溪组地层柱状图

①红砂岭东北部；②红砂岭西南部；③牛坡；④刘庄

图 5-4　华北陆块南部焦作地区本溪组宏观地质特征

①本溪组底部红色泥岩与砾岩接触关系，红砂岭东北部；②杂基支撑的砾岩，红砂岭东北部；③砾岩底部的不规则波状侵蚀面，红砂岭东北部；④两层砾岩轮廓，红砂岭东北部；⑤砾岩与砂岩的接触关系，红砂岭东北部；⑥砂岩与砾岩的接触关系，红砂岭西南部；⑦砾岩对砂岩纹层的切割，红砂岭西南部；⑧泥岩与砂岩的接触关系，牛坡；⑨砂岩中的板状交错层理，牛坡；⑩本溪组沉积序列及其与太原组生物碎屑灰岩的接触关系，牛坡；⑪本溪组沉积序列及其与太原组生物碎屑灰岩的接触关系，刘庄

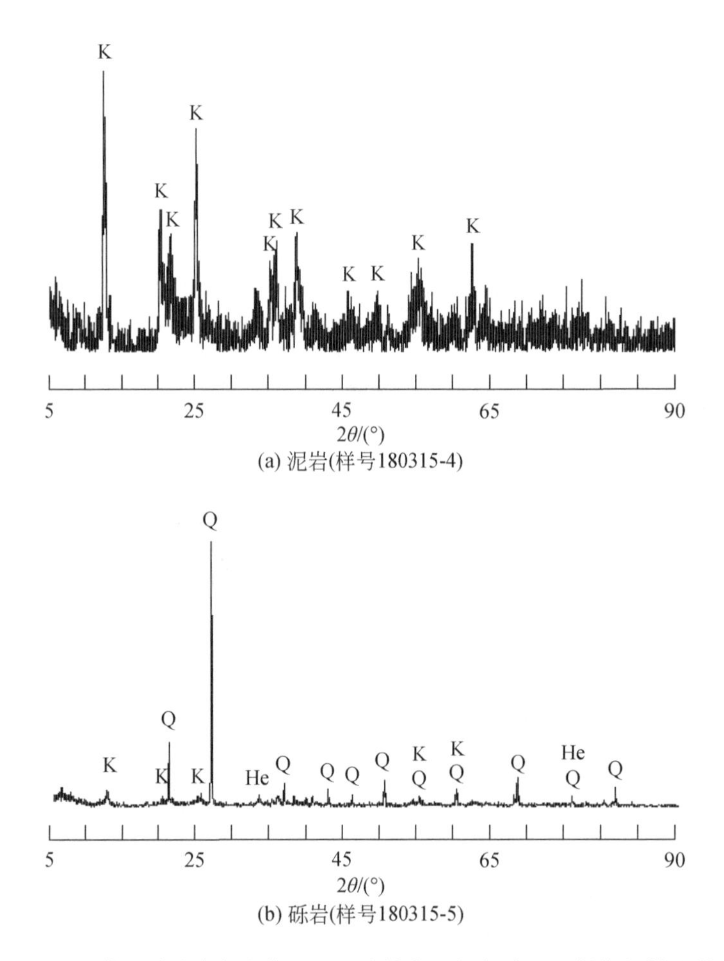

图 5-5　华北陆块南部焦作地区红砂岭东北部本溪组 X 射线衍射图谱

K-高岭石；Q-石英；He-赤铁矿

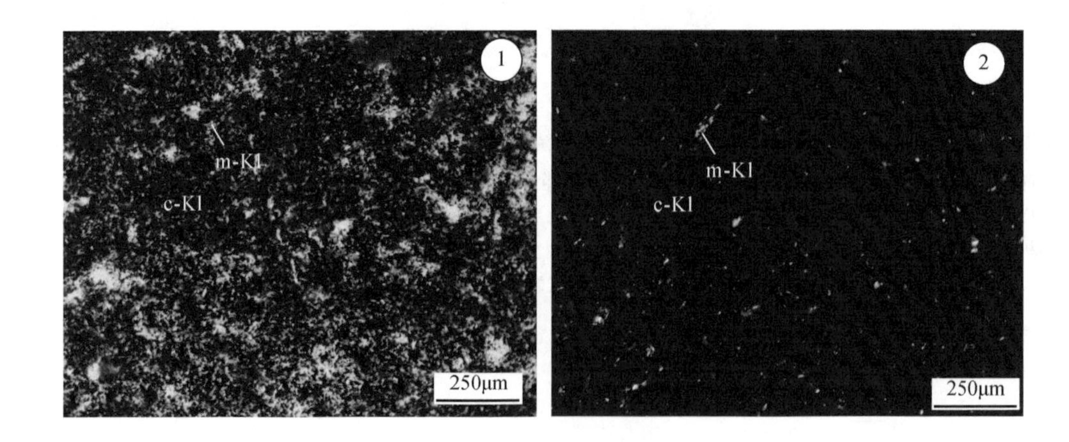

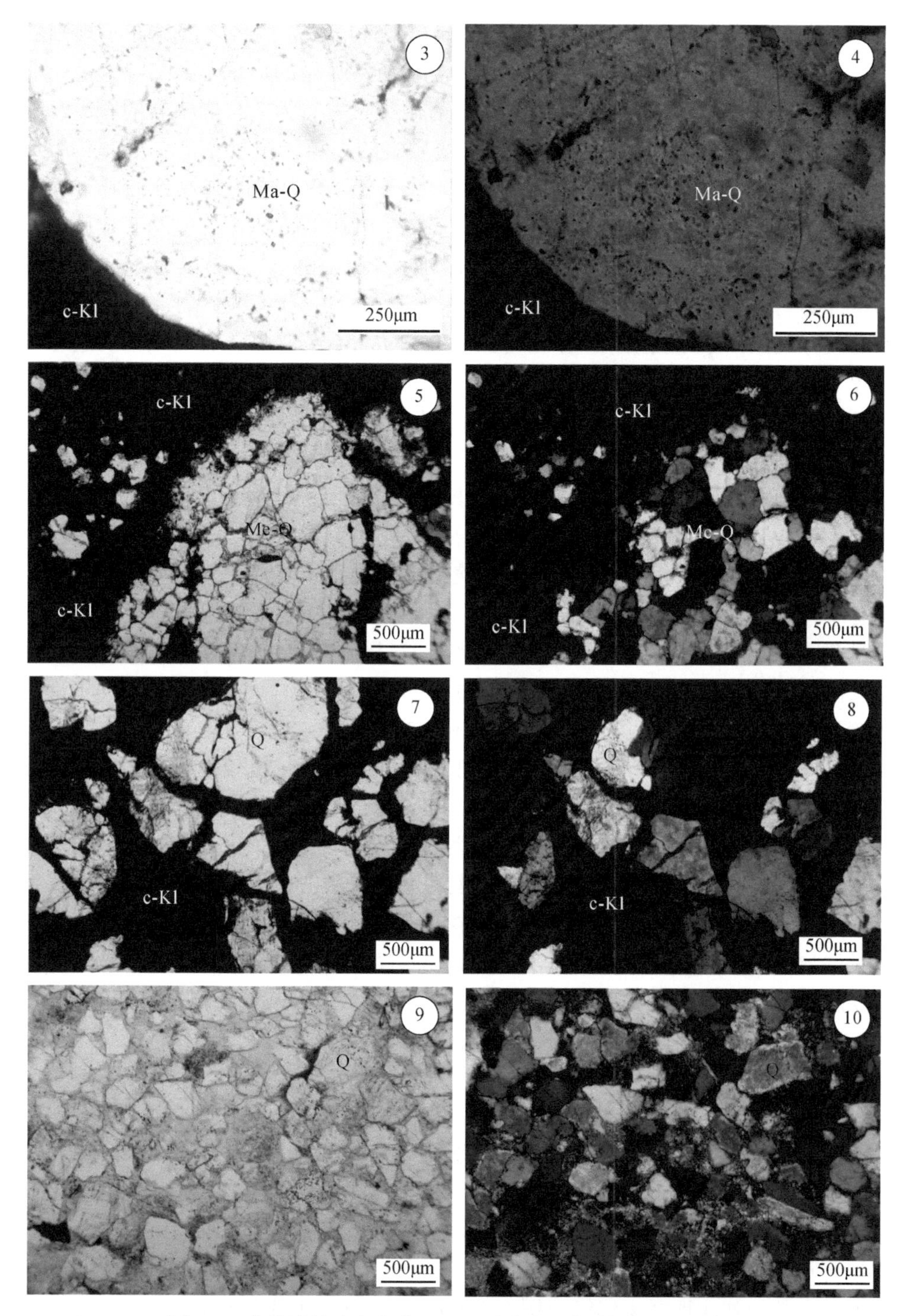

图5-6　华北陆块南部焦作地区红砂岭东北部本溪组显微特征

①泥岩（样号180315-4），单偏光；②泥岩（样号180315-4），正交偏光；③岩浆岩石英（样号180315-5），单偏光；④岩浆岩石英（样号180315-5），正交偏光；⑤变质岩石英（样号180315-5），单偏光；⑥变质岩石英（样号180315-5），正交偏光；⑦砾岩的杂基支撑（样号180315-5），单偏光；⑧砾岩的杂基支撑（样号180315-5），正交偏光；⑨石英砂岩（样号180315-6），单偏光；⑩石英砂岩（样号180315-6），正交偏光。c-Kl-隐晶质高岭石；m-Kl-微晶高岭石；Ma-Q-岩浆岩石英；Me-Q-变质岩石英；Q-石英

红色泥岩上部突变为杂基支撑的红色砾岩（图5-4②），两者之间见有不规则的波状侵蚀面（图5-4③）。砾岩分为两层，两层砾岩间有一明显的界面［图5-2（a），图5-4④］。下层砾岩厚60cm，砾岩中砾石成分主要有两类，一类为来自岩浆岩的石英，其中气液包裹体发育（图5-6③、④），另一类来自变质岩的石英，由较小的石英颗粒组成，各颗粒消光位不同，颗粒间呈镶嵌状接触（图5-6⑤、⑥）。上述两种成分的砾石在宏观上磨圆度良好，但分选性较差，最大粒径为2.0cm，一般在1cm以下，呈基底式胶结，下部砾石含量较低，约占30%，向上部砾石含量增加，大于50%，总体具有下部砾石粒径较大、向上部砾石粒径减小的趋势（图5-4④）。显微镜下，石英颗粒内部裂隙发育，浑圆状砾石有破碎现象，导致黏土杂基中富含大量的棱角状石英碎屑，石英颗粒的边缘普遍有溶蚀现象（样品180315-5）（图5-6⑦、⑧）。X射线衍射鉴定的下层砾岩的杂基矿物成分主要是石英、高岭石和赤铁矿［图5-5（b）］。上层砾岩厚为1.4m，砾石成分和结构相似于下层砾岩，但砾岩含量明显较高，>50%，也呈现出下部砾石含量相对较少射线上部砾石含量增大的规律，最高可达80%左右，也具有下部砾石粒径较大，向上部砾石粒径减小的趋势（图5-4④）。

砾岩上部与土黄色中粗粒石英砂岩呈现突变接触关系，界面平整，整体呈块状，但向上部发育平行层理（图5-4⑤）。显微镜下，碎屑颗粒主要为石英，整体呈棱角状，但也见有少量浑圆状的石英颗粒，分选性较好，颗粒间呈缝合接触关系，石英颗粒的边缘和部分颗粒的内部溶蚀现象明显（样品180315-6）（图5-6⑨、⑩）。中粗粒砂岩向上部粒度变小，过渡为灰白色粉砂岩，见有水平层理［图5-2（a）］。

红砂岭西南部本溪组（图5-3②）底部红色泥岩厚度变化也较大，但相较东北部有增厚的趋势，上部发育两层较薄的红色杂基支撑的砾岩，与红砂岭东北部杂基支撑的砾岩成分和结构相似，但可见到向岩溶漏斗的边部逐渐尖灭的现象［图5-2（b）］，两层砾岩间为厚度变化较大的灰白色铝土质泥岩。砾岩上部突变为灰白色中粗粒石英砂岩，发育平行层理，该层砂岩顶部又突变为土黄色颗粒支撑的砾岩（图5-4⑥），两者之间冲刷现象明显，可见砂岩中的纹层被砾岩截切的现象（图5-4⑦），该层砾岩也具有明显的向岩溶漏斗中心厚度增大的现象［图5-2（b）］，砾石成分与下层砾石成分相似，但砾径变小，最大为1cm，一般在0.5cm以下，颗粒间相互接触（图5-4⑦）。该层砾岩上部突变为土黄色厚层中粗粒石英砂岩，中粗粒砂岩向上部粒度变小，过渡为灰白色粉砂岩，发育水平层理。

红砂岭地区西南部的牛坡本溪组（图5-3③）底部为灰白色厚层铝土质泥岩，厚度>5m，该层泥岩整体呈块状，但顶部水平层理发育（图5-4⑧）。上部为土黄色厚层中粗粒石英砂岩，发育板状交错层理（图5-4⑨），该层上部为中粗粒石英砂岩与粉砂岩的互层，向上过渡为灰白色、土黄色铝土质泥岩，发育水平层理，顶部与太原组灰白色生物碎屑灰岩相交接（图5-4⑩）。

牛坡西南部的刘庄地区本溪组（图5-3④）下部为灰色铝土质泥岩，向上部渐变为灰白色豆鲕（碎屑）状铝土矿，两种岩性整体呈块状，豆鲕（碎屑）状铝土矿上部突变为水平纹层发育的土黄色、灰白色、灰黑色等杂色铝土质泥岩，顶部出现薄层煤线，其上与太原组生物碎屑灰岩相接触（图5-4⑪），关于刘庄地区铝土质泥岩和豆鲕（碎屑）状铝土矿的岩性特征详见第四章第二节“样品采集”部分。

二、物源区

本次研究对红砂岭东北部本溪组不同层位和岩性的碎屑锆石进行了LA-ICP-MS U-Pb测年分析，样品采集的位置和样品编号如图5-3①所示。此外，本次研究还采集了一个杂基支撑的红色砾岩中石英砾石的样品（样品编号180328-1），由于杂基支撑的红色砾岩风化后，砾石易于剥落，在野外首先采集剥落的圆球状砾石约10kg，室内淘洗并用刀片刮削掉砾石表面附着的泥岩，然后送样分析。

分析表明，红砂岭东北部本溪组碎屑锆石也主要为古生代锆石和前寒武纪碎屑锆石，与其他地区的碎屑锆石具有相似的形貌和微量元素特征，可参考第四章有关部分，此处不再赘述。该区的碎屑锆石与其他地区的碎屑锆石一样，古生代锆石主要为岩浆成因锆石，前寒武纪碎屑锆石主要为岩浆锆石，或为岩浆锆石的变质增生锆石。下面主要就碎屑锆石的U-Pb年龄特征进行分析，依此对物源区进一步分析。

底部红色泥岩（样品180315-4）所测试的101颗锆石中，有4颗锆石谐和度小于90%，不参与年龄统计，97颗锆石的谐和年龄（附表24）可以分成3组：第一组7颗，占所有锆石颗粒的7%，年龄介于318~364Ma，为晚古生代锆石，峰值约323Ma；第二组73颗，占所有锆石颗粒的75%，年龄介于401~478Ma，主要为早古生代锆石，峰值约442Ma；第三组17颗，占18%，年龄分散，约962Ma的峰值较为明显［图5-7（a）］。

杂基支撑的红色砾岩（样品180315-5）所测试的100颗锆石中，有3颗锆石谐和度小于90%，不参与年龄统计，97颗锆石的谐和年龄（附表25）可以分成2组：第一组91颗，占所有锆石颗粒的94%，年龄主要介于375~500Ma，主要为早古生代锆石，峰值约440Ma，此外，还有一颗年龄为314Ma的碎屑锆石；第二组6颗，占所有锆石颗粒的6%，年龄介于1161~3009Ma，年龄分散［图5-7（b）］。

土黄色中粗粒石英砂岩（样品180315-6）所测试的99颗锆石中，有4颗锆石谐和度小于90%，不参与年龄统计，95颗锆石的谐和年龄（附表26）可以分成2组：第一组69颗，占所有锆石颗粒的73%，年龄主要介于365~491Ma，主要为早古生代锆石，峰值约447Ma，此外，还有一颗年龄为307Ma的碎屑锆石；第二组26颗，占所有锆石颗粒的27%，年龄介于567~3224Ma，年龄分散，约984Ma的峰值较为明显［图5-7（c）］。

灰白色粉砂岩（样品180324-1）所测试的99颗锆石中，有10颗锆石谐和度小于90%，不参与年龄统计，89颗锆石的谐和年龄（附表27）可以分成3组：第一组5颗，占所有锆石颗粒的6%，年龄主要介于331~356Ma，主要为晚古生代锆石，峰值约341Ma；第二组35颗，占所有锆石颗粒的39%，年龄介于376~528Ma，主要为早古生代锆石，峰值约443Ma；第三组49颗，占所有锆石颗粒的55%，年龄介于560~3319Ma，主要为前寒武纪碎屑锆石，年龄分散，除约973Ma的峰值较为明显外，尚有不太明显的约565Ma、约791Ma、约1103Ma、约1712Ma的峰值［图5-7（d）］。

杂基支撑的红色砾岩中砾石（样品180328-1）所测试的98颗锆石中，有6颗锆石谐和度小于90%，不参与年龄统计，92颗锆石的谐和年龄（附表28）可以分成2组：第一组69颗，占所有锆石颗粒的75%，年龄主要介于373~512Ma，主要为早古生代锆石，峰值约 441Ma；第二组 23 颗，占所有锆石颗粒的 25%，年龄介于 622～2862Ma，年龄分散，约 974Ma 的峰值较为明显［图 5-7（e）］。

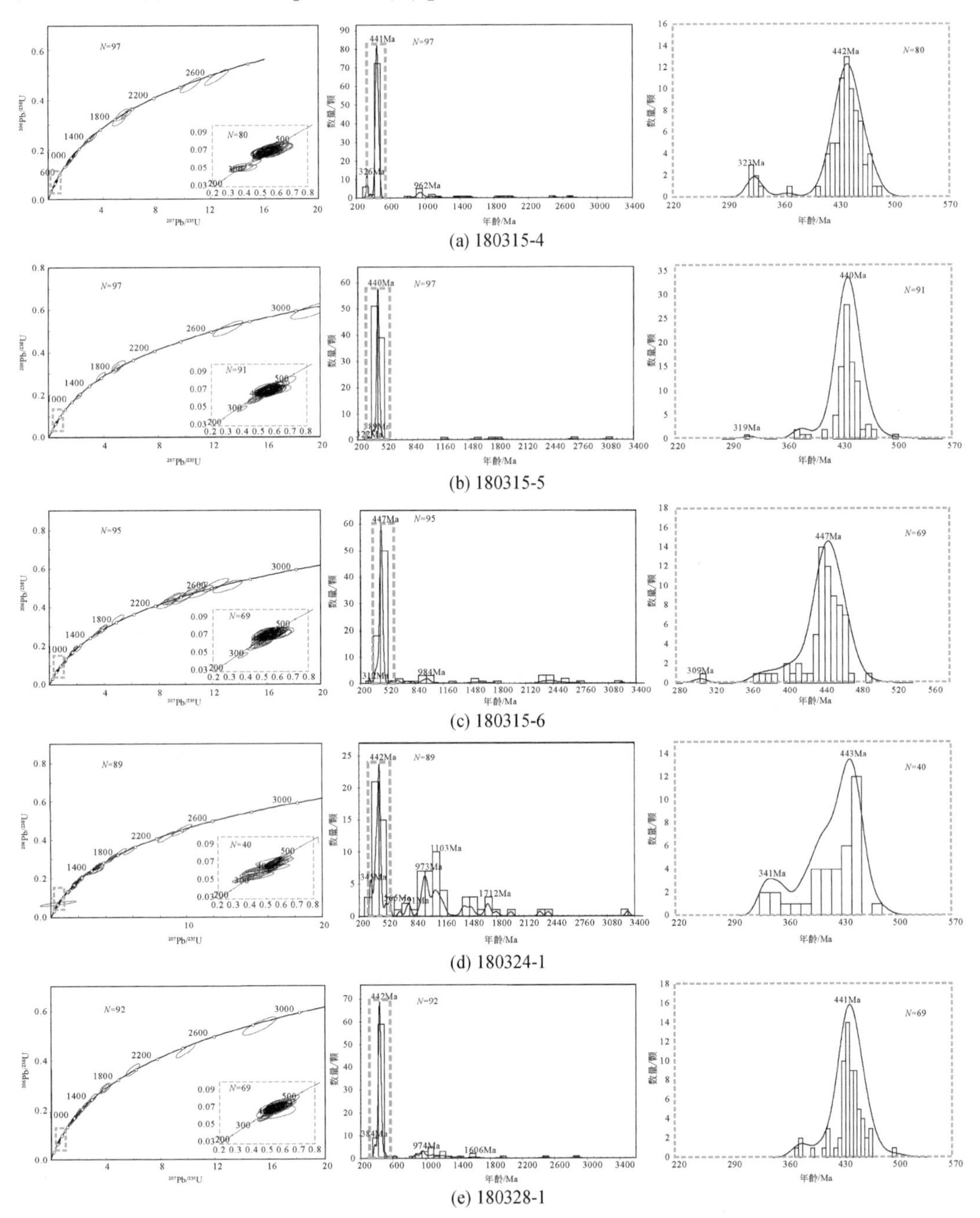

图 5-7　华北陆块南部焦作地区红砂岭东北部本溪组碎屑锆石年龄图谱

各分图中左侧为碎屑锆石 U-Pb 谐和图；中间为所有碎屑锆石的年龄图谱；右侧为古生代碎屑锆石的年龄图谱

根据第四章对本溪组含铝岩系物源区的分析，晚古生代锆石主要来源于华北陆块东部消失的物源区；早古生代锆石主要来源于北秦岭造山带的加里东期中-酸性花岗质侵入岩；

前寒武纪碎屑锆石年龄分散，具有多个峰值年龄，其中962～984Ma的峰值较为明显，应来源于北秦岭造山带主要变质地层——宽坪群、二郎坪群和秦岭群，新元古代形成的花岗岩也是重要的物质来源。可以发现，红砂岭东北部本溪组不同层位和岩性的碎屑锆石主要物源区为北秦岭造山带，但东部消失的物源区也有少量的贡献。杂基支撑的红色砾岩中石英砾石主要来源于北秦岭造山带，既有来源于北秦岭造山带加里东期的中-酸性花岗质侵入岩，又有来源于北秦岭造山带的主要变质地层，对应于前述分析中石英砾石主要为岩浆岩砾石和变质岩砾石的岩石学特征。

与红砂岭东北部本溪组的物源区不同，红砂岭西南部的刘庄地区则有大量的晚古生代碎屑锆石（见第四章），说明在焦作地区面积不大的范围内，从东北部到西南部，本溪组不仅岩性组成具有重大的差异，其物源组成也有重大的差异。

三、搬运和沉积方式

沉积岩的物质组成和组构所反映的水动力学特征与搬运、沉积方式是分析沉积环境的基础。焦作地区砾岩、砂岩和泥岩的组成和组构具有明显的差异，并且它们的垂向序列和平面分布具有一定的规律性，本项研究依此讨论焦作地区本溪组碎屑沉积物的搬运和沉积方式。

（一）砾岩

本溪组砾岩主要出露在红砂岭地区马家沟组灰岩的岩溶漏斗中及其旁侧，砾石成分为成分成熟度和磨圆度极高的石英，但砾岩的分选性较差，呈杂基支撑或颗粒支撑。根据杂基支撑砾岩剪节理面上一块484cm^{2}面积上粒度>2mm的砾石粒度统计，其概率累积曲线具有重力流的概率累积曲线特征（图5-8），说明杂基支撑砾岩具有重力流搬运的特征，鉴于其泥质含量较高，呈杂基支撑，重力流的性质应为泥石流。对于颗粒支撑的砾岩，根据石英砾石内部裂隙发育，浑圆状砾石有破碎现象，可以推测，具有颗粒流搬运的特征。

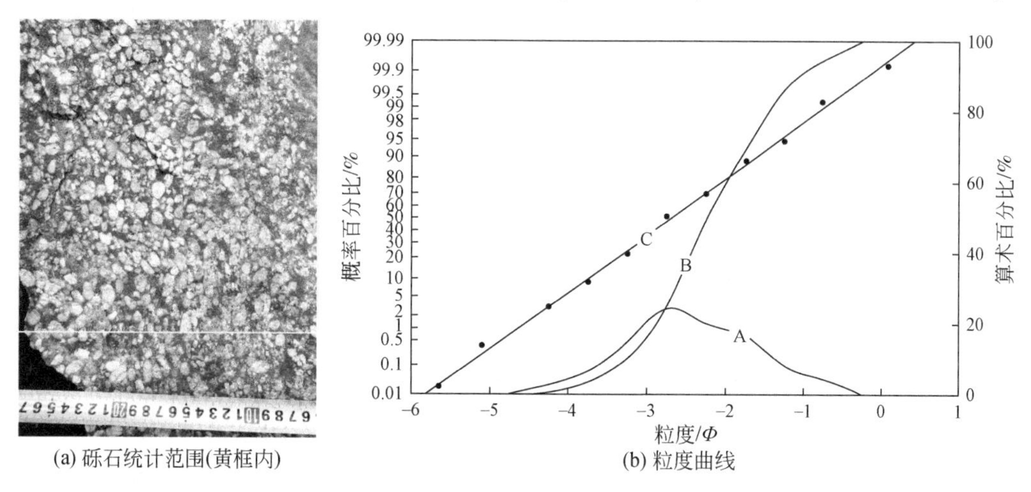

(a) 砾石统计范围(黄框内)　(b) 粒度曲线

图5-8　华北陆块南部焦作地区红砂岭东北部本溪组杂基支撑砾岩中砾石的粒度曲线

A-频率曲线；B-累积曲线；C-概率累积曲线

重力流的搬运作用往往需要较强的水动力，但随着水动力作用的减弱，沉积物受到的剪切力减小到流体的屈服强度以下时，颗粒在摩擦阻力（摩阻冻结）和（或）黏接性质点的相互作用（黏滞冻结）下，沉积物就会发生总体冻结。泥石流的黏度较大，最易发生冻结，其次为颗粒流，最后演变为牵引流（Lowe，1982）。所以，最先沉积下来的是较大砾径的砾石和大量的泥质沉积物，然后是含有少量泥质沉积物和大量较小砾径的砾石，由此产生杂基支撑的砾岩，并且这种砾岩具有由下部向上部，泥质含量变少、砾石砾径变小的特点。这种砾岩的沉积具有“冻结”的特点，造成了砾岩与上覆砂岩截然接触的现象。红砂岭东北部杂基支撑的砾岩具有上述一系列的沉积现象，说明该地区砾岩的沉积是在水动力减小的情况下沉积的。红砂岭西南部颗粒支撑的砾岩也具有相似的沉积特点，仅是泥质含量较少造成支撑类型的差异，与沉积物重力流是统一机制下的连续统一体的特点有关（Middleton and Hampton，1973），其沉积作用也是水动力减弱造成的。

红砂岭地区本溪组砾岩尽管具有上述总体的搬运和沉积特征，但其中的砾石成分非常特殊。一般情况下，重力流沉积是在具有足够坡度、物源充沛的条件下产生的，其中砾石常是近源的，具有成分成熟度和结构成熟度很低的特点。但红砂岭地区的砾石为单一的和磨圆度很高的石英，其物源区为相对遥远的北秦岭造山带，这与正常的重力流沉积特点是不符的。所以，红砂岭地区本溪组砾岩中的砾石应当是再沉积的砾石，即这种砾石首先形成于另外一种沉积环境，受另外一种搬运方式和水动力条件的控制，然后再被搬运和沉积。一般情况下，单一的和结构成熟度很高的石英砾石形成于稳定的大地构造背景，或为经过了良好分异作用的河流相砾石，或为近岸的经过了波浪冲刷淘洗作用的砾质海滩相砾石。根据本溪组这一特殊成分的砾岩并不具有面状分布的特点，且物源区相对遥远，可以推测，红砂岭地区本溪组砾岩中的砾石最初是由河流携带的砾石，这种砾石尚未固结，即被强水动力重新启动、再搬运和再沉积。由于本溪组与下伏沉积地层具有长期的沉积间断，且两者总体为平行不整合接触，北秦岭造山带在加里东期就已形成（张国伟等，2001），所以可以推测，在本溪组沉积之前，华北陆块整体的构造背景是相对稳定的，完全有可能在准平原上，形成由北秦岭造山带提供经过了良好分异作用的河流相砾石。

如果上述推论正确，那么这些砾石应当是分布于河道中央的滞积砾石，其后这些砾石被再搬运和再沉积也主要是在河道内部（或稍有扩大）或其他低洼处完成的，这可从由这些砾石组成的特殊组构的砾岩主要分布于岩溶漏斗中部，向岩溶漏斗边缘逐渐减薄以致尖灭表现出来。根据岩溶漏斗边缘陡立，具有210°和107°优势走向（图5-9①、②），且岩溶漏斗群也具有上述两组优势走向来看，这些岩溶漏斗（群）应当是由马家沟组灰岩中两组裂隙控制的（关于马家沟组灰岩岩溶作用的控制因素分析详见第六章），由两组裂隙控制的岩溶负地形可能是河道或地势低洼处分布的位置。

华北陆块东南部本溪组以含铝岩系为主，岩性主要为铝土质泥岩和豆鲕（碎屑）状铝土矿，相似于红砂岭地区的本溪组底部这一特殊成分的砾岩（连同上部的砂岩和粉砂岩）很少见及或报道，这可能与三个方面的因素有关：①砾岩中砾石的原始分布是有限的，仅为河道中滞积砾石，其后这些砾石被再搬运和再沉积也主要是在河道内部或地势低洼处完成的。②本溪组沉积时期，即这些砾石在被再搬运之前，存在岩溶夷平作用（见第六章）。本溪组沉积前，在准平原上发育的切割较浅的河道和其中的砾石完全可在迅速的岩溶夷平作用下被侵蚀掉。③本溪组沉积时期，由于岩溶基准面的强烈下降，本溪组已沉积的松散沉积物连同下部的马家沟组灰岩处于岩溶基准面之上，从而使马家沟组灰岩产生强烈的岩溶作用，其上部已沉积的松散沉积物产生岩溶塌陷作用，这些作用主要产生在岩溶强烈的岩溶漏斗处，致使岩溶漏斗处也是岩溶塌陷的主要位置（见第六章）。

红砂岭地区岩溶漏斗处的本溪组，岩溶塌陷是非常发育的，表现在本溪组内部不规则的、向岩溶漏斗中心倾斜的铲状滑动面极其发育（图5-9③），滑动面上常有擦痕和阶步（图5-9④），指示上部地层向岩溶漏斗中心滑动的特征，滑动面下部常有泥岩组成的润滑层（图5-9⑤），不同滑动面所围限的块体大小和形状不同，岩性差异明显，既有砾石含量不一的基底式胶结的砾岩（图5-9⑥），也有砂岩（图5-9⑦）。正是这些岩溶塌陷作用，才在局部地区保留了这一特殊成分的砾岩和其上部的砂岩。

（二）砂岩

中粗粒砂岩主要出露在红砂岭和牛坡地区，红砂岭东北部的中粗粒砂岩分选性较好，缝合接触，碎屑颗粒成分几乎全为石英，以棱角状为主，但含有磨圆度较高的碎屑，这些碎屑颗粒与下伏的杂基支撑砾岩中散布的石英碎屑颇为相似，前已述及，杂基支撑砾岩中棱角状石英碎屑为石英砾石搬运过程中碎裂的产物。结合中粗粒砂岩和下部砾岩碎屑锆石的年龄图谱也很一致，可以推测，中粗粒砂岩中的石英碎屑可能也是石英砾石碎裂的产物。中粗粒石英砂岩下部为块状层理，上部发育平行层理，说明这些砂岩中碎屑的搬运方式具有颗粒流向牵引流转变的特点。红砂岭西南部的中粗粒砂岩不发育块状层理，主要为平行层理，说明该处砂岩中碎屑的搬运方式主要为牵引流搬运。牛坡地区的中粗粒砂岩主要发育板状交错层理，说明该处砂岩中碎屑的搬运方式也主要为牵引流搬运，但水动力相较红砂岭地区减弱。

上述中粗粒砂岩为上覆具有水平层理的粉砂岩覆盖，说明在垂向上牵引流的水动力减弱，具有向悬浮搬运过渡的特征。

（三）泥岩

泥岩主要出露在红砂岭地区本溪组的底部、牛坡地区本溪组的底部和顶部，以及刘庄地区整个本溪组。红砂岭和刘庄地区本溪组底部的泥岩为块状，层理不发育，矿物成分为隐晶质和微晶黏土矿物，显系原始沉积物风化作用的产物，其组构无疑也有改变，尚不能根据其沉积构造分析水动力学的特点。根据牛庄和刘庄地区本溪组顶部泥岩发育清晰的水平层理，可以推测，这些泥岩中碎屑的搬运方式应以牵引流的悬浮搬运为主。

（四）垂向上变化

除刘庄地区本溪组原始沉积物风化作用较强，垂向上岩性和组构的变化不易确定，导致其搬运方式的变化难以确定外，其他地区本溪组岩性和组构在垂向上的变化非常明显。在红砂岭东北部，本溪组表现为泥岩—杂基支撑砾岩—中粗粒砂岩—粉砂岩的沉积序列；在红砂岭西南部，本溪组表现为泥岩—杂基支撑砾岩—中粗粒砂岩—颗粒支撑砾岩—中粗粒砂岩—粉砂岩的沉积序列；牛坡地区本溪组表现为泥岩—中粗粒砂岩—中粗粒砂岩与粉

图 5-9　华北陆块南部焦作地区红砂岭东北部本溪组岩溶塌陷宏观现象

①岩溶漏斗边缘陡立的侧壁，走向 210°；②岩溶漏斗边缘陡立的侧壁，走向 107°；③本溪组内部向岩溶漏斗中心倾斜的、铲状的滑动面；④滑动面上的擦痕和阶步；⑤滑动面下部的泥岩润滑层；⑥滑动面围限的砾石含量不一的基底式胶结的砾岩；⑦杂基支撑砾岩中不规则的砂岩团块

砂岩互层—泥岩的沉积序列。它们均表现为下部是风化程度较高的泥岩，上部是水动力逐渐减弱的沉积序列，两者之间有一非常明显的冲刷面，说明了水动力强度的急剧变化。

在碎屑锆石组成上，红砂岭东北部本溪组总体以加里东期和前寒武纪碎屑锆石为主，但海西期碎屑锆石含量有较大的差异，底部泥岩海西期碎屑锆石含量可达7%，上部的砾岩和中粗粒砂岩仅有一颗海西期碎屑锆石，其上粉砂岩中海西期碎屑锆石含量又有所增加，可达6%。这可能与碎屑锆石的搬运方式有关，砾岩和中粗粒砂岩中的加里东期与前寒武纪的碎屑锆石可能是作为石英砾石和中粗粒碎屑中的包体，以重力流和/或跳跃、滚动的方式搬运，而底部泥岩和上部粉砂岩中的碎屑锆石（包括海西期碎屑锆石）可能以牵引流的悬浮方式搬运，导致以较强水动力搬运的砾岩和砂岩中海西期碎屑锆石含量较少，以较弱水动力搬运的底部泥岩和上部粉砂岩中含有较多的海西期碎屑锆石。

在碎屑锆石粒度上，由砾岩到中粗粒砂岩，再到底部泥岩和上部的粉砂岩，随着颗粒粒度的减小，以北秦岭造山带来源的，不论是加里东期碎屑锆石还是前寒武纪碎屑锆石，中值粒度和平均粒度均具有逐渐减小的特征（表5-1），说明同一源区碎屑锆石的粒度变化特征可以反映沉积物中同一源区的碎屑颗粒粒度的变化特征，也能够反映水动力的变化特征，即砾岩和中粗粒砂岩相较于底部泥岩和上部粉砂岩，具有较强的水动力搬运特征。

表5-1　华北陆块南部焦作地区本溪组碎屑锆石粒度统计表

样品号	项目	全部锆石	海西期碎屑锆石	加里东期碎屑锆石	前寒武纪碎屑锆石
180315-4	最小粒径/μm	57.3	96.5	57.3	84.5
	最大粒径/μm	164.5	157.0	164.5	149.1
	中值粒径/μm	106.0	143.5	105.6	103.8
	平均粒径/μm	107.2	132.9	104.9	106.9
	分析数量/个	97	7	73	17
180315-5	最小粒径/μm	112.6	188.8	112.6	141.9
	最大粒径/μm	306.5	188.8	306.5	231.6
	中值粒径/μm	177.9	188.8	178.4	161.2
	平均粒径/μm	183.9	188.8	184.6	173.5
	分析数量/个	97	1	90	6
180315-6	最小粒径/μm	85.2	137.4	106.2	85.2
	最大粒径/μm	232.8	137.4	232.8	211.8
	中值粒径/μm	146.2	137.4	146.8	148.5
	平均粒径/μm	151.5	137.4	150.9	153.8
	分析数量/个	95	1	68	26
180324-1	最小粒径/μm	56.8	65.5	66.7	56.8
	最大粒径/μm	154.8	103.3	133.2	154.8
	中值粒径/μm	89.6	89.6	90.6	86.3
	平均粒径/μm	91.1	86.6	92.8	90.3
	分析数量/个	89	5	35	49

续表

样品号	项目	全部锆石	海西期碎屑锆石	加里东期碎屑锆石	前寒武纪碎屑锆石
180328-1	最小粒径/μm	108.4	0	108.4	121.6
	最大粒径/μm	220.2	0	220.2	215.7
	中值粒径/μm	154.5	0	155.9	150.4
	平均粒径/μm	155.8	0	156.9	152.3
	分析数量/个	92	0	69	23

注：粒径和统计按照锆石晶体的长轴统计。

（五）平面上变化

在平面上，砾岩表现为，在红砂岭东北部为杂基支撑砾岩，红砂岭西南部产生颗粒支撑砾岩，牛坡则不发育砾岩。根据重力流沉积物连续统一体中，为杂基支撑砾岩—颗粒支撑砾岩—不发育砾岩的基本变化规律（Middleton and Hampton，1973），说明在焦作地区由东北部到西南部，本溪组底部的沉积物重力流是连续变化的，且具有水动力逐渐减弱的特征；中粗粒砂岩的沉积构造表现为，红砂岭东北部下部发育块状层理，上部发育平行层理，红砂岭西南部整体发育平行层理，牛庄地区整体发育板状交错层理，也说明在焦作地区由东北部到西南部水动力是逐渐减弱的。

在碎屑锆石组成上，红砂岭地区主要为来源于北秦岭造山带的加里东期和前寒武纪碎屑锆石，而西南部的刘庄地区则含有大量的华北陆块东部消失物源区的海西期碎屑锆石，这可能是由该区东北部到西南部水动力逐渐减弱，且海西期碎屑锆石主要呈牵引流的悬浮搬运造成的，因为较强水动力环境下，悬浮颗粒是难以大量沉积的；在碎屑锆石粒度上，来源于北秦岭造山带的加里东期和前寒武纪碎屑锆石，具有从红砂岭地区砾岩和中粗粒砂岩到西南部刘庄地区的含铝岩系，中值粒度和平均粒度减小的特征（表5-1），也反映了水动力逐渐减弱的变化。所以，同一源区的碎屑锆石的含量变化和粒度变化，在平面上也可以反映沉积物中同一源区的碎屑颗粒的组成和粒度变化的特征，并能够进一步反映水动力的变化特征。

焦作地区由东北部向西南部水动力的逐渐减弱，说明了沉积物的搬运方向也主要是由东北部向西南部的。但这一结论又与由加里东期和前寒武纪碎屑锆石表征的含铝岩系原始沉积物主要来源于南部北秦岭造山带相矛盾。注意到，红砂岭地区的砾岩和砂岩具有再搬运作用的特点，说明可能先期的石英砾石是由源远流长的河流由南（西）向北（东）搬运的，此后突发的来自东北部的较强的水动力将这些石英砾石再启动，由东北部向西南部再搬运，在搬运过程中，强烈的水动力使石英砾石相互碰撞导致其破碎。随着水动力的减弱，由东北部到西南部沉积了岩性和沉积构造具有较大差异的沉积物。同时，由较强水动力携带的东北部的沉积物（华北陆块东部消失物源区的沉积物）也一同被搬运，但这些沉积物以细颗粒为主，在较强水动力作用下不易沉积，只有当水动力较弱时，才能沉积下来。上述突发性的来自东北部的较强水动力可能不是一次完成的，这表现在红砂岭地区砾岩的下部普遍发育水动力较弱时期沉积的泥岩，以及砾岩的多层发育（红砂岭东北部），砾岩—中粗粒砂岩的多个序列（红砂岭西南部），并且它们之间普遍具有冲刷构造。

第二节　华北陆块东南部含铝岩系原始沉积物的搬运和沉积方式

与焦作红砂岭和牛坡地区本溪组具有大量的原始沉积物碎屑和原生沉积构造不同，华北陆块东南部大部分地区以含铝岩系为主，岩性为铝土质泥岩和豆鲕（碎屑）状铝土矿。前已述及，它们是原始沉积物彻底降解的产物（廖士范等，1989；曹高社等，2016），原始碎屑成分和原生沉积构造已受到了彻底的改造。所以，本溪组含铝岩系原始沉积物的恢复及其在平面上和垂向上的变化，是本溪组原始沉积物的搬运方式和水动力特征分析的关键。

一、含铝岩系的原始沉积物恢复

通过对碎屑锆石 LA-ICP-MS U-Pb 年龄和 Lu-Hf 同位素分析，华北陆块东南部本溪组含铝岩系的物源区主要有两个：其一为北秦岭造山带物源区，主要提供早古生代中-酸性花岗质侵入岩和被侵入的主要变质地层——秦岭群、二郎坪群和宽坪群的碎屑物，以及新元古代花岗岩的碎屑物；其二为华北陆块东部目前已经消失的物源区，主要提供晚古生代中酸性火山岩或侵入岩的碎屑物。这些碎屑物质从剥蚀到最终沉降要经历物理分选、机械磨损等一系列的过程，应当形成具有某些特征的碎屑组成和结构构造的沉积岩和沉积序列，并能够据此分析当时的沉积环境。但含铝岩系的原始沉积物的成分组成和结构构造已受到了强烈的改造，所以，有必要对含铝岩系的原始沉积物进行恢复。

根据对偃龙地区本溪组含铝岩系系统的矿物学和地球化学分析（见第三章），本溪组含铝岩系中无论是铝土质泥岩还是豆鲕（碎屑）状铝土矿，其矿物组成基本相似，主要为黏土矿物和硬水铝石，仅是它们的含量具有差异。在微观结构上，每一样品（或层位）中的矿物均可分为两部分——结晶较差的部分和结晶较好的部分。结晶较差的部分整体呈致密块状，矿物成分单一，视样品（或层位）的不同，主要为不同的隐晶质黏土矿物或硬水铝石，其中发育有大小不一、边缘参差不平的孔洞和裂隙。结晶较好的部分主要出现在上述结晶较差的矿物组成的孔洞和裂隙中，矿物成分多样，主要为硬水铝石、伊利石和高岭石，但普遍含有叶蜡石、方解石、白云石等矿物，晶体形态良好，相互交织，整体呈疏松状。

显然，含铝岩系中的黏土矿物不是机械破碎、搬运和再沉积的黏土矿物，因为这类黏土矿物一般结晶较好，且呈碎屑状，具有明显的磨蚀特征（张汝藩等，1986；赵杏媛和张有瑜，1990）。所以，含铝岩系中的黏土矿物主要是自生黏土矿物。硬水铝石应是成岩压实过程中由三水铝石转变而来（Bárdossy，1982；廖士范等，1989），三水铝石系富铁铝化过程中原始沉积物彻底降解的产物，这一认识已被人们所公认（Bárdossy，1982；廖士范等，1989；于天仁和陈志诚，1990）。

上述自生矿物的成因主要与原始沉积物在表生环境下的化学风化（红土化或富铁铝化）及其程度，以及埋藏环境下的还原作用有关，其形成过程将在第七章第一节中详述。

在化学风化作用下，元素具有不同的迁移能力，造成含铝岩系中元素的亏损或富集，这一部分内容已在第三章第四节有所涉及，下面主要根据偃龙地区 ZK0008 钻孔含铝岩系元素的聚类分析与矿物成分的对比，进一步阐述含铝岩系中矿物的自生成因。

ZK0008 钻孔与 X 射线衍射分析样品（图 3-40）相对应的全岩化学元素的聚类分析表明（图 5-10），Al、Zr、Hf、Nb、Ta、Th、U、Ti、Cr、V 作为一类难迁移元素主要存在于豆鲕（碎屑）状铝土矿中，并且在最上部的豆鲕（碎屑）状铝土矿层中具有最大值，Be、P、Rb、Cs、K、Ba、Na、Si、Sr、Mg、REE 作为一类相对易于迁移的元素主要富集于上部和下部铝土质泥岩，以及豆鲕（碎屑）状铝土矿中的铝土质泥岩夹层中。这说明了，豆鲕（碎屑）状铝土矿相对于铝土质泥岩化学风化程度高，已达到富铁铝化的最后阶段，主要矿物成分为三水铝石（后期转化为硬水铝石）。上部铝土质泥岩也有强烈的风化，但仅达到脱硅阶段，主要矿物为高岭石和叶蜡石；下部铝土质泥岩和豆鲕（碎屑）状铝土矿中的铝土质泥岩夹层主要黏土矿物为伊利石，与含铝岩系后期演化过程中 K^+ 的向下淋滤迁移，由高岭石转变而来有关（Berger et al.，1997；Lanson et al.，2002；曹高社等，2016）。

由于铝元素不可能以溶液或胶体的形式长距离迁移至沉积盆地（Schwertmann and Taylor，1972；Bárdossy，1982；布申斯基，1984；廖士范等，1989），所以，根据含铝岩系中铝和硅的高含量，且可见到残留的水平层理和植物化石（图 3-41、图 5-4⑪），可以确定含铝岩系的原始沉积物应主要是由长石和岩屑组成的成分成熟度很低的碎屑岩。

形成成分成熟度很低的碎屑岩，需要物源区是近源的，或者是远源的但有快速搬运和快速的沉积作用（姜在兴，2003）。根据含铝岩系物源区分析，华北陆块东南部本溪组原始沉积物主要来源于秦岭造山带和华北陆块东部消失的物源区，显然不具有近源堆积的特征。当然，快速隆升和高径流条件可使源区物质快速掘出、侵蚀，导致具有高流量的沉积物，可以在离物源区较远处，产生大量的沉积碎屑和碎屑锆石（Moecher and Samson，2006）。但至少华北陆块西南部渑池地区、禹州地区和偃龙地区大量来自北秦岭造山带的沉积物，显然不是高隆起导致的快速侵蚀和高径流造成的，因为这一时期北秦岭造山带的构造活动并不强烈，既不存在该时期的岩浆岩和强烈的变质作用，也不存在具有前陆盆地性质的沉积盆地（张国伟等，2001）。所以，这些地区本溪组物源主要来自北秦岭造山带的原因仅可能是源区沉积物快速搬运和快速沉积的结果。

二、含铝岩系原始沉积物的沉积时代

沉积物是否有快速搬运和快速沉积特征，需要对华北陆块较大范围内本溪组的沉积时代进行讨论。多数学者根据岩石地层穿时普遍性的原则和根据本溪组内部残留的植物化石（阎国顺等，1987；萧素珍，1988）、上覆太原组灰岩的䗴类、腕足动物等动物化石（阎国顺等，1987；裴放，2004），认为本溪组含铝岩系应归属于晚石炭世—早二叠世，且是一个穿时性明显的岩石地层单位。

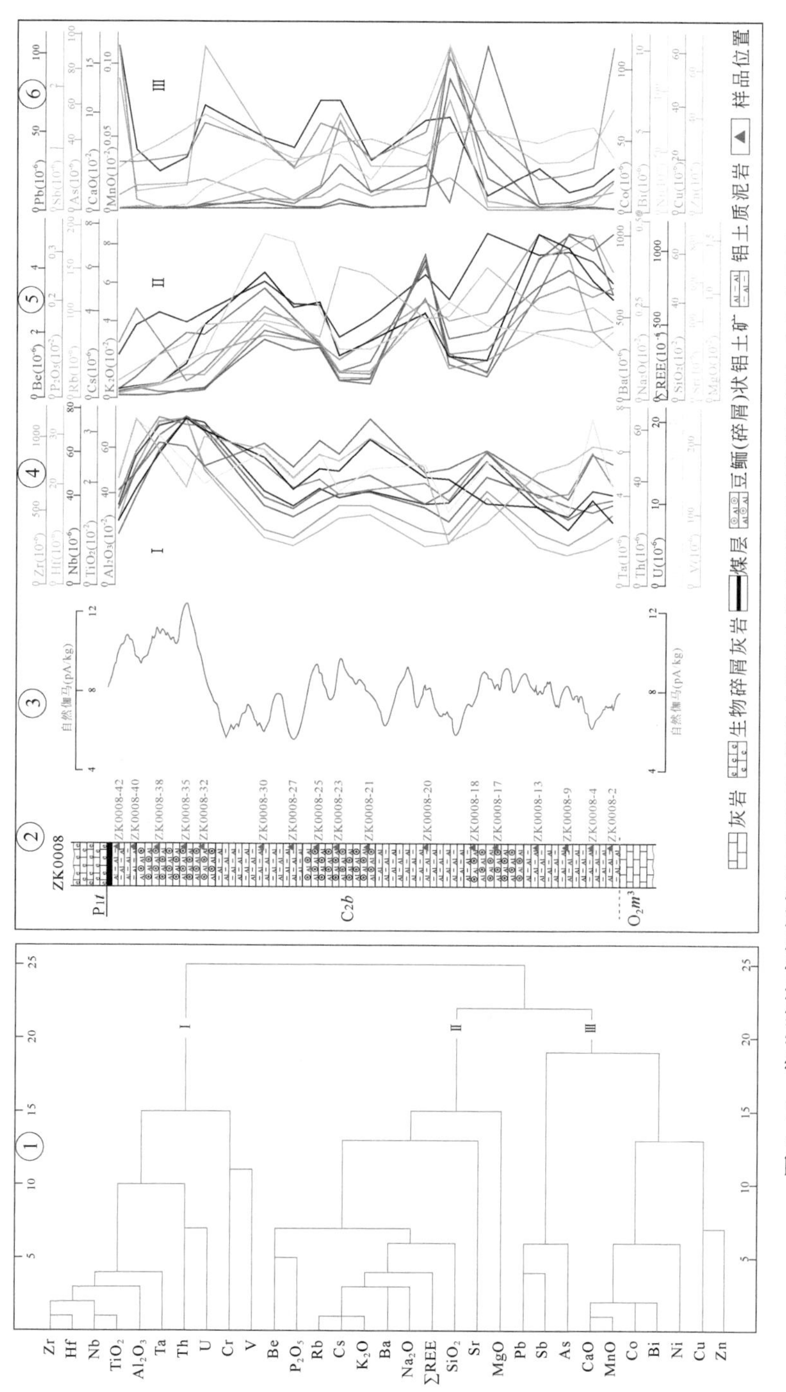

图 5-10　华北陆块南部偃龙地区ZK0008钻孔本溪组含铝岩系的元素聚类分析和垂向变化图

①含铝岩系元素聚类分析图；②含铝岩系地层柱状图；③自然伽马曲线；④难迁移元素含量垂向变化；⑤易迁移元素含量垂向变化；⑥中等迁移元素含量垂向变化。图中元素含量均为重量百分比

晚古生代地层划分中，根据䗴类、腕足动物等动物化石确定的生物地层往往具有地方性，因此，在国际性地层对比方面存在较大欠缺，即不能准确地与年代地层相对应。牙形刺化石具有洲际对比的优势，是生物地层划分与对比的主导门类（王成源等，2005），但这一方面的工作有所欠缺，尤其限制了华北陆块内部岩石地层的对比。郎嘉彬（2010）根据大量的样品，在辽宁本溪地区发现了11属29种牙形刺化石，其中包括具国际标准的带化石 *Idiognathodus podolskensis-Neognathodus inaequalis* 组合，较精确地确定了国际标准莫斯科阶（Moscovian）的存在，这与前人根据䗴类、腕足动物等确定的本溪组时代属于早石炭世（吴秀元，1988）、早石炭世晚期—中石炭世早期（刘发，1987）具有较大的差别；在辽宁金州和复州湾等地区发现了10属48种牙形刺化石，其中除发现了在本溪地区本溪组出现的国际标准的莫斯科阶化石及其地层外，在金州地区北山剖面和复州湾丁屯剖面又首次发现了巴什基尔阶（Bashkirian）和格舍尔阶（Gzhelian）国际标准牙形刺带化石，也与前人根据植物化石、䗴类、腕足动物等确定的金州和复州湾地区本溪组属于早石炭世（黄本宏，1987；范炳恒和沈树忠，1993；金建华，2001）具有很大的差别。所以，尽管古生物在确定本溪组沉积时代和地层对比中具有重要意义，但目前的研究程度仍有欠缺。

沉积岩中的碎屑锆石不仅能判断沉积物源区（Sircombe and Freeman，1999），也可以限定地层的最大沉积年龄，并已发展为一种成熟可靠的研究方法（Dickinson and Gehrels，2009；Tucker et al.，2013），得到了广泛的应用（Bruguier et al.，1997；Ustaömer et al.，2016；Nazari-Dehkordi et al.，2017）。目前主要有7种方法限定地层的最大沉积年龄（Dickinson and Gehrels，2009；Johnston et al.，2009；Lawton and Bradford，2011；Tucker et al.，2013），分别是：①最年轻单颗粒年龄（YSG）；②最年轻图像碎屑锆石年龄（YPP）；③最年轻碎屑锆石年龄（YDZ）；④加权平均年龄 YC1σ（+3）；⑤加权平均年龄 YC2σ（+3）；⑥算术平均年龄（WA）；⑦Tuffzirc 年龄（+6）。Dickinson 和 Gehrels（2009）根据实例分析，讨论了上述前6种年龄的优缺点，认为最年轻单颗粒年龄（YSG）尽管有潜在的风险性，但 YSG 的可信度达到了统计效度的95%；YDZ 与 YSG 或无显著差异，或优于 YSG；YPP、YC1σ（+3）、YC2σ（+3）和 WA 由于统计的锆石年龄的离散性，与实际地层年龄相差较大。Tuffzirc 年龄需要最少有6颗最年轻的碎屑锆石来进行计算（Tucker et al.，2013），能够减少使用 YSG 的风险性，但也会增大所确定的最大沉积年龄。

从图4-7和图4-8中可以看出，本溪组含铝岩系某些样品不具有晚古生代年龄峰值，失去了利用碎屑锆石年龄确定地层最大沉积年龄的意义，所以，对这些样品不进行讨论。具有晚古生代年龄峰值的样品，其年轻锆石年龄都能构成连续的年龄谱，因此，本次研究主要采用 YSG 来限定地层的最大沉积年龄（Dickinson and Gehrels，2009），这一年龄与 YDZ 相差较小，与 Dickinson 和 Gehrels（2009）的讨论一致。但如果样品具有较多的年轻锆石年龄，也参考 Tuffzirc 年龄一并讨论。

6个地区8个样品7种方法计算的最年轻地层年龄见表5-2。鹤壁地区180319-2样品 YSG 为304±9.0Ma，其形成时期较上覆太原组灰岩䗴类化石 *Fusulina-Fusulinella* 组合带确定的晚石炭世达拉阶稍晚（王德有等，1987）；偃龙地区 ZK8714-4 样品 YSG 为304±

8.1Ma，Tuffzirc 年龄为 306.49Ma，其形成时期较上覆太原组灰岩䗴类化石 *Pseudoschwagerina*，*Sphaeroschwagerina* 确定的阿瑟尔阶稍早（胡斌等，2015）；焦作刘庄地区 613-10 样品 YSG 为 289±8.0Ma，Tuffzirc 年龄为 294.16Ma，1571-11 样品 YSG 为 297±8.3Ma，Tuffzirc 年龄为 303.24Ma，其形成时期较上覆太原组灰岩䗴类化石 *Streptognathodus barskovi* 确定的格舍尔阶相当或稍晚（阎国顺等，1987）；永城地区 ZK0901-1 样品 YSG 为 285±3.2Ma，Tuffzirc 年龄为 296.85Ma，其形成时期较上覆太原组灰岩䗴类化石 *Fusulina cylindrica*，*Fusulinella bocki* 确定的卡西莫夫阶要晚很多（裴放，2004）；临沂地区 181122-01 样品 YSG 为 290±6.0Ma，Tuffzirc 年龄为 295.61Ma，181122-02 样品 YSG 为 282±3.7Ma，Tuffzirc 年龄为 301.32Ma，其形成时期较上覆太原组灰岩䗴类化石 *Profusulinella parva*，*Pseudostaffella kanumai* 确定的卡西莫夫阶要晚很多（山东省地质矿产局，1991）；淄博地区 180318-8 样品 YSG 为 297±8.4Ma，Tuffzirc 年龄为 304.8Ma，其形成时期较上覆太原组灰岩䗴类化石 *Fusulina*，*Pseudofusulina* 确定的卡西莫夫阶要晚很多（山东省地质矿产局，1991）。

根据上述，由碎屑锆石确定的地层最大沉积年龄与由古生物确定的地质时代具有一定的差异，由古生物确定的地质时代具有明显的由北东向南西方向的穿时性（陈钟惠等，1993；彭玉鲸等，2003），但碎屑锆石确定的地层最大沉积年龄在整个华北陆块东南部具有一致性。尽管碎屑锆石 LA-ICP-MS U-Pb 年龄测试方法相对于 ID-TIMS、SHRIMP 等测试方法精度较低（这有待于进一步的工作），但如此明显的由碎屑锆石确定的地层最大沉积年龄的一致性也是不容忽视的客观存在。由于在晚古生代地层划分中，䗴类、腕足动物等动物化石在国际性地层对比方面存在不足，本次研究暂且根据碎屑锆石确定的地层最大沉积年龄，认为华北陆块东南部本溪组含铝岩系原始沉积物具有大致相同的沉积年龄，沉积时代暂定为晚石炭世—早二叠世的转换时期。从侧面也说明，华北陆块东南部本溪组原始沉积物具有快速搬运和快速沉积的特征。

实际上，岩石地层穿时普遍性的原则主要建立在渐进的侧向加积或退积的基础上，侧向加积或退积主要发生在现代的滨浅湖、三角洲和陆缘海。对于这些环境，岩石地层的穿时是绝对的。但对于陆表海盆地，海进海退是阶跃式（或突发式）发生的，岩石地层以垂向加积为主，连续延伸的相同属性的岩层或岩性界面必然是等时面。所以，岩石地层的绝对穿时性原则，对于陆表海盆地可能是不适用的（吴瑞棠和王治平，1994）。

三、含铝岩系原始沉积物组成的差异

含铝岩系的原始沉积物主要是成分成熟度很低的碎屑岩，但含铝岩系原始沉积物的沉积环境的恢复尚需根据沉积物的碎屑成分、含量和粒度等特征以及它们在平面上和垂向上的差异进行确定。由于含铝岩系的碎屑组分和组构等受到了彻底的改造，尚不能根据碎屑颗粒及其变化对此进行直接分析。

沉积岩中的碎屑锆石具有耐久性，在沉积和成岩过程中基本不受影响，并且由于锆石的挑选是在不知道年龄之前完成的，应该说是随机的，所以，如果假定碎屑锆石寄主岩石各自提供碎屑锆石的能力是恒定的，那么含铝岩系中碎屑锆石的年龄谱在一定程度上就可

表 5-2　华北陆块东南部本溪组碎屑锆石 7 种方法计算的最年轻地层年龄对比

地区		鹤壁地区	焦作地区		临沂地区		偃龙地区	永城地区	淄博地区
样品编号		180319-2	613-10	1571-11	181122-01	181122-02	Zk8714-4	ZK0901-1	180318-8
YSG	年龄/Ma	304±9.0	289±8.0	297±8.3	290±6.0	282±3.7	304±8.1	285±3.2	297±8.4
YPP	年龄/Ma	317.6	304.5	306	295.4	314.8	311.8	307.8	315
YDZ	年龄/Ma	302.92	287.67	295.42	270	282.33	302.92	285.63	296.25
	范围/Ma	+7.5/−8.9	+5.1/−8	+6.1/−8	+18/−110	+4.3/−4	+7/−8	+3.4/−3.8	+4.8/−8.9
	置信度/%	95	95	95	95	95	95	95	95
YC1σ(+3)	年龄/Ma	313±25(7.8%)	304.4±8.1(2.6%)	304±19(6.1%)	296±17(5.7%)	312.5±9.6(3.1%)	311±26(8.2%)	300.7±4.7(1.6%)	315±5.8(1.8%)
	系统误差/%	1.1	1.1	1.1	1.1	1.1	1.1	1.1	1.1
	加权平均方差	0.085	0.100	0.057	0.056	2.0	0.095	0.25	0.06
YC2σ(+3)	年龄/Ma	313±12(3.9%)	304.4±4.0(1.3%)	304.3±9.3(3.1%)	295.9±8.4(2.9%)	312.5±9.6(3.1%)	311±13(4.1%)	300.7±2.4(0.79%)	315.1±2.9(0.92%)
	系统误差	1.1	1.1	1.1	1.1	1.1	1.1	1.1	1.1
	加权平均方差	0.34	0.40	0.23	0.22	7.8	0.38	0.99	0.27
WA	年龄/Ma	314±10(3.2%)	304.8±2.7(0.89%)	304.5±5.6(1.8%)	296.2±4.6(1.6%)	314.4±9.6(3.0%)	311±13(4.2%)	301±2.4	315.5±1.6
	置信度/%	95	95	95	95	95	95	95	95
	加权平均方差	3.3	3.9	2.1	2.0	76	3.8	8.6	2.8
Tuffzirc(+6)	年龄/Ma	319.18	294.16	303.24	295.61	301.32	306.49	296.85	304.8
	范围/Ma	+1.67/−12.86	+2.10/−5.06	+8.31/−6.20	+2.65/−5.82	+5.26/−1.28	+6.35/−2.18	+2.24/−0.64	+1.46/−7.65
	置信度/%	87.8	96.9	96.9	96.9	75	75	87.8	96.9

以代表含铝岩系原始沉积物碎屑成分的组成（Cawood et al., 2012; Saylor et al., 2013）。此外，根据水力等效[①]（hydraulic equivalence）作用（Rubey, 1933; McMaster, 1954），碎屑锆石的粒度和原始沉积物碎屑的粒度应是正相关的，且碎样过程中仅是对少数粒度较大的碎屑锆石产生破碎（余振兵，2007），所以，碎屑锆石的粒度在一定程度上可以代表含铝岩系中>32μm（激光剥蚀系统中激光束斑直径）的原始沉积物的粒度。

实际上，前述对焦作地区本溪组碎屑物搬运和沉积方式的分析，已经证明了同一源区碎屑锆石的含量和粒度变化可以反映沉积物中同一源区碎屑颗粒的变化特征。

（一）含铝岩系原始沉积物组成在平面上的差异

沉积物组成在平面上的差异是物源供给和水动力作用综合作用的结果，是沉积环境研究的基础，下面主要根据碎屑锆石的年龄谱和粒度的变化，探讨华北陆块东南部含铝岩系原始沉积物组成在平面上的差异。

1. 原始沉积物碎屑组成的差异

根据本次研究获得的华北陆块东南部本溪组含铝岩系碎屑锆石的年龄谱和前人研究获得的华北陆块北部本溪组含铝岩系碎屑锆石的年龄谱，结合碎屑锆石物源区的分析，做出了华北陆块东部本溪组含铝岩系不同源区碎屑锆石含量的等值线图（图5-11）和碎屑锆石含量组成图［图5-12（a）］。

含铝岩系中北秦岭造山带物源区的碎屑锆石，在华北陆块南部主要由峰值为434～465Ma的加里东期和前寒武纪碎屑锆石组成（图4-7，图4-8）。在北秦岭造山带物源区碎屑锆石含量的等值线图［图5-11（a）］上，可以看出，由渑池和禹州地区向东部和北部，北秦岭造山带物源区碎屑锆石含量呈急剧降低趋势。在渑池和禹州地区达到100%，恰对应着目前北秦岭造山带主要出露加里东期花岗岩的地区，说明这一地区在本溪组沉积时期为一隆升区；在临沂—淄博—北京一线东北部，本溪组含铝岩系中几乎不含北秦岭造山带物源区的碎屑锆石，说明了在本溪组沉积时期，北秦岭造山带物源区提供的碎屑物质具有由西南部向北东部搬运的趋势。

含铝岩系的华北陆块东部消失物源区的碎屑锆石，主要由峰值为304～341Ma的海西期碎屑锆石组成，在东部临沂地区和东北部淄博地区前寒武纪碎屑锆石也是东部消失物源区碎屑锆石的组成部分。在东部消失的物源区碎屑锆石含量等值线图［图5-11（b）］上，可以看出，在临沂和淄博地区含量达到100%，向南部、北部和西部均呈急剧减少趋势，尤其在渑池和禹州地区几乎不含东部消失物源区的碎屑锆石，说明了在本溪组沉积时期，东部消失物源区的碎屑锆石具有向北部、南部和西部搬运的趋势。需要注意的是，在北部地区本溪组含铝岩系中均含有东部消失的物源区的碎屑锆石，局部地区含量可达到90%以上，这一方面与北部地区沉降较为强烈有关（孟祥化和葛铭，2001），另一方面可能与东部消失物源区的碎屑锆石搬运方式有关。

---

① 水力等效：具有相同沉降速度的颗粒才能沉积在一起，它是颗粒粒径和颗粒密度的函数，所以粒径较小的、密度较大的颗粒常与粒径较大的、密度较小的颗粒沉积在一起。

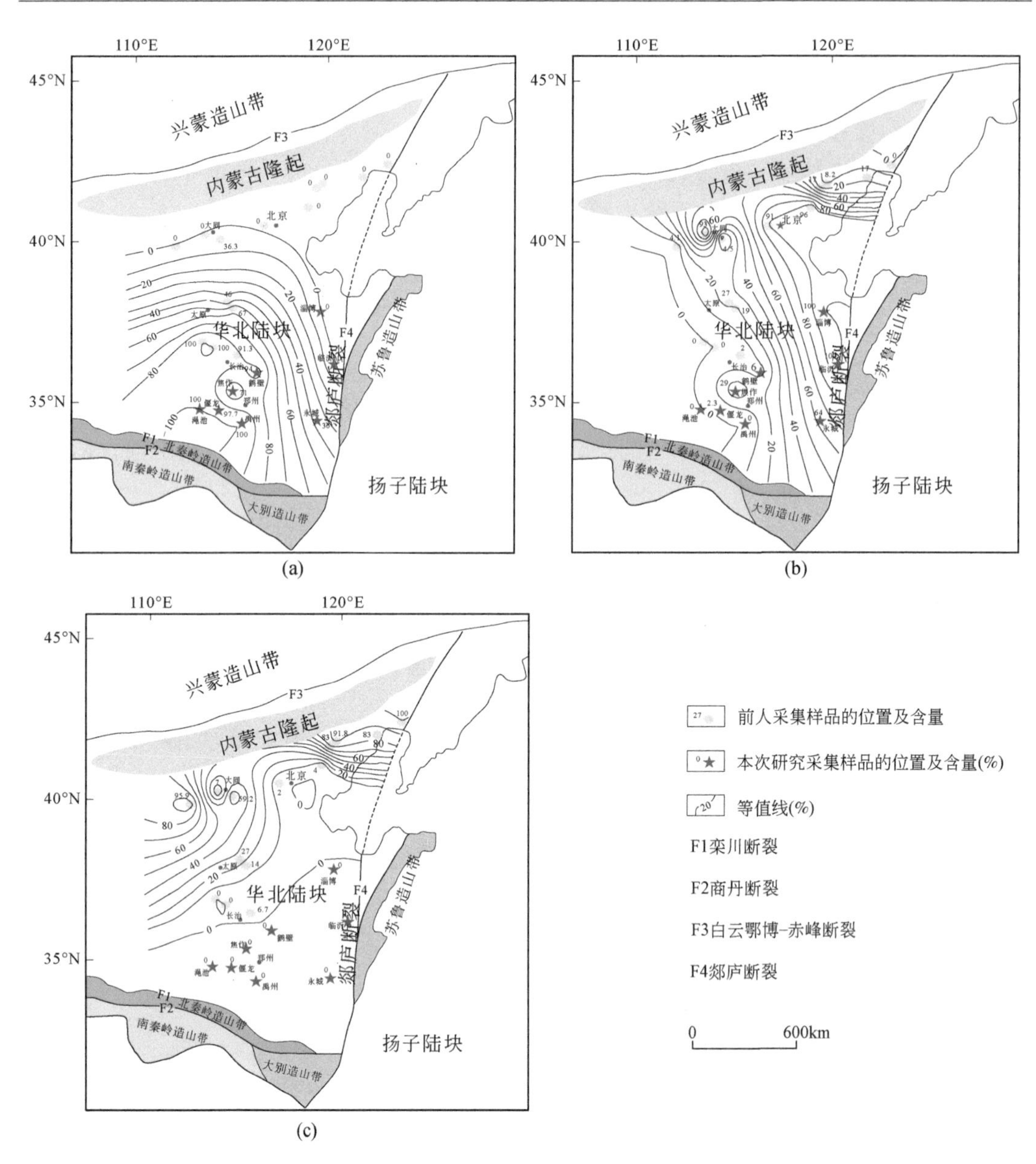

图 5-11　华北陆块东部本溪组含铝岩系不同物源区碎屑锆石含量的等值线图

（a）北秦岭造山带物源区；（b）东部消失的物源区；（c）内蒙古隆起物源区

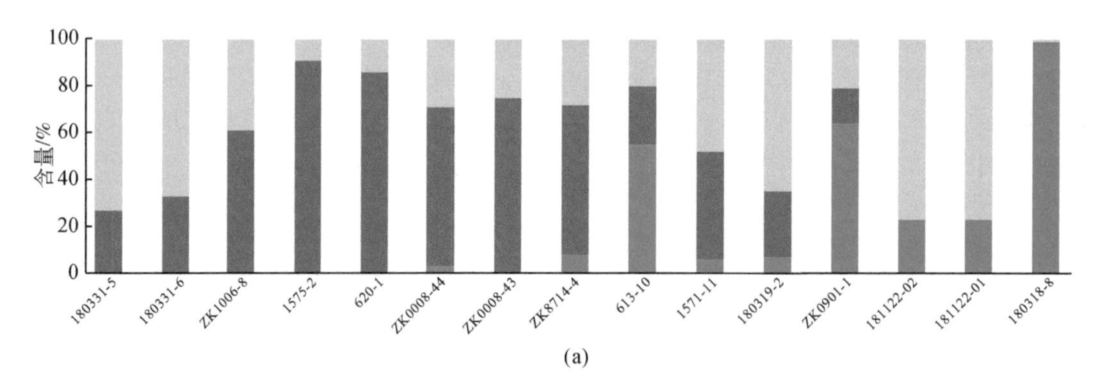

(a)

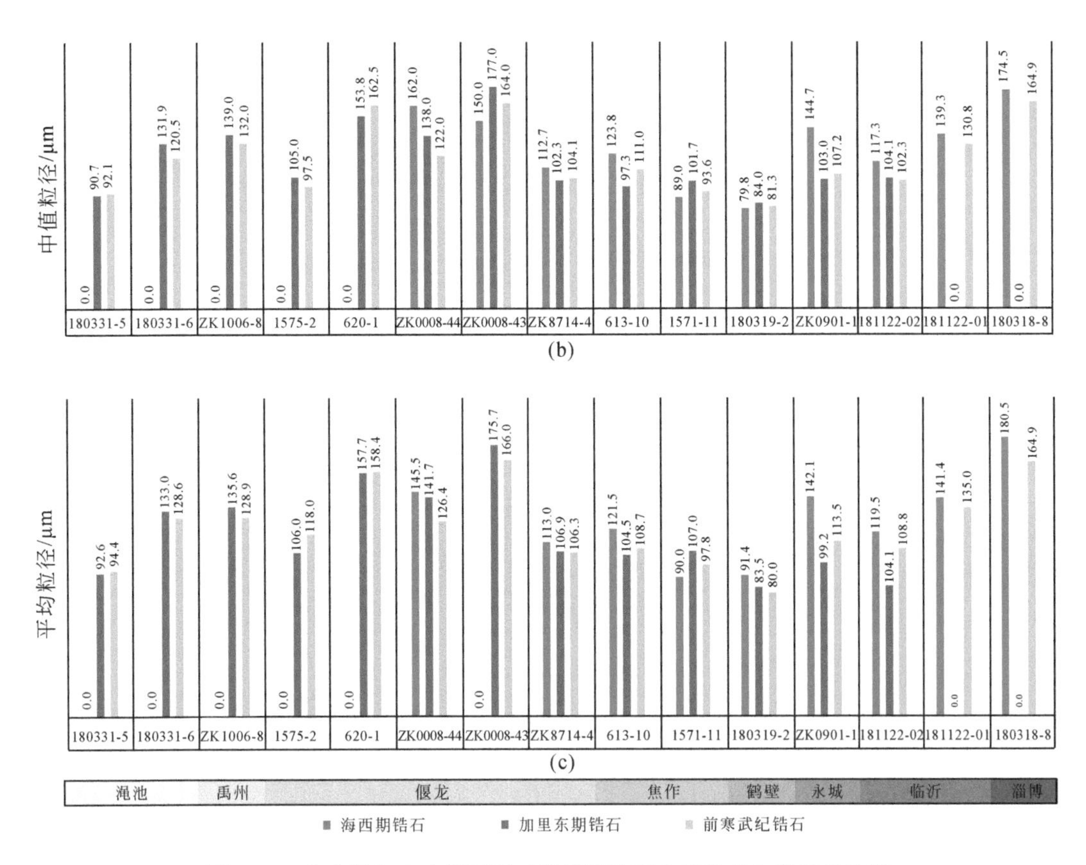

图 5-12　华北陆块东南部不同时期碎屑锆石含量组成和粒径变化图

（a）不同时期碎屑锆石含量组成；（b）不同时期碎屑锆石中值粒径；（c）不同时期碎屑锆石平均粒径

含铝岩系中来源于内蒙古隆起的碎屑锆石，主要由峰值约 382Ma 和北部前寒武纪的碎屑锆石提供（图 4-12）。在内蒙古隆起物源区碎屑锆石含量的等值线图［图 5-11（c）］上，可以看出，除局部地区外，华北陆块北部含量甚高，向南部和东部呈急剧减少之势，在淄博—鹤壁一线东南部，本溪组含铝岩系中几乎不含内蒙古隆起物源区的碎屑锆石，说明了在本溪组沉积时期，现今的内蒙古隆起亦为一隆升地区，其提供的碎屑物质具有由北向南和向东搬运的趋势。

2. *原始沉积物粒度组成的差异*

碎屑锆石的粒度与水动力分选具有重要的联系（Morton and Hallsworth，1999；Lawrence et al.，2011），尽管锆石作为重矿物与沉积岩中的碎屑颗粒具有较大的密度差异，但根据水力等效作用，锆石的粒度与碎屑颗粒的粒度具有正相关性，所以，完全可以根据碎屑锆石粒度组成的差异，来推测含铝岩系原始沉积物粒度组成的差异。

已有文献中华北陆块北部含铝岩系碎屑锆石的粒度数据尚无法获得，所以，本次研究主要根据在华北陆块东南部获得的碎屑锆石的粒度资料进行讨论。粒度统计时，对所有的 U-Pb 年龄谐和度>90% 的碎屑锆石进行测量，首先测量碎屑锆石 CL 图像上长轴的长度，然后分全部锆石、海西期碎屑锆石（组成峰值为 304 ~ 341Ma 的碎屑锆石）、加里东期碎屑锆石（组成峰值为 434 ~ 465Ma 的碎屑锆石）和前寒武纪碎屑锆石（主要是年龄大于 542Ma 的碎屑锆石）4 类对最小粒径、最大粒径、中值粒径、平均粒径和分析数量等 5 项进行统计（表 5-3）。

表 5-3　华北陆块东南部本溪组含铝岩系碎屑锆石粒度统计表

样品号	项目	全部锆石	海西期碎屑锆石	加里东期碎屑锆石	前寒武纪碎屑锆石
ZK0008-44	最小粒径/μm	92. 3	111. 5	96. 2	92. 3
	最大粒径/μm	226. 9	163. 5	226. 9	184. 6
	中值粒径/μm	134. 0	162. 0	138. 0	122. 0
	平均粒径/μm	138. 3	145. 5	141. 7	126. 4
	分析数量/个	68	3	49	16
ZK0008-43	最小粒径/μm	125. 0	150. 0	125. 0	125. 0
	最大粒径/μm	239. 3	150. 0	239. 3	214. 3
	中值粒径/μm	170. 5	150. 0	177. 0	164. 0
	平均粒径/μm	172. 8	150. 0	175. 7	166. 0
	分析数量/个	66	1	48	17
ZK8714-4	最小粒径/μm	76. 0	85. 9	76. 0	90. 4
	最大粒径/μm	148. 3	144. 9	148. 3	140. 4
	中值粒径/μm	104. 4	112. 7	102. 3	104. 1
	平均粒径/μm	107. 8	113. 0	106. 9	106. 3
	分析数量/个	73	12	49	12
620-1	最小粒径/μm	108. 8	0. 0	108. 8	122. 5
	最大粒径/μm	225. 0	0. 0	225. 0	206. 3
	中值粒径/μm	155. 0	0. 0	153. 8	162. 5
	平均粒径/μm	157. 8	0. 0	157. 7	158. 4
	分析数量/个	91	0	79	12
1575-2	最小粒径/μm	60. 0	0. 0	60. 0	95. 0
	最大粒径/μm	168. 8	0. 0	166. 3	168. 8
	中值粒径/μm	105. 0	0. 0	105. 0	97. 5
	平均粒径/μm	106. 9	0. 0	106. 0	118. 0
	分析数量/个	67	0. 0	62	5
180331-5	最小粒径/μm	57. 4	0. 0	62. 1	57. 4
	最大粒径/μm	142. 2	0. 0	123. 8	142. 2
	中值粒径/μm	137. 0	0. 0	90. 7	92. 1
	平均粒径/μm	93. 9	0. 0	92. 6	94. 4
	分析数量/个	98	0	26	72

续表

样品号	项目	全部锆石	海西期碎屑锆石	加里东期碎屑锆石	前寒武纪碎屑锆石
180331-6	最小粒径/μm	88. 2	0. 0	90. 0	88. 2
	最大粒径/μm	204. 5	0. 0	176. 3	204. 5
	中值粒径/μm	126. 7	0. 0	131. 9	120. 5
	平均粒径/μm	130. 0	0. 0	133. 0	128. 6
	分析数量/个	97	0	32	65
ZK1006-8	最小粒径/μm	96. 0	0. 0	101. 7	96. 0
	最大粒径/μm	190. 2	0. 0	190. 2	169. 3
	中值粒径/μm	137. 0	0. 0	139. 0	132. 0
	平均粒径/μm	134. 6	0. 0	135. 6	128. 9
	分析数量/个	59	0	42	17
613-10	最小粒径/μm	69. 5	77. 4	69. 5	78. 4
	最大粒径/μm	151. 3	151. 3	147. 6	141. 9
	中值粒径/μm	112. 8	123. 8	97. 3	111. 0
	平均粒径/μm	114. 3	121. 5	104. 5	108. 7
	分析数量/个	54	28	14	12
1571-11	最小粒径/μm	70. 8	82. 8	78. 5	70. 8
	最大粒径/μm	157. 8	103. 4	156. 0	157. 8
	中值粒径/μm	100. 0	89. 0	101. 7	93. 6
	平均粒径/μm	102. 7	90. 0	107. 0	97. 8
	分析数量/个	65	5	39	21
180319-2	最小粒径/μm	45. 1	58. 2	48. 6	45. 1
	最大粒径/μm	138. 0	138. 0	112. 9	124. 4
	中值粒径/μm	82. 6	79. 8	84. 0	81. 3
	平均粒径/μm	81. 8	91. 4	83. 5	80. 0
	分析数量/个	81	6	24	51
ZK0901-1	最小粒径/μm	63. 9	63. 9	84. 6	74. 3
	最大粒径/μm	218. 2	218. 2	111. 6	160. 1
	中值粒径/μm	126. 8	144. 7	103. 0	107. 2
	平均粒径/μm	131. 1	142. 1	99. 2	113. 5
	分析数量/个	61	42	9	10
181122-01	最小粒径/μm	98. 9	112. 2	0	98. 9
	最大粒径/μm	187. 9	187. 9	0	176. 5
	中值粒径/μm	134. 5	139. 3	0	130. 8
	平均粒径/μm	136. 9	141. 4	0	135. 0
	分析数量/个	82	24	0	58

续表

样品号	项目	全部锆石	海西期碎屑锆石	加里东期碎屑锆石	前寒武纪碎屑锆石
181122-02	最小粒径/μm	60.7	60.7	104.1	69.0
	最大粒径/μm	197.9	170.2	104.1	197.8
	中值粒径/μm	105.7	117.3	104.1	102.3
	平均粒径/μm	111.8	119.5	104.1	108.8
	分析数量/个	68	14	1	53
180318-8	最小粒径/μm	121.0	121.0	0	164.9
	最大粒径/μm	341.8	341.8	0	164.9
	中值粒径/μm	174.0	174.5	0	164.9
	平均粒径/μm	180.0	180.5	0	164.9
	分析数量/个	93	92	0	1

注：粒径的统计按照锆石晶体的长轴统计。

从表5-3，以及图5-12（b）（c）中可以看出，主要来自东部已经消失的物源区的海西期碎屑锆石（组成峰值为304～341Ma的碎屑锆石）粒径，在淄博地区具有最大的中值粒径和平均粒径，分别为174.5μm和180.5μm；向南部临沂地区，中值粒径和平均粒径均有减小，两个样品（181122-01和181122-02）分别为139.3μm和141.4μm、117.3μm和119.5μm；向南西部永城地区，中值粒径和平均粒径也有所减小，分别为144.7μm和142.1μm；再向南西部鹤壁地区，中值粒径和平均粒径进一步减小，分别是79.8μm和91.4μm；再向南西部焦作地区，两个样品（613-10和1571-11）中值粒径和平均粒径稍有增加，分别是123.8μm和121.5μm、89.0μm和90.0μm；再向南西部的偃龙地区ZK8714-4，中值粒径和平均粒径分别是112.7μm和113.0μm。

主要来自南部北秦岭造山带的加里东期碎屑锆石（组成峰值为434～465Ma的碎屑锆石）粒径，在西南部偃龙、渑池和禹州地区总体上具有较大的中值粒径和平均粒径，偃龙地区五个样品（ZK0008-44、ZK0008-43、ZK8714-4、620-1和1575-2）分别为138.0μm和141.7μm、177.0μm和175.7μm、102.3μm和106.9μm、153.8μm和157.7μm、105.0μm和106.0μm；渑池地区两个样品（180331-5和180331-6）分别为90.7μm和92.6μm、131.9μm和133.0μm；禹州地区ZK1006-8样品为139.0μm和135.6μm；向北东部焦作地区，中值粒径和平均粒径总体上有所减小，两个样品（613-10和1571-11）分别为97.3μm和104.5μm、101.7μm和107.0μm；再向北东部鹤壁地区，中值粒径和平均粒径进一步减小，分别为84.0μm和83.5μm；向东部永城地区，中值粒径和平均粒径也有减小，分别是103.0μm和99.2μm。

主要来自南部北秦岭造山带的前寒武纪碎屑锆石（主要是年龄大于542Ma的碎屑锆石）粒径，仍在西南部偃龙、渑池和禹州地区总体上具有较大的中值粒径和平均粒径，偃龙地区五个样品（ZK0008-44、ZK0008-43、ZK8714-4、620-1和1575-2）分别为122.0μm和126.4μm、164.0μm和166.0μm、104.1μm和106.3μm、162.5μm和158.4μm、97.5μm和118.0μm；渑池地区两个样品（180331-5和180331-6）分别为92.1μm和94.4μm、120.5μm和128.6μm；禹州地区ZK1006-8样品为132.0μm和128.9μm；向北东部焦作地区，中值粒径和平均粒径总体上有所减小，两个样品（613-10 和 1571-11）分别为 111.0μm 和 108.7μm、93.6μm 和 97.8μm；再向北东部鹤壁地区，中值粒径和平均粒径进一步减小，分别为 81.3μm 和 80.0μm；向东部永城地区，中值粒径和平均粒径有所增加，分别是 107.2μm 和 113.5μm。

来自华北陆块东部消失物源区的前寒武纪碎屑锆石，临沂地区两个样品（181122-01 和 181122-02）中值粒径和平均粒径分别是 130.8μm 和 135.0μm、102.3μm 和 108.8μm，淄博地区一颗前寒武纪碎屑锆石粒径为 164.9μm，均较华北陆块南部靠东侧的永城地区和靠北侧的鹤壁地区的前寒武纪碎屑锆石显著增大，进一步指示了临沂和淄博地区的前寒武纪碎屑锆石与其他地区的前寒武纪碎屑锆石不是同一来源。

根据上述的统计，尽管不具有严格的规律性，但海西期碎屑锆石在东北部淄博地区有较大的中值粒径和平均粒径，向南部临沂、永城地区，以及向西部鹤壁、焦作和偃龙地区呈减少的趋势，偃龙地区海西期碎屑锆石中值粒径和平均粒径较大，可能与该区海西期碎屑锆石较少，代表性较差有关；加里东期碎屑锆石在偃龙、渑池和禹州地区具有较大的中值粒径和平均粒径，向东北部焦作、鹤壁地区，以及向东部永城地区呈减少的趋势；来自南部北秦岭造山带的前寒武纪碎屑锆石，具有与加里东期碎屑锆石相似的变化规律；来自华北陆块东部消失物源区的前寒武纪碎屑锆石，具有较大的中值粒径和平均粒径，指示了东部消失物源区含有前寒武纪碎屑锆石。

沉积物的粒度特征是沉积物物源、水动力能量、搬运距离等综合作用的结果，其中，碎屑颗粒平均粒径和中值粒径可以指示沉积物粒径频率分布的中心趋向，其大小能够反映搬运沉积物的平均动能，其减小的趋势能够代表水流方向（姜在兴，2003）。所以，根据碎屑锆石揭示的本溪组含铝岩系原始沉积物在平面上的粒度变化，可以判断，搬运东部消失物源区碎屑物质的水流方向为东北部向西南部，搬运北秦岭造山带碎屑物质的水流方向为西南部向东北部，此与根据碎屑锆石在平面上含量变化得出的碎屑物质搬运方向一致。

（二）含铝岩系原始沉积物组成在垂向上的差异

含铝岩系原始沉积物不仅在平面上具有碎屑成分组成和粒度组成的差异，在垂向上也具有明显的差异。本次研究对偃龙、焦作、渑池和临沂地区含铝岩系在垂向上也进行了取样，除临沂地区外，取样岩性下部为铝土质泥岩，上部为豆鲕（碎屑）状铝土矿，样品描述详见第三章。

1. 原始沉积物成分组成的差异

渑池地区下部铝土质泥岩（180331-5）和上部豆鲕（碎屑）状铝土矿（180331-6）的碎屑锆石 100% 来自北秦岭造山带，下部铝土质泥岩加里东期和前寒武纪碎屑锆石所占比例分别是 27% 和 73%，上部豆鲕（碎屑）状铝土矿加里东期和前寒武纪碎屑锆石所占比例分别是 33% 和 67%。

偃龙地区火石嘴露头区，下部铝土质泥岩（1575-2）和上部豆鲕（碎屑）状铝土矿（620-1）的碎屑锆石 100% 来自北秦岭造山带，下部铝土质泥岩加里东期和前寒武纪碎屑锆石所占比例分别是 91% 和 9%，上部豆鲕（碎屑）状铝土矿加里东期和前寒武纪碎屑锆石所占比例分别是 86% 和 14%。

偃龙地区ZK0008钻孔，下部铝土质泥岩（ZK0008-44）来自东部消失物源区的三颗海西期碎屑锆石，年龄分别为326Ma、322Ma、291Ma，占3%，来自南部北秦岭造山带的加里东期和前寒武纪碎屑锆石占97%，其中，加里东期碎屑锆石占68%，前寒武纪碎屑锆石占29%；上部豆鲕（碎屑）状铝土矿（ZK0008-43）的碎屑锆石100%来自北秦岭造山带，其中加里东期碎屑锆石占75%，前寒武纪碎屑锆石占25%。

焦作地区下部铝土质泥岩（613-10）来自东部消失物源区的海西期碎屑锆石占55%，来自南部北秦岭造山带的加里东期和前寒武纪碎屑锆石占45%，其中，加里东期碎屑锆石占25%，前寒武纪碎屑锆石占20%；上部豆鲕（碎屑）状铝土矿（1571-11）东部消失物源区的海西期碎屑锆石占6%，来自南部北秦岭造山带的加里东期和前寒武纪碎屑锆石占94%，其中，加里东期锆石占46%，前寒武纪碎屑锆石占48%。

临沂地区下部紫红色铝土质泥岩（181122-02）和中部土黄色粉砂质泥岩（181122-01）的碎屑锆石100%来自东部消失的物源区，下部紫红色铝土质泥岩海西期和前寒武纪碎屑锆石所占比例分别是24%和76%，中部土黄色粉砂质泥岩海西期和前寒武纪碎屑锆石所占比例分别是23%和77%。

根据上述，除东部临沂地区和西部渑池地区主要为单一的源区外，偃龙和焦作地区均具有下部铝土质泥岩来自华北陆块东部消失物源区的海西期碎屑锆石所占比例较大，上部豆鲕（碎屑）状铝土矿来自北秦岭造山带的碎屑锆石所占比例较大的特点。

2. 原始沉积物粒度组成的差异

渑池地区下部铝土质泥岩（180331-5）来自北秦岭造山带的加里东期和前寒武纪碎屑锆石的中值粒径和平均粒径分别为90.7μm和92.6μm、92.1μm和94.4μm，上部豆鲕（碎屑）状铝土矿（180315-6）加里东期和前寒武纪碎屑锆石的中值粒径和平均粒径分别为131.9μm和133.0μm、120.5μm和128.6μm。

偃龙地区火石嘴露头区，下部铝土质泥岩（1575-2）来自北秦岭造山带的加里东期和前寒武纪碎屑锆石的中值粒径和平均粒径分别为105.0μm和106.0μm、97.5μm和118.0μm，上部豆鲕（碎屑）状铝土矿（620-1）加里东期和前寒武纪碎屑锆石的中值粒径和平均粒径分别为153.8μm和157.7μm、162.5μm和158.4μm。

偃龙地区ZK0008钻孔，下部铝土质泥岩（ZK0008-44）来自东部消失物源区的三颗海西期碎屑锆石，中值粒径和平均粒径分别为162.0μm和145.5μm，来自北秦岭造山带的加里东期和前寒武纪碎屑锆石的中值粒径和平均粒径分别为138.0μm和141.7μm、122.0μm和126.4μm，上部豆鲕（碎屑）状铝土矿（ZK0008-43）加里东期和前寒武纪碎屑锆石的中值粒径和平均粒径分别为177.0μm和175.7μm、164.0μm和166.0μm。

焦作地区下部铝土质泥岩（613-10）来自东部消失物源区的海西期碎屑锆石中值粒径和平均粒径分别为123.8μm和121.5μm，来自北秦岭造山带的加里东期和前寒武纪碎屑锆石的中值粒径和平均粒径分别为97.3μm和104.5μm、111.0μm和108.7μm，上部豆鲕（碎屑）状铝土矿（1571-11）来自东部消失物源区的海西期碎屑锆石中值粒径和平均粒径分别为89.0μm和90.0μm，来自北秦岭造山带的加里东期和前寒武纪碎屑锆石的中值粒径和平均粒径分别为101.7μm和107.0μm、93.6μm和97.8μm。

临沂地区下部紫红色铝土质泥岩（181122-02）来自东部消失物源区的海西期碎屑锆

石和前寒武纪碎屑锆石中值粒径和平均粒径分别为104.1μm和104.1μm、102.3μm和108.8μm，中部土黄色粉砂质泥岩（181122-01）海西期碎屑锆石和前寒武纪碎屑锆石中值粒径和平均粒径分别为139.3μm和141.4μm、130.8μm和135.0μm。

可以看出，无论是渑池地区和偃龙地区主要由北秦岭造山带提供的加里东期和前寒武纪碎屑锆石，还是临沂地区主要由东部消失的物源区提供的海西期和前寒武纪碎屑锆石，均具有中值粒径和平均粒径向上部增加的趋势。焦作地区既有华北陆块东部消失物源区的物源，也有北秦岭造山带的物源，主要由东部消失物源区提供的海西期碎屑锆石具有向上部中值粒径和平均粒径减小的趋势，由北秦岭造山带提供的加里东期碎屑锆石具有中值粒径和平均粒径向上部增大的趋势，但前寒武纪碎屑锆石变化不甚明显。

（三）含铝岩系原始沉积物碎屑组成与粒度组成的关系

研究表明，碎屑锆石的粒径与水动力的分选作用有关，如果不同粒径的锆石代表不同的结晶年龄，则在搬运-沉积过程中可能使锆石的年龄谱存在偏差（Hietpas et al.，2011；Lawrence et al.，2011）。所以，含铝岩系原始沉积物的碎屑组成与粒度组成之间应当存在一定的相关性。

从华北陆块东南部本溪组含铝岩系碎屑锆石含量与平均粒度关系图（图5-13），可以看出，无论是来源于北秦岭造山带的加里东期碎屑锆石［图5-13（a）］，还是来源于东部消失的物源区的海西期碎屑锆石［图5-13（c），偃龙地区ZK0008-44偏离趋势线较大，可能是海西期碎屑锆石含量较少，不具有统计意义］，均大致具有随着碎屑锆石含量增加，平均粒度增大的趋势，说明了它们可能是分别在同一搬运-沉积过程中沉积的，不同地区年龄谱的差异可能与距离物源区的远近和水动力学的分选作用有关。前寒武纪碎屑锆石含量与平均粒度相关性较小［图5-13（b）］，则可能与它们多是再循环的碎屑锆石有关。

此外，除淄博和临沂地区外，加里东期和前寒武纪碎屑锆石，中值粒径和平均粒径均具有显著的正相关关系（图5-14），进一步证明，这些碎屑锆石来自同一源区，受同一水动力搬运。

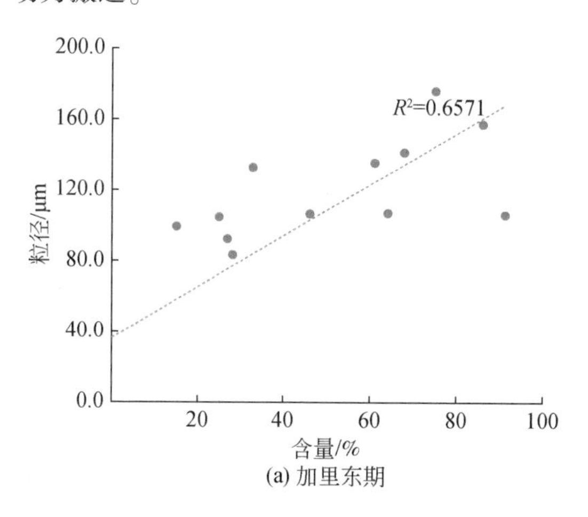

(a) 加里东期

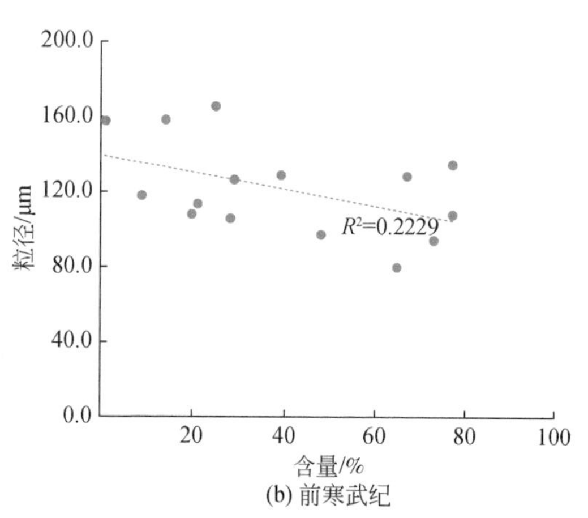

(b) 前寒武纪

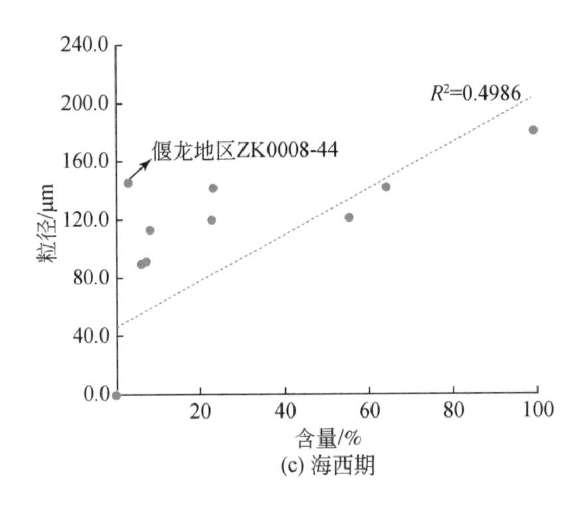

(c) 海西期

图 5-13　华北陆块东南部本溪组含铝岩系碎屑锆石含量与平均粒度关系图

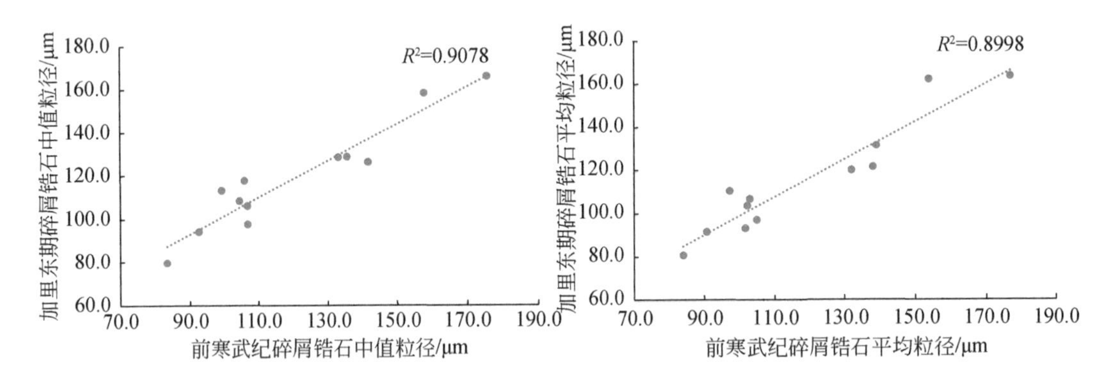

图 5-14　华北陆块东南部本溪组含铝岩系加里东期和前寒武纪碎屑锆石粒度关系图

四、搬运和沉积方式

根据对含铝岩系原始沉积物在平面上组成差异的分析，本溪组沉积时期，北秦岭造山带物源区提供的碎屑物质具有由西南部向东北部减少的趋势，加里东期和前寒武纪碎屑锆石的中值粒径和平均粒径具有减小的趋势；东部消失的物源区提供的碎屑物质具有由北东部的淄博地区向北部、南部和西部减少的趋势，海西期碎屑锆石的中值粒径和平均粒径具有减小的趋势。但碎屑物质的搬运方式及与之相关的水动力特征仍需深入分析。

华北陆块东南部大部分地区本溪组含铝岩系中，尽管由于较强的化学风化作用，原始沉积物的组构已产生了较强的改造，但在含铝岩系的顶部和部分地区含铝岩系的内部，仍保留了原始的沉积构造。

在含铝岩系的顶部水平层理发育，层面上植物化石丰富，这在不同地区均可见及(图 3-2⑬，图 3-41，图 5-4⑪)。含铝岩系内部残留的沉积构造也以水平层理为主，它们多出现在化学风化程度较弱的含铝岩系中，如前述的偃龙地区 ZK8714 钻孔的下部。此外，在渑池地区和临沂地区也可见到残留的水平层理。在渑池地区，尽管总体上化学风化作用较强，但在远离岩溶漏斗处，仍可在含铝岩系的下部见到铝土质泥岩与豆鲕（碎屑）状铝土矿组成的薄互层，每一序列由下部的铝土质泥岩和上部的豆鲕（碎屑）状铝土矿组成，厚约15cm，序列间残留有清晰的水平层理［图5-15（a）］。临沂地区相较渑池地区，化学风化作用较弱，底部紫色铝土质泥岩的主要矿物成分为黏土矿物［图4-4（j）］，但仍可见到由其中土黄色细条纹所显示的水平层理［图5-15（b）］，上部土黄色粉砂质泥岩，主要矿物成分除黏土矿物外，还残留有石英［图4-4（k）］，水平层理清晰可见［图5-15（c）］。

(a)　(b)　(c)

图5-15　华北陆块东南部本溪组含铝岩系内部残留的水平层理

（a）铝土质泥岩与豆鲕状铝土矿组成的薄互层，陕县龙潭村；（b）含铝岩系底部紫色铝土质泥岩显示的水平层理，临沂山西头村；（c）含铝岩系上部土黄色粉砂质泥岩的水平层理，临沂山西头村

含铝岩系的顶部普遍具有的水平层理和部分地区含铝岩系内部残留的水平层理，结合含铝岩系原始沉积物主要为碎屑岩，说明华北陆块东南部大部分地区含铝岩系原始沉积物沉积时的水动力较弱，碎屑颗粒的搬运方式可能以牵引流的悬浮搬运为主。

根据单向的牵引流搬运的特点，当牵引流具有较强的水动力，流经物源区时，一般能携带较多的沉积物（满载），但当流速降低，流量减小，牵引流的推力和负荷力就要减弱，成为超载，这时携带的沉积物就会减少，并依次产生由粗到细的颗粒沉积（姜在兴，2003）。

在平面上，本溪组含铝岩系中，北秦岭造山带物源区提供的加里东期和前寒武纪碎屑锆石含量均具有由西南向北东方向急剧降低的趋势，且碎屑锆石的中值粒径和平均粒径也具有减小的趋势，说明搬运北秦岭造山带碎屑物质的水流具有单向的由南西向北东方向的牵引流性质。东部消失物源区提供的海西期碎屑锆石含量具有由北东向南西方向急剧降低的趋势，且碎屑锆石的中值粒径和平均粒径具有减小的趋势，说明搬运东部消失物源区的碎屑物质的水流也具有单向的由北西向南西方向的牵引流性质。

在垂向上，本溪组含铝岩系中，东北部地区（本研究的临沂地区）为单一的东部消失物源区的碎屑锆石，西南部地区（本研究的渑池地区）为单一的北秦岭造山带的碎屑锆石，其他地区（本次研究的偃龙和焦作地区）均具有下部铝土质泥岩来自华北陆块东部消失物源区的海西期碎屑锆石所占比例较大，上部豆鲕（碎屑）状铝土矿来自北秦岭造山带的碎屑锆石所占比例较大的特点。在碎屑锆石粒度上，渑池地区和偃龙地区主要由北秦岭造山带提供的加里东期和前寒武纪碎屑锆石，均具有中值粒径和平均粒径向上部增加的趋势。焦作地区由东部消失物源区提供的海西期碎屑锆石具有向上部中值粒径和平均粒径减小的趋势。这些均说明了，本溪组含铝岩系由下部向上部搬运东部消失物源区的碎屑物质、由北东向南西方向的牵引流流速（或推力和负荷力）降低，搬运北秦岭造山带碎屑物质、由南西向北东方向的牵引流流速（或推力和负荷力）增大的特点。即本溪组含铝岩系由下部向上部，具有从搬运东部消失物源区的碎屑物质、由北东向南西方向的牵引流，向搬运北秦岭造山带碎屑物质、由南西向北东方向的牵引流转变的特点。

第三节　含铝岩系原始沉积物的沉积环境

根据本溪组含铝岩系具有面状分布的特点，其上部为含有丰富海相化石的生物碎屑灰岩所覆盖，且华北陆块上古生界整体表现为海退沉积（陈钟惠等，1993），可以初步确定本溪组原始沉积物的沉积环境为海洋环境，且为陆表海环境。但更具体的沉积环境尚需根据上述的本溪组原始沉积物的搬运和沉积方式等进行分析。

一、焦作地区原始沉积物的沉积环境

焦作红砂岭和牛坡地区本溪组下部砾岩和砂岩的岩性与沉积构造的变化，均反映了其中的砾石和砂屑是由北东向南西方向搬运的，且水动力强度较大，能够再启动粒径为2cm的河流相石英砾石。根据Komar和Inman（1973）波浪作用下泥沙启动的速度公式，波周期为15s（相当于飓风波浪周期）时，粒径2cm的石英砾石再启动所需的波浪轨迹速度为140cm/s，这一速度也完全可使粒径<0.01mm的泥粒开始搬运（姜在兴，2003），使泥岩发生侵蚀，这也是砾岩与下伏的泥岩呈冲刷接触关系，且砾岩中含有大量泥质杂基的原因。

根据焦作刘庄地区碎屑锆石的含量和粒度分析，含铝岩系下部铝土质泥岩来自东部消失物源区的海西期碎屑锆石占55%，上部豆鲕（碎屑）状铝土矿仅为6%，且中值粒径和平均粒径也有显著减小；而来自北秦岭造山带的加里东期和前寒武纪碎屑锆石在含铝岩系下部铝土质泥岩仅占45%，上部豆鲕（碎屑）状铝土矿可达96%，且加里东期碎屑锆石的中值粒径和平均粒径也有显著增大。根据前述分析，这反映了刘庄地区本溪组含铝岩系由下部向上部，具有从搬运东部消失物源区的碎屑物质、由北西向南西方向的牵引流，向搬运北秦岭造山带碎屑物质、由南西向北东方向的牵引流转变的特点。

所以，焦作地区本溪组下部，水流方向以北东向南西方向为主，碎屑颗粒的搬运方式由红砂岭地区的重力流逐渐向牛坡和刘庄地区的牵引流过渡，牵引流的水动力也是逐渐减弱的，由牛坡地区的跳跃或滚动搬运为主，过渡到刘庄地区以悬浮搬运为主，这一时期悬浮搬运的碎屑含有较多的由华北陆块东部消失物源区提供的碎屑；焦作地区本溪组上部，尽管也以悬浮搬运为主，但这一时期悬浮搬运的碎屑含有较多的由北秦岭造山带提供的碎屑，反映了水流方向总体发生了改变，改变为以南西向北东方向为主。

本溪组顶部水平层理的层面上见有大量的植物叶片和根茎化石，越往上部越发育，直至产生煤线（图3-2⑬，图3-41，图5-4⑪）。

沉积物中反映的向海和向陆方向的双向水流、碎屑颗粒的再搬运、底部的冲刷和被剥

蚀的底部物质、顶部富含植物碎屑的泥质层（或浓缩的有机质碎屑）(Minoura and Nakaya，1991；Einsele et al.，1996；Polonia et al.，2014；Fujiwara and Kamataki，2007；Fujiwara，2008；Dawson and Stewart，2007）被认为是鉴别海啸沉积的主要特征。研究表明，海啸主要由产生、传播、岸上的洪泛和回流四个阶段组成。其中，海啸的产生、传播和洪泛阶段可携带大量来自海洋内部的再启动的沉积物，在海啸前进到浅水中时的爬升阶段，可以对下伏的沉积物产生强烈的冲刷作用，与再启动的沉积物一起形成重力流（或密度流）(Srinivasalu，2007；Hori et al.，2007；Leu et al.，2014；Clare et al.，2014)，在水流地段，可以产生由重力流向牵引流的过渡（Bondevik et al.，1997；Nichol et al.，2007)，如果被搬运的碎屑颗粒粒度范围较广，则会顺着水流方向粒径逐步减小（Einsele et al.，1996)。在回流开始之前，水体各处的速度都达到零，在这种几乎静止状态，粗于粉砂的物质沉积下来，造成被搬运的沉积物的“冻结”沉积，而细粒的粉砂和黏土仍处于悬浮状态。在由陆向海的回流作用下，水流以牵引流为主，沉积物则主要由非海相砂和土壤组成（Dawson and Stewart，2007)，构成了海啸沉积物的最上部沉积，富含植物碎屑（Fujiwara and Kamataki，2007；Fujiwara，2008)。

所以，根据焦作地区本溪组岩石学和沉积学特征，以及它们在平面上和垂向上的变化序列，可以确定焦作地区本溪组原始沉积物的沉积环境为海啸环境。

海啸作用通常具有突发性和重复性，形成多个海啸序列的叠置和不同海啸序列间的冲刷接触，这可从红砂岭和牛坡地区砾岩或砂岩的下部普遍发育厚度不等的泥岩，以及砾岩的多层发育（红砂岭东北部)、砾岩—中粗粒砂岩的多个序列（红砂岭西南部)，并且它们之间普遍具有的冲刷构造表现出来。每次的海啸作用常具有向上变细的沉积序列，代表了海啸的衰退阶段，这也可从红砂岭地区单一砾岩层由下向上的沉积特征、砾岩向中粗粒砂岩的过渡等表现出来。但总体上，海啸作用的水动力强度由下向上是逐渐减弱的，这可从红砂岭地区的沉积序列和水动力学的分析中体现出来。

每次海啸作用完成后，海平面可能快速下降，使已形成的海啸沉积物长期暴露于地表，这可引起这些沉积物快速而强烈的化学风化作用（关于原始沉积物的风化过程见第七章)，这是造成红砂岭和牛坡地区砾岩或砂岩下部发育风化程度很高的泥岩，砾岩中的石英砾石和砂岩中的石英颗粒发生强烈溶解作用，以及刘庄地区以含铝岩系为主，且下部为铝土质泥岩，上部为豆鲕（碎屑）状铝土矿的原因（见第七章)。

二、华北陆块东南部原始沉积物的沉积环境

由于海啸在爬升阶段并不是平行海岸同步向陆发展的，水流速度差异较大，往往在海岸低洼处或在已有的河道内具有较大的爬升速度，水动力也较强，所以，这些地域的粗碎屑岩较为发育（Takashimizu and Masuda，2000；Fujino et al.，2006)。前已述及，焦作地区本溪组下部砾岩中的砾石可能是海啸产生之前河道中的滞积砾石，所以，海啸产生后，在海啸的爬升阶段，部分较深的未完全夷平的河道中（不排除其他的低洼处）的水流速度应当是较大的，再搬运和再沉积的砾石可能主要在这些地区内沉积，这已在砾岩的展布特点中表现了出来。所以，本溪组下部砾岩和砂岩仅能发育在非常局限的局部地区，而能够明显反映海

啸爬升阶段的、相似于焦作红砂岭和牛坡地区的粗碎屑岩在华北陆块东南部很不发育。但根据上述对焦作地区本溪组海啸沉积环境的分析，含有较多的由华北陆块东部消失物源区提供的碎屑的沉积物也可以作为由东北部向西南部海啸爬升阶段的标志。实际上，华北陆块东南部本溪组含铝岩系中东部消失物源区提供的海西期碎屑锆石含量和粒度分析，也揭露了这些沉积物是由该区东北侧向西南侧的牵引流搬运的，并主要出现在含铝岩系的下部。根据华北陆块东南部本溪组含铝岩系中北秦岭造山带提供的加里东期和前寒武纪碎屑锆石含量和粒度分析，这些沉积物是由该区西南侧向北东侧的牵引流搬运的，并主要出现在本溪组含铝岩系的上部。所以，在整体上，华北陆块东南部本溪组原始沉积物仍具有双向水流的特征。并且，根据对本溪组含铝岩系的形成过程的分析（见第七章），本溪组含铝岩系是由多个海平面的强烈变化所造成的红土化剖面叠置形成的，它们的原始沉积物可以认为是多个海啸沉积序列叠置的结果。此外，在含铝岩系的顶部和部分含铝岩系的内部见有大量的植物叶片和根茎化石，直至产生煤线，这也与海啸回流作用下，沉积物中富含植物碎屑有关。

所以，华北陆块东南部本溪组原始沉积物的沉积环境也应是海啸沉积环境。这一海啸作用是由华北陆块东北部发起的，并向华北陆块西南部传播和爬升。这与根据华北陆块地层学和古生物学研究成果，得出的华北陆块东部本溪组沉积期的古地理格局为南部、北部和西部地势较高，中部较低，呈向东开口且缓倾的簸箕状盆地（陈钟惠等，1993；曹高社等，2013）的认识相吻合。

研究表明，古生代时期具有较高的海平面，可使稳定陆块内部产生广阔的陆表海，陆表海坡度极缓，水体极浅，Heckel（1972）认为陆表海水一般只有 30.48m 深，坡度<0.01°。在坡度极缓的陆表海环境下，无论出于任何一种原因，只要海平面略有升降就会产生大规模的海水进退（Wilson，1975；Tucker，1985；杨起，1987）。海啸是一系列的波或波列，它有着长周期和长波长。在海啸的爬升阶段，海啸爬升波高可以比在开放海中向海岸前进的海啸波高大 30 倍，海啸爬升高度最大可达几百米，有报道的最大爬升高度为 524m（Bryant，2001；Shanmugam，2006）。在较大的爬升高度情况下，如果海岸地形平缓，则水平方向的洪泛可以达到很远的距离（Hindson et al.，1995）。2004 年印度尼西亚地震引发的印度洋海啸在印度尼西亚班达亚齐附近的海岸，海啸波高 30m，到达岸边爬高达海平面以上 50m，深入内陆 6km（Paris et al.，2007）。所以，可以想象，在本溪组沉积时期，陆表海环境下，由海啸作用所造成的强烈水动力和强烈的海平面上升，无疑具有非常大的携带沉积物的能力，以及非常强烈的对下部沉积物的侵蚀能力和非常广阔的影响范围。由华北陆块东北部发起的海啸作用不仅携带了大量的华北陆块东部消失物源区的碎屑物质，并向南西方向搬运，同时，海平面的快速上升可直达北秦岭造山带附近。随后，随着海啸作用的结束，海平面快速下降，不仅能沉积海啸回流作用携带的北秦岭造山带的碎屑物质和植物碎屑，也能使已沉积的原始沉积物暴露地表，发生强烈的降解作用（见第七章）。

已有研究表明，古生代陆表海与现代陆缘海的沉积作用具有显著的差别，现代陆缘海的沉积常是渐变的进积或退积作用，但陆表海的海进海退是阶跃式（或突发式）发生的，常反映了“事件”或“灾变”性质（吴瑞裳和王冶平，1994）。华北陆块晚古生代海侵也多具有事件性质，称“事件型海侵”（李增学等，1996），在华北陆块太原组中，可以见到底部发育冲刷构造的海相灰岩大面积直接覆盖在煤层、碳质泥岩或细碎屑岩之上，与下伏沉积物间存在明显的相序不连续现象，这一现象被认为是华北陆块晚古生代存在突发性海侵的证据（李增学等，1996；钟蓉和傅泽明，1998；吕大炜等，2009）。实际上，华北陆块晚古生代的突发性海侵不仅表现在大面积分布的海相灰岩上，整个上古生界的沉积都可以认为是在一次大规模突发性海侵的背景下沉积的，此与晚古生代全球各大陆逐渐靠近、洋盆逐渐缩小、大陆边缘不断发生剧烈的构造运动，并导致大陆向外增生有关。

陆表海环境下的“事件”或“灾变”地层常具有较好的保存条件，这与现代海岸与浅水海域的海啸动力作用十分普遍（Coleman，1968），但经常受到水流改造（如洪泛平原、海岸地区、浅海和海底峡谷的底部），使事件沉积物保存较少的特征显著不同。实际上，现代海啸沉积多保存在坡度极缓、受后期水动力改造较小的潮上、前滨或潟湖环境，这些环境与古生代陆表海具有相似的特点。

顺便提及的是，华北陆块北部局部地区本溪组中含有大量的峰值为310Ma的碎屑锆石，前已述及，它们可能不是来自内蒙古隆起，可能与华北陆块北部沉降较早（孟祥化和葛铭，2001），且海啸作用在爬升阶段局部地区水流速度较大，造成这些地区含有较多的来自华北陆块东部消失物源区的沉积物有关，但也可能与华北陆块北部局部地区存在与北侧兴蒙海相连通的通道（汤锡元和郭忠铭，1992；郭英海和刘焕杰，1999），由兴蒙活动带提供物源有关。

第四节 含铝岩系原始沉积物的构造环境

本溪组含铝岩系的原始沉积物成分主要是成分成熟度极低的岩屑，搬运这些岩屑的水动力与海啸作用有关，海啸发起于华北陆块的东北部，并携带有大量与地层年龄相近的岩浆岩碎屑。由于同时期的侵入岩不可能快速地暴露于地表成为物源区，所以，这些岩浆岩碎屑最有可能是由火山岩提供。根据碎屑锆石的微量元素特征，这些碎屑锆石主要属于大陆壳锆石（Grimes et al.，2007），寄主岩性主要为长英质火成岩（Belousova et al.，2002），形成背景与火山弧有关（图5-16）。由此可以进一步判断，与地层年龄相近的海西期火山岩是岛弧火山岩，应与俯冲作用有关。

Cawood等（2012）根据岩浆岩的生产、剥蚀和保存潜力，锆石的提供能力，沉积物通量及其与沉积盆地的关系，认为碎屑锆石的年龄谱能够反映沉积盆地的构造位置：汇聚型板块边缘的盆地以含有大量的与地层年龄相近的碎屑锆石为特征，而碰撞型和伸展型盆地则以含有大量老于地层年龄的碎屑锆石为特征。他们还认为，可以根据碎屑锆石的年龄谱推测已经消失的物源区。

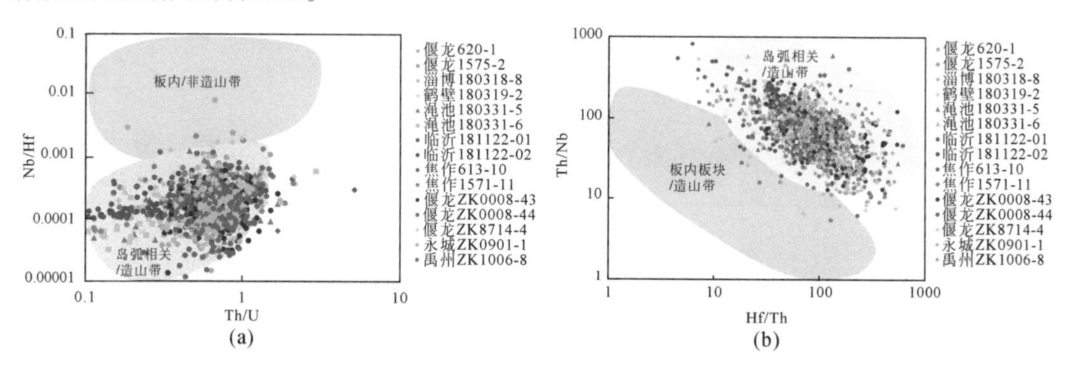

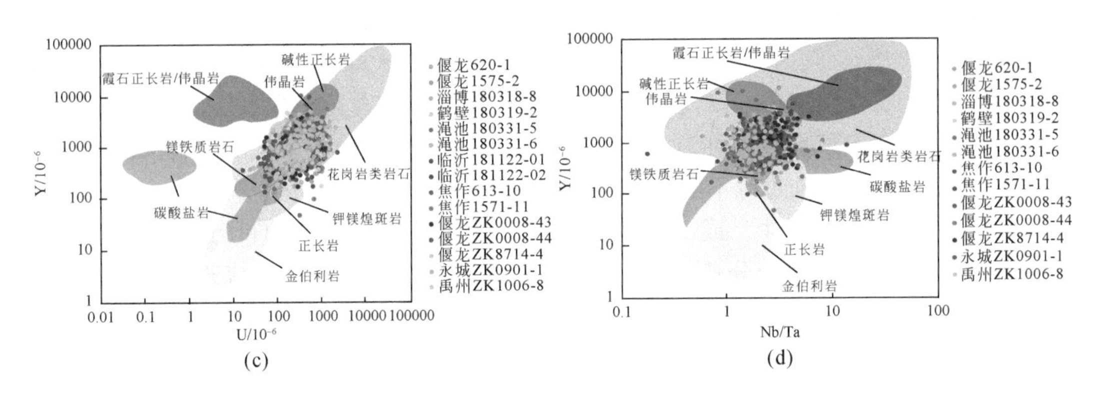

图 5-16　华北陆块东南部本溪组含铝岩系碎屑锆石微量元素图
（底图据 Belousova et al.，2002；Grimes et al.，2007）

淄博地区本溪组含铝岩系几乎全部为与地层年龄相近的碎屑锆石，碎屑锆石的年龄谱与南加利福尼亚的海沟和弧前盆地沉积物碎屑锆石的年龄谱相似（图 4-7，图 4-8，图 5-17A）；临沂地区和永城地区本溪组含铝岩系，以及焦作地区本溪组含铝岩系下部的铝土质泥岩尽管含有大量的与地层年龄相近的碎屑锆石（临沂地区两个样品含量分别为 23%

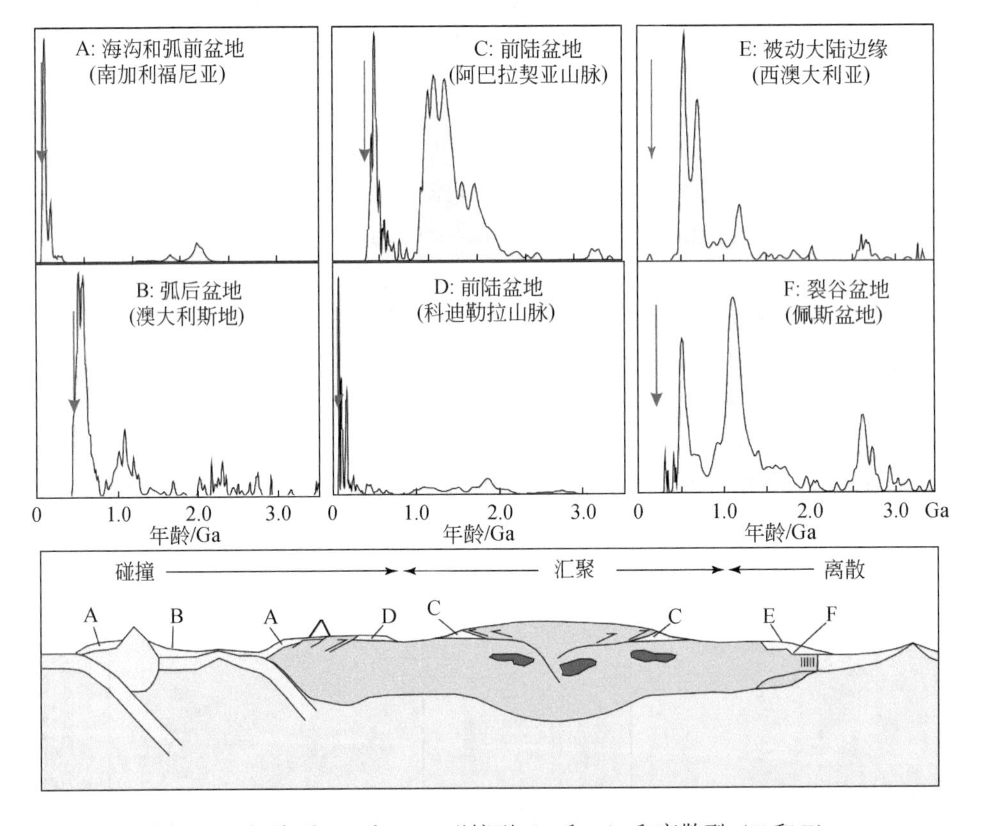

图 5-17　汇聚型（A 和 B）、碰撞型（C 和 D）和离散型（E 和 F）
盆地碎屑锆石年龄谱（Cawood et al.，2012）
红色垂直箭头指示沉积年龄

和24%，永城ZK0901-1含量为64%，焦作613-10含量为55%），但也含有大量的加里东期和/或前寒武纪碎屑锆石，碎屑锆石的年龄谱与澳大利亚弧后盆地的沉积物碎屑锆石年龄谱相似（图4-7，图4-8，图5-17B）。在以碎屑锆石结晶年龄与沉积地层年龄（本溪组地层年龄假定为299Ma）差值为横坐标的累积百分比图上，4个地区5个样品的累积百分比曲线也具有汇聚型构造背景的累积百分比曲线特征（图5-18）。

渑池地区、禹州地区、偃龙地区和鹤壁地区的本溪组含铝岩系，以及焦作地区本溪组含铝岩系上部的豆鲕（碎屑）状铝土矿，碎屑锆石的年龄谱与西澳大利亚的被动大陆边缘盆地的沉积物碎屑锆石年龄谱相似（图4-7，图4-8，图5-16E）。在以碎屑锆石结晶年龄与沉积地层年龄（本溪组地层年龄假定为299Ma）差值为横坐标的累积百分比图上，5个地区10个样品的累积百分比曲线也具有离散型构造背景的累积百分比曲线特征（图5-18）。

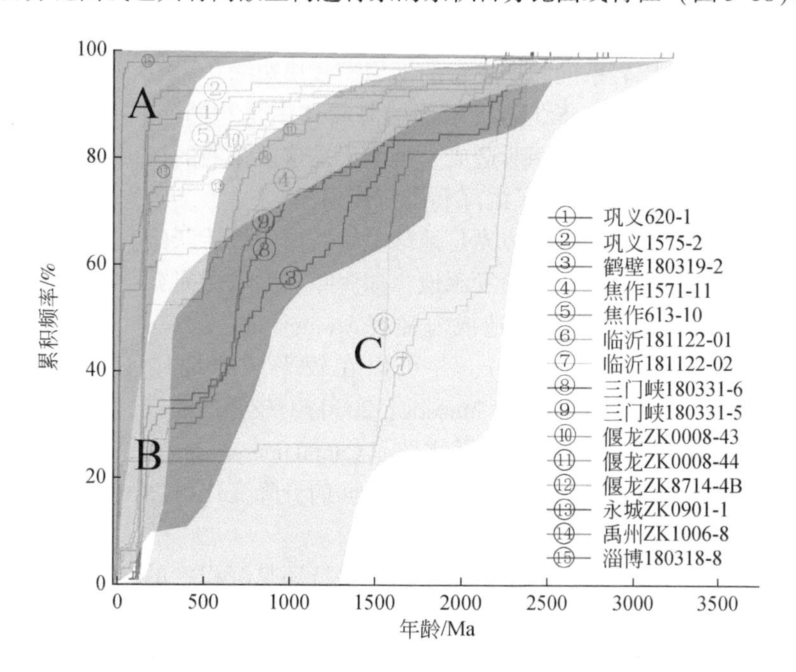

图5-18　华北陆块东南部本溪组含铝岩系碎屑锆石年龄累积百分比曲线与构造位置对比图（底图据Cawood et al.，2012）

A-汇聚环境；B-碰撞环境；C-伸展环境

注意到，Cawood等（2012）的不同构造背景沉积盆地碎屑锆石的年龄图谱主要是根据现代正在发育的沉积盆地做出的，主要考虑了现在正在发育的岩浆岩的生产、剥蚀和保存潜力、锆石的提供能力和沉积物通量等因素。在现代离散背景下，基性-超基性岩提供锆石的能力较差（Moecher and Samson，2006），所以，这一背景下沉积盆地中的碎屑锆石主要由老于地层年龄的碎屑锆石组成（图5-17A）。但对于古生代陆表海盆地的沉积地层，尤其是对于与下伏地层有长期间断的沉积地层，可能有自身的特点。由于老于沉积地层时代的物源区可以提供大量的物源，而同时期的岩浆岩不发育，或远离同时期的岩浆岩，也可以造成沉积物中以老于地层年龄的碎屑锆石为主。所以，古生代陆表海盆地中沉积物的碎屑锆石年龄谱还应当考虑上述的因素。

淄博、临沂和永城地区本溪组在沉积时期，其位置可能相对靠近同时期发育的岩浆岩，所以，与现代正在发育的沉积盆地可以进行对比，同时期发育的岩浆岩碎屑锆石比例不同的原因与距离源区的远近有关（Cawood et al., 2012）。焦作地区下部铝土质泥岩也有大量的同时期发育岩浆岩提供的碎屑物，也可以与现代正在发育的沉积盆地相对比。但对于远离同时期发育岩浆岩的渑池、禹州、偃龙和鹤壁地区，本溪组原始沉积物则主要由老于沉积地层时代的物源区提供大量的碎屑物组成，它们的年龄谱不能与现代正在发育的沉积盆地相对比。焦作地区上部豆鲕（碎屑）状铝土矿由于仅含有少量同时期发育岩浆岩提供的碎屑物，也不能与现代正在发育的沉积盆地相对比。靠近渑池、禹州、偃龙、鹤壁和焦作地区的北秦岭造山带，在本溪组沉积时期，构造活动较弱，岩浆岩不发育可为此进一步佐证。

根据华北陆块东南部本溪组含铝岩系的年龄谱和上述分析可以确定，华北陆块东部可能存在一个与本溪组含铝岩系同时期发育的汇聚型板块边缘。

此外，还可以确定，来自华北陆块东部的海啸作用是与当时强烈的火山活动相伴随的，这应该由当时的板块汇聚作用所造成。可能正是这次强烈的构造活动造成了华北陆块在隆升了 1.2～1.5Ga 后再次产生了沉降和沉积作用。

现代太平洋周缘的汇聚型板块边界是地球上构造作用最活跃的地区之一，不仅是一个火山活动带，也是产生较强水动力的发源地，如海啸。大量的研究表明，一次由构造活动所引起的大陆边缘的沉降往往可以造成海啸（Atwater and Yamaguchi, 1991；Clague and Bobrowsky, 1994；Fryer et al., 2004），并可以在较平缓的地区产生范围广阔的海侵（Garrett et al., 2016；Takashimizu and Masuda, 2000），较强的海浪可以携带大量海洋内部的沉积物，包括火山岛弧的岩浆岩碎屑物质（Cantalamessa and Celma, 2005）。尤其是，晚古生代华北盆地作为典型的陆表海盆地，海平面的升降变化可以极大地影响海水的分布范围（Irwin, 1965；Wilson, 1975；Tucker, 1985）。

华北陆块本溪组形成时期，无论是水动力学特征还是沉积物的组成，均可由华北陆块东部存在汇聚型大陆边缘来解释。但遗憾的是，提供本溪组同沉积期岩浆岩碎屑的物源可能已经消失，目前仅存留以郯庐断裂为代表的东部活动带。这一活动带常被当作中生代以来形成的巨型平移断层来看待（Xu et al., 1987；Xu and Zhu, 1994；Leech and Webb, 2013），但该平移断层的走滑断距却非常怪异：如果以该断裂东侧的苏鲁造山带和西侧的大别造山带作为被错开的对应体，则走滑断距大约 400km，若以错开了华北陆块的北部边界计算，断距仅 150km 左右（Zhu et al., 2009）。多数学者认为，产生郯庐断裂以及这一断裂怪异断距的原因可能与中生代早期大别-苏鲁造山带同造山期的撕裂作用有关（Okay and Şengör, 1992；Yin and Nie, 1993；Li, 1994；Lin and Li, 1995；Zhu et al., 2009；Zhao et al., 2016）。但仍有一些问题无法解释：①沿着该断裂带西侧分布华北陆块普遍缺失新元古代上部地层，并在其中鉴别出了大量与古地震作用有关的变形，包括地震液化脉、震积岩和软沉积物变形等（乔秀夫等, 2001；Qiao and Zhang, 2002），这些与古地震作用有关的变形也延续到了古生代沉积地层（乔秀夫等, 2001；Qiao and Zhang, 2002；田洪水等, 2003, 2011）；②Leech 和 Webb（2013）根据大别和苏鲁造山带超高压变质和退变质作用时间的研究与古地磁学证据，认为大别和苏鲁造山带发生碰撞作用时，郯庐断裂带并不存在位移，对作为郯庐断裂发生走滑作用的主要标志——大别造山带和苏鲁造山带之间的断距——提出了质疑。所以，我国有相当一部分学者（龙汉春，1987；瞿友兰，1991；周建波和胡克，1998；Qiao and Zhang，2002；汤加富等，2003；罗志立等，2005；吴根耀等，2007；田洪水等，2017）认为，郯庐断裂带的形成时间可能较早，在新元古代既已作为裂陷带存在，被称为古郯庐断裂带，但对于该断裂带的后期演化没有给出明确的认识。由于郯庐断裂带切截了华北陆块东部整个新元古界—古生界而使其缺失边缘相，所以，沿郯庐断裂带肯定有前中生代的地质单元被错失或消减掉。

板块汇聚边缘的岩石保存潜力往往较差（Scholl and von Huene，2009），此外，根据地球物理资料揭示的郯庐断裂深部（160km）存在一个由东向西俯冲的高速板舌（滕吉文等，2006），以及华北陆块内部靠近郯庐断裂具有与陆内俯冲相关的同造山花岗岩（Wang et al.，2011），可以推测，在中生代早期，存在沿郯庐断裂带由东向西的陆内俯冲作用，由此造成了沿郯庐断裂带前中生代地质单元被消减掉，包括本溪组沉积时期可能存在的与俯冲作用有关的构造单元。

参考文献

布申斯基 Г И. 1984. 铝土矿地质学［M］. 王恩孚，张汉英，等，译. 北京：地质出版社：1-266.

曹高社，徐光明，林玉祥，等. 2013. 华北东部前中生代盆地基底的几何学特征［J］. 河南理工大学学报（自然科学版），32（1）：46-51.

曹高社，张松，徐光明，等，2016. 豫西偃师龙门地区上石炭统本溪组含铝岩系矿物学特征及其原岩分析［J］. 地质论评，62（5）：1300-1314.

陈钟惠，武法东，张守良，等. 1993. 华北晚古生代含煤岩系的沉积环境和聚煤规律［M］. 武汉：中国地质大学出版社：1-153.

范炳恒，沈树忠. 1993. 关于辽南复州湾本溪群［J］. 辽宁地质，4：372-376.

郭英海，刘焕杰. 1999. 鄂尔多斯地区晚古生代的海侵［J］. 中国矿业大学学报，28（2）：28-31.

胡斌，宋峰，陈守民，等. 2015. 河南省晚古生代煤系沉积环境及岩性古地理［M］. 徐州：中国矿业大学出版社：1-244.

黄本宏. 1987. 辽宁省东部及南部中、晚石炭世地层及植物化石［J］. 中国地质科学院沈阳地质矿产研究所所刊，15：43-62.

姜在兴. 2003. 沉积学［M］. 北京：石油工业出版社：1-540.

金建华. 2001. 辽南金州本溪组下部植物（孢粉）化石的发现［J］. 地层学杂志，25（1）：8-12.

郎嘉彬. 2010. 辽宁东南部晚石炭世牙形刺及本溪组的再研究［D］. 长春：吉林大学.

李增学，魏久传，李守春，等. 1996. 内陆表海含煤盆地级层序的划分原则及基本构成特点［J］. 地质科学，31（2）：186-192.

廖士范，梁同荣，张月恒. 1989. 论我国铝土矿床类型及其红土化风化壳形成机制问题［J］. 沉积学报，7（1）：1-10.

刘发. 1987. 辽宁本溪地区本溪组下部腕足类化石的发现及其意义［J］. 长春地质学院学报，17（2）：121-130，154.

龙汉春. 1987. 关于郯庐断裂巨大平移问题的商榷［J］. 华东地质学院学报，10（1）：15-23.

罗志立，李景明，李小军，等. 2005. 试论郯城-庐江断裂带形成，演化及问题［J］. 吉林大学学报（地球科学版），35（6）：21-28.

吕大炜，李增学，刘海燕 . 2009. 华北板块晚古生代海侵事件古地理研究［J］. 湖南科技大学学报（自然科学版），24（3）：16-22.
孟祥化，葛铭 . 2001. 中国华北地台二叠纪前陆盆地的发现及其证据［J］. 地质科技情报，20（1）：8-14.
裴放 . 2004. 河南省华北型石炭纪—二叠纪䗴和牙形石生物地层［J］. 地层学杂志，28（4）：344-353.
彭玉鲸，陈跃军，刘跃文 . 2003. 本溪组——岩石地层和年代地层与穿时性［J］. 世界地质，22（2）：111-118.
乔秀夫，高林志，彭阳 . 2001. 古郯庐带新元古界——灾变，层序，生物［M］. 北京：地质出版社：1-128.
瞿友兰 . 1991. 皖苏鲁高压变质带和磁撞构造研究的新进展［J］. 山东地质情报，（3）：18-21.
山东省地质矿产局 . 1991. 山东省区域地质志［M］. 北京：地质出版社，1-595.
佘振兵 . 2007. 中上扬子上元古界—中生界碎屑锆石年代学研究［D］. 武汉：中国地质大学（武汉）.
汤加富，李怀坤，娄清 . 2003. 郯庐断裂南段研究进展与断裂性质讨论［J］. 地质通报，22（6）：426-436.
汤锡元，郭忠铭 . 1992. 陕甘宁盆地西缘逆冲推覆构造及油气勘探［M］. 西安：西北大学出版社：105-107.
滕吉文，闫雅芬，王光杰，等 . 2006. 大别造山带与郯庐断裂带壳幔结构和陆内“俯冲”的耦合效应［J］. 地球物理学报，49（2）：449-457.
田洪水，万中杰，王华林 . 2003. 鲁中寒武系馒头组震积岩的发现及初步研究［J］. 地质论评，49（2）：123-131，225-226.
田洪水，张邦花，祝介旺，等 . 2011. 早寒武世初期沂沭断裂带地震效应［J］. 古地理学报，13（6）：645-656.
田洪水，祝介旺，王华林，等 . 2017. 沂沭断裂带及其近区地震事件地层的时空分布及意义［J］. 古地理学报，19（3）：393-417.
王成源，Chuluun M，Weddige K，等 . 2005. 蒙古南戈壁泥盆纪（埃姆斯期—艾菲尔期）牙形刺［J］. 微体古生物学报，22（1）：19-28.
王德有，阎国顺，姜瑗，等 . 1987. 河南石炭纪和早二叠世早期地层古生物［M］. 北京：中国展望出版社：3-31.
吴根耀，梁兴，陈焕疆 . 2007. 试论郯城—庐江断裂带的形成，演化及其性质［J］. 地质科学，42（1）：160-175.
吴瑞裳，王冶平 . 1994. 地层学原理及方法［M］. 北京：地质出版社：1-131.
吴秀元 . 1988. 华北陆台本溪组植物群性质［J］. 兰州大学学报，4：145-151.
萧素珍 . 1988. 山西、河南晚古生代植物化石新种［J］. 地层古生物论文集，1：155-167.
阎国顺，王德有，姜缓，等 . 1987. 河南华北型石炭纪及二叠纪早期地层的划分与对比［J］. 地层古生物论文集，1：72-97.
杨起 . 1987. 河南禹县晚古生代煤系沉积环境与聚煤特征［M］. 北京：地质出版社：1-287.
于天仁，陈志诚 . 1990. 土壤发生中的化学过程［M］. 北京：科学出版社：1-498.
张国伟，张本仁，袁学诚 . 2001. 秦岭造山带和大陆动力学［M］. 北京：科学出版社：1-855.
张汝藩，李康，孙松茂 . 1986. 扫描电镜在粘土矿物研究中的应用［J］. 地质科学，（4）：411-414，423-424.
赵杏媛，张有瑜 . 1990. 粘土矿物与粘土矿物分析［M］. 北京：海洋出版社：129-131.
钟蓉，傅泽明 . 1998. 华北地台晚石炭世—早二叠世早期海水进退与厚煤带分布关系［J］. 地质学报，

72 (1): 64-75.

周建波，胡克 . 1998. 郯庐断裂中段鲁中基底韧性变形带的形成时代 [J]. 中国区域地质，17 (2): 163-167.

Atwater B F, Yamaguchi D K. 1991. Sudden, probably coseismic submergence of Holocene trees and grass in coastal Washington State [J]. Geology, 19: 706-709.

Bárdossy G. 1982. Karst bauxites (Bauxite deposits on carbonate rocks) [M]. New York: Elsevier Scientific Publishing Company: 1-441.

Belousovae E, Griffin W, O'reilly S Y, et al. 2002. Igneous zircon: trace element composition as an indicator of source rock type [J]. Contributions to Mineralogy and Petrology, 143 (5): 602-622.

Berger G, Lacharpagne J C, Velde B, et al. 1997. Kinetic constraints on illitization reactions and the effects of organic diagenesis in sandstone/shale sequences [J]. Applied Geochemistry, 12 (1), 23-35.

Bondevik S, Svendsen J I, Mangerud J. 1997. Tsunami sedimentary facies deposited by the Storegga tsunami in shallow marine basins and coastal lakes, western Norway [J]. Sedimentology, 44 (6): 1115-1131.

Bruguier O, Lancelot J R, Malavieille J. 1997. U-Pb dating on single detrital zircon grains from the Triassic Songpan-Ganze Flysch (Central China): provenance and tectonic correlations [J]. Earth and Planetary Science Letters, 152 (1-4): 217-231.

Bryant E. 2001. Tsunami: the underrated hazard [M]. Cambridge: Cambridge University Press: 27-47.

Cantalamessa G, Celma C D. 2005. Sedimentary features of tsunami backwash deposits in a shallow marine Miocene setting, Mejillones Peninsula, northern Chile [J]. Sedimentary Geology, 178: 259-273.

Cawood P A, Merle R E, Strachan R A, et al. 2012. Provenance of the Highland Border Complex: constraints on Laurentian margin accretion in the Scottish Caledonides [J]. Journal of the Geological Society, 169 (5): 575-586.

Clague J J, Bobrowsky P T, et al. 1994. Evidence for a large earthquake and tsunami 100–400 years ago on western Vancouver Island, British Columbia [J]. Quaternary Research, 41: 176-184.

Clare M, Talling P J, Hunt J E. 2014. Extreme global warming and submarine landslide activity: cause and effect at the initial eocene thermal maximum and implications for the future [A]. Geneva: University of Geneva: 157.

Coleman P J. 1968. Tsunamis as geological agents [J]. Journal of the Geological Society of Australia, 15 (2): 267-273.

Dawson A G, Stewart I. 2007. Tsunami deposits in the geological record [J]. Sedimentary Geology, 200 (3-4): 166-183.

Dickinson W R, Gehrels G E. 2009. Use of U-Pb ages of detrital zircons to infer maximum depositional ages of strata: a test against a Colorado Plateau Mesozoic database [J]. Earth and Planetary Science Letters, 288 (1-2): 115-125.

Einsele G, Chough S K, Shiki T. 1996. Depositional events and their records—an introduction [J]. Sedimentary Geology, 104: 1-9.

Fryer G J, Watts P, Pratson I F. 2004. Source of the great tsunami of 1 April 1946: a landslide in the upper Aleutian forearc [J]. Marine Geology, 203: 201-218.

Fujino S, Masuda F, Tagomori S, et al. 2006. Structure and depositional processes of a gravelly tsunami deposit in a shallow marine setting: lower cretaceous miyako group, Japan [J]. Sedimentary Geology, 187 (3-4): 127-138.

Fujiwara O. 2008. Bed form sand sedimentary structures characterizing tsunami deposits [M] //Shiki T, Tsuji Y,

Yamazaki T, et al. Tsunamiites: feature sand implications. Oxford: Elsevier: 51-62.

Fujiwara O, Kamataki T. 2007. Identification of tsunami deposits considering the tsunami wave form: an example of subaqueous tsunami deposits in Holocene shallow bay on southern Boso Peninsula, Central Japan [J]. Sedimentary Geology, 200 (3-4): 295-313.

Garrett E, Fujiwara O, Garrett P, et al. 2016. A systematic review of geological evidence for Holocene earthquakes and tsunamis along the Nankai-Suruga Trough, Japan [J]. Earth-Science Reviews, 159: 337-357.

Grimes C B, John B E, Kelemen P B, et al. 2007. Trace element chemistry of zircons from oceanic crust: a method for distinguishing detrital zircon provenance [J]. Geology, 35 (7): 643-646.

Heckel P H. 1972. Recognition of ancient shallow marine environments [J]. Special Publications, 9: 226-286.

Hietpas J, Samson S, Moecher D, et al. 2011. Enhancing tectonic and provenance information from detrital zircon studies: assessing terran-scale sampling and grai-scale characterization [J]. Journal of the Geological Society, 168 (2): 309-318.

Hindson R A, Andrade C, Dawson A G. 1995. Sedimentary processes associated with the tsunami generated by the 1755 Lisbon earthquake on the Algarve coast, Portugal [J]. The Holocene, 5 (2): 209-215.

Hori K, Kuzumoto R, Hirouchi D, et al. 2007. Horizontal and vertical variation of 2004 Indian tsunami deposits: an example of two transects along the western coast of Thailand [J]. Marine Geology, 239: 163-172.

Irwin M L. 1965. General theory of epeiric clear water sedimentation [J]. AAPG Bulletin, 49 (4): 445-459.

Johnston S, Gehrels G, Valencia V, et al. 2009. Small-volume U-Pb zircon geochronology by laser ablation-multicollector-ICP-MS [J]. Chemical Geology, 259 (3-4): 218-229.

Komar P D, Inman D L. 1973. Sediment threshold under oscillatory water waves [J]. Journal of sedimentary Research, 43: 1101-1110.

Lanson B, Beaufort D, Berger G, et al. 2002. Authigenic kaolin and illitic minerals during burial diagenesis of sandstones: a review [J]. Clay Minerals, 37 (1): 1-22.

Lawrence R L, Cox R, Mapes R W, et al. 2011. Hydrodynamic fractionation of zircon age populations [J]. Geological Society of America Bulletin, 123 (1-2): 295-305.

Lawton T F, Bradford B A. 2011. Correlation and provenance of Upper Cretaceous (Campanian) fluvial strata, Utah, U. S. A, from zircon U-Pb geochronology and petrography [J]. Journal of Sedimentary Research, 81 (7): 495-512.

Leech M L, Webb L E. 2013. Is the HP-UHP Hong'an-Dabie-Sulu orogen a piercing point for offset on the Tan-Lu fault? [J]. Journal of Asian Earth Sciences, 63: 112-129.

Leu M, Baud A, Brosse M, et al. 2014. Earthquake induced soft sediment deformation (seismites): new data from the Early Triassic Guryul Ravine Section (Kashmir) [A]. Geneva: University of Geneva: 396.

Li Z X. 1994. Collision between the North and South China blocks: a crustal-detachment model for suturing in the region east of the Tanlu fault [J]. Geology, 22 (8): 739-742.

Lin S, Li Z X. 1995. Collision between the North and South China blocks: a crustal-detachment model for suturing in the region east of the Tanlu fault: comment and reply [J]. Geology, 23 (6): 574-576.

Lowe D R. 1982. Sediment gravity flows: Ⅱ depositional models with special reference to the deposits of high-density turbidity currents [J]. Journal of Sedimentary Petrology, 52 (1): 279-297.

McMaster R L. 1954. Petrography and genesis of the New Jersey beach sands [J]. State of New Jersey Department of Conservation and Economic Development (Geology Series), 63: 1-236.

Middleton G V, Hampton M A. 1973. Sediment gravity flows: mechanics of flow and deposition [M] //

Middleton G V, Bouma A M. Turbidites and deep water sedimentation. Los Angeles: Society of Economic Paleontologists and Mineralogists: 1-38.

Minoura K, Nakaya S. 1991. Traces of tsunami preserved in inter- tidal lacustrine and marsh deposits: some examples from northeast Japan [J]. Journal of Geology, 99: 265-287.

Moecher D P, Samson S D. 2006. Differential zircon fertility of source terranes and natural bias in the detrital zircon record: implications for sedimentary provenance analysis [J]. Earth and Planetary Science Letters, 247: 252-266.

Morton A C, Hallsworth C R. 1999. Processes controlling the composition of heavy mineral assemblages in sandstones [J]. Sedimentary Geology, 124: 3-29.

Nazari-Dehkordi T, Spandler C, Oliver N H S, et al. 2017. Provenance, tectonic setting and source of Archean metasedimentary rocks of the Browns Range Metamorphics, Tanami Region, Western Australia [J]. Australian Journal of Earth Sciences, 64 (6): 723-741.

Nichol S L, Goff J R, Devoy R J N, et al. 2007. Lagoon subsidence and tsunami on the West Coast of New Zealand [J]. Sedimentary Geology, 200 (3-4): 248-262.

Okay A I, Şengör A M. 1992. Evidence for intracontinental thrust- related exhumation of the ultra- high- pressure rocks in China [J]. Geology, 20 (5): 411-414.

Paris R, Lavigne F, Wassmer P, et al. 2007. Coastal sedimentation associated with the December 26, 2004 tsunami in Lhok Nga, west Banda Aceh (Sumatra, Indonesia) [J]. Marine Geology, 238: 93-106.

Polonia A, Cacchione D, Gasperini L. 2014. Historic deep sea tsunamites in the Ionian Sea [A]. Geneva: University of Geneva: 557.

Qiao X F, Zhang A D. 2002. North China block, Jiao-Liao-Korea block and Tanlu fault [J]. Geology in China, 29 (4): 337-345.

Richards A, Argles T, Harris N, et al. 2005. Himalayan architecture constrained by isotopic tracers from clastic sediments [J]. Earth and Planetary Science Letters, 236 (3-4): 773-796.

Rubey W W. 1993. The size distribution of heavy minerals within a water-lain sandstone [J]. Journal of Sedimentary Research, 3 (1): 3-29.

Saylor J E, Knowles J N, Horton B K, et al. 2013. Mixing of source populations recorded in detrital zircon U-Pb age spectra of modern river sands [J]. The Journal of Geology, 121 (1): 17-33.

Scholl D W, von Huene R. 2009. Implications of estimated magmatic additions and recycling losses at the subduction zones of accretionary (non- collisional) and collisional (suturing) orogens [J] //Cawood P A, Kröner A. Earth accretionary systems in space and time. London Geological Society, 18: 105-125.

Schwertmann U, Taylor R M. 1972. The influence of silicate on the transformation of lepidocrocite to goethite [J]. Clays Clay Miner, 20 (3): 159-164.

Shanmugam G. 2006. The tsunamite problem [J]. Journal of Sedimentary Research, 76 (5): 718-730.

Sircombe K N, Freeman M J. 1999. Provenance of detrital zircons on the Western Australia coastline—implications for the geologic history of the Perth basin and denudation of the Yilgarn craton [J]. Geology, 27 (10): 879-882.

Srinivasalu S, Thangadurai N, Switzer A D, et al. 2007. Erosion and sedimentation in Kalpakkam (N Tamil Nadu, India) from 26th December 2004 tsunami [J]. Marine Geology, 44: 65-75.

Takashimizu Y, Masuda F. 2000. Depositional facies and sedimentary successions of earth quake- induced tsunami deposits of Upper Pleistocene incised valley fills, central Japan [J]. Sedimentary Geology, 135 (1-4): 231-239.

Tucker M E. 1985. Shallow-marine carbonate facies and facies models [J]. Geological Society, London, Special Publications, 18: 147-169.

Tucker R T, Roberts E M, Hu Y, et al. 2013. Detrital zircon age constraints for the Winton Formation, Queensland: contextualizing Australia's late cretaceous dinosaur faunas [J]. Gondwana Research, 24 (2): 767-779.

Ustaömer T, Ustaömer P A, Robertson A H F, et al. 2016. Implications of U-Pb and Lu-Hf isotopic analysis of detrital zircons for the depositional age, provenance and tectonic setting of the Permian-Triassic Palaeotethyan Karakaya Complex, NW Turkey [J]. International Journal of Earth Sciences, 105 (1): 7-38.

Wang X, Chen J, Griffin W L, et al. 2011. Two stages of zircon crystallization in the Jingshan monzogranite, Bengbu Uplift: implications for the syn-collisional granites of the Dabie-Sulu UHP orogenic belt and the climax of movement on the Tan-Lu fault [J]. Lithos, 122 (3-4): 201-213.

Wilson J L. 1975. Carbonate Facies in Geologic History [M]. New York: Springer: 1-411.

Xu J W, Zhu G. 1994. Tectonic models of the Tan- Lu fault zone, eastern China [J]. International Geology Review, 36 (8): 771-784.

Xu J, Zhu G, Tong W, et al. 1987. Formation and evolution of the Tancheng- Lujiang wrench fault system: a major shear system to the northwest of the Pacific Ocean [J]. Tectonophysics, 134 (4): 273-310.

Yin A, Nie S. 1993. An indentation model for the North and South China collision and the development of the Tan-Lu and Honam fault systems, eastern Asia [J]. Tectonics, 12 (4): 801-813.

Zhao T, Zhu G, Lin S, et al. 2016. Indentation- induced tearing of a subducting continent: evidence from the Tan-Lu fault zone, East China [J]. Earth-Science Reviews, 152: 14-36.

Zhu G, Liu G S, Niu M L, et al. 2009. Syn-collisional transform faulting of the Tan-Lu fault zone, East China [J]. International Journal of Earth Sciences, 98 (1): 135-155.

第六章　本溪组含铝岩系下伏的古岩溶

岩溶是水对可溶性岩石进行化学溶解，将可溶性岩石空隙扩大，形成溶隙和管道，然后，携带泥沙的急速水流，不断冲蚀管道形成洞穴，在地下形成贯通的洞穴通道系统，在地表塑造出独特的地貌景观的现象（袁道先等，1993；韩行瑞，2015）。

华北陆块南部本溪组下伏的下古生界碳酸盐岩的岩溶现象非常普遍，由溶蚀作用产生的各类空间与铝土矿的产出和形态有着密切的关系。一般认为，这些分布于下古生界碳酸盐岩表面和一定深度的岩溶现象是碳酸盐岩暴露期间长期遭受风化淋滤溶蚀作用的结果（孟祥化和梁同荣，1987；李启津和侯正洪，1989；廖士范和梁同荣，1991；马既民，1991；郑聪斌等，1995；吴国炎等，1996；贾疏源，1997；李定龙等，1997；夏日元等，1999；陈学时等，2004；王庆飞等，2012；刘学飞等，2012；何江等，2013；魏新善等，2017），主要为铝土矿的形成提供了容矿空间和铝土矿剥露地表后良好的淋滤条件。

实际上，作为岩溶型铝土矿，岩溶作用可能是联系原始沉积物和含铝岩系（包括铝土矿）之间最关键的因素。国外学者早已意识到了岩溶型铝土矿的形成过程和下伏碳酸盐岩的岩溶过程可能是同时进行的（Boulègue et al.，1989），岩溶在岩溶型铝土矿形成过程中起到了重要作用（Bárdossy，1982）。但这一认识并没有深入分析铝土矿形成过程中元素迁移、矿物转变、组构形成与岩溶作用之间的关系，不仅影响了对铝土矿形成机理的本质揭示，也影响了对下伏古岩溶形成过程的本质揭示。

华北陆块南部偃龙地区东部长期的铝土矿露天开采，清晰地展现了含铝岩系（包括铝土矿）与下伏碳酸盐岩古岩溶之间的接触关系、形态关系，甚至是成因关系，为研究含铝岩系下伏下古生界碳酸盐岩古岩溶的形成过程提供了便利条件，本章即以该地区为例，分析古岩溶的发育条件、形态、类型、期次和水循环特征，为进一步揭示含铝岩系的形成机理奠定基础。

第一节　含铝岩系下伏古岩溶的发育条件

目前，岩溶作用发生及发育的基本理论已经建立，基本内容是：岩溶作用主要与岩石的可溶解性有关，但也受到地貌条件、构造条件、气候条件、植被条件、土壤条件等的制约。这些基本理论同样可以指导古岩溶的研究。

一、岩性条件

（一）岩溶与岩性的关系

可溶性岩石是岩溶发育的物质条件，一般地，可溶性岩石可分为三类：碳酸盐类岩石、硫酸盐类岩石和卤岩类岩石。碳酸盐类岩石由于出露面积大，是岩溶研究的主要岩类。

朱真（1997）通过对不同类型碳酸盐岩的溶解实验得出如下结论：在纯碳酸盐岩中，溶蚀速度和溶解速度随着岩石中方解石（或 CaO）含量的增加而增大，随着白云石（或 MgO）含量的增加而降低，它们之间的线性关系显著。在不纯碳酸盐岩中，酸不溶物含量的增高可抑制溶蚀和溶解速度。

（二）偃龙地区古岩溶的岩性条件

偃龙地区府店镇夹沟地区中奥陶统马家沟组碳酸盐岩实测剖面如图 6-1 所示，岩性描述如下：

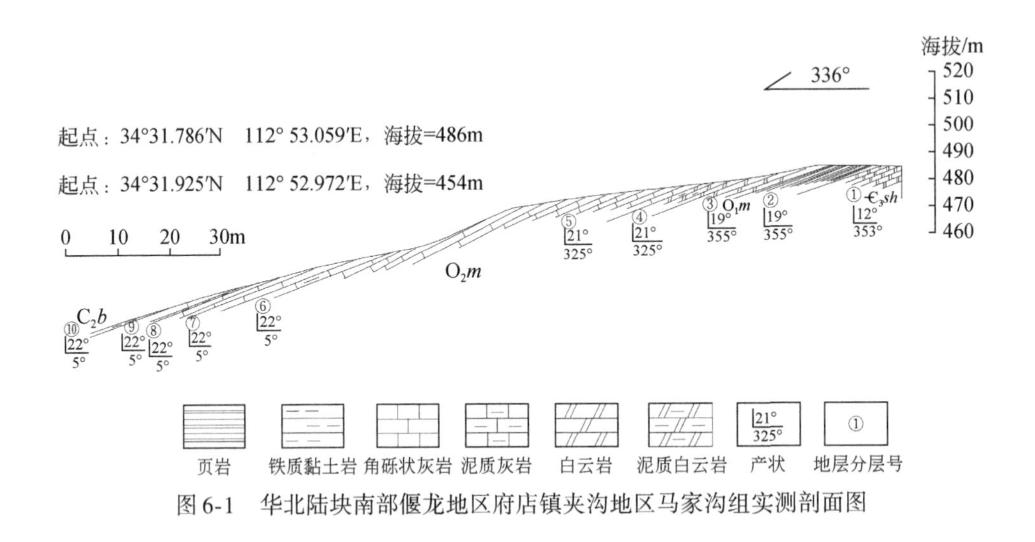

图 6-1　华北陆块南部偃龙地区府店镇夹沟地区马家沟组实测剖面图

本溪组（C_2—P_1b）未见顶

11. 黄色、灰色等杂色铝土质泥岩。　0. 28m

———— 平行不整合 ————

马家沟组（O_2m）　50. 85m

10. 灰白色角砾状灰岩，溶蚀现象发育。　0. 39m
9. 灰白色角砾状灰岩，角砾成分单一，内部发育纹层，棱角状，基底式胶结，最大砾径 15cm，一般在 5cm 以下。胶结物中泥质含量较高，含有细角砾。　2. 46m
8. 灰色纹层状白云质泥灰岩。　0. 59m
7. 灰白色角砾状灰岩。　4. 60m
6. 土黄色薄层状白云质灰岩，含有同成分的同沉积角砾，并与不含角砾的灰岩呈互层状。　1. 86m
5. 浅灰色角砾状灰岩，角砾成分单一，主要为纹层状灰岩，砾径在 10cm 以下，分选性差，基底式胶结。胶结物与角砾成分相似，但泥质含量较高，风化后呈土黄色。　24. 47m
4. 土黄色薄层状泥质白云岩，发育同沉积角砾，角砾成分与胶结物成分相似，棱角状，砾径在 5cm 以下，向上部角砾砾径增大。　4. 39m

3. 灰色纹层状白云岩，见有不规则燧石团块，向上部燧石团块减少，逐渐变化为灰质白云岩。　5.71m

2. 土黄色泥页岩，夹有薄层白云岩，向上部深灰色白云岩夹层增多。　6.38m

———— 平行不整合 ————

三山子组（$€_3sh$）　未见底

1. 灰白色白云岩，块状结构，表面呈糖粒状，见刀砍纹。　1.80m

根据《河南省岩石地层》（1997年）地层划分方案，2~3层为马家沟组一段，主要为土黄色泥页岩和灰白色白云岩，厚12.09m，4~10层为马家沟组二段，以厚层-巨厚层灰岩为主，夹有纹层状白云质灰岩，厚38.76m，由于马家沟组上部的溶蚀，第二段未见顶。

剖面揭示的马家沟组灰岩呈深灰色、灰白色以及浅灰色，角砾状结构，块状结构，角砾大小一般0.2~2cm，杂乱分布，以棱角状为主。岩石薄片中，矿物成分主要为微晶方解石，含有大量的结晶较好的方解石团块和细脉，少量的泥质矿物散布于微晶方解石中。经X射线衍射分析，角砾状灰岩中方解石3.02Å的特征峰，以及3.83Å、2.48Å、2.29Å、2.06Å、1.87Å的次级峰明显［图6-2（a）］，未见其他矿物的特征峰。泥质白云质中除见到方解石的特征峰和次级峰外，尚有白云石和石英的特征峰和次级峰［图6-2（b）］。

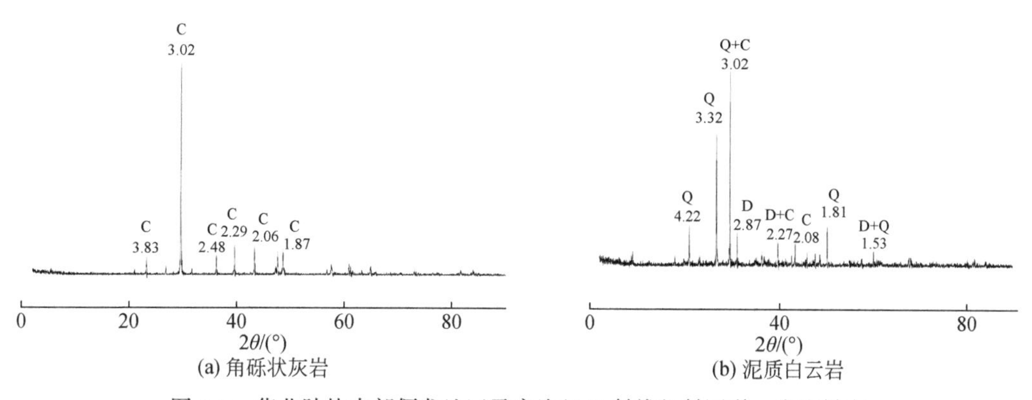

图6-2　华北陆块南部偃龙地区马家沟组X射线衍射图谱，夹沟村南

C-方解石；Q-石英；D-白云石

全岩氧化物分析表明（表6-1），灰岩中CaO含量较高，MgO、SiO_2和Al_2O_3含量较低，说明方解石含量较高，白云石、石英和黏土矿物含量较低。但白云质灰岩中，除了有较高的CaO含量外，MgO、SiO_2和Al_2O_3也有较高的含量，说明这些岩石除了方解石外，白云石、石英和黏土矿物也有一定的含量。

表 6-1　华北陆块南部偃龙地区马家沟组碳酸盐岩全岩氧化物含量　（单位:%）

样号	岩性	Na_2O	MgO	Al_2O_3	SiO_2	P_2O_5	K_2O	CaO	TiO_2	MnO	Fe_2O_3	FeO	H_2O^+	CO_2	烧失量
PM608-4-1	白云质灰岩	0.05	5.41	8.07	39.54	0.09	2.70	20.17	0.36	0.02	2.62	0.20	2.37	18.27	20.82
PM608-5-3	灰岩	0.02	0.37	0.54	2.64	0.01	0.17	53.42	0.02	0.01	0.38	0.02	0.30	41.94	42.24
PM608-8-1	白云质灰岩	0.05	1.27	4.83	16.22	0.06	1.64	39.55	0.22	0.01	2.39	0.03	1.23	32.28	33.51

所以，马家沟组灰岩是一种易于发育溶蚀作用的岩石类型，白云质灰岩由于白云石、石英和黏土矿物含量较高，溶蚀速度和溶解速度可能较灰岩差，但其厚度较小，对溶蚀作用的影响可能较小。

需要指出，上述分析主要是针对本溪组下伏的马家沟组岩石进行的，由于溶蚀作用或其他风化作用，现今出露的马家沟组上部的地层已缺失。根据与偃龙地区附近巩义市涉村和大凹岩一带出露的马家沟组对比，这些缺失的地层以巨厚层状角砾状灰岩和白云质灰岩为主，与实测剖面处靠近本溪组下部的马家沟组岩性相似。

二、地貌条件

（一）岩溶与地貌的关系

岩溶的发育在很大程度上受到地表水和渗透条件的影响，而这两者又常受到地貌条件的影响，如地面坡度、切割密度和深度、水系分布等。因此，岩溶发育过程常和地貌发育过程联系在一起，即不同地貌条件下，岩溶发育的过程是有差异的。例如，地面坡度的大小可以直接影响渗透量的大小，在比较平缓的地区，地面径流流速缓慢，渗透量较大，岩溶较发育。反之，地面坡度大，径流流速快，渗透量小，岩溶发育较差。

（二）偃龙地区古岩溶的地貌条件

晚奥陶世海水已退出华北地区，并持续到上石炭统—下二叠统本溪组沉积时期。这一时期，华北陆块整体抬升剥蚀，根据本溪组与下伏不同时期地层的接触关系（图 2-4），华北陆块南部的抬升幅度可能较大，使得当时地貌呈一向北倾的斜坡，但鉴于本溪组与下伏地层普遍呈平行不整合接触，这一斜坡可能是非常平缓的。总体上，在这一相当长的时期内，潜水面可能较深，并且处于高纬度干旱气候带（见第六章第三节和第四节），尽管可能有少量的降水，产生如图 6-3B→E→F 的溶蚀过程，但可能以物理风化剥蚀为主，不可能产生岩溶不溶物的沉积作用，地貌上向山麓平原（刻蚀平原）过渡［图 6-4（a）］。

至晚石炭世—早二叠世，华北地区开始接受海侵，潜水面变浅，同时转变为湿润多雨的气候，再加上马家沟组顶面平缓，使得这一时期岩溶的速率可能很大，并可能迅速地向岩溶夷平面转化［图 6-4（b）］。

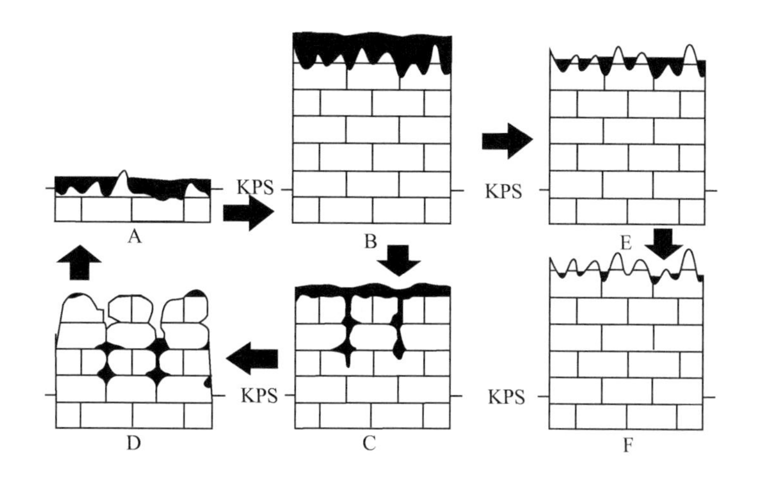

图 6-3　岩溶区风化壳形成与演化模式（李德文等，2001）

A-岩溶区原始的风化壳，在结构上与 Büdel 的双面模式一致；B-风化壳因某种原因而抬升到侵蚀基准面以上；C-地下水动力方式以垂向循环为主，引起“土壤丢失”，原有风化壳逐渐在地表消失；D-地表以裸岩为主，溶蚀残余物质主要集中在地下裂隙中，直到地貌面接近侵蚀基准以后，地下水以水平作用方式为主，地表才开始出现连续厚层的风化壳；E-如果地面抬升以后的环境条件不利于岩溶作用，则原有的风化壳可能循 Budel 的刻蚀模式演化，地下形态开始出露地表；F-风化壳剥离后暴露地表的原始风化基面，即刻蚀平原。KPS-岩溶夷平面

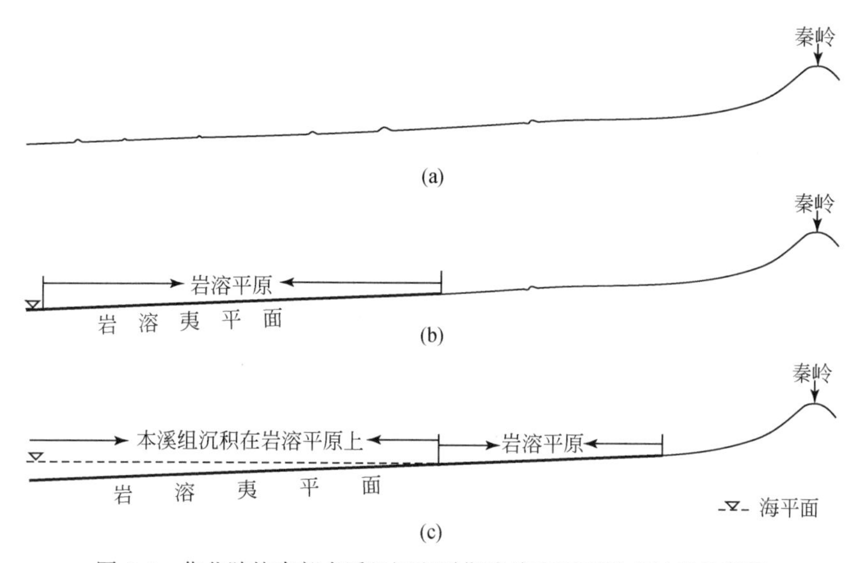

图 6-4　华北陆块南部本溪组沉积时期岩溶夷平面形成过程示意图

（a）马家沟组灰岩抬升后至晚石炭世，地貌向山麓平原过渡，由于秦岭造山带存在不断的隆升作用，向北缓倾斜；（b）晚石炭世，海平面上升和气候的变化，迅速产生岩溶平原，由于存在同时期的隆升作用，向北缓倾斜；（c）本溪组沉积在岩溶平原上，在陆侧产生新的岩溶平原

由于厚度较大的本溪组多赋存于下伏寒武系—奥陶系碳酸盐岩的岩溶漏斗中，所以，多数研究者认为，本溪组沉积前，寒武系—奥陶系碳酸盐岩经历了 1.2 ~ 1.5Ga 的风化，

碳酸盐岩的岩溶作用必然造成其顶面的凸凹不平，再次海侵时，本溪组的填平补齐作用必然造成其厚度的差异，这一认识可能是错误的。

根据华北陆块南部偃龙地区本溪组含铝岩系厚度等值线图（附图1），如果剥去本溪组，那么下伏的中奥陶统马家沟组灰岩的顶面为一岩溶漏斗零星分布、凸凹不平的表面，这一岩溶地貌应为岩溶青年期的地貌形态（袁道先等，2016；韩行瑞，2015）。但在湿热多雨的气候条件下，岩溶速率是很快的，如处于壮年期—老年期的桂林岩溶地貌可以在1Ma内完成（袁道先等，1993），而1.2～1.5Ga隆升后，尤其本溪组沉积时期及其之前一段时期为湿热多雨的古气候条件（张泓等，1999；Boucot et al.，2009），不可能仍停留在青年期地貌。所以，目前保留的马家沟组顶面的青年期岩溶地貌一定还有其他原因。

崔之久等（1998，2001）通过对南方地区的岩溶作用与Büdel（1957）基于花岗岩区提出的“双层夷平面”理论的对比，提出“岩溶夷平面也是一个种夷平面”，主要有两个判别标准，一个是在岩溶发育的灰岩上部存在广泛分布的风化壳，一个是风化壳下部灰岩的岩溶类型主要为覆盖型岩溶，产生过程如图6-3D→A的岩溶过程。本溪组含铝岩系在平面上延伸广泛，可以认为是一个风化壳，而含铝岩系下伏马家沟组碳酸盐岩发育的岩溶类型主要是覆盖型岩溶，所以，本溪组沉积时期，马家沟组的顶面应是一个岩溶夷平面。已有研究表明，每一区域性分布的铝土矿均可对比于一个一级夷平面（Jensen，1981）。

马家沟组灰岩中的岩溶现象主要为不同规模的溶蚀龛、溶蚀窗和袋状岩溶，这些岩溶现象被认为是覆盖型岩溶的典型特征，因为可溶性岩石在覆盖条件下，上部沿裂隙渗入的地下水与已存在的岩溶空洞的地下水易发生混合作用，造成在它们的汇合处发生强度较大的岩溶，产生溶蚀龛、溶蚀窗和袋状岩溶等溶蚀现象（韩行瑞，2015）。

此外，在岩溶平原（老年期地貌）上发育的覆盖型岩溶易于引起岩溶塌陷，这是在桂林、柳州、玉林等老年期岩溶地貌上易于产生岩溶塌陷的原因（谭鉴益，2001）。偃龙地区内，在马家沟组灰岩岩溶漏斗的中部常见到本溪组的塌陷现象，塌陷地层表现为不对称的流动向斜，翼部有强烈的减薄，核部有强烈的增厚，且不同岩层褶曲样式差异较大，组成明显的不协调褶皱，显示了本溪组地层塑性流动的特点。所以，本溪组中的岩溶塌陷现象应主要是本溪组原始沉积物沉积之后形成的，间接指示了下部灰岩的岩溶为覆盖型岩溶。

根据上述，本溪组沉积时期由于湿润多雨的气候条件和海侵作用，马家沟组灰岩的岩溶速率很大，并迅速地向岩溶夷平面转化（图6-4B），在岩溶夷平面上沉积了本溪组原始沉积物（图6-4C），而目前见到的下伏马家沟组灰岩的岩溶现象应主要是本溪组原始沉积物沉积之后的产物，属于覆盖型岩溶。

根据区域上本溪组岩性和厚度变化（曹高社等，2013；胡斌等，2015），本溪组沉积过程中，地貌仍维持着南西高、北东低的形态，并且，本溪组沉积时期海平面波动频繁（见第六章第三节和第四节），导致潜水面的频繁波动，产生如图6-3中A→B→A，A→B→C→A，A→B→C→D→A等旋回，导致覆盖型岩溶的发育、岩溶塌陷的产生和在岩溶漏斗中“土壤”的聚集。但由于这一时期古地貌的影响，由南西向北东可能存在如图6-3中A→B→C→D→A旋回向A→B→C→A旋回和A→B→A旋回过渡的特征，甚至在更北东部的地区可能是如图6-3中A→A旋回。它们的差异主要表现在覆盖型岩溶发育的强度由南西向北东逐渐减弱。

本溪组含铝岩系形成后至中新生代隆升剥蚀前，偃龙地区长期处于水盆地内，产生持续的沉积作用，潜水面在多数时间高于本溪组含铝岩系的顶面，水的循环作用变差，限制了马家沟组灰岩的岩溶作用。

中新生代，由于燕山运动和喜马拉雅运动的强烈影响，偃龙地区及其周边地貌分异强烈，主要表现在南部嵩山的隆升和剥蚀，使得这一地区可能成为地下水的补给区，并向偃龙地区内流动。由于马家沟组与本溪组含铝岩系岩性的差异，其界面处成为地下水运动的活跃区域，再由于本溪组具有隔水层的性质，这些流动的地下水具有承压性质，具有对马家沟组灰岩再次产生岩溶作用的潜力。

第四纪以来，南部嵩山和偃龙地区处于整体的隆升状态，当马家沟组灰岩顶面处于潜水面以上时，可再次发生强烈的岩溶作用，对前期的古岩溶具有一定的改造。

三、构造条件

（一）岩溶与构造的关系

岩溶发展史受区域构造发展史控制，区域构造控制着岩溶分区、可溶性岩层的展布、产状和岩溶地貌形态。地质构造不仅控制岩溶作用的时序关系，而且为水流对碳酸盐岩选择性溶蚀创造了基本条件。

古岩溶常位于沉积间断面及不整合面附近，断层和节理也为岩溶作用提供了地下水的渗透和运移空间。在断层发育的地方，特别是张性断裂发育的部位，有利于岩溶作用的进行；在褶皱背斜轴部，纵张节理发育，有利于水的垂直流动，岩溶作用强；在两组节理交叉部位，更有利于岩溶作用的进行。近于水平的或缓倾斜的岩层，如有隔水层的阻挡，地下水常沿可溶性岩石的层面流动，发生近于水平方向的溶蚀作用。

（二）偃龙地区古岩溶的构造条件

偃龙地区古岩溶主要发育于中奥陶统马家沟组与上石炭统—下二叠统本溪组接触面处的马家沟组灰岩内，上下两套地层间存在长时期的沉积间断。一般认为，这一沉积间断是由于加里东运动的影响（王鸿祯等，1982）。近年来，关于华北陆块南缘秦岭活动带加里东运动的本质已进行了大量的研究，目前普遍认为，造成华北陆块的整体抬升的本质原因可能是新元古代—古生代早期的被动大陆边缘向古生代晚期主动大陆边缘的转变，以及主动大陆边缘的持续活动和随后的碰撞（张善文和隋风贵，2009；曹高社等，2013）。所以，偃龙地区古岩溶应当是在这一大地构造背景下产生的。

华北陆块南缘靠近秦岭活动带，且华北陆块整体刚性的性质，造成华北陆块南缘抬升较高，北部抬升较弱并趋缓，形成不对称的宽缓的背斜，这一宽缓的背斜形态造成南部岩溶和剥蚀作用强烈，缺失较多的沉积地层，北部岩溶和剥蚀作用较弱，缺失的地层较少。

由秦岭活动带构造运动造成的马家沟组灰岩内部的节理构造也影响到岩溶作用的发育，通过野外观察和对华北陆块南部偃龙地区本溪组含铝岩系厚度等值线图（附图1）的编制发现，本溪组泥岩和豆鲕（碎屑）状铝土矿常充填于北西向和北东东向两组节理构造中，较大厚度的本溪组也沿着这两组节理展布，且最大厚度常位于两组节理的交汇处。这两组节理产状较陡，但由于岩溶作用，陡直的表面常凹凸不平，而与之平行的不发育岩溶的节理面常平直延伸，两侧没有显示出断距，所以，这两组节理应为剪节理。

四、气候条件

（一）岩溶与气候的关系

气候是影响岩溶发育的外部关键因素，与降雨量、蒸发量、气温和CO_2含量等有关。温度的影响比较复杂，一方面，温度越高，化学反应速度越快，溶蚀能力越强；另一方面，温度越高，水溶液中CO_2含量越低，溶蚀能力越减弱。降水的影响比温度的影响更为显著，它不仅影响水的渗透条件、水的运动循环，同时雨水中含有较丰富的游离CO_2可以大大地加强岩溶作用。所以，一般情况下，炎热多雨的气候条件，有利于岩溶的发育；反之，在气候干燥、降雨量少的条件下，岩溶发育较差（Esteban and Klappa，1983；James and Choquette，1984）。

（二）偃龙地区古岩溶的气候条件

中、晚奥陶世、志留纪和泥盆纪，华北陆块处于高纬度干旱气候带（Boucot et al.，2009），少量的大气降水可能不足以使马家沟组碳酸盐岩产生强烈的岩溶作用，这一时期可能以物理风化和剥蚀作用为主。

据古地磁分析，华北陆块石炭纪时位于古赤道以北的低纬度带（Raker and Dirr，1979），所处的古地理位置属亚热带、热带地区（张泓等，1999；王惠勇，2006）。铝土矿中存在煤岩夹层，可以作为当时温暖潮湿气候条件的佐证，这一气候条件适于古岩溶作用的进行。

二叠纪—晚白垩世早期主要为热带气候带，晚白垩世早期开始转变为干旱气候带。从始新世中期开始全球气候梯度提高并一直保持至寒冷的第四纪。其中，古新世末至始新世初是全球温度最高的时候，此时，华北陆块以干旱气候带为主。新近纪中新世，整个时期的潮湿气候带继承三分模式并与现今的相似，即南、北半球潮湿气候带加上热带-亚热带潮湿气候带，而此时华北陆块则开始转变为以潮湿气候带为主（Boucot et al.，2009）。

二叠纪以后，马家沟组灰岩多数时期处于潜水面以下，岩溶作用受到限制，气候条件已不是主要影响因素，仅在马家沟组灰岩抬升，重新达到潜水面以上时，古气候才有一定的影响。

五、植被条件

（一）岩溶与植被的关系

植被对岩溶作用的影响表现在：一方面植物根部的机械破坏作用以及分解的植物残余

物、腐殖质，能产生大量的游离 CO_2，使水中含有大量碳酸和有机酸，有利于岩溶的溶蚀作用和潜蚀作用；另一方面，有植被覆盖，能增加空气湿度和降水，能截留径流，减弱地表径流流速，加强下渗作用，有利于潜蚀作用，促进地下岩溶发育。

（二）偃龙地区古岩溶的植被条件

尽管在泥盆纪已大量发育蕨类植物，但华北陆块仍处于远离海洋的干旱环境，既没有地层的沉积，植物也可能很不发育。石炭纪，华北陆块整体上处于赤道附近热带雨林地区，降雨量较高，大气中较高的 CO_2 含量、较高的温度、平坦的地形，使得植物生长茂盛。华北陆块南部本溪组植物化石丰富，以蕨类植物及部分裸子植物为主，共计 17 属 29 种（王令全等，2012），说明该时期地表植物繁茂。偃龙地区本溪组铝土质泥岩在地表和露头均可见到大量的蕨类植物 *Conchophyllum richthofenii*（李氏霍芬贝叶）化石（图3-41），保存完好，表明当时具有良好的植被条件。

六、土壤条件

（一）岩溶与土壤的关系

土壤对岩溶作用也有显著的影响，尤其对于覆盖岩溶作用。土壤层中由于微生物的作用，富集有大量的 CO_2，较大气中的含量多十倍甚至几百倍。此外，疏松的土壤层能截留径流，并提供良好的渗透条件。这些条件均可有效地促进岩溶作用的进行。

（二）偃龙地区古岩溶的土壤条件

前已述及，在晚奥陶世至本溪组沉积时期，以物理风化剥蚀为主，不可能产生沉积作用，即不可能在马家沟组灰岩上部有古土壤层的存在。至晚石炭世—早二叠世，发育了遍及全区的古岩溶夷平面，并在该夷平面上部沉积了一定厚度的本溪组含铝岩系的原始沉积物，这些沉积物在当时仍为松散状态，时常暴露于大气环境，发生强烈的化学风化，可以认为是古土壤层。这一古土壤的存在，能够有效地促进马家沟组灰岩覆盖型岩溶作用的进行。

第二节　含铝岩系下伏古岩溶的基本特征

在岩溶区，流水对可溶性岩石进行溶蚀作用，形成独特的岩溶地貌，这些多种多样的岩溶形态都有其成因和发育的过程，且彼此有着一定的联系，形成多种古岩溶的形态组合。

一、古岩溶的识别

古岩溶的识别是古岩溶研究的基础。宏观上主要通过岩溶地层上部的不整合面、岩溶地层内部的溶蚀现象和岩溶角砾岩来识别（王振宇等，2008；曹建文等，2015），微观上主要通过岩溶作用形成的物理沉积物和化学沉积物的结构构造与地球化学特征来识别（施泽进等，2014）。下面主要依据这些识别标志，并结合偃龙地区岩溶现象来确定古岩溶作用的存在。

（一）岩溶地层上部的沉积间断

偃龙地区岩溶现象主要发育在中奥陶统马家沟组灰岩内部，其上覆地层为上石炭统—下二叠统本溪组，两者之间有长时期的沉积间断。前述表明，马家沟组灰岩抬升后至本溪组沉积时期，主要产生物理风化作用。本溪组沉积时期，由于古气候的改变和海侵作用的产生，岩溶作用强烈，产生岩溶夷平面。其后，本溪组沉积在马家沟组灰岩的岩溶夷平面上。马家沟组灰岩目前呈现的岩溶现象主要是本溪组含铝岩系形成时期和之后覆盖型岩溶作用的结果，且岩溶过程伴随着当时的沉积过程（见第六章第三节和第四节）。所以，这些岩溶现象尽管可能有现代岩溶作用的改造，但主要是古岩溶作用的结果。

（二）岩溶地层内部的溶蚀现象

岩溶地层的溶蚀现象由多种类型的岩溶形态体现出来，岩溶作用形成的溶蚀空间被不同地质时期的物理沉积物和化学沉积物所充填，并且，这些沉积物多是伴随着岩溶作用产生的，其中最主要的是本溪期产生的沉积物。所以，岩溶地层内部的溶蚀现象主要是古岩溶作用的结果。

（三）岩溶角砾岩

岩溶角砾岩常出现在马家沟组灰岩的顶部，角砾的成分为灰岩，大小悬殊，最大砾径可达1m以上，但总体上具有可拼接性［图6-5（a）］，角砾表面溶蚀明显，角砾间由物理或化学沉积物所胶结，物理沉积物主要为具有一定水解作用的泥岩，化学沉积物见有黄铁矿、石膏、三水铝石等。仔细观察发现，角砾的边界多为沿裂隙展布的溶痕（或溶沟）和岩层的层面，角砾之间有位移不大的相对运动［图6-5（b）］。根据这些角砾的胶结物为不同地质时期岩溶作用的产物，可以推测这些岩溶角砾岩应是古岩溶作用的结果。

(a)

(b)

图6-5　华北陆块南部偃龙地区马家沟组灰岩岩溶角砾岩特征

（a）马家沟组灰岩上部的岩溶角砾岩，角砾砾径大小悬殊，具有一定的可拼接性，关帝庙村；（b）马家沟组灰岩上部的岩溶角砾岩，角砾的边界为沿裂隙展布的溶痕和岩层的层面，角砾之间有相对运动，南沟村

（四）岩溶作用沉积物

岩溶作用不仅有物质成分的流失，也可产生沉积作用，不仅有岩溶水动力学控制下的物理沉积作用，也有代表物理化学条件改变的化学沉积作用。

偃龙地区马家沟组灰岩内部的水平溶洞中普遍充填有物理沉积作用产生的沉积物，发育有不同颜色泥岩显示的沉积纹层［图 6-6（a）］，主要成分为黏土矿物、碳酸盐矿物和石英（图 6-7），并含有植物炭屑和硬水铝石碎屑［图 6-6（b）（c）］。为了进一步分析这些沉积物并非马家沟组灰岩中的泥岩夹层，本次研究对这些沉积物进行了碎屑锆石 LA-ICP-MS U-Pb 测年分析，取样位置如图 6-6 所示，样品编号 170725-7。结果表明，测试的 88 颗碎屑锆石中，35 颗锆石谐和度小于 90%，不参与年龄统计，53 颗锆石的谐和年龄（附表 29，图 6-8）中，见有大量的新于中奥陶世的碎屑锆石（占所有锆石的 92%），显然这些泥质沉积物并非马家沟组灰岩中的夹层，应是岩溶过程中的物理沉积物。

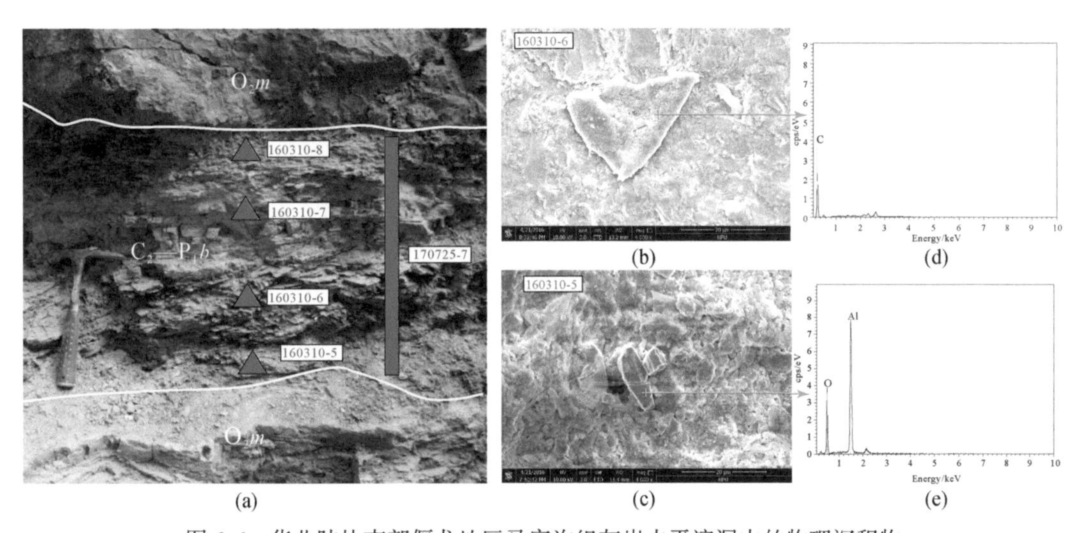

图 6-6　华北陆块南部偃龙地区马家沟组灰岩水平溶洞中的物理沉积物

（a）水平溶洞不同颜色泥岩显示的沉积纹层和取样位置，皇到岭；（b）水平溶洞中沉积物的炭屑，160310-5；（c）水平溶洞中沉积物的硬水铝石碎屑，160310-6；（d）炭屑能谱；（e）硬水铝石能谱

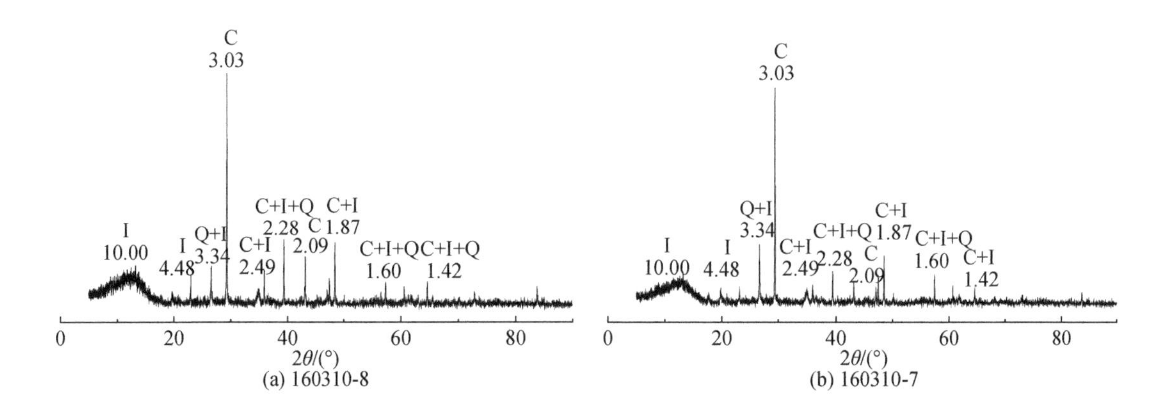

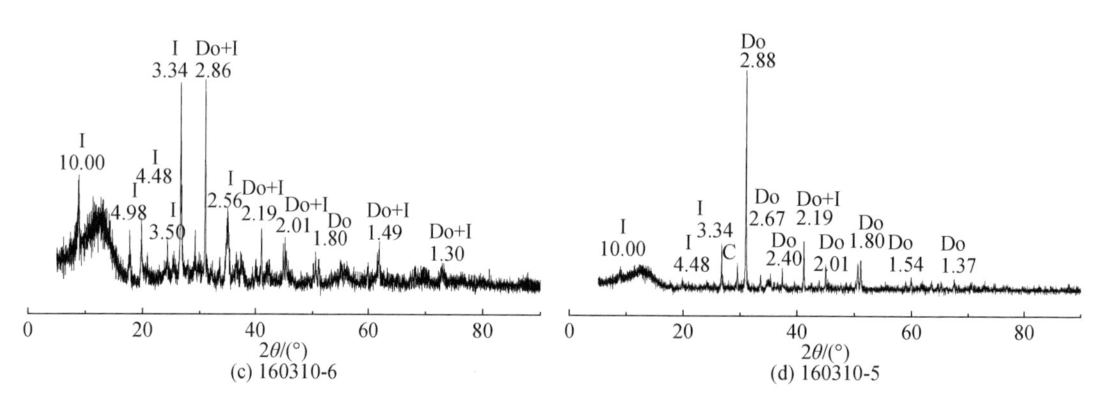

图 6-7　华北陆块南部偃龙地区马家沟组灰岩水平溶洞中的沉积物 X 射线衍射图谱

I-伊利石；C-方解石；Do-白云石；Q-石英

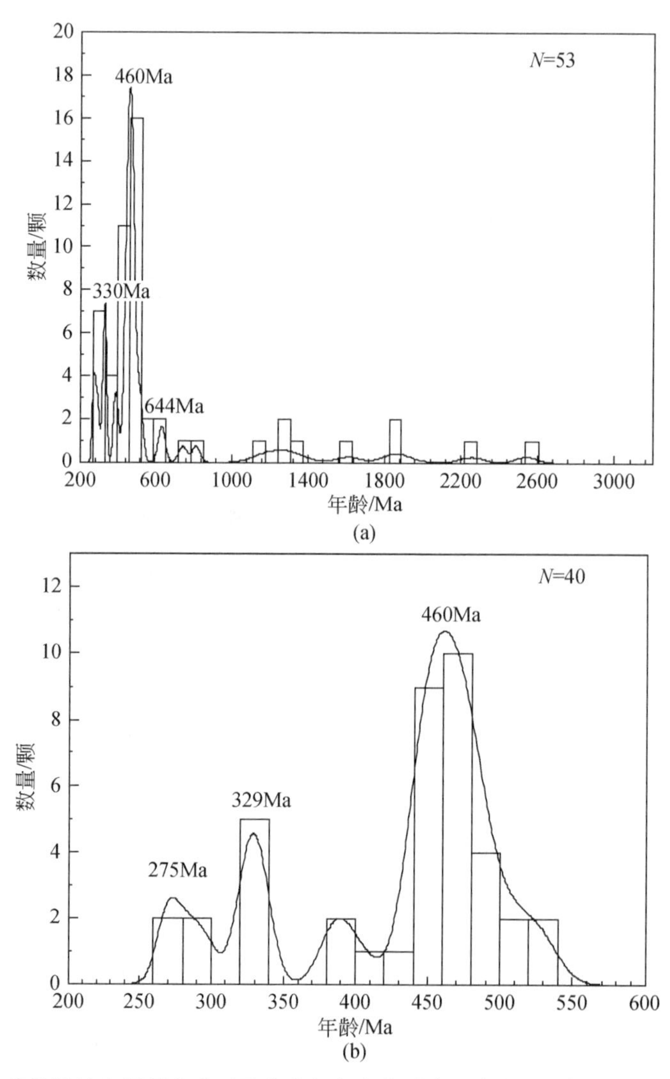

图 6-8　华北陆块南部偃龙地区马家沟组灰岩水平溶洞中的沉积物碎屑锆石年龄谱

（a）全部碎屑锆石；（b）古生代碎屑锆石

偃龙地区岩溶作用产生的化学沉积物也普遍存在，主要出现在溶痕、溶沟、漏斗等的侧壁，成分较为单一，但不同时期的化学沉积物成分差异较大（见第六章第四节“中新生代古岩溶”部分），代表了不同时期岩溶环境的特点。

此外，偃龙地区岩溶作用也伴随着本溪组的成矿作用，使得本溪组原始沉积物的矿物成分发生不同程度的改变，这些改变主要与水循环的特点有关，也间接地与岩溶作用有关。

可见，偃龙地区岩溶沉积物均与不同地质时期的岩溶作用有关，填充在不同时期溶蚀作用产生的空间内，是确定古岩溶存在的直接物质证据。

二、古岩溶的个体形态

现代岩溶学对岩溶个体形态的分类主要是基于各种溶蚀现象在平面上的形态特点，但由于偃龙地区古岩溶常被沉积地层所覆盖，掩盖了溶蚀作用在平面上的展布特点，而常被揭露的是露天采坑侧壁上的溶蚀现象，这些现象主要是岩溶地层在剖面上的溶蚀形态。尽管如此，根据偃龙地区溶蚀作用主要沿着节理裂隙展布的特点，仍可以推测出这些溶蚀现象在平面上的展布形态，能参考现代岩溶学对岩溶个体形态的分类对偃龙地区各种岩溶现象进行分析。

（一）溶痕

溶痕是岩溶水对可溶性岩石溶蚀形成的小沟道，宽仅数厘米至十余厘米，长可达数米，是溶沟的雏形。偃龙地区南侧和东侧的马家沟组灰岩露头中溶痕普遍发育，常见于铝土矿采坑的侧壁，宽度较小，一般仅1cm左右，最宽也仅数厘米，并可发现，由马家沟组灰岩的顶面向下具有逐渐变窄的趋势，溶痕的长度一般大于1m［图6-9（a）］。这些溶痕产状较陡，平行排列，有时具有等间距的特征，间隔一般在数厘米至1m之间［图6-9（b）］。通过大量的野外统计，这些溶痕的优势走向有两组，一组为北东70°方向，一组为北西310°～320°方向，且上述两组溶痕的交叉处具有较强的溶蚀作用［图6-9（c）］。根据远离本溪组与马家沟组接触面未见任何溶蚀现象的马家沟组灰岩内部的节理统计，马家沟组灰岩中节理的优势方位与上述溶痕的两组优势方位一致，说明溶痕是由岩溶水沿节理的裂隙流动而产生的。

（二）溶沟和石芽

岩溶水沿可溶性岩石的节理裂隙流动，不断进行溶蚀和冲蚀，溶痕进一步加深形成的沟槽称为溶沟，溶沟之间相对凸起部分为石芽。溶沟和石芽常出现在本溪组与马家沟组接触面下部的马家沟组灰岩内，表现为马家沟组灰岩顶面凹凸不平，相对凹处为溶沟，凸起部分为石芽［图6-10（a）］。其规模大小不一，有些石芽和溶沟高差可达几十米，有些仅数厘米，在较大规模的石芽上也分布小规模的溶沟和石芽［图6-10（b）］。但无论这些溶沟和石芽的规模如何，它们均受到相似于控制溶痕的两组节理的控制。所以，根据这一特点，偃龙地区内的溶沟和石芽在平面上可能呈棋盘格状展布。

图 6-9　华北陆块南部偃龙地区马家沟组灰岩溶痕特征

（a）一组近于平行的溶痕，走向 315°，溶痕之间见有分叉合并现象，椿树沟村；（b）一组近等间距的溶痕，走向 300°，沟东村；（c）不同走向溶痕的交叉处具有较强的溶蚀作用，西凹村

图 6-10　华北陆块南部偃龙地区马家沟组灰岩溶沟特征

（a）一组近于平行的溶沟，走向 325°，向下具有变窄的趋势，椿树沟村；（b）较大规模的石芽上分布小规模的溶沟和石芽，关帝庙村

（三）岩溶裂隙

岩溶裂隙是岩溶水沿节理裂隙进行垂直运动，并对裂隙进行溶蚀和冲蚀，从而形成的溶蚀现象。岩溶裂隙在偃龙地区内普遍可见，实际上，上述描述的溶痕、溶沟均是根据岩溶裂隙的特点而推断出的。

（四）岩溶漏斗

岩溶漏斗是地表水沿节理裂隙不断溶蚀，并伴有塌陷、沉陷、溶滤等作用发育而成的，为漏斗形或碟状的封闭洼地，直径一般在100m以内。偃龙地区分布有大量的岩溶漏斗，平面上一般呈不规则的圆形，也有呈不规则的多边形，半径一般在数十米至百余米，深度一般在数十米［图6-11（a）］，也有较小的岩溶漏斗，半径和深度仅数米或在1m以下［图6-11（b）］。岩溶漏斗从顶部向下部，其半径一般具有逐渐变小的特点，但往往可见在漏斗侧壁的某些部位呈陡直的形态［图6-11（c）］。根据不同地区、不同岩溶漏斗的陡直侧壁的产状测量，这些陡直的侧壁具有两组优势走向，一组为北东70°方向，一组为北西310°~320°方向，与控制溶痕和溶沟的两组节理产状一致，并且，这两组方向也控制了不同岩溶漏斗在平面上的排列方向（附图1）。

（五）岩溶洼地

岩溶洼地也叫坡立谷，是由岩溶作用产生的底部平坦、面积较大的封闭型洼地，往往由漏斗扩大而来，其底部或边部常有岩溶泉和暗河出露。岩溶洼地主要出现在偃龙地区的北部，由ZK8712井、ZK8714井、ZK9514井和ZK9112井指示的本溪组厚度可达42m，分布范围可达1.5km^2，但这些钻孔揭示的本溪组均为黑色铝土质泥岩，发育水平纹层，富含植物根茎和叶片化石，与正常岩溶漏斗中的地层岩性很不相同。推测认为，上述钻孔所在地区为一岩溶洼地，它们的产生尽管也与岩溶漏斗相似，受到北西和北东向节理的控制（附图1），但它们更靠近海平面，水平方向的岩溶作用更加强烈，岩溶漏斗扩大并联合，底部和边部可能分布由南侧高地提供地下水的岩溶泉和暗河，适于沉积作用的进行，但泄

(a)

(b)

(c)

图 6-11　华北陆块南部偃龙地区马家沟组灰岩岩溶漏斗特征

(a) 岩溶漏斗，为一铝土矿的采坑，该采坑上部宽约 50m，深约 30m，邢村煤矿南；(b) 小型岩溶漏斗，上部宽 0.9m，深 2.5m，关帝庙村；(c) 陡直的漏斗侧壁，关帝庙村

水作用较差，没有出现典型岩溶漏斗中厚度较大的豆鲕（碎屑）状铝土矿。

（六）岩溶平原

岩溶平原指岩溶地区近于水平的地面，是长期的岩溶作用，使岩溶盆地（或洼地）逐渐扩大造成的。面积可达数百平方千米，地表有溶蚀残余的红土覆盖。在前述古岩溶地貌条件的分析中已指出，晚奥陶世至本溪组沉积时期以物理风化剥蚀为主，地貌上向准平原过渡。至上石炭统—下二叠统，华北地区开始接受海侵，潜水水位抬升，同时转变为湿润多雨的气候，迅速地向岩溶夷平面转化（图 6-4）。具有风化壳性质的面状分布的本溪组和其下部覆盖型岩溶的发育，均指示了本溪组是沉积在岩溶夷平面之上的，即本溪组开始沉积时，其所在的沉积地区已是一个岩溶平原。

（七）溶洞

地下水沿着可溶岩的层面、节理或裂隙下渗并扩大溶蚀空间，形成大小不一、形态多样的洞穴叫溶洞。随着溶洞的扩大、水流的集中、岩溶作用的进行，孤立的洞穴逐渐沟通，而成为一个溶洞系统。溶洞一般有两种类型，一种是水平溶洞，它与当时的侵蚀基准面相适应，主要发育于浅饱水带内（潜水面附近）；另一种是垂直溶洞，循陡倾的灰岩层面或垂直裂隙发育，常见于充气带内。偃龙地区溶洞非常发育，可以认为区内所有的古岩溶现象均可称为溶洞，它们形成了一个互有联系的溶洞系统。上述的溶痕、溶沟、漏斗均是垂直溶洞，下面主要描述水平溶洞。

在剥露深度较大的露天采坑内常见有多层水平溶洞，间隔在 5 ~ 10m 不等，每一层水平溶洞又由 3 ~4 个次一级的水平溶洞组成，间隔在 20 ~ 40cm 内，总体高度在 5m 以内［图 6-12（a）］。顶板常呈水平状态，与层面一致，底板凹凸不平，常有小型的漏斗、溶沟发育［图 6-12（b）］。次一级水平溶洞之间常有垂直通道相连，这些通道常呈上部漏斗状、下部反漏斗状的形态，而使两个通道之间的岩石呈透镜状，并且通道旁侧岩石较为破碎，甚至呈角砾状［图6-12（c）］，水平溶洞内部被纹层状黄色、灰色、黑色等杂色泥岩充填（图6-6）。这些水平溶洞在平面上延伸可能非常大，在偃龙地区东部的整个露头区均可进行追索。

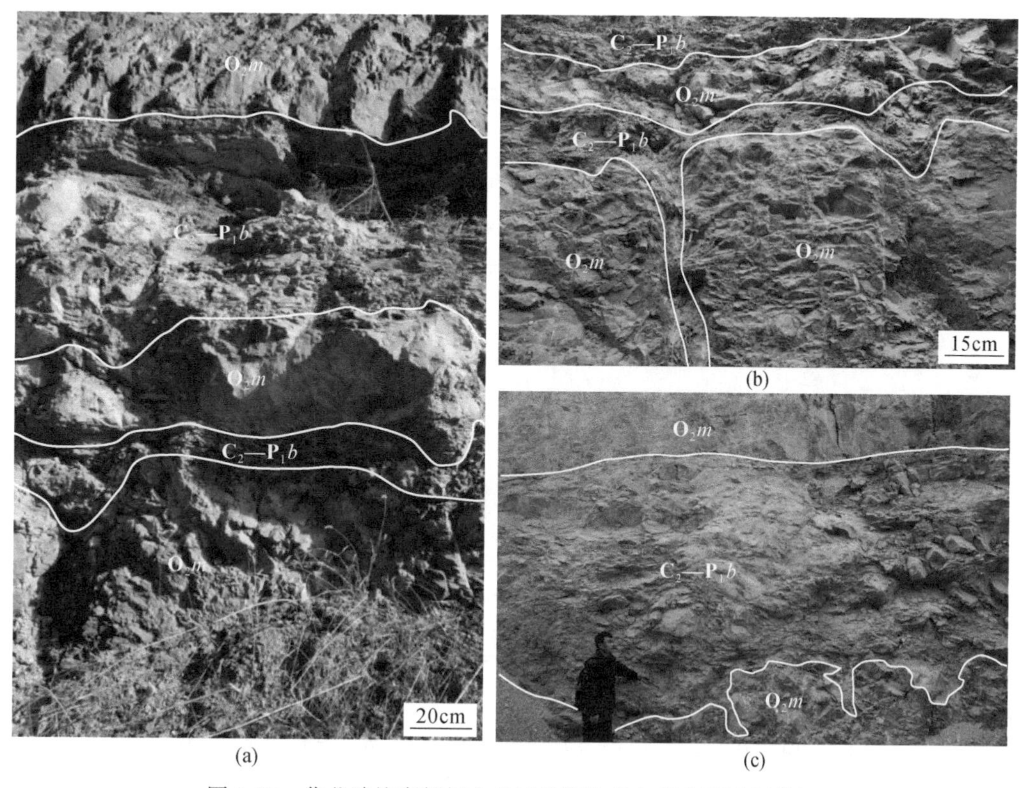

图6-12　华北陆块南部偃龙地区马家沟组灰岩水平溶洞特征

（a）每层水平溶洞由多层次一级水平溶洞组成，关帝庙村；（b）水平溶洞底板发育的漏斗和溶沟，关帝庙村；（c）次一级水平溶洞连通造成的水平溶洞呈角砾状，关帝庙村

（八）溶蚀窗和溶蚀龛

溶蚀窗是岩溶洞穴的侧壁呈圆滑状的、具有一定延伸长度的溶蚀孔洞，一般延伸可达数米以上，溶蚀龛可以认为是小型的溶蚀窗，延伸长度有限，仅有数厘米至数十厘米。溶蚀窗和溶蚀龛一般被认为是覆盖型岩溶的产物（韩行瑞，2015），它是由饱水带内沿裂隙下渗的水流与溶蚀界面上的水流产生混合溶蚀作用造成，裂隙小的形成溶蚀龛，有时呈袋状，当这些裂隙为层面时，就会形成延伸较长的通道并逐渐尖灭，这是溶蚀窗产生的原因。偃龙地区溶蚀窗和溶蚀龛非常发育，所有的岩溶漏斗的侧壁均发育丰富的溶蚀窗和溶蚀龛［图6-13（a）］，其差异主要是规模不同。一般在大型的岩溶漏斗中，溶蚀龛规模也大，甚至可将马家沟组灰岩溶蚀成口小肚大的瓮状，高度可达数米至数十米［图6-13（b）］，这些瓮状的溶蚀现象可以认为是沿着大量垂直的或水平的裂隙（或层面）下渗的水流与溶蚀界面上的水流混合溶蚀作用的结果。同样地，在大型岩溶漏斗的侧壁上溶蚀窗的规模也大，

常沿层面展布，高度15cm左右，但延伸长度可达6m［图6-13（d）］。在远离岩溶漏斗处，沿较小的溶痕可见有袋状溶蚀龛的发育［图6-13（c）］。

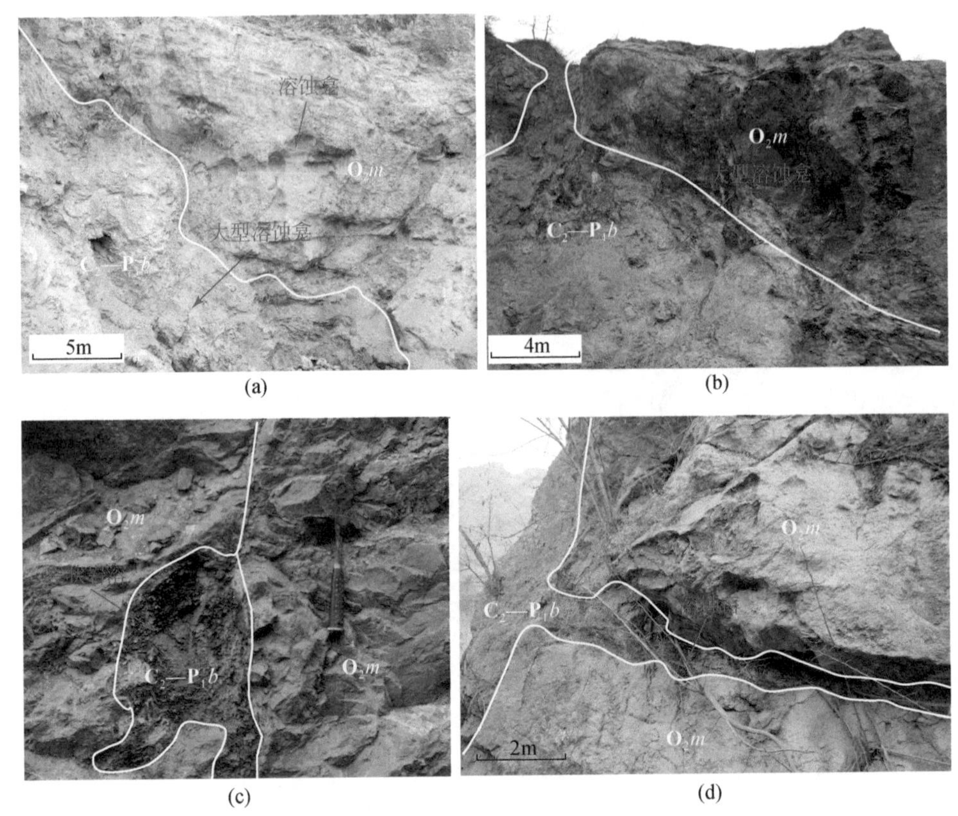

图6-13　华北陆块南部偃龙地区马家沟组灰岩溶蚀窗和溶蚀龛特征

（a）岩溶漏斗侧壁的溶蚀龛，关帝庙村；（b）大型的溶蚀龛，关帝庙村；（c）袋状溶蚀龛，关帝庙村；（d）大型的溶蚀窗，关帝庙北沟

三、古岩溶的形态组合

不同的岩溶个体形态在发育过程中常有成因上的联系，形成一定的形态组合，研究这些形态组合有助于分析岩溶发育过程、发育阶段和岩溶的水循环特征。

（一）溶痕-溶沟-漏斗形态组合

这三种岩溶的个体形态均受到北东70°和北西310°～320°两组节理的控制，所不同的是岩溶作用规模和强度的差异。偃龙地区常可见到溶痕、溶沟和小型漏斗的平行排列，大型岩溶漏斗北东70°陡直侧壁上见有大量的北西310°～320°的溶痕和溶沟，北西310°～320°陡直侧壁上见有大量的北东70°的溶痕和溶沟，反映了岩溶漏斗是在上述两组节理的交叉处形成的。此外，这一类形态组合也表现在小型岩溶漏斗下部往往过渡为单一的溶沟和溶痕，在大型岩溶漏斗下部过渡为大量的溶沟和溶痕（图6-14），反映了岩溶漏斗是由溶沟扩展而来的特点。

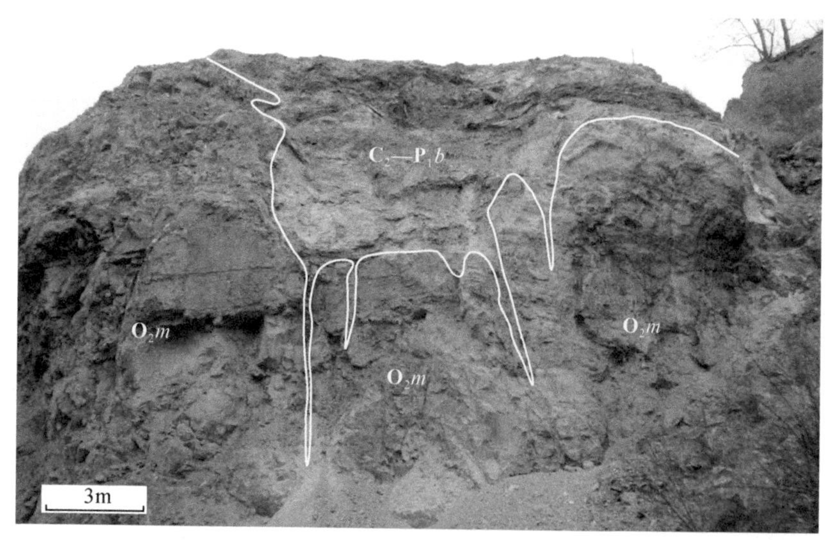

图6-14　华北陆块南部偃龙地区马家沟组灰岩岩溶漏斗下部过渡为大量的溶沟和溶痕，关帝庙村

（二）漏斗（溶沟）-溶蚀窗（溶蚀龛）形态组合

这是一种常见的形态组合，反映在几乎所有的漏斗和溶沟的侧壁上，都可见到丰富的溶蚀窗和溶蚀龛（图6-13），所不同的是大型漏斗中溶蚀窗和溶蚀龛的规模也较大。这一形态组合反映了偃龙地区岩溶漏斗和溶沟可能是覆盖型岩溶造成的。

（三）漏斗-水平溶洞形态组合

该类形态组合表现为两种不同的组合方式，其一为水平溶洞与漏斗相交切，在两者的交接处，马家沟组灰岩溶蚀强烈，呈向漏斗中心倾斜的圆弧状［图6-15（a）］，或呈向漏斗中心下降的台阶状［图6-15（b）］，反映了岩溶漏斗的形成可能与水平溶洞中流出的下渗水流有关。这一现象在漏斗侧壁的同一水平面上均可见到［图6-15（c）（e）］，反映了水平溶洞可能延伸很广，不受漏斗控制。在一个大型的岩溶漏斗中，这样的漏斗-水平溶洞形态组合不止一个，而且是多层分布的，反映了岩溶漏斗的形成是多阶段的，并与不同时期水平溶洞中下渗水流有关［图6-15（c）］。其二为水平溶洞出现在岩溶漏斗下部，两者之间通过溶痕、溶沟连接［图6-15（d）］，反映了下部的水平溶洞具有排出上部岩溶漏斗中下渗水流的作用。

（四）漏斗-漏斗（洼地）形态组合

这一类的形态组合主要表现在不同漏斗（洼地）的平面展布上，无论是野外观察，还是根据密集钻孔绘制的华北陆块南部偃龙地区本溪组含铝岩系厚度等值线图（附图1），均可发现漏斗沿北西310°～320°和北东70°展布的特点。此外，根据钻孔岩性确定的偃龙地区北侧的岩溶洼地也分布在与岩溶漏斗一致的北西和近东西方向上。这一形态组合既反映了岩溶漏斗（洼地）受到与溶痕和溶沟一致的裂隙控制的特点，也反映了岩溶洼地可能是由岩溶漏斗扩展而来的，以及岩溶形成时期北部地势较低的特点。

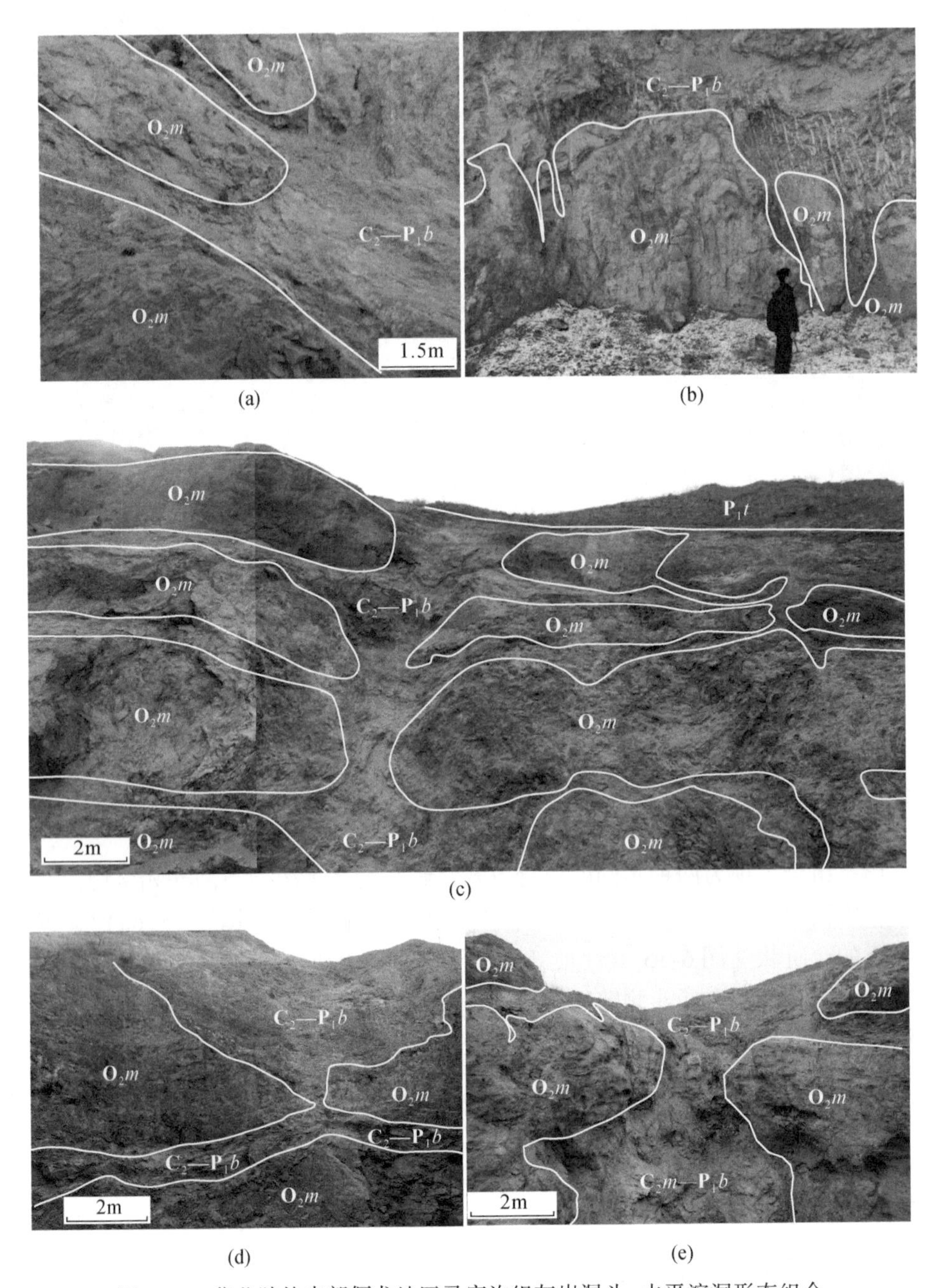

图6-15　华北陆块南部偃龙地区马家沟组灰岩漏斗-水平溶洞形态组合

(a) 水平溶洞与漏斗相交切，呈向漏斗中心倾斜的圆弧状，关帝庙村；(b) 水平溶洞与漏斗相交切，呈向漏斗中心下降的台阶状，小黑煤沟村；(c) 多层水平溶洞并为岩溶漏斗提供岩溶水源，皇到岭；(d) 水平溶洞出现在岩溶漏斗下部，两者之间通过溶痕、溶沟连接，关帝庙村；(e) 岩溶漏斗两侧的同一水平面上的水平溶洞，火石嘴需要指出，偃龙地区岩溶形态组合是多种多样的，上述4种仅是常见和典型的组合形态，实际上，这4种组合彼此之间还可以组合成更多类型的形态组合。此外，上述形态组合可能不是一个岩溶时期形成，它反映了多时期岩溶作用所留下的最终形态，根据这些岩溶形态的组合去分析岩溶的发育阶段，尚需借助岩溶作用的产物进行综合分析。

四、古岩溶塌陷

岩溶塌陷是指在覆盖型岩溶地区，由于下部可溶岩层的溶蚀作用，地下溶洞扩大或上覆土层中土洞顶板失去平衡，致使覆土层失稳产生塌落或沉陷的现象（陈国亮，1994）。偃龙地区岩溶塌陷非常普遍，主要出现在岩溶漏斗内部及其旁侧，对于这些岩溶塌陷的成因分析和形成时代的确定，可以为本区岩溶作用类型、岩溶作用期次，以及岩溶作用和成矿作用关系的研究提供证据。

（一）古岩溶塌陷的几何学

偃龙地区古岩溶塌陷主要表现为发生岩溶作用的马家沟组灰岩上部的本溪组和太原组强烈的变形现象。这些变形现象主要出现在溶蚀作用强烈的岩溶漏斗的内部及其旁侧，并且本溪组和太原组的塌陷地层具有不同的变形方式。

1. 本溪组岩溶塌陷的几何学

野外露头中，本溪组的岩溶塌陷主要表现在中部的豆鲕（碎屑）状铝土矿中。塌陷地层的上部表现为不对称的具有流变特征的向斜，翼部有强烈的减薄，核部有强烈的增厚，不同岩层褶曲样式差异较大，组成明显的不协调褶皱［图6-16（a）］。向斜转折端呈圆弧状，并对应着岩溶漏斗的中心。在与下部地层的接触处，见到上部地层嵌入下部地层的凹坑之中，显示了上部地层塑性流动的特点。

塌陷地层的下部表现为脆性张裂的特点，在对应于向斜的转折端处可以见到向上开口、向下逐渐紧闭的张裂隙［图6-16（a）（c）］，反映了马家沟组碳酸盐岩的潜蚀作用产生的新空间下部较小、上部较大的特点，在与上部塑性流动地层的接触面上可以见到呈尖角状的凸起和凹陷。

此外，在本溪组下部铝土质泥岩中可以见到相对刚性层组成的无根钩状褶皱［图6-17（a）］和透镜体［图6-17（b）］，透镜体中见有强烈的褶曲［图6-17（c）］；在本溪组与马家沟组接触面上可以见到不同颜色的矿物条带（晚期岩溶的化学沉积物）组成的不规则褶曲［图6-17（d）］。

钻孔岩心中，本溪组中部豆鲕（碎屑）状铝土矿和下部铝土质泥岩普遍可见由颜色深浅显示的流动纹层（图3-48）。岩石薄片中，也见有大量的不规则条带和形状及大小不一的团块，深色纹层多为富含铁质的隐晶质集合体，浅色纹层多为微晶集合体（图3-49）。此外，可以根据上述的流动构造，确定剪切流动的方向（图3-54）。详见第三章第三节“含铝岩系的结构特征”部分。

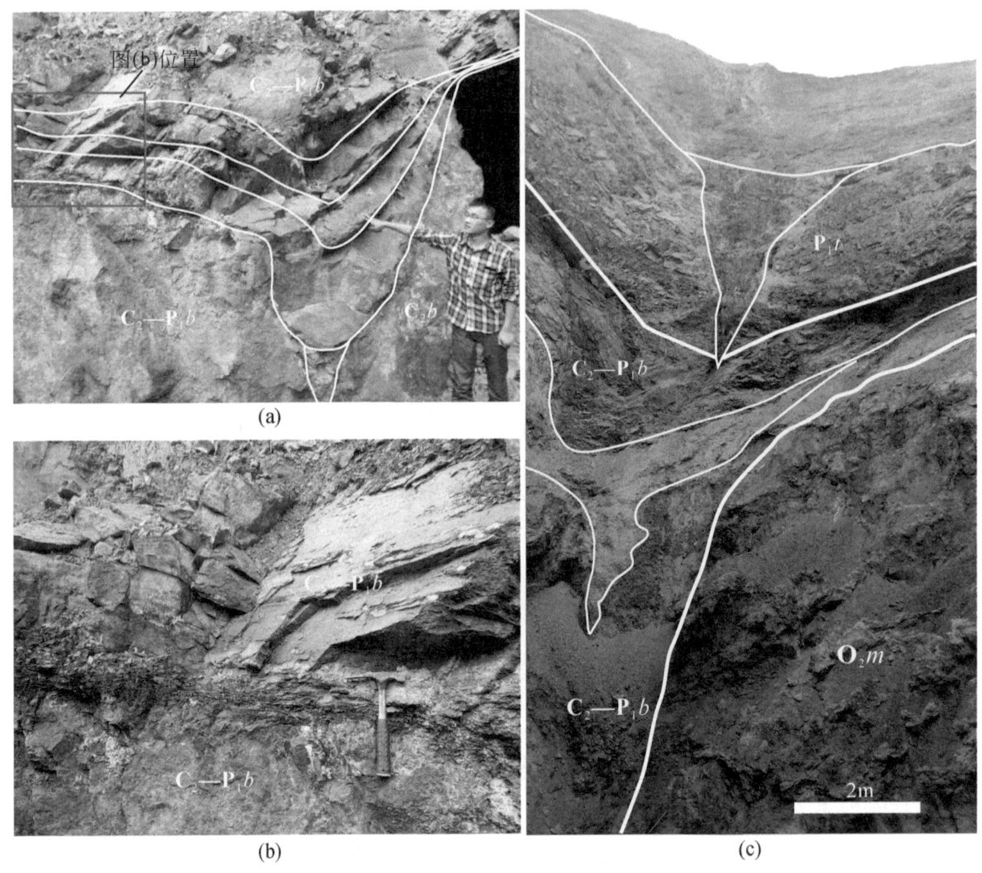

图 6-16　华北陆块南部偃龙地区本溪组岩溶塌陷现象，火石嘴

（a）豆鲕（碎屑）状铝土矿变形现象；（b）流动向斜地层内部的薄层碳质泥岩，但这些碳质泥岩到向斜转折端消失了；（c）向斜转折端发育的张裂隙

(c)

(d)

图 6-17　华北陆块南部偃龙地区本溪组下部铝土质泥岩变形现象

(a) 本溪组下部铝土质泥岩中的无根钩状褶皱，火石嘴；(b) 本溪组下部铝土质泥岩中的透镜体，火石嘴；(c) 本溪组下部铝土质泥岩中的透镜体，其中见有强烈的褶曲，火石嘴；(d) 本溪组与马家沟组接触面上不同颜色的矿物条带组成的不规则褶曲，邢村煤矿南

2. 太原组岩溶塌陷的几何学分析

太原组岩溶塌陷的变形方式主要表现为多种形态的向斜构造，可以分为以下三类。

1）宽缓近对称的向斜构造

该类构造主要出现在太原组内部，有时也涉及下部的本溪组，向斜两翼开阔，倾角近于相等，翼间角大于90°，圆弧状的核部对应于岩溶漏斗的中心，在转折端处，地层厚度有增大现象，尤其是太原组中的泥岩夹层表现得更为明显［图 6-18（a）］。某些宽缓向斜的转折端处可以见到向上开口、向下逐渐紧闭的张裂隙，裂隙内岩石有较强的破碎，表面有铁染现象［图 6-16（c）］。

2）宽缓不对称向斜构造

该类构造主要由太原组灰岩表现出来，向斜两翼开阔但倾角不等，翼间角大于90°［图 6-18（b）］，核部对应于岩溶漏斗的中心，且往往在核部的下方见到马家沟组灰岩与本溪组相接触的陡立侧壁，在转折端处，地层厚度有不明显的增大现象。

3）紧闭向斜构造

该类构造主要出现在太原组泥岩夹层中，两翼紧闭，翼间角小于90°，往往一翼平缓，而另一翼产状较陡，轴面倾斜［图 6-18（b）］。

(a)

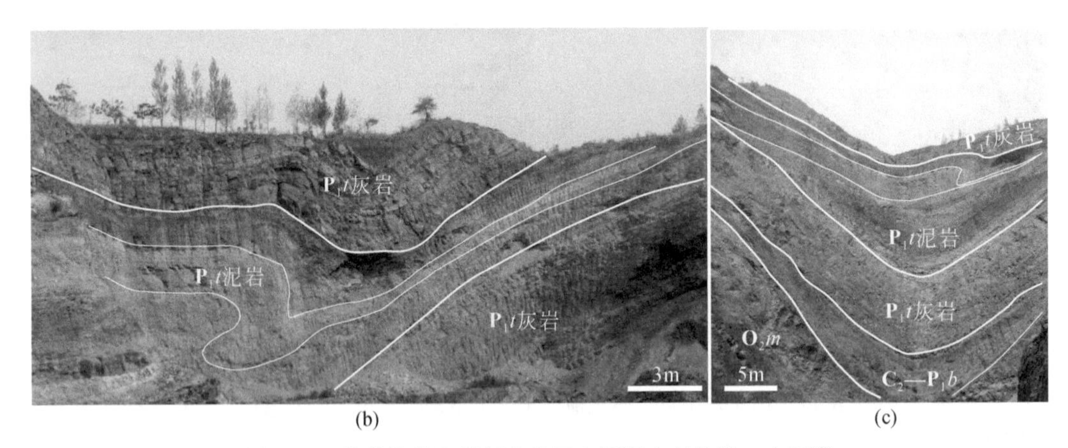

图 6-18　华北陆块南部偃龙地区太原组向斜构造，火石嘴

(a) 宽缓近对称的向斜构造；(b) 宽缓不对称向斜构造和紧闭向斜构造；(c) 太原组连同下部的本溪组组成的不协调褶皱

上述不同类型的向斜构造可以单独出现，但多组成不协调褶皱，不同的地层有不同的变形方式，且不同类型的向斜构造具有明显的截切关系［图 6-18（c）］。往往是下部地层呈宽缓的近对称向斜，上部为宽缓不对称向斜和紧闭向斜，指示了上部地层具有更强烈的缩短，也反映了马家沟组的覆盖型岩溶作用产生的新空间下部较小上部较大的特点。

（二）古岩溶塌陷的运动学

本溪组岩溶塌陷的运动学易于判别。在宏观上，向斜翼部地层显著减薄，核部地层显著增厚，可以确定物质运动方向具有由两翼向核部流动的特点［图 6-16（a）］。钻孔岩心和岩石薄片中，可见浅色矿物颗粒组成的书斜式构造和旋转的矿物颗粒（图 3-54），这些现象均指示了本溪组在未完全固结时存在剪切流动。

太原组岩溶塌陷的运动学特征尚需根据这些褶皱的成因进行分析。在宽缓不对称向斜构造和紧闭向斜构造中可以见到这些褶皱的轴面与层面斜交，如果这些褶皱为剪切滑动造成，那么无疑指示了组成向斜较缓一翼向漏斗中心滑动的特点，由于较缓一翼的滑动必然产生顺层面的挤压作用，必然对另一翼地层产生顺层挤压并使其逐渐变陡，从而在刚性程度较大的灰岩中形成宽缓不对称向斜构造，而在刚性程度较小的泥岩中产生转折端急剧增厚的紧闭向斜构造。

如果上述认识成立，那么在这些由滑动作用形成的向斜的下部必然存在润滑层和滑动面。岩溶漏斗内部及其旁侧的本溪组和太原组内部发育丰富的滑动面，尤其是在本溪组中更加丰富。这些滑动面常出现在泥岩中，倾向漏斗中心，空间上呈一碗状，向漏斗中心收缩［图 6-19（a）］。由于这些滑动面是多层产出的，所以往往在剥露较好的铝土矿采坑中（岩溶漏斗）可以见到这些滑动面就像摞起来的碗一样［图 6-19（c）］。每一滑动面上均发育有丰富的滑动镜面、擦痕和阶步［图 6-19（b）］，均指示向漏斗中心的滑动。

(a)　(b)　(c)

图6-19　华北陆块南部偃龙地区本溪组泥岩的运动学特征

（a）滑动面向漏斗中心收缩，呈一碗状，关帝庙北沟村；（b）滑动面上的滑动镜面、擦痕和阶步，关帝庙北沟村；（c）多层滑动面向漏斗中心收缩，像摞起来的碗一样（局部），关帝庙村

润滑层也主要由太原组和本溪组的泥岩提供。太原组的泥岩厚度变化较大，褶曲强烈，指示了这些泥岩的塑性变形特征。此外，太原组中不同类型的向斜构造也往往由其间的泥岩进行调节［图6-18（b）（c）］，使得这些向斜构造具有明显的截切关系；本溪组下部铝土质泥岩中发育丰富的平卧褶皱、无根钩状褶皱和透镜体，并且在本溪组与马家沟组接触面上不同颜色的矿物条带也组成丰富的不规则褶曲，所有这些现象均可认为是润滑层内部的构造，这些褶曲的轴面与层面的夹角指示了上部地层向漏斗中心的滑动。

（三）古岩溶塌陷的动力学

形成岩溶塌陷可以有多种动力机制，但最主要的是潜蚀作用机制、覆盖型岩溶机制和虹吸作用机制（陈国亮，1994）。潜蚀作用机制主要是地下水位下降引起的水力梯度增大，当达到一定值时，可溶岩上部覆土层中的土颗粒被渗流带动，从而引起塌陷。覆盖型岩溶机制是下部可溶岩差异性的溶蚀作用引起岩溶程度较大地区的上部覆盖层产生垮塌。虹吸作用机制是当地下水位大幅下降时，岩溶的空腔形成真空对上部盖层产生强大的抽吸力，产生塌陷。

本区的古岩溶塌陷，可能既不是潜蚀作用造成，也不是虹吸作用造成的，而可能是覆盖型岩溶造成的，理由如下：其一，潜蚀作用机制的前提是塌陷层为松散的易被携出流失的沉积物，在密实的黏性土中很难由潜蚀作用形成。本区无论是本溪组还是太原组均可见到一定厚度的地层发生类似的塌陷作用。这些地层的沉积需要较长的时间，产生一定的压实作用，不易产生潜蚀作用，此外，本区本溪组和太原组的泥岩含有大量的黏土矿物，几乎不含石英，所以它们即使没有强烈的压实作用，也主要为黏性土，而不是易于发生潜蚀作用的砂性土或粉砂土。实际上，偃龙地区无论是本溪组还是太原组均未发现沉积物的大量流失现象。其二，本区本溪组原始沉积物和太原组是沉积在岩溶平原上的，马家沟组灰岩的岩溶主要是在本溪组原始沉积物沉积之后产生的，在这种环境下，地下水位下降产生的岩溶也是较缓慢的过程，有充足的时间使得上覆地层填充被溶蚀的空间，不可能产生足够大的空腔，导致虹吸作用的产生。其三，在存在上覆沉积地层的情况下，伴随着岩溶作用，必然造成马家沟组灰岩溶蚀空间的不断扩大，引起上覆盖层的填充，从而产生塌陷。由于岩溶漏斗是溶蚀作用最强烈的地方，所以岩溶塌陷在岩溶漏斗处最为发育，远离漏斗几乎未见岩溶塌陷。此外，岩溶漏斗处的岩溶作用往往上部发育空间较大，往下部逐渐减弱而消失，所以也造成了上述对应于向斜转折端、下部本溪组和太原组灰岩中的裂隙上宽下窄的现象以及太原组上部地层较下部地层具有更强烈的缩短现象。

（四）古岩溶塌陷的期次

从上述古岩溶塌陷引起的本溪组和太原组不同的向斜形态看，两者所形成的岩溶塌陷可能是不同时期产生的。

本溪组中具有流变特征的向斜、钻孔岩心中的流动纹层和岩石薄片中的撕裂构造，应当是在本溪组未完全固结时产生的，向斜的下部本溪组豆鲕（碎屑）状铝土矿产生脆性变形，只能说明发生塌陷时下部地层已固结，间接说明本溪组在沉积过程中具有较长时间的暴露，使得下部地层发生强烈的富铁铝化之后，才产生岩溶塌陷。此外，组成向斜的地层内部，以碳质泥岩为界的旋回性表现得非常明显［图6-16（b）］，但这些碳质泥岩到向斜转折端均消失了，铝的矿化作用增强了［图6-16（a）］，这可能与强烈的富铁铝化作用导致的有机质淋除有关（于天仁和陈志诚，1990）。根据含铝岩系的形成阶段分析，富铁铝化过程主要发生在本溪组沉积时期，且岩溶漏斗中心尤其强烈，可以推测本溪组中发育的岩溶塌陷是在本溪组沉积时期形成的。该时期海平面频繁变化，当海平面上升时产生本溪组原始沉积物；当海平面下降时，马家沟组灰岩产生覆盖型岩溶作用，已沉积的原始沉积物发生富铁铝化作用，马家沟组灰岩新产生的溶蚀空间可使未固结的本溪组产生塑性流动，下伏已固结的发生富铁铝化的本溪组产生脆性破裂，这些脆性破裂的裂隙可以转化成良好的泄水通道［图6-16（a）（c）］。

尽管太原组中的向斜有多种类型，但可以认为它们是在统一的动力机制下产生的，向斜形态的差异主要是岩溶漏斗下部新增溶蚀空间较小，上部较大，以及不同地层岩石力学性质的差异造成的。根据相对刚性地层（灰岩）两翼和核部厚度变化较小的特点，可以认为太原组中发育的岩溶塌陷是在太原组沉积之后产生的。根据前述岩溶古地貌的分析，本溪组沉积后至该地区隆升剥蚀前（中新生代），岩溶作用是不发育的，而在中新生代由于南部嵩山的隆升可使偃龙地区发育承压性质的岩溶水，并且大量硫化物的氧化产生的硫酸更促进了岩溶作用的进行，所以，太原组的岩溶塌陷可能形成于中新生代并延续至今。太原组宽缓向斜转折端处的张裂隙可以作为良好的泄水通道，为岩溶漏斗的再次溶蚀提供岩溶水源［图6-16（c）］。

从上面的分析不难看出，由于岩溶塌陷主要发育在岩溶漏斗处，马家沟组灰岩的岩溶与上部地层的岩溶塌陷是相伴产生的，所以，本区的岩溶漏斗主要为塌陷漏斗，岩溶塌陷所造成的本溪组和太原组的褶曲可以作为岩溶漏斗存在的指示。铝土矿民采时，一些“土专家”也是根据这一特征寻找铝土矿富矿体的。

第三节　含铝岩系下伏古岩溶的类型

岩溶类型的划分与岩溶的发育条件和发育因素密切相关，在进行岩溶类型划分时，需要综合考虑这些因素和条件。按照可溶性岩石的出露条件可将岩溶类型划分为可溶岩出露地表的裸露型岩溶、可溶岩埋藏于松散堆积物下部的覆盖型岩溶和可溶岩埋藏于深部的埋藏型岩溶。根据这一标准，马家沟组内部发育的古岩溶属于埋藏型岩溶无疑，但这些岩溶当初是产生于碳酸盐岩裸露条件下还是碳酸盐岩覆盖条件下尚需研究。

前已述及，本溪组是沉积于马家沟组的岩溶平原上的，岩溶平原已属于岩溶旋回晚期阶段的地貌，所以，在本溪组开始沉积时，马家沟组内部不可能出现溶痕、溶沟和漏斗等岩溶旋回初期的地貌。实际上，根据Büdel（1957）的“双层夷平面”理论，在夷平面上分布的具有一定厚度的风化壳具有顶、底两个面，顶面为大气环境下的风化剥蚀面，底面为埋藏环境下的基岩风化前锋面。针对岩溶地区，只有在岩溶作用进行到岩溶基准面时，才开始出现面状分布的一定厚度的沉积物（崔之久等，1998，2001），这一面状沉积物的上部不仅可以进行物理风化和剥蚀，也可以进行化学风化，而其下部的碳酸盐岩由于岩溶基准面的升降变化，可以在松散沉积物覆盖环境下进行溶蚀作用，相当于Büdel的下部风化前锋面。崔之久和潘保田（1996）、崔之久等（1998，2001）正是根据这一特点，将岩溶地区夷平面存在的标准定为一定厚度面状分布的风化壳和下部的覆盖型岩溶。偃龙地区本溪组具有面状分布的特点，并且根据第三章的本溪组层序、矿物学和地球化学分析，本溪组具有风化壳的性质，并且本溪组的沉积和风化过程中，海平面频繁升降，可使本溪组下部的马家沟组灰岩产生覆盖型岩溶。

根据前述本区古岩溶的发育条件，在本溪组沉积时期古气候、古植被、古构造、古土壤均有利于岩溶作用的进行。此外，根据岩溶形态的观察，所有的岩溶表面均呈光滑圆润状，发育溶蚀窗和溶蚀龛，这些被认为是土下溶蚀作用的标志。

本区岩溶塌陷非常普遍，并存在持续的多时期的岩溶塌陷，一般认为岩溶塌陷是覆盖型岩溶的典型标志之一（谭鉴益，2001；Berilgen et al.，2006；韩行瑞，2015；袁道先等，2016；贾龙等，2016；高培德和王林峰，2017），充分证明了本溪组沉积时期和其后的古岩溶是多时期的覆盖型岩溶。所以，可以确定广泛分布于本区的各种岩溶形态和组合，包括控制铝土矿体产出的岩溶漏斗，不是在本溪组沉积之前产生的，而是本溪组沉积期及其以后岩溶作用的结果。

当然，中新生代的差异升降作用可使部分地区本溪组含铝岩系剥露于地表，导致下伏马家沟组灰岩产生裸露型岩溶，并可对前期的覆盖型古岩溶有一定的改造。

第四节　含铝岩系下伏古岩溶的期次

偃龙地区马家沟组灰岩发育的古岩溶现象实际上是多时期岩溶作用的结果，在长期的地质演化过程中，古气候、古植被和古地貌等岩溶发育条件的差异必然造成不同岩溶发育机理、不同岩溶形态、不同岩溶沉积物特点的多时期的岩溶。

岩溶发育条件的改变主要与大地构造演化的阶段有关，所以，根据偃龙地区大地构造演化阶段可将马家沟组灰岩的古岩溶划分为三个时期：晚奥陶世—早石炭世古岩溶，晚石炭世—中三叠世古岩溶和中新生代古岩溶，下面分别叙述。

一、晚奥陶世—早石炭世古岩溶

晚奥陶世—早石炭世，由于南部秦岭地区构造活动的影响，华北地区整体抬升剥蚀，且华北陆块南部抬升幅度较大，而使当时地貌呈一向北缓倾的斜坡。在这一相当长的时期内，华北陆块总体上处于高纬度干旱气候带，可能以物理风化剥蚀为主，遵循坡地后退的原则（King，1953），地貌上逐渐演化为联合山麓面。一般认为，山麓剥蚀平原的形成需要多至10Ma的构造稳定期（Schumm，1963；Ahnert，1970），而华北陆块在1.2～1.5Ga沉积间断期间，尽管南部地区有小幅度的隆升，但总体上构造相对稳定，具备形成准平原的条件。在泥盆纪晚期和早石炭世，由于华北陆块逐渐向赤道靠近，大气降水可能增多，但区内未产生海侵，岩溶侵蚀基准面仍然很低。这种条件下，地表水的垂向溶蚀作用可能在塑造联合山麓面的过程中起到重要作用，加速了风化作用的进行，地表具有刻蚀平原的形态。

这一时期内，华北陆块不可能有沉积物存在，被剥蚀的基岩风化物质很快流失，沉积在华北陆块以外的沉积盆地中，即使在刻蚀平原内部岩溶裂隙中存在少量的沉积物，也会在后期的侵蚀和剥蚀过程中被流水带走而流失。所以，这一时期地表的岩石为裸露的基岩。

二、晚石炭世—中三叠世古岩溶

晚石炭世，全球各板块处于靠拢状态，华北陆块周边也是这样（Sengör et al.，1985；Zhang et al.，2009；徐备等，2014）。在这一背景下，华北陆块产生了自北东向南西的海侵作用（陈钟惠等，1993），同时华北陆块已处于赤道附近，转变为炎热多雨的气候条件（Boucot et al.，2009）。所以，这一阶段的岩溶作用较上一时期已大为改观，但由于该阶段地表和地下水运动规律不尽相同，所以，这一时期的岩溶作用可以分为许多次一级的阶段，不同阶段的岩溶作用可以产生不同的岩溶地貌和不同的岩溶沉积物（或岩溶作用影响下的沉积物）。

（一）已产生海侵，但偃龙地区内尚没有沉积作用

前已述及，在偃龙地区发生海侵之前，地貌已处于准平原化形态，具有发生强烈岩溶作用的地貌条件。发生海侵时，适宜的古气候条件和海岸地区地表水与海水的混合作用加速了岩溶作用的速率（陈鸿汉等，2001）。此外，海平面作为终极的岩溶基准面，也决定了海岸地区的岩溶以水平方向为主。上述条件均保证了海岸地区能够迅速地向岩溶平原转化。这时，地形高差很小，不可能由于压力差的作用在海平面之下产生由潜流作用形成的岩溶，即岩溶平原的下部不可能有岩溶作用发生。

该时期，沉积盆地与发生岩溶的地区距离较近，可以使岩溶留下的不溶产物沉积于海盆地之中，但是，这些不溶产物可能是很少的：第一，在平整的准平原上产生岩溶平原，其剥蚀量可能有限；第二，碳酸盐岩的不溶物是有限的，研究表明，产生1m的不溶产物需要厚达100m的碳酸盐岩（Bárdossy and Aleva，1990），尤其本区灰岩较为纯净，积累的不溶物可能更加有限；第三，海岸地区的岩溶作用和随后产生的海侵时间短，不足以产生大量的不溶物沉积，研究表明，灰岩风化壳每积累1m需要的时间为2～3Ma（Bárdossy and Aleva，1990）。

（二）本溪组沉积时期的岩溶作用

本溪组原始沉积物是沉积在发生了夷平作用的岩溶平原之上的，沉积作用发生之前，马家沟组内部不可能有任何的溶蚀现象。所以，本溪组沉积时期如果有岩溶作用的发生则一定是覆盖型岩溶。

前已述及，本溪组沉积时期不仅具有良好的古气候条件，并且良好的植被条件和古土壤条件均可为该时期的覆盖型岩溶提供保证。

在第五章分析中，表明本溪组原始沉积物是在快速海侵背景下产生的，此后开始了海退和暴露过程。所以，在该时期，不仅刚刚沉积的本溪组（古土壤）受到大气降水的影响，促使本溪组原始沉积物富铁铝化作用的进行，也为覆盖型岩溶的产生提供了水流条件。

偃龙地区分布多层水平溶洞，并具有面状分布的特点，一般认为这一类的溶洞形成于浅饱水带内，是潜水面的顶面潜水流线最短，且在潜水面上渗透水往往产生不饱和，易于

把顶面潜水流线上的层面和节理溶蚀加宽造成的，具有以下特点：①同一潜水面下部可有多层的潜水流线，但常集中在潜水面以下 10m 以内，所以，浅饱水带内常见有多层但紧密排列的水平溶洞；②这些多层但紧密排列的水平溶洞常有垂直通道连通，往往是在潜水面下由虹吸作用产生的；③这些水平溶洞的顶底较为平整，但可与垂直的溶沟和溶痕相连接；④水平溶洞内常发育机械搬运物，化学沉积物较少。

偃龙地区内具有多层水平溶洞的发育，每一层水平溶洞均由 3 ~ 4 个次一级的水平溶洞组成，间隔在 20 ~ 40cm 内，总体高度在 5m 以内，这些次一级的水平溶洞之间常有垂直通道相连，这些通道常呈上部漏斗状、下部反漏斗状的形态，而使两个通道之间的岩石呈透镜状，并且通道旁侧岩石较为破碎，这些特点显示了这些垂直通道可能不是垂向下渗水流形成的溶沟或小型漏斗，最有可能是由潜水面下部虹吸作用的产物。至于最下部次一级溶洞的底板常发育漏斗状溶沟，这是潜水面再次下降沿陡立的节理产生溶蚀所形成的，而非虹吸作用的产物。

这些水平溶洞均被沉积物所充填，岩性主要为黄色、灰色、黑色等杂色泥岩，水平纹层发育［图 6-6（a）］，并含有植物炭屑和硬水铝石碎屑［图 6-6（b）（c）］，碎屑锆石中，除少数新于本溪组沉积年龄的碎屑锆石外，年龄谱与该区本溪组含铝岩系非常相似（图 6-8）。

所以，根据上述的特点，这些多层水平溶洞应为发育在潜水面附近的洞穴，多层发育的水平溶洞说明了潜水面多次下降。这一类型的洞穴应该发育在本溪组沉积时期，因为只有在这一时期，海平面的持续下降才具有形成多层水平溶洞的潜力。而在本溪组沉积后至中三叠世，主要表现为沉积作用，尽管海平面（或地层基准面）总体是下降的，但沉积盆地为陆表海盆地，潜水面应在当时的沉积界面附近，高于马家沟组灰岩的顶面，不可能在马家沟组灰岩内部发育水平溶洞。中新生代，当马家沟组灰岩顶面处于潜水面以下时，尽管南部的嵩山隆起可作为地下水的补给区，而使偃龙地区马家沟组灰岩具有产生承压水背景下的岩溶洞穴，但绝不是上述的水平溶洞。在中新生代，马家沟组灰岩顶面处于潜水面以上时，岩溶形态主要为岩溶旋回初期的溶痕和溶沟，远没有达到形成浅饱水带内洞穴的程度。

在第七章中可以发现，原始沉积物的富铁铝化作用主要发生在本溪组沉积时期，良好的泄水条件是富铁铝化作用的前提，同时是发育岩溶作用的前提，岩溶漏斗作为岩溶作用强烈的地区，也同样是矿化作用强烈的地区。从而说明岩溶漏斗的主要形成时期也为本溪组含铝岩系的形成时期。实际上，前述的漏斗–水平溶洞形态组合也主要是在本溪组沉积时期形成的，潜水面的多次下降，不仅造成了多层水平溶洞的发育，也造成了岩溶漏斗的不断发育。漏斗中本溪组豆鲕（碎屑）状铝土矿发育的具有塑性流动特点的向斜构造也暗示了本溪组沉积时期马家沟组灰岩岩溶作用的存在。

（三）本溪组沉积后至中三叠世的岩溶作用

在该时期，潜水面高于马家沟组灰岩的顶面，使得马家沟组灰岩处于饱水带内。尽管饱水带内仍然可以产生由地下水成分和温度等的混合溶蚀作用、硫化物氧化形成硫酸的溶蚀作用、深部 CO_2 作用、断裂构造导水作用和嫌气细菌作用等导致的深部岩溶（韩行瑞，2015），但该时期偃龙地区以沉积作用为主，并处于陆表海盆地中，主要产生嫌气细菌作用，所以分析该时期的嫌气细菌作用应是确定该时期岩溶作用的有无和强度大小的重点。

本溪组原始沉积物的富铁铝化主要发生在暴露环境下，铁主要以三价铁的形式富集，但无论是钻孔中还是在某些露头中，本溪组中黄铁矿十分富集，那么无疑这些黄铁矿应是在本溪组成岩期通过还原作用形成的。此外，无论是本溪组内部还是本溪组上部均含有大量的有机物，有机物的分解可以产生大量的嫌气微生物，使得本溪组中原始形成的三价铁还原成二阶铁，但三价铁还原时需要消耗 H^+，结果使 pH 升高。这种条件下，尽管铁的还原需要酸性的背景，对于马家沟组灰岩的岩溶有利，但随着还原作用的进行，pH 升高，对岩溶作用又是不利的。

另外，岩溶作用的强烈发育也要求有流动的地下水，但该时期非常平整的古地貌条件可能限制了大规模地下水的运动，这可从本溪组中黄铁矿的分布进行推测。黄铁矿多沿前期形成的流动纹层分布［图 6-20（a）］或交代某些碎屑颗粒［图 6-20（b）］，并见有大量大小不等的草莓状集合体散布于整个地层［图 6-20（c）］。在垂向剖面上，马家沟组灰岩的顶部和本溪组泥岩的下部黄铁矿往往富集，向上部逐渐减少［图 6-20（d）］，有时本

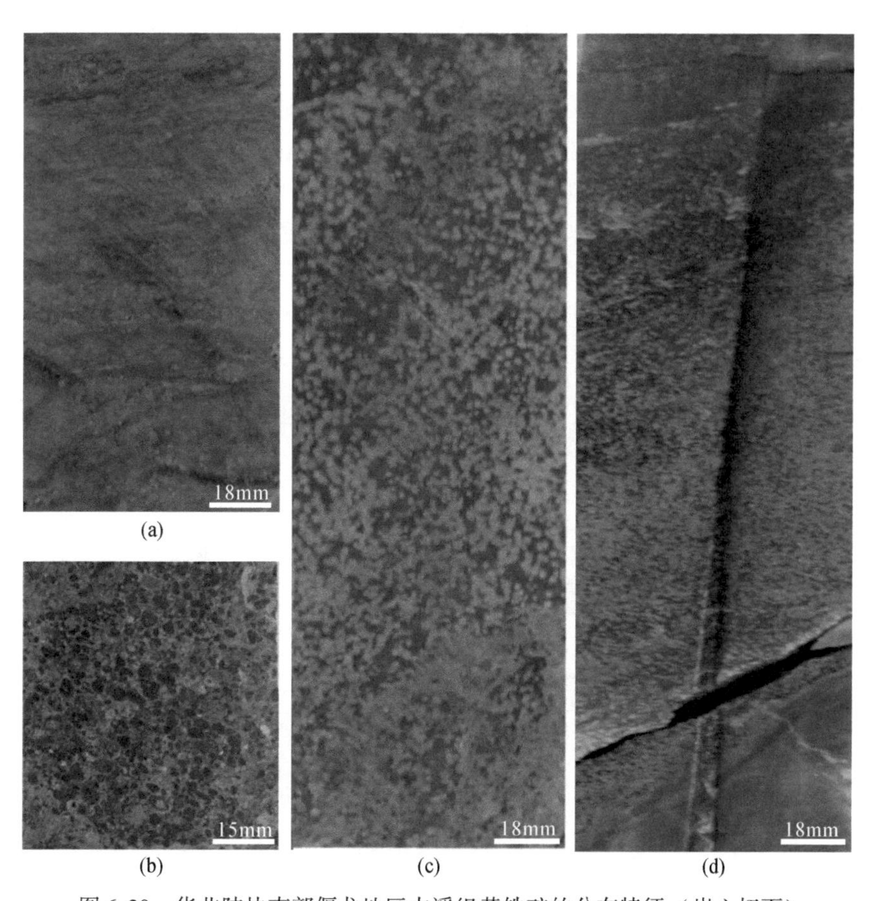

图 6-20　华北陆块南部偃龙地区本溪组黄铁矿的分布特征（岩心切面）

（a）黄铁矿沿前期形成的流动纹层分布，ZK6804；（b）黄铁矿交代豆鲕和碎屑颗粒，ZK3310；（c）草莓状黄铁矿集合体散布于整个地层，ZK1612；（d）黄铁矿含量变化的旋回，在马家沟组灰岩的顶部和本溪组泥岩的下部含量较高，向上部逐渐减少，ZK4810

溪组泥岩的层数也决定了上述黄铁矿含量变化旋回的个数。这些现象表明，富含二价铁的地下水（或成岩溶液）弥散在整个地层中，渗透到前期形成的薄弱面，并存在自上而下的渗透作用，马家沟组灰岩和泥岩主要作为隔水层存在，在它们的顶部黄铁矿富集，再向上部含量减少，从而产生了上述黄铁矿含量变化的旋回。

所以，尽管该阶段具有发育深部岩溶的潜力，但岩溶作用可能是有限的。

三、中新生代古岩溶

偃龙地区现位于嵩山北坡，无疑嵩山的隆升过程影响到地下水的循环和由此引起的马家沟组灰岩的溶蚀作用。所以，对嵩山隆升过程进行简要的分析是有必要的。

嵩山地区古生代和早中三叠世的地层完全可与偃龙地区内的地层进行对比，说明这一时期嵩山并不存在。中三叠世以后，华北陆块东部大部地区已抬升成为陆地，此前大面积分布的陆表海（或湖）沉积环境结束，上三叠统仅分布在面积不大的宽缓的向斜状拗陷盆地中，如济源盆地、洛阳盆地和义马盆地。早中侏罗世，地貌的分异作用进一步发展，新出现了更多的小型向斜状拗陷盆地，如洛阳盆地、确山盆地、合肥盆地等。这些时期华北陆块南部的动力来源为秦岭活动带的碰撞造山运动和随后的陆内俯冲作用（张国伟等，2001），陆块内部宽缓的向斜状拗陷盆地为挤压背景下形成的褶皱构造，与其相伴的宽缓的背斜可能为剥蚀区，该时期断裂构造还不太发育。根据偃龙地区 ly-444 地震资料（图 6-21），偃龙地区应当存在上三叠统、侏罗系和白垩系，并具有向南超覆的特点，结合嵩山地区普遍缺失侏罗系和白垩系的事实，说明在中三叠世—白垩纪期间，嵩山具有隆升作用，但主要是挤压背景下的背斜状隆升，隆升的幅度有限。

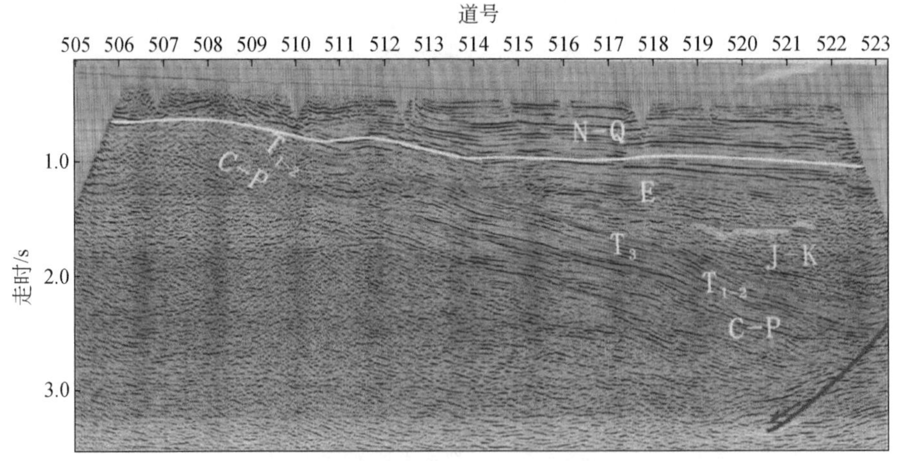

图 6-21　华北陆块南部偃龙地区 ly-444 地震剖面解译（周鼎武等，2006）

古近纪在嵩山南北两侧发育大规模的同沉积正断层，嵩山作为上升盘开始脉动式地急剧隆升，包括偃龙地区在内的下降盘脉动式沉降。研究认为，古近纪早期和新近纪晚期是嵩山强烈差异抬升的两个时期（李强和王梅英，2008），嵩山两侧发育的断陷盆地充填有冲积扇相的砾岩，所不同的是，由古近纪早期—新近纪晚期，砾石组成由二叠系—三叠系的砂岩转变为嵩山群石英岩和登封群片麻岩，反映了嵩山地区强烈的剥蚀作用。第四纪，控制断陷盆地的断层活动性减弱，嵩山与两侧的断陷盆地合并成一个整体，处于整体抬升之中。

在上述构造背景下，根据偃龙地区马家沟组顶面与潜水面的关系，可以分为以下两种情况：其一，当马家沟组顶面处于潜水面以下时，偃龙地区南部的嵩山地区作为地下水的补给区，具有比中新生代以前的平整地貌较高的水头压力，易于使地下水产生流动。由于本溪组及其上覆地层具有多层隔水层，所以地下水总体上具有承压性质，可能产生深部岩溶。其二，当马家沟组顶面处于潜水面以上时，则产生渗流带的溶蚀作用。下面对其分别叙述。

（一）当马家沟组顶面处于潜水面以下时

晚三叠世—白垩纪，嵩山的隆升速度较慢，地层的剥蚀作用可能较弱，偃龙地区与嵩山地区的水头差较小，本溪组和马家沟组内部的地下水补给有限，所以，尽管地下水的流动性有所增强，相较本溪组沉积后至中三叠世时期的岩溶作用也有所增强，但可能整体上水流的性质和所处的物理化学环境没有改变，岩溶作用可能仍是有限的。

古近纪以来，嵩山隆升加速，地层剥蚀强烈，尤其当下古生界剥露地表后，大气降水可以直接补充给马家沟组灰岩，并在水头差较大的条件下向偃龙地区流动，由于偃龙地区剥蚀作用较弱，并有本溪组泥岩作为隔水层，当时马家沟组，包括本溪组中的地下水可能具有承压性质。这些具有承压的地下水在补给区具有氧化性质，可以对补给区的黄铁矿进行氧化，形成酸性较强的地下水，促进了深部岩溶的发育。

偃龙地区无论是地表还是钻孔矿心中均可见到结晶良好的团块状和脉状的石膏矿物（图3-17，图3-31），它们不可能在铝土矿的成矿期形成。这是因为在铝土矿的成矿期铝强烈富集，原始沉积物的富铁铝化作用进行得比较彻底，不可能再有石膏的残留。从石膏的产状看，它们的形成可能与黄铁矿的氧化有关。在潮湿氧化环境下，黄铁矿中的二价铁可从晶格中扩散到晶体表面生成 FeOOH：

$$4FeS_2+15O_2+10H_2O \xlongequal{} 4FeOOH+8H_2SO_4$$

然后含氧水和氧气穿过 FeOOH 层与 S_2^{2-} 或 S^{2-} 反应形成 SO_4^{2-}，在潮湿饱和的环境中，生成硫酸和高价硫酸盐，呈溶解状态，容易随流水迁移；潮湿不饱和的环境条件中，黄铁矿氧化释放的 SO_4^{2-} 容易与环境中的 Ca^{2+} 结合，形成石膏（马向贤等，2011）：

$$H_2SO_4+CaCO_3+H_2O \longrightarrow CO_2+CaSO_4 \cdot 2H_2O$$

上述过程不仅是本溪组中普遍存在的石膏形成机制，也是该时期产生岩溶作用的主要机制。华北地区现代岩溶水中硫酸根离子的含量可高达472mg/L，为上述机制的存在提供了佐证（韩行瑞，2015）。

（二）当马家沟组顶面处于潜水面以上时

由于第四纪之前偃龙地区总体是沉降的，马家沟组顶面处于潜水面之上的可能性不大，所以，这种情况主要出现在第四纪。

偃龙露头区的岩溶漏斗处普遍可见马家沟组灰岩和本溪组的接触处，发育下部为白色、上部为红色的矿物条带，条带宽度一般在几厘米之内，条带之间呈渐变过渡的关系［图 6-22（a）］，有时可见这些条带产生复杂的褶曲现象［图 6-17（d）］。在发育溶沟和溶痕的马家沟组灰岩的裂隙中也见有上述矿物条带的存在，两侧为红色、中部为白色［图 6-22（b）］。经 X 射线衍射分析，这些条带的成分为三水铝石、铜钴华、赤铁矿、方解石等矿物（图 6-23）。为了进一步确认三水铝石，对 9-2-1（红）和 9-2-2（白）进行了差热分析。从差热曲线可以看出（图 6-24），300℃左右的谷底温度非常明显，是标准的三水铝石的失水吸热峰（黄伯龄，1987；Turrillas et al.，2001），系三水铝石吸热排出结构水转化为一水软水铝石所致。此外，500℃左右也有一个程度不一的吸热谷，与一水软铝石的失水有关（黄伯龄，1987；Turrillas et al.，2001），进一步确认了三水铝石的存在。

上述矿物条带不可能产生于含铝岩系的形成时期，因为铝的强烈富集，说明原始沉积物的富铁铝化作用已进行得比较彻底，不可能再有方解石的残留；本溪组埋藏期较强的还原条件不可能有三价铁存在，也不会有代表氧化成因的铜钴华。下面主要分析本区条带状三水铝石的成因。

(a)　　(b)

图 6-22　华北陆块南部偃龙地区马家沟组灰岩和本溪组接触处的矿物条带

（a）岩溶漏斗侧壁上白色和红色矿物条带，邢村煤矿南；（b）马家沟组灰岩溶沟内呈对称状的矿物条带，茶房村

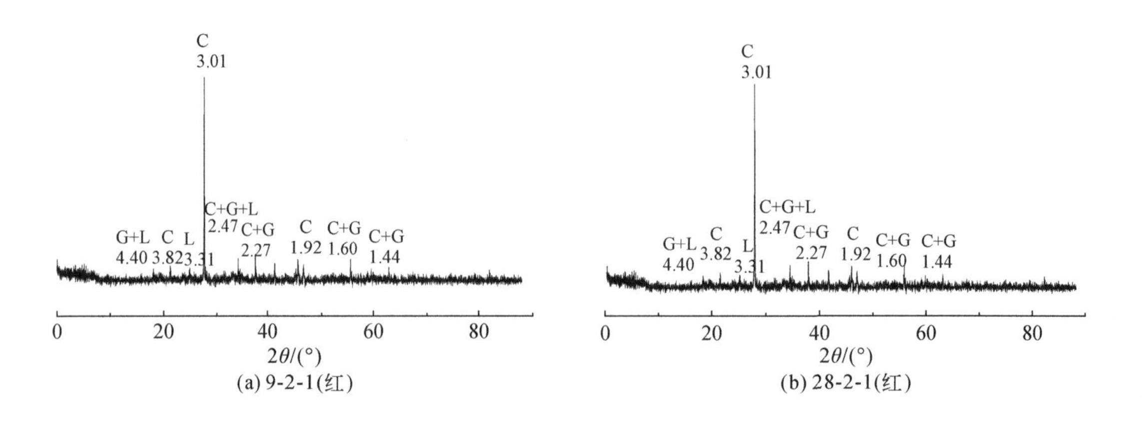

(a) 9-2-1(红)　　(b) 28-2-1(红)

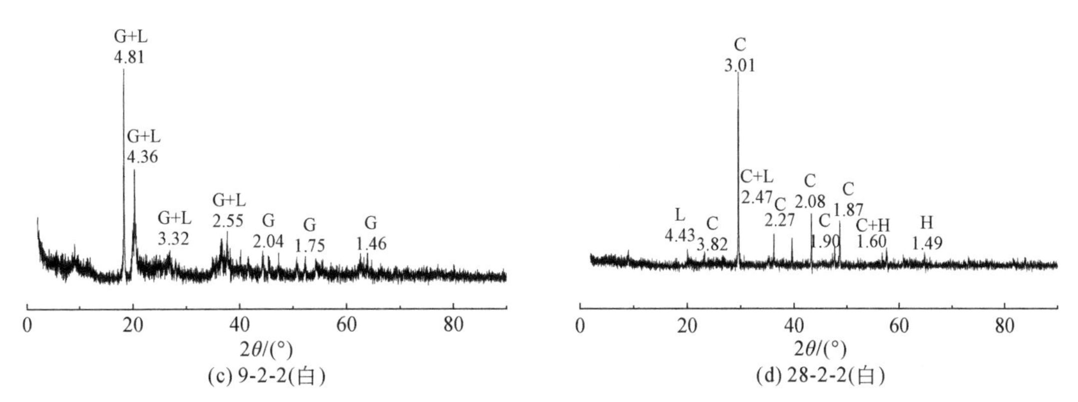

图 6-23　华北陆块南部偃龙地区马家沟组灰岩和本溪组的接触处矿物条带 X 射线衍射图谱

G-三水铝石；H-赤铁矿；C-方解石；L-铜钴华

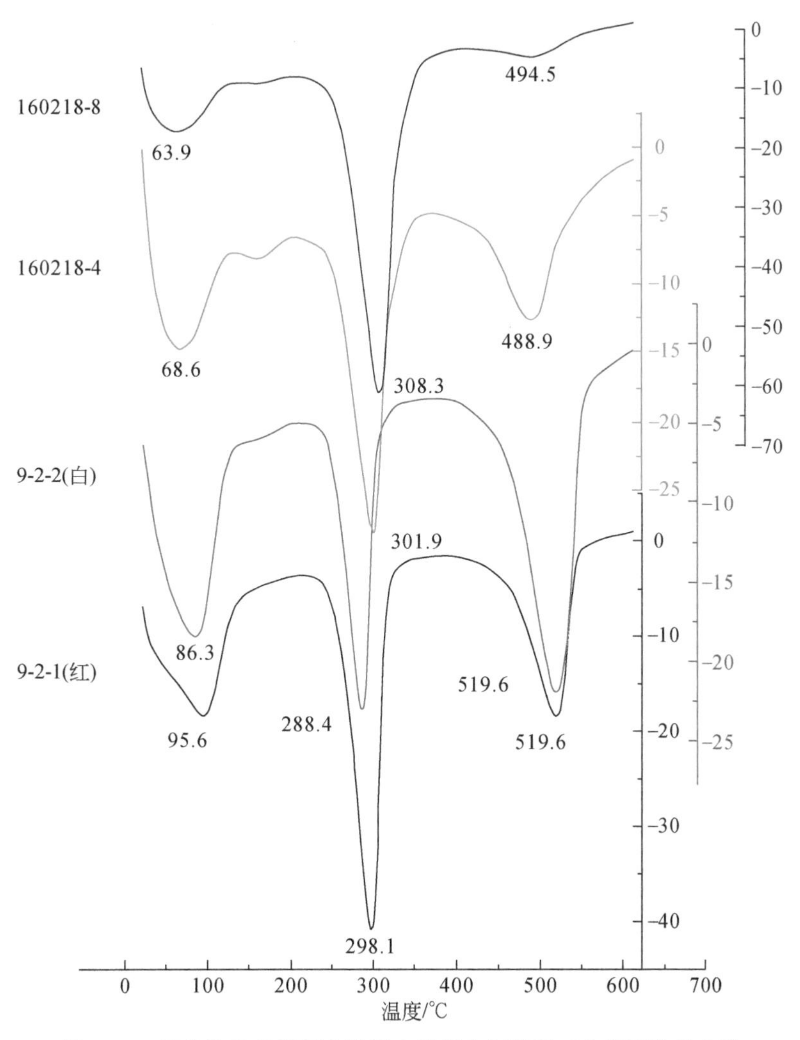

图 6-24　华北陆块南部偃龙地区本溪组含铝岩系三水铝石差热曲线

一般认为，三水铝石是铝硅酸盐岩富铁铝化作用的结果。富铁铝化早期形成的主要矿物为高岭石类铝硅酸盐，随着富铁铝化作用的延续，高岭石进一步降解为含水氧化铝和含水二氧化硅，其中二氧化硅呈可溶态流失和迁移，存留下来的即三水铝石。三水铝石晶体极细小且不稳定，在成岩过程中进一步结晶失水，形成硬水铝石（于天仁和陈志诚，1990）。所以，成矿时代较老的铝土矿矿床矿物成分一般为硬水铝石，新近纪以来的铝土矿矿床矿物成分多是三水铝石（Bárdossy and Aleva，1990）。

本区铝土矿形成于本溪组沉积时期，矿石矿物成分主要为硬水铝石，不可能残存本溪期形成的厚度达数厘米较为纯净的三水铝石条带。

所以，这些三水铝石条带可能有另外的成因。广西平果铝土矿是我国铝土矿的主要产地之一，主要有两种类型的铝土矿，原生铝土矿床产出于上二叠统合山组底部，矿石矿物成分主要为硬水铝石，堆积型铝土矿床形成于古近纪—第四纪早更新世，矿石矿物成分除有硬水铝石外，三水铝石也有较高的含量（卢文华等，2001；刘云华等，2004）。研究认为，三水铝石的产生与原生铝土矿中的硬水铝石有着继承性的关系，新生代地壳隆升造成的原生沉积铝土矿的不断暴露可使黄铁矿和其他硫化物遭受剥蚀风化，而产生硫酸溶液，溶解原生铝土矿中的硬水铝石并产生迁移，当溶液流出矿体时，尤其是遇到碳酸盐岩发生溶蚀作用后，pH 将会很快升高达到 6.2，三水铝石可以大量形成（图 6-25）。

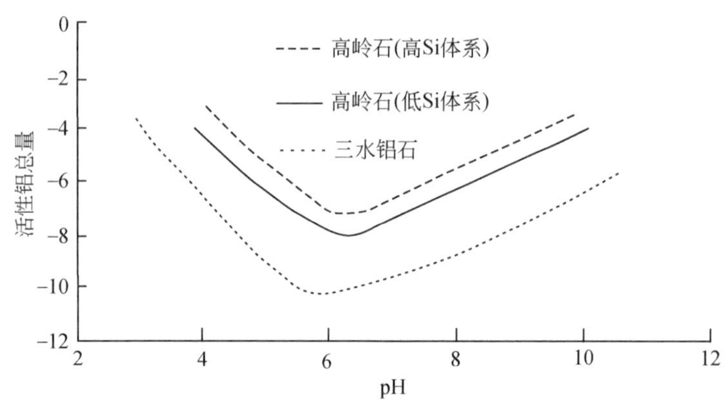

图 6-25　平衡状态下溶解的活性铝与 pH 相图（Drever，1988）

偃龙地区内条带状三水铝石可能也是在氧化环境下形成的，并伴随着马家沟组灰岩的再次岩溶作用，理由如下：其一，偃龙地区本溪组含铝岩系中丰富的硬水铝石和成岩期产生的黄铁矿为三水铝石的形成提供了物质保证，大型岩溶漏斗的底部和侧壁尤其发育三水铝石条带的原因可能与这些地区硬水铝石和黄铁矿尤其丰富有关；其二，新生代以来本溪组的暴露为黄铁矿的氧化和硬水铝石的溶解提供了物理化学环境，这可以解释三水铝石条带主要出现在露头区和浅埋藏区；其三，三水铝石中含有赤铁矿和铜钴华，也说明了当时处于氧化环境，呈类质同象状态的含钴黄铁矿的氧化可产生铜钴华，二价铁转变成三价铁为赤铁矿的形成提供了保证，不同颜色条带的产生主要是赤铁矿和铜钴华的含量差异造成的，含量少的形成白色条带，含量高的形成红色条带；其四，在溶沟和溶痕中呈对称状的三水铝石条带的存在，说明了溶沟和溶痕不断地溶蚀扩大、三水铝石等矿物不断沉淀的过程；其五，伴随溶蚀作用的进行，溶蚀作用初期，H_4SiO_4活度较高，且 Fe^{3+}的溶解度比Al^{3+}的溶解度小很多（Lindsay，1979），Fe^{3+}的迁移距离较 Al^{3+}的迁移距离短，所以早期形成的矿物以富含 Fe 和 Si 的三水铝石为主，即宏观上的红色沉积物条带，晚期则形成 Fe 和 Si 含量较少的三水铝石，即宏观上的白色沉积物条带，由此造成马家沟组灰岩和本溪组的接触处下部为白色、上部为红色的矿物条带，马家沟组灰岩的溶沟和溶痕中两侧为红色、中部为白色的矿物条带现象。

三水铝石不仅呈条带状存在于本溪组的底部和溶沟的侧壁，在露头区灰色、黄色和褐色等杂色铝土质泥岩中也检测出三水铝石的存在。杂色铝土质泥岩风化后整体破碎强烈，但其中存在破碎较弱的大小不一的团块［图 6-26（a）（b）］。破碎强烈的样品主要为黏土矿物伊利石、高岭石和叶蜡石［图 6-26（c）中 160218-3，160218-7，160218-9］，但破碎较弱的团块状样品（图 6-27 中 160218-4，160218-8）则具有三水铝石的特征衍射峰和其他次级衍射峰。差热曲线中，160218-4 和 160218-8 两个样品也存在非常明显的 300℃左右的谷底温度，以及 500℃左右程度不一的吸热谷，进一步确认了三水铝石的存在（图 6-24）。

图 6-26　华北陆块南部偃龙地区露头区铝土质泥岩

（a）铝土质泥岩及其中的团块（照片）；（b）铝土质泥岩及其中的团块（素描）

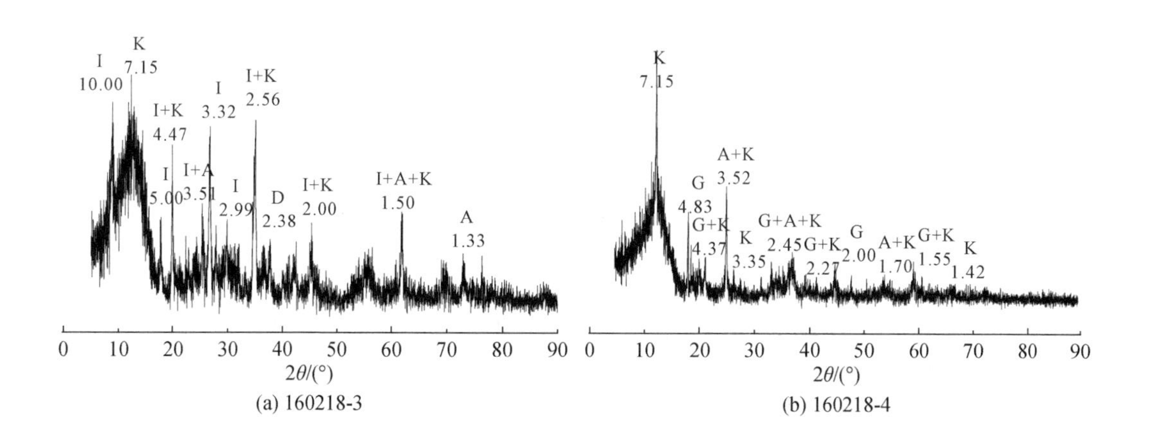

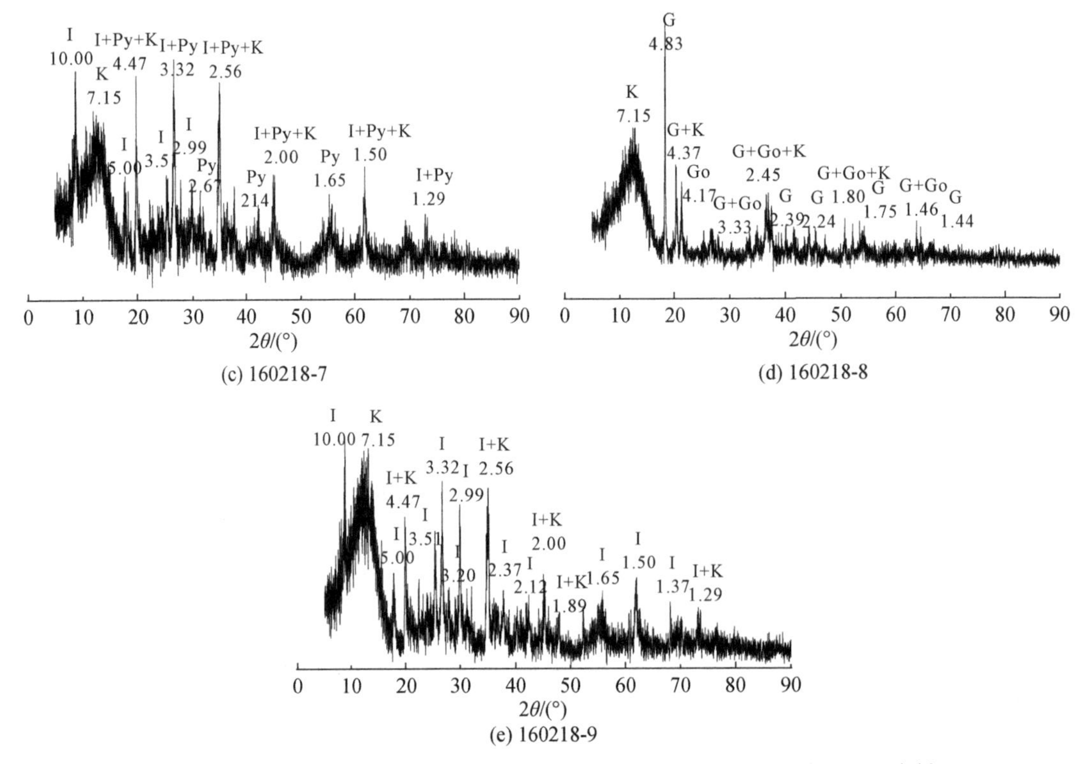

图 6-27　华北陆块南部偃龙地区露头区铝土质泥岩 X 射线衍射特征，圣水村

K-高岭石；I-伊利石；Py-叶蜡石；G-三水铝石；A-锐钛矿；D-硬水铝石；Go-针铁矿

由于三水铝石主要产生在地下水垂直流动造成的溶痕、溶沟和漏斗侧壁，并主要出现在露头区，在钻孔中尚未见及，所以推测，这一时期的岩溶作用主要发生在渗流带内，即当时马家沟组顶面处于潜水面以上。

这一时期的岩溶可能对铝土矿的再富集产生重要作用。研究表明，含铝岩系在表生环境下，进一步的脱硅作用，不仅能够形成三水铝石，也可使上覆地层进一步水解，可能有外来 Al 的加入（章颖等，2015）。

中新生代的岩溶作用对于太原组的岩溶塌陷也具有重要意义。本溪组与马家沟组接触面上不同颜色的富含三水铝石的矿物条带强烈的褶曲构造［图 6-17（d）］，以及石膏条带的 S 形弯曲［图 3-17（a）］均可认为是同时期或稍后层间滑动产生的结果，指示了上部地层向岩溶漏斗中心的滑动。水平溶洞沉积物中含有少量新于本溪组沉积时代的碎屑锆石，也说明了水平溶洞作为岩溶漏斗中岩溶水的排泄通道可能再次被激活。

第五节　含铝岩系下伏古岩溶的水循环

岩溶作用与水循环是分不开的，不仅可溶性岩石的溶解需要水的参与，水流形成的冲蚀、侵蚀作用也对岩溶形态的塑造起到重要作用。水的流动状态和流速、化学成分、温度和压力等对岩溶速率起着重要的控制作用。近年来，国内外岩溶学研究的一个重要趋势即将岩溶地貌学、洞穴学与岩溶水系统结合起来，并认为岩溶地貌特征和地下岩溶都与岩溶水系统有关，且相互影响，形成统一的岩溶系统（韩行瑞，2015）。

岩溶水系统是岩溶中最活跃、最积极的地下水流系统，具有独立的补给、径流、蓄积、排泄途径和统一的水力联系，构成独立的水文地质单元。岩溶水系统存在于可溶性地质体中，可溶性地质体的结构对于岩溶水系统的形成具有一定控制意义。可溶性地质体的结构是由岩溶结构面和结构体两部分组成（韩行瑞，2015），岩溶结构面是指不同成因、不同规模的有利于岩体中地下水流动和溶蚀的地质界面和切割面；结构体是指由不同产状的岩溶结构面相互切割形成的形态各异、大小不一、岩层种类不同的块体组合。岩溶结构面的不均一性、不连续性和空间组合的复杂性，以及结构体性质和形态的不同，会造成岩溶水系统的差异性和复杂性。

偃龙地区马家沟组灰岩内发育的古岩溶是多时期溶蚀作用的结果，不同时期的地下水不仅流动状态、化学成分和压力等不尽相同，地下水的补给、径流、蓄积、排泄也有差异，从而形成了不同的岩溶水系统，也影响了岩溶的发育程度和形态。

尽管马家沟组灰岩中的岩溶可以划分出多个时期、多个阶段，但最重要的是本溪组沉积时期的岩溶和中新生代的岩溶，下面主要对这两个时期古岩溶的水循环特征进行分析。

一、本溪组沉积时期的古岩溶水循环

本溪组沉积时期发育的古岩溶为覆盖型岩溶，覆盖层为当时松散堆积的本溪组含铝岩系原始沉积物，根据对本溪组原始沉积物的分析，这些松散沉积物主要为成分成熟度很低的碎屑岩。该时期内，在海平面上升阶段，沉积了以长石和/或岩屑颗粒为主的松散堆积物，马家沟组灰岩位于海平面以下，在其内部不可能有溶蚀作用产生；在海平面下降阶段，上述的松散沉积物暴露于地表，开始接受大气降水和地表水，并通过这些松散沉积物孔隙渗流到下伏马家沟组灰岩的表面，由于该阶段马家沟组顶面已位于海平面以上，并且渗流到达的地下水富含 CO_2 和有机酸，可以对马家沟组灰岩产生强烈的溶蚀作用。所以，本溪组沉积时期的古岩溶主要发生在该时期的海平面下降阶段，并且大气降水通过土壤水向地下水的转换对于该时期的岩溶起到关键作用，下面对其分别分析。

（一）本溪组含铝岩系原始沉积物的水循环

本溪组沉积时期，马家沟组灰岩上覆的沉积物为海平面升高时沉积在当时的岩溶平原上的松散的长石和/或岩屑颗粒。当海平面下降并暴露地表时，这些当时仍为土壤的松散沉积物可接受大气降水，从而在其中形成壤中流，并通过下渗等方式为下伏马家沟组灰岩的覆盖型岩溶提供地下水。

壤中流，也称土壤亚表层流，是指水分在土壤内的运动，包括水分在土壤内的垂直下渗和水平侧流，与地表径流和地下径流一起构成流域的径流过程。土质疏松的亚热带红壤、良好的植被条件、较小的坡度条件（10°左右）和较高的降雨量是形成壤中流的有利条件。

所以，根据本溪组沉积时期的古气候、古植被、古地理和沉积环境条件，在该时期未完全固结的沉积物中产生壤中流是可能的。对于土壤中非优势流部分，含水介质为多孔连续介质，符合达西定律的应用条件：

$$Q=KAJ \quad 或 \quad v=KJ$$

式中，Q 为流量；K 为比例常数；A 为过水断面面积；$J=(h_1-h_2)/L$ 为水力坡度，h_1-h_2 为水头差，L 为渗流路径；v 为渗流速度。

即，流量和单位时间内垂直过水断面的水流与水力坡度呈正比，在水流为均匀流情况下，水力坡度与坡度相当。

根据这一原理，当覆盖层下部有岩溶裂隙或岩溶漏斗产生时，由于上覆岩层的塌陷而倾斜，存在指向漏斗中心的坡度，那么在这一区域内就可能产生较高的流量和较大的垂直过水断面的水流，对于壤中流的汇集具有重要意义。此外，岩溶漏斗的下部往往较上部具有较小的断面面积，那么在相同的流量下，必然产生较高的水流速度，所以，壤中流的存在不仅为地表水转化为地下水提供了桥梁，也为马家沟组灰岩中溶沟和岩溶漏斗的发育提供了有利条件。

(二) 马家沟组灰岩的水循环

由于当时炎热多雨的气候，以及渗流到马家沟组灰岩的地下水富含 CO_2 和有机酸，且灰岩产状平缓，渗流量较大，再加上当时的海岸环境易于产生淡水和海水的混合，这些外部条件为马家沟组灰岩产生较高的岩溶速率提供了保证。质纯巨厚的马家沟灰岩和其中丰富的节理构造为产生较高的岩溶速率提供了内部条件。所以，该时期马家沟组灰岩具有发育完善的岩溶水系统的潜力。

研究表明，在岩溶发育完善的地区可以产生孔隙-溶隙-管道-通道多重水流系统，并可能随着时间变化，再生或消亡。

前已述及，本区发育的沿马家沟组缓倾层面分布的水平溶洞应是在本溪组沉积时期形成的，并受到当时潜水面的控制。漏斗-水平溶洞的岩溶组合形态也表明，岩溶漏斗的形成与水平溶洞具有重要的水力联系，与潜水面的下降有关，也主要形成于本溪组沉积时期。所以，上述漏斗-水平溶洞的岩溶形态组合就是一个完整的管道-通道岩溶水系统。这一岩溶水系统通过溶沟（部分溶沟后期发展为岩溶漏斗）补给水平溶洞的径流，而在地势较低处（海平面附近）排泄。由于当时古地貌向北东缓倾，无疑南西部为主要的补给区，并发育深度较大的岩溶漏斗，北东部为主要的排泄区，发育深度较小的岩溶漏斗，并在更北东侧发育岩溶洼地。岩溶漏斗常沿北西 310°～320°和北东 70°方向延伸，与区内广泛发育的受两组节理控制的溶痕和溶沟展布方向一致，且严格分布于两组节理的交叉处，而规模较大的岩溶漏斗则呈北西 280°方向展布。

Ford 和 Williams（2007）通过模拟实验研究了平缓的可溶性岩石单斜构造中通过落水洞（也可理解为岩溶漏斗）补给含水层（可理解为进入饱水带）产生的岩溶现象，结果表明，在单孔道补给情况下，初始阶段受裂隙分布影响形成多条溶隙和管道，但沿阻力最小、能量消耗最小、流速最快的方向形成主管道优势水流，而支管道逐渐被废弃［图 6-28（a）］；在多孔道补给情况下，各点水流都可形成各自的溶隙管道系统，但只有在裂隙最发育、阻力最小、流速最快的方向形成主管道优势水流，并袭夺其他弱势水流，成为到达排泄点的唯一水流［图6-28（b）］。裂隙介质的水力学定律也表明，只有那些较大规模的裂隙或断层才能汇集较大规模的水流，加速其溶蚀作用，扩大溶隙断面，从而进一步增大过水断面和汇集水流，成为优势水流系统。

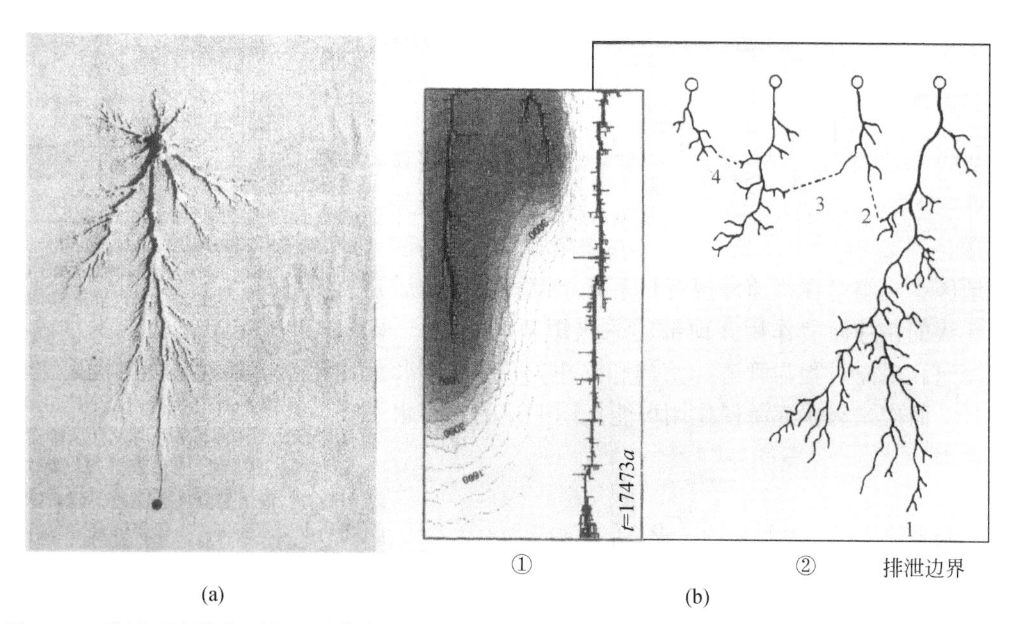

图6-28　平缓可溶性岩石中通过落水洞补给含水层产生的岩溶现象模拟（Ford and Williams，2007）
（a）单孔道补给溶蚀管道的发育模拟（实体模拟）；（b）多孔道补给条件下溶蚀管道的发育模拟：①数值模拟；②每个补给点向排泄区方向都发育初始管道，但只有1号形成主管道，到达排泄区

偃龙地区马家沟组灰岩溶沟、岩溶漏斗的展布特点与岩溶水循环的发育状况有关。北西310°～320°和北东70°两组节理控制了溶沟和随后形成的岩溶漏斗，与它们易于汇集水流，溶蚀作用较快有关，在两者的交叉处尤其如此，也是岩溶漏斗易于产生在两组节理交叉处的原因。但问题是，为什么规模较大的岩溶漏斗呈北西280°方向展布？研究表明，岩溶漏斗的展布方向常与地下河的径流方向一致（韩行瑞，2015），即与Ford和Williams（2007）确定的主管道优势水流有关。这一主管道优势水流的产生可能与当时的构造应力有关。根据北西310°～320°和北东70°两组节理的展布分析，它们均具有雁列式展布特征，并构成一个呈北西280°方向延伸的雁列带（图6-29），据此可以认为，可能在本溪组沉积时期具有一个左行剪切应力，产生了北西310°～320°方向的张剪性R形羽状剪节理和北东70°的压剪性P形羽状剪节理，它们控制了溶沟和溶痕的展布，也控制了岩溶漏斗的展布，但规模较大的岩溶漏斗受控于羽裂带的展布方向，即该方向为当时的优势水流方向。

需要指出，上述的岩溶水系统是多期发育的，表现在水平溶洞的多层发育。伴随着潜水面的下降，早期的水平溶洞可为再次发育的岩溶漏斗提供下渗的水流，并使得早期的水平溶洞与岩溶漏斗的侧壁呈交切关系。伴随着岩溶漏斗的多次发育，新增加的溶蚀空间为上部覆盖层（未完全固结的本溪组沉积物）的岩溶塌陷提供了可能。该时期潜水面的下降可通过本溪组的沉积作用和成矿作用的分析来获得（见第五章和第七章），其基本规律是：

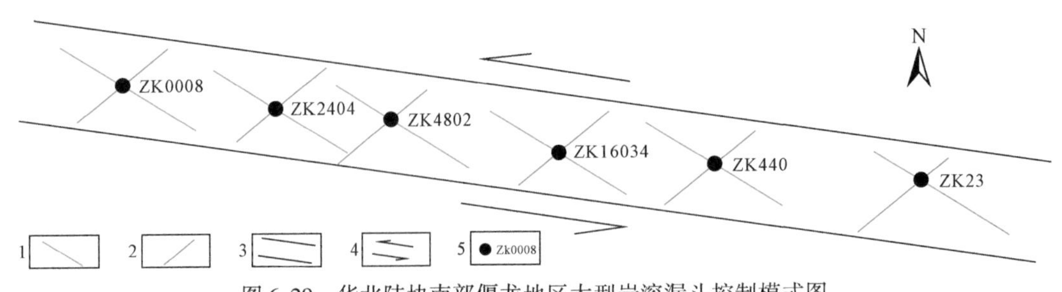

图 6-29 华北陆块南部偃龙地区大型岩溶漏斗控制模式图

1-北西向 R 型羽状剪节理；2-北东向 P 型羽状剪节理；3-羽裂带；4-剪切运动方向；5-大型岩溶漏斗

偃龙地区本溪组是在快速海侵背景下开始沉积的，此后开始了海退和暴露过程，并伴随多次次一级的快速海侵作用，顶部的一次短暂的突发式海侵结束了本溪组的沉积过程。所以，海退和暴露过程为管道（溶沟和漏斗）–通道（水平溶洞）岩溶水系统提供了水动力学背景，而次一级快速海侵作用可能扰动上述的岩溶水系统，是多阶段岩溶水系统发育的根本原因。

二、中新生代的古岩溶水循环

中新生代的古岩溶可大致分为第四纪之前的承压水性质的古岩溶和第四纪之后渗流带内的古岩溶。

承压水性质的古岩溶是在南部嵩山相对隆升，偃龙地区相对下降，马家沟组顶面处于潜水面以下时产生的。南部嵩山作为岩溶水系统的地表分水岭边界，成为岩溶含水层的外源水补给区，大气降水形成地表径流后流入岩溶区，入渗地下，补给岩溶含水层。寒武系下部的泥岩和本溪组的泥岩分别是承压水含水层的下部和上部隔水层边界。尽管马家沟组灰岩中所有的裂隙均有可能成为岩溶蓄水构造，但最可能的是前期形成的溶痕、溶沟、漏斗等与本溪组泥岩的接触界面，并成为再次产生溶蚀作用的主要场所。该时期岩溶水系统的排泄可能以岩溶泉的方式进行排泄，从而使偃龙地区成为泉域的一个组成部分（图 6-30）。

渗流带内的古岩溶主要出现在马家沟组顶面处于潜水面以上的时期，岩溶水系统为孔隙–溶隙系统或溶隙–溶蚀管道系统，尚处于岩溶旋回的早期阶段。大气降水为地下水的主要补给来源，降雨量的分配直接受地面坡度的大小和地形地貌的影响。坡度大的地区，地表水汇流速度快，难以形成下渗过程，入渗量小；缓坡及平坦地区地表水汇流速度慢，向下入渗量较大，可以促进地下水的循环交替和地下岩溶的发育；而发育封闭型的岩溶洼地、漏斗等岩溶负地形的地区，积水区域的面积与潜在的过水量成比例，地表水直接在负地形区内汇集，而后灌入地下，促进了地下水循环的强烈交替，对岩溶发育极其有利，偃龙地区前期岩溶塌陷形成的向斜构造的核部目前仍为重要的富水构造（图 6-31）。该时期岩溶水系统的排泄仍以岩溶泉的方式进行。

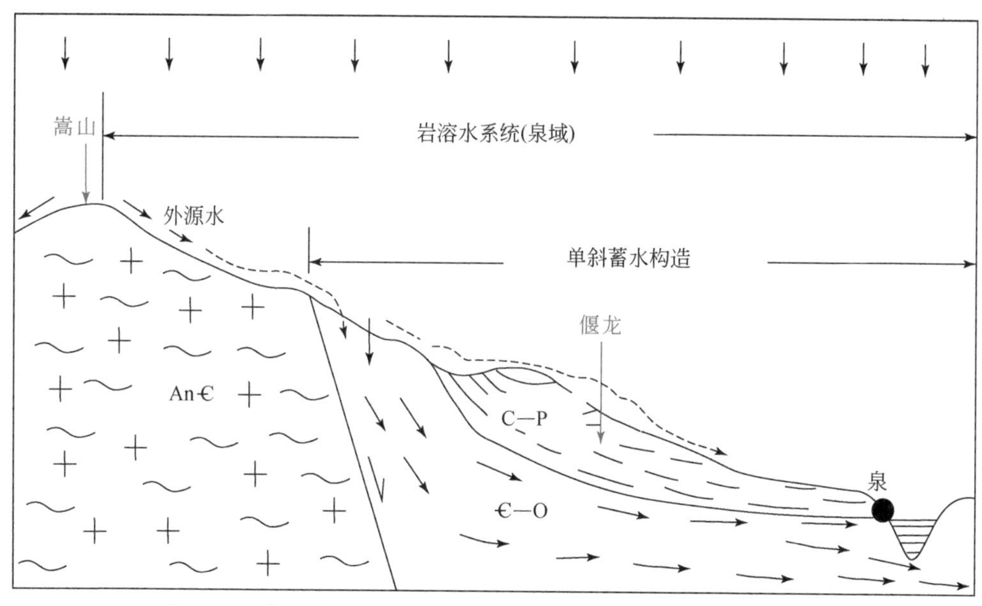

图 6-30　华北陆块南部偃龙地区承压水性质的岩溶水系统模式图

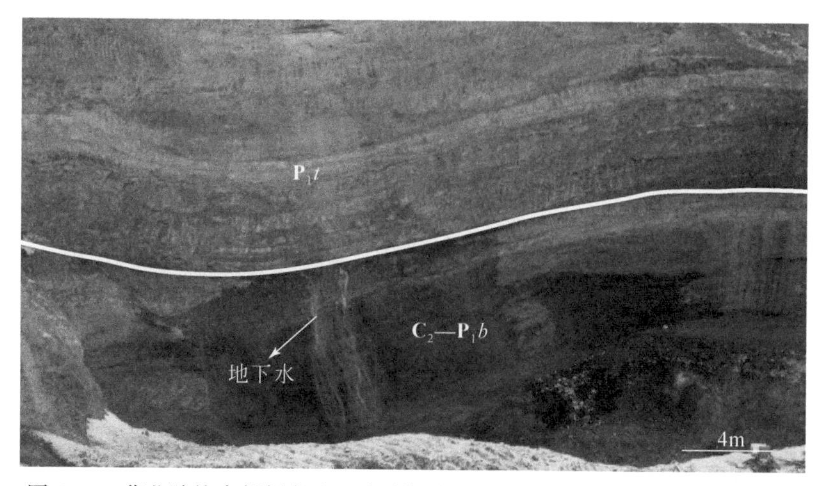

图 6-31　华北陆块南部偃龙地区岩溶漏斗处向斜构造核部的地下水，圣水村

参考文献

曹高社，徐光明，林玉祥，等. 2013. 华北东部前中生代盆地基底的几何学特征［J］. 河南理工大学学报：自然科学版，32（1）：46-51.

曹建文，夏日元，张庆玉. 2015. 应用古地貌成因组合识别法恢复塔河油田主体区古岩溶地貌［J］. 新疆石油地质，36（3）：283-287.

陈国亮. 1994. 地面塌陷的成因与防治［M］. 北京：中国铁道出版社：1-294.

陈鸿汉，邹胜章，刘明柱，等. 2001. 滨海岩溶地区海咸水入侵动力学系统研究［J］. 水文地质与工程地质，3：4-8.

陈学时，易万霞，卢文忠 . 2004. 中国油气田古岩溶与油气储层［J］. 沉积学报，22（2）：244-253.
陈钟惠，武法东，张守良，等 . 1993. 华北晚古生代含煤岩系的沉积环境和聚煤规律［M］. 武汉：中国地质大学出版社：1-131.
崔之久，潘保田 . 1996. 夷平面，古岩溶与青藏高原隆升［J］. 中国科学（D 辑），26（4）：378-384.
崔之久，李德文，伍永秋，等 . 1998. 关于夷平面［J］. 科学通报，43（17）：1794-1805.
崔之久，李德文，冯金良，等 . 2001. 覆盖型岩溶、风化壳与岩溶（双层）夷平面［J］. 中国科学（D 辑），31（6）：510-519，530.
高培德，王林峰 . 2017. 覆盖型岩溶塌陷的塌陷机制分析［J］. 中国岩溶，36（6）：770 -776.
韩行瑞 . 2015. 岩溶水文地质学［M］. 北京：科学出版社：1-331.
何江，方少仙，侯方浩，等 . 2013. 风化壳古岩溶垂向分带与储集层评价预测——以鄂尔多斯盆地中部气田区马家沟组马五 5—马五 1 亚段为例［J］. 石油勘探与开发，40（5）：534-542.
河南省地质矿产厅 . 1997. 河南省岩石地层［M］. 武汉：中国地质大学出版社：1-299.
胡斌，宋峰，陈守民，等 . 2015. 河南省晚古生代煤系沉积环境及岩相古地理［M］. 徐州：中国矿业大学出版社：1-244.
黄伯龄 . 1987. 矿物差热分析鉴定手册［M］. 北京：科学出版社：1-608.
贾龙，吴远斌，潘宗源，等 . 2016. 我国红层岩溶与红层岩溶塌陷刍议［J］. 中国岩溶，35（1）：67-73.
贾疏源 . 1997. 中国岩溶缝洞系统油气储层特征及其勘探前景［J］，特种油气藏，4（4）：1-5，9.
李德文，崔之久，刘耕年，等 . 2001. 岩溶风化壳形成演化及其循环意义［J］. 中国岩溶，20（3）：17-22.
李定龙，周治安，王桂梁 . 1997. 马家沟灰岩（古）岩溶研究中的若干问题探讨［J］. 地质科技情报，16（1）：25-30.
李启津，侯正洪 . 1989. 中国铝土矿床［J］. 矿山与地质，（1）：1-104.
李强，王梅英 . 2008. 嵩山主峰的形成及演变［J］. 成都理工大学学报（自然科学版），35（3）：317-322.
廖士范，梁同荣 . 1991. 中国铝土矿地质学［M］. 贵阳：贵州科技出版社：30-277.
刘学飞，王庆飞，李中明，等 . 2012. 河南铝土矿矿物成因及其演化序列［J］. 地质与勘探，48（3）：449-459.
刘云华，毛晓冬，黄同兴 . 2004. 桂西堆积型铝土矿中三水铝石的成矿机理［J］. 地球科学学环境学报，26（2）：26-31.
卢文华，韦永坚，黎乾汉，等 . 2001. 试论平果三水铝石成因，富集规律及工业价值［J］. 广西地质，14（2）：15-18，26.
马既民 . 1991. 河南岩溶型铝土矿床的成矿过程［J］. 河南地质，9（3）：15-20.
马向贤，郑国东，梁收运，等 . 2011. 黄铁矿风化作用及其工程地质意义［J］. 岩石矿物学杂志，30（6）：1132-1138.
孟祥化，葛铭，肖增起 . 1987. 华北石炭纪含铝建造沉积学研究［J］. 地质学报，61（2）：182-197.
施泽进，夏文谦，王勇，等 . 2014. 四川盆地东南部茅口组古岩溶特征及识别［J］. 岩石学报，30（3）：622-630.
谭鉴益 . 2001. 广西覆盖型岩溶区土层崩解机理研究［J］. 工程地质学报，9（3）：272-276.
王鸿祯，徐成彦，周正国 . 1982. 东秦岭古海域两侧大陆边缘区的构造发展［J］. 地质学报，56（3）：270-280.
王惠勇 . 2006. 豫西洛阳-伊川地区晚古生代，早中生代沉积体系与岩相古地理恢复［D］. 青岛：山东科技大学 .

王令全，王军强，马晓辉，等.2012. 河南石炭系本溪组古生物学划分对比方法研究［J］. 地质与勘探，48（1）：49-57.

王庆飞，邓军，刘学飞，等.2012. 铝土矿地质与成因研究进展［J］. 地质与勘探，48（3）：430-448.

王振宇，李凌，谭秀成，等.2008. 塔里木盆地奥陶系碳酸盐岩古岩溶类型识别［J］. 西南石油大学学报，30（5）：11-16.

魏新善，任军峰，赵俊兴，等.2017. 鄂尔多斯盆地东部奥陶系风化壳古地貌特征嬗变及地质意义［J］. 石油学报，38（9）：999-1009.

吴国炎，姚公一，吕夏，等.1996. 河南铝土矿床［M］. 北京：冶金工业出版社：1-183.

夏日元，马振芳，关碧珠，等.1999. 鄂尔多斯盆地奥陶系古岩溶地貌及天然气富集特征［J］. 石油与天然气地质，20（2）：37-40.

徐备，赵盼，鲍庆中，等.2014. 兴蒙造山带前中生代构造单元划分初探［J］. 岩石学报，30（7）：1841-1857.

于天仁，陈志诚.1990. 土壤中发生的化学过程［M］. 北京：科学出版社：1-498.

袁道先，朱德浩，翁金桃，等.1993. 中国岩溶学［M］. 北京：地质出版社：1-207.

袁道先，姜拥军，沈立成，等.2016. 现代岩溶学［M］. 北京：科学出版社：53-201.

张国伟，张本仁，袁学诚.2001. 秦岭造山带和大陆动力学［M］. 北京：科学出版社：1-855.

张泓，沈光隆，何宗莲.1999. 华北板块晚古生代古气候变化对聚煤作用的控制［J］. 地质学报，73（2）：131-139.

张善文，隋风贵.2009. 渤海湾盆地前古近系油气地质与远景评价［M］. 北京：地质出版社：1-446.

章颖，吴功成，刘学飞，等.2015. 桂西平果教美矿区堆积型铝土矿形成过程中矿物转化与元素迁移［J］. 现代地质，29（1）：20-31.

郑聪斌，冀小林，贾疏源.1995. 陕甘宁盆地中部奥陶系风化壳古岩溶发育特征［J］，中国岩溶，14（3）：280-288.

朱真.1997. 影响碳酸盐岩比溶蚀度、比溶解度因素探讨［J］. 广西地质，10（3）：39-46，50.

Ahnert F. 1970. Functional relationships between denudation，relief，and uplift in large，mid- latitude drainage basins［J］. American Journal of Science，268（3）：243-263.

Berilgen S A，Berilgen M M，Ozaydin I K. 2006. Compression and permeability relationships in high water content clays［J］. Applied Clay Science，31（3-4）：249-261.

Boucot A J，陈旭，Scotese C R，等.2009. 显生宙全球古气候重建［M］. 北京：科学出版社：1-173.

Boulègue J，Benedetti M，Bildgen P. 1989. Geochemistry of waters associated with current karst bauxite formation，southern peninsula of Haiti［J］. Applied Geochemistry，4（1）：37-47.

Bárdossy G，Aleva G J J. 1990. Lateritic bauxites［M］. Oxford：Elsevier Science Ltd.

Bárdossy G. 1982. Karst bauxites（Bauxite deposits on carbonate rocks）［M］. New York：Elsevier Scientific Publishing Company：1-441.

Büdel J. 1957. Double surfaces of leveling in the humid tropics［J］. Zeitschrift für Geomorphologie，1：223-225.

Drever B. 1988. The geochemistry of natural waters［M］. Englewood Cliff：Prentice Hall：1 -347.

Esteban M，Klappa C F. 1983. Subaerial exposure environment［J］. Carbonate Depositional Environments：American Association of Petroleum Geologists，Memoir，33：1-54.

Ford D C，Williams P. 2007. Karst hydrogeology and geomorphology［M］. London：Academic Division of Unwin Hyman Ltd：1-601.

James N P，Choquette P W. 1984. Diagenesis 9：Limestones—the meteoric diagenetic environment［J］. Carbonate Sedimentology and Petrology，11：161-194.

Jensen F B. 1981. Sound propagation in shallow water: a detailed description of the acoustic field close to surface and bottom [J]. The Journal of the Acoustical Society of America, 70 (5): 1397-1406.

King L C. 1953. Cannons of landscape evolution [J]. Ball Deol Soc American, 64 (7): 721-751.

Lindsay W L. 1979. Chemical equilibria in soils [M]. New York: John Wiley and Sons Ltd: 1-319.

Raker R J, Dirr M A. 1979. Effect of nitrogen form and rate on appearance and cold acclimation of three container-grown woody ornamentals [J]. Scientia Horticulturae, 10 (3): 231-236.

Schumm S A. 1963. The disparity between present rates of denudation and orogeny [M]. New York: United States Government Printing Office.

Sengör A M C. 1985. East Asia tectonic collage [J]. Nature, 318: 16-17.

Turrillas X, Hansen T C, Pena P, et al. 2001. The dehydration of calcium aluminate hydrates investigated by neutron thermodiffractometry [J] January, 43: 517-531.

Zhang S H, Zhao Y, Song B, et al. 2009. Contrasting Late Carboniferous and Late Permian- Middle Triassic intrusive suites from the northern margin of the North China craton: geochronology, petrogenesis, and tectonic implications [J]. Geological Society of America Bulletin, 121 (1-2): 181-200.

第七章　本溪组含铝岩系的形成过程

陆表海环境下，由快速海侵所产生的本溪组含铝岩系原始沉积物沉积于下伏碳酸盐岩的岩溶夷平面上。一般情况下，陆表海环境的海平面变化、构造作用、沉积物供给速率和气候等条件是相对一致的，可容纳空间和沉积环境不可能在平面上产生剧烈的变化，也不会引起含铝岩系原始沉积物在较小范围内厚度和岩性序列的巨大差异。但整个华北陆块，甚至是华北陆块较小的范围内含铝岩系不仅厚度变化较大，其垂向上的岩性序列也有较大的差异。这虽不符合沉积作用基本原理但又是客观存在的事实，涉及了含铝岩系形成机理的本质，它与原始沉积物的沉积过程、铝的富集过程和古岩溶过程三者的协同演化有关。

本章将根据土壤化学的基本原理，分析含铝岩系的矿物成因和组构成因；根据海平面变化和古岩溶作用的差异，分析含铝岩系厚度和岩性序列变化的成因；以此为基础，分析含铝岩系的形成阶段和形成模式。

第一节　含铝岩系的矿物成因

含铝岩系中的矿物及其组合特征对于揭示含铝岩系的形成机理具有重要意义（D′Argenio and Mindszenty，1995；Mongelli and Acquafredda，1999；Mongelli et al.，2014；Temur and Kansun，2006），这必然涉及成因矿物学的研究。根据含铝岩系是红土家族的一员，与原岩或原始沉积物在地表红土化过程有关的认识（Bárdossy，1982；Patterson et al.，1986；廖士范，1986；王恩孚，1987；吕夏，1988；刘长龄，1988；廖士范和梁同荣，1991；曹高社等，2016），含铝岩系中矿物的形成应包含两个几乎同时进行的过程：原始沉积物碎屑的分解过程和新矿物的形成过程，类似于土壤的形成过程。所以，可以借助于土壤化学的基本原理对含铝岩系的形成过程进行分析。但含铝岩系的形成过程要漫长得多，它不仅包括含铝岩系被埋藏之前的形成过程，也包括含铝岩系被埋藏之后、剥露地表之前，以及含铝岩系剥露地表之后的改造过程，且后一过程叠加在前一过程之上，前一过程形成的矿物可被后一过程所改造，并能形成新的矿物。

一、土壤化学基本理论

（一）富铁铝化过程

富铁铝化是指土壤中的矿物经强烈的化学风化而分解，交换性盐基（K、Na、Ca、Mg）彻底淋失，SiO_2部分淋溶，铁、铝氧化物明显富集的风化成土过程，是一种强烈的红土化过程。在富铁铝化的土壤中，所有矿物均可被彻底分解，黏粒矿物以高岭石和铁、铝氧化物为主，在极强度的富铁铝化土壤中，高岭石也可被分解，形成铝的氧化物。所以富铁铝化过程一般可划分为：脱盐基阶段，即 H^+ 交换出矿物中的盐基离子形成可溶盐而被淋溶的过程；脱硅阶段，即随着交换性盐基和 Fe^{3+}、Al^{3+} 的流失，硅酸盐矿物受到破坏，矿物中的硅以游离硅酸的形式被析出，并开始淋溶的过程，当体系中存在活性 Al_2O_3 胶体时，可形成不同类型的黏土矿物；富铁铝化阶段，即矿物被彻底分解，游离硅酸继续淋溶，铁铝等元素相对富集的过程。

碎屑岩中常见矿物——长石一般具有如下的风化序列（或富铁铝化过程）：

$$\underset{\text{(钾长石)}}{2KAlSi_3O_8}+2H_2CO_3+9H_2O = \underset{\text{(高岭石)}}{Al_2Si_2O_5(OH)_4}+4H_4SiO_4+2K^++2HCO_3^-$$

$$\underset{\text{(钠长石)}}{2NaAlSi_3O_8}+2H^++H_2O = \underset{\text{(高岭石)}}{Al_2Si_2O_5(OH)_4}+4SiO_2+2Na^+$$

$$\underset{\text{(钙长石)}}{CaAl_2Si_2O_8}+2H^++H_2O = \underset{\text{(高岭石)}}{Al_2Si_2O_5(OH)_4}+Ca^{2+}$$

$$\underset{\text{(高岭石)}}{Al_2Si_2O_5(OH)_4}+6H^+ \rightleftharpoons 2Al^{3+}+2H_4SiO_4+H_2O$$

$$\downarrow$$

$$Al_2O_3 \cdot 3H_2O\ \text{(三水铝石)}$$

$$\downarrow \text{(脱水)}$$

$$Al_2O_3 \cdot H_2O\ \text{(硬水铝石)}$$

富铁铝化过程作为一种化学反应，同样服从质量作用定律，即在反应过程中，当某些原因使反应物或生成物在数量上发生变化时，将导致反应继续向前进行，或发生逆反应。在自然条件下，水的流动速度是控制体系中反应平衡的主要条件（于天仁和陈志诚，1990），当生成物不断地被流动水体带出，则平衡遭到破坏，富铁铝化反应可以不断进行，直至达到平衡浓度为止。此外，流动的水体一般具有垂向上自上向下，平面上自水头高向水头低处流动的特点，导致剖面上部或水头高处淋溶的硅酸［$Si(OH)_4$］在剖面下部被含水氧化铁、铝吸附，并可与 $Al(OH)_3$ 或 $Fe(OH)_3$ 胶体结合成新的黏粒矿物。所以，在发育正常的土壤剖面内，土壤层的下部和水头较低的地方可形成黏粒含量很高的层（于天仁和陈志诚，1990）。而土壤层的上部或水头高处硅酸［$Si(OH)_4$］浓度较低，Al 与 OH^- 结合，产生 OH-Al 聚合体，经过聚合，形成氢氧化铝结晶——三水铝石。当富铁铝化程度强烈时，次生的层状铝硅酸盐（黏土矿物）也可因土壤溶液中 $Si(OH)_4$ 浓度的降低而失去化学平衡，继续发生富铁铝化，形成三水铝石。

由原生矿物形成次生矿物的作用可归纳为转变和新生两种方式（图 7-1）。转变指同一结构类型的层状硅酸盐矿物之间的互变，有时也包括 2∶1 型向 1∶1 型矿物的改变，如云母在风化过程中转变为高岭石类矿物的表现。晶体结构瓦解后，再从溶液中合成出另一种矿物的作用，叫作新生。在富铁铝化过程中，新生作用比较普遍，层状硅酸盐分解时产生的可溶性成分及橄榄石、辉石、角闪石、长石和火山玻璃等非层状硅酸盐的风化产物，都须通过新生作用变为次生矿物，其机理与胶体凝聚、脱水老化、结晶作用等有关。一般来说，排列松散、充填空隙、质地纯净、晶体外形完整呈微晶质的次生矿物，应是从溶液中结晶出来的，主要聚集在土壤孔隙内壁或原生矿物的溶蚀面上（于天仁和陈志诚，1990）。如果是原生矿物一边分解一边合成，则新生矿物就可能大致保持原岩的外部轮廓（Alexander et al.，1956）。

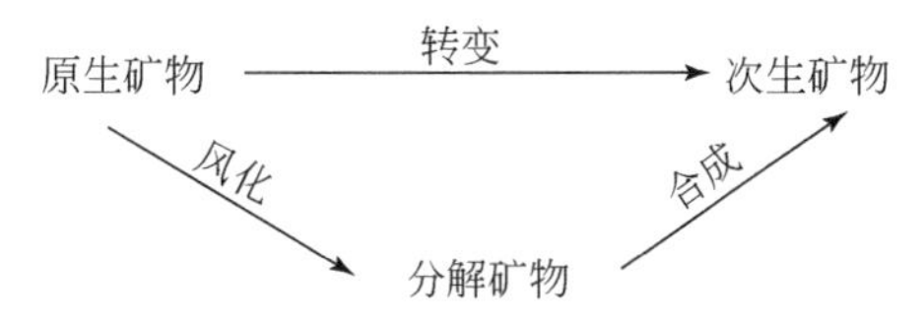

图 7-1　原生矿物形成次生矿物的主要途径（于天仁和陈志诚，1990）

原岩或原始沉积物的富铁铝化过程主要是在氧化背景下进行的，因为富铁铝化作用需要较好的泄水条件，这就要求体系处于水不饱和状态或干燥状态，允许大气中的氧通过土壤孔隙进入土壤，或溶解氧随流水进入土壤，使土壤处于氧化状态。所以，富铁铝化作用主要发生在潜水面以上，且经过富铁铝化过程后，原岩中低价态的铁、锰常转变为高价态的氧化物。

针对含铝岩系，原始沉积物的富铁铝化过程主要发生在太原组沉积之前，且本溪组松散沉积物不被渍水的条件下，因为只有这样才能满足富铁铝化作用所要求的氧化条件和较好的泄水条件。

（二）还原过程

土壤的还原过程常发育在潜育化条件下，潜育化也是成土过程的一部分。潜育化作用的发生应具备两个条件，一是渍水，包括常年渍水和季节性渍水；二是有机物质的嫌气性分解。由于有机质的分解夺取介质中的氧气，变价元素被还原，而且有机质分解的中间产物和最终产物又可与矿物颗粒相互作用，从而引起一系列的物理化学过程。

土壤在 Eh 较低时（300mV 以下），三价铁可被还原为二阶铁，尤其在有充分的氢离子时，溶解的铁可以很高（于天仁和陈志诚，1990；陈履安，1991）。亚铁的形态多种多样，其中有的易于移动，如水溶态的游离 Fe^{2+}、离子对和亚铁络合物等，有的则形成沉淀或与土壤固相的有机质结合在一起，吸附在胶体上的 Fe^{2+}的活动性介于两者之间。

亚铁是重要的还原剂，可以取代某些交换性阳离子，如 Ca、Mg、K、N 等，被取代的阳离子则进入溶液。随着还原作用的进行，P 也会从闭蓄态中释放出来进行迁移。与亚铁结合的 Si 也可被释放出来。因此，与铁、锰还原的同时，Ca、Mg、K、Na、P、SiO_2均有淋失，在极端的情况下，铝也可被释放出来。

潜育化作用也可形成特征的土壤剖面，大致分为潜育层、漂白层、网纹层和淀积层。潜育层为无结构、状如年糕、有明显的 Fe^{2+}、Mn^{2+}反应的层，只发育在具有沼泽化的土壤中；漂白层是具有一定的还原能力的下渗流水引起的 Fe、Mn 的淋失，从而导致土壤颜色变浅的层；淀积层是漂白层下部铁、锰和黏粒富集的沉淀层；网纹层是具有一定还原能力的下渗水流沿裂隙渗漏，在微域中铁、锰被还原淋洗，形成灰白色的条纹并穿插于土体之中，状如网纹，一般发育在土壤的中下部。

针对含铝岩系，潜育化过程主要发生在太原组沉积之前且本溪组松散沉积物常年渍水和季节性渍水的条件下。在太原组沉积后且含铝岩系没有剥露之前，含铝岩系被地下水所饱和的情况下，主要进行的是还原反应，尽管这一时期已不属于成土过程，但仍能产生相似于潜育化作用的各种现象。

潜育化作用下，土壤的泄水条件较差，原岩的富铁铝化作用受到限制，主要发生对已降解原岩和已形成的新矿物进行改造。Bárdossy 和 Aleva（1990）把富铁铝化后的还原作用改造划分为再硅化作用、除铁作用、碳酸盐化作用、菱铁矿化作用、黄铁矿化作用、鲕绿泥石化作用、明矾石化作用等。

再硅化作用：来自侧面和上覆地层的地下水带来的溶解氧化硅（硅酸），与当地的氧化铝矿物发生反应（Bárdossy and Aleva，1990），形成次生的黏土矿物，主要是高岭石和叶蜡石等，这样形成的矿物多呈细脉状，结晶度较好（Aleva，1965；Valeton，1972；Yariv et al.，1974）。再硅化作用形成的次生高岭石可以置换铝土矿层中铝矿物，并可使豆鲕结构遭到破坏，尤其在铝土矿层的上部，这一改造更加明显。

除铁作用：在还原性的 Eh 条件下，尤其是在具有上覆沼泽植物和相关微生物造成的酸性环境下，三价铁可以被大量地还原为二阶铁，并可从铝土矿层中淋失，颜色变浅，使铁和铝产生分离。

碳酸盐化作用：Bárdossy 和 Aleva（1990）认为还原环境下产生的碳酸盐与海相碳酸盐岩沉积物的覆盖有关①，这些新产生的碳酸盐矿物常出现在孔穴和裂隙中。

菱铁矿化作用：在顶部为沼泽环境，且存在二氧化碳的条件下，可以产生菱铁矿，并常与黄铁矿伴生。

黄铁矿化作用：在存在硫的还原的条件下，可以形成黄铁矿，但常发生在再硅化作用之后。

陈履安（1991）对贵州铝土矿在还原条件下的实验研究表明，铝土矿具有明显的脱铁、脱铝和脱硅的特征，且脱铁能力大于脱铝能力，并随着样品的富铁铝化程度的增高和 pH 的降低，Fe、Al、Si 的溶解作用增强。

（三）含铝岩系中富铁铝化作用和还原作用矿物的鉴别

含铝岩系既经历了有氧参与下的富铁铝化作用，也经历了水的饱和或过饱和状态的还原作用，所以，可以根据主导的化学作用划分为富铁铝化作用形成的矿物和还原作用形成的矿物，如何辨别这两类矿物就显得尤为必要。

1. *矿物组成的差异*

富铁铝化程度的差异可以产生不同的矿物，针对华北陆块南部的含铝岩系，在富铁铝化作用相对较弱时产生的主要矿物为高岭石，在富铁铝化作用相对较强时为硬水铝石和锐钛矿，矿物成分相对单一。还原作用下铁主要以二价铁的形式存在，主要矿物为黄铁矿和菱铁矿，同时由于 Ca、Mg、K、Na、P、SiO_2、Al、Ti 等均可活化，可以产生碳酸盐矿物、

---

① 碳酸盐矿物所需要的 Ca、Mg 离子完全可由还原作用下原始沉积物或已产生富铁铝化的矿物中这些元素的活化来提供。

再硅化作用的黏土矿物、新形成的铝矿物和钛矿物，以及高岭石向伊利石和鲕绿泥石的转变，矿物成分相对多样。

2. *矿物形态的差异*

富铁铝化作用和还原作用尽管可以根据矿物组成进行鉴别，但有时富铁铝化作用和还原作用可以形成相同的矿物，如黏土矿物既可以在脱硅阶段产生，也可以在再硅化作用中产生，铝矿物既可以在富铁铝化阶段产生，也可在强烈的还原作用下再次产生，但它们在矿物形态上具有明显的差异，这与矿物的形成方式有关。

富铁铝化作用和还原作用形成新的矿物均需要有流动水体的参与，在土壤学中，这一流动水体叫壤中流。壤中流是在土壤中沿不同透水性土壤层界面流动的水流（Flühler，2001），根据壤中流的运移形式，可将壤中流分为遵循达西定律的基质流和不遵循达西定律的优势流。水分在孔隙度较小、性质较为均一的土壤孔隙中运移时，流速均匀，服从达西定律；但在土壤的较大孔隙中，水分快速运移，往往与达西定律所描述的流量和流速有较大差异，这部分经过较大孔隙通道传输的水流称为优势流（Allaire et al.，2009）。

基质流的流动相对于优势流非常缓慢，溶质移动的时间和路径非常漫长，可以充分地发生元素的置换过程（张洪江等，2003）。而优势流沿着较大的孔隙并绕过介质中的其他部分而快速运动，其中含有偏袒的成分融入溶质或悬着物非饱和的溶剂中，所以，其成分并不代表整个孔隙介质的成分（Flury and Flühler，1995），与基质流缓慢运移的部分处于非平衡状态（Jarvis，1998；Skopp，1981）。

在土壤中，孔隙较小，且土壤水以基质流流动的部分，在富铁铝化作用下，被活化的元素移动的时间和路径非常长，可以充分地发生元素的置换过程，新矿物的形成方式以原生矿物一边分解一边合成为主，新生矿物能大体保持原岩的外形，仍为致密块状，矿物生长空间较小，结晶较差，并且新生矿物的成分相对均一，新生矿物种类的差异主要与富铁铝化程度有关（图7-2）。在潜育化条件下，前期形成的致密块状结晶较差的部分仍以基质流为主（图7-2），尽管它们的边缘在强烈的还原作用下可能产生侵蚀状溶解（图3-4，图3-6，图3-9，图3-10，图3-19，图3-22，图3-24，图3-29），但残留部分仍能保持致密块状。并且，在还原作用下，土壤处于水的饱和或过饱和的状态，泄水条件较差，原岩的富铁铝化作用停滞，所以，这些致密块状且受还原作用影响较小的矿物成分能够代表富铁铝化阶段的矿物成分。

在土壤中，孔隙较大，且土壤水以优势流流动的部分，在富铁铝化作用下，新矿物的形成方式以合成作用为主，新生矿物结晶较好（图7-2）。在后期还原作用下，这些结晶较好的部分，由于晶间孔发育并可能有未被填充的孔隙，仍以优势流为主，且是活性物质运移的主要通道（Hubbard，1983），对富铁铝化阶段形成的矿物具有强烈的溶解，并被还原作用形成的新矿物所取代（图7-2）。此外，优势流中含有偏袒的成分，既有本地的成分，也有上部或侧部流动过来的成分，所以，新合成的矿物成分多样，并与周围的致密块状部分的矿物成分处于非平衡状态，两者的矿物成分差异较大。

因此，根据矿物形态的差异，含铝岩系中致密块状结晶较差且受还原作用影响较小的矿物成分能够代表富铁铝化阶段的矿物成分，而在较大的孔隙中结晶较好、质地纯净

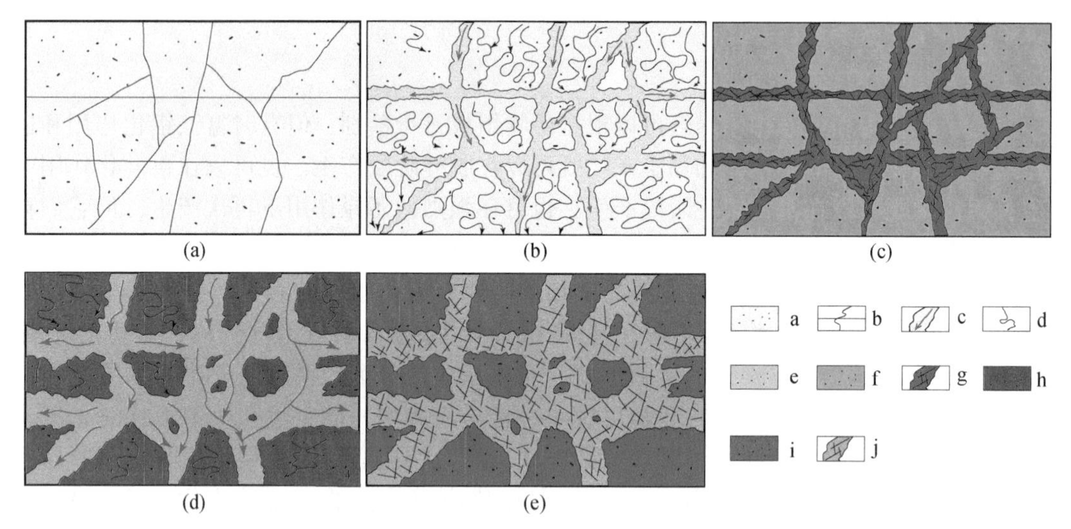

图 7-2　土壤中矿物形态差异与壤中流的关系模式图

(a) 原始沉积物发生富铁铝化前的形态，具有水平的沉积纹层和不规则的裂纹；(b) 富铁铝化过程，水平的纹层和不规则的裂纹发育优势流，其他部分发育基质流；(c) 物化条件改变，在优势流部分形成结晶较好的矿物，基质流部分形成结晶较差的矿物；(d) 还原过程，前期形成的结晶较差的部分仍以基质流为主，前期形成的结晶较好的部分仍以优势流为主，并对前期形成的矿物进行溶解，结晶较差部分的边缘也有溶解；(e) 物化条件改变，在优势流部分形成结晶较好的矿物，基质流部分结晶较差的矿物也受到一定的改造。a-原始沉积物；b-沉积纹层和裂纹；c-优势流；d-基质流；e-富铁铝化的原始沉积物；f-进一步富铁铝化的原始沉积物；g-富铁铝化过程中优势流部分结晶较好的矿物；h-被还原作用改造的富铁铝化产物；i-被再还原作用改造的富铁铝化产物；j-还原作用过程中优势流部分结晶较好的矿物

的矿物成分，以及在致密块状结晶较差的部分中，受还原作用影响较大的矿物成分可以代表还原阶段的矿物成分。

二、富铁铝化作用形成的矿物和剖面特征

含铝岩系的原始沉积物在有氧参与下的富铁铝化作用形成的产物主要为高岭石和三水铝石，三水铝石是介稳态矿物，经过脱水和重结晶作用形成硬水铝石。富铁铝化产物的差异主要与富铁铝化作用的强度有关。在铝土质泥岩中，易迁移元素 K、Na、Ca、Mg、P、Co、Ni、Cu、Zn、Rb、Cs、Sr，甚至 REE 含量相对较高，且与化学风化指数 CIA 呈负相关；在豆鲕（碎屑）状铝土矿中，难迁移元素 Al、Ti、Ga、Zr、Nb、Hf、Th、Cr、V、Sc 含量相对较高，且与化学风化指数 CIA 呈正相关（见第三章第四节）。这一特点说明铝土质泥岩相对于豆鲕（碎屑）状铝土矿富铁铝化程度较低。

富铁铝化作用的强度主要与泄水强度有关，但也与壤中流的流动方向有关。由于壤中流一般具有自上向下的流动特点，所以，针对同一个富铁铝化序列，一般表现为上部富铁铝化作用较强，下部较弱，形成一个富铁铝化剖面。但是，壤中流也具有侧向上的流动，也会造成水头高的地方富铁铝化作用较强，水头低的地方富铁铝化作用较弱。所以，富铁铝化作用的强度总是沿着地下水流动的总趋势发展的（Bárdossy and Aleva，1990）。

在垂向上，本溪组沉积时期，每次海平面升降都可形成一个自下而上富铁铝化程度逐渐增强的富铁铝化剖面，其中，铝土质泥岩—豆鲕（碎屑）状铝土矿是一种最典型的富铁铝化剖面，这一最基本的岩性序列应当是在富铁铝化阶段形成的。铝土质泥岩中整体呈致密块状结晶较差部分的矿物成分为高岭石（含铝岩系的下部铝土质泥岩存在的伊利石系由高岭石在还原条件下转变而成），豆鲕（碎屑）状铝土矿中整体呈致密块状结晶较差部分的矿物成分为硬水铝石，这两种矿物尽管在后期的还原作用下可能脱铁而纯化，但它们的基本矿物成分没有受到改变（陈履安，1991），仍代表了氧化背景下不同富铁铝化程度的矿物成分。含铝岩系上部（上部铝土质泥岩）是又一次海平面升降旋回造成的，但这一次海平面的下降程度较弱，造成富铁铝化程度相对较弱，主要矿物为高岭石，这也是在富铁铝化阶段形成的，因为上部铝土质泥岩中呈致密块状结晶较差部分的矿物成分为高岭石。

在富铁铝化阶段，同样也会在孔隙较大、以优势流为主的通道中通过新生作用形成质地纯净、晶体外形完整的新生矿物，但这些通道也是后期潜育化作用的主要水流通道，富铁铝化阶段形成的矿物会受到强烈的改造。

同一岩层中岩性的变化序列，在平面上由岩溶漏斗的旁侧到漏斗中心与垂向上由下部向上部岩性的变化序列相似，具有相似的矿物学变化特征、矿物形态和结构特征，说明了它们具有相似的矿物学形成原因，所以，这一矿物学在平面上的变化规律也主要是在富铁铝化阶段形成的，与壤中流的侧向流动有关。

根据上面的分析，含铝岩系垂向上和平面上的岩性序列主要是由富铁铝化作用奠定的。

需要指出，铝硅酸盐富铁铝化作用除要求沉积物必须是松散的、易于水的渗透和流动外，还要求沉积物处于酸性条件，且易迁移元素带走得越快，富铁铝化程度越高。可见，如果本溪组含铝岩系是由碎屑岩化学风化而来，那么当时本溪组一定处于松散沉积物状态（土壤）且为酸性条件，并且具有良好的泄水条件，即目前呈现的本溪组岩性序列主要是在上覆地层太原组沉积之前完成的。因为，太原组覆盖后，不仅使得本溪组产生压实作用，不利于水的渗透和流动，也使得本溪组处于海平面之下，泄水条件较差，阻碍富铁铝化作用的进行。

含铝岩系在中新生代剥露地表后也会发生富铁铝化作用，但由于含铝岩系已非松散的沉积物，且富含黏土矿物，水的渗透作用较差，不可能再次产生垂向上和平面上的岩性序列，仅产生在表生氧化作用下对含铝岩系的再改造作用，主要发生在含铝岩系与下伏碳酸盐岩的接触面，所形成的矿物如三水铝石、铜钴华、赤铁矿的成因已在第六章第四节中有所论及，不再赘述。

三、还原作用形成的矿物和剖面特征

（一）还原作用矿物的成分特征

潜育化作用下，大气中的氧向土壤的扩散受阻，并且氧受到土壤中生物和化学物质的消耗而减少，导致还原状态的发生。还原状态下，前期形成的不易溶解和迁移的铁锰氧化物转变成氧化数较低的 Fe^{2+} 和 Mn^{2+} 及其化合物，大大地增加了它们溶解度，并使它们易于迁移。因为发生在潜水面以上的富铁铝化作用的产物中 Al 和 Fe 是不分离的，所以，在潜育化作用下，伴随 Fe 的淋失，Al 和 Fe 可以产生分离（Valeton，1972）。并且，与铁、锰还原的同时，Ca、Mg、K、Na、P、Si、Al、Ti 都有可能活化淋失，这些活化的元素在 Eh、pH 或浓度改变的条件下，发生新的合成反应，形成新的矿物（于天仁和陈志诚，1990）。

含铝岩系中致密块状结晶较差的部分和其中空隙中结晶较好的部分在还原条件下均可进行再改造作用，但改造方式可能不同。对于致密块状结晶较差部分，在富钾流体的参与下，高岭石可以转变为伊利石（Berger et al.，1997；Lanson et al.，2002）。

$$\underset{(\text{高岭石})}{3Al_2Si_2O_5(OH)_4}+2K^+ = \underset{(\text{伊利石})}{2KAl_3Si_3O_{10}(OH)_2}+2H^++3H_2O$$

由于富钾流体只有在泄水条件变差时才有可能长期地保留于体系中，所以，尽管富铁铝化过程中，也存在 K^+ 向下淋滤迁移的过程，但泄水条件较好，K^+ 不能长时间地保留于体系中，可能不存在高岭石向伊利石的转变。只有在还原条件下，泄水条件变差，K^+ 主要被阻滞在下伏碳酸盐岩与本溪组接触界面上部的铝土质泥岩中，所以，高岭石向伊利石的转变主要发生在还原条件下，并主要存在于下部铝土质泥岩中。至于富铁铝化程度较高的含铝岩系中高岭石向伊利石的转变尤其强烈的原因，可能与较高的富铁铝化程度导致含铝岩系整体的结晶程度相对较好，孔隙度相对较高，含 K^+ 的溶液相对易于下渗有关，也与富铁铝化程度较高的含铝岩系主要处于岩溶漏斗中心或附近，而这些区域主要作为相对的汇水区域有关。致密块状结晶较差部分的还原作用还导致了鲕绿泥石的形成，低价铁与原岩中未完全降解的硅铝酸岩结合或交代细粒硅铝酸岩沉积物，可以形成鲕绿泥石。此外，还原条件下，Fe 对 Al 的同晶置换，黏土矿物也具有向绿泥石转化的特点。

还原作用下，较大孔隙中的结晶较好的部分，在优势流的参与下，Fe、Mn、Ca、Mg、K、Na、P、Si、Al 的淋失较为强烈，在富铁铝化阶段形成的矿物可能会被彻底改造，这可从富铁铝化阶段形成的富含硬水铝石的豆鲕，以及豆鲕之间的富含硬水铝石的胶结物被彻底改造表现出来。

这些活化的元素在 Eh、pH 或浓度改变的条件下，会发生新的合成反应，形成新的矿物，并且，新合成矿物的成分多样，与致密块状部分处于非平衡状态，矿物成分差异较大。新合成的矿物主要为硬水铝石、伊利石和高岭石，晶体形态良好，相互交织，但普遍含有锐钛矿、蛋白石、叶蜡石、方解石、白云石等矿物。根据在这些矿物的晶面上常可见到大量的、细小的蛋白石、硬水铝石、伊利石、锐钛矿和高岭石等不同成分的球粒，以及发育众多的收缩裂隙判断（图 3-57），这些矿物的形成是通过胶体反应形成的，下面主要分析还原作用下黏土矿物和三水铝石的成因（于天仁和陈志诚，1990）。

高岭石可以通过 H_4SiO_4 与 Al^{3+} 反应合成：

$$2Al^{3+}+2H_4SiO_4+H_2O \rightleftharpoons \underset{(\text{高岭石})}{Al_2Si_2O_5(OH)_4}+6H^+,\ \lg K_{\sigma}=1/5.45$$

Al^{3+}、H^+ 和 H_4SiO_4 的活度具有如下关系：

$$2\lg(Al^{3+})+6pH = 5.45-2\lg(H_4SiO_4)$$

或

$$\lg(Al^{3+})+3pH = 2.73-\lg(H_4SiO_4)$$

以 $\lg(Al^{3+})+3pH$ 对 $\lg(H_4SiO_4)$ 作图，得出高岭石的溶解度线（图7-3）。叶蜡石也可以根据相应的反应式用类似的方法画出其溶解度线。三水铝石的溶解度线也画在图7-3中，因为 $\lg(Al^{3+})+3pH=8.04$，所以是一条水平直线。可以看出，高岭石和叶蜡石的溶解度与 H_4SiO_4 活度关系密切，在 H_4SiO_4 活度大于 $10^{-3.7}$ mol/L 时，叶蜡石比高岭石稳定，低于 $10^{-3.7}$ mol/L 时则高岭石稳定，当 H_4SiO_4 活度低于 $10^{-5.31}$ mol/L 时，三水铝石是最稳定的，亦即当可溶性二氧化硅大量流失时，主要形成的矿物是三水铝石。二氧化硅的溶解度也在图7-3中，沉淀出 SiO_2（石英）相当于 H_4SiO_4 活度 10^{-4} mol/L，SiO_2（无定型）等于 $10^{-2.74}$ mol/L，但要求 Al^{3+} 活度非常低。

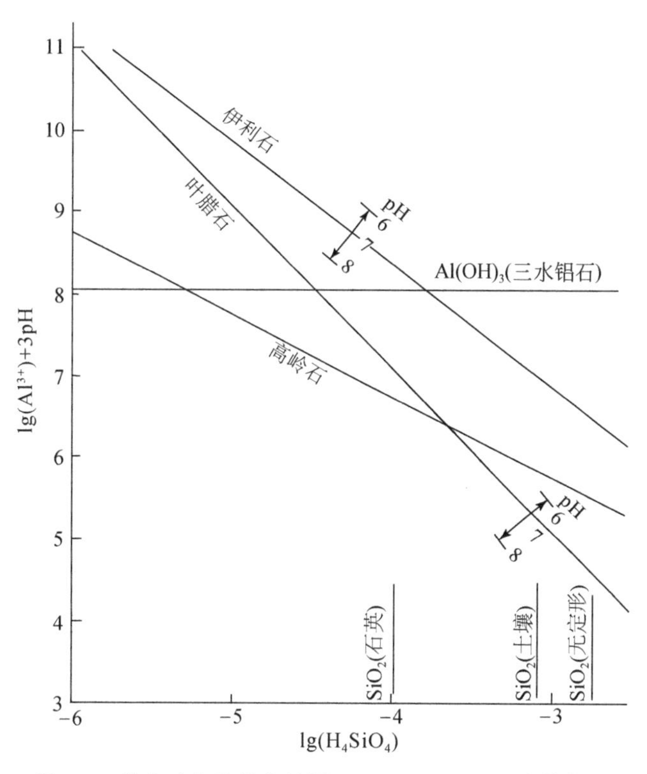

图7-3　黏土矿物的稳定性图（Lindsay，1979，有简化）

伊利石可以通过 H_4SiO_4 与 K^+、Mg^{2+}、Al^{3+} 反应合成：

$$0.6K^+ + 0.25Mg^{2+} + 2.3Al^{3+} + 3.5H_4SiO_4 \rightleftharpoons$$

$$K_{0.6}Mg_{0.25}Al_{2.3}Si_{3.5}O_{10}(OH)_2 + 8H^+ + 2H_2O,\ \lg K_{\sigma} = 1/10.35$$

H_4SiO_4 与 K^+、Mg^{2+}、Al^{3+} 的活度具有如下关系：

$$2.3\lg(Al^{3+}) + 8pH = 10.35 - 0.6\lg(K^+) - 0.25\lg(Mg^{2+}) - 3.5\lg(H_4SiO_4)$$

取 $(K^+) = (Mg^{2+}) = 10^{-3}$ mol/L

$$\lg(Al^{3+}) + 3pH = 5.61 - 0.48pH - 1.52\lg(H_4SiO_4)$$

由上述可知，伊利石的溶解度线与 pH 有关，pH 变动一个单位，线的位置上下移动 0.48［lg（Al^{3+}）+3pH］单位。从图 7-3 可以看出，当 pH 较高时，伊利石相较高岭石和叶蜡石是最稳定的。

因此，在还原环境下，不仅可以造成 Al、Si 等元素的活化，而且可以在不同的 pH 或 H_4SiO_4浓度的条件下，新合成出不同的黏土矿物，并有新的三水铝石的形成。

（二）还原作用矿物的发育阶段

根据还原作用发生的条件，可以将含铝岩系还原作用划分为太原组沉积之前和太原组沉积之后两个阶段。太原组沉积之前的阶段主要是潜育化作用，与原始沉积物的富铁铝化作用相伴生，与潜水面变化造成的干湿交替有关，还原作用持续的时间相对较短；太原组沉积之后阶段的还原作用不与富铁铝化作用相伴生，与含铝岩系长期处于潜水面之下有关，还原作用持续的时间可能相当长。所以，不同阶段还原作用的发育强度，以及对前期形成的矿物改造程度和新形成矿物的矿物学特征具有显著的差别。在组构上，太原组沉积之前的潜育化作用常与富铁铝化作用形成的矿物呈条带状或圈层状构造，豆鲕（碎屑）状铝土矿中的豆鲕结构和铝土质泥岩中的纹层状构造，以及网纹构造可能主要是在太原组沉积之前形成。太原组沉积后的还原作用所形成的矿物不具有条带状或圈层状构造，而往往表现为对豆鲕结构、纹层构造和网纹层的破坏。在矿物组成上，太原组沉积前的潜育化作用中由于还原作用持续的时间短，主要发生脱铁作用，对前期形成的矿物改造相对较弱，新形成的矿物较少：铝土质泥岩中主要是对黏土矿物的纯化，豆鲕（碎屑）状铝土矿中主要是对三水铝石（后期转化为硬水铝石）的纯化。太原组沉积后的还原作用由于还原作用持续的时间很长，且上覆地层富含有机质，有机酸的向下淋滤可造成环境的 pH 降低，对前期形成的矿物改造强烈，并且多样的还原溶液成分和物理化学环境的改变，可以沉淀出多样的矿物成分。在矿物形态上，太原组沉积之前的潜育化作用形成的矿物相对于太原组沉积后的还原作用形成的矿物往往晶体较小，纯净度较差，漂白层和淀积层边界模糊，矿物成分相差较小。

（三）还原作用矿物的发育位置

还原作用形成的矿物与体系中存在的孔隙系统有直接的关系。较大的孔隙易于流体进入，也易于还原作用的发生；相互连通的孔隙易于流体的流动，还原反应形成的活化元素易于迁移流失，能够使前期形成的矿物得到彻底的改造。在物理化学环境改变时，较大的孔隙也是新形成矿物的主要空间。

富铁铝化时期或还原作用早期产生的优势流部位由于矿物结晶较好，晶间孔发育，并且还可能存在未被新矿物充填的空隙，所以仍是后期还原作用的主要部位，前期形成的矿物受到彻底的溶解改造，并被新形成的矿物所取代，这可从豆鲕（碎屑）状铝土矿中较大的孔隙均被还原时期形成的矿物充填（图 3-19，图 3-22，图 3-24，图 3-27），以及潜育化时期形成的矿物及其圈层易被晚期还原作用所改造得到佐证（图 3-57）。此外，富铁铝化程度较高的层位由于结晶程度相对高于富铁铝化程度较低的层位，所以富铁铝化程度较高的岩性序列，以及其中的豆鲕结构往往会受到较强的改造，并有新矿物的产生，如在序列二和序列三中，往往可以见到豆鲕（碎屑）状铝土矿中无论豆鲕还是其间的胶结物均有强烈的溶蚀并被新合成的矿物充填（图3-18，图3-21，图3-23，图3-25），明显比铝土质泥岩改造程度要高。在豆鲕（碎屑）状铝土矿中，由于豆鲕和碎屑的富铁铝化程度相对于胶结物高，所以豆鲕和碎屑较胶结物的改造程度高［图3-21（c），图3-23（a）］。在豆鲕中，由于豆鲕的核部往往富铁铝化程度较高，所以豆鲕的核部较外部圈层改造程度高［图3-21（c），图3-23（a）］。针对豆鲕（碎屑）状铝土矿层，由于水流自上向下的淋滤作用，往往上部较下部改造程度高，如在ZK4704钻孔豆鲕（碎屑）状铝土矿层的上部可见部分豆鲕已仅残留为外壳，胶结物也有明显的改造，但下部改造作用要弱得多。

（四）还原作用的剖面

还原作用下，尤其是在太原组沉积后较长时期的还原改造下，含铝岩系存在着显著的元素活化和迁移，并在新的层位和环境下产生沉淀，由此可对前期形成的剖面产生强烈的改造，形成具有潜育层、漂白层和淀积层特征的地层剖面。

潜育层：主要发育在上部铝土质泥岩中，该层整体为黑色，致密块状，有机质相对丰富，铁锰以低价态出现（图7-4）。

漂白层：主要出现在含铝岩系的中部，整体为灰色，Fe、Mn大量淋失至下部地层，Al在上部相对得到富集（图7-4）。漂白层中不仅豆鲕的形态和成分均发生强烈的改造，豆鲕之间的胶结物也会受到强烈的改造。

淀积层：主要出现在下部铝土质泥岩中，整体为黑色，黏土矿物和Fe、Mn、P、K等元素大量富集（图7-4）。

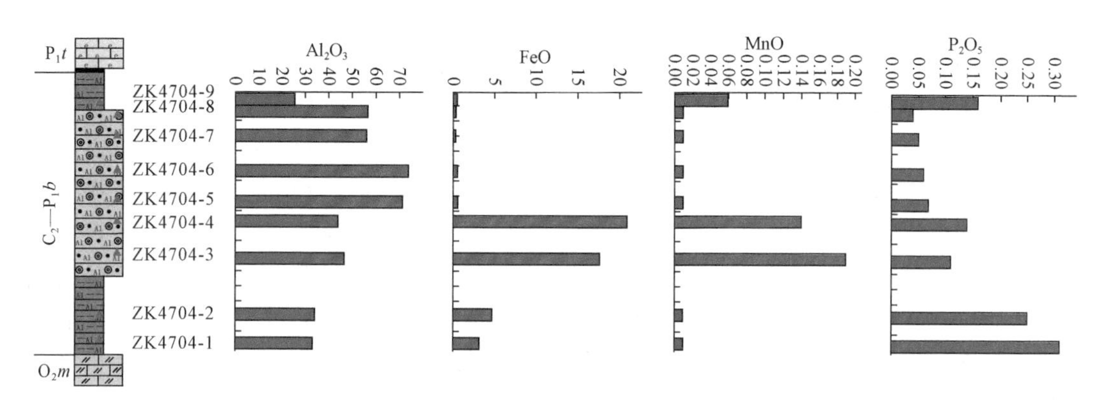

图7-4　华北陆块南部偃龙地区ZK4704钻孔本溪组含铝岩系部分主量元素变化图

所以，尽管含铝岩系的岩性剖面主要是在富铁铝化时期奠定的，但还原时期的改造非常明显，目前表现的含铝岩系的岩性剖面是富铁铝化作用和长期还原作用综合的结果。根据漂白层中还原作用的矿物学特征和对豆鲕的强烈改造，上述还原作用形成的剖面主要是在太原组沉积之后产生的。

第二节　含铝岩系的组构成因

本溪组原始沉积物在富铁铝化作用和还原作用下，不仅能够形成特征的矿物组成和矿物形态，而且能够形成特征的结构构造，并能反映成矿过程的许多细节。

一、豆鲕

豆鲕是含铝岩系的主要颗粒之一，对其成因有不同的解释，早前的研究者趋向于把豆粒和鲕粒看成是沉积作用的产物，并与水动力相联系，认为是内部的同心层系弱水动力条件（静水）和强水动力条件（动荡水）交替的结果，或认为是同生沉积阶段的胶体凝聚成因（刘长龄和覃志安，1990）。模拟实验证明，在动荡水中并没有得到具同心层状内部结构的鲕粒，而仅是内部无同心层状结构的胶团（奥古士梯蒂斯，1989）。王江海（1993）认为，豆鲕的形成是胶体在不同性质的颗粒表面产生絮凝的成岩阶段的产物。Bárdossy 和 Aleva（1990）在研究世界红土型铝土矿的基础上，指出红土型矿床中圆球状鲕粒是风化淋滤过程中胶体的沉淀倾向于形成最小比表面积的结果。此后，越来越多的人相信含铝岩系中的豆鲕是伴随着铝成矿过程的化学成因构造，是一种加铁和脱铁的交替过程，一般发生在地下水位浮动的范围内，与 Eh 的反复交替有关（廖士范和梁同荣，1991；Berger and Frei，2014）。下面主要根据含铝岩系中豆鲕的基本特征，分析其成因和后期的变化。

（一）豆鲕的成因

豆鲕的形成往往需要一个核心（Bárdossy and Aleva，1990），这一核心又往往是在富铁铝化作用的早期局部形成的富铁铝化程度较高的物质，这可以从豆鲕的核部易于被还原改造得到佐证［图 3-21（c），图 7-5（a）］，因为，如前所述，早期富铁铝化程度高的部位也是后期还原改造强的部位。此外，豆鲕的核心也可以是在富铁铝化作用的过程中早期富铁铝化程度较高的破碎的碎屑物质，其中可以包含早期形成的豆鲕［图 7-5（b）］。豆鲕的球状形态与胶体聚集时球体的比表面积最小有关（奥古士梯蒂斯，1989），豆鲕的层偶主要表现在暗色圈层和浅色圈层的铁质和黏粒含量的差异（图 3-47），所以这一层偶最有可能是在还原作用下形成的漂白层和淀积层，是富铁铝化作用形成的、包裹核心的、相对均一的圈层改造的结果（图 7-6）。所以，每一个层偶对就代表了一次干湿交替的过程，在潜水面低于含铝岩系表面时，发生以氧化作用为主的富铁铝化过程，在已形成的核心或已产生的豆鲕表面形成一个相对均质的圈层；在潜水面高于含铝岩系表面时，发生以还原作用为主的还原过程。在刚沉积的圈层上部发生脱铁脱黏作用，铝得到富集，颜色变浅，可结晶出三水铝石（后期转变为结晶较好的硬水铝石）；在刚沉积的圈层的下部，黏土矿物和 Fe、Mn 则大量富集，形成暗色层。

根据前述，早期形成的豆鲕结晶差，圈层多且密集，晚期形成的豆鲕结晶较好，圈层少且稀疏［图 3-46（a）（b）］，这可能与不同规模的干湿交替有关。早期较小规模的干湿交替频繁，且间隔时间短，整体上富铁铝化程度较弱，元素迁移能力较差，结晶时间较短；晚期较大规模的干湿交替较少，但间隔时间较长，整体上富铁铝化程度较强，元素迁移能力强，具有长时间的结晶过程。部分晚期豆鲕的核心仍有包含豆鲕的现象，说明晚期豆鲕也可以形成于多个时期，具有多次的富铁铝化过程，所以，在一定程度上，豆鲕的形成过程可以反映含铝岩系的形成过程。

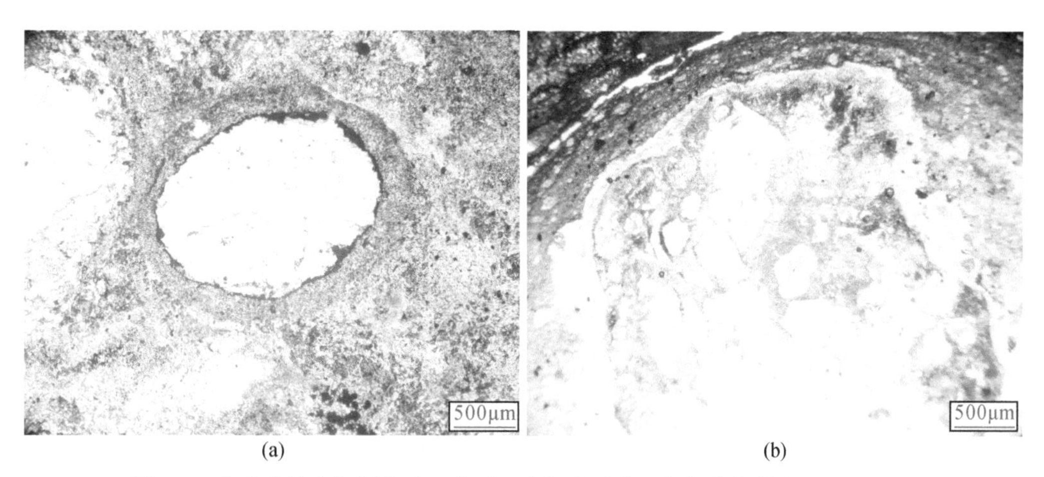

图 7-5　华北陆块南部偃龙地区本溪组含铝岩系中豆鲕的核部特征，ZK4704-5
（a）豆鲕的核部已被菱铁矿所交代（单偏光）；（b）早期破碎的碎屑作为豆鲕的核心（单偏光）

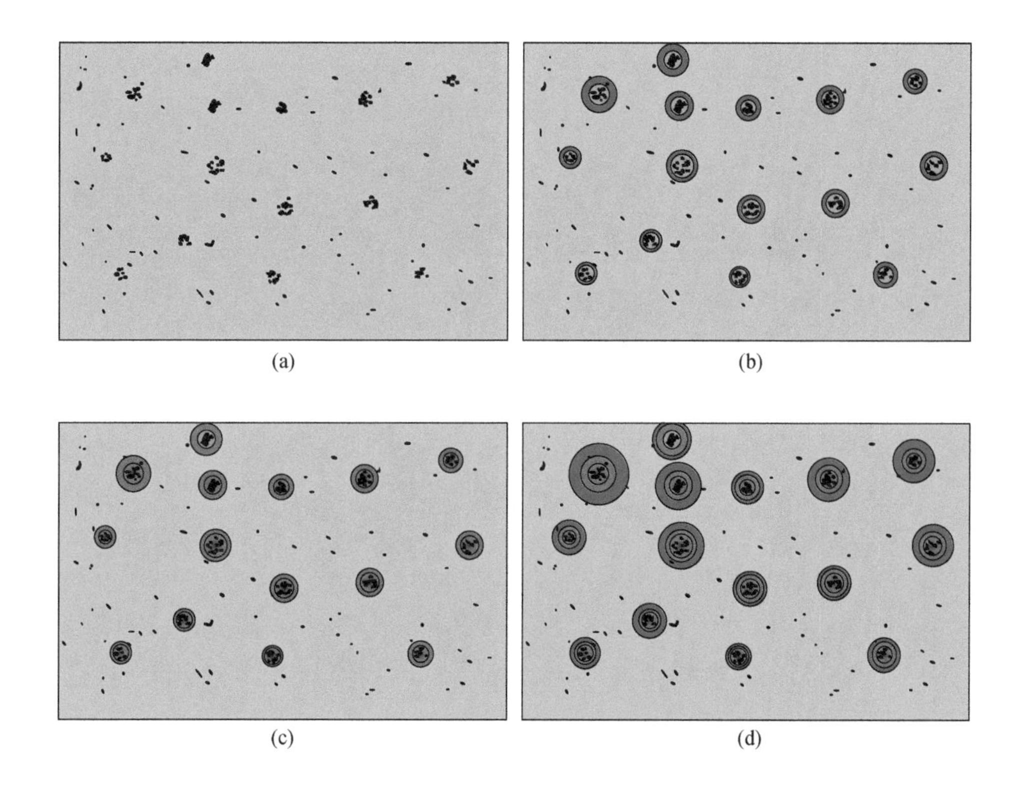

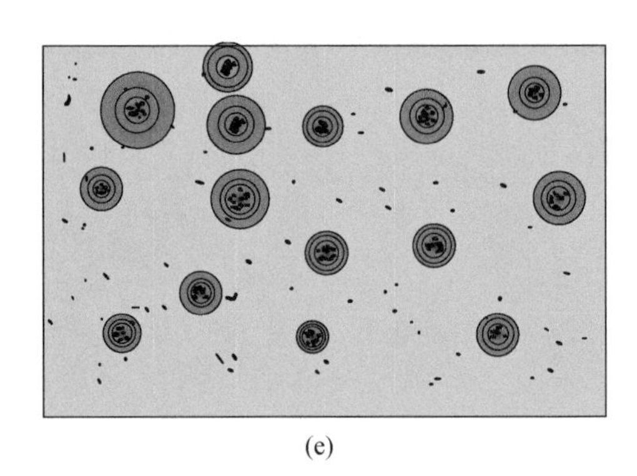

(e)

图 7-6　本溪组含铝岩系中豆鲕的形成过程示意图

(a) 潜水面低于原始沉积物表面时发生富铁铝化作用，局部形成铁铝氧化物较富集的团块，成为豆鲕的核心；(b) 随着富铁铝化作用的进行，在已形成的核心表面形成一个相对均质的圈层；(c) 潜水面高于已发生富铁铝化作用沉积物表面时发生潜育化过程，在刚沉积的圈层上部发生脱铁脱黏作用，铝得到富集，颜色变浅，在刚沉积的圈层的下部，黏土矿物和 Fe、Mn 富集，形成暗色层，两者呈渐变过渡关系；(d) 潜水面再次低于已发生富铁铝化作用沉积物表面时再次发生富铁铝化作用，在豆鲕的外部又形成一个相对均质的圈层；(e) 潜水面再次高于已发生富铁铝化作用沉积物表面时再次发生潜育化过程，在刚沉积的圈层上部发生脱铁脱黏作用，铝得到富集，颜色变浅，在刚沉积的圈层的下部，黏土矿物和 Fe、Mn 富集，形成暗色层，两者呈渐变过渡关系

由于含铝岩系的干湿交替过程主要是在太原组沉积之前，所以，豆鲕结构主要是在太原组沉积之前形成的。

(二) 豆鲕的后期变化

豆鲕形成后或形成过程中，受到物理化学环境的改变，常产生豆鲕形状和成分的改变。尤其是在太原组沉积后，含铝岩系长期处于还原过程，可对前期形成的豆鲕产生强烈的改造。

1. 形态变化

豆鲕后期形状的改造主要有压扁拉长和破碎两种方式。

1) 压扁拉长

宏观上压扁拉长的豆鲕呈不规则的椭球状，其压扁面平行于豆鲕含量差异的豆鲕(碎屑)状铝土矿层的界面或平行于豆鲕(碎屑)状铝土矿与铝土质泥岩的界面，长轴一般在 1cm 以下，短轴一般在 0.5cm 以下(图 3-2②、⑥)。显微镜下，不同时期的豆鲕都可见压扁拉长的现象，但往往早期圈层密集的豆鲕变形较强，并具有剪切变形的特点 [图 3-46 (b)，图 7-7 (b)]。晚期圈层较少的豆鲕，压扁拉长后呈不规则的椭圆状 [图 7-7 (a)]，其长轴平行于早期豆鲕变形的剪切面 [图 7-7 (b)]，说明晚期豆鲕的压扁拉长也是在压扭性应力作用下产生的。根据豆鲕(碎屑)状铝土矿常出现在漏斗附近，并且岩溶漏斗具有同时期的岩溶塌陷等特征，说明豆鲕的压扁拉长可能与压实作用和岩溶塌陷造成的塑性流动有关。晚期豆鲕本身由于相较于早期豆鲕和胶结物，富铁铝化程度较高，结晶较好，具有一定的力学稳定性 (Bronick and Lal，2005)，刚性程度较高，所以，在变形中可作为相对刚性体变形。

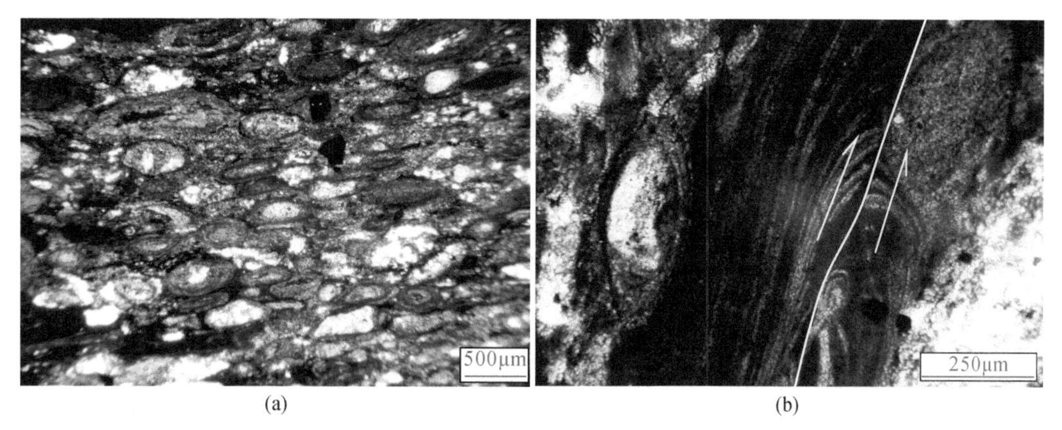

图 7-7　华北陆块南部偃龙地区本溪组含铝岩系豆鲕的压扁拉长现象，ZK4704-5

（a）压扁拉长的豆鲕（单偏光）；（b）豆鲕变形与剪切作用

2）破碎

豆鲕的破碎可分为两种情况：被动破碎和主动破碎。被动破碎主要是在上述压扭性应力作用下，已形成的豆鲕及其集合体作为相对刚性体被破碎成大小不一的碎屑，并常可见到这些碎屑的外侧仍存在圈层构造［图 7-5（b），图 7-8（a）（b）］。主动破碎主要是由于后期还原作用的影响，豆鲕的一部分被彻底溶解改造，造成豆鲕一定的体积损失，从而仅有一部分被保存下来［图 7-8（c）］，或不同豆鲕的残体交织在一起［图 7-8（d）］。

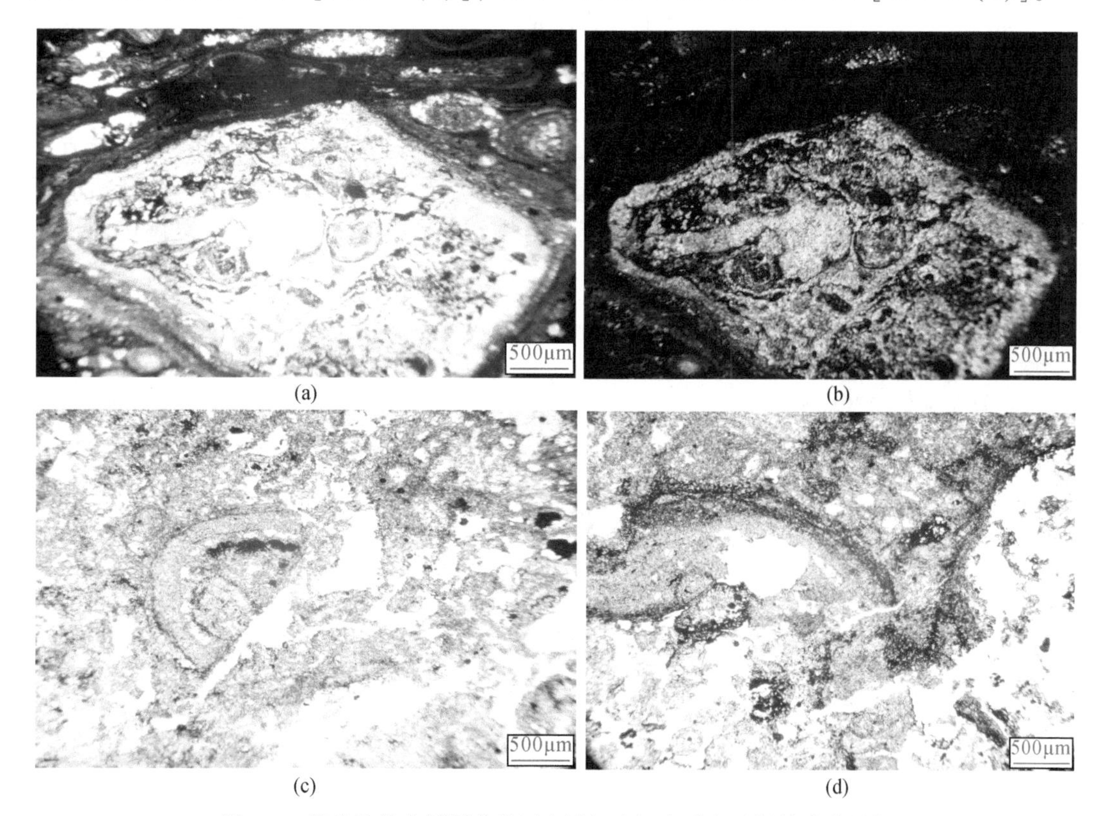

图 7-8　华北陆块南部偃龙地区本溪组含铝岩系中豆鲕的破碎现象

（a）豆鲕集合体的破碎现象（单偏光），ZK4704-5；（b）豆鲕集合体的破碎现象（正交偏光），ZK4704-5；（c）豆鲕的一部分被溶解造成的破碎（单偏光），JE-1a；（d）不同豆鲕的残体交织（单偏光），JE-1a

2. 成分变化

如前所述，豆鲕的成分变化可以发生在鲕粒的形成过程中，但最主要的是发生在太原组沉积以后，由于含铝岩系长期处于还原环境，豆鲕的成分改造更加强烈，并可形成多样的新合成矿物，总体上这些矿物中铁质含量少、纯净、结晶良好。

显微镜下，可以见到豆鲕被部分地还原溶解，且被纯净、结晶较好的高岭石或菱铁矿所取代［图3-24，图3-28，图7-5（a），图7-9（a）］，甚至能见到呈弧形的溶解作用的前锋面［图6-9（b）］，相似于奥古士梯蒂斯（1989）的脱铁作用前锋面。尤其在豆鲕的浅色圈层中，其相对结晶较好，孔隙度较大，成为后期还原溶液运移的通道，导致豆鲕的浅色圈层也是后期还原作用的主要场所，形成更纯净、结晶更好的高岭石或菱铁矿，并对旁侧的暗色圈层产生浸染状溶解［图7-9（c）］。豆鲕本身相似于土壤中的团聚体，其内部孔隙较大（王清奎和汪思龙，2005），可以通过毛细管由外部向内部传输还原溶液，且通气条件较外部差，可能更易于形成还原环境（尹瑞龄，1985），所以，常可见到还原作用在豆鲕的内部表现强烈，并向豆鲕的外侧逐渐浸染的现象［图7-9（e）］。当然，也可见到豆鲕外部的胶结物还原作用强烈，逐渐向豆鲕中心浸染的现象［图7-9（f）］。在豆鲕的还原过程中，同样也会产生漂白层和淀积层，导致豆鲕的环带在原来的基础上产生漂白层更白，淀积层更富铁的现象［图7-9（g）］。由于多数情况下是从豆鲕的核心向边部逐渐浸染，所以，往往在豆鲕的边部有一个铁质含量很高的外环［图7-9（h）］。豆鲕的还原溶解具有不同的程度，有时仅表现为环带的进一步漂白或铁质的进一步富集［图3-46（c）］，有时圈层改造强烈而模糊不清［图7-9（e）］，有时整个豆鲕被还原溶解，完全被纯净、结晶较好的矿物所取代，仅留下豆鲕结构的残留阴影［图7-9（d）］。

豆鲕的改造往往具有富铁铝化程度高、较为刚性的豆鲕改造较强，而富铁铝化程度较低、较为塑性的豆鲕改造较弱的特点，这与结晶程度差异引起的孔隙度差异有关（纪友亮，2009）。此外，豆鲕往往相对于胶结物富铁铝化程度较高，所以豆鲕的还原交代也往往比胶结物强。由于破碎的碎屑富铁铝化程度较高，其还原交代作用也较强［图7-5（b），图7-8］。

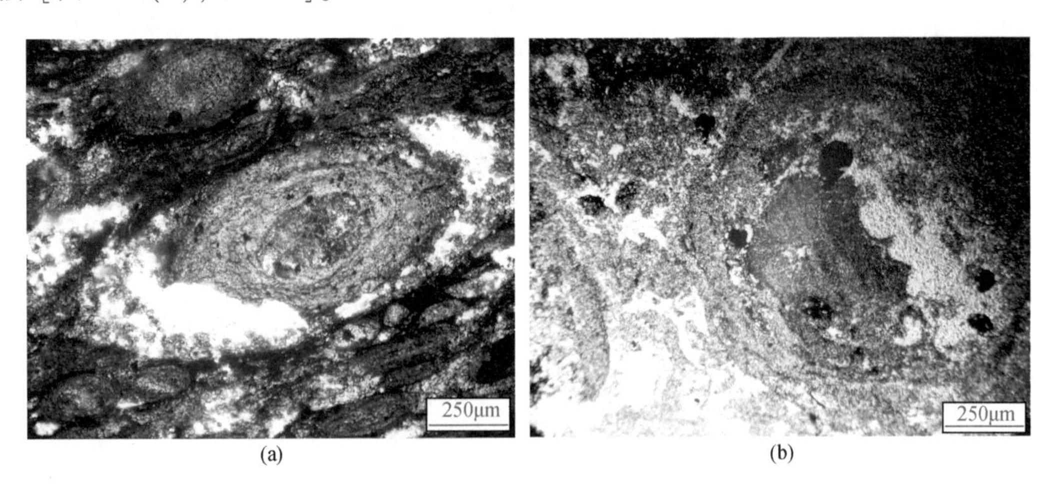

(a)　　(b)

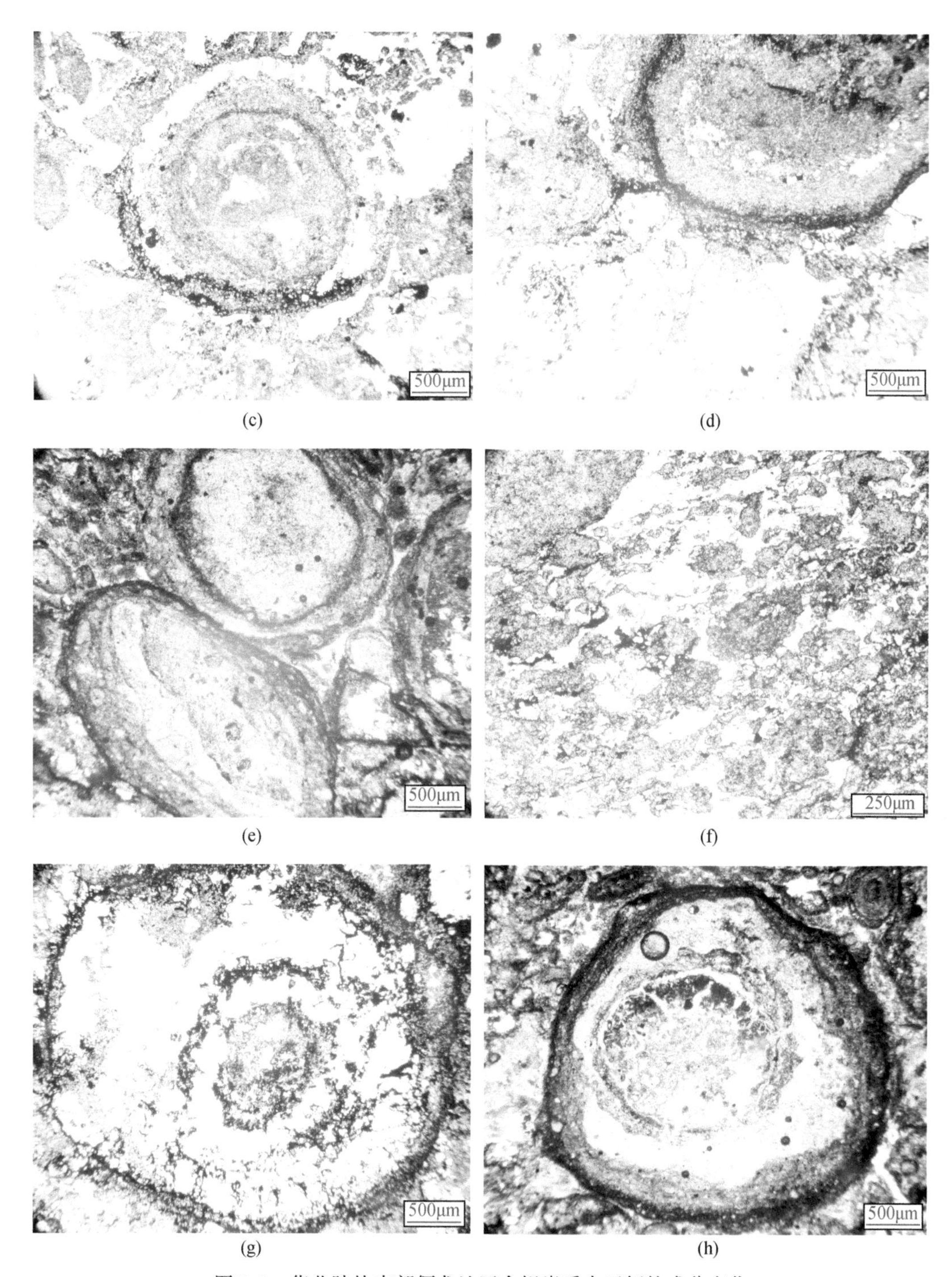

图 7-9　华北陆块南部偃龙地区含铝岩系中豆鲕的成分变化

(a) 豆鲕被部分地还原交代现象（单偏光），ZK4704-5；(b) 还原溶解呈弧形的前锋面（单偏光），JE-1b；(c) 浅色圈层也是后期还原作用的主要场所，并对旁侧的暗色圈层产生浸染状溶解（单偏光），JE-1a；(d) 照片下部的豆鲕整体被还原溶解，仅留下豆鲕的残影（单偏光），JE-1b；(e) 还原作用由豆鲕核部向外侧逐渐浸染的现象（单偏光），ZK4704-6；(f) 还原作用由豆鲕外侧逐渐向中心浸染的现象（单偏光），1571-11；(g) 还原作用后豆鲕的环带漂白层更白，淀积层更富铁的现象（单偏光），JE-1b；(h) 还原作用后豆鲕的边部有一个铁质含量很高的外环（单偏光），ZK4704-6

二、碎屑颗粒

第三章第三节已述及，含铝岩系中的碎屑颗粒与流动纹层相伴生，是结晶程度具有差异（宏观上表现为颜色的深浅）的块体差异流动的结果。

豆鲕状铝土矿中发育大量的碎屑，这是将富铁铝化作用较强的岩石称为豆鲕（碎屑）状铝土矿的原因。碎屑常呈不规则状或圆状，具有以下特点：①力学强度较大，常作为相对刚性体，塑性变形较小，而外侧的基质具有强烈的塑性变形［图7-8（a）］；②碎屑中常包含变形较弱的鲕粒或鲕粒集合体［图7-5（b），图7-8（a）（b）］；③碎屑中常见有网状构造［图7-10（a）］；④碎屑的还原作用较基质强，常见有结晶较好、纯净的矿物晶体［图7-5（b），图7-8（a）］；⑤同一样品中不同的碎屑常具有不同的变形强度和脱铁强度［图7-10（b）］。

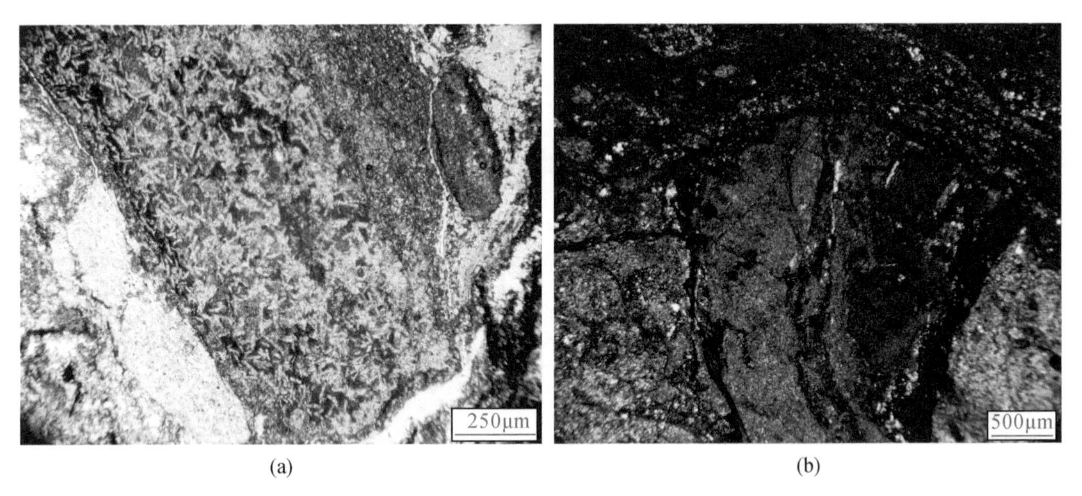

(a)　　(b)

图7-10　华北陆块南部偃龙地区本溪组含铝岩系豆鲕（碎屑）状铝土矿中的碎屑

（a）颗粒中常见有网状构造（单偏光），ZK0008-25；（b）颗粒具有不同的变形强度和脱铁强度（单偏光），ZK0008-43

所以，豆鲕（碎屑）状铝土矿中的碎屑主要与前期形成的富铁铝化程度较高的块体（或岩层）破碎有关。由于这些破碎的团块相较于其间的胶结物富铁铝化程度高，所以，力学强度较大，常作为相对刚性体变形，并可保存早期矿化形成的鲕粒和网状构造，在还原作用阶段也易于发生还原作用。豆鲕（碎屑）状铝土矿中碎屑的产生可能与岩溶漏斗附近的剪切滑动有关，这可从与团块伴生的变形豆鲕和剪切滑动的关系进行间接推断［图7-7（b）］。根据同一样品中不同的碎屑具有不同的变形强度和脱铁强度判断，剪切滑动存在多个时期。

铝土质泥岩中也发育大量的颗粒，宏观上表现为椭圆状、藕节状、不规则状的浅色矿物“漂浮”于深色矿物中［图3-48①、④］，岩石薄片中，深色矿物为富含铁质的隐晶质伊利石，浅色矿物为富含伊利石和硬水铝石的微晶集合体。碎屑颗粒的形成也是两种不同成分的矿物集合体差异流动的结果。浅色的碎屑颗粒常具有网状构造［图3-57（e）（f）］，进一步说明，浅色碎屑颗粒可能为较早开始胶体凝缩的相对刚性块体。发育大量颗粒的铝土质泥岩常位于岩溶漏斗及附近的下部铝土质泥岩中或豆鲕（碎屑）状铝土矿的铝土质泥岩夹层中，说明了这些碎屑的形成与岩溶塌陷有重要的联系。

三、块状构造和纹层状构造

块状构造常见于豆鲕（碎屑）状铝土矿中，前已述及，豆鲕（碎屑）状铝土矿富铁铝化程度最高，原始沉积物的成分、结构构造均已彻底地改造，从而使成分和组构趋于均一化。

纹层构造主要是结晶较好的黏土矿物含量和铁质含量的差异造成的，它们应是还原作用所造成的漂白层和淀积层，是对富铁铝化作用形成的相对均一的微层改造的结果（图7-11）。所以，纹层构造的每一个层偶也代表了一次干湿交替的过程，原始沉积的微层［图7-11（a）］在潜水面下降低于微层表面时，发生以氧化作用为主的富铁铝化过程，形成一个相对均质的微层［图7-11（b）］，在潜水面又一次上升高于这一微层表面时，发生以还原作用为主的潜育化过程，在刚形成的微层上部发生脱铁作用，黏土矿物纯化并产生较好的晶体，在刚形成的微层下部，Fe、Mn大量富集，形成暗色层［图7-11（c）］。不规则纹层构造的形成可能与含铝岩系的顺层滑动有关［图7-11（d）］，主要发育在岩溶漏斗及附近的下部铝土质泥岩中或豆鲕（碎屑）状铝土矿的铝土质泥岩夹层中。

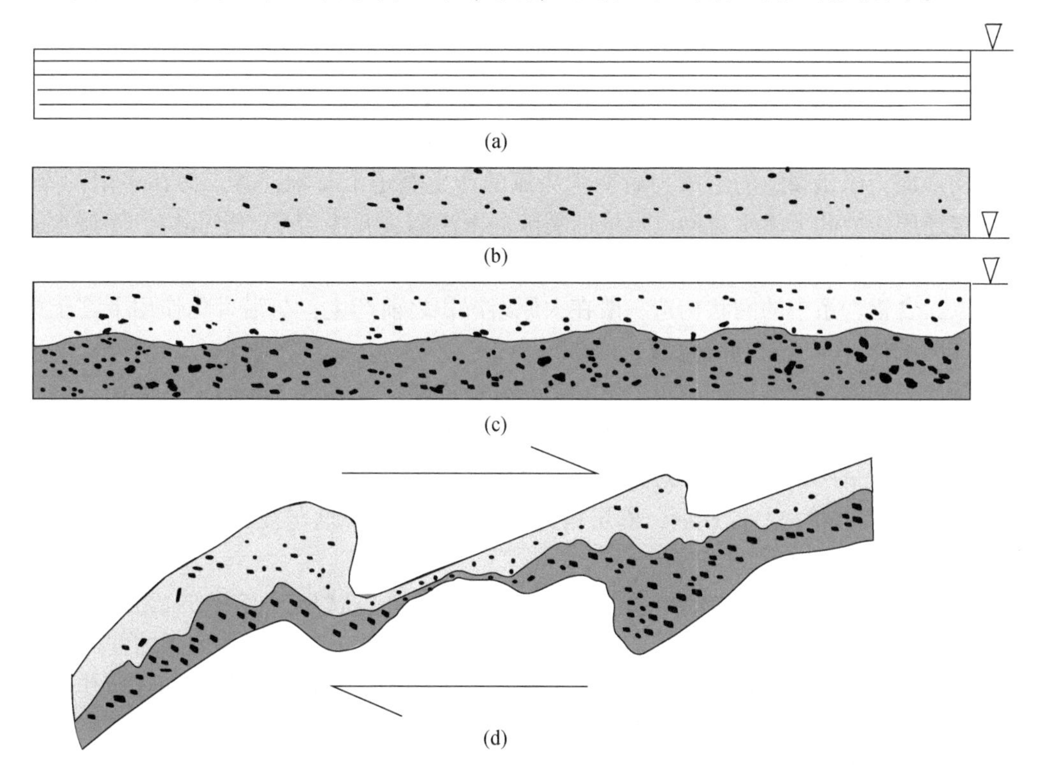

图7-11　华北陆块南部偃龙地区本溪组含铝岩系铝土质泥岩中纹层构造形成示意图

（a）海平面上升形成原始沉积的微层；（b）原始沉积的微层在潜水面降低于微层表面时，原始沉积的微层发生富铁铝化过程，形成一个相对均质的微层；（c）在潜水面上升高于微层表面时，发生潜育化过程，在刚形成的微层上部发生脱铁作用，黏土矿物纯化并产生较好的晶体，在刚形成的微层下部，Fe、Mn大量富集，形成暗色层；（d）顺层滑动时形成不规则纹层构造

纹层构造尽管在太原组沉积后也有改造，但主要形成于太原组沉积前的干湿交替环境，并主要与潜水面的升降有关。

四、浸染状构造

在铝土质泥岩和豆鲕（碎屑）状铝土矿中均可见到大量的浸染状构造，主要表现为结晶质黏土矿物含量较多、铁质含量较少的部分对结晶较差和铁质含量较多的部分呈浸染接触的现象，一部分内容已在豆鲕的后期变化中有所涉及，不再赘述。

浸染状构造主要是在还原阶段形成的，一般认为，还原作用期间还原溶液常有一个前锋面（奥古士梯蒂斯，1989），在还原溶液作用的区域，Fe、Mn 淋失较强，常有一定的漂白现象，而还原溶液未到达区域，还原作用相对较弱，成为 Fe、Mn 的淀积区域。由于浸染状构造主要是对纹层构造和豆鲕结构的改造，所以浸染状构造主要发生在太原组沉积后长期的还原环境下。

五、网状构造

网状构造在铝土质泥岩和豆鲕（碎屑）状铝土矿中均可见及，表现为呈三叉状或不规则状的灰白色铁质含量较少的细脉穿插于暗色铁质含量较高的颗粒（包括豆鲕和碎屑）中。

网状构造的形成至少有两个步骤：其一为干燥条件下原始裂隙的形成，原始裂隙的产生主要与胶体的收缩作用有关，系毛管水及弱结合水的溢出而破坏了凝聚体间及凝聚体内部的结构形成，原始裂隙的形成为后期优势流的产生奠定了基础；其二为在多雨的季节，具有一定还原能力的下渗水流沿已形成的裂隙向下渗漏，并停滞于一定部位，停滞水微域中的铁、锰被还原淋洗，形成灰白色的条纹。

所以，含铝岩系中的网状构造一般在太原组沉积之前产生，与潜育化作用下红土中的网纹层成因相似（于天仁和陈志诚，1990）。

豆鲕中见到的网状构造细脉可以贯穿整个豆鲕的圈层［图 3-57（a）］，说明，网状构造可以形成于豆鲕的圈层之后，豆鲕的圈层形成后没有固结，仍可发生胶体的干缩现象。豆鲕中网状构造的细脉还可以见到被豆鲕的圈层所改造的现象［图 3-57（b），图 7-9（h）］，说明在网状构造形成后，圈层构造可进一步发育，这与豆鲕在后期还原条件下，造成豆鲕的成分变化有关。

网状构造也可以出现在铝土质泥岩和豆鲕（碎屑）状铝土矿中的碎屑中［图 3-57（e），图 7-10（a）］，说明含铝岩系中的碎屑相对于胶结物发生胶体的干缩作用较早。

根据上面的分析，含铝岩系的组构主要是原始沉积物在富铁铝化作用和还原作用过程中的产物，同时伴随着多时期剪切滑动的破坏。这些组构均不能够反映原始沉积物的水动力状态和沉积环境，但能够反映含铝岩系形成过程的许多细节。网状构造和球状构造（豆鲕）的普遍存在，以及硅酸盐矿物的化学风化原理，说明胶体化学作用在含铝岩系形成过程中起到了重要的作用。水平纹层和豆鲕主要形成于干湿交替的环境，这一环境主要存在于受大气氧影响比较敏感的时期，本溪组尚暴露于大气环境，即在太原组沉积之前。水平纹层和豆鲕形成后，发生胶体的干缩作用，产生网状的收缩裂纹。由于含铝岩系的组构形成过程同时伴随着下伏碳酸盐岩的不均匀溶蚀作用，产生岩溶塌陷和剪切流动，引起富铁铝化程度具有差异的物质搅和在一起，富铁铝化程度强的物质常作为“颗粒”，这些“颗粒”在进一步的富铁铝化过程中，仍可作为新形成的豆鲕核心。富铁铝化程度较弱的物质产生强烈的塑性流动，将水平纹层改造成不规则纹层，包裹相对刚性的“颗粒”，常作为“胶结物”。太原组沉积之后，在长期的还原作用下，上述的组构可发生强烈的改造，主要是矿物成分的变化，并在此基础上产生组构形态的变化。

第三节　含铝岩系的岩性序列成因

根据华北陆块南部偃龙地区大量的钻孔岩心观察，含铝岩系具有四种基本的岩性序列（见第三章），它们的矿物组成和厚度均具有显著的差异，它们的形成除了受到华北陆块整体的海平面变化、构造作用、沉积物供给速率和气候等条件的影响外，一些局部的因素也参与了含铝岩系的形成过程，这一因素即岩溶作用。

一、海平面变化对含铝岩系岩性序列的影响

晚古生代华北陆块整体的沉积环境为陆表海，海平面变化是造成原始沉积序列变化的主要控制因素。所以，尽管本溪期的沉积作用和岩性序列的变化受到下伏碳酸盐岩岩溶作用的影响，但总体的沉积旋回和沉积环境仍与海平面变化之间具有重要的联系。

（一）分析方法

本溪组的沉积作用主要与海平面上升形成的可容纳空间有关，但总体上，海水深度极浅，海平面的下降可以造成已沉积的本溪组原始沉积物暴露地表，在大气降水的作用下产生富铁铝化作用，造成原始沉积物矿物成分和组构的改变。所以，在分析本溪期海平面变化对含铝岩系岩性序列的影响时，应当根据富铁铝化作用的基本原理，将含铝岩系矿物的成分变化与海平面的变化联系起来。

松散沉积物（土壤）中原生矿物的降解和次生矿物的形成与当时的物理化学环境和原生矿物的化学风化程度有关（于天仁和陈志诚，1990）。本溪组沉积时期，华北陆块处于赤道附近，湿热多雨，植物繁茂，具有产生快速和强烈富铁铝化作用的气候条件。除此之外，影响富铁铝化程度的因素主要与原始矿物中元素的活化、转化和迁移有关，而这些主要与水的性质和循环有关。如果假定本溪组原岩富铁铝化过程中水的性质不发生变化，那么，水的循环就是影响该时期原生矿物的风化和次生矿物形成的关键因素。

海平面的变化对于参与到化学风化中的水循环起到至关重要的作用。海平面上升时期，由于潜水面处于沉积物表面之上，限制了这些沉积物中水的循环，富铁铝化程度较弱，甚至能保留原岩的结构构造。海平面下降时期，当潜水面处于沉积物表面之下时，松散沉积物（土壤）内部产生的壤中流，能够促使原始矿物中元素活化、转化和迁移，有利

于次生矿物的形成。当海平面下降幅度较大或暴露时间较长时，元素的活化、转化和迁移更加迅速，原岩的风化更加彻底，易迁移元素大量流失，相对难迁移元素大量富集。所以，海平面变化的特点可以在一定程度上控制原岩的风化程度和次生矿物组合的特点。据此，可以结合含铝岩系中矿物组合和垂向上的变化来判断本溪组沉积时期海平面的升降旋回，并进而探讨海平面变化对含铝岩系岩性序列的影响。

海平面下降时期，在大气降水影响下，水体的流动一般具有自上向下的特点，上层在下渗水流作用下，通常溶解或悬浮某些物质成分，随水下淋，形成土壤上部的淋溶层（简称 A 层）；淋溶下来的物质在其下层淀积，为淀积层（简称 B 层）；淀积层之下是未受淋溶或淀积作用影响的母质层（简称 C 层）。所以，在发育正常的土壤剖面内，矿物的风化程度是越向上层越高。一个风化程度强的典型的红土剖面（富铁铝化剖面）一般表现为上部为以硬水铝石为主的铝土矿层，下部为以高岭石为主的腐泥土层，再下部为母岩，当风化作用强烈时，下部的腐泥土层可完全转变为铝土矿层（Bárdossy and Aleva，1990）。

当存在多个“海平面上升形成原始沉积物、海平面下降产生化学风化作用”的旋回时，上部旋回的下渗水流可能对下部旋回产生影响：①在海平面上升时期，下部旋回可能处于海平面之下，形成还原环境，可能发生再硅化作用，铝矿物可能被置换（Bárdossy and Aleva，1990），Al_2O_3含量可能降低。但是这一影响是有限的，因为本溪组沉积时期的海侵作用具有快速海侵的性质，其持续的时间较短。②在海平面下降时期，上部旋回风化作用的下渗水流可对下部旋回进一步产生富铁铝化作用，造成 Al_2O_3含量可能增高。但同样，这一影响也是有限的，因为上部旋回的原始沉积物在水解过程中的黏化作用可能会阻碍下渗水流的运动。所以，当存在多个海平面升降旋回产生的多个矿物学变化序列时，可以认为它们主要是受自身的海平面升降旋回所决定的。

（二）含铝岩系海平面变化的总体规律

岩性序列三可以明显地划分为多个次级岩性序列，根据水解作用强度，这些次级岩性序列均表现为下部铝土质泥岩和上部的豆鲕（碎屑）状铝土矿，这一特征明显与海平面升降旋回有关，是由海平面上升形成原始沉积物、海平面下降产生化学风化作用造成的。此外，在序列三中，不同的次级岩性序列具有差异，下部的次级岩性序列中豆鲕（碎屑）状铝土矿层厚度小，硬水铝石结晶较差或含量少，上部的次级岩性序列中豆鲕（碎屑）状铝土矿层厚度大，硬水铝石结晶较好或含量多，这一特征可能反映了由早到晚海平面下降幅度逐渐增大或暴露时间逐渐增长。至于该岩性序列上部的薄层铝土质泥岩（上部铝土质泥岩）则是另一次海平面升降旋回造成的，但该旋回中海平面下降幅度较小，化学风化程度较低。

岩性序列二的中部豆鲕（碎屑）状铝土矿没有铝土质泥岩夹层，可能与水解作用较强有关，相当于序列三中的每一个次级岩性序列下部铝土质泥岩也完全转变成了豆鲕（碎屑）状铝土矿。但该岩性序列总体上仍表现为，由下部铝土质泥岩到中部豆鲕（碎屑）状铝土矿，黏土矿物的含量逐渐减少，硬水铝石的含量逐渐增加的特点，也说明了由早到晚海平面下降幅度逐渐增大或暴露时间逐渐增长。该岩性序列上部的薄层铝土质泥岩（上部铝土质泥岩）也是在另一次海平面升降旋回产生的，与岩性序列三相似。

岩性序列四仅在含铝岩系的上部存在薄层的豆鲕（碎屑）状铝土矿，可能与富铁铝化程度较弱有关，导致相当于序列三的下部次级岩性序列未能产生豆鲕（碎屑）状铝土矿。但总体上也说明了由早到晚海平面下降幅度逐渐增大或暴露时间逐渐增长。该岩性序列上部的薄层铝土质泥岩（上部铝土质泥岩）也是在另一次海平面升降旋回造成的。

岩性序列一中不存在豆鲕（碎屑）状铝土矿，可能与富铁铝化程度更弱有关，相当于序列三中的每一个次级岩性序列均未能产生豆鲕（碎屑）状铝土矿。

上述的海平面变化特点也可以反映在含铝岩系的自然伽马测井曲线上。偃龙地区四种岩性序列的本溪组自然伽马曲线都表现为伽马值总体较高，且向上部伽马值呈折线式逐渐增大，并在豆鲕（碎屑）状铝土矿的顶部出现最高的伽马值，然后伽马值急剧下降的现象（图 7-12）。

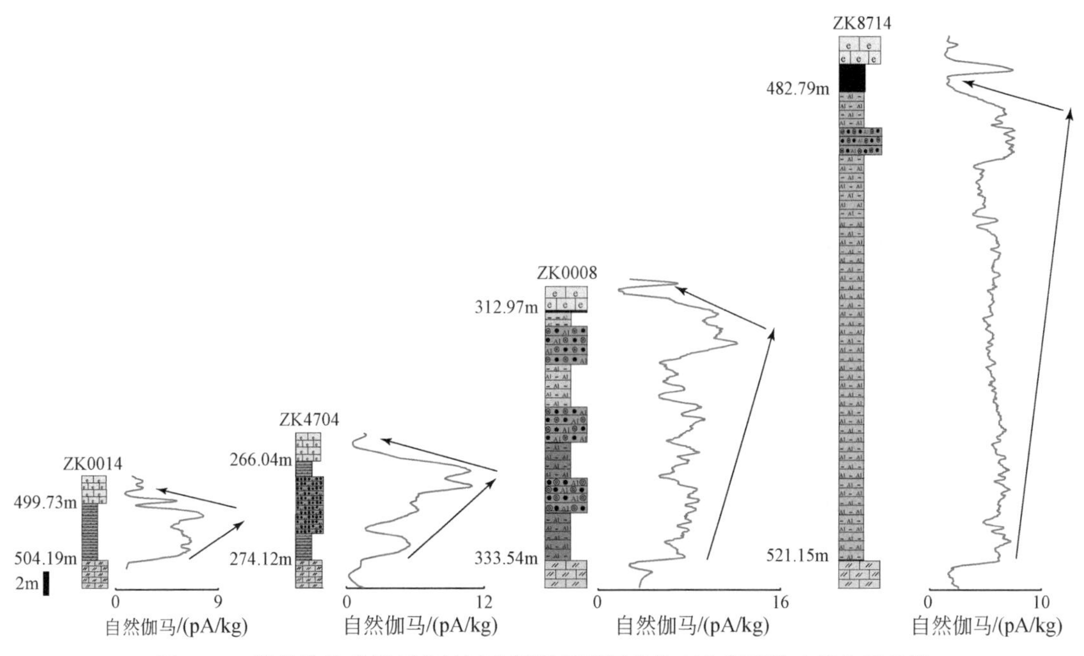

图 7-12　华北陆块南部偃龙地区含铝岩系不同岩性变化序列的自然伽马曲线

一般认为，伽马值的升高与地层中 Th、U、K 等放射性元素的含量升高有关，但根据含铝岩系底部 K 含量最高（见第三章第四节），伽马值较含铝岩系上部最低的特点，本区含铝岩系伽马值的升高主要与 Th 和 U 含量的升高有关。在整个含铝岩系的垂向剖面上，Al 与 Th、U 含量呈显著的正相关关系（图 3-60）。密集取样的 ZK0008 井 Al 含量的变化曲线与自然伽马测井曲线非常一致，均表现了向上部呈折线式逐渐增大，在豆鲕（碎屑）状顶部出现最高值，然后急剧下降的特点（图 7-13）。

前已述及，Al 的富集与富铁铝化程度有关，并与海平面的下降程度或暴露时间有关，所以与 Th、U 含量相关的自然伽马测井曲线也同样反映了海平面的变化特点：含铝岩系是由多个次一级的海平面升降旋回形成的，海平面上升形成原始沉积物，海平面下降产生化学风化作用，且由含铝岩系的下部到中上部，海平面下降程度逐渐增强或暴露时间逐渐增长；含铝岩系顶部铝土质泥岩是在另一次海平面升降旋回形成的，但海平面下降程度较弱

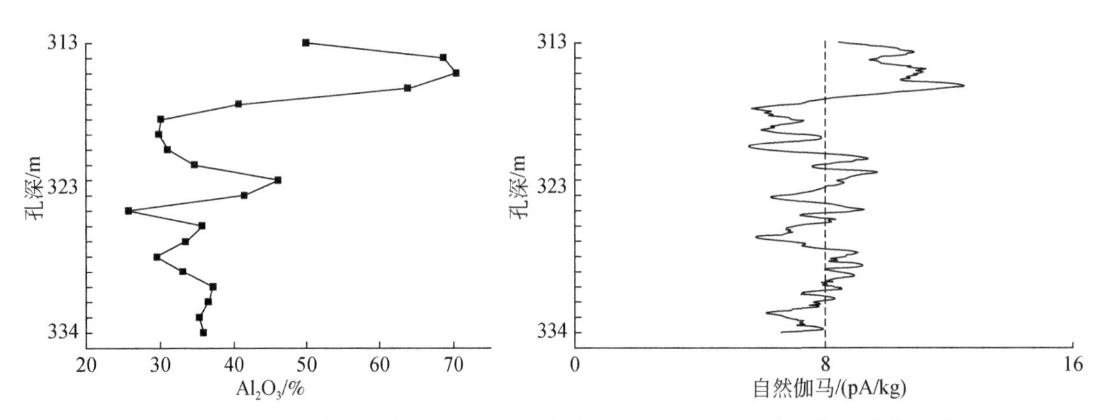

图 7-13 华北陆块南部偃龙地区 ZK0008 钻孔 Al_2O_3 含量变化与自然伽马曲线的对比

或暴露时间较短。

然而本溪组的原始沉积物是在海侵作用下形成的，并且原岩彻底降解形成以硬水铝石为主的豆鲕（碎屑）状铝土矿又要求松散沉积物有较长时间的暴露过程（一次彻底降解至少需要 0. 01Ma）（Bardossy and Aleva，1990），那么无疑要求海侵持续时间很短，应是突发式的。并且在总体的突发式海侵过程中，也存在多次次一级的突发式海侵过程和次一级的长时间暴露过程。

所以，对于含铝岩系的不同岩性序列，均具有在突发式海侵时期形成原始沉积物，在海平面下降时期产生原始沉积物水解的特点，且由下部到中上部海平面下降的程度逐渐增大或暴露时间是逐渐增长的。含铝岩系上部的铝土质泥岩是再次产生突发式海侵，但随后海平面的下降程度较弱或暴露时间较短造成的。上部铝土质泥岩向顶部碳质含量增加，并逐渐过渡为太原组底部煤层的特点，反映了海平面的逐渐上升过程（李增学等，1996），且由于这一海平面的上升结束了整个含铝岩系的主要富铁铝化过程。

根据富铁铝化作用的基本原理，得出的本溪组含铝岩系形成过程中海平面变化的总体规律，应与本溪组整体上形成于海啸环境，并存在多次次一级的逐次减弱的海啸作用有关。海啸作用可以造成突发性海侵，并在强烈海泛时期快速地、大范围地沉积成分成熟度很低的碎屑物质，缓慢的海退和长期的暴露状态可以造成原始沉积物的降解，产生富铁铝化；多次次一级海啸作用造成了原始沉积物多期次的沉积和多期次的富铁铝化，以及铝含量和自然伽马曲线呈折线式变化；由下部到上部逐次减弱的海啸作用，造成了海啸范围的减小，暴露区域的增加，暴露时间的增长，富铁铝化作用的增强，以及铝含量和自然伽马值呈折线式向上部增大；含铝岩系顶部的铝土质泥岩也是在一次海啸环境下产生沉积，但海平面并没有显著下降，而是表现为海平面逐渐上升的过程，造成富铁铝化程度减弱，铝含量和自然伽马值急剧地下降。

（三）海平面变化对不同岩性序列的影响

根据上述总体的海平面变化规律和沉积背景，对华北陆块南部偃龙地区本溪组含铝岩系岩性序列与海平面变化的关系进行分析。

1. 序列一海平面变化特征

该序列以铝土质泥岩为主，主要矿物成分为高岭石和伊利石，高岭石存在于整个含铝岩系中，且向上部逐渐增加，伊利石含量向上部逐渐减少直至消失。自然伽马测井曲线表现为本溪组伽马值较高，且向上部伽马值呈折线式逐渐增大，并在上部出现最高的伽马值，然后伽马值急剧下降。这说明了该岩性序列是由多个次一级的海平面升降旋回形成的，且由含铝岩系下部到中上部海平面下降幅度逐渐增大或暴露时间逐渐增长；含铝岩系上部是在另一次海平面升降旋回形成的，但海平面下降程度较弱或暴露时间较短。

此外，矿物学变化也反映了该序列总体上富铁铝化程度较低，下部泥岩仍有较高的高岭石含量，说明了上部地层 K^+的迁移较差。该序列主要出现在远离漏斗处，说明在远离漏斗区域尽管也存在总体的海平面变化性质，但与岩溶漏斗相比，其微环境具有差异。

2. 序列二海平面变化特征

该岩性序列下部泥岩的黏土矿物几乎全部为伊利石，中部铝土矿黏土矿物减少，其下部主要含伊利石，上部主要含高岭石，上部泥岩高岭石含量骤然增加，且几乎全为高岭石。硬水铝石主要出现在中部豆鲕（碎屑）状铝土矿中，且越往上部含量越高。自然伽马测井曲线也表现为本溪组伽马值较高，且向上部伽马值呈折线式逐渐增大，并在豆鲕（碎屑）状铝土矿顶部出现最高的伽马值，然后伽马值急剧下降的现象。同样反映了该岩性序列是由多个次一级的海平面升降旋回形成的，且由含铝岩系下部到中上部海平面下降幅度逐渐增大或暴露时间逐渐变长；含铝岩系上部是在另一次海平面升降旋回形成的，但海平面下降程度较弱或暴露时间较短。

矿物组成与序列一的差异表现在该序列出现硬水铝石，且下部泥岩黏土矿物几乎全为伊利石，反映了该序列富铁铝化程度和 K^+的迁移能力较强。自然伽马曲线与序列一的差异表现在该序列伽马值总体较高，折线的增高和降低幅度较大。该序列主要出现在漏斗的中部或漏斗的旁侧，说明岩溶漏斗的存在可能是造成上述差异的主要原因。

3. 序列三海平面变化特征

该序列的黏土矿物和硬水铝石的变化在总体上具有相似于序列二的矿物学变化特点，所不同的是该序列可以划分为多个次一级的岩性序列。自然伽马曲线也表现为本溪组伽马值较高，且向上部伽马值呈折线式逐渐增大，并在豆鲕（碎屑）状铝土矿顶部出现最高的伽马值，然后伽马值急剧下降的现象。与序列二的差异表现在每个伽马值逐渐增大的曲线也呈折线式增加的样式。同样反映了该序列是由多个次一级的海平面升降旋回形成的，且由含铝岩系下部到中上部海平面下降幅度逐渐增大或暴露时间逐渐变长；含铝岩系上部是在另一次海平面升降旋回形成的，但海平面下降程度较弱或暴露时间较短。

该序列出现在岩溶漏斗的中部，并且不同的岩溶漏斗中，豆鲕（碎屑）状铝土矿中的夹层不仅厚度差异较大，其岩性也不尽相同，多数夹层的岩性为铝土质泥岩，但也有部分岩溶漏斗的夹层为碳质泥岩，甚至有薄煤层。这说明了不同的岩溶漏斗沉积微环境差异较大，且每次突发式海侵在不同的岩溶漏斗中沉积作用的可容纳空间也不同。

4. 序列四海平面变化特征

该序列下部出现厚层纹层状铝土质泥岩，仅在上部出现厚度不大的豆鲕（碎屑）状铝土矿。该序列黏土矿物和硬水铝石的垂向变化也具有含铝岩系中矿物学变化的总体规律。自然伽马测井曲线也表现为本溪组伽马值较高，且向上部伽马值呈折线式逐渐增大，并在豆鲕（碎屑）状铝土矿顶部出现最高的伽马值，然后伽马值急剧下降的现象，反映了该岩性序列是由多个次一级的海平面升降旋回形成的，且由含铝岩系下部到中上部海平面下降幅度逐渐增大或暴露时间逐渐变长；含铝岩系上部是在另一次海平面升降旋回形成的，但海平面下降程度较弱或暴露时间较短。与序列三的差异表现在伽马值较小，曲线的波动不甚强烈，此与该序列富铁铝化程度较低有关。

该序列下部厚层铝土质泥岩清晰的水平层理和保存完好的植物化石，反映了该序列下部风化程度较低，保留了原岩的结构构造。厚层铝土质泥岩中的水平层理显示的韵律构造由浅色和深色的纹层组成，此与最小一级的海平面变化造成的富铁铝化作用和潜育化作用不断交替有关，其形成的机理可能与海啸背景下潮汐作用的周期变化有关（李从先等，1965）。其他岩性序列中这种韵律层理显示不甚清晰的原因与原岩较强的富铁铝化作用有关。

该沉积序列出现在研究区北部的岩溶洼地中，说明这些岩溶洼地在海退过程中，暴露地表的时间有限，富铁铝化作用较差。

根据上述不同岩性序列矿物学变化与海平面变化之间的关系，整个研究区内在本溪组沉积时期无论海平面总体的变化趋势，还是在这一变化趋势中次一级的海平面的升降都应该是相同的，均表现为突发式海侵背景下开始沉积，此后开始了强烈的海退过程，并伴随有多次次一级的突发式海侵作用，且由含铝岩系下部到中上部海平面下降幅度逐渐增大或暴露时间逐渐增长，最后含铝岩系顶部的一次短暂的突发式海侵结束了本溪组的沉积过程。在岩溶漏斗中心，这些变化特征表现得尤其清晰的原因，可能是岩溶漏斗特殊的沉积微环境“放大”了这些变化。

但不同的岩性序列不仅具有不同的富铁铝化作用的微环境，也具有不同的沉积作用的微环境，这些微环境的变化与含铝岩系下部下伏碳酸盐岩的岩溶作用有关。

二、古岩溶对含铝岩系沉积序列的影响

含铝岩系厚度的变化和岩性序列的差异与不同的微环境有关，在平面分布上与下伏碳酸盐岩岩溶漏斗的分布和距离漏斗的远近具有重要的联系，暗示了微环境的变化可能与下伏碳酸盐岩的岩溶作用有关。

（一）含铝岩系厚度变化与古岩溶的关系

根据层序地层学的基本原理，在沉积环境相同的情况下，沉积厚度的变化主要与可容纳空间的大小有关（邓宏文等，2000）。前已述及，本溪组总体上具有相同的海平面变化规律，那么，局部的构造作用、沉积物供给速率和气候等条件可能为影响可容纳空间的主要因素，但实际上，本溪组沉积时期整个华北陆块是相对稳定的，整体表现为陆表海盆

地，且区内也未发现该时期强烈的构造作用踪迹，本溪组沉积时期构造作用、沉积物供给速率和气候条件等在各处应是相似的。所以，影响本溪组厚度的可容纳空间的变化可能是其他特殊的机制造成的。

前已述及，本溪组是在突发式海侵背景下沉积于下伏碳酸盐岩的岩溶夷平面之上的，此后开始了持续的海退过程，并伴随多次次一级的突发式海侵。在这一背景下，海平面下降时，就有可能造成下降的海平面低于下伏碳酸盐岩的顶面。这种情况下，不仅已沉积的本溪组松散沉积物在大气降水的作用下产生富铁铝化作用，使原始沉积物成分和组构发生变化，而且下伏的碳酸盐岩还可以在壤中流转化来的地下水作用下产生覆盖型岩溶作用。由于下伏碳酸盐岩岩溶作用程度的差异，溶蚀造成的体积亏损程度也有差异，上覆本溪组松散沉积物对新产生溶蚀空间的填充，必然在已沉积的本溪组上部产生起伏不平的表面。所以，在下一次海平面上升时，尽管各处的构造作用、沉积物供给速率和气候等条件都相同，但仍有可能造成不同地区可容纳空间的差异，在沉积环境相同或相近的情况下，就会产生沉积厚度的差异。

岩溶漏斗和岩溶洼陷处，由于强烈的岩溶作用，下伏碳酸盐岩体积亏损较大，必然在海平面上升时，产生较大的可容纳空间，具有较大的沉积厚度。并且，在海平面下降时，岩溶漏斗处海水的滞积时间较长，部分岩溶漏斗上部可能产生碳质泥岩或薄煤层。而随着远离岩溶漏斗和岩溶洼陷，由于新增可容纳空间较小，其沉积厚度必然较小。此外，由于多时期海平面的下降，岩溶漏斗和岩溶洼陷处产生的多时期强烈的岩溶作用，不仅使沉积厚度的差异逐渐增大，还存在多时期不断地向岩溶漏斗和岩溶洼陷中心的塌陷作用，更加剧了沉积厚度在平面上的差异。

（二）含铝岩系岩性序列变化与古岩溶的关系

海平面升降变化与本溪组松散沉积物的富铁铝化作用和下部下伏碳酸盐岩的岩溶作用具有重要的关系。根据华北陆块南部偃龙地区本溪组含铝岩系不同岩性序列发育的位置与古岩溶的关系，在远离岩溶洼陷发育的地区，富铁铝化作用和下部下伏碳酸盐岩的岩溶作用之间具有正反馈的机制：强烈的岩溶作用必然需要充足的地下水和良好的泄水条件，而充足的地下水和良好的泄水条件又可促使上覆原始沉积物更彻底地降解。所以，指示下伏碳酸盐岩强烈岩溶的岩溶漏斗内部往往存在含有大量硬水铝石的豆鲕（碎屑）状铝土矿层，发育岩性序列二、序列三；而远离这些地区，豆鲕（碎屑）状铝土矿层逐渐减薄直至消失，发育岩性序列一；临近陆表海海平面的地区，在与岩溶漏斗展布方向一致的岩溶洼陷中，尽管岩溶作用也很强烈，但主要发育水平岩溶，泄水条件相对较差，主要发育厚度较大、富铁铝化程度较差的纹层状铝土质泥岩，仅在其上部，由于强烈的海退或暴露时间较长，才发育厚度不大的豆鲕（碎屑）状铝土矿，发育岩性序列四。

本溪组沉积时期，海平面的变化可以直接影响潜水面的变化，所以，海平面的升降旋回也应与岩溶作用旋回相对应。一般认为，水平溶洞主要发育于浅饱水带（潜水面附近）内，与潜水面的稳定时期相对应，在滨岸地区，也指示着海平面的相对稳定时期。根据前述的古岩溶形态组合、古岩溶旋回和水循环分析，岩溶漏斗–水平溶洞形态组合代表了潜水面下降直至稳定时期的过程，即代表了海平面下降到海平面稳定的过程。根据大量的地表地质调查，研究区内存在多层水平溶洞，可以组成多个时期的岩溶漏斗-水平溶洞形态组合，即偃龙地区存在多个海平面下降到海平面稳定的过程。根据前述的含铝岩系形成过程的海平面变化，可以认为上述的海平面下降到海平面稳定的过程是在突发式海侵之后产生的，代表了海退过程。

根据水平溶洞既可作为岩溶漏斗岩溶水的排泄通道，又可为岩溶漏斗进一步发展提供岩溶水源，以及岩溶作用与沉积作用相伴进行的事实，下部的水平溶洞一定形成在上部的水平溶洞之后，即含铝岩系形成过程中，由早期到晚期海平面的下降幅度是逐渐增加的。所以，尽管含铝岩系由下部到中上部的矿物学变化和伽马曲线特征可能是由海平面下降幅度逐渐增大或暴露时间逐渐变长引起的，但最有可能是由海平面下降幅度逐渐增大引起的。

偃龙地区较大规模的水平溶洞的间距一般在5～10m之间，可以推测，这一间距代表了一次较高级别海平面升降的幅度，此与本溪组沉积环境分析中，得出的本溪组原始沉积物形成于海啸环境相对应。只有在海啸环境下，才可能在陆表海形成如此强烈的海平面升降幅度。本溪组沉积时期具有多次的海啸过程，可以解释多层水平溶洞的发育、多时期的岩溶漏斗-水平溶洞形态组合、多期次的富铁铝化作用。由下部到上部逐次减弱的海啸作用和由此引起的总体海平面下降，可以解释下部的水平溶洞形成在上部的水平溶洞之后，以及富铁铝化程度逐渐增强的事实。含铝岩系的顶部尽管也存在一次海啸作用，但海平面并没有显著下降，而是表现为海平面逐渐上升的过程，不仅停止了水平溶洞的发育，也造成了富铁铝化程度的减弱。

第四节　含铝岩系的形成阶段

本溪组含铝岩系的矿物、组构和岩性序列的形成都表现出了明显的阶段性，均与海平面的变化、岩溶作用和富铁铝化作用有关，而三者之间又具有协同演化的关系，流动水体是联系它们的纽带。在不同的时期，由于海平面的升降，流动水体的性质和物理化学环境产生差异，不仅岩溶作用表现出了差异性，富铁铝化作用也表现出了差异性。

一、本溪组沉积时期

本溪组沉积之前，华北陆块的岩溶地貌已演化至岩溶平原，突发式海侵作用使海平面迅速地上升，在岩溶平原上，沉积了成分成熟度很低的碎屑物质。当海平面下降，不仅已沉积的碎屑物质暴露地表产生富铁铝化，下伏的碳酸盐岩也产生覆盖型岩溶，由土壤（原始碎屑沉积物）中壤中流转化来的地下水成为联系富铁铝化作用和岩溶作用的纽带。

潜水面低于原始沉积物表面时，主要在壤中流的作用下，本溪组原始沉积物开始降解，并产生富铁铝化作用。当潜水面进一步低于下伏碳酸盐岩顶面时，这些富含溶解氧、CO_2和有机酸的壤中流转化为地下潜流对下伏碳酸盐岩产生强烈的岩溶作用，受灰岩中已存的裂隙系统和由此影响的地下水循环的控制，岩溶作用速率在平面上具有非常大的变化，并进一步引起优势水流和水流速率的变化，这些变化反馈到上覆的壤中流系统，引起壤中流速度和流量的变化，而这些变化与原岩的富铁铝化程度有着直接的关系。强烈的岩溶作用必然需要充足的地下水和良好的泄水条件，而充足的地下水和良好的泄水条件又可促使原岩更彻底地降解，以及富铁铝化程度提高。所以，受下伏灰岩中已存裂隙系统控制的强烈岩溶的岩溶漏斗往往富铁铝化程度较高，而远离这些地区，富铁铝化程度逐渐减弱；在临近陆表海海平面的地区，与岩溶漏斗展布方向一致的岩溶洼陷中，尽管岩溶作用也很强烈，但主要发育水平岩溶，泄水条件相对较差，发育厚度较大、富铁铝化程度较低的纹层状铝土质泥岩，仅在其上部，由于强烈的海退，才发育厚度不大的豆鲕（碎屑）状铝土矿层。

当潜水面高于含铝岩系表面时，含铝岩系处于饱水状态，氧气被隔绝，内部有机质的分解进一步耗尽氧气，使含铝岩系处于还原状态，从而进入潜育化阶段。同时，泄水条件变差，岩溶作用和原始沉积物的降解作用受到限制。所以，潜育化作用下，主要是对已降解的原始沉积物和前期形成的矿物进行改造。但该阶段的潜育化作用由于时间有限，有机酸的含量相对较低，对前期形成矿物的改造主要是纯化作用，对富铁铝化剖面并没有显著的改造。对于富铁铝化程度较高的矿物，进一步脱铁，铝得到富集，有利于矿物向三水铝石转化；对于富铁铝化程度较低的矿物，进一步脱铁，黏土矿物得到纯化，也有利于矿物的结晶。

本溪组沉积时期的富铁铝化作用和潜育化作用主要发生在海岸地区，其潜水面的变化可能主要受海平面变化的影响。每一次海平面的下降均可使原始沉积物发生富铁铝化，形成一个富铁铝化剖面；每一次海平面上升均可形成新的原始沉积物，并使下伏富铁铝化剖面得到改造；多次的海平面升降可以形成多个富铁铝化剖面的叠置和多时期的改造。由于海平面的升降具有级别，所以富铁铝化剖面的形成和改造也是有级别的，既有低级别的富铁铝化剖面的叠置，如在富铁铝化程度较高的渑池地区和富铁铝化程度较低的临沂地区所见到的含铝岩系内部由富铁铝化程度差异所显示的残留的水平层理（图5-15），也有高级别的富铁铝化剖面的叠置［图7-14（a）］，这在海平面变化对含铝岩系岩性序列的影响中已有讨论。

受较低级别海平面升降影响的频繁的潜水面变化，在富铁铝化剖面的上部可以形成早期环带密集、结晶较差的豆鲕［图3-46（a）（b），图7-7（b）］，在富铁铝化剖面的下部可以形成黏土矿物结晶程度差异和铁质含量差异的纹层（图3-51）。受较高级别海平面升降的影响，形成了环带发育较少，结晶相对较好的晚期豆鲕［图3-46（a）（b），图7-7~图7-9）。但总体上，本溪组沉积时期形成的豆鲕，矿物结晶程度都较差，脱铁作用有限，富铁铝化和潜育化形成的矿物条带或环带界线不明显。

本溪组沉积时期的富铁铝化作用和潜育化作用使原始沉积物的成分、结构构造均受到彻底改造，从而使成分和组构趋于均一化，宏观上形成块状构造。干燥环境下胶体的凝缩作用和潮湿环境下下渗水流沿收缩裂隙的还原作用，在豆鲕（碎屑）状铝土矿和铝土质泥岩中均可形成网状构造。

岩溶漏斗是岩溶作用和富铁铝化作用最强烈的位置，强烈岩溶作用造成下伏碳酸盐岩体积亏损，强烈富铁铝化作用造成的本溪组原始沉积物的体积亏损，导致岩溶漏斗及其旁

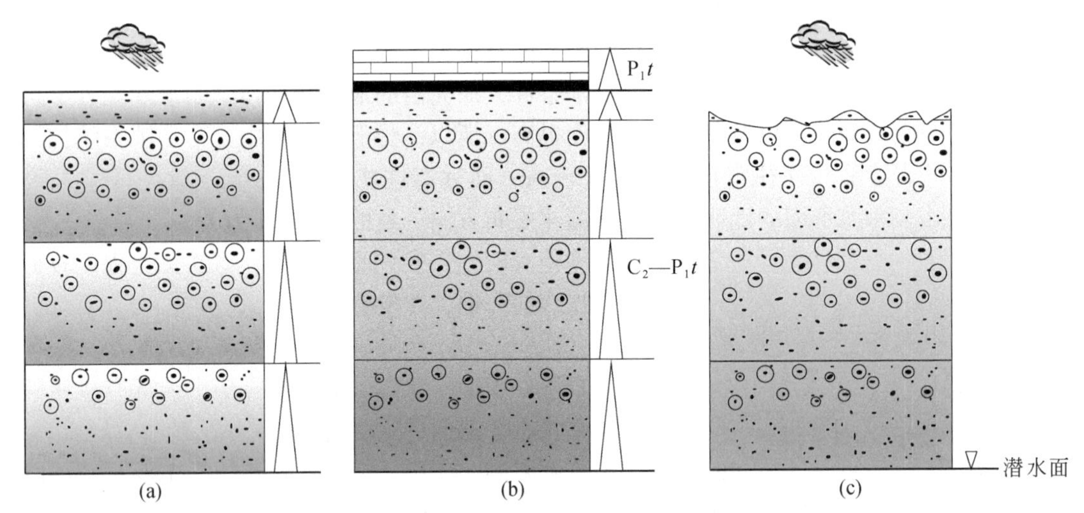

图 7-14　华北陆块南部本溪组含铝岩系的成矿阶段示意图

(a) 本溪组沉积时期，主要在基准面上升半旋回形成原始沉积物，在基准面下降半旋回发生富铁铝化，一个基准面旋回形成一个富铁铝化剖面，多个基准面旋回造成多个富铁铝化剖面的叠置；(b) 本溪组沉积后至中三叠世，对前期奠定的富铁铝化剖面具有明显的改造，总体形成一个还原作用的剖面；(c) 含铝岩系剥露地表后可再次产生富铁铝化

侧已发生或正在发生富铁铝化但未完全固结的岩层向漏斗中心剪切滑动，产生岩溶塌陷，对含铝岩系的组构和厚度产生强烈的改造，豆鲕形状的改变、碎屑的产生和不规则纹层形成，均与此有关。同样在岩溶漏斗处，在强烈岩溶作用造成的下伏碳酸盐岩的体积亏损、强烈降解作用造成的本溪组原始沉积物的体积亏损，以及下一次海啸之前的差异压实作用下，可以使该处在下一次海啸作用时具有较大的可容纳空间，产生厚度较大的原始沉积物。此外，由于岩溶漏斗处海水的滞积时间较长，可造成部分岩溶漏斗中发育薄煤层、碳质泥岩等沉积。

二、本溪组沉积后至中三叠世

本溪组沉积后至中三叠世，华北陆块长期处于水盆地内，产生持续的沉积作用，潜水面高于含铝岩系的顶面，由于水的循环作用变差，不仅下伏 碳酸盐岩的溶蚀作用较弱，含铝岩系的富铁铝化作用也变弱，而主要产生还原作用。该阶段的还原作用与本溪组沉积时期的潜育化作用相比，不仅时间大大延长，而且含铝岩系上部往往有含煤岩系的存在，导致有机酸的作用可能增强。所以，该阶段的还原作用，可对本溪组沉积时期已形成的矿物和已降解的原始沉积物产生强烈改造，不仅 Fe、Mn 产生活化和再分配，而且 Ca、Mg、K、Na、P、Si、Al 均可活化和再分配，产生硬水铝石、伊利石、高岭石、锐钛矿、蛋白石、叶蜡石、方解石、白云石等多种结晶良好的矿物。富铁铝化程度较高的岩层或块体中还原作用强烈，已形成的铝矿物大量淋失，而上覆地层有大量 Si 的淋滤，并且泄水条件较差，新形成的矿物以黏土矿物为主，所以，总体上太原组沉积后至含铝岩系剥露地表前的还原作用造成了铝的贫化。此外，前期形成的豆鲕结构和纹层构造受到强烈改造，并新产生浸染状构造。在这一阶段，对前期奠定的岩性剖面具有明显的改造，总体形成一个还原作用的剖面［图 7-14（b）］。

三、中新生代

中三叠世以后，此前大面积分布的陆表海（或湖泊）环境结束。晚三叠世—白垩纪，除部分地区强烈的差异升降外（张善文和隋风贵，2009；徐汉林等，2003），多数地区隆升速度较慢，沉降区与隆升地区的水头差较小，沉降区内潜水面可能仍高于含铝岩系的顶面，所以，尽管地下水的流动性有所增强，但整体上水流的性质和所处的物理化学环境改变较小，岩溶作用仍是有限的，含铝岩系仍表现为以还原作用为主。

古近纪以来，断块差异升降，地层剥蚀强烈，尤其当下古生界剥露地表后，大气降水可以直接补充给下伏碳酸盐岩，并在水头差较大的条件下向沉降区内流动，沉降区内潜水面可能仍高于含铝岩系的顶面，并且有隔水层的存在，所以，沉降区内的地下水具有承压性质，这些具有承压性质的地下水在补给区具有氧化性质，可对补给区内的黄铁矿进行氧化，形成酸性较强的地下水，促进沉降区深部岩溶的发育。但沉降区内可能仍维持着还原环境，这可从华北陆块南部偃龙地区钻孔中含铝岩系的铁仍为低价态的黄铁矿表现出来。

第四系以来，华北陆块南部部分地区整体抬升，含铝岩系下伏下古生界碳酸盐岩顶面可处于潜水面以上，在大气降水的作用下，下伏碳酸盐岩又一次强烈岩溶，但岩溶水系统为孔隙–溶隙系统或溶隙–溶蚀管道系统，尚处于岩溶旋回的早期阶段。含铝岩系又一次产生富铁铝化过程，产生 SiO_2 的再次淋失，对铝的富集有益［图 7-14（c）］。这一次的富铁铝化过程可对已形成的含铝岩系再次改造，其中的硬水铝石可被强酸溶解并产生迁移，在 pH 变化时，形成大量的三水铝石。并且，在表生环境下，由于含铝岩系上覆地层的富铁铝化，外来的 Al 也有加入。

由于下伏碳酸盐岩作为相对隔水层，且岩溶漏斗仍具有汇水作用的特点，在下伏碳酸盐岩与本溪组下部铝土质泥岩之间最易造成水体的汇聚，并向岩溶漏斗流动，可对下伏碳酸盐岩产生强烈的溶蚀作用。伴随着溶蚀作用的进行，一方面可以产生新的溶蚀空间，另一方面也可造成 pH 逐渐升高，以达到三水铝石的沉淀条件（Drever，1988），并赋存在新产生的溶蚀空间内。

岩溶漏斗处含铝岩系下伏的碳酸盐岩再次强烈的岩溶作用，以及水平溶洞的再次激活，可使岩溶漏斗上部地层再次产生塌陷。

第五节　含铝岩系的形成模式

华北陆块含铝岩系的形成是海平面升降作用、富铁铝化作用和岩溶作用协同演化的结果。海平面升降变化决定了富铁铝化作用的进行和岩溶作用的发生，这些过程主要发生在本溪组沉积时期，当时的海平面变化的性质和古地貌条件决定了富铁铝化作用的强度和岩溶作用的程度。

本溪组沉积时期，华北陆块东部存在一个汇聚型板块边缘，具有强烈的构造–岩浆活动，产生了多时期由北东向南西方向的海啸作用，海啸作用造成海平面迅速地上升，并能够直达北秦岭造山带附近。每一次海啸过程中，伴随着海啸作用的爬升和回返，在岩溶平原上，沉积了来源于东部消失物源区和北秦岭造山带的成分成熟度很低的碎屑物质［图 7-15（a）（c）（e）（g）］。

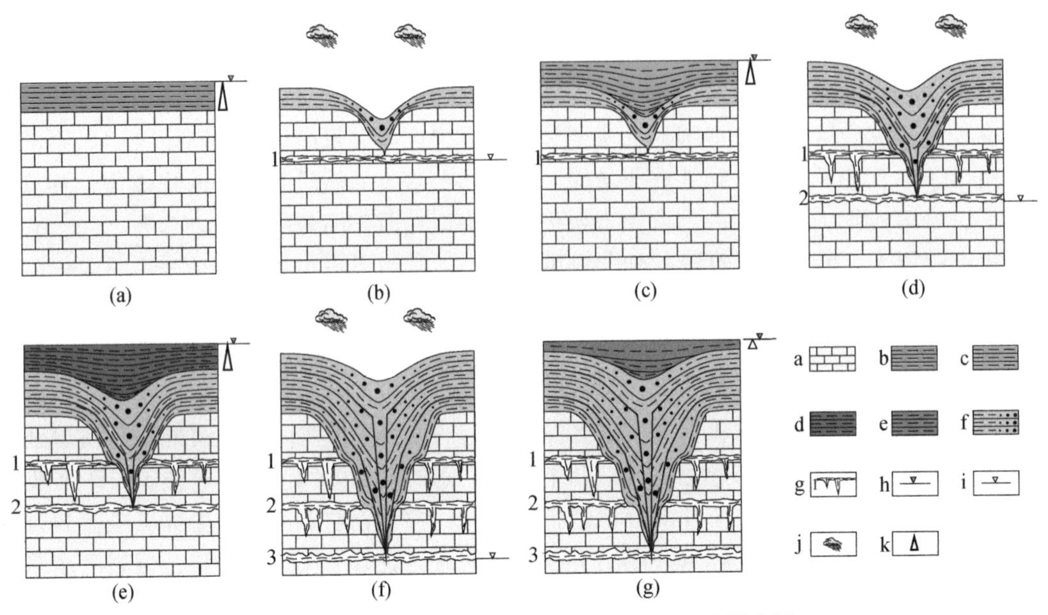

图 7-15　华北陆块本溪组含铝岩系垂向上形成模式图

（a）海啸过程中，伴随着海啸作用的爬升和回返，在岩溶平原上沉积成分成熟度很低的碎屑物质；（b）海啸作用结束，海平面下降至较低的位置，并在下一次海啸来临之前，已沉积的成分成熟度很低的碎屑物质产生富铁铝化（伴有潜育化作用），下伏碳酸盐岩产生覆盖型岩溶，并发育与该时期海平面相对应的水平溶洞，局部产生岩溶漏斗，并可使上覆的正在发生富铁铝化的岩层产生岩溶塌陷；（c）再次海啸作用，在已发生富铁铝化的岩层上，再次沉积成分成熟度很低的碎屑物质，岩溶漏斗处具有特殊的沉积微环境，不仅沉积厚度大，也可能有碳质泥岩等夹层，下伏的已产生富铁铝化的岩层产生较强的潜育化作用；（d）海啸作用结束，海平面下降至较低的位置，并在下一次海啸来临之前，已沉积的成分成熟度很低的碎屑物质产生富铁铝化（伴有潜育化作用），下伏碳酸盐岩再次产生覆盖型岩溶，并发育与该时期海平面相对应的水平溶洞，由于海啸作用是逐次减弱的，造成水平溶洞向下发展，部分岩溶漏斗扩大，富铁铝化作用再次产生，造成富铁铝化剖面的叠置，并可使岩溶塌陷再次进行；（e）重复（c）的过程；（f）重复（d）的过程；（g）再次的海啸环境下产生沉积，但海平面并没有显著下降，而是表现为海平面逐渐上升的过程，不仅停止了岩溶漏斗和水平溶洞的发育，也造成了富铁铝化程度的减弱，以致结束了本溪组沉积时期的富铁铝化过程。

a-含铝岩系下伏的碳酸盐岩；b-第一次海啸爬升和回返阶段沉积的原始沉积物；c-第二次海啸爬升和回返阶段沉积的原始沉积物；d-第三次海啸爬升和回返阶段沉积的原始沉积物；e-最晚期海啸爬升和回返阶段沉积的原始沉积物；f-富铁铝化作用（伴有潜育化作用）形成的铝土质泥岩和豆鲕（碎屑）状铝土矿；g-水平溶洞和再次海平面下降形成的水平溶洞底部的溶沟；h-海平面；i-潜水面；j-大气降水；k-基准面上升半旋回

当海啸作用结束，海平面可下降至较低的位置，并持续到下一次海啸作用的来临。在此较长期间，不仅已沉积的成分成熟度很低的碎屑物质具有较长的暴露地表的时间，接受大气降水，产生富铁铝化作用，也会使下伏碳酸盐岩产生覆盖型岩溶，在局部形成岩溶漏斗，与该时期海平面相对应的水平溶洞作为泄水通道，形成稳定、良好的岩溶水循环系统。岩溶作用和富铁铝化作用的正反馈关系，造成岩溶作用强烈的地区，也是富铁铝化作用强烈的地区［图7-15（b）（d）（f）］。

伴随着多次的海啸作用，上述的过程可以出现多次，在岩溶形态上表现为多层水平溶洞的发育，在含铝岩系中表现为多个富铁铝化剖面的叠置。且由于海啸作用是逐次减弱的，水平溶洞逐层向下发展，岩溶作用不断强化，岩溶漏斗不断扩大，富铁铝化不断增强［图7-15（b）（d）（f）］。

本溪组沉积晚期，尽管也是在一次海啸环境下产生沉积，但海平面并没有显著下降，而是表现为海平面逐渐上升的过程，不仅停止了岩溶漏斗和水平溶洞的发育，也造成了富铁铝化作用的减弱［图7-15（g）］，以致结束了本溪组同沉积期的富铁铝化过程。

在平面上，古地貌条件决定了岩溶作用的程度和富铁铝化作用的强度。研究表明，华北陆块本溪组沉积时期，大致以鄂尔多斯中部为界，西部由西向东侵进的祁连海与东部由东向西侵进的华北海互不相通（郭英海和刘焕杰，1999），华北陆块东部受统一的海平面升降的影响。由于华北陆块东部盆地基底为南、北、西三面隆起，向东开口的簸箕状形态（陈钟惠等，1993；曹高社等，2013），这就决定了不同地区华北陆块基底与海平面之间的高差具有差异。尽管在海啸的爬升和回返阶段，可以在华北陆块东部盆地广泛的范围内沉积成分成熟度很低的碎屑物质，但当海啸作用结束，海平面下降至较低的位置时，该盆地东北侧相较西南侧，盆地基底与海平面之间的高差较小，已沉积的碎屑物质暴露时间和下伏碳酸盐岩岩溶发育的时间较短，且下伏碳酸盐岩的岩溶水循环相对较差，岩溶漏斗发育的深度较小，这样不仅造成了华北陆块东部盆地东北侧相对西南侧岩溶作用发育的程度较差，也造成了富铁铝化的程度较弱（图7-16）。

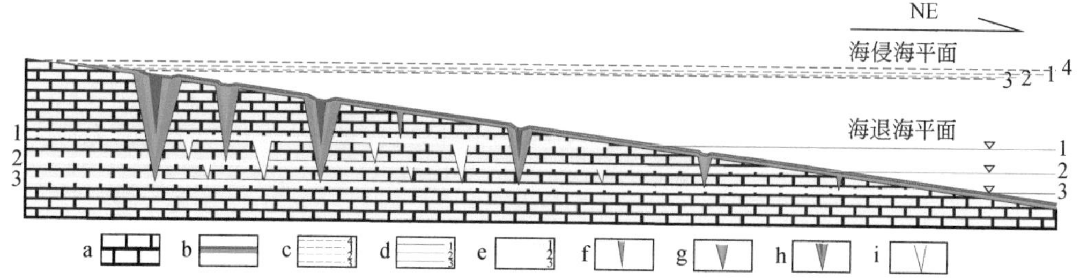

图7-16　华北陆块本溪组含铝岩系平面上形成模式图（垂向比例尺有较大的放大）

a-含铝岩系下伏的碳酸盐岩；b-本溪组含铝岩系；c-不同时期海侵海平面；d-不同时期海退海平面；e-不同时期的岩溶基准面（水平溶洞）；f-第一次海平面下降形成的岩溶漏斗；g-第一和第二次海平面下降叠合形成的岩溶漏斗；h-第一、第二、第三次海平面下降叠合形成的岩溶漏斗；i-岩溶基准面再次下降，在水平溶洞下部形成的溶沟

所以，尽管华北陆块本溪组含铝岩系均具有铝的富集作用，但 Al_2O_3 含量高、A/S 值大的优质铝土矿主要发育在靠近海岸的位置。对于华北陆块东部盆地，主要发育在西南侧，尤其是岩溶漏斗发育的位置，铝土矿不仅品质好，且厚度也较大，两者之间具有正相关关系。且越靠近西南侧，铝的矿化作用越强，甚至在远离岩溶漏斗处，也有强烈的铝的富集作用。而东北侧铝的富集作用较弱，尽管也有岩溶漏斗的发育，但相较华北陆块西南部，Al_2O_3 含量和 A/S 值要小得多。此外，根据对本溪组含铝岩系中碎屑锆石的分析，华北陆块东部盆地的西南侧主要为由北秦岭造山带提供的加里东期和前寒武纪碎屑锆石，且它们的粒径也较大，所以，根据本溪组含铝岩系碎屑锆石的组成也可以对优质铝土矿发育

的位置进行预测。

已产生富铁铝化的本溪组形成之后，即进入了长期的改造过程。根据改造作用方式的差异，可以分为两期。第一期的改造发生在已产生富铁铝化的本溪组形成后至中三叠世，主要是对已产生富铁铝化物质的强烈还原作用的改造，不仅使矿物成分和组构产生强烈的改造，引起 Fe、Mn 的活化并与 Al 产生分离，而且对铝土矿的纯化起到重要作用，但同时发生的复硅化作用、碳酸盐化作用等造成了铝土矿的贫化。第二期主要发生在古近纪以来（不排除中生代强烈隆升的部分地区），本溪组含铝岩系剥露地表以后，不仅下伏的碳酸盐岩发生又一次强烈的岩溶作用，含铝岩系可以再次产生富铁铝化过程，再次产生铝的富集作用。根据前述对该时期的古岩溶分析和对新产生矿物的产状及成因分析，该时期铝的再富集作用模式如图 7-17 所示。

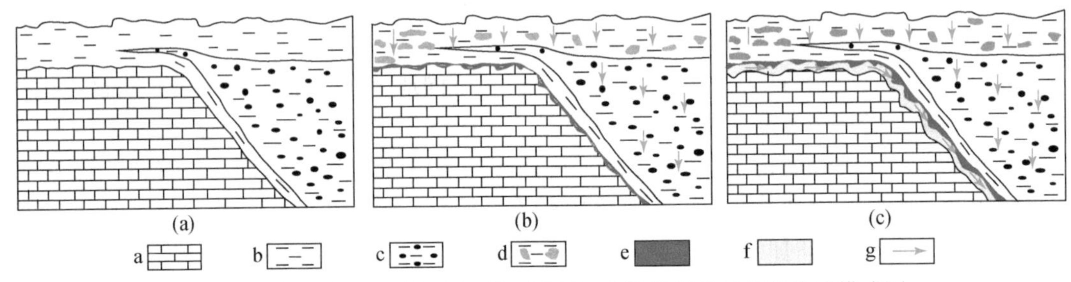

图 7-17　华北陆块本溪组含铝岩系暴露地表阶段铝的再富集作用模式图

（a）本溪组含铝岩系抬升至地表；（b）地表水向下渗流，铝土质泥岩再次发生富铁铝化，渗流的地下水在下伏碳酸盐岩表面富集，并向岩溶漏斗流动，对下伏碳酸盐岩产生强烈的溶蚀作用，由于早期 H_4SiO_4 活度较大，且 Fe^{3+} 的迁移距离较短，在新产生的溶蚀空间内沉淀出富含 Fe 和 Si 的三水铝石，宏观上为红色沉积物条带；（c）伴随 H_4SiO_4 的不断淋失，铝土质泥岩进一步发生富铁铝化，在局部形成团块状的三水铝石，在下伏碳酸盐岩表面继续发生强烈的溶蚀作用，并在新产生的溶蚀空间内沉淀出 Fe 和 Si 含量较少的三水铝石，宏观上为白色沉积物条带。a-含铝岩系下伏碳酸盐岩；b-本溪组含铝岩系铝土质泥岩；c-本溪组含铝岩系豆鲕状铝土矿；d-铝土质泥岩中的团块；e-红色沉积物条带；f-白色沉积物条带；g-地下水渗流方向

参考文献

奥古士梯蒂斯 S S. 1989. 球状结构构造图册及其成因意义［M］. 罗庆坤，戴睿榕，刘成刚，等，译. 北京：地质出版社：1-188.

曹高社，徐光明，林玉祥，等. 2013. 华北东部前中生代盆地基底的几何学特征［J］. 河南理工大学学报（自然科学版），32（1）：46-51.

曹高社，张松，徐光明，等. 2016. 豫西偃师龙门地区上石炭统本溪组含铝岩系矿物学特征及其原岩分析［J］. 地质论评，62（5）：1300-1314.

陈履安. 1991. 贵州铝土矿成矿作用的实验研究及其成因分析［J］. 地质论评，37（5）：418-428.

陈钟惠，武法东，张守良，等. 1993. 华北晚古生代含煤岩系的沉积环境和聚煤规律［M］. 武汉：中国地质大学出版社：1-153.

邓宏文，王红亮，宁宁. 2000. 沉积物体积分配原理——高分辨率层序地层学的理论基础［J］. 地学前缘，7（4）：305-313.

郭英海，刘焕杰. 1999. 鄂尔多斯地区晚古生代的海侵［J］. 中国矿业大学学报，28（2）：28-31.

纪友亮．2009．油气储层地质学［M］．东营：中石油大学出版社：1-126．
李从先，杨学君，庄振业，等．1965．淤泥质海岸潮间浅滩的形成和演变［J］．山东海洋学院学报，（2）：21-31．
李增学，魏久传，李守春，等．1996．内陆表海含煤盆地 III 级层序的划分原则及基本构成特点［J］．地质科学，31（2）：186-192．
廖士范．1986．我国铝土矿成因及矿层沉积过程［J］．沉积学报，4（1）：1-8．
廖士范，梁同荣．1991．中国铝土矿地质学［M］．贵阳：贵州科技出版社：1-277．
刘长龄．1988．中国石炭纪铝土矿的地质特征与成因［J］．沉积学报，6（3）：1-10，130-131．
刘长龄，覃志安．1990．我国沉积铝土矿中豆鲕粒的特征与成因［J］．地质找矿论丛，5（1）：72-83．
刘巽锋．1988．黔北铝土矿豆鲕粒结构的成因机理［J］．贵州地质，17（4）：337-341，382．
吕夏．1988．河南省中西部石炭系铝土矿中硬水铝石的矿物学特征研究［J］．地质论评，（4）：293-301，389-390．
王恩孚．1987．论中国古生代铝土矿之成因［J］．轻金属，（1）：1-5．
王江海．1993．某些矿物中同心层状鲕（豆）粒的自组织成因［J］．矿物学报，13（2）：142-149．
王清奎，汪思龙．2005．土壤团聚体形成与稳定机制及影响因素［J］．土壤通报，36（3）：415-421．
徐汉林，赵宗举，杨以宁，等．2003．南华北盆地构造格局及构造样式［J］．地球学报，24（1）：27-33．
尹瑞龄．1985．微生物与土壤团聚体［J］．土壤学进展，4：24-29．
于天仁，陈志诚．1990．土壤发生中的化学过程［M］．北京：科学出版社，1-498．
张洪江，程金花，余新晓，等．2003．贡嘎山冷杉纯林枯落物储量及其持水特性［J］．林业科学，39（5）：147-151．
张善文，隋风贵．2009．渤海湾盆地前古近系油气地质与远景评价［M］．北京：地质出版社：1-446．
Alexander G B，Iler R K，Wolter F J. 1956. Process of preparing dense amorphous silica aggregates and product［P］．United States，2731326．
Allaire S E，Roulier S，Cessna A J. 2009. Quantifying preferential flow in soils：a review of different techniques［J］．Journal of Hydrology，378（1）：179-204．
Berger A，Frei R. 2014. The fate of chromium during tropical weathering：a laterite profile from Central Madagascar［J］．Geoderma，213：521-532．
Berger G，Lacharpagne J C，Velde B，et al. 1997. Kinetic constraints for mineral reactions in sandstone/shales sequences and modelling of the effect of the organic diagenesis［J］．Applied Geochemistry，12：23-35．
Bronick C J，Lal R. 2005. Soil structure and management：a review［J］．Geoderma，124：3-22．
Bárdossy G. 1982. Karst bauxites（Bauxite deposits on carbonate rocks）［M］．New York：Elsevier Scientific Publishing Company：1-441．
Bárdossy G，Aleva G J J. 1990. Lateritic bauxites［M］．Oxford：Elsevier Science Ltd：1-552．
Drever B. 1988. The geochemistry of natural waters［M］．Englewood cliff：Prentice Hall：1-347．
D'Argenio B，Mindszenty A. 1995. Bauxites and related paleokarst：tectonic and climatic event markers at regional unconformities［J］．Eclogae Geologica Helvetiae，88：453-499．
Flury M，Flühler H. 1995. Modeling solute leaching in soils by diffusion-limited aggregation：basic concepts and application to conservative solutes［J］．Water Resources Research，31（10）：2443-2452．
Flühler H，Ursino N，Bundt M，et al. 2001. The preferential flow syndrom-a buzzword or a scientific problem［C］．Honolulu：Soil Erosion Research for the 21st Century Symposium and 2nd International Symposium on Preferential Flow．
Hubbard T W. 1983. Method and apparatus for controlling fluid currents［P］．United States，4407608．

Jarvis N J. 1998. Modeling the impact of preferential flow on nonpoint source pollution [J]. Physical Nonequilibrium in Soils: Modeling and Application, 11: 195-221.

Lanson B, Beaufort D, Berger G, et al. 2002. Authigenic kaolin and illitic minerals during burial diagenesis of sandstones: a review [J]. Clay minerals, 37 (1): 1-22.

Lindsay W L. 1979. Chemical equilibria in soils [M]. New York: John Wiley and Sons Ltd.

Mongelli G, Acquafredda P. 1999. Ferruginous concretions in a Late Cretaceous karst bauxite: composition and conditions of formation [J]. Chemical Geology, 158 (3): 315-320.

Mongelli G, Boni M, Buccione R, et al. 2014. Geochemistry of the Apulian karst bauxites (Southern Italy): chemical fractionation and parental affinities [J]. Ore Geology Reviews, 63: 9-21.

Patterson S H, Kurtz H F, Olson J C, et al. 1986. World bauxite resources [R]. Washington: United States Government printing office.

Skopp J. 1981. Comment on "Micro-, Meso-, and Macroporosity of Soil" [J]. Soil Science Society of America Journal, 45 (6): 1246-1246.

Temur S, Kansun G. 2006. Geology and petrography of the Masatdagi diasporic bauxites, Alanya, Antalya, Turkey [J]. Journal of Asian Earth Sciences, 27 (4): 512-522.

Valeton I. 1972. Bauxites development in soil sciences [M]. Amsterdam: Elsevier: 1-226.

Yariv A. 1974. Analytical considerations of Bragg coupling coefficients and distributed-feedback X-ray lasers in single crystals [J]. Applied Physics Letters, 25 (2): 105-107.

Zitong G. 1986. Origin, evolution, and classification of paddy soils in China [M]. New York: Springer: 179-200.

第八章　结　　论

本项研究以华北陆块南部本溪组岩溶型铝土矿为主，以大量的钻孔岩心和地表露头为研究重点，以沉积学、矿物学、地球化学、矿床学、土壤化学、岩溶学等基础理论为指导，参考国内外铝土矿研究的最新成果和近年来华北陆块南部铝土矿的勘探实践，进行系统的岩心和地表地质观察，选择样品进行岩石薄片、扫描电镜、能谱、X射线衍射、差热、红外光谱、地球化学全分析、碎屑锆石测年分析等多种方法测试，针对本溪组含铝岩系的物源区和物源组成、原始沉积物的沉积环境、含铝岩系的成因矿物学、含铝岩系组构的成因、古岩溶的形成过程、含铝岩系的形成过程等问题进行研究，厘清了华北陆块铝土矿的成矿机理，得出以下主要结论。

（1）华北陆块南部本溪组含铝岩系的形态、岩性、矿物、组构和元素具有显著的基本特征和变化规律。

本溪组含铝岩系的形态以层状（似层状）、透镜状和漏斗状为主，与下伏碳酸盐岩的岩溶地貌呈互补或印模关系。下伏碳酸盐岩表面平坦时，含铝岩系呈层状或似层状，下伏碳酸盐岩表面为溶洼或者溶斗时，含铝岩系为透镜状或漏斗状。

本溪组含铝岩系的岩性主要为铝土质泥岩和豆鲕（碎屑）状铝土矿，由底到顶的岩性序列具有较大的差异，总体上可以划分为四种类型：铝土质泥岩序列、铝土质泥岩—豆鲕（碎屑）状铝土矿—铝土质泥岩序列、铝土质泥岩—具有夹层的豆鲕（碎屑）状铝土矿—铝土质泥岩序列、厚层纹层状铝土质泥岩—薄层豆鲕（碎屑）状铝土矿—铝土质泥岩序列。

含铝岩系不同岩性的矿物组成基本相似，仅是含量具有差异。根据矿物的结晶程度，可分为两部分——结晶较差的部分和结晶较好的部分。结晶较差的部分色暗，铁、锰质含量较多，整体呈致密块状，断续相连，其中发育大小不一、边缘参差不平的孔洞。在同一层位中，结晶较差部分的矿物成分大致相同，但在不同层位中，结晶较差部分的矿物成分差异明显：下部铝土质泥岩和豆鲕状（碎屑）铝土矿夹层中的铝土质泥岩以伊利石和/或高岭石为主，豆鲕（碎屑）状铝土矿以硬水铝石为主，上部铝土质泥岩以高岭石为主。结晶较好的部分色浅，铁、锰质含量较少，整体呈疏松状，主要出现在结晶较差的矿物组成的孔、洞、缝中，这些孔洞缝可呈分散状，或呈条带状或呈断续相连的环带状，不仅主要出现在豆鲕的核部和边缘，在豆鲕（碎屑）状铝土矿的基质中和铝土质泥岩中也大量存在。结晶较好的矿物成分多样，主要为硬水铝石、伊利石和高岭石，但普遍含有叶蜡石、方解石、白云石等矿物，晶体形态良好，相互交织，且在这些矿物的表面或空隙中发育大量细小的蛋白石、硬水铝石、伊利石、锐钛矿和高岭石等不同成分的球粒。

在垂向上，伊利石往往在含铝岩系下部出现，向上部逐渐减少，并过渡为以高岭石为主；高岭石主要出现在含铝岩系的上部；叶蜡石主要出现在含铝岩系的上部；鲕绿泥石主要出现在下部铝土质泥岩和豆鲕（碎屑）状铝土矿中；硬水铝石可以在整个含铝岩系中出现，但在豆鲕（碎屑）状铝土矿中，硬水铝石含量高，结晶程度较好，且具有由下部向上部，硬水铝石的主强峰逐渐增强的趋势；黄铁矿普遍存在于含铝岩系中，但在含铝岩系底部或局部具有富集的特征；锐钛矿在含铝岩系中普遍存在但含量较少，尤其存在于豆鲕（碎屑）状铝土矿中；白云母、方解石、菱铁矿和炭屑在含铝岩系中也有出现，分布在不同的岩性序列中和含铝岩系的局部层段。

在平面上，同一岩层由岩溶漏斗的旁侧至漏斗中心，具有硬水铝石含量逐渐增加，黏土矿物逐渐减少的规律。

含铝岩系中原始沉积物残留的结构构造保留较少，主要是化学风化过程中形成的组构。颗粒主要为豆鲕和碎屑颗粒。豆鲕主要出现在豆鲕（碎屑）状铝土矿中，是由颜色、结晶程度、Al、Si、Fe 和 Mn 含量具有差异的硬水铝石圈层组成的球状构造，具有不同的形成期次。碎屑颗粒主要出现在豆鲕（碎屑）状铝土矿和下部铝土质泥岩中，主要是结晶程度相对较好的浅色纹层作为相对刚性层，被结晶程度较差的暗色塑性层所切割和撕裂，而使结晶程度较好的纹层状矿物集合体转化为大小不一、形状各异的“颗粒”。含铝岩系的构造主要为块状构造、纹层状构造、褶曲构造、滑塌构造、浸染状构造和网状构造。

含铝岩系中元素含量与风化程度具有显著的关系，迁移能力弱的元素 Al、Ti、Ga、Zr、Hf、Nb、Ta、U、Th、Cr、V、Fe、Sc、Pb、In 总体有富集，但在风化程度较强的豆鲕（碎屑）状铝土矿中更加富集。迁移能力较强的元素 Na、Si、Mg、Ca、Mn、P、Ba、Sr 总体有流失，但在铝土质泥岩中含量较高。K、Li、Rb、Cs、Be、REE 在铝土质泥岩中含量较高，可能是黏土矿物和有机质吸附所致。

（2）华北陆块东南部本溪组含铝岩系的物源区主要为北秦岭造山带和华北陆块东部已经消失的物源区。北秦岭造山带的物源主要为加里东期中-酸性花岗质侵入岩和新元古代花岗质侵入岩，以及北秦岭造山带的主要变质地层——宽坪群、二郎坪群和秦岭群。东部消失物源区的物源为海西期中酸性岩浆岩和华北陆块基底变质岩。

华北陆块本溪组含铝岩系物质来源的“基底碳酸盐岩来源”、“古陆铝硅酸盐来源”，以及“基底碳酸盐岩和古陆铝硅酸盐的混合来源”等认识，忽视了许多铝土矿的基本地质特征，并且许多推测是不严谨的。本次研究采集了华北陆块南部偃龙地区、焦作地区、鹤壁地区、永城地区、禹州地区、渑池地区及其周缘淄博地区和临沂地区本溪组含铝岩系的不同岩性样品，通过对其中受风化、搬运、成岩和改造作用影响较弱的碎屑锆石 LA-ICP-MS U-Pb 测年，结合锆石成因矿物学和 Lu-Hf 同位素信息，对含铝岩系的物源区进行了直接的推测。并根据物源区源岩提供碎屑锆石的能力，确定了含铝岩系的源岩。

结果表明，华北陆块东南部本溪组含铝岩系中的碎屑锆石主要分为三组，第一组为峰值 304 ~ 341Ma 的海西期碎屑锆石，第二组为峰值 434 ~ 465Ma 的加里东期碎屑锆石，第三组为峰值（或年龄）>542Ma 的前寒武纪碎屑锆石。海西期和加里东期碎屑锆石主要为岩浆锆石，前寒武纪碎屑锆石主要是岩浆锆石或为岩浆锆石的变质增生锆石。海西期碎屑锆石可能来自华北陆块东部已经消失的物源区，而并非前人普遍认为的来自兴蒙造山带；加里东期和前寒武纪碎屑锆石（除淄博和临沂地区外）主要来自北秦岭造山带；淄博和临沂地区的前寒武纪碎屑锆石来自东部消失物源区的华北陆块的基底。

华北陆块东南部本溪组含铝岩系的物源主要为北秦岭造山带的加里东期中-酸性花岗

质侵入岩和新元古代花岗质侵入岩，北秦岭造山带的主要变质地层——宽坪群、二郎坪群和秦岭群，以及东部消失物源区的海西期中酸性岩浆岩和华北陆块基底变质岩。含铝岩系下伏碳酸盐岩的物源贡献是极其有限的。

华北陆块东南部不同地区本溪组含铝岩系的物源组成具有较大的差异，其基本规律是：在该区的西南侧以北秦岭造山带物源为主，在该区的东北侧以东部消失物源区的物源为主。渑池、禹州和偃龙地区几乎全为北秦岭造山带的物源，淄博和临沂地区几乎全为东部消失物源区的物源，其间的焦作、鹤壁和永城地区则既有北秦岭造山带的物源，也有东部消失物源区的物源。在垂向上，含铝岩系下部，东部消失物源区的物源贡献较大，含铝岩系上部，北秦岭造山带的物源贡献较大。

（3）华北陆块东南部本溪组含铝岩系原始沉积物的沉积环境是陆表海背景下由北东向南西方向发起的海啸沉积环境，此与华北陆块东部目前已经消失的、本溪组形成时期存在的汇聚型板块边缘有关。

华北陆块南部焦作地区不仅出露华北陆块其他地区常见的铝土质泥岩和豆鲕状铝土矿，而且还出露其他地区不常见的砾岩、砂岩和粉砂岩。通过对该地区本溪组地层、岩性、物源和结构构造特征及它们在平面上和垂向上的变化规律分析认为，焦作地区东北部砾岩中的成分成熟度和磨圆度极高的石英砾石来源于北秦岭造山带，是由源远流长的河流由南（西）向北（东）搬运的，此后突发的来自华北陆块东北部的较强的水动力将这些石英砾石再启动，由该区东北侧向西南侧再搬运，在搬运过程中，强烈的水动力使石英砾石相互碰撞导致其破碎。随着水动力的减弱，由该区东北侧到西南侧沉积了岩性和沉积构造具有较大差异的沉积物。同时，由较强水动力携带的华北陆块东北部的沉积物（东部消失物源区的沉积物）也一同被搬运，但这些沉积物以细颗粒为主。根据焦作地区本溪组沉积物中反映的向海和向陆方向的双向水流、碎屑颗粒的再搬运、底部的冲刷和被剥蚀的底部物质、顶部富含植物碎屑的泥质层等特征，以及本溪组垂向上的沉积序列，认为焦作地区本溪组形成于海啸环境，并为逐次减弱的多个海啸序列的叠置。

在此基础上，根据华北陆块东南部本溪组含铝岩系原始沉积物的恢复及其在平面上和垂向上的变化，确定了华北陆块东南部本溪组含铝岩系原始沉积物的搬运方式和水动力特征，进而确定了本溪组原始沉积物的沉积环境和构造背景。研究表明，华北陆块东南部本溪组含铝岩系的原始沉积物主要是来源于秦岭造山带和东部消失物源区的、由长石和岩屑组成的、成分成熟度很低的、快速搬运快速堆积的碎屑岩。在平面上，北秦岭造山带为一隆升区，其提供的加里东期和前寒武纪碎屑锆石具有由该地区西南侧向北东侧搬运的趋势，中值粒径和平均粒径具有减小的趋势。东部消失物源区提供的海西期碎屑锆石具有由该地区东部向北部、南部和西部搬运的趋势，中值粒径和平均粒径具有由该地区的东北侧向西南侧减小的趋势。在垂向上，无论是渑池地区和偃龙地区主要由北秦岭造山带提供的加里东期和前寒武纪碎屑锆石，还是临沂地区主要由东部消失的物源区提供的海西期和前寒武纪碎屑锆石，均具有中值粒径和平均粒径向上部增加的趋势。既有东部消失物源区的物源，也有北秦岭造山带物源的焦作刘庄地区，具有来自东部消失物源区的海西期碎屑锆石含量向上部减少，中值粒径和平均粒径减小的趋势，而来自北秦岭造山带提供的加里东期碎屑锆石含量具有向上部增加，中值粒径和平均粒径向上部增大的趋势。由于碎屑锆石的年龄谱在一定程度上可以代表含铝岩系原始沉积物碎屑成分的组成，且碎屑锆石的粒度与碎屑颗粒的粒度具有正相关性，结合含铝岩系的顶部普遍具有的水平层理和部分地区含铝岩系内部残留的水平层理推测，搬运北秦岭造山带碎屑物质的水流具有单向的由南西向北东方向的牵引流性质，搬运东部消失物源区碎屑物质的水流也具有单向的由北西向南西方向的牵引流性质。在垂向上，本溪组含铝岩系由下部向上部，具有从搬运东部消失物源区碎屑物质、由北西向南西方向的牵引流，向搬运北秦岭造山带碎屑物质、由南西向北东方向的牵引流转变的特点。所以，华北陆块东南部本溪组原始沉积物的沉积环境也形成于海啸环境，也是逐次减弱的多个海啸序列的叠置，这一海啸作用是由华北陆块东北部发起，并向华北陆块西南部传播和爬升。

根据华北陆块东南部不同地区本溪组含铝岩系碎屑锆石的微量元素、年龄谱和年龄累积曲线推测，华北陆块东部可能存在一个同时期发育的汇聚型板块边缘，由此引起了来自华北陆块东部的海啸作用和当时强烈的火山活动，可能正是这次强烈的构造活动造成了华北陆块在隆升了1.2～1.5Ga后再次产生了沉降和沉积作用。但板块汇聚边缘的岩石保存潜力往往较差，以及中生代早期靠近郯庐断裂由东向西的陆内俯冲作用，使这一汇聚型板块边缘被消减掉。

（4）华北陆块本溪组含铝岩系下伏碳酸盐岩的岩溶主要是本溪组形成时期的覆盖型岩溶。

本溪组含铝岩系下伏的碳酸盐岩是一种易于发育溶蚀作用的岩石类型，具有溶痕、溶沟、石芽、溶隙、漏斗、洼地、岩溶平原、溶洞、溶蚀窗、溶蚀龛等个体形态，组成溶痕-溶沟-漏斗、漏斗（溶沟）-溶蚀窗（溶蚀龛）、漏斗-水平溶洞、水平溶洞-溶沟、漏斗-漏斗（洼地）等形态组合，并产生古岩溶塌陷。根据对古岩溶塌陷的几何学、运动学和动力学研究认为，古岩溶塌陷主要出现在溶蚀作用强烈的岩溶漏斗的内部及其旁侧，主要表现为本溪组和太原组强烈的变形，且本溪组和太原组的塌陷地层具有不同的变形方式，本溪组主要表现为岩层在未完全固结时的剪切流动，太原组表现为不同形态的向斜构造，岩溶塌陷是由本溪组沉积过程中和沉积以后（主要是中新生代）多时期的覆盖型岩溶所造成的。

根据对岩溶个体形态、形态组合和岩溶塌陷的研究，认为本区的古岩溶类型主要为多时期的覆盖型岩溶，划分为三个大的时期：晚奥陶世—早石炭世古岩溶，晚石炭世—中三叠世古岩溶和中新生代古岩溶，不同时期古岩溶发育的地貌条件、水循环条件、构造条件、气候条件、植被条件、土壤条件等具有差异，也决定了不同时期古岩溶发育强度的差异。

晚奥陶世—早石炭世，华北陆块整体抬升剥蚀，且华北陆块南部的抬升幅度较大，而使得当时地貌呈一向北倾的斜坡，地下水位较深，并处于高纬度干旱气候带，可能以物理风化剥蚀为主，岩溶作用相对不发育，地貌上逐渐演化为联合山麓面（准平原），这一时期华北陆块不可能有沉积物的存在。

上石炭统—下二叠统，华北地区开始接受海侵，地下水位变浅，同时转变为湿润多雨的气候，使得这一时期岩溶的速率可能很大，并迅速地向岩溶平原转化。在海啸作用下，海平面快速上升，在岩溶平原上沉积了以长石和/或岩屑颗粒为主的松散堆积物；海啸作用结束后，海平面有较大幅度的下降，并能保持较长时间，潜水面可长期低于下伏碳酸盐岩的顶面，已沉积的松散沉积物暴露于地表，开始接受大气降水，通过这些松散沉积物孔隙下渗的富含 CO_2和有机酸的地下水，对下伏碳酸盐岩产生强烈的溶蚀作用。在下伏碳酸盐岩两组裂隙的交叉处易于形成岩溶漏斗，并与海平面控制的水平溶洞一起组成岩溶漏斗-水平溶洞形态组合和良好的岩溶水循环系统，产生强烈的覆盖型岩溶，使上覆未完全固结的沉积物产生岩溶塌陷。逐次减弱的多个海啸作用，可使上述过程重复多次，并造成水平溶洞的逐次下降，产生多期的岩溶漏斗-水平溶洞形态组合和岩溶水循环系统，在此过程中，可使早期的岸溶漏斗逐渐扩大，并产生多次的岩溶塌陷。本溪组沉积晚期，尽管仍存在一次海啸过程，但海平面并没有强烈下降，总体表现了上升的特征，从而结束了该时期下伏碳酸盐岩的岩溶过程。

本溪组沉积后至中三叠世，华北陆块长期处于水盆地内，潜水面高于下伏碳酸盐岩的顶面，限制了大规模地下水的运动，尽管该阶段具有在嫌气细菌作用下发育深部岩溶的潜力，但岩溶作用是有限的。

中新生代强烈构造活动下，当含铝岩系下伏碳酸盐岩顶面抬升并处于潜水面以上时，黄铁矿和其他硫化物氧化产生硫酸溶液，在孔隙-溶隙或溶隙-溶蚀管道岩溶水系统作用下，发生又一次强烈的岩溶作用。前期存在的岩溶洼地、漏斗等岩溶负地形的地区仍为汇水区域，水平溶洞可再次被激活，对岩溶发育极其有利，可使岩溶漏斗上部地层再次产生塌陷。

（5）华北陆块东南部本溪组含铝岩系是沉积作用、岩溶作用和富铁铝化作用三者协同演化的结果。

本溪组沉积时期，华北陆块东部存在一个汇聚型板块边缘，产生多时期由北东向南西方向的海啸作用，海啸作用造成海平面迅速地上升，并能够直达北秦岭造山带附近。每一次海啸过程中，伴随着海啸作用的爬升和回返，在岩溶平原上沉积了来源于东部消失物源区和北秦岭造山带的成分成熟度很低的碎屑物质。

当海啸作用结束，海平面逐渐下降，并可降至较低的位置，持续到下一次海啸作用的来临。在此较长的期间，不仅已沉积的成分成熟度很低的碎屑物质具有较长的暴露时间，也会使下伏碳酸盐岩产生覆盖型岩溶，在局部形成岩溶漏斗，碳酸盐岩内部产生与该时期海平面相对应的水平溶洞，形成稳定、良好的岩溶水循环系统。在该阶段，原始沉积物成分和组构发生强烈的改造，碎屑颗粒逐渐降解，转化为高岭石，以致三水铝石（后期脱水转变为硬水铝石），并形成一个自下而上富铁铝化程度逐渐增强的富铁铝化剖面。在富铁铝化作用及其相伴随的不同级别的潜育化作用下，富铁铝化剖面产生块状构造、浸染状构造和网状构造，在强烈富铁铝化剖面上部的豆鲕（碎屑）状铝土矿中产生不同期次的豆鲕，在剖面下部的铝土质泥岩中产生水平纹层构造。伴随着下伏碳酸盐岩覆盖型岩溶的发育，上覆未完全固结的已发生或正在发生富铁铝化的物质产生岩溶塌陷，使豆鲕和纹层等的形态产生改变，并新产生了由富铁铝化程度相对较高的物质剪切破碎形成的“碎屑”。

伴随着多次的海啸作用，上述的过程可以出现多次，在岩溶形态上表现为多层水平溶洞的发育，在含铝岩系中表现为多个富铁铝化剖面的叠置，多期次结构和构造的形成。且海啸作用是逐次减弱的，造成水平溶洞逐层向下发展，岩溶作用不断强化，岩溶漏斗不断扩大，富铁铝化不断增强。下伏碳酸盐岩多期次的覆盖型岩溶造成上覆已固结或未完全固结的、已发生或正在发生富铁铝化的物质产生多期次岩溶塌陷，已形成的结构构造产生多期次的形态改造，同时产生多时期由富铁铝化程度相对较高的物质剪切破碎形成的“碎屑”。

本溪组沉积晚期，尽管也是在一次海啸环境下产生沉积，但海平面并没有显著下降，而是表现为海平面逐渐上升的过程，不仅停止了岩溶漏斗和水平溶洞的发育，也造成了富铁铝化程度的减弱，以致结束了本溪组同沉积期的富铁铝化过程。

在相同的海平面升降情况下，下伏碳酸盐岩溶蚀作用强度的差异可造成新产生的可容纳空间大小的差异。岩溶漏斗和岩溶洼陷处，由于强烈的岩溶作用，下伏碳酸盐岩体积亏损较大，在海平面上升时，产生较大的可容纳空间，具有较大的沉积厚度。并且，在海平面下降时，岩溶漏斗处海水的滞积时间较长，部分岩溶漏斗上部可能产生碳质泥岩或薄煤层。而随着远离岩溶漏斗和岩溶洼陷，由于新增可容纳空间较小，其沉积厚度较小，较少发育碳质泥岩。同时，岩溶作用和富铁铝化的正反馈关系，造成岩溶作用强烈的地区也是富铁铝化作用强烈的地区。在上述沉积作用、岩溶作用和富铁铝化作用的综合影响下，形成了含铝岩系不同的岩性序列。

已产生富铁铝化的本溪组形成之后，即进入了长期的改造过程。根据改造作用方式的差异，可以分为两期。第一期的改造发生在已产生富铁铝化的本溪组时期至中三叠世，主要是对已产生富铁铝化物质的矿物成分和组构的强烈的还原作用的改造，使矿物成分和组构产生强烈的改造，引起 Fe、Mn 的活化并与 Al 产生分离，对铝土矿的纯化起到重要作用，但同时发生的复硅化作用、碳酸盐化作用等则可造成铝土矿的贫化。第二期主要在中新生代以来，本溪组含铝岩系剥露地表以后，不仅下伏的碳酸盐岩发生又一次强烈的岩溶作用，还可以使含铝岩系再次产生富铁铝化过程，以及产生铝的富集作用。

附　　表

附表 1　华北陆块南部偃龙地区铝土质泥岩（ZK0008-44）碎屑锆石 U-Pb 同位素数据

分析点号	组成/(mg/g)			Th/U	同位素比值						年龄/Ma					
	Pb	Th	U		$^{207}Pb/^{206}Pb$	1σ	$^{207}Pb/^{235}U$	1σ	$^{206}Pb/^{238}U$	1σ	$^{207}Pb/^{206}Pb$	1σ	$^{207}Pb/^{235}U$	1σ	$^{206}Pb/^{238}U$	1σ
ZK0008-44-01	30	209	324	0.64	0.0595	0.0025	0.6014	0.0247	0.0733	0.0020	583	86	478	16	456	12
ZK0008-44-02	23	174	253	0.69	0.0561	0.0025	0.5480	0.0243	0.0709	0.0019	457	100	444	16	442	12
ZK0008-44-03	35	272	390	0.70	0.0548	0.0025	0.5312	0.0211	0.0687	0.0019	406	100	433	14	428	11
ZK0008-44-04	13	106	146	0.72	0.0512	0.0027	0.5168	0.0256	0.0715	0.0020	250	124	423	17	445	12
ZK0008-44-05	38	287	401	0.72	0.0543	0.0020	0.5539	0.0217	0.0736	0.0021	383	85	448	14	458	12
ZK0008-44-06	43	332	479	0.69	0.0518	0.0022	0.5062	0.0189	0.0707	0.0019	280	92	416	13	441	12
ZK0008-44-07	16	106	165	0.64	0.0574	0.0027	0.6072	0.0291	0.0764	0.0021	506	104	482	18	475	13
ZK0008-44-08	22	130	249	0.52	0.0533	0.0024	0.5385	0.0232	0.0735	0.0020	339	102	437	15	457	12
ZK0008-44-09	17	142	195	0.73	0.0565	0.0027	0.5505	0.0264	0.0705	0.0020	472	107	445	17	439	12
ZK0008-44-10	6	37	62	0.60	0.0550	0.0038	0.5763	0.0355	0.0748	0.0023	413	154	462	23	465	14
ZK0008-44-11	18	123	181	0.68	0.0531	0.0026	0.5720	0.0271	0.0775	0.0022	332	111	459	18	481	13
ZK0008-44-12	15	90	52	1.71	0.0764	0.0035	1.9077	0.0860	0.1800	0.0051	1106	91	1084	30	1067	28
ZK0008-44-13	46	56	606	0.09	0.0585	0.0022	0.5846	0.0222	0.0718	0.0020	550	81	467	14	447	12
ZK0008-44-14	29	55	66	0.84	0.1129	0.0042	5.1584	0.1874	0.3286	0.0093	1847	67	1846	31	1832	45
ZK0008-44-15	17	177	180	0.98	0.0555	0.0029	0.5380	0.0267	0.0689	0.0020	432	117	437	18	430	12
ZK0008-44-16	28	156	347	0.45	0.0553	0.0025	0.5391	0.0229	0.0700	0.0019	433	102	438	15	436	12

续表

分析点号	组成/(mg/g)			Th/U	同位素比值						年龄/Ma					
	Pb	Th	U		$^{207}Pb/^{206}Pb$	1σ	$^{207}Pb/^{235}U$	1σ	$^{206}Pb/^{238}U$	1σ	$^{207}Pb/^{206}Pb$	1σ	$^{207}Pb/^{235}U$	1σ	$^{206}Pb/^{238}U$	1σ
ZK0008-44-17	10	53	122	0. 43	0. 0596	0. 0034	0. 6071	0. 0333	0. 0735	0. 0021	587	122	482	21	457	12
ZK0008-44-18	26	198	282	0. 70	0. 0569	0. 0023	0. 5612	0. 0218	0. 0707	0. 0019	500	91	452	14	440	12
ZK0008-44-19	149	250	569	0. 44	0. 0832	0. 0029	2. 5667	0. 0844	0. 2210	0. 0059	1276	70	1291	24	1287	31
ZK0008-44-20	13	114	129	0. 89	0. 0568	0. 0028	0. 6212	0. 0298	0. 0791	0. 0023	483	108	491	19	491	14
ZK0008-44-21	27	136	113	1. 20	0. 0675	0. 0029	1. 6160	0. 0663	0. 1729	0. 0047	854	89	976	26	1028	26
ZK0008-44-22	11	73	122	0. 60	0. 0558	0. 0027	0. 5963	0. 0289	0. 0765	0. 0021	456	103	475	18	475	13
ZK0008-44-23	15	35	82	0. 42	0. 0648	0. 0033	1. 4165	0. 0646	0. 1547	0. 0042	769	106	896	27	927	24
ZK0008-44-24	29	255	315	0. 81	0. 0541	0. 0024	0. 5549	0. 0244	0. 0736	0. 0020	376	103	448	16	458	12
ZK0008-44-25	25	187	272	0. 69	0. 0535	0. 0025	0. 5523	0. 0254	0. 0744	0. 0021	350	107	447	17	463	13
ZK0008-44-26	44	210	251	0. 84	0. 0643	0. 0027	1. 2176	0. 0511	0. 1365	0. 0037	754	89	809	23	825	21
ZK0008-44-27	70	286	436	0. 65	0. 0629	0. 0024	1. 1489	0. 0428	0. 1319	0. 0036	703	80	777	20	799	21
ZK0008-44-28	30	244	333	0. 73	0. 0545	0. 0025	0. 5659	0. 0251	0. 0747	0. 0021	391	106	455	16	464	12
ZK0008-44-29	39	305	530	0. 58	0. 0569	0. 0023	0. 4844	0. 0182	0. 0604	0. 0017	487	89	401	12	378	11
ZK0008-44-30	23	227	251	0. 90	0. 0530	0. 0024	0. 5190	0. 0216	0. 0710	0. 0020	328	100	424	14	442	12
ZK0008-44-31	15	124	171	0. 73	0. 0544	0. 0028	0. 5265	0. 0268	0. 0682	0. 0019	387	84	430	18	425	12
ZK0008-44-32	192	66	436	0. 15	0. 1276	0. 0040	6. 7600	0. 2150	0. 3824	0. 0103	2065	55	2080	28	2088	48
ZK0008-44-33	2	49	58	0. 85	0. 0921	0. 0035	3. 5763	0. 1360	0. 2813	0. 0078	1470	73	1544	30	1598	39
ZK0008-44-34	5	31	61	0. 50	0. 0526	0. 0037	0. 5231	0. 0345	0. 0734	0. 0022	309	163	427	23	456	13
ZK0008-44-35	18	135	201	0. 67	0. 0573	0. 0026	0. 5533	0. 0254	0. 0701	0. 0019	502	106	447	17	437	12
ZK0008-44-36	17	202	255	0. 79	0. 0563	0. 0563	0. 0563	0. 0563	0. 0563	0. 0563	465	107	340	14	322	9

续表

分析点号	组成/(mg/g)			Th/U	同位素比值						年龄/Ma					
	Pb	Th	U		$^{207}Pb/^{206}Pb$	1σ	$^{207}Pb/^{235}U$	1σ	$^{206}Pb/^{238}U$	1σ	$^{207}Pb/^{206}Pb$	1σ	$^{207}Pb/^{235}U$	1σ	$^{206}Pb/^{238}U$	1σ
ZK0008-44-37	30	318	330	0. 97	0. 0515	0. 0023	0. 4785	0. 0203	0. 0674	0. 0018	265	97	397	14	420	11
ZK0008-44-38	23	176	257	0. 69	0. 0508	0. 0026	0. 5062	0. 0236	0. 0707	0. 0019	232	120	416	16	440	12
ZK0008-44-39	33	306	354	0. 86	0. 0527	0. 0023	0. 5100	0. 0214	0. 0702	0. 0019	322	98	418	14	437	11
ZK0008-44-40	66	82	83	0. 99	0. 1991	0. 0071	15. 239	0. 5340	0. 5543	0. 0151	2820	58	2830	33	2843	63
ZK0008-44-41	60	560	645	0. 87	0. 0557	0. 0025	0. 5533	0. 0216	0. 0711	0. 0019	443	131	447	14	443	12
ZK0008-44-42	41	285	434	0. 66	0. 0582	0. 0024	0. 6119	0. 0246	0. 0761	0. 0020	600	95	485	15	473	12
ZK0008-44-43	31	178	345	0. 52	0. 0571	0. 0025	0. 6000	0. 0265	0. 0761	0. 0022	495	97	477	17	473	13
ZK0008-44-44	17	103	202	0. 51	0. 0567	0. 0028	0. 5716	0. 0276	0. 0732	0. 0021	480	109	459	18	455	12
ZK0008-44-45	265	312	423	0. 74	0. 1646	0. 0063	10. 636	0. 3888	0. 4661	0. 0125	2506	64	2492	34	2466	55
ZK0008-44-46	23	189	260	0. 73	0. 0541	0. 0027	0. 5225	0. 0244	0. 0699	0. 0020	376	115	427	16	435	12
ZK0008-44-47	2	178	230	0. 77	0. 0581	0. 0028	0. 6077	0. 0288	0. 0757	0. 0021	532	101	482	18	470	13
ZK0008-44-48	17	109	197	0. 56	0. 0561	0. 0027	0. 5524	0. 0255	0. 0716	0. 0020	454	112	447	17	446	12
ZK0008-44-49	111	120	209	0. 57	0. 1586	0. 0061	8. 7855	0. 3054	0. 4020	0. 0109	2440	64	2316	32	2178	50
ZK0008-44-50	20	154	215	0. 71	0. 0590	0. 0026	0. 6060	0. 0272	0. 0744	0. 0020	565	98	481	17	462	12
ZK0008-44-51	32	287	350	0. 82	0. 0539	0. 0024	0. 5309	0. 0224	0. 0720	0. 0020	369	100	432	15	448	12
ZK0008-44-52	76. 8	723	1410	0. 51	0. 0550	0. 0020	0. 3460	0. 0125	0. 0462	0. 0013	413	86. 1	302	9. 4	291	8. 1
ZK0008-44-53	13	44	114	0. 38	0. 0615	0. 0032	0. 8639	0. 0406	0. 1025	0. 0029	654	109	632	22	629	17
ZK0008-44-54	23	188	258	0. 73	0. 0589	0. 0028	0. 5777	0. 0257	0. 0730	0. 0021	565	106	463	17	454	13
ZK0008-44-55	9	52	86	0. 61	0. 0608	0. 0036	0. 7238	0. 0410	0. 0881	0. 0026	632	128	553	24	544	16
ZK0008-44-56	4	29	51	0. 56	0. 0518	0. 0038	0. 4910	0. 0322	0. 0698	0. 0022	276	167	406	22	435	13

续表

分析点号	组成/(mg/g)			Th/U	同位素比值						年龄/Ma					
	Pb	Th	U		$^{207}Pb/^{206}Pb$	1σ	$^{207}Pb/^{235}U$	1σ	$^{206}Pb/^{238}U$	1σ	$^{207}Pb/^{206}Pb$	1σ	$^{207}Pb/^{235}U$	1σ	$^{206}Pb/^{238}U$	1σ
ZK0008-44-57	51	68	122	0. 56	0. 1164	0. 0043	5. 2694	0. 1840	0. 3349	0. 0090	1902	67	1864	30	1862	44
ZK0008-44-58	20	192	218	0. 88	0. 0575	0. 0030	0. 5516	0. 0265	0. 0716	0. 0020	509	115	446	17	446	12
ZK0008-44-59	15	111	159	0. 69	0. 0565	0. 0030	0. 5713	0. 0266	0. 0746	0. 0021	472	117	459	17	464	13
ZK0008-44-60	20	97	115	0. 85	0. 0635	0. 0035	1. 1800	0. 0563	0. 1353	0. 0038	728	117	791	26	818	22
ZK0008-44-61	81	48	205	0. 23	0. 1124	0. 0050	5. 2254	0. 1897	0. 3402	0. 0094	1839	75	1857	31	1888	45
ZK0008-44-64	43	178	168	1. 06	0. 0744	0. 0032	1. 9648	0. 0752	0. 1911	0. 0054	1051	92	1104	26	1127	29
ZK0008-44-65	47	479	509	0. 94	0. 0558	0. 0026	0. 5478	0. 0223	0. 0707	0. 0020	443	102	444	15	440	12
ZK0008-44-66	22	163	241	0. 67	0. 0547	0. 0032	0. 5693	0. 0308	0. 0754	0. 0022	467	131	458	20	469	13
ZK0008-44-67	34	345	338	1. 02	0. 0550	0. 0026	0. 5646	0. 0256	0. 0736	0. 0021	413	110	454	17	458	12
ZK0008-44-68	26	191	258	0. 74	0. 0540	0. 0025	0. 5958	0. 0250	0. 0778	0. 0022	369	106	475	16	483	13
ZK0008-44-69	15	103	153	0. 67	0. 0550	0. 0029	0. 5771	0. 0291	0. 0762	0. 0022	409	119	463	19	473	13
ZK0008-44-70	24	171	276	0. 62	0. 0520	0. 0023	0. 5056	0. 0227	0. 0700	0. 0019	283	97	416	15	436	11
ZK0008-44-71	24	183	261	0. 70	0. 0550	0. 0031	0. 5757	0. 0281	0. 0719	0. 0020	413	158	462	18	448	12
ZK0008-44-72	100	48	121	0. 40	0. 2394	0. 0081	20. 903	0. 6797	0. 6180	0. 0167	3116	54	3134	32	3102	67
ZK0008-44-73	3	23	52	0. 44	0. 0567	0. 0053	0. 4259	0. 0359	0. 0519	0. 0018	480	206	360	26	326	11
ZK0008-44-74	8	68	91	0. 75	0. 0563	0. 0033	0. 5369	0. 0288	0. 0689	0. 0020	465	131	436	19	429	12
ZK0008-44-75	64	159	319	0. 50	0. 0698	0. 0026	1. 5557	0. 0564	0. 1615	0. 0044	922	75	953	22	965	25
ZK0008-44-76	51	688	569	1. 21	0. 0564	0. 0026	0. 5190	0. 0213	0. 0663	0. 0018	478	100	424	14	414	11
ZK0008-44-77	65	286	316	0. 90	0. 0710	0. 0027	1. 5454	0. 0576	0. 1574	0. 0042	967	79	949	23	942	23
ZK0008-44-78	18	190	199	0. 95	0. 0542	0. 0028	0. 5337	0. 0242	0. 0674	0. 0019	389	119	434	16	421	11

续表

分析点号	组成/(mg/g)			Th/U	同位素比值						年龄/Ma					
	Pb	Th	U		$^{207}Pb/^{206}Pb$	1σ	$^{207}Pb/^{235}U$	1σ	$^{206}Pb/^{238}U$	1σ	$^{207}Pb/^{206}Pb$	1σ	$^{207}Pb/^{235}U$	1σ	$^{206}Pb/^{238}U$	1σ
ZK0008-44-79	9	40	56	0. 71	0. 0633	0. 0035	1. 1442	0. 0619	0. 1307	0. 0038	720	117	775	29	792	22
ZK0008-44-80	7	63	75	0. 84	0. 0557	0. 0040	0. 5614	0. 0374	0. 0694	0. 0020	439	131	452	24	433	12
ZK0008-44-81	24	174	287	0. 61	0. 0547	0. 0026	0. 5314	0. 0237	0. 0703	0. 0020	467	104	433	16	438	12
ZK0008-44-82	216	133	536	0. 25	0. 1194	0. 0039	5. 6148	0. 1875	0. 3381	0. 0093	1948	59	1918	29	1877	45
ZK0008-44-83	218	205	542	0. 38	0. 1091	0. 0038	5. 1135	0. 1662	0. 3369	0. 0090	1785	63	1838	28	1872	43
ZK0008-44-84	104	130	860	0. 15	0. 0580	0. 0023	0. 9093	0. 0324	0. 1102	0. 0030	532	85	657	17	674	17
ZK0008-44-85	31	247	356	0. 69	0. 0524	0. 0024	0. 5145	0. 0238	0. 0702	0. 0020	302	136	421	16	437	12
ZK0008-44-86	68	899	675	1. 33	0. 0547	0. 0021	0. 5360	0. 0195	0. 0707	0. 0020	467	81	436	13	440	12
ZK0008-44-87	32	85	158	0. 54	0. 0719	0. 0030	1. 6429	0. 0659	0. 1654	0. 0046	983	84	987	25	987	25
ZK0008-44-88	33	241	356	0. 68	0. 0504	0. 0024	0. 4971	0. 0207	0. 0685	0. 0019	217	109	410	14	427	12
ZK0008-44-89	14	146	149	0. 97	0. 0554	0. 0029	0. 5301	0. 0269	0. 0692	0. 0020	428	117	432	18	431	12
ZK0008-44-90	15	141	161	0. 88	0. 0541	0. 0027	0. 5195	0. 0267	0. 0691	0. 0020	376	115	425	18	431	12
ZK0008-44-91	37	298	391	0. 76	0. 0597	0. 0024	0. 6033	0. 0242	0. 0732	0. 0020	591	87	479	15	455	12
ZK0008-44-92	54	511	594	0. 86	0. 0574	0. 0023	0. 5715	0. 0222	0. 0718	0. 0020	509	87	459	14	447	12
ZK0008-44-93	26	232	285	0. 82	0. 0555	0. 0026	0. 5462	0. 0252	0. 0710	0. 0020	432	104	443	17	442	12
ZK0008-44-95	105	183	299	0. 61	0. 0952	0. 0040	3. 5629	0. 1289	0. 2587	0. 0070	1533	78	1541	29	1483	36
ZK0008-44-96	39	315	451	0. 70	0. 0570	0. 0026	0. 5315	0. 0226	0. 0665	0. 0018	500	102	433	15	415	11
ZK0008-44-97	13	116	147	0. 79	0. 0545	0. 0028	0. 5319	0. 0271	0. 0704	0. 0020	391	115	433	18	439	12
ZK0008-44-98	94	149	343	0. 43	0. 0886	0. 0032	2. 7936	0. 0991	0. 2271	0. 0061	1396	70	1354	27	1319	32
ZK0008-44-100	49	445	538	0. 83	0. 0536	0. 0028	0. 5231	0. 0216	0. 0696	0. 0019	354	123	427	14	434	12

注：1σ 为标准偏差，下同。

附表 2　华北陆块南部偃龙地区豆鲕（碎屑）状铝土矿（ZK0008-43）碎屑锆石 U-Pb 同位素数据

分析点号	组成/(mg/g)			Th/U	同位素比值						年龄/Ma					
	Pb	Th	U		$^{207}Pb/^{206}Pb$	1σ	$^{207}Pb/^{235}U$	1σ	$^{206}Pb/^{238}U$	1σ	$^{207}Pb/^{206}Pb$	1σ	$^{207}Pb/^{235}U$	1σ	$^{206}Pb/^{238}U$	1σ
ZK0008-43-01	132	309	585	0. 53	0. 0703	0. 0025	1. 8032	0. 0619	0. 1845	0. 0049	1000	72	1047	22	1091	27
ZK0008-43-02	51	149	252	0. 59	0. 0714	0. 0026	1. 5997	0. 057	0. 1614	0. 0043	969	71	970	22	965	24
ZK0008-43-03	117	159	369	0. 43	0. 0844	0. 0031	3. 1258	0. 1069	0. 2665	0. 0072	1302	70	1439	26	1523	37
ZK0008-43-04	36	253	409	0. 62	0. 0552	0. 0024	0. 5453	0. 0226	0. 0714	0. 002	420	96	442	15	444	12
ZK0008-43-05	29	102	137	0. 75	0. 0687	0. 0029	1. 5937	0. 0628	0. 1677	0. 0046	900	-114	968	25	1000	26
ZK0008-43-06	10	108	101	1. 07	0. 0539	0. 0032	0. 5416	0. 0317	0. 0726	0. 0021	365	131	439	21	452	13
ZK0008-43-07	258	493	1223	0. 4	0. 072	0. 0025	1. 8322	0. 0616	0. 1825	0. 0049	987	69	1057	22	1081	27
ZK0008-43-08	19	168	203	0. 83	0. 051	0. 0027	0. 5128	0. 0257	0. 0726	0. 002	239	122	420	17	452	12
ZK0008-43-09	84	567	902	0. 63	0. 0538	0. 002	0. 579	0. 0219	0. 0775	0. 0021	361	85	464	14	481	13
ZK0008-43-10	53	163	263	0. 62	0. 0694	0. 0029	1. 5932	0. 0655	0. 1654	0. 0046	922	81	968	26	987	25
ZK0008-43-11	55	132	258	0. 51	0. 0686	0. 0027	1. 7008	0. 0656	0. 1782	0. 0048	887	-117	1009	25	1057	26
ZK0008-43-14	68	93	102	0. 91	0. 1435	0. 0052	9. 3333	0. 3403	0. 4679	0. 0125	2270	63	2371	33	2475	55
ZK0008-43-16	16	126	168	0. 75	0. 0557	0. 0027	0. 5383	0. 0248	0. 0711	0. 002	443	109	437	16	443	12
ZK0008-43-18	5	37	58	0. 64	0. 0612	0. 0048	0. 5716	0. 043	0. 0703	0. 0022	656	164	459	28	438	13
ZK0008-43-19	28	185	309	0. 6	0. 0514	0. 0022	0. 5053	0. 0215	0. 0724	0. 0019	257	94	415	14	451	12
ZK0008-43-20	9	67	94	0. 71	0. 0518	0. 0036	0. 4959	0. 0321	0. 0723	0. 0021	280	161	409	22	450	13
ZK0008-43-21	20	185	226	0. 82	0. 0528	0. 0026	0. 4769	0. 0223	0. 0673	0. 0019	320	111	396	15	420	11
ZK0008-43-22	12	116	134	0. 87	0. 0557	0. 0031	0. 5095	0. 0267	0. 0683	0. 002	443	119	418	18	426	12
ZK0008-43-23	24	167	242	0. 69	0. 0526	0. 0025	0. 5482	0. 0238	0. 0773	0. 0022	322	103	444	16	480	13

续表

分析点号	组成/(mg/g)			Th/U	同位素比值						年龄/Ma					
	Pb	Th	U		$^{207}Pb/^{206}Pb$	1σ	$^{207}Pb/^{235}U$	1σ	$^{206}Pb/^{238}U$	1σ	$^{207}Pb/^{206}Pb$	1σ	$^{207}Pb/^{235}U$	1σ	$^{206}Pb/^{238}U$	1σ
ZK0008-43-24	41	274	452	0. 61	0. 0549	0. 0023	0. 5317	0. 0217	0. 0713	0. 002	409	88	433	14	444	12
ZK0008-43-26	31	223	326	0. 68	0. 0599	0. 0027	0. 5999	0. 0272	0. 0732	0. 0021	611	96	477	17	455	13
ZK0008-43-27	14	83	163	0. 51	0. 0534	0. 0028	0. 5057	0. 0251	0. 0695	0. 0019	343	112	416	17	433	12
ZK0008-43-28	39	393	386	1. 02	0. 0538	0. 0022	0. 546	0. 0218	0. 074	0. 002	365	60	442	14	460	12
ZK0008-43-29	22	72	96	0. 76	0. 0685	0. 0033	1. 6669	0. 0729	0. 1684	0. 0048	883	100	996	28	1003	26
ZK0008-43-30	32	252	148	1. 7	0. 0634	0. 0028	1. 1776	0. 0516	0. 1349	0. 0037	724	92	790	24	816	21
ZK0008-43-31	105	948	1141	0. 83	0. 054	0. 002	0. 5274	0. 0193	0. 0704	0. 0019	372	85	430	13	439	11
ZK0008-43-32	8	102	82	1. 25	0. 0556	0. 0038	0. 492	0. 0335	0. 0643	0. 0021	439	152	406	23	402	13
ZK0008-43-33	43	511	418	1. 22	0. 0554	0. 0023	0. 554	0. 0243	0. 0721	0. 0021	428	94	448	16	449	13
ZK0008-43-34	44	35	58	0. 61	0. 219	0. 0088	16. 7518	0. 6598	0. 5523	0. 0157	2974	66	2921	38	2835	65
ZK0008-43-35	34	388	347	1. 12	0. 0581	0. 0027	0. 5622	0. 0259	0. 0698	0. 0019	532	104	453	17	435	12
ZK0008-43-36	40	417	386	1. 08	0. 0574	0. 0028	0. 5789	0. 0261	0. 0735	0. 0021	506	107	464	17	457	13
ZK0008-43-37	41	68	197	0. 35	0. 0811	0. 0035	1. 9688	0. 0836	0. 175	0. 0047	1233	84	1105	29	1040	26
ZK0008-43-38	62	143	310	0. 46	0. 0729	0. 0028	1. 6483	0. 0631	0. 1632	0. 0044	1011	78	989	24	974	24
ZK0008-43-39	14	124	151	0. 82	0. 0622	0. 0035	0. 6058	0. 0329	0. 0706	0. 002	681	116	481	21	440	12
ZK0008-43-40	33	315	343	0. 92	0. 0549	0. 0025	0. 5275	0. 0233	0. 0695	0. 0019	406	104	430	15	433	11
ZK0008-43-41	28	284	298	0. 95	0. 0546	0. 0023	0. 5223	0. 0224	0. 0694	0. 0019	394	94	427	15	433	12
ZK0008-43-42	103	396	836	0. 47	0. 0597	0. 0023	0. 8457	0. 0311	0. 1027	0. 0027	591	81	622	17	630	16
ZK0008-43-43	42	354	462	0. 77	0. 0553	0. 0023	0. 5354	0. 0224	0. 0702	0. 0019	433	97	435	15	438	11

续表

分析点号	组成/(mg/g)			Th/U	同位素比值						年龄/Ma					
	Pb	Th	U		$^{207}Pb/^{206}Pb$	1σ	$^{207}Pb/^{235}U$	1σ	$^{206}Pb/^{238}U$	1σ	$^{207}Pb/^{206}Pb$	1σ	$^{207}Pb/^{235}U$	1σ	$^{206}Pb/^{238}U$	1σ
ZK0008-43-44	11	108	114	0.95	0.051	0.0033	0.5051	0.0315	0.0726	0.0021	243	148	415	21	452	13
ZK0008-43-45	27	234	288	0.81	0.0516	0.0025	0.5212	0.0246	0.0729	0.002	265	115	426	16	453	12
ZK0008-43-46	386	199	618	0.32	0.162	0.0059	11.5323	0.4355	0.5143	0.014	2476	62	2567	35	2675	60
ZK0008-43-47	48	181	174	1.04	0.0742	0.0031	2.0578	0.085	0.2008	0.0054	1048	85	1135	28	1180	29
ZK0008-43-48	23	165	256	0.64	0.0526	0.0026	0.5196	0.0253	0.0716	0.002	322	113	425	17	446	12
ZK0008-43-49	11	86	121	0.71	0.0508	0.0029	0.5065	0.0289	0.0724	0.0021	232	133	416	20	451	13
ZK0008-43-50	31	207	354	0.58	0.0499	0.0022	0.4848	0.0216	0.0705	0.0019	187	110	401	15	439	12
ZK0008-43-51	38	281	437	0.64	0.0571	0.0024	0.5527	0.023	0.0702	0.0019	494	93	447	15	437	12
ZK0008-43-52	73	170	481	0.35	0.0695	0.0028	1.2599	0.048	0.1309	0.0036	922	81	828	22	793	20
ZK0008-43-53	16	166	171	0.97	0.0572	0.0033	0.5461	0.0296	0.0698	0.002	498	134	442	19	435	12
ZK0008-43-54	7	84	55	1.54	0.0662	0.0047	0.7408	0.0488	0.0823	0.0025	813	150	563	28	510	15
ZK0008-43-55	246	276	391	0.71	0.1737	0.0069	11.2206	0.4259	0.4649	0.0128	2594	66	2542	35	2461	56
ZK0008-43-56	41	549	415	1.32	0.0565	0.0027	0.5273	0.0227	0.0674	0.0019	472	106	430	15	420	11
ZK0008-43-57	49	506	516	0.98	0.0554	0.0024	0.5427	0.023	0.0704	0.0019	428	94	440	15	439	12
ZK0008-43-59	20	43	124	0.35	0.0621	0.0031	1.2296	0.0668	0.1422	0.0045	676	112	814	30	857	26
ZK0008-43-60	514	408	1149	0.36	0.1173	0.0041	6.1018	0.2111	0.3747	0.0102	1917	62	1990	30	2051	48
ZK0008-43-61	41	365	446	0.82	0.0512	0.0021	0.5113	0.0204	0.0723	0.002	256	96	419	14	450	12
ZK0008-43-62	24	54	52	1.04	0.1017	0.0044	4.6203	0.1846	0.3287	0.0092	1655	80	1753	33	1832	44
ZK0008-43-63	83	494	1031	0.48	0.0541	0.0022	0.5213	0.0198	0.0697	0.0019	376	91	426	13	435	12

续表

分析点号	组成/(mg/g)			Th/U	同位素比值						年龄/Ma					
	Pb	Th	U		$^{207}Pb/^{206}Pb$	1σ	$^{207}Pb/^{235}U$	1σ	$^{206}Pb/^{238}U$	1σ	$^{207}Pb/^{206}Pb$	1σ	$^{207}Pb/^{235}U$	1σ	$^{206}Pb/^{238}U$	1σ
ZK0008-43-64	61	614	662	0. 93	0. 053	0. 0022	0. 5142	0. 0208	0. 0701	0. 0019	328	96	421	14	437	12
ZK0008-43-65	25	244	267	0. 92	0. 0553	0. 0029	0. 5393	0. 0268	0. 071	0. 002	433	147	438	18	442	12
ZK0008-43-66	22	219	231	0. 95	0. 0531	0. 0027	0. 5243	0. 0266	0. 0714	0. 002	345	121	428	18	444	12
ZK0008-43-67	10	87	105	0. 83	0. 0564	0. 0035	0. 5712	0. 0343	0. 074	0. 0022	478	135	459	22	461	13
ZK0008-43-68	46	272	550	0. 49	0. 0565	0. 0025	0. 5617	0. 0257	0. 0717	0. 002	472	98	453	17	446	12
ZK0008-43-69	32	170	392	0. 43	0. 0565	0. 0024	0. 5427	0. 023	0. 0701	0. 0021	472	96	440	15	437	13
ZK0008-43-70	88	121	286	0. 42	0. 0906	0. 0032	3. 2374	0. 1132	0. 2579	0. 0071	1439	67	1466	27	1479	36
ZK0008-43-71	16	160	171	0. 94	0. 0557	0. 0031	0. 557	0. 0301	0. 0716	0. 0021	443	119	450	20	446	13
ZK0008-43-72	65	137	342	0. 4	0. 069	0. 0026	1. 5585	0. 0578	0. 1625	0. 0045	898	76	954	23	971	25
ZK0008-43-73	10	72	101	0. 71	0. 0503	0. 0031	0. 5376	0. 032	0. 0771	0. 0023	206	144	437	21	479	14
ZK0008-43-74	11	109	108	1. 01	0. 0617	0. 004	0. 6294	0. 0365	0. 0746	0. 0022	665	139	496	23	464	13
ZK0008-43-75	103	899	1148	0. 78	0. 0548	0. 0023	0. 5404	0. 0213	0. 0711	0. 002	467	94	439	14	443	12
ZK0008-43-76	65	730	657	1. 11	0. 0546	0. 0025	0. 5481	0. 0234	0. 0723	0. 002	394	104	444	15	450	12
ZK0008-43-77	17	197	178	1. 11	0. 0515	0. 003	0. 4998	0. 026	0. 0703	0. 002	265	133	412	18	438	12
ZK0008-43-78	38	327	420	0. 78	0. 0538	0. 0025	0. 5244	0. 0235	0. 0703	0. 002	361	107	428	16	438	12
ZK0008-43-79	13	112	146	0. 76	0. 0582	0. 0031	0. 559	0. 0293	0. 0693	0. 002	539	117	451	19	432	12
ZK0008-43-80	16	206	159	1. 29	0. 0559	0. 0031	0. 5389	0. 0302	0. 0696	0. 0021	456	124	438	20	434	13
ZK0008-43-81	25	98	290	0. 34	0. 0581	0. 0028	0. 5904	0. 0293	0. 0733	0. 0021	600	103	471	19	456	13
ZK0008-43-82	34	267	353	0. 76	0. 054	0. 0023	0. 5518	0. 0237	0. 0734	0. 0021	372	96	446	16	456	13

续表

分析点号	组成/(mg/g)			Th/U	同位素比值						年龄/Ma					
	Pb	Th	U		$^{207}Pb/^{206}Pb$	1σ	$^{207}Pb/^{235}U$	1σ	$^{206}Pb/^{238}U$	1σ	$^{207}Pb/^{206}Pb$	1σ	$^{207}Pb/^{235}U$	1σ	$^{206}Pb/^{238}U$	1σ
ZK0008-43-83	41	390	432	0. 9	0. 0574	0. 0024	0. 5654	0. 024	0. 071	0. 002	506	93	455	16	442	12
ZK0008-43-84	24	174	225	0. 77	0. 0536	0. 0041	0. 6143	0. 04	0. 0767	0. 0024	354	174	486	25	476	14
ZK0008-43-85	44	452	470	0. 96	0. 0556	0. 0026	0. 5327	0. 0226	0. 0692	0. 0019	435	136	434	15	431	11
ZK0008-43-86	44	448	476	0. 94	0. 056	0. 0026	0. 5456	0. 0232	0. 0674	0. 0019	450	102	442	15	421	11
ZK0008-43-87	10	58	110	0. 53	0. 0551	0. 0038	0. 5537	0. 0358	0. 0737	0. 0022	417	152	447	23	459	13
ZK0008-43-88	29	164	328	0. 5	0. 0571	0. 0026	0. 5694	0. 0248	0. 072	0. 002	494	100	458	16	448	12
ZK0008-43-89	14	131	146	0. 9	0. 0551	0. 0031	0. 563	0. 031	0. 0738	0. 0021	417	158	453	20	459	13
ZK0008-43-90	21	146	237	0. 61	0. 0539	0. 0029	0. 5347	0. 0278	0. 0697	0. 002	369	120	435	18	435	12
ZK0008-43-91	29	250	324	0. 77	0. 0542	0. 0026	0. 5119	0. 0234	0. 0686	0. 0019	376	109	420	16	427	11
ZK0008-43-92	44	488	450	1. 08	0. 0566	0. 0024	0. 5587	0. 0235	0. 0711	0. 002	476	90	451	15	443	12
ZK0008-43-93	13	108	148	0. 73	0. 0535	0. 0032	0. 5304	0. 0283	0. 0702	0. 002	350	133	432	19	437	12
ZK0008-43-94	24	184	263	0. 7	0. 054	0. 0029	0. 5345	0. 0271	0. 0713	0. 002	372	116	435	18	444	12
ZK0008-43-95	41	401	439	0. 92	0. 0547	0. 0027	0. 5505	0. 0233	0. 0726	0. 002	398	109	445	15	452	12
ZK0008-43-96	33	332	359	0. 92	0. 0547	0. 0028	0. 5308	0. 0259	0. 07	0. 002	467	121	432	17	436	12
ZK0008-43-97	14	83	157	0. 53	0. 0615	0. 0035	0. 6204	0. 034	0. 0734	0. 0022	655	123	490	21	457	13
ZK0008-43-98	40	345	439	0. 79	0. 0525	0. 0025	0. 5148	0. 0224	0. 0711	0. 002	306	109	422	15	443	12
ZK0008-43-99	11	120	117	1. 02	0. 0524	0. 0033	0. 4927	0. 0301	0. 0682	0. 002	302	146	407	20	426	12
ZK0008-43-100	86	118	148	0. 79	0. 1645	0. 0061	10. 2127	0. 3936	0. 4485	0. 0132	2502	63	2454	36	2389	59

附表 3　华北陆块南部偃龙地区铝土质泥岩（ZK8714-4）碎屑锆石 U-Pb 同位素数据

分析点号	组成/(mg/g)			Th/U	同位素比值						年龄/Ma					
	Pb	Th	U		$^{207}Pb/^{206}Pb$	1σ	$^{207}Pb/^{235}U$	1σ	$^{206}Pb/^{238}U$	1σ	$^{207}Pb/^{206}Pb$	1σ	$^{207}Pb/^{235}U$	1σ	$^{206}Pb/^{238}U$	1σ
ZK8714-4-01	89	186	324	0.57	0.0886	0.0029	2.8873	0.0907	0.2347	0.0063	1398	63	1379	24	1359	33
ZK8714-4-02	57	163	224	0.73	0.0794	0.0025	2.2189	0.0686	0.2019	0.0053	1183	62	1187	22	1185	29
ZK8714-4-03	24	195	247	0.79	0.0525	0.0019	0.5542	0.0198	0.0764	0.0021	309	77	448	13	474	13
ZK8714-4-04	31	262	313	0.84	0.0544	0.0019	0.5870	0.0208	0.0779	0.0021	387	78	469	13	484	13
ZK8714-4-05	20	184	216	0.85	0.0576	0.0022	0.5791	0.0209	0.0726	0.0020	522	85	464	14	452	12
ZK8714-4-06	55	333	640	0.52	0.0553	0.0019	0.5720	0.0188	0.0746	0.0020	433	76	459	12	464	12
ZK8714-4-07	24	240	251	0.96	0.0570	0.0021	0.5844	0.0201	0.0743	0.0020	500	83	467	13	462	12
ZK8714-4-08	14	103	160	0.64	0.0617	0.0028	0.5985	0.0253	0.0701	0.0019	665	98	476	16	437	11
ZK8714-4-09	132	1505	1505	1.00	0.0599	0.0020	0.5587	0.0172	0.0676	0.0018	598	105	451	11	422	11
ZK8714-4-10	89	736	1068	0.69	0.0576	0.0019	0.5711	0.0178	0.0719	0.0019	517	72	459	12	448	11
ZK8714-4-11	41	444	436	1.02	0.0580	0.0020	0.5759	0.0187	0.0723	0.0019	528	79	462	12	450	12
ZK8714-4-12	13	105	140	0.75	0.0530	0.0023	0.5406	0.0223	0.0746	0.0021	332	101	439	15	464	12
ZK8714-4-13	24	246	259	0.95	0.0547	0.0021	0.5577	0.0199	0.0746	0.0020	467	81	450	13	464	12
ZK8714-4-14	39	308	454	0.68	0.0554	0.0020	0.5431	0.0183	0.0718	0.0019	428	80	440	12	447	12
ZK8714-4-15	26	278	286	0.97	0.0543	0.0020	0.5211	0.0182	0.0704	0.0019	383	90	426	12	439	11
ZK8714-4-16	37	483	553	0.87	0.0525	0.0020	0.3822	0.0132	0.0537	0.0015	306	87	329	10	337	9
ZK8714-4-17	147	1411	2055	0.69	0.0565	0.0019	0.4595	0.0137	0.0598	0.0016	472	76	384	10	374	10
ZK8714-4-18	32	219	378	0.58	0.0558	0.0020	0.5375	0.0184	0.0707	0.0019	443	80	437	12	441	11
ZK8714-4-19	108	1222	1242	0.98	0.0601	0.0019	0.5510	0.0167	0.0671	0.0018	609	69	446	11	419	11

续表

分析点号	组成/(mg/g)			Th/U	同位素比值						年龄/Ma					
	Pb	Th	U		$^{207}Pb/^{206}Pb$	1σ	$^{207}Pb/^{235}U$	1σ	$^{206}Pb/^{238}U$	1σ	$^{207}Pb/^{206}Pb$	1σ	$^{207}Pb/^{235}U$	1σ	$^{206}Pb/^{238}U$	1σ
ZK8714-4-20	78	133	413	0. 32	0. 0726	0. 0024	1. 6937	0. 0560	0. 1695	0. 0048	1003	67	1006	21	1009	27
ZK8714-4-21	27	178	312	0. 57	0. 0557	0. 0020	0. 5491	0. 0190	0. 0720	0. 0019	439	78	444	12	448	12
ZK8714-4-22	140	219	208	1. 05	0. 1669	0. 0050	11. 481	0. 3382	0. 5005	0. 0131	2528	50	2563	28	2616	56
ZK8714-4-23	69	837	735	1. 14	0. 0582	0. 0019	0. 5529	0. 0176	0. 0691	0. 0018	539	70	447	12	430	11
ZK8714-4-24	36	56	86	0. 65	0. 1170	0. 0039	5. 3101	0. 1716	0. 3303	0. 0090	1910	60	1870	28	1840	44
ZK8714-4-26	39	298	393	0. 76	0. 0603	0. 0021	0. 6499	0. 0218	0. 0784	0. 0021	617	74	508	13	486	13
ZK8714-4-27	116	1200	1481	0. 81	0. 0600	0. 0023	0. 5062	0. 0160	0. 0618	0. 0016	611	84	416	11	387	10
ZK8714-4-28	12	65	114	0. 57	0. 0596	0. 0025	0. 7368	0. 0312	0. 0911	0. 0027	587	88	561	18	562	16
ZK8714-4-29	44	95	251	0. 38	0. 0704	0. 0023	1. 5107	0. 0481	0. 1569	0. 0042	939	66	935	19	940	23
ZK8714-4-30	24	154	276	0. 56	0. 0629	0. 0025	0. 6199	0. 0212	0. 0724	0. 0019	706	83	490	13	451	12
ZK8714-4-31	25	678	313	2. 17	0. 0541	0. 0022	0. 3549	0. 0127	0. 0483	0. 0013	376	91	308	10	304	8
ZK8714-4-32	36	390	392	1. 00	0. 0543	0. 0020	0. 5277	0. 0176	0. 0700	0. 0019	383	83	430	12	436	11
ZK8714-4-33	48	106	605	0. 17	0. 0552	0. 0018	0. 5593	0. 0174	0. 0745	0. 0020	420	77	451	11	463	12
ZK8714-4-34	237	164	357	0. 46	0. 1711	0. 0058	12. 102	0. 3545	0. 5015	0. 0133	2568	57	2612	28	2620	57
ZK8714-4-35	25	216	278	0. 79	0. 0632	0. 0026	0. 6015	0. 0212	0. 0696	0. 0019	717	85	478	13	434	12
ZK8714-4-36	13	100	145	0. 69	0. 0534	0. 0026	0. 5507	0. 0241	0. 0733	0. 0020	346	111	445	16	456	12
ZK8714-4-37	243	374	612	0. 61	0. 1065	0. 0033	4. 6923	0. 1382	0. 3210	0. 0085	1743	56	1766	25	1795	42
ZK8714-4-38	151	221	805	0. 27	0. 0683	0. 0023	1. 5828	0. 0485	0. 1667	0. 0044	880	69	963	19	994	25
ZK8714-4-39	20	201	210	0. 96	0. 0537	0. 0023	0. 5554	0. 0231	0. 0755	0. 0021	367	96	449	15	469	13

续表

分析点号	组成/(mg/g)			Th/U	同位素比值						年龄/Ma					
	Pb	Th	U		$^{207}Pb/^{206}Pb$	1σ	$^{207}Pb/^{235}U$	1σ	$^{206}Pb/^{238}U$	1σ	$^{207}Pb/^{206}Pb$	1σ	$^{207}Pb/^{235}U$	1σ	$^{206}Pb/^{238}U$	1σ
ZK8714-4-40	40	320	439	0. 73	0. 0521	0. 0021	0. 5304	0. 0197	0. 0739	0. 0020	300	95	432	13	459	12
ZK8714-4-41	19	84	224	0. 37	0. 0548	0. 0023	0. 5514	0. 0214	0. 0730	0. 0020	467	94	446	14	454	12
ZK8714-4-42	148	159	502	0. 32	0. 1063	0. 0035	3. 6682	0. 1143	0. 2495	0. 0067	1739	60	1564	25	1436	34
ZK8714-4-43	136	1548	1603	0. 97	0. 0558	0. 0018	0. 4961	0. 0158	0. 0643	0. 0017	456	72	409	11	401	10
ZK8714-4-44	86	881	1033	0. 85	0. 0569	0. 0019	0. 5101	0. 0168	0. 0651	0. 0018	487	77	419	11	406	11
ZK8714-4-45	21	190	306	0. 62	0. 0565	0. 0023	0. 4252	0. 0176	0. 0545	0. 0015	472	86	360	13	342	9
ZK8714-4-46	13	88	147	0. 60	0. 0579	0. 0026	0. 5693	0. 0248	0. 0715	0. 0020	524	94	458	16	445	12
ZK8714-4-47	27	201	302	0. 66	0. 0580	0. 0022	0. 5765	0. 0212	0. 0719	0. 0019	528	83	462	14	448	12
ZK8714-4-48	28	135	339	0. 40	0. 0550	0. 0021	0. 5373	0. 0191	0. 0694	0. 0019	413	85	437	13	433	11
ZK8714-4-49	41	366	457	0. 80	0. 0542	0. 0020	0. 5309	0. 0194	0. 0708	0. 0019	389	82	432	13	441	12
ZK8714-4-50	158	434	1239	0. 35	0. 0695	0. 0023	1. 0582	0. 0346	0. 1102	0. 0029	922	72	733	17	674	17
ZK8714-4-51	28	438	417	1. 05	0. 0586	0. 0023	0. 4030	0. 0160	0. 0497	0. 0014	554	85	344	12	313	8
ZK8714-4-52	69	110	329	0. 33	0. 0733	0. 0024	1. 8854	0. 0618	0. 1866	0. 0051	1033	67	1076	22	1103	28
ZK8714-4-54	129	282	638	0. 44	0. 0721	0. 0024	1. 7412	0. 0573	0. 1748	0. 0047	987	67	1024	21	1038	26
ZK8714-4-55	69	629	803	0. 78	0. 0572	0. 0020	0. 5446	0. 0189	0. 0690	0. 0019	498	78	441	12	430	11
ZK8714-4-56	45	139	206	0. 68	0. 0725	0. 0026	1. 7718	0. 0646	0. 1769	0. 0049	1000	74	1035	24	1050	27
ZK8714-4-57	164	297	525	0. 57	0. 0905	0. 0030	3. 2370	0. 1057	0. 2590	0. 0070	1436	63	1466	25	1485	36
ZK8714-4-58	82	800	879	0. 91	0. 0559	0. 0019	0. 5476	0. 0181	0. 0708	0. 0019	450	74	443	12	441	11
ZK8714-4-59	13	137	225	0. 61	0. 0560	0. 0025	0. 3792	0. 0152	0. 0487	0. 0014	454	98	326	11	306	8

续表

分析点号	组成/(mg/g)			Th/U	同位素比值						年龄/Ma					
	Pb	Th	U		$^{207}Pb/^{206}Pb$	1σ	$^{207}Pb/^{235}U$	1σ	$^{206}Pb/^{238}U$	1σ	$^{207}Pb/^{206}Pb$	1σ	$^{207}Pb/^{235}U$	1σ	$^{206}Pb/^{238}U$	1σ
ZK8714-4-60	61	533	680	0. 78	0. 0538	0. 0020	0. 5382	0. 0178	0. 0724	0. 0020	361	83	437	12	450	12
ZK8714-4-61	80	635	887	0. 72	0. 0561	0. 0018	0. 5712	0. 0184	0. 0735	0. 0020	457	72	459	12	457	12
ZK8714-4-62	41	90	502	0. 18	0. 0552	0. 0019	0. 5939	0. 0203	0. 0778	0. 0021	420	78	473	13	483	13
ZK8714-4-63	16	101	166	0. 61	0. 0547	0. 0023	0. 5892	0. 0231	0. 0784	0. 0022	398	99	470	15	486	13
ZK8714-4-64	40	458	412	1. 11	0. 0595	0. 0023	0. 6003	0. 0217	0. 0714	0. 0019	583	83	477	14	445	12
ZK8714-4-65	146	203	677	0. 30	0. 0761	0. 0026	2. 0546	0. 0646	0. 1939	0. 0052	1098	67	1134	22	1143	28
ZK8714-4-66	91	82	278	0. 29	0. 1002	0. 0032	3. 9767	0. 1220	0. 2891	0. 0077	1628	58	1629	25	1637	38
ZK8714-4-67	14	115	145	0. 79	0. 0577	0. 0025	0. 6040	0. 0249	0. 0763	0. 0021	520	88	480	16	474	13
ZK8714-4-68	36	340	382	0. 89	0. 0572	0. 0021	0. 5743	0. 0200	0. 0737	0. 0020	498	86	461	13	458	12
ZK8714-4-69	51	182	652	0. 28	0. 0579	0. 0019	0. 5607	0. 0182	0. 0709	0. 0019	528	72	452	12	442	12
ZK8714-4-70	70	660	838	0. 79	0. 0565	0. 0025	0. 5117	0. 0175	0. 0672	0. 0018	472	96	420	12	419	11
ZK8714-4-71	93	864	1133	0. 76	0. 0593	0. 0020	0. 5303	0. 0173	0. 0659	0. 0018	576	74	432	12	412	11
ZK8714-4-72	59	690	634	1. 10	0. 0629	0. 0025	0. 5868	0. 0208	0. 0681	0. 0019	703	85	469	13	424	11
ZK8714-4-73	102	81	509	0. 16	0. 0783	0. 0029	1. 9740	0. 0676	0. 1868	0. 0053	1155	72	1107	23	1104	29
ZK8714-4-74	32	278	373	0. 75	0. 0569	0. 0021	0. 5216	0. 0186	0. 0681	0. 0019	487	51	426	12	425	11
ZK8714-4-75	65	168	290	0. 58	0. 0779	0. 0026	1. 9783	0. 0641	0. 1874	0. 0051	1146	66	1108	22	1108	28
ZK8714-4-76	134	213	304	0. 70	0. 1189	0. 0038	5. 6466	0. 1785	0. 3500	0. 0097	1940	56	1923	27	1935	47
ZK8714-4-77	117	469	1510	0. 31	0. 0560	0. 0019	0. 5448	0. 0169	0. 0699	0. 0019	454	76	442	11	436	11
ZK8714-4-78	29	500	415	1. 20	0. 0603	0. 0024	0. 4202	0. 0152	0. 0514	0. 0014	617	85	356	11	323	9

续表

分析点号	组成/(mg/g)			Th/U	同位素比值						年龄/Ma					
	Pb	Th	U		$^{207}Pb/^{206}Pb$	1σ	$^{207}Pb/^{235}U$	1σ	$^{206}Pb/^{238}U$	1σ	$^{207}Pb/^{206}Pb$	1σ	$^{207}Pb/^{235}U$	1σ	$^{206}Pb/^{238}U$	1σ
ZK8714-4-79	66	188	837	0. 22	0. 0570	0. 0019	0. 5730	0. 0188	0. 0738	0. 0020	500	72	460	12	459	12
ZK8714-4-80	45	361	353	1. 03	0. 0604	0. 0024	0. 7947	0. 0283	0. 0949	0. 0027	617	87	594	16	584	16
ZK8714-4-81	25	311	228	1. 36	0. 0579	0. 0024	0. 5904	0. 0221	0. 0748	0. 0021	524	93	471	14	465	13
ZK8714-4-82	46	400	494	0. 81	0. 0578	0. 0021	0. 5762	0. 0192	0. 0710	0. 0020	520	78	462	12	442	12
ZK8714-4-83	22	160	234	0. 69	0. 0581	0. 0026	0. 5787	0. 0231	0. 0735	0. 0022	532	98	464	15	457	13
ZK8714-4-84	145	341	192	1. 78	0. 1644	0. 0050	10. 558	0. 3149	0. 4658	0. 0126	2502	52	2485	28	2465	55
ZK8714-4-85	124	548	546	1. 00	0. 0735	0. 0023	1. 7039	0. 0515	0. 1682	0. 0045	1029	68	1010	19	1002	25
ZK8714-4-86	19	243	261	0. 93	0. 0584	0. 0023	0. 4475	0. 0174	0. 0560	0. 0015	546	89	375	12	351	9
ZK8714-4-87	345	165	1007	0. 16	0. 1057	0. 0032	4. 5373	0. 1392	0. 3107	0. 0086	1728	55	1738	26	1744	42
ZK8714-4-88	32	303	322	0. 94	0. 0598	0. 0021	0. 6181	0. 0218	0. 0750	0. 0021	598	78	489	14	466	13
ZK8714-4-89	30	159	361	0. 44	0. 0549	0. 0023	0. 5528	0. 0206	0. 0695	0. 0020	409	90	447	14	433	12
ZK8714-4-91	324	893	1256	0. 71	0. 0847	0. 0026	2. 3816	0. 0726	0. 2029	0. 0056	1309	59	1237	22	1191	30
ZK8714-4-92	47	380	532	0. 71	0. 0552	0. 0019	0. 5646	0. 0184	0. 0725	0. 0020	420	80	454	12	451	12
ZK8714-4-93	95	1423	1070	1. 33	0. 0574	0. 0018	0. 5075	0. 0157	0. 0640	0. 0018	506	70	417	11	400	11
ZK8714-4-94	35	305	424	0. 72	0. 0569	0. 0021	0. 5362	0. 0191	0. 0681	0. 0019	487	51	436	13	425	11
ZK8714-4-95	33	229	362	0. 63	0. 0555	0. 0021	0. 5803	0. 0201	0. 0755	0. 0021	435	86	465	13	469	13

附表 4　华北陆块南部偃龙地区火石嘴露头区铝土质泥岩（1575-2）碎屑锆石 U-Pb 同位素数据

分析点号	组成/(mg/g)			Th/U	同位素比值						年龄/Ma					
	Pb	Th	U		$^{207}Pb/^{206}Pb$	1σ	$^{207}Pb/^{235}U$	1σ	$^{206}Pb/^{238}U$	1σ	$^{207}Pb/^{206}Pb$	1σ	$^{207}Pb/^{235}U$	1σ	$^{206}Pb/^{238}U$	1σ
1575-2-01	20	126	212	0. 60	0. 0535	0. 0024	0. 5472	0. 0247	0. 0743	0. 0021	350	104	443	16	462	13
1575-2-02	41	363	403	0. 90	0. 0554	0. 0025	0. 5815	0. 0263	0. 0760	0. 0022	428	104	465	17	472	13
1575-2-03	19	121	205	0. 59	0. 0549	0. 0028	0. 5444	0. 0265	0. 0724	0. 0021	409	111	441	17	450	12
1575-2-04	53	638	508	1. 25	0. 0594	0. 0025	0. 5864	0. 0250	0. 0716	0. 0020	583	93	469	16	446	12
1575-2-05	21	152	225	0. 68	0. 0555	0. 0028	0. 5510	0. 0266	0. 0731	0. 0021	432	108	446	17	455	13
1575-2-06	20	166	208	0. 80	0. 0586	0. 0029	0. 6008	0. 0303	0. 0750	0. 0022	550	107	478	19	467	13
1575-2-08	27	206	227	0. 91	0. 0591	0. 0028	0. 6856	0. 0335	0. 0824	0. 0023	569	136	530	20	510	14
1575-2-09	19	130	201	0. 65	0. 0609	0. 0029	0. 6101	0. 0280	0. 0732	0. 0021	635	108	484	18	455	13
1575-2-10	27	250	242	1. 03	0. 0618	0. 0028	0. 6535	0. 0287	0. 0785	0. 0022	733	96	511	18	487	13
1575-2-11	85	746	949	0. 79	0. 0609	0. 0023	0. 5582	0. 0207	0. 0687	0. 0019	635	83	450	14	428	11
1575-2-13	88	78	253	0. 31	0. 0983	0. 0048	3. 7108	0. 1381	0. 2688	0. 0079	1591	91	1574	30	1535	40
1575-2-14	71	722	544	1. 33	0. 0648	0. 0027	0. 7667	0. 0302	0. 0889	0. 0025	769	86	578	17	549	15
1575-2-16	75	950	752	1. 26	0. 0562	0. 0019	0. 5332	0. 0182	0. 0687	0. 0018	457	106	434	12	428	11
1575-2-17	16	100	165	0. 61	0. 0500	0. 0027	0. 5306	0. 0270	0. 0758	0. 0021	195	128	432	18	471	13
1575-2-18	76	829	739	1. 12	0. 0566	0. 0020	0. 5748	0. 0206	0. 0735	0. 0021	476	76	461	13	457	12
1575-2-19	15	119	173	0. 69	0. 0576	0. 0029	0. 5568	0. 0278	0. 0702	0. 0020	517	83	449	18	437	12
1575-2-20	63	862	565	1. 53	0. 0549	0. 0022	0. 5379	0. 0203	0. 0711	0. 0020	409	89	437	13	443	12
1575-2-21	40	462	378	1. 22	0. 0533	0. 0021	0. 5482	0. 0219	0. 0744	0. 0021	343	91	444	14	463	12
1575-2-22	34	337	361	0. 94	0. 0527	0. 0024	0. 5148	0. 0215	0. 0708	0. 0019	322	106	422	14	441	12
1575-2-23	13	76	130	0. 59	0. 0560	0. 0029	0. 6002	0. 0302	0. 0785	0. 0022	450	117	477	19	487	13
1575-2-24	21	214	218	0. 98	0. 0564	0. 0027	0. 5572	0. 0259	0. 0718	0. 0020	478	101	450	17	447	12
1575-2-25	34	289	357	0. 81	0. 0517	0. 0026	0. 5473	0. 0250	0. 0731	0. 0020	272	119	443	16	455	12

续表

分析点号	组成/(mg/g)			Th/U	同位素比值						年龄/Ma					
	Pb	Th	U		$^{207}Pb/^{206}Pb$	1σ	$^{207}Pb/^{235}U$	1σ	$^{206}Pb/^{238}U$	1σ	$^{207}Pb/^{206}Pb$	1σ	$^{207}Pb/^{235}U$	1σ	$^{206}Pb/^{238}U$	1σ
1575-2-26	19	115	212	0.54	0.0539	0.0026	0.5484	0.0258	0.0737	0.0020	365	111	444	17	458	12
1575-2-27	130	894	1572	0.57	0.0532	0.0019	0.5020	0.0175	0.0683	0.0019	345	80	413	12	426	12
1575-2-28	61	567	672	0.84	0.0541	0.0020	0.5218	0.0189	0.0696	0.0019	376	79	426	13	433	11
1575-2-29	14	102	158	0.65	0.0584	0.0039	0.5832	0.0364	0.0717	0.0020	546	144	466	23	446	12
1575-2-30	15	85	162	0.52	0.0541	0.0028	0.5475	0.0271	0.0737	0.0021	376	115	443	18	459	13
1575-2-31	28	190	316	0.60	0.0541	0.0024	0.5372	0.0221	0.0691	0.0019	376	100	437	15	431	12
1575-2-32	15	91	170	0.53	0.0575	0.0028	0.5844	0.0271	0.0743	0.0021	509	73	467	17	462	13
1575-2-33	25	328	243	1.35	0.0578	0.0027	0.5599	0.0255	0.0703	0.0020	524	108	451	17	438	12
1575-2-34	27	45	38	1.20	0.1618	0.0064	10.8770	0.4377	0.4854	0.0143	2476	67	2513	37	2551	62
1575-2-35	11	68	116	0.59	0.0559	0.0038	0.5812	0.0371	0.0752	0.0022	450	145	465	24	468	13
1575-2-37	27	221	275	0.80	0.0553	0.0023	0.5773	0.0238	0.0754	0.0021	433	94	463	15	469	13
1575-2-38	11	57	117	0.49	0.0571	0.0033	0.6038	0.0348	0.0763	0.0022	494	128	480	22	474	13
1575-2-39	42	433	408	1.06	0.0569	0.0024	0.5902	0.0243	0.0748	0.0021	487	99	471	16	465	12
1575-2-40	18	104	186	0.56	0.0542	0.0031	0.5513	0.0293	0.0719	0.0021	389	131	446	19	448	13
1575-2-41	10	73	107	0.69	0.0574	0.0036	0.5846	0.0349	0.0748	0.0023	509	137	467	22	465	14
1575-2-42	14	81	159	0.51	0.0612	0.0033	0.6402	0.0332	0.0740	0.0021	656	121	502	21	460	13
1575-2-43	8	42	83	0.51	0.0631	0.0045	0.6586	0.0448	0.0768	0.0024	722	152	514	27	477	14
1575-2-44	12	89	117	0.76	0.0579	0.0034	0.6127	0.0335	0.0763	0.0023	524	130	485	21	474	14
1575-2-46	21	137	223	0.61	0.0565	0.0031	0.5810	0.0298	0.0753	0.0023	472	122	465	19	468	14
1575-2-48	22	266	245	1.08	0.0585	0.0029	0.5416	0.0271	0.0675	0.0020	546	109	439	18	421	12
1575-2-49	16	122	167	0.73	0.0620	0.0034	0.6113	0.0318	0.0730	0.0022	676	119	484	20	454	13
1575-2-50	17	134	186	0.72	0.0560	0.0028	0.5681	0.0277	0.0736	0.0021	450	111	457	18	458	12

续表

分析点号	组成/(mg/g)			Th/U	同位素比值						年龄/Ma					
	Pb	Th	U		$^{207}Pb/^{206}Pb$	1σ	$^{207}Pb/^{235}U$	1σ	$^{206}Pb/^{238}U$	1σ	$^{207}Pb/^{206}Pb$	1σ	$^{207}Pb/^{235}U$	1σ	$^{206}Pb/^{238}U$	1σ
1575-2-51	23	200	229	0.87	0.0581	0.0027	0.6056	0.0274	0.0759	0.0022	532	102	481	17	472	13
1575-2-52	49	358	546	0.65	0.0582	0.0023	0.5775	0.0235	0.0718	0.0020	600	82	463	15	447	12
1575-2-53	55	421	607	0.69	0.0553	0.0025	0.5377	0.0219	0.0692	0.0019	433	100	437	14	431	12
1575-2-54	43	86	131	0.65	0.0951	0.0038	3.3435	0.1345	0.2545	0.0071	1531	75	1491	31	1462	37
1575-2-56	19	146	205	0.71	0.0564	0.0030	0.5670	0.0285	0.0717	0.0021	478	119	456	18	446	12
1575-2-57	11	90	107	0.85	0.0602	0.0041	0.5998	0.0387	0.0732	0.0022	609	146	477	25	455	13
1575-2-58	11	65	120	0.54	0.0586	0.0035	0.5909	0.0355	0.0734	0.0022	554	131	471	23	457	13
1575-2-59	37	283	370	0.76	0.0526	0.0025	0.5660	0.0249	0.0744	0.0021	309	109	455	16	463	13
1575-2-60	53	461	543	0.85	0.0518	0.0023	0.5260	0.0226	0.0731	0.0022	276	102	429	15	455	13
1575-2-61	36	109	131	0.83	0.0752	0.0033	2.0894	0.0926	0.1996	0.0060	1074	89	1145	30	1173	32
1575-2-63	15	90	168	0.53	0.0551	0.0028	0.5610	0.0288	0.0734	0.0022	417	115	452	19	456	13
1575-2-64	31	332	337	0.99	0.0570	0.0029	0.5219	0.0259	0.0662	0.0019	500	113	426	17	413	12
1575-2-66	17	111	183	0.61	0.0578	0.0029	0.5938	0.0301	0.0740	0.0023	524	109	473	19	460	14
1575-2-67	9	58	97	0.60	0.0583	0.0047	0.5601	0.0407	0.0711	0.0023	539	178	452	27	442	14
1575-2-68	16	110	165	0.66	0.0578	0.0030	0.5856	0.0301	0.0733	0.0022	520	82	468	19	456	13
1575-2-69	25	175	252	0.69	0.0563	0.0028	0.5802	0.0285	0.0749	0.0021	465	113	465	18	466	13
1575-2-71	12	84	124	0.67	0.0598	0.0035	0.5843	0.0340	0.0712	0.0021	598	128	467	22	443	13
1575-2-72	28	204	276	0.74	0.0606	0.0028	0.6159	0.0269	0.0742	0.0021	628	98	487	17	461	13
1575-2-75	30	252	298	0.84	0.0581	0.0028	0.5924	0.0284	0.0740	0.0021	532	101	472	18	460	13
1575-2-76	307	154	509	0.30	0.1866	0.0072	12.1434	0.4719	0.4736	0.0134	2713	64	2616	36	2499	59
1575-2-77	24	175	263	0.67	0.0580	0.0028	0.5828	0.0274	0.0724	0.0021	528	107	466	18	450	12
1575-2-78	14	128	156	0.82	0.0550	0.0034	0.5184	0.0322	0.0703	0.0021	413	106	424	22	438	12
1575-2-79	12	93	121	0.77	0.0571	0.0036	0.5549	0.0331	0.0736	0.0022	498	138	448	22	458	13

附表5 华北陆块南部偃龙地区火石嘴露头区豆鲕（碎屑）状铝土矿（620-1）碎屑锆石 U-Pb 同位素数据

分析点号	组成/(mg/g)			Th/U	同位素比值						年龄/Ma					
	Pb	Th	U		$^{207}Pb/^{206}Pb$	1σ	$^{207}Pb/^{235}U$	1σ	$^{206}Pb/^{238}U$	1σ	$^{207}Pb/^{206}Pb$	1σ	$^{207}Pb/^{235}U$	1σ	$^{206}Pb/^{238}U$	1σ
620-1-01	39	328	427	0.77	0.0520	0.0025	0.5154	0.0234	0.0736	0.0021	283	107	422	16	458	12
620-1-02	9	52	114	0.46	0.0496	0.0037	0.4971	0.0325	0.0711	0.0021	254	149	489	23	429	11.6
620-1-03	7	35	84	0.42	0.0530	0.0047	0.5031	0.0421	0.0728	0.0025	414	28	418	11	471	28.0
620-1-04	14	109	157	0.70	0.0523	0.0033	0.4985	0.0296	0.0705	0.0021	302	144	411	20	439	12
620-1-05	37	320	409	0.78	0.0534	0.0029	0.5169	0.0241	0.0736	0.0021	343	124	423	16	458	13
620-1-06	57	473	629	0.75	0.0544	0.0028	0.5341	0.0240	0.0745	0.0021	387	82	435	16	463	13
620-1-07	20	214	199	1.07	0.0537	0.0034	0.5350	0.0307	0.0737	0.0022	276	124	435	20	431	11.5
620-1-08	24	280	253	1.11	0.0505	0.0027	0.5005	0.0232	0.0728	0.0020	217	129	412	16	453	12
620-1-09	26	185	297	0.62	0.0557	0.0028	0.5621	0.0265	0.0749	0.0021	439	113	453	17	465	13
620-1-10	14	116	153	0.76	0.0521	0.0031	0.5156	0.0280	0.0718	0.0021	287	135	422	19	447	13
620-1-11	10	47	119	0.40	0.0535	0.0035	0.5442	0.0326	0.0738	0.0022	350	155	441	21	459	13
620-1-12	121	1345	1192	1.13	0.0538	0.0023	0.5538	0.0212	0.0732	0.0020	365	96	448	14	455	12
620-1-13	21	196	232	0.84	0.0523	0.0029	0.5310	0.0280	0.0719	0.0020	298	128	432	19	448	12
620-1-14	33	253	365	0.69	0.0530	0.0027	0.5257	0.0245	0.0718	0.0020	328	117	429	16	447	12
620-1-15	40	338	436	0.77	0.0542	0.0026	0.5309	0.0240	0.0710	0.0020	389	75	432	16	442	12
620-1-16	31	201	356	0.56	0.0561	0.0029	0.5625	0.0286	0.0731	0.0021	457	112	453	19	455	13
620-1-17	13	89	146	0.61	0.0547	0.0034	0.5254	0.0305	0.0709	0.0021	467	171	429	20	441	13
620-1-18	54	673	539	1.25	0.0546	0.0025	0.5342	0.0238	0.0706	0.0019	394	104	435	16	440	12
620-1-19	16	164	171	0.96	0.0552	0.0030	0.5388	0.0292	0.0718	0.0021	420	119	438	19	447	13

续表

分析点号	组成/(mg/g)			Th/U	同位素比值						年龄/Ma					
	Pb	Th	U		$^{207}Pb/^{206}Pb$	1σ	$^{207}Pb/^{235}U$	1σ	$^{206}Pb/^{238}U$	1σ	$^{207}Pb/^{206}Pb$	1σ	$^{207}Pb/^{235}U$	1σ	$^{206}Pb/^{238}U$	1σ
620-1-20	16	152	173	0.88	0.0507	0.0030	0.4968	0.0271	0.0725	0.0021	228	142	410	18	451	13
620-1-21	23	210	242	0.87	0.0561	0.0030	0.5552	0.0281	0.0727	0.0020	454	119	448	18	453	12
620-1-22	12	89	125	0.71	0.0560	0.0036	0.5509	0.0326	0.0733	0.0022	450	146	446	21	456	13
620-1-23	36	420	364	1.15	0.0559	0.0027	0.5531	0.0248	0.0723	0.0020	456	103	447	16	450	12
620-1-24	33	365	346	1.06	0.0548	0.0027	0.5309	0.0251	0.0704	0.0020	406	111	432	17	439	12
620-1-25	18	183	193	0.95	0.0574	0.0035	0.5765	0.0336	0.0726	0.0021	506	133	462	22	452	13
620-1-26	46	336	326	1.03	0.0645	0.0030	0.9253	0.0418	0.1038	0.0028	767	96	665	22	637	16
620-1-27	16	108	174	0.62	0.0541	0.0031	0.5375	0.0291	0.0700	0.0020	376	130	437	19	436	12
620-1-28	25	432	206	2.10	0.0546	0.0029	0.5324	0.0267	0.0712	0.0020	398	125	433	18	444	12
620-1-29	7	5	75	0.68	0.0602	0.0043	0.5777	0.0359	0.0711	0.0023	613	158	463	23	443	14
620-1-30	22	145	258	0.56	0.0583	0.0029	0.5746	0.0280	0.0715	0.0020	543	111	461	18	445	12
620-1-31	125	143	198	0.72	0.1604	0.0059	10.5034	0.3760	0.4708	0.0126	2461	61	2480	33	2487	55
620-1-32	41	394	447	0.88	0.0552	0.0024	0.5479	0.0226	0.0699	0.0019	420	101	444	15	436	11
620-1-33	25	282	264	1.07	0.0578	0.0030	0.5631	0.0277	0.0702	0.0019	520	113	454	18	437	12
620-1-34	19	147	203	0.72	0.0587	0.0032	0.6065	0.0304	0.0734	0.0021	567	119	481	19	457	13
620-1-35	30	221	338	0.65	0.0533	0.0027	0.5466	0.0276	0.0735	0.0021	343	117	443	18	457	12
620-1-36	22	165	237	0.70	0.0538	0.0029	0.5539	0.0281	0.0732	0.0021	365	120	448	18	456	13
620-1-37	3	17	34	0.50	0.0597	0.0056	0.5971	0.0525	0.0724	0.0026	591	206	475	33	451	16
620-1-38	22	170	244	0.70	0.0559	0.0029	0.5559	0.0276	0.0721	0.0020	456	119	449	18	449	12

续表

分析点号	组成/(mg/g)			Th/U	同位素比值						年龄/Ma					
	Pb	Th	U		$^{207}Pb/^{206}Pb$	1σ	$^{207}Pb/^{235}U$	1σ	$^{206}Pb/^{238}U$	1σ	$^{207}Pb/^{206}Pb$	1σ	$^{207}Pb/^{235}U$	1σ	$^{206}Pb/^{238}U$	1σ
620-1-39	46	533	338	1. 58	0. 0526	0. 0026	0. 6561	0. 0283	0. 0901	0. 0025	322	111	512	17	556	15
620-1-40	37	249	413	0. 60	0. 0521	0. 0027	0. 5204	0. 0241	0. 0727	0. 0021	287	151	425	16	452	12
620-1-41	11	99	129	0. 77	0. 0546	0. 0037	0. 5151	0. 0312	0. 0711	0. 0021	394	154	422	21	443	13
620-1-42	70	713	756	0. 94	0. 0585	0. 0024	0. 5535	0. 0215	0. 0702	0. 0019	546	91	447	14	437	12
620-1-43	16	75	193	0. 39	0. 0508	0. 0028	0. 4844	0. 0234	0. 0700	0. 0020	232	134	401	16	436	12
620-1-44	24	177	265	0. 67	0. 0558	0. 0030	0. 5445	0. 0271	0. 0716	0. 0020	443	123	441	18	446	12
620-1-45	37	432	406	1. 06	0. 0540	0. 0027	0. 4840	0. 0221	0. 0670	0. 0019	372	115	401	15	418	11
620-1-46	61	385	715	0. 54	0. 0583	0. 0026	0. 5582	0. 0236	0. 0717	0. 0020	539	98	450	15	447	12
620-1-47	49	481	518	0. 93	0. 0538	0. 0025	0. 5182	0. 0215	0. 0710	0. 0020	365	104	424	14	442	12
620-1-49	11	79	129	0. 61	0. 0597	0. 0038	0. 5706	0. 0329	0. 0732	0. 0022	594	139	458	21	455	13
620-1-50	137	164	432	0. 38	0. 1023	0. 0040	3. 6452	0. 1356	0. 2688	0. 0074	1678	71	1559	30	1535	38
620-1-51	16	132	177	0. 74	0. 0574	0. 0033	0. 5461	0. 0302	0. 0713	0. 0020	509	128	442	20	444	12
620-1-52	261	190	397	0. 48	0. 1868	0. 0071	12. 7905	0. 4749	0. 5053	0. 0137	2714	63	2664	35	2637	59
620-1-53	25	186	331	0. 56	0. 0553	0. 0025	0. 4743	0. 0221	0. 0628	0. 0018	433	102	394	15	393	11
620-1-54	17	156	191	0. 82	0. 0485	0. 0032	0. 4721	0. 0274	0. 0695	0. 0020	124	209	393	19	433	12
620-1-55	15	129	157	0. 83	0. 0569	0. 0042	0. 6298	0. 0504	0. 0780	0. 0027	487	160	496	31	484	16
620-1-56	16	27	79	0. 34	0. 0688	0. 0039	1. 7035	0. 0946	0. 1784	0. 0053	894	117	1010	36	1058	29
620-1-57	27	311	267	1. 16	0. 0509	0. 0028	0. 5182	0. 0268	0. 0702	0. 0020	239	131	424	18	437	12
620-1-58	243	292	645	0. 45	0. 1052	0. 0038	4. 4853	0. 1571	0. 3058	0. 0083	1718	67	1728	29	1720	41

续表

分析点号	组成/(mg/g)			Th/U	同位素比值						年龄/Ma					
	Pb	Th	U		$^{207}Pb/^{206}Pb$	1σ	$^{207}Pb/^{235}U$	1σ	$^{206}Pb/^{238}U$	1σ	$^{207}Pb/^{206}Pb$	1σ	$^{207}Pb/^{235}U$	1σ	$^{206}Pb/^{238}U$	1σ
620-1-59	9	78	103	0. 75	0. 0513	0. 0036	0. 4973	0. 0300	0. 0696	0. 0021	254	161	410	20	434	13
620-1-60	47	160	586	0. 27	0. 0538	0. 0024	0. 5253	0. 0218	0. 0692	0. 0019	361	102	429	15	431	11
620-1-61	21	145	226	0. 64	0. 0545	0. 0029	0. 5452	0. 0275	0. 0703	0. 0020	391	86	442	18	438	12
620-1-62	41	365	457	0. 80	0. 0550	0. 0025	0. 5365	0. 0233	0. 0679	0. 0019	413	108	436	15	423	11
620-1-63	172	88	451	0. 20	0. 1106	0. 0046	5. 0878	0. 1933	0. 3217	0. 0088	1810	75	1834	32	1798	43
620-1-64	263	115	618	0. 19	0. 1229	0. 0049	6. 3010	0. 2444	0. 3674	0. 0102	1999	70	2019	34	2017	48
620-1-65	14	152	150	1. 01	0. 0571	0. 0049	0. 5475	0. 0442	0. 0700	0. 0022	494	186	443	29	436	13
620-1-66	28	202	328	0. 62	0. 0533	0. 0029	0. 5129	0. 0257	0. 0697	0. 0020	339	124	420	17	434	12
620-1-68	29	278	312	0. 89	0. 0584	0. 0030	0. 5708	0. 0276	0. 0695	0. 0020	546	113	459	18	433	12
620-1-70	36	268	410	0. 65	0. 0563	0. 0027	0. 5466	0. 0260	0. 0688	0. 0019	465	101	443	17	429	12
620-1-71	66	505	763	0. 66	0. 0574	0. 0023	0. 5536	0. 0224	0. 0701	0. 0019	506	89	447	15	437	12
620-1-72	40	260	460	0. 57	0. 0582	0. 0027	0. 5754	0. 0262	0. 0719	0. 0020	600	102	462	17	448	12
620-1-73	13	104	146	0. 71	0. 0542	0. 0033	0. 5313	0. 0309	0. 0713	0. 0021	389	135	433	21	444	12
620-1-74	18	110	199	0. 55	0. 0582	0. 0033	0. 5932	0. 0323	0. 0741	0. 0022	539	122	473	21	461	13
620-1-75	33	250	372	0. 67	0. 0588	0. 0029	0. 5766	0. 0266	0. 0713	0. 0020	561	107	462	17	444	12
620-1-76	23	193	263	0. 74	0. 0586	0. 0031	0. 5473	0. 0267	0. 0681	0. 0020	554	115	443	17	425	12
620-1-77	14	79	158	0. 50	0. 0617	0. 0038	0. 6186	0. 0374	0. 0731	0. 0022	665	135	489	23	455	13
620-1-79	73	630	815	0. 77	0. 0549	0. 0025	0. 5262	0. 0215	0. 0692	0. 0019	406	102	429	14	431	11
620-1-81	37	279	434	0. 64	0. 0578	0. 0027	0. 5418	0. 0233	0. 0679	0. 0019	520	102	440	15	424	11

续表

分析点号	组成/(mg/g)			Th/U	同位素比值						年龄/Ma					
	Pb	Th	U		$^{207}Pb/^{206}Pb$	1σ	$^{207}Pb/^{235}U$	1σ	$^{206}Pb/^{238}U$	1σ	$^{207}Pb/^{206}Pb$	1σ	$^{207}Pb/^{235}U$	1σ	$^{206}Pb/^{238}U$	1σ
620-1-82	173	485	435	1.11	0.0989	0.0038	3.8353	0.1411	0.2766	0.0075	1603	73	1600	30	1574	38
620-1-83	79	635	879	0.72	0.0557	0.0024	0.5440	0.0219	0.0691	0.0019	439	96	441	14	431	12
620-1-84	11	79	130	0.61	0.0557	0.0036	0.5459	0.0347	0.0694	0.0020	443	144	442	23	433	12
620-1-85	12	91	141	0.65	0.0538	0.0035	0.5103	0.0330	0.0687	0.0021	361	146	419	22	428	12
620-1-86	31	227	360	0.63	0.0523	0.0030	0.5122	0.0254	0.0669	0.0019	298	130	420	17	417	11
620-1-87	42	325	495	0.66	0.0542	0.0026	0.5148	0.0237	0.0692	0.0019	389	75	422	16	431	12
620-1-88	48	462	540	0.86	0.0534	0.0026	0.4928	0.0221	0.0670	0.0019	346	109	407	15	418	11
620-1-89	31	182	369	0.49	0.0569	0.0027	0.5467	0.0253	0.0697	0.0019	487	99	443	17	434	12
620-1-90	33	243	374	0.65	0.0521	0.0026	0.5190	0.0230	0.0715	0.0020	287	113	425	15	445	12
620-1-91	44	394	479	0.82	0.0548	0.0026	0.5382	0.0230	0.0709	0.0020	467	106	437	15	442	12
620-1-92	27	208	306	0.68	0.0546	0.0028	0.5256	0.0256	0.0710	0.0020	398	113	429	17	442	12
620-1-94	13	121	142	0.85	0.0555	0.0035	0.5327	0.0307	0.0711	0.0022	432	141	434	20	443	13
620-1-95	53	419	618	0.68	0.0530	0.0025	0.5105	0.0224	0.0697	0.0020	328	106	419	15	434	12
620-1-96	64	495	715	0.69	0.0528	0.0025	0.5154	0.0230	0.0719	0.0021	320	112	422	15	448	12
620-1-97	38	298	439	0.68	0.0510	0.0028	0.5024	0.0240	0.0669	0.0019	243	128	413	16	418	12
620-1-98	107	69	315	0.22	0.1049	0.0042	4.4476	0.1737	0.3123	0.0088	1722	73	1721	32	1752	43
620-1-99	167	197	1009	0.20	0.0686	0.0027	1.4295	0.0527	0.1503	0.0042	887	80	901	22	903	23
620-1-100	68	100	339	0.29	0.0705	0.0031	1.7781	0.0768	0.1863	0.0053	943	91	1037	28	1101	29

附表 6　华北陆块南部渑池地区铝土质泥岩（180331-5）碎屑锆石 U-Pb 同位素数据

分析点号	组成/(mg/g)			Th/U	同位素比值						年龄/Ma					
	Pb	Th	U		$^{207}Pb/^{206}Pb$	1σ	$^{207}Pb/^{235}U$	1σ	$^{206}Pb/^{238}U$	1σ	$^{207}Pb/^{206}Pb$	1σ	$^{207}Pb/^{235}U$	1σ	$^{206}Pb/^{238}U$	1σ
180331-5-01	4	45	37	1. 21	0. 0595	0. 0050	0. 6288	0. 0480	0. 0799	0. 0029	583	188	495	30	496	17
180331-5-02	112	246	347	0. 71	0. 0934	0. 0037	3. 3552	0. 1355	0. 2585	0. 0074	1496	76	1494	32	1482	38
180331-5-03	172	190	244	0. 78	0. 1836	0. 0071	13. 231	0. 5062	0. 5189	0. 0144	2687	65	2696	36	2694	61
180331-5-04	96	270	420	0. 64	0. 0767	0. 0031	1. 9683	0. 0780	0. 1850	0. 0051	1122	80	1105	27	1094	28
180331-5-05	145	205	379	0. 54	0. 1064	0. 0042	4. 5449	0. 1771	0. 3079	0. 0085	1739	72	1739	33	1730	42
180331-5-06	185	345	265	1. 30	0. 1594	0. 0066	10. 406	0. 4164	0. 4695	0. 0131	2450	70	2472	37	2481	57
180331-5-07	28	217	318	0. 68	0. 0562	0. 0027	0. 5442	0. 0257	0. 0700	0. 0020	457	106	441	17	436	12
180331-5-08	35	117	189	0. 62	0. 0676	0. 0032	1. 4006	0. 0654	0. 1498	0. 0043	857	99	889	28	900	24
180331-5-09	267	356	438	0. 81	0. 1652	0. 0073	10. 468	0. 4730	0. 4556	0. 0135	2510	75	2477	42	2420	60
180331-5-10	24	37	115	0. 32	0. 0776	0. 0041	1. 9060	0. 0990	0. 1777	0. 0053	1144	105	1083	35	1054	29
180331-5-11	385	182	430	0. 42	0. 3118	0. 0150	27. 095	1. 3139	0. 6244	0. 0182	3531	74	3387	48	3128	72
180331-5-12	11	101	117	0. 86	0. 0632	0. 0042	0. 6120	0. 0386	0. 0709	0. 0022	722	143	485	24	442	13
180331-5-13	44	559	448	1. 25	0. 0548	0. 0026	0. 5306	0. 0248	0. 0697	0. 0020	467	105	432	17	435	12
180331-5-14	51	460	626	0. 74	0. 0615	0. 0027	0. 5541	0. 0237	0. 0654	0. 0019	657	92	448	16	408	11
180331-5-15	39	153	206	0. 75	0. 0679	0. 0029	1. 4073	0. 0601	0. 1492	0. 0042	866	90	892	25	897	24
180331-5-16	216	271	351	0. 77	0. 1604	0. 0059	10. 243	0. 3688	0. 4587	0. 0126	2461	62	2457	33	2434	56
180331-5-17	13	113	141	0. 80	0. 0593	0. 0028	0. 6044	0. 0279	0. 0736	0. 0022	589	104	480	18	458	13
180331-5-18	39	53	188	0. 28	0. 0754	0. 0029	1. 9579	0. 0749	0. 1865	0. 0054	1080	71	1101	26	1102	30
180331-5-19	33	124	150	0. 83	0. 0734	0. 0030	1. 7659	0. 0708	0. 1733	0. 0049	1033	83	1033	26	1030	27
180331-5-20	49	108	256	0. 42	0. 0692	0. 0027	1. 5893	0. 0596	0. 1645	0. 0046	906	75	966	23	982	25

续表

分析点号	组成/(mg/g)			Th/U	同位素比值						年龄/Ma					
	Pb	Th	U		$^{207}Pb/^{206}Pb$	1σ	$^{207}Pb/^{235}U$	1σ	$^{206}Pb/^{238}U$	1σ	$^{207}Pb/^{206}Pb$	1σ	$^{207}Pb/^{235}U$	1σ	$^{206}Pb/^{238}U$	1σ
180331-5-21	104	286	462	0. 62	0. 0777	0. 0027	1. 9832	0. 0665	0. 1838	0. 0051	1139	69	1110	23	1088	28
180331-5-22	36	184	430	0. 43	0. 0640	0. 0024	0. 6190	0. 0227	0. 0698	0. 0019	516	158	445	23	432	12
180331-5-23	12	130	85	1. 53	0. 0583	0. 0033	0. 7568	0. 0403	0. 0948	0. 0028	539	124	572	23	584	17
180331-5-24	112	220	294	0. 75	0. 1017	0. 0033	4. 2195	0. 1406	0. 2984	0. 0081	1657	61	1678	27	1683	40
180331-5-25	9	64	103	0. 62	0. 0565	0. 0028	0. 5585	0. 0280	0. 0716	0. 0021	472	111	451	18	446	13
180331-5-28	13	36	77	0. 48	0. 0698	0. 0031	1. 4060	0. 0614	0. 1469	0. 0043	924	92	891	26	884	24
180331-5-29	15	86	166	0. 52	0. 0624	0. 0035	0. 6229	0. 0358	0. 0724	0. 0021	700	120	492	22	451	13
180331-5-31	31	85	151	0. 56	0. 0722	0. 0029	1. 6411	0. 0672	0. 1650	0. 0047	991	82	986	26	985	26
180331-5-32	11	70	107	0. 65	0. 0585	0. 0033	0. 6564	0. 0369	0. 0818	0. 0024	550	156	512	23	507	14
180331-5-34	15	126	167	0. 76	0. 0583	0. 0027	0. 5478	0. 0256	0. 0683	0. 0019	539	102	444	17	426	12
180331-5-35	89	153	392	0. 39	0. 0861	0. 0035	2. 2429	0. 0965	0. 1876	0. 0055	1343	78	1195	30	1109	30
180331-5-36	65	137	338	0. 40	0. 0687	0. 0026	1. 5720	0. 0554	0. 1655	0. 0045	900	76	959	22	987	25
180331-5-37	156	142	230	0. 62	0. 1841	0. 0062	12. 825	0. 4277	0. 5045	0. 0136	2700	57	2667	32	2633	58
180331-5-39	22	74	122	0. 61	0. 0695	0. 0030	1. 3753	0. 0575	0. 1434	0. 0040	915	89	878	25	864	22
180331-5-40	61	291	267	1. 09	0. 0720	0. 0028	1. 6532	0. 0624	0. 1662	0. 0046	985	78	991	24	991	25
180331-5-41	19	164	187	0. 87	0. 0591	0. 0028	0. 6334	0. 0289	0. 0781	0. 0022	569	134	498	18	484	13
180331-5-42	57	106	232	0. 46	0. 0816	0. 0031	2. 3872	0. 0893	0. 2119	0. 0058	1236	76	1239	27	1239	31
180331-5-43	18	146	179	0. 82	0. 0624	0. 0029	0. 6690	0. 0314	0. 0777	0. 0023	687	100	520	19	483	14
180331-5-44	196	346	714	0. 48	0. 0904	0. 0031	2. 9166	0. 1019	0. 2332	0. 0064	1433	67	1386	26	1351	33
180331-5-45	46	262	553	0. 47	0. 0565	0. 0022	0. 5637	0. 0213	0. 0723	0. 0020	472	92	454	14	450	12

续表

分析点号	组成/(mg/g)			Th/U	同位素比值						年龄/Ma					
	Pb	Th	U		$^{207}Pb/^{206}Pb$	1σ	$^{207}Pb/^{235}U$	1σ	$^{206}Pb/^{238}U$	1σ	$^{207}Pb/^{206}Pb$	1σ	$^{207}Pb/^{235}U$	1σ	$^{206}Pb/^{238}U$	1σ
180331-5-46	59	359	297	1. 21	0. 0685	0. 0027	1. 3538	0. 0512	0. 1435	0. 0039	883	-119	869	22	865	22
180331-5-47	309	134	822	0. 16	0. 1138	0. 0042	5. 3405	0. 1891	0. 3385	0. 0091	1861	67	1875	30	1880	44
180331-5-48	54	21	317	0. 07	0. 0726	0. 0028	1. 6631	0. 0650	0. 1656	0. 0046	1011	78	995	25	988	25
180331-5-49	14	119	154	0. 78	0. 0562	0. 0027	0. 5694	0. 0284	0. 0734	0. 0022	461	109	458	18	456	13
180331-5-50	64	106	347	0. 30	0. 0713	0. 0028	1. 6611	0. 0672	0. 1684	0. 0047	969	86	994	26	1003	26
180331-5-51	58	104	166	0. 62	0. 1020	0. 0042	4. 1039	0. 1736	0. 2906	0. 0083	1661	76	1655	35	1645	42
180331-5-52	80	155	406	0. 38	0. 0802	0. 0032	1. 9326	0. 0787	0. 1742	0. 0050	1267	79	1092	27	1035	28
180331-5-53	65	95	123	0. 77	0. 1590	0. 0060	8. 8673	0. 3415	0. 4031	0. 0114	2456	64	2324	35	2183	53
180331-5-54	87	355	739	0. 48	0. 0614	0. 0023	0. 8848	0. 0338	0. 1039	0. 0028	654	82	644	18	637	17
180331-5-55	83	382	379	1. 01	0. 0736	0. 0027	1. 7192	0. 0621	0. 1686	0. 0047	1031	68	1016	23	1005	26
180331-5-56	83	88	219	0. 40	0. 1075	0. 0037	4. 9154	0. 1700	0. 3295	0. 0089	1758	63	1805	29	1836	43
180331-5-57	49	131	252	0. 52	0. 0722	0. 0028	1. 6879	0. 0627	0. 1682	0. 0046	992	106	1004	24	1002	25
180331-5-58	414	137	560	0. 24	0. 2515	0. 0086	20. 845	0. 7578	0. 5926	0. 0166	3194	54	3131	35	3000	67
180331-5-59	6	34	68	0. 50	0. 0620	0. 0038	0. 6307	0. 0396	0. 0734	0. 0022	676	331	497	25	457	13
180331-5-60	60	141	343	0. 41	0. 0786	0. 0030	1. 6387	0. 0665	0. 1485	0. 0043	1161	76	985	26	893	24
180331-5-61	36	176	164	1. 08	0. 0756	0. 0029	1. 7341	0. 0655	0. 1648	0. 0046	1087	78	1021	24	984	26
180331-5-62	127	213	381	0. 56	0. 1139	0. 0044	4. 2606	0. 1669	0. 2670	0. 0078	1862	70	1686	32	1526	40
180331-5-64	39	64	196	0. 33	0. 0712	0. 0026	1. 7788	0. 0650	0. 1792	0. 0050	965	76	1038	24	1063	27
180331-5-65	128	58	328	0. 18	0. 1108	0. 0037	5. 4343	0. 1799	0. 3513	0. 0095	1813	61	1890	28	1941	45
180331-5-66	129	228	887	0. 26	0. 0748	0. 0028	1. 3651	0. 0518	0. 1309	0. 0039	1065	79	874	22	793	22

续表

分析点号	组成/(mg/g)			Th/U	同位素比值						年龄/Ma					
	Pb	Th	U		$^{207}Pb/^{206}Pb$	1σ	$^{207}Pb/^{235}U$	1σ	$^{206}Pb/^{238}U$	1σ	$^{207}Pb/^{206}Pb$	1σ	$^{207}Pb/^{235}U$	1σ	$^{206}Pb/^{238}U$	1σ
180331-5-67	122	114	375	0.30	0.1088	0.0038	4.2497	0.1464	0.2799	0.0077	1780	64	1684	28	1591	39
180331-5-68	105	37	468	0.08	0.0779	0.0028	2.2951	0.0810	0.2110	0.0057	1144	72	1211	25	1234	31
180331-5-69	56	169	128	1.32	0.1017	0.0040	4.2955	0.1613	0.3034	0.0083	1655	73	1693	31	1708	41
180331-5-70	188	289	504	0.57	0.1016	0.0039	4.2813	0.1561	0.3025	0.0083	1654	68	1690	30	1704	41
180331-5-71	70	260	265	0.98	0.0762	0.0033	2.0558	0.0812	0.1938	0.0054	1102	86	1134	27	1142	29
180331-5-72	28	93	122	0.76	0.0730	0.0032	1.8484	0.0769	0.1826	0.0051	1017	89	1063	27	1081	28
180331-5-73	59	353	617	0.57	0.0644	0.0026	0.6932	0.0265	0.0780	0.0022	767	54	535	16	484	13
180331-5-74	25	217	239	0.91	0.0533	0.0024	0.5580	0.0232	0.0794	0.0052	343	102	450	15	492	31
180331-5-75	32	110	159	0.69	0.0669	0.0027	1.5023	0.0597	0.1619	0.0044	835	84	931	24	967	25
180331-5-76	90	50	437	0.11	0.0723	0.0026	1.9061	0.0667	0.1900	0.0051	994	72	1083	23	1121	28
180331-5-77	49	191	216	0.88	0.0669	0.0026	1.5968	0.0617	0.1722	0.0047	835	80	969	24	1024	26
180331-5-78	17	107	184	0.58	0.0534	0.0025	0.5559	0.0249	0.0758	0.0022	346	106	449	16	471	13
180331-5-79	295	388	464	0.84	0.1485	0.0053	9.6043	0.3481	0.4669	0.0128	2329	61	2398	33	2470	56
180331-5-80	14	85	148	0.58	0.0501	0.0026	0.5281	0.0284	0.0763	0.0023	211	124	431	19	474	14
180331-5-81	20	268	158	1.70	0.0531	0.0026	0.5888	0.0285	0.0805	0.0023	345	109	470	18	499	14
180331-5-82	53	148	264	0.56	0.0673	0.0025	1.5335	0.0576	0.1649	0.0046	856	78	944	23	984	25
180331-5-83	177	123	255	0.48	0.2063	0.0070	15.018	0.5220	0.5261	0.0145	2877	56	2816	33	2725	61
180331-5-84	28	202	210	0.96	0.0687	0.0034	0.9044	0.0399	0.0964	0.0027	900	100	654	21	593	16
180331-5-85	14	114	148	0.77	0.0524	0.0026	0.5317	0.0261	0.0737	0.0021	306	113	433	17	459	13
180331-5-86	79	178	531	0.33	0.0741	0.0027	1.2754	0.0452	0.1246	0.0034	1056	72	835	20	757	20

续表

分析点号	组成/(mg/g)			Th/U	同位素比值						年龄/Ma					
	Pb	Th	U		$^{207}Pb/^{206}Pb$	1σ	$^{207}Pb/^{235}U$	1σ	$^{206}Pb/^{238}U$	1σ	$^{207}Pb/^{206}Pb$	1σ	$^{207}Pb/^{235}U$	1σ	$^{206}Pb/^{238}U$	1σ
180331-5-87	127	111	182	0. 61	0. 1897	0. 0071	13. 723	0. 4890	0. 5227	0. 0145	2739	61	2731	34	2710	62
180331-5-88	33	2	119	0. 01	0. 0913	0. 0035	3. 2694	0. 1272	0. 2585	0. 0073	1454	74	1474	30	1482	38
180331-5-89	44	131	210	0. 62	0. 0716	0. 0029	1. 6878	0. 0681	0. 1706	0. 0048	976	84	1004	26	1015	27
180331-5-90	42	151	181	0. 83	0. 0749	0. 0031	1. 8821	0. 0778	0. 1816	0. 0052	1065	80	1075	27	1076	28
180331-5-91	46	163	293	0. 56	0. 0655	0. 0027	1. 1897	0. 0482	0. 1310	0. 0037	791	85	796	22	793	21
180331-5-92	61	280	286	0. 98	0. 0715	0. 0028	1. 5544	0. 0607	0. 1558	0. 0043	972	75	952	24	933	24
180331-5-93	20	57	124	0. 46	0. 0658	0. 0027	1. 2868	0. 0510	0. 1411	0. 0040	1200	88	840	23	851	23
180331-5-94	104	140	303	0. 46	0. 1136	0. 0043	4. 2089	0. 1532	0. 2676	0. 0074	1857	69	1676	30	1529	38
180331-5-95	65	74	153	0. 49	0. 1135	0. 0038	5. 4036	0. 1768	0. 3427	0. 0094	1855	60	1885	28	1899	45
180331-5-96	87	167	466	0. 36	0. 0764	0. 0025	1. 7124	0. 0560	0. 1611	0. 0044	1106	67	1013	21	963	24
180331-5-97	51	168	241	0. 70	0. 0699	0. 0024	1. 6578	0. 0557	0. 1704	0. 0047	928	70	993	21	1015	26
180331-5-98	12	86	135	0. 63	0. 0582	0. 0027	0. 6107	0. 0271	0. 0762	0. 0022	539	100	484	17	474	14
180331-5-99	69	158	333	0. 47	0. 0728	0. 0026	1. 7753	0. 0592	0. 1749	0. 0049	1009	40	1036	22	1039	27
180331-5-100	37	169	426	0. 40	0. 0556	0. 0020	0. 5929	0. 0212	0. 0766	0. 0022	435	84	473	14	476	13
180331-5-101	30	326	312	1. 04	0. 0588	0. 0021	0. 5754	0. 0202	0. 0706	0. 0020	561	78	462	13	440	12
180331-5-102	23	232	245	0. 95	0. 0572	0. 0021	0. 5578	0. 0198	0. 0704	0. 0019	498	86	450	13	439	12
180331-5-103	80	90	426	0. 21	0. 0752	0. 0024	1. 7249	0. 0542	0. 1652	0. 0045	1076	63	1018	20	985	25
180331-5-104	20	157	224	0. 70	0. 0558	0. 0022	0. 5735	0. 0214	0. 0725	0. 0020	456	82	460	14	451	12
180331-5-105	76	107	520	0. 21	0. 0739	0. 0024	1. 3528	0. 0480	0. 1315	0. 0038	1039	65	869	21	797	22

附表7　华北陆块南部渑池地区豆鲕（碎屑）状铝土矿（180331-6）碎屑锆石 U-Pb 同位素数据

分析点号	组成/(mg/g)			Th/U	同位素比值						年龄/Ma					
	Pb	Th	U		$^{207}Pb/^{206}Pb$	1σ	$^{207}Pb/^{235}U$	1σ	$^{206}Pb/^{238}U$	1σ	$^{207}Pb/^{206}Pb$	1σ	$^{207}Pb/^{235}U$	1σ	$^{206}Pb/^{238}U$	1σ
180331-6-01	29	273	292	0. 94	0. 0557	0. 0019	0. 5796	0. 0196	0. 0753	0. 0020	443	76	464	13	468	12
180331-6-02	16	132	185	0. 71	0. 0625	0. 0023	0. 5989	0. 0218	0. 0694	0. 0019	700	78	477	14	432	11
180331-6-03	8	55	85	0. 64	0. 0625	0. 0032	0. 6069	0. 0316	0. 0702	0. 0020	694	105	482	20	437	12
180331-6-04	27	180	290	0. 62	0. 0569	0. 0019	0. 6018	0. 0199	0. 0766	0. 0021	500	74	478	13	476	12
180331-6-05	57	150	245	0. 61	0. 0744	0. 0023	1. 9195	0. 0580	0. 1865	0. 0049	1054	66	1088	20	1103	27
180331-6-06	28	247	274	0. 90	0. 0566	0. 0019	0. 6072	0. 0204	0. 0775	0. 0021	476	42	482	13	481	13
180331-6-07	164	195	262	0. 74	0. 1609	0. 0047	10. 370	0. 3036	0. 4656	0. 0124	2466	49	2468	27	2464	54
180331-6-08	45	471	513	0. 92	0. 0593	0. 0020	0. 5401	0. 0183	0. 0659	0. 0018	576	74	439	12	411	11
180331-6-09	103	110	130	0. 85	0. 1962	0. 0065	14. 932	0. 4639	0. 6067	0. 0560	2795	55	2811	30	3057	225
180331-6-10	24	184	267	0. 69	0. 0539	0. 0018	0. 5334	0. 0181	0. 0716	0. 0020	365	78	434	12	446	12
180331-6-11	188	405	562	0. 72	0. 0932	0. 0029	3. 3589	0. 1059	0. 2603	0. 0072	1491	58	1495	25	1491	37
180331-6-12	166	265	209	1. 26	0. 1790	0. 0054	13. 229	0. 3942	0. 5342	0. 0142	2644	50	2696	28	2759	60
180331-6-13	13	60	57	1. 05	0. 0696	0. 0026	1. 5715	0. 0567	0. 1640	0. 0046	917	75	959	22	979	25
180331-6-14	8	14	44	0. 32	0. 0735	0. 0030	1. 6540	0. 0665	0. 1637	0. 0046	1028	83	991	25	977	26
180331-6-15	285	206	421	0. 49	0. 1792	0. 0052	12. 996	0. 3769	0. 5238	0. 0138	2645	48	2679	27	2715	58
180331-6-16	54	295	586	0. 50	0. 0559	0. 0017	0. 5905	0. 0181	0. 0764	0. 0020	456	73	471	12	475	12
180331-6-17	29	126	167	0. 76	0. 0638	0. 0021	1. 2094	0. 0392	0. 1372	0. 0037	744	70	805	18	829	21
180331-6-18	34	369	355	1. 04	0. 0540	0. 0018	0. 5191	0. 0172	0. 0694	0. 0019	369	78	425	12	433	11
180331-6-19	132	59	302	0. 19	0. 1353	0. 0044	6. 7108	0. 2400	0. 3560	0. 0098	2169	62	2074	32	1963	47
180331-6-20	74	240	356	0. 67	0. 0695	0. 0022	1. 5866	0. 0502	0. 1652	0. 0044	922	60	965	20	986	25

续表

分析点号	组成/(mg/g)			Th/U	同位素比值						年龄/Ma					
	Pb	Th	U		$^{207}Pb/^{206}Pb$	1σ	$^{207}Pb/^{235}U$	1σ	$^{206}Pb/^{238}U$	1σ	$^{207}Pb/^{206}Pb$	1σ	$^{207}Pb/^{235}U$	1σ	$^{206}Pb/^{238}U$	1σ
180331-6-21	172	79	193	0. 41	0. 2439	0. 0072	22. 168	0. 6504	0. 6573	0. 0174	3145	47	3191	29	3257	68
180331-6-22	85	889	1118	0. 79	0. 0607	0. 0019	0. 4985	0. 0152	0. 0595	0. 0016	628	67	411	10	372	10
180331-6-23	25	68	151	0. 45	0. 0659	0. 0022	1. 2519	0. 0418	0. 1378	0. 0037	1200	72	824	19	832	21
180331-6-24	41	182	260	0. 70	0. 0639	0. 0020	1. 0997	0. 0342	0. 1245	0. 0033	739	36	753	17	757	19
180331-6-25	56	101	168	0. 60	0. 0931	0. 0029	3. 3691	0. 1010	0. 2620	0. 0069	1500	59	1497	24	1500	35
180331-6-26	126	181	185	0. 98	0. 1669	0. 0050	11. 013	0. 3222	0. 4770	0. 0125	2528	50	2524	27	2514	55
180331-6-27	19	98	232	0. 42	0. 0559	0. 0021	0. 5446	0. 0195	0. 0706	0. 0019	450	83	441	13	440	11
180331-6-28	103	65	500	0. 13	0. 0837	0. 0027	2. 1413	0. 0689	0. 1847	0. 0051	1285	62	1162	22	1092	28
180331-6-29	6	39	73	0. 54	0. 0569	0. 0028	0. 5729	0. 0283	0. 0731	0. 0021	487	111	460	18	455	13
180331-6-30	55	134	267	0. 50	0. 0719	0. 0024	1. 6837	0. 0546	0. 1692	0. 0046	983	65	1002	21	1008	25
180331-6-31	13	92	134	0. 69	0. 0574	0. 0023	0. 6179	0. 0246	0. 0781	0. 0022	506	91	489	16	485	13
180331-6-32	15	102	155	0. 66	0. 0581	0. 0022	0. 5986	0. 0221	0. 0746	0. 0020	600	81	476	14	464	12
180331-6-33	9	53	104	0. 51	0. 0638	0. 0031	0. 6577	0. 0326	0. 0748	0. 0022	744	104	513	20	465	13
180331-6-34	389	436	550	0. 79	0. 1817	0. 0054	12. 881	0. 3771	0. 5125	0. 0136	2668	49	2671	28	2667	58
180331-6-35	83	118	148	0. 79	0. 1601	0. 0054	9. 2723	0. 2895	0. 4089	0. 0114	2457	57	2365	29	2210	52
180331-6-36	378	263	719	0. 37	0. 1546	0. 0046	9. 3975	0. 3008	0. 4378	0. 0121	2398	50	2378	29	2341	54
180331-6-37	70	295	310	0. 95	0. 0721	0. 0022	1. 7018	0. 0521	0. 1708	0. 0045	989	63	1009	20	1017	25
180331-6-38	131	162	201	0. 81	0. 1642	0. 0049	10. 818	0. 3262	0. 4769	0. 0127	2499	51	2508	28	2514	56
180331-6-39	107	386	491	0. 78	0. 0752	0. 0023	1. 7508	0. 0541	0. 1685	0. 0045	1073	68	1027	20	1004	25
180331-6-40	224	129	405	0. 32	0. 1700	0. 0052	10. 629	0. 3316	0. 4523	0. 0122	2558	52	2491	29	2405	54

续表

分析点号	组成/(mg/g)			Th/U	同位素比值						年龄/Ma					
	Pb	Th	U		$^{207}Pb/^{206}Pb$	1σ	$^{207}Pb/^{235}U$	1σ	$^{206}Pb/^{238}U$	1σ	$^{207}Pb/^{206}Pb$	1σ	$^{207}Pb/^{235}U$	1σ	$^{206}Pb/^{238}U$	1σ
180331-6-41	18	136	194	0. 70	0. 0548	0. 0020	0. 5554	0. 0206	0. 0733	0. 0020	406	83	449	13	456	12
180331-6-42	94	202	478	0. 42	0. 0724	0. 0022	1. 6508	0. 0500	0. 1650	0. 0044	998	29	990	19	984	24
180331-6-43	56	147	235	0. 63	0. 0776	0. 0024	2. 0475	0. 0626	0. 1911	0. 0051	1144	61	1131	21	1128	28
180331-6-44	73	65	183	0. 36	0. 1130	0. 0034	5. 1628	0. 1530	0. 3307	0. 0088	1850	54	1847	25	1842	43
180331-6-45	23	135	260	0. 52	0. 0533	0. 0021	0. 5360	0. 0192	0. 0728	0. 0020	343	89	436	13	453	12
180331-6-46	21	202	212	0. 95	0. 0568	0. 0021	0. 5752	0. 0210	0. 0732	0. 0020	483	47	461	14	456	12
180331-6-47	83	150	447	0. 34	0. 0711	0. 0022	1. 5883	0. 0511	0. 1612	0. 0045	961	62	966	20	964	25
180331-6-48	40	448	420	1. 07	0. 0570	0. 0019	0. 5479	0. 0180	0. 0695	0. 0019	500	72	444	12	433	11
180331-6-49	28	249	299	0. 83	0. 0542	0. 0020	0. 5220	0. 0187	0. 0714	0. 0029	389	83	426	13	445	18
180331-6-50	152	165	268	0. 62	0. 1850	0. 0057	11. 109	0. 3545	0. 4337	0. 0123	2698	52	2532	30	2322	55
180331-6-51	53	84	79	1. 06	0. 1604	0. 0050	10. 257	0. 3177	0. 4624	0. 0127	2461	58	2458	29	2450	56
180331-6-52	9	59	105	0. 56	0. 0601	0. 0027	0. 5760	0. 0251	0. 0696	0. 0019	606	94	462	16	434	12
180331-6-53	14	116	150	0. 77	0. 0556	0. 0021	0. 5787	0. 0219	0. 0754	0. 0021	439	85	464	14	469	13
180331-6-54	14	90	155	0. 58	0. 0583	0. 0023	0. 5915	0. 0238	0. 0734	0. 0020	539	92	472	15	456	12
180331-6-55	161	504	377	1. 33	0. 1047	0. 0030	4. 2346	0. 1245	0. 2918	0. 0078	1710	53	1681	24	1650	39
180331-6-56	118	59	564	0. 10	0. 0786	0. 0023	2. 0954	0. 0610	0. 1925	0. 0052	1162	59	1147	20	1135	28
180331-6-57	17	133	177	0. 75	0. 0559	0. 0022	0. 5853	0. 0224	0. 0760	0. 0021	456	82	468	14	472	13
180331-6-58	187	257	1051	0. 24	0. 0741	0. 0021	1. 6316	0. 0472	0. 1589	0. 0042	1056	57	982	18	951	24
180331-6-59	35	184	393	0. 47	0. 0577	0. 0019	0. 6072	0. 0202	0. 0759	0. 0020	520	68	482	13	472	12
180331-6-60	98	1222	860	1. 42	0. 0624	0. 0020	0. 6986	0. 0219	0. 0809	0. 0022	687	67	538	13	501	13

续表

分析点号	组成/(mg/g)			Th/U	同位素比值						年龄/Ma					
	Pb	Th	U		$^{207}Pb/^{206}Pb$	1σ	$^{207}Pb/^{235}U$	1σ	$^{206}Pb/^{238}U$	1σ	$^{207}Pb/^{206}Pb$	1σ	$^{207}Pb/^{235}U$	1σ	$^{206}Pb/^{238}U$	1σ
180331-6-61	102	144	265	0. 54	0. 1101	0. 0033	4. 7877	0. 1423	0. 3137	0. 0083	1811	54	1783	25	1759	41
180331-6-62	49	226	182	1. 24	0. 0826	0. 0027	2. 1351	0. 0691	0. 1869	0. 0051	1261	65	1160	22	1105	28
180331-6-63	54	126	250	0. 50	0. 0749	0. 0025	1. 8433	0. 0590	0. 1780	0. 0048	1065	66	1061	21	1056	26
180331-6-64	179	167	715	0. 23	0. 0867	0. 0027	2. 6694	0. 0883	0. 2212	0. 0061	1355	60	1320	24	1288	32
180331-6-65	217	197	402	0. 49	0. 1590	0. 0051	9. 3237	0. 2954	0. 4225	0. 0113	2456	54	2370	29	2272	51
180331-6-66	135	76	574	0. 13	0. 0821	0. 0027	2. 4322	0. 0821	0. 2132	0. 0058	1248	71	1252	24	1246	31
180331-6-67	25	217	241	0. 90	0. 0576	0. 0023	0. 6093	0. 0240	0. 0764	0. 0021	522	82	483	15	474	13
180331-6-68	99	181	415	0. 44	0. 0803	0. 0030	2. 2187	0. 0908	0. 1971	0. 0058	1206	72	1187	29	1160	31
180331-6-69	86	119	444	0. 27	0. 0722	0. 0027	1. 6864	0. 0637	0. 1681	0. 0046	991	106	1003	24	1002	26
180331-6-70	84	76	347	0. 22	0. 0955	0. 0039	2. 7887	0. 1195	0. 2091	0. 0060	1539	76	1353	32	1224	32
180331-6-71	18	129	167	0. 77	0. 0591	0. 0027	0. 6974	0. 0315	0. 0853	0. 0024	569	94	537	19	528	15
180331-6-72	121	262	737	0. 36	0. 0710	0. 0026	1. 4389	0. 0538	0. 1459	0. 0041	967	75	905	22	878	23
180331-6-73	97	69	271	0. 25	0. 1093	0. 0038	4. 5850	0. 1601	0. 3021	0. 0082	1788	63	1747	29	1702	41
180331-6-74	60	49	350	0. 14	0. 0701	0. 0025	1. 5050	0. 0530	0. 1546	0. 0042	931	77	932	22	927	23
180331-6-75	92	58	448	0. 13	0. 0745	0. 0025	1. 9101	0. 0634	0. 1849	0. 0050	1054	68	1085	22	1094	27
180331-6-76	63	92	256	0. 36	0. 0801	0. 0027	2. 2950	0. 0762	0. 2066	0. 0055	1200	67	1211	24	1211	29
180331-6-77	165	186	910	0. 20	0. 0711	0. 0022	1. 5916	0. 0494	0. 1613	0. 0042	961	69	967	19	964	24
180331-6-78	227	258	368	0. 70	0. 1595	0. 0049	10. 135	0. 3086	0. 4578	0. 0120	2450	52	2447	28	2430	53
180331-6-79	43	47	244	0. 19	0. 0714	0. 0024	1. 5429	0. 0508	0. 1558	0. 0041	970	70	948	20	933	23
180331-6-80	30	111	191	0. 58	0. 0649	0. 0023	1. 1573	0. 0402	0. 1287	0. 0035	772	74	781	19	780	20

续表

分析点号	组成/(mg/g)			Th/U	同位素比值						年龄/Ma					
	Pb	Th	U		$^{207}Pb/^{206}Pb$	1σ	$^{207}Pb/^{235}U$	1σ	$^{206}Pb/^{238}U$	1σ	$^{207}Pb/^{206}Pb$	1σ	$^{207}Pb/^{235}U$	1σ	$^{206}Pb/^{238}U$	1σ
180331-6-81	84	118	227	0. 52	0. 1094	0. 0035	4. 4992	0. 1404	0. 2964	0. 0079	1791	58	1731	26	1673	40
180331-6-82	14	85	165	0. 52	0. 0500	0. 0023	0. 5029	0. 0217	0. 0730	0. 0021	195	106	414	15	454	12
180331-6-83	69	145	356	0. 41	0. 0717	0. 0024	1. 6408	0. 0528	0. 1647	0. 0044	989	67	986	20	983	25
180331-6-84	54	882	297	2. 97	0. 0599	0. 0022	0. 7783	0. 0277	0. 0937	0. 0026	611	80	584	16	577	15
180331-6-85	98	108	550	0. 20	0. 0729	0. 0024	1. 6279	0. 0522	0. 1609	0. 0044	1009	67	981	20	962	24
180331-6-86	169	219	876	0. 25	0. 0735	0. 0024	1. 7522	0. 0572	0. 1713	0. 0048	1028	68	1028	21	1020	26
180331-6-87	42	280	393	0. 71	0. 0620	0. 0025	0. 7391	0. 0325	0. 0859	0. 0029	674	88	562	19	531	17
180331-6-88	105	129	414	0. 31	0. 0802	0. 0029	2. 4518	0. 0884	0. 2195	0. 0064	1267	72	1258	26	1279	34
180331-6-89	206	96	997	0. 10	0. 0774	0. 0031	1. 9101	0. 0740	0. 1789	0. 0059	1131	80	1085	26	1061	33
180331-6-90	126	99	623	0. 16	0. 0792	0. 0030	2. 0214	0. 0711	0. 1832	0. 0052	1177	74	1123	24	1085	28
180331-6-94	80	266	390	0. 68	0. 0724	0. 0025	1. 6502	0. 0555	0. 1637	0. 0046	998	70	990	21	977	25
180331-6-95	164	362	466	0. 78	0. 0991	0. 0032	3. 7253	0. 1186	0. 2698	0. 0074	1607	66	1577	26	1540	38
180331-6-96	25	168	267	0. 63	0. 0560	0. 0022	0. 5889	0. 0225	0. 0756	0. 0021	450	118	470	14	470	13
180331-6-97	49	106	215	0. 49	0. 0765	0. 0026	1. 9901	0. 0652	0. 1869	0. 0051	1109	68	1112	22	1105	28
180331-6-98	72	318	314	1. 01	0. 0717	0. 0026	1. 6807	0. 0560	0. 1683	0. 0046	989	72	1001	21	1003	25
180331-6-99	72	39	432	0. 09	0. 0695	0. 0023	1. 4706	0. 0491	0. 1519	0. 0042	922	69	918	20	911	23
180331-6-100	81	251	357	0. 70	0. 0785	0. 0027	1. 9163	0. 0657	0. 1753	0. 0049	1158	62	1087	23	1041	27

附表 8　华北陆块南部禹州地区豆鲕（碎屑）状铝土矿（ZK1006-8）碎屑锆石 U-Pb 同位素数据

分析点号	组成/(mg/g)			Th/U	同位素比值						年龄/Ma					
	Pb	Th	U		$^{207}Pb/^{206}Pb$	1σ	$^{207}Pb/^{235}U$	1σ	$^{206}Pb/^{238}U$	1σ	$^{207}Pb/^{206}Pb$	1σ	$^{207}Pb/^{235}U$	1σ	$^{206}Pb/^{238}U$	1σ
ZK1006-8-01	19	222	210	1.06	0.0561	0.0027	0.5320	0.0248	0.0690	0.0019	457	110	433	16	430	12
ZK1006-8-02	58	229	273	0.84	0.0689	0.0027	1.5928	0.0569	0.1637	0.0044	896	82	967	22	977	24
ZK1006-8-03	141	553	578	0.96	0.0741	0.0025	1.8944	0.0645	0.1847	0.0051	1056	73	1079	23	1093	28
ZK1006-8-05	128	312	401	0.78	0.0878	0.0030	3.1755	0.1172	0.2605	0.0075	1389	60	1451	29	1492	38
ZK1006-8-06	81	148	188	0.79	0.1068	0.0038	4.8922	0.1756	0.3307	0.0090	1746	65	1801	30	1842	44
ZK1006-8-07	20	212	198	1.07	0.0562	0.0027	0.5559	0.0254	0.0718	0.0020	461	104	449	17	447	12
ZK1006-8-08	11	101	126	0.81	0.0534	0.0029	0.5091	0.0272	0.0696	0.0020	343	126	418	18	434	12
ZK1006-8-10	23	85	126	0.68	0.0670	0.0031	1.3339	0.0617	0.1445	0.0040	835	94	861	27	870	23
ZK1006-8-11	11	109	120	0.91	0.0588	0.0035	0.5676	0.0321	0.0709	0.0020	561	128	456	21	442	12
ZK1006-8-12	20	29	71	0.41	0.0878	0.0036	2.7865	0.1146	0.2303	0.0064	1389	80	1352	31	1336	34
ZK1006-8-13	28	117	338	0.35	0.0540	0.0031	0.5279	0.0273	0.0687	0.0019	372	128	430	18	428	11
ZK1006-8-14	26	251	273	0.92	0.0550	0.0024	0.5374	0.0235	0.0710	0.0020	413	100	437	16	442	12
ZK1006-8-15	11	90	109	0.83	0.0564	0.0031	0.5672	0.0322	0.0725	0.0021	478	120	456	21	451	13
ZK1006-8-16	30	266	329	0.81	0.0582	0.0026	0.5643	0.0253	0.0703	0.0020	539	98	454	16	438	12
ZK1006-8-17	14	75	163	0.46	0.0566	0.0026	0.5561	0.0255	0.0715	0.0020	476	104	449	17	445	12
ZK1006-8-18	37	357	388	0.92	0.0582	0.0025	0.5680	0.0244	0.0705	0.0019	539	93	457	16	439	12
ZK1006-8-19	11	108	112	0.97	0.0583	0.0038	0.5620	0.0348	0.0707	0.0021	539	143	453	23	441	13
ZK1006-8-20	9	62	103	0.60	0.0555	0.0037	0.5788	0.0377	0.0747	0.0022	432	146	464	24	464	13
ZK1006-8-21	35	326	367	0.89	0.0533	0.0024	0.5258	0.0218	0.0713	0.0020	343	102	429	15	444	12
ZK1006-8-22	44	487	338	1.44	0.0550	0.0024	0.6761	0.0289	0.0891	0.0025	413	94	524	18	550	15
ZK1006-8-23	16	156	172	0.91	0.0529	0.0028	0.5089	0.0270	0.0699	0.0020	324	120	418	18	436	12

续表

分析点号	组成/(mg/g)			Th/U	同位素比值						年龄/Ma					
	Pb	Th	U		$^{207}Pb/^{206}Pb$	1σ	$^{207}Pb/^{235}U$	1σ	$^{206}Pb/^{238}U$	1σ	$^{207}Pb/^{206}Pb$	1σ	$^{207}Pb/^{235}U$	1σ	$^{206}Pb/^{238}U$	1σ
ZK1006-8-24	19	163	193	0. 84	0. 0502	0. 0026	0. 5095	0. 0254	0. 0739	0. 0021	211	122	418	17	460	13
ZK1006-8-25	14	125	147	0. 85	0. 0515	0. 0031	0. 4970	0. 0285	0. 0702	0. 0020	261	139	410	19	437	12
ZK1006-8-26	22	152	244	0. 62	0. 0571	0. 0032	0. 5635	0. 0282	0. 0700	0. 0019	498	122	454	18	436	12
ZK1006-8-27	10	86	101	0. 85	0. 0559	0. 0033	0. 5497	0. 0319	0. 0714	0. 0021	456	133	445	21	445	12
ZK1006-8-28	38	294	432	0. 68	0. 0531	0. 0023	0. 5133	0. 0215	0. 0700	0. 0019	345	98	421	14	436	11
ZK1006-8-29	18	115	214	0. 54	0. 0578	0. 0031	0. 5611	0. 0296	0. 0688	0. 0019	524	120	452	19	429	11
ZK1006-8-30	24	55	93	0. 59	0. 0761	0. 0036	2. 1210	0. 0934	0. 2049	0. 0065	1098	90	1156	30	1202	35
ZK1006-8-31	18	166	188	0. 88	0. 0569	0. 0027	0. 5466	0. 0259	0. 0696	0. 0019	487	101	443	17	434	12
ZK1006-8-32	30	270	316	0. 85	0. 0562	0. 0024	0. 5512	0. 0232	0. 0712	0. 0019	461	94	446	15	443	12
ZK1006-8-33	38	305	392	0. 78	0. 0563	0. 0024	0. 5843	0. 0255	0. 0752	0. 0020	465	101	467	16	468	12
ZK1006-8-34	23	166	255	0. 65	0. 0544	0. 0025	0. 5361	0. 0245	0. 0724	0. 0024	387	102	436	16	451	15
ZK1006-8-35	9	63	95	0. 66	0. 0491	0. 0042	0. 5122	0. 0393	0. 0703	0. 0023	154	189	420	26	438	14
ZK1006-8-36	36	414	367	1. 13	0. 0540	0. 0024	0. 5260	0. 0233	0. 0707	0. 0020	372	72	429	16	441	12
ZK1006-8-37	48	115	75	1. 54	0. 1613	0. 0057	9. 0041	0. 3297	0. 4040	0. 0112	2470	60	2338	34	2187	51
ZK1006-8-38	26	95	132	0. 72	0. 0757	0. 0031	1. 6008	0. 0665	0. 1534	0. 0042	1089	83	971	26	920	24
ZK1006-8-39	22	122	257	0. 47	0. 0574	0. 0024	0. 5766	0. 0239	0. 0731	0. 0020	506	93	462	15	455	12
ZK1006-8-40	40	48	173	0. 28	0. 0726	0. 0033	2. 0744	0. 0840	0. 2000	0. 0055	1011	95	1140	28	1175	30
ZK1006-8-41	70	685	815	0. 84	0. 0561	0. 0020	0. 5121	0. 0185	0. 0660	0. 0018	457	112	420	12	412	11
ZK1006-8-42	39	467	423	1. 10	0. 0595	0. 0023	0. 5537	0. 0225	0. 0670	0. 0018	587	118	447	15	418	11
ZK1006-8-43	26	286	273	1. 05	0. 0561	0. 0024	0. 5467	0. 0231	0. 0706	0. 0019	457	94	443	15	440	12
ZK1006-8-44	102	179	158	1. 13	0. 1852	0. 0062	11. 878	0. 4019	0. 4631	0. 0125	2700	55	2595	32	2453	55

续表

分析点号	组成/(mg/g)			Th/U	同位素比值						年龄/Ma					
	Pb	Th	U		$^{207}Pb/^{206}Pb$	1σ	$^{207}Pb/^{235}U$	1σ	$^{206}Pb/^{238}U$	1σ	$^{207}Pb/^{206}Pb$	1σ	$^{207}Pb/^{235}U$	1σ	$^{206}Pb/^{238}U$	1σ
ZK1006-8-45	20	97	81	1. 21	0. 0732	0. 0034	1. 7835	0. 0831	0. 1764	0. 0049	1020	93	1039	30	1047	27
ZK1006-8-46	17	200	160	1. 25	0. 0569	0. 0030	0. 5603	0. 0287	0. 0721	0. 0022	487	121	452	19	449	13
ZK1006-8-47	42	389	463	0. 84	0. 0528	0. 0021	0. 5082	0. 0198	0. 0697	0. 0019	320	88	417	13	434	11
ZK1006-8-48	13	24	29	0. 83	0. 1226	0. 0085	5. 6317	0. 5266	0. 3277	0. 0098	1994	124	1921	81	1827	47
ZK1006-8-49	56	152	252	0. 60	0. 0748	0. 0030	1. 9036	0. 0743	0. 1758	0. 0050	1065	80	1082	26	1044	27
ZK1006-8-50	51	571	526	1. 09	0. 0544	0. 0022	0. 5260	0. 0211	0. 0702	0. 0020	387	91	429	14	438	12
ZK1006-8-51	36	301	404	0. 74	0. 0537	0. 0023	0. 5039	0. 0202	0. 0679	0. 0018	367	96	414	14	423	11
ZK1006-8-52	26	172	295	0. 58	0. 0534	0. 0024	0. 5159	0. 0229	0. 0701	0. 0019	346	108	422	15	437	11
ZK1006-8-53	66	496	808	0. 61	0. 0548	0. 0028	0. 4966	0. 0195	0. 0629	0. 0022	406	117	409	13	394	13
ZK1006-8-54	102	166	467	0. 36	0. 0779	0. 0030	1. 9690	0. 0738	0. 1831	0. 0050	1144	78	1105	25	1084	27
ZK1006-8-56	49	462	498	0. 93	0. 0606	0. 0028	0. 5977	0. 0252	0. 0712	0. 0020	633	101	476	16	443	12
ZK1006-8-57	39	90	188	0. 48	0. 0780	0. 0034	1. 9058	0. 0749	0. 1775	0. 0051	1147	85	1083	26	1053	28
ZK1006-8-58	64	292	442	0. 66	0. 0719	0. 0028	1. 1494	0. 0455	0. 1159	0. 0036	983	80	777	22	707	21
ZK1006-8-59	41	81	215	0. 38	0. 0765	0. 0030	1. 7618	0. 0684	0. 1665	0. 0047	1107	78	1032	25	993	26
ZK1006-8-60	27	179	320	0. 56	0. 0562	0. 0026	0. 5454	0. 0251	0. 0702	0. 0020	461	104	442	17	437	12
ZK1006-8-61	53	73	80	0. 92	0. 1637	0. 0059	10. 659	0. 3789	0. 4695	0. 0127	2494	61	2494	33	2481	56
ZK1006-8-62	25	243	244	1. 00	0. 0564	0. 0027	0. 5809	0. 0267	0. 0751	0. 0021	478	103	465	17	467	13
ZK1006-8-63	101	170	527	0. 32	0. 0738	0. 0028	1. 7152	0. 0637	0. 1677	0. 0045	1035	71	1014	24	999	25
ZK1006-8-64	105	87	182	0. 48	0. 1644	0. 0061	10. 068	0. 3659	0. 4426	0. 0118	2502	62	2441	34	2362	53
ZK1006-8-65	19	42	93	0. 45	0. 0713	0. 0034	1. 7037	0. 0795	0. 1735	0. 0050	969	92	1010	30	1032	27
ZK1006-8-66	21	159	226	0. 70	0. 0525	0. 0027	0. 5287	0. 0245	0. 0736	0. 0024	309	123	431	16	458	15

续表

分析点号	组成/(mg/g)			Th/U	同位素比值						年龄/Ma					
	Pb	Th	U		$^{207}Pb/^{206}Pb$	1σ	$^{207}Pb/^{235}U$	1σ	$^{206}Pb/^{238}U$	1σ	$^{207}Pb/^{206}Pb$	1σ	$^{207}Pb/^{235}U$	1σ	$^{206}Pb/^{238}U$	1σ
ZK1006-8-68	56	68	87	0. 77	0. 1672	0. 0060	10. 806	0. 3855	0. 4658	0. 0128	2531	61	2507	33	2465	57
ZK1006-8-69	31	146	110	1. 32	0. 0790	0. 0032	2. 1346	0. 0844	0. 1947	0. 0053	1173	76	1160	27	1147	29
ZK1006-8-70	119	222	297	0. 75	0. 1109	0. 0042	4. 7215	0. 1663	0. 3055	0. 0083	1815	69	1771	30	1719	41
ZK1006-8-71	69	424	313	1. 35	0. 0730	0. 0028	1. 5585	0. 0585	0. 1546	0. 0042	1017	46	954	23	927	24
ZK1006-8-72	77	192	199	0. 97	0. 1124	0. 0041	4. 4265	0. 1611	0. 2864	0. 0079	1839	67	1717	30	1623	40
ZK1006-8-73	28	296	294	1. 01	0. 0606	0. 0029	0. 5832	0. 0269	0. 0699	0. 0020	628	104	466	17	436	12
ZK1006-8-75	34	202	353	0. 57	0. 0625	0. 0026	0. 7170	0. 0303	0. 0844	0. 0025	700	89	549	18	522	15
ZK1006-8-76	9	41	102	0. 40	0. 0591	0. 0036	0. 5791	0. 0332	0. 0730	0. 0022	572	131	464	21	454	13
ZK1006-8-77	21	165	229	0. 72	0. 0573	0. 0032	0. 5794	0. 0339	0. 0742	0. 0022	502	124	464	22	462	13
ZK1006-8-79	67	1230	913	1. 35	0. 0608	0. 0024	0. 5032	0. 0199	0. 0615	0. 0020	632	87	414	13	385	12
ZK1006-8-80	19	148	227	0. 65	0. 0564	0. 0028	0. 5130	0. 0241	0. 0667	0. 0019	478	105	420	16	416	11
ZK1006-8-81	41	124	193	0. 64	0. 0716	0. 0028	1. 6580	0. 0634	0. 1673	0. 0046	974	79	993	24	997	25
ZK1006-8-82	156	220	647	0. 34	0. 0826	0. 0028	2. 3428	0. 0799	0. 2041	0. 0055	1261	67	1225	24	1197	29
ZK1006-8-83	11	87	121	0. 72	0. 0591	0. 0029	0. 5753	0. 0266	0. 0710	0. 0020	572	107	461	17	442	12
ZK1006-8-84	127	188	286	0. 66	0. 1301	0. 0047	5. 9938	0. 2188	0. 3314	0. 0093	2099	63	1975	32	1845	45
ZK1006-8-85	45	476	473	1. 01	0. 0517	0. 0022	0. 4902	0. 0202	0. 0683	0. 0019	276	96	405	14	426	11
ZK1006-8-86	67	142	346	0. 41	0. 0710	0. 0027	1. 5896	0. 0598	0. 1613	0. 0044	967	78	966	23	964	24
ZK1006-8-87	56	150	172	0. 87	0. 0915	0. 0034	2. 9964	0. 1125	0. 2358	0. 0064	1457	72	1407	29	1365	34
ZK1006-8-88	42	376	448	0. 84	0. 0540	0. 0025	0. 5276	0. 0220	0. 0706	0. 0019	372	69	430	15	440	12
ZK1006-8-89	75	634	845	0. 75	0. 0556	0. 0021	0. 5320	0. 0205	0. 0691	0. 0019	435	85	433	14	431	11
ZK1006-8-90	56	447	616	0. 73	0. 0577	0. 0023	0. 5603	0. 0220	0. 0702	0. 0019	517	90	452	14	438	12

附表 9　华北陆块南部焦作地区铝土质泥岩（613-10）碎屑锆石 U-Pb 同位素数据

分析点号	组成/(mg/g)			Th/U	同位素比值						年龄/Ma					
	Pb	Th	U		$^{207}Pb/^{206}Pb$	1σ	$^{207}Pb/^{235}U$	1σ	$^{206}Pb/^{238}U$	1σ	$^{207}Pb/^{206}Pb$	1σ	$^{207}Pb/^{235}U$	1σ	$^{206}Pb/^{238}U$	1σ
613-10-01	120	643	1310	0. 49	0. 0626	0. 0027	0. 7117	0. 0297	0. 0830	0. 0025	694	86	546	18	514	15
613-10-02	54	435	591	0. 73	0. 0608	0. 0026	0. 6107	0. 0261	0. 0727	0. 0020	635	93	484	17	453	12
613-10-03	31	288	314	0. 92	0. 0557	0. 0028	0. 5647	0. 0272	0. 0737	0. 0021	439	111	455	18	458	12
613-10-04	29	356	520	0. 68	0. 0544	0. 0032	0. 3310	0. 0178	0. 0445	0. 0012	387	134	290	14	281	8
613-10-05	22	277	358	0. 77	0. 0532	0. 0029	0. 3566	0. 0194	0. 0486	0. 0014	345	126	310	15	306	9
613-10-06	40	109	200	0. 55	0. 0675	0. 0032	1. 5735	0. 0670	0. 1684	0. 0047	854	97	960	26	1003	26
613-10-07	4	37	66	0. 56	0. 0555	0. 0058	0. 3599	0. 0318	0. 0482	0. 0016	432	229	312	24	303	10
613-10-08	137	65	176	0. 37	0. 2343	0. 0100	19. 849	0. 7544	0. 5866	0. 0161	3083	69	3084	37	2976	66
613-10-09	22	232	376	0. 62	0. 0555	0. 0032	0. 3686	0. 0199	0. 0472	0. 0013	432	128	319	15	297	8
613-10-10	59	139	254	0. 55	0. 0734	0. 0032	1. 9265	0. 0830	0. 1900	0. 0052	1025	55	1090	29	1122	28
613-10-11	33	214	377	0. 57	0. 0550	0. 0025	0. 5412	0. 0247	0. 0717	0. 0020	413	108	439	16	446	12
613-10-12	273	63	663	0. 09	0. 1300	0. 0049	6. 5503	0. 2376	0. 3670	0. 0099	2098	66	2053	32	2015	47
613-10-13	68	390	768	0. 51	0. 0556	0. 0025	0. 5698	0. 0242	0. 0747	0. 0020	435	100	458	16	465	12
613-10-14	15	164	250	0. 66	0. 0546	0. 0034	0. 3599	0. 0209	0. 0494	0. 0015	394	138	312	16	311	9
613-10-15	14	139	236	0. 59	0. 0533	0. 0038	0. 3598	0. 0237	0. 0497	0. 0015	343	161	312	18	313	9
613-10-16	10	91	178	0. 51	0. 0542	0. 0037	0. 3613	0. 0206	0. 0464	0. 0014	389	154	313	15	292	9
613-10-17	101	899	1106	0. 81	0. 0562	0. 0024	0. 5543	0. 0223	0. 0718	0. 0020	461	94	448	15	447	12
613-10-18	31	259	337	0. 77	0. 0575	0. 0029	0. 5619	0. 0261	0. 0717	0. 0020	509	111	453	17	447	12
613-10-19	19	167	323	0. 52	0. 0567	0. 0030	0. 3786	0. 0190	0. 0487	0. 0014	480	115	326	14	306	8

续表

分析点号	组成/(mg/g)			Th/U	同位素比值						年龄/Ma					
	Pb	Th	U		$^{207}Pb/^{206}Pb$	1σ	$^{207}Pb/^{235}U$	1σ	$^{206}Pb/^{238}U$	1σ	$^{207}Pb/^{206}Pb$	1σ	$^{207}Pb/^{235}U$	1σ	$^{206}Pb/^{238}U$	1σ
613-10-20	15	111	266	0. 42	0. 0483	0. 0028	0. 3269	0. 0173	0. 0493	0. 0014	122	133	287	13	310	9
613-10-21	5	60	93	0. 64	0. 0540	0. 0047	0. 3444	0. 0262	0. 0479	0. 0015	372	203	301	20	302	9
613-10-22	27	271	466	0. 58	0. 0519	0. 0029	0. 3448	0. 0183	0. 0486	0. 0014	280	160	301	14	306	9
613-10-23	83	317	1059	0. 30	0. 0623	0. 0027	0. 6142	0. 0272	0. 0716	0. 0020	687	93	486	17	446	12
613-10-24	39	352	630	0. 56	0. 0542	0. 0028	0. 3806	0. 0184	0. 0517	0. 0015	389	113	327	14	325	9
613-10-25	244	511	1093	0. 47	0. 0768	0. 0035	2. 0242	0. 0879	0. 1898	0. 0053	1117	86	1124	30	1120	29
613-10-26	60	589	647	0. 91	0. 0575	0. 0028	0. 5684	0. 0269	0. 0713	0. 0020	509	107	457	17	444	12
613-10-27	20	194	347	0. 56	0. 0532	0. 0030	0. 3509	0. 0187	0. 0484	0. 0014	339	126	305	14	305	8
613-10-28	49	50	67	0. 75	0. 1724	0. 0077	12. 874	0. 5376	0. 5572	0. 0171	2581	74	2670	39	2855	71
613-10-29	25	288	435	0. 66	0. 0530	0. 0026	0. 3461	0. 0162	0. 0483	0. 0014	328	111	302	12	304	8
613-10-30	61	191	218	0. 87	0. 0839	0. 0035	2. 4857	0. 1043	0. 2163	0. 0059	1300	82	1268	30	1262	31
613-10-31	20	256	336	0. 76	0. 0524	0. 0030	0. 3544	0. 0199	0. 0478	0. 0013	302	132	308	15	301	8
613-10-32	36	291	417	0. 70	0. 0580	0. 0026	0. 5535	0. 0245	0. 0700	0. 0019	528	103	447	16	436	12
613-10-33	11	136	174	0. 78	0. 0545	0. 0037	0. 3488	0. 0217	0. 0476	0. 0014	391	154	304	16	300	9
613-10-34	45	637	730	0. 87	0. 0511	0. 0023	0. 3379	0. 0144	0. 0475	0. 0013	256	104	296	11	299	8
613-10-35	20	189	213	0. 89	0. 0573	0. 0031	0. 5488	0. 0276	0. 0710	0. 0020	502	114	444	18	442	12
613-10-36	74	167	373	0. 45	0. 0707	0. 0030	1. 6253	0. 0666	0. 1686	0. 0047	950	85	980	26	1004	26
613-10-37	75	1549	1035	1. 50	0. 0519	0. 0024	0. 3470	0. 0157	0. 0489	0. 0014	283	107	302	12	308	8
613-10-38	50	763	794	0. 96	0. 0518	0. 0023	0. 3399	0. 0151	0. 0478	0. 0013	276	102	297	12	301	8

续表

分析点号	组成/(mg/g)			Th/U	同位素比值						年龄/Ma					
	Pb	Th	U		$^{207}Pb/^{206}Pb$	1σ	$^{207}Pb/^{235}U$	1σ	$^{206}Pb/^{238}U$	1σ	$^{207}Pb/^{206}Pb$	1σ	$^{207}Pb/^{235}U$	1σ	$^{206}Pb/^{238}U$	1σ
613-10-39	20	209	341	0. 61	0. 0509	0. 0028	0. 3454	0. 0185	0. 0482	0. 0014	235	132	301	14	304	8
613-10-40	18	217	302	0. 72	0. 0575	0. 0032	0. 3760	0. 0203	0. 0478	0. 0014	522	122	324	15	301	9
613-10-42	19	222	309	0. 72	0. 0551	0. 0030	0. 3717	0. 0199	0. 0493	0. 0014	413	157	321	15	310	9
613-10-43	92	119	557	0. 21	0. 0706	0. 0027	1. 5015	0. 0576	0. 1546	0. 0043	946	84	931	23	927	24
613-10-44	12	109	202	0. 54	0. 0537	0. 0036	0. 3503	0. 0207	0. 0485	0. 0014	367	152	305	16	306	9
613-10-45	29	201	326	0. 62	0. 0579	0. 0031	0. 5997	0. 0305	0. 0741	0. 0021	528	88	477	19	461	13
613-10-46	20	234	321	0. 73	0. 0558	0. 0032	0. 3718	0. 0203	0. 0490	0. 0014	456	121	321	15	308	9
613-10-47	146	135	229	0. 59	0. 1688	0. 0068	11. 614	0. 4345	0. 4928	0. 0134	2545	68	2574	35	2583	58
613-10-48	11	121	187	0. 65	0. 0513	0. 0037	0. 3450	0. 0233	0. 0499	0. 0015	254	169	301	18	314	9
613-10-49	35	263	410	0. 64	0. 0555	0. 0027	0. 5415	0. 0244	0. 0691	0. 0019	435	109	439	16	431	12
613-10-50	16	165	270	0. 61	0. 0513	0. 0030	0. 3424	0. 0194	0. 0488	0. 0014	254	131	299	15	307	9
613-10-51	142	115	582	0. 20	0. 0871	0. 0034	2. 6189	0. 1000	0. 2185	0. 0059	1363	75	1306	28	1274	31
613-10-52	16	189	275	0. 69	0. 0516	0. 0030	0. 3345	0. 0182	0. 0477	0. 0014	333	135	293	14	300	9
613-10-53	25	311	412	0. 76	0. 0543	0. 0028	0. 3469	0. 0175	0. 0470	0. 0013	383	117	302	13	296	8
613-10-54	24	65	152	0. 43	0. 0698	0. 0034	1. 2987	0. 0626	0. 1343	0. 0038	924	102	845	28	812	22
613-10-55	21	235	353	0. 67	0. 0548	0. 0030	0. 3585	0. 0189	0. 0484	0. 0014	406	124	311	14	305	9
613-10-56	32	254	363	0. 70	0. 0527	0. 0027	0. 5197	0. 0254	0. 0720	0. 0020	322	117	425	17	448	12
613-10-57	11	110	185	0. 59	0. 0498	0. 0034	0. 3266	0. 0214	0. 0488	0. 0015	183	164	287	16	307	9
613-10-58	16	172	277	0. 62	0. 0511	0. 0032	0. 3423	0. 0194	0. 0459	0. 0013	256	142	299	15	289	8

续表

分析点号	组成/(mg/g)			Th/U	同位素比值						年龄/Ma					
	Pb	Th	U		$^{207}Pb/^{206}Pb$	1σ	$^{207}Pb/^{235}U$	1σ	$^{206}Pb/^{238}U$	1σ	$^{207}Pb/^{206}Pb$	1σ	$^{207}Pb/^{235}U$	1σ	$^{206}Pb/^{238}U$	1σ
613-10-59	27	339	445	0.76	0.0552	0.0028	0.3622	0.0175	0.0468	0.0013	420	111	314	13	295	8
613-10-60	5	89	74	1.21	0.0514	0.0048	0.3724	0.0344	0.0525	0.0018	257	217	321	25	330	11
613-10-61	75	138	348	0.40	0.0759	0.0030	1.9836	0.0781	0.1870	0.0051	1094	78	1110	27	1105	28
613-10-62	18	161	314	0.51	0.0487	0.0029	0.3220	0.0190	0.0479	0.0014	200	133	283	15	302	9
613-10-64	20	237	312	0.76	0.0495	0.0028	0.3512	0.0187	0.0504	0.0014	169	135	306	14	317	9
613-10-65	46	128	326	0.39	0.0663	0.0031	1.1600	0.0547	0.1254	0.0039	817	103	782	26	761	22
613-10-66	13	102	224	0.46	0.0483	0.0033	0.3387	0.0199	0.0483	0.0015	122	143	296	15	304	9
613-10-68	12	143	199	0.72	0.0540	0.0032	0.3660	0.0206	0.0488	0.0014	369	135	317	15	307	9
613-10-69	19	100	228	0.44	0.0533	0.0029	0.5424	0.0276	0.0735	0.0021	343	124	440	18	457	12
613-10-70	39	144	469	0.31	0.0569	0.0030	0.5887	0.0286	0.0744	0.0021	500	121	470	18	462	13
613-10-72	53	504	597	0.85	0.0544	0.0025	0.5410	0.0227	0.0696	0.0019	387	102	439	15	434	12
613-10-73	12	118	214	0.55	0.0543	0.0037	0.3571	0.0228	0.0465	0.0014	383	147	310	17	293	8
613-10-74	14	162	232	0.70	0.0538	0.0037	0.3640	0.0226	0.0493	0.0014	361	149	315	17	310	9
613-10-75	18	213	272	0.78	0.0588	0.0031	0.4190	0.0222	0.0528	0.0015	567	117	355	16	332	9
613-10-76	19	290	299	0.97	0.0574	0.0036	0.3590	0.0209	0.0469	0.0014	506	137	312	16	296	9
613-10-77	401	289	808	0.36	0.1527	0.0061	8.5592	0.3580	0.3993	0.0121	2376	68	2292	38	2166	56
613-10-78	21	163	238	0.69	0.0521	0.0028	0.5190	0.0250	0.0732	0.0021	300	122	424	17	455	13
613-10-79	10	105	171	0.61	0.0536	0.0035	0.3483	0.0219	0.0476	0.0015	354	142	303	17	300	9
613-10-80	31	394	315	1.25	0.0547	0.0026	0.5223	0.0240	0.0693	0.0020	398	101	427	16	432	12

附表 10　华北陆块南部焦作地区豆鲕（碎屑）状铝土矿（1571-11）碎屑锆石 U-Pb 同位素数据

分析点号	组成/(mg/g)			Th	同位素比值						年龄/Ma					
	Pb	Th	U	/U	$^{207}Pb/^{206}Pb$	1σ	$^{207}Pb/^{235}U$	1σ	$^{206}Pb/^{238}U$	1σ	$^{207}Pb/^{206}Pb$	1σ	$^{207}Pb/^{235}U$	1σ	$^{206}Pb/^{238}U$	1σ
1571-11-01	107	86	239	0. 36	0. 1251	0. 0040	6. 3584	0. 2076	0. 3658	0. 0100	2031	58	2027	29	2010	47
1571-11-02	41	116	194	0. 60	0. 0711	0. 0027	1. 6597	0. 0619	0. 1685	0. 0046	959	78	993	24	1004	26
1571-11-03	16	121	281	0. 43	0. 0514	0. 0022	0. 3401	0. 0141	0. 0481	0. 0013	261	100	297	11	303	8
1571-11-04	105	83	663	0. 13	0. 0665	0. 0022	1. 2990	0. 0437	0. 1410	0. 0038	820	75	845	19	850	22
1571-11-05	31	307	327	0. 94	0. 0565	0. 0024	0. 5349	0. 0217	0. 0684	0. 0019	472	93	435	14	426	12
1571-11-06	51	554	499	1. 11	0. 0527	0. 0021	0. 5176	0. 0204	0. 0708	0. 0020	317	117	424	14	441	12
1571-11-07	102	274	537	0. 51	0. 0700	0. 0024	1. 4871	0. 0508	0. 1533	0. 0042	928	70	925	21	919	24
1571-11-08	73	200	189	1. 05	0. 0941	0. 0032	3. 5437	0. 1232	0. 2715	0. 0075	1511	59	1537	28	1549	38
1571-11-09	12	84	127	0. 66	0. 0604	0. 0030	0. 6150	0. 0303	0. 0740	0. 0021	620	109	487	19	460	13
1571-11-10	113	1083	1194	0. 91	0. 0582	0. 0022	0. 5600	0. 0211	0. 0693	0. 0019	600	82	451	14	432	11
1571-11-11	40	164	236	0. 69	0. 0688	0. 0026	1. 2606	0. 0474	0. 1324	0. 0037	892	78	828	21	802	21
1571-11-12	61	510	651	0. 78	0. 0555	0. 0021	0. 5445	0. 0205	0. 0706	0. 0019	432	88	441	14	440	12
1571-11-13	759	499	1390	0. 36	0. 1645	0. 0055	9. 8019	0. 3291	0. 4279	0. 0116	2503	51	2416	31	2296	53
1571-11-14	104	204	546	0. 37	0. 0718	0. 0026	1. 6146	0. 0577	0. 1615	0. 0045	989	72	976	22	965	25
1571-11-15	50	94	111	0. 85	0. 1133	0. 0044	5. 1684	0. 1931	0. 3283	0. 0091	1854	70	1847	32	1830	44
1571-11-16	92	132	216	0. 61	0. 1149	0. 0044	5. 2332	0. 1957	0. 3268	0. 0091	1880	68	1858	32	1823	44
1571-11-17	88	118	143	0. 82	0. 1735	0. 0062	10. 318	0. 3633	0. 4267	0. 0117	2592	59	2464	33	2291	53
1571-11-19	420	99	1303	0. 08	0. 1012	0. 0034	4. 0548	0. 1343	0. 2874	0. 0077	1647	63	1645	27	1629	39
1571-11-20	46	104	136	0. 76	0. 0914	0. 0034	3. 1970	0. 1162	0. 2516	0. 0069	1455	71	1456	28	1447	36
1571-11-21	72	782	1137	0. 69	0. 0533	0. 0020	0. 3663	0. 0134	0. 0495	0. 0013	339	90	317	10	312	8
1571-11-22	236	115	627	0. 18	0. 1117	0. 0038	4. 9865	0. 1672	0. 3217	0. 0088	1828	61	1817	28	1798	43

续表

分析点号	组成/(mg/g)			Th/U	同位素比值						年龄/Ma					
	Pb	Th	U		$^{207}Pb/^{206}Pb$	1σ	$^{207}Pb/^{235}U$	1σ	$^{206}Pb/^{238}U$	1σ	$^{207}Pb/^{206}Pb$	1σ	$^{207}Pb/^{235}U$	1σ	$^{206}Pb/^{238}U$	1σ
1571-11-23	80	425	418	1.02	0.0681	0.0024	1.2993	0.0464	0.1376	0.0037	872	75	845	21	831	21
1571-11-25	48	53	64	0.82	0.1787	0.0068	12.880	0.4906	0.5206	0.0145	2640	63	2671	36	2702	61
1571-11-26	79	513	899	0.57	0.0565	0.0021	0.5541	0.0208	0.0710	0.0019	472	83	448	14	442	12
1571-11-27	70	808	1139	0.71	0.0536	0.0019	0.3530	0.0131	0.0475	0.0013	354	49	307	10	299	8
1571-11-28	16	164	162	1.01	0.0573	0.0028	0.5498	0.0260	0.0698	0.0019	502	107	445	17	435	12
1571-11-29	93	443	1063	0.42	0.0584	0.0021	0.5880	0.0211	0.0730	0.0020	543	80	470	14	454	12
1571-11-31	347	382	1593	0.24	0.0816	0.0027	2.1141	0.0718	0.1872	0.0050	1235	65	1153	23	1106	27
1571-11-32	244	744	1470	0.51	0.0725	0.0026	1.3226	0.0472	0.1315	0.0036	1000	74	856	21	797	20
1571-11-33	142	1868	1367	1.37	0.0577	0.0020	0.5487	0.0193	0.0686	0.0018	517	76	444	13	428	11
1571-11-34	11	101	174	0.58	0.0506	0.0026	0.3480	0.0176	0.0498	0.0014	220	123	303	13	314	9
1571-11-35	15	101	160	0.63	0.0582	0.0028	0.5686	0.0273	0.0708	0.0020	600	106	457	18	441	12
1571-11-36	17	108	182	0.59	0.0531	0.0023	0.5322	0.0239	0.0724	0.0020	332	100	433	16	450	12
1571-11-38	74	228	144	1.58	0.1153	0.0039	5.0828	0.1728	0.3183	0.0085	1885	62	1833	29	1781	42
1571-11-39	75	327	239	1.37	0.0764	0.0028	2.2525	0.0788	0.2051	0.0057	1106	75	1198	25	1203	31
1571-11-40	21	69	106	0.66	0.0684	0.0028	1.4590	0.0580	0.1550	0.0043	880	83	914	24	929	24
1571-11-41	50	655	595	1.10	0.0596	0.0023	0.5016	0.0188	0.0612	0.0018	587	116	413	13	383	11
1571-11-42	238	264	359	0.73	0.1631	0.0053	11.082	0.3577	0.4914	0.0131	2488	55	2530	30	2577	57
1571-11-43	41	86	213	0.40	0.0728	0.0028	1.6549	0.0622	0.1643	0.0045	1007	78	991	24	980	25
1571-11-44	85	291	512	0.57	0.0642	0.0022	1.2188	0.0433	0.1372	0.0037	748	74	809	20	829	21
1571-11-45	82	66	585	0.11	0.0637	0.0023	1.1551	0.0428	0.1312	0.0036	731	78	780	20	795	20
1571-11-46	119	1006	1582	0.64	0.0606	0.0023	0.5418	0.0201	0.0649	0.0018	633	81	440	13	405	11

续表

分析点号	组成/(mg/g)			Th/U	同位素比值						年龄/Ma					
	Pb	Th	U		$^{207}Pb/^{206}Pb$	1σ	$^{207}Pb/^{235}U$	1σ	$^{206}Pb/^{238}U$	1σ	$^{207}Pb/^{206}Pb$	1σ	$^{207}Pb/^{235}U$	1σ	$^{206}Pb/^{238}U$	1σ
1571-11-47	39	122	209	0. 59	0. 0728	0. 0032	1. 5204	0. 0589	0. 1514	0. 0046	1009	89	939	24	909	26
1571-11-48	159	614	639	0. 96	0. 0741	0. 0025	1. 9129	0. 0658	0. 1863	0. 0050	1056	73	1086	23	1101	27
1571-11-49	27	203	309	0. 66	0. 0562	0. 0023	0. 5505	0. 0220	0. 0712	0. 0020	461	89	445	14	443	12
1571-11-50	32	125	120	1. 05	0. 0773	0. 0030	2. 0379	0. 0771	0. 1924	0. 0055	1128	79	1128	26	1134	30
1571-11-51	50	169	222	0. 76	0. 0730	0. 0026	1. 7416	0. 0621	0. 1724	0. 0047	1013	73	1024	23	1026	26
1571-11-52	16	156	166	0. 94	0. 0531	0. 0026	0. 5288	0. 0248	0. 0724	0. 0020	345	109	431	17	451	12
1571-11-53	92	805	929	0. 87	0. 0596	0. 0021	0. 6126	0. 0210	0. 0743	0. 0020	591	70	485	13	462	12
1571-11-54	25	315	246	1. 28	0. 0584	0. 0025	0. 5692	0. 0241	0. 0706	0. 0020	546	92	458	16	440	12
1571-11-55	19	208	316	0. 66	0. 0510	0. 0023	0. 3414	0. 0153	0. 0484	0. 0014	239	104	298	12	304	9
1571-11-56	13	94	137	0. 69	0. 0612	0. 0029	0. 6224	0. 0283	0. 0736	0. 0021	656	100	491	18	458	13
1571-11-57	138	272	223	1. 22	0. 1454	0. 0052	8. 2946	0. 2722	0. 4105	0. 0115	2292	60	2264	30	2217	52
1571-11-58	34	322	353	0. 91	0. 0593	0. 0022	0. 5878	0. 0217	0. 0713	0. 0019	589	82	469	14	444	12
1571-11-59	91	455	1057	0. 43	0. 0567	0. 0020	0. 5574	0. 0189	0. 0709	0. 0019	480	44	450	12	442	12
1571-11-60	78	968	787	1. 23	0. 0589	0. 0021	0. 5542	0. 0197	0. 0678	0. 0018	561	78	448	13	423	11
1571-11-61	26	294	257	1. 14	0. 0551	0. 0023	0. 5411	0. 0224	0. 0710	0. 0019	417	93	439	15	442	12
1571-11-62	24	42	69	0. 61	0. 0964	0. 0039	3. 5772	0. 1373	0. 2687	0. 0074	1567	75	1544	31	1534	38
1571-11-63	20	281	294	0. 96	0. 0540	0. 0025	0. 3585	0. 0163	0. 0482	0. 0013	372	104	311	12	303	8
1571-11-64	20	166	210	0. 79	0. 0576	0. 0026	0. 5827	0. 0260	0. 0734	0. 0021	522	98	466	17	457	12
1571-11-65	28	234	294	0. 80	0. 0594	0. 0026	0. 5775	0. 0252	0. 0705	0. 0020	583	96	463	16	439	12
1571-11-66	61	351	185	1. 90	0. 0770	0. 0030	2. 0759	0. 0823	0. 1959	0. 0055	1120	80	1141	27	1153	30
1571-11-67	49	239	600	0. 40	0. 0573	0. 0022	0. 5449	0. 0210	0. 0692	0. 0019	502	83	442	14	431	12

续表

分析点号	组成/(mg/g)			Th/U	同位素比值						年龄/Ma					
	Pb	Th	U		$^{207}Pb/^{206}Pb$	1σ	$^{207}Pb/^{235}U$	1σ	$^{206}Pb/^{238}U$	1σ	$^{207}Pb/^{206}Pb$	1σ	$^{207}Pb/^{235}U$	1σ	$^{206}Pb/^{238}U$	1σ
1571-11-69	10	48	54	0. 87	0. 0699	0. 0033	1. 2333	0. 0571	0. 1304	0. 0039	926	97	816	26	790	22
1571-11-70	45	63	72	0. 87	0. 1520	0. 0054	9. 1200	0. 3218	0. 4404	0. 0122	2369	61	2350	32	2352	55
1571-11-71	281	162	431	0. 38	0. 1833	0. 0061	12. 593	0. 4142	0. 5037	0. 0136	2682	55	2650	31	2630	58
1571-11-72	34	227	356	0. 64	0. 0575	0. 0023	0. 5936	0. 0235	0. 0756	0. 0021	509	87	473	15	470	13
1571-11-73	40	260	449	0. 58	0. 0621	0. 0026	0. 5829	0. 0219	0. 0699	0. 0020	680	89	466	14	435	12
1571-11-74	151	135	819	0. 16	0. 0708	0. 0024	1. 5981	0. 0537	0. 1642	0. 0044	950	69	969	21	980	25
1571-11-75	30	235	323	0. 73	0. 0547	0. 0022	0. 5423	0. 0214	0. 0721	0. 0020	467	89	440	14	449	12
1571-11-76	26	220	278	0. 79	0. 0548	0. 0024	0. 5424	0. 0238	0. 0712	0. 0020	406	98	440	16	443	12
1571-11-77	43	377	470	0. 80	0. 0549	0. 0021	0. 5282	0. 0198	0. 0692	0. 0019	409	87	431	13	432	12
1571-11-78	44	554	429	1. 29	0. 0541	0. 0020	0. 5240	0. 0200	0. 0697	0. 0019	372	85	428	13	434	12
1571-11-79	35	334	356	0. 94	0. 0606	0. 0028	0. 6154	0. 0320	0. 0726	0. 0021	628	100	487	20	452	13
1571-11-80	18	213	159	1. 34	0. 0619	0. 0028	0. 6317	0. 0279	0. 0737	0. 0021	672	96	497	17	458	13
1571-11-81	56	98	124	0. 79	0. 1115	0. 0040	5. 1670	0. 1883	0. 3341	0. 0095	1833	65	1847	31	1858	46
1571-11-82	59	116	240	0. 48	0. 0776	0. 0028	2. 1173	0. 0767	0. 1963	0. 0054	1139	71	1154	25	1155	29
1571-11-83	14	129	148	0. 88	0. 0542	0. 0028	0. 5361	0. 0274	0. 0717	0. 0020	389	119	436	18	446	12
1571-11-85	52	381	576	0. 66	0. 0556	0. 0022	0. 5430	0. 0217	0. 0705	0. 0020	439	87	440	14	439	12
1571-11-86	86	441	206	2. 14	0. 0890	0. 0032	2. 9093	0. 1033	0. 2370	0. 0066	1403	36	1384	27	1371	34
1571-11-87	68	575	746	0. 77	0. 0551	0. 0019	0. 5202	0. 0182	0. 0683	0. 0019	417	78	425	12	426	11
1571-11-88	49	434	502	0. 86	0. 0536	0. 0023	0. 5348	0. 0224	0. 0706	0. 0019	354	99	435	15	440	12

续表

分析点号	组成/(mg/g)			Th/U	同位素比值						年龄/Ma					
	Pb	Th	U		$^{207}Pb/^{206}Pb$	1σ	$^{207}Pb/^{235}U$	1σ	$^{206}Pb/^{238}U$	1σ	$^{207}Pb/^{206}Pb$	1σ	$^{207}Pb/^{235}U$	1σ	$^{206}Pb/^{238}U$	1σ
1571-11-89	58	68	249	0. 27	0. 0785	0. 0027	2. 1229	0. 0731	0. 1957	0. 0054	1159	69	1156	24	1152	29
1571-11-90	29	244	283	0. 86	0. 0590	0. 0025	0. 5923	0. 0246	0. 0724	0. 0020	565	88	472	16	451	12
1571-11-92	40	298	432	0. 69	0. 0537	0. 0020	0. 5251	0. 0197	0. 0710	0. 0020	367	53	429	13	442	12
1571-11-93	61	219	438	0. 50	0. 0618	0. 0022	0. 9421	0. 0341	0. 1104	0. 0031	733	76	674	18	675	18
1571-11-94	33	230	337	0. 68	0. 0575	0. 0023	0. 5975	0. 0247	0. 0753	0. 0021	509	89	476	16	468	13
1571-11-95	118	129	778	0. 17	0. 0679	0. 0024	1. 2999	0. 0515	0. 1383	0. 0041	865	75	846	23	835	23
1571-11-96	19	25	60	0. 42	0. 0916	0. 0039	3. 1325	0. 1366	0. 2493	0. 0073	1459	81	1441	34	1435	38
1571-11-97	264	141	256	0. 55	0. 2979	0. 0100	28. 556	0. 9881	0. 6959	0. 0190	3461	52	3438	34	3405	72
1571-11-98	59	90	163	0. 55	0. 0986	0. 0035	3. 8113	0. 1364	0. 2813	0. 0077	1598	66	1595	29	1598	39
1571-11-99	10	103	167	0. 62	0. 0571	0. 0033	0. 3685	0. 0217	0. 0472	0. 0013	494	127	319	16	297	8
1571-11-100	22	201	222	0. 90	0. 0526	0. 0024	0. 5108	0. 0229	0. 0712	0. 0020	309	101	419	15	444	12
1571-11-101	66	74	141	0. 53	0. 1308	0. 0047	6. 5611	0. 2388	0. 3637	0. 0101	2109	57	2054	32	1999	48
1571-11-102	52	481	568	0. 85	0. 0574	0. 0022	0. 5356	0. 0204	0. 0677	0. 0018	506	85	436	14	422	11
1571-11-103	41	292	466	0. 63	0. 0550	0. 0021	0. 5349	0. 0206	0. 0704	0. 0019	413	85	435	14	439	12
1571-11-104	111	955	1190	0. 80	0. 0571	0. 0020	0. 5568	0. 0199	0. 0706	0. 0019	494	80	449	13	440	12
1571-11-105	60	486	685	0. 71	0. 0565	0. 0021	0. 5258	0. 0198	0. 0673	0. 0019	472	83	429	13	420	11
1571-11-108	85	660	1039	0. 63	0. 0550	0. 0021	0. 5116	0. 0185	0. 0637	0. 0018	413	83	420	13	398	11
1571-11-109	513	101	881	0. 12	0. 1674	0. 0053	11. 198	0. 3562	0. 4812	0. 0130	2532	52	2540	30	2533	56
1571-11-110	50	56	95	0. 60	0. 1451	0. 0050	8. 1319	0. 2888	0. 4031	0. 0113	2300	59	2246	32	2183	52

附表 11 华北陆块南部鹤壁地区铝土质泥岩（180319-2）碎屑锆石 U-Pb 同位素数据

分析点号	组成/(mg/g)			Th/U	同位素比值						年龄/Ma					
	Pb	Th	U		$^{207}Pb/^{206}Pb$	1σ	$^{207}Pb/^{235}U$	1σ	$^{206}Pb/^{238}U$	1σ	$^{207}Pb/^{206}Pb$	1σ	$^{207}Pb/^{235}U$	1σ	$^{206}Pb/^{238}U$	1σ
180319-2-01	99	170	510	0. 33	0. 0762	0. 0027	1. 7481	0. 0585	0. 1653	0. 0045	1102	69	1026	22	986	25
180319-2-02	47	69	92	0. 75	0. 1289	0. 0046	6. 8488	0. 2396	0. 3838	0. 0107	2083	64	2092	31	2094	50
180319-2-03	124	66	321	0. 20	0. 1172	0. 0041	5. 3873	0. 1740	0. 3309	0. 0089	1913	63	1883	28	1843	43
180319-2-07	97	728	1097	0. 66	0. 0633	0. 0023	0. 6395	0. 0223	0. 0732	0. 0021	717	77	502	14	455	13
180319-2-08	20	158	225	0. 70	0. 0592	0. 0026	0. 5777	0. 0247	0. 0705	0. 0020	572	94	463	16	439	12
180319-2-09	33	85	158	0. 54	0. 0741	0. 0029	1. 7571	0. 0652	0. 1717	0. 0048	1056	81	1030	24	1021	26
180319-2-10	21	216	216	1. 00	0. 0578	0. 0028	0. 5667	0. 0250	0. 0710	0. 0020	520	110	456	16	442	12
180319-2-11	43	267	390	0. 69	0. 0608	0. 0025	0. 7304	0. 0287	0. 0869	0. 0025	632	89	557	17	537	15
180319-2-12	289	289	796	0. 36	0. 1084	0. 0038	4. 5918	0. 1520	0. 3056	0. 0085	1773	64	1748	28	1719	42
180319-2-13	40	321	399	0. 80	0. 0637	0. 0028	0. 6681	0. 0278	0. 0759	0. 0021	733	97	520	17	472	13
180319-2-14	54	287	203	1. 42	0. 0854	0. 0031	2. 1514	0. 0751	0. 1820	0. 0050	1326	70	1166	24	1078	27
180319-2-15	53	144	134	1. 07	0. 0998	0. 0035	3. 8749	0. 1313	0. 2807	0. 0077	1620	66	1608	27	1595	39
180319-2-16	42	378	171	2. 22	0. 0754	0. 0040	1. 4518	0. 0729	0. 1395	0. 0042	1080	106	911	30	842	24
180319-2-18	30	261	334	0. 78	0. 0590	0. 0024	0. 5652	0. 0224	0. 0692	0. 0019	569	89	455	15	431	11
180319-2-19	35	81	139	0. 59	0. 0888	0. 0037	2. 4368	0. 1031	0. 1979	0. 0055	1399	80	1254	31	1164	30
180319-2-20	109	276	543	0. 51	0. 0778	0. 0026	1. 7880	0. 0602	0. 1656	0. 0046	1140	67	1041	22	988	25
180319-2-21	59	38	78	0. 49	0. 1984	0. 0066	15. 662	0. 5204	0. 5702	0. 0161	2813	54	2856	32	2909	66
180319-2-22	78	537	288	1. 87	0. 0728	0. 0026	1. 7478	0. 0627	0. 1734	0. 0049	1007	38	1026	23	1031	27
180319-2-23	168	162	369	0. 44	0. 1274	0. 0040	6. 5502	0. 2093	0. 3713	0. 0103	2062	56	2053	28	2035	49
180319-2-24	74	103	365	0. 28	0. 0738	0. 0025	1. 7771	0. 0605	0. 1736	0. 0047	1039	67	1037	22	1032	26

续表

分析点号	组成/(mg/g)			Th/U	同位素比值						年龄/Ma					
	Pb	Th	U		$^{207}Pb/^{206}Pb$	1σ	$^{207}Pb/^{235}U$	1σ	$^{206}Pb/^{238}U$	1σ	$^{207}Pb/^{206}Pb$	1σ	$^{207}Pb/^{235}U$	1σ	$^{206}Pb/^{238}U$	1σ
180319-2-25	151	219	226	0. 97	0. 1570	0. 0052	10. 210	0. 3209	0. 4687	0. 0127	2424	57	2454	29	2478	56
180319-2-26	22	234	361	0. 65	0. 0591	0. 0027	0. 3951	0. 0175	0. 0487	0. 0013	572	128	338	13	306	8
180319-2-27	19	138	206	0. 67	0. 0538	0. 0023	0. 5424	0. 0229	0. 0730	0. 0020	361	94	440	15	454	12
180319-2-28	144	51	975	0. 05	0. 0672	0. 0023	1. 2747	0. 0427	0. 1370	0. 0037	844	75	834	19	828	21
180319-2-29	49	664	466	1. 42	0. 0614	0. 0025	0. 6041	0. 0261	0. 0709	0. 0020	654	89	480	17	442	12
180319-2-30	15	180	215	0. 84	0. 0544	0. 0027	0. 3813	0. 0190	0. 0510	0. 0015	387	81	328	14	321	9
180319-2-31	143	191	373	0. 51	0. 1070	0. 0036	4. 5282	0. 1567	0. 3063	0. 0084	1750	61	1736	29	1722	42
180319-2-33	44	41	145	0. 29	0. 0939	0. 0033	3. 3796	0. 1189	0. 2606	0. 0072	1506	67	1500	28	1493	37
180319-2-34	33	61	133	0. 46	0. 0775	0. 0028	2. 2454	0. 0833	0. 2099	0. 0061	1144	71	1195	26	1228	32
180319-2-35	18	41	46	0. 91	0. 1140	0. 0051	4. 6316	0. 2151	0. 2944	0. 0092	1865	80	1755	39	1663	46
180319-2-37	88	53	128	0. 42	0. 1801	0. 0068	13. 458	0. 4421	0. 5395	0. 0147	2654	63	2712	31	2782	62
180319-2-38	33	70	88	0. 79	0. 1021	0. 0037	4. 0048	0. 1476	0. 2847	0. 0081	1662	67	1635	30	1615	40
180319-2-39	31	228	361	0. 63	0. 0629	0. 0026	0. 6059	0. 0246	0. 0700	0. 0020	706	87	481	16	436	12
180319-2-40	39	88	159	0. 55	0. 0904	0. 0040	2. 4126	0. 1142	0. 1921	0. 0055	1435	85	1246	34	1133	30
180319-2-41	78	83	113	0. 74	0. 1921	0. 0065	13. 134	0. 4508	0. 4968	0. 0139	2760	57	2689	32	2600	60
180319-2-42	11	94	118	0. 79	0. 0608	0. 0032	0. 6027	0. 0310	0. 0729	0. 0021	632	110	479	20	454	13
180319-2-43	24	242	260	0. 93	0. 0578	0. 0024	0. 5659	0. 0230	0. 0712	0. 0020	520	91	455	15	443	12
180319-2-44	18	300	243	1. 24	0. 0590	0. 0031	0. 3900	0. 0199	0. 0483	0. 0015	565	110	334	15	304	9
180319-2-45	35	45	80	0. 56	0. 1128	0. 0039	5. 4899	0. 1902	0. 3539	0. 0103	1856	61	1899	30	1953	49
180319-2-46	166	367	528	0. 70	0. 0920	0. 0030	3. 1210	0. 1034	0. 2453	0. 0065	1533	62	1438	26	1414	34

续表

分析点号	组成/(mg/g)			Th/U	同位素比值						年龄/Ma					
	Pb	Th	U		$^{207}Pb/^{206}Pb$	1σ	$^{207}Pb/^{235}U$	1σ	$^{206}Pb/^{238}U$	1σ	$^{207}Pb/^{206}Pb$	1σ	$^{207}Pb/^{235}U$	1σ	$^{206}Pb/^{238}U$	1σ
180319-2-47	16	178	168	1. 06	0. 0604	0. 0031	0. 5608	0. 0272	0. 0682	0. 0020	617	113	452	18	425	12
180319-2-48	65	81	352	0. 23	0. 0718	0. 0025	1. 6376	0. 0570	0. 1651	0. 0045	989	70	985	22	985	25
180319-2-49	75	95	211	0. 45	0. 1009	0. 0035	4. 0439	0. 1409	0. 2898	0. 0079	1643	64	1643	28	1641	40
180319-2-50	28	291	306	0. 95	0. 0601	0. 0027	0. 5496	0. 0239	0. 0665	0. 0019	606	96	445	16	415	11
180319-2-51	32	18	66	0. 28	0. 1518	0. 0056	8. 2639	0. 3121	0. 3941	0. 0112	2366	63	2260	34	2142	52
180319-2-52	523	326	892	0. 37	0. 1949	0. 0066	12. 180	0. 4212	0. 4507	0. 0124	2784	55	2618	33	2399	55
180319-2-53	64	144	145	0. 99	0. 1167	0. 0043	4. 9295	0. 1798	0. 2988	0. 0087	1906	66	1807	31	1685	43
180319-2-54	78	76	366	0. 21	0. 0750	0. 0026	1. 9610	0. 0688	0. 1888	0. 0051	1133	70	1102	24	1115	28
180319-2-56	42	63	116	0. 54	0. 0994	0. 0036	3. 9803	0. 1475	0. 2888	0. 0080	1613	68	1630	30	1636	40
180319-2-57	76	116	282	0. 41	0. 0992	0. 0044	2. 9318	0. 1152	0. 2179	0. 0069	1610	83	1390	30	1271	36
180319-2-58	13	134	137	0. 98	0. 0590	0. 0032	0. 5806	0. 0309	0. 0718	0. 0021	565	119	465	20	447	13
180319-2-59	28	253	305	0. 83	0. 0618	0. 0027	0. 5988	0. 0277	0. 0695	0. 0020	733	94	476	18	433	12
180319-2-60	30	240	331	0. 72	0. 0575	0. 0027	0. 5590	0. 0262	0. 0701	0. 0020	522	102	451	17	437	12
180319-2-61	332	59	784	0. 08	0. 1563	0. 0058	8. 0538	0. 3088	0. 3701	0. 0106	2417	63	2237	35	2030	50
180319-2-62	40	69	171	0. 40	0. 0794	0. 0032	2. 1688	0. 0873	0. 1964	0. 0056	1181	82	1171	28	1156	30
180319-2-63	61	138	276	0. 50	0. 0875	0. 0034	2. 1315	0. 0840	0. 1749	0. 0048	1134	145	1062	43	1027	27
180319-2-66	19	245	180	1. 36	0. 0546	0. 0027	0. 5370	0. 0264	0. 0708	0. 0020	398	111	436	18	441	12
180319-2-67	43	253	459	0. 55	0. 0559	0. 0023	0. 5989	0. 0244	0. 0773	0. 0021	456	93	477	16	480	13
180319-2-68	17	147	189	0. 78	0. 0514	0. 0027	0. 5097	0. 0253	0. 0715	0. 0020	257	120	418	17	445	12
180319-2-69	46	199	305	0. 65	0. 0720	0. 0032	1. 2116	0. 0535	0. 1208	0. 0035	987	89	806	25	735	20

续表

分析点号	组成/(mg/g)			Th/U	同位素比值						年龄/Ma					
	Pb	Th	U		$^{207}Pb/^{206}Pb$	1σ	$^{207}Pb/^{235}U$	1σ	$^{206}Pb/^{238}U$	1σ	$^{207}Pb/^{206}Pb$	1σ	$^{207}Pb/^{235}U$	1σ	$^{206}Pb/^{238}U$	1σ
180319-2-70	87	140	188	0. 74	0. 1106	0. 0048	5. 4928	0. 2319	0. 3563	0. 0101	1810	79	1899	36	1965	48
180319-2-71	78	113	185	0. 61	0. 1169	0. 0050	5. 2788	0. 2173	0. 3258	0. 0092	1909	78	1865	35	1818	45
180319-2-72	44	122	179	0. 68	0. 0756	0. 0032	2. 0663	0. 0850	0. 1966	0. 0055	1083	83	1138	28	1157	30
180319-2-73	82	199	265	0. 75	0. 0842	0. 0033	2. 8357	0. 1102	0. 2418	0. 0066	1298	76	1365	29	1396	35
180319-2-74	172	277	469	0. 59	0. 1143	0. 0047	4. 5212	0. 1816	0. 2848	0. 0077	1869	74	1735	33	1616	39
180319-2-75	92	191	253	0. 75	0. 0995	0. 0036	3. 8540	0. 1388	0. 2791	0. 0077	1615	69	1604	29	1587	39
180319-2-77	13	196	182	1. 07	0. 0578	0. 0029	0. 4071	0. 0208	0. 0510	0. 0015	520	113	347	15	321	9
180319-2-79	178	191	892	0. 21	0. 0722	0. 0025	1. 7585	0. 0619	0. 1753	0. 0048	994	71	1030	23	1041	26
180319-2-80	140	233	215	1. 08	0. 1496	0. 0052	9. 4348	0. 3332	0. 4546	0. 0128	2343	60	2381	33	2416	57
180319-2-81	140	136	341	0. 40	0. 1116	0. 0039	5. 1775	0. 1845	0. 3351	0. 0094	1825	63	1849	30	1863	45
180319-2-82	318	719	760	0. 95	0. 1221	0. 0042	5. 8768	0. 2146	0. 3487	0. 0107	1987	61	1958	32	1928	51
180319-2-83	131	501	671	0. 75	0. 0762	0. 0027	1. 5852	0. 0556	0. 1509	0. 0043	1102	70	964	22	906	24
180319-2-85	63	298	781	0. 38	0. 0711	0. 0036	0. 6546	0. 0343	0. 0758	0. 0111	959	103	511	21	471	66
180319-2-86	65	129	351	0. 37	0. 0720	0. 0026	1. 5429	0. 0559	0. 1553	0. 0043	985	73	948	22	930	24
180319-2-87	25	149	291	0. 51	0. 0522	0. 0023	0. 5068	0. 0222	0. 0707	0. 0020	300	100	416	15	440	12
180319-2-88	77	197	210	0. 94	0. 1009	0. 0037	3. 6754	0. 1354	0. 2640	0. 0072	1640	67	1566	29	1510	37
180319-2-89	23	186	240	0. 77	0. 0602	0. 0029	0. 5774	0. 0267	0. 0705	0. 0021	609	104	463	17	439	12
180319-2-90	11	127	162	0. 78	0. 0551	0. 0032	0. 3739	0. 0205	0. 0505	0. 0015	413	130	323	15	318	9

附表 12　华北陆块南部永城地区铝土质泥岩（ZK0901-1）碎屑锆石 U-Pb 同位素数据

分析点号	组成/(mg/g)			Th	同位素比值						年龄/Ma					
	Pb	Th	U	/U	$^{207}Pb/^{206}Pb$	1σ	$^{207}Pb/^{235}U$	1σ	$^{206}Pb/^{238}U$	1σ	$^{207}Pb/^{206}Pb$	1σ	$^{207}Pb/^{235}U$	1σ	$^{206}Pb/^{238}U$	1σ
ZK0901-1-02	10	109	169	0.65	0.0503	0.0026	0.3462	0.0177	0.0501	0.0007	209	120	302	13	315	4
ZK0901-1-03	26	157	285	0.55	0.0568	0.0019	0.5791	0.0188	0.0738	0.0008	483	72	464	12	459	5
ZK0901-1-04	28	167	308	0.54	0.0568	0.0022	0.5936	0.0234	0.0754	0.0009	483	85	473	15	469	6
ZK0901-1-06	44	704	604	1.17	0.0535	0.0021	0.3844	0.0140	0.0521	0.0006	346	87	330	10	327	4
ZK0901-1-07	73	55	105	0.52	0.1860	0.0047	13.880	0.3416	0.5391	0.0057	2707	41	2742	23	2780	24
ZK0901-1-08	162	146	254	0.57	0.1822	0.0041	12.372	0.2747	0.4894	0.0046	2673	37	2633	21	2568	20
ZK0901-1-10	56	210	669	0.31	0.0576	0.0017	0.6027	0.0171	0.0756	0.0008	522	67	479	11	470	5
ZK0901-1-11	62	93	278	0.33	0.0799	0.0022	2.1644	0.0539	0.1958	0.0018	1194	55	1170	17	1152	10
ZK0901-1-12	9	104	141	0.74	0.0597	0.0030	0.4184	0.0193	0.0516	0.0007	594	107	355	14	325	5
ZK0901-1-13	6	55	96	0.57	0.0488	0.0026	0.3346	0.0182	0.0494	0.0007	139	124	293	14	311	4
ZK0901-1-14	7	66	108	0.61	0.0497	0.0028	0.3440	0.0195	0.0499	0.0007	189	133	300	15	314	5
ZK0901-1-15	16	208	254	0.82	0.0525	0.0024	0.3429	0.0147	0.0477	0.0006	306	104	299	11	300	4
ZK0901-1-16	27	224	295	0.76	0.0550	0.0020	0.5372	0.0190	0.0707	0.0008	413	84	437	13	440	5
ZK0901-1-18	25	185	282	0.65	0.0511	0.0017	0.5091	0.0168	0.0722	0.0008	256	78	418	11	450	5
ZK0901-1-19	11	49	66	0.74	0.0717	0.0033	1.2552	0.0566	0.1279	0.0018	976	127	826	26	776	10
ZK0901-1-20	7	79	118	0.67	0.0478	0.0030	0.3273	0.0209	0.0492	0.0007	100	135	288	16	310	4
ZK0901-1-21	7	78	119	0.66	0.0498	0.0029	0.3290	0.0188	0.0485	0.0007	187	137	289	14	305	5
ZK0901-1-23	67	116	107	1.08	0.1578	0.0039	9.5975	0.2244	0.4404	0.0042	2432	41	2397	22	2353	19
ZK0901-1-24	11	119	168	0.71	0.0558	0.0028	0.3903	0.0185	0.0512	0.0007	443	111	335	14	322	4
ZK0901-1-25	15	211	242	0.87	0.0532	0.0028	0.3489	0.0161	0.0486	0.0007	345	119	304	12	306	4
ZK0901-1-26	137	211	207	1.02	0.1670	0.0043	10.842	0.2597	0.4704	0.0051	2527	43	2510	22	2486	22
ZK0901-1-27	7	71	112	0.63	0.0573	0.0042	0.3935	0.0281	0.0506	0.0007	502	165	337	20	318	5

续表

分析点号	组成/(mg/g)			Th/U	同位素比值						年龄/Ma					
	Pb	Th	U		$^{207}Pb/^{206}Pb$	1σ	$^{207}Pb/^{235}U$	1σ	$^{206}Pb/^{238}U$	1σ	$^{207}Pb/^{206}Pb$	1σ	$^{207}Pb/^{235}U$	1σ	$^{206}Pb/^{238}U$	1σ
ZK0901-1-28	12	23	24	0.97	0.1570	0.0056	8.5986	0.3516	0.3955	0.0097	2424	61	2296	37	2148	45
ZK0901-1-29	38	348	408	0.85	0.0570	0.0018	0.5707	0.0168	0.0727	0.0008	500	70	458	11	452	5
ZK0901-1-30	11	108	179	0.61	0.0500	0.0025	0.3396	0.0166	0.0492	0.0006	195	115	297	13	310	4
ZK0901-1-31	10	89	166	0.54	0.0549	0.0027	0.3646	0.0173	0.0482	0.0007	409	112	316	13	304	4
ZK0901-1-32	11	122	183	0.67	0.0534	0.0023	0.3526	0.0147	0.0479	0.0006	346	92	307	11	302	4
ZK0901-1-33	18	200	316	0.63	0.0507	0.0020	0.3249	0.0131	0.0462	0.0005	228	58	286	10	291	3
ZK0901-1-34	9	94	137	0.69	0.0469	0.0036	0.3155	0.0216	0.0488	0.0012	43	174	278	17	307	7
ZK0901-1-35	11	147	182	0.81	0.0494	0.0028	0.3193	0.0168	0.0470	0.0007	169	131	281	13	296	4
ZK0901-1-36	10	105	157	0.67	0.0539	0.0028	0.3572	0.0178	0.0487	0.0007	369	112	310	13	307	4
ZK0901-1-38	9	105	147	0.71	0.0509	0.0028	0.3503	0.0186	0.0485	0.0007	235	132	305	14	306	4
ZK0901-1-39	23	331	352	0.94	0.0535	0.0021	0.3625	0.0143	0.0491	0.0006	350	87	314	11	309	4
ZK0901-1-40	11	107	173	0.62	0.0481	0.0028	0.3195	0.0174	0.0486	0.0007	102	133	282	13	306	4
ZK0901-1-41	86	366	409	0.90	0.0729	0.0019	1.5647	0.0408	0.1553	0.0014	1009	47	956	16	931	8
ZK0901-1-42	21	121	249	0.48	0.0551	0.0028	0.5467	0.0229	0.0684	0.0012	417	113	443	15	427	7
ZK0901-1-43	23	557	316	1.77	0.0557	0.0023	0.3495	0.0147	0.0453	0.0005	439	93	304	11	285	3
ZK0901-1-44	17	166	277	0.60	0.0529	0.0023	0.3574	0.0155	0.0492	0.0006	324	100	310	12	310	4
ZK0901-1-45	52	380	604	0.63	0.0578	0.0019	0.5554	0.0182	0.0695	0.0008	524	70	449	12	433	5
ZK0901-1-46	10	120	158	0.76	0.0517	0.0027	0.3552	0.0175	0.0500	0.0007	272	119	309	13	315	4
ZK0901-1-47	8	73	140	0.52	0.0574	0.0030	0.3864	0.0195	0.0495	0.0007	506	115	332	14	312	5
ZK0901-1-48	16	231	258	0.90	0.0521	0.0021	0.3429	0.0140	0.0477	0.0005	300	97	299	11	301	3
ZK0901-1-49	11	131	160	0.82	0.0580	0.0026	0.4069	0.0175	0.0512	0.0007	528	103	347	13	322	4
ZK0901-1-50	10	116	176	0.66	0.0573	0.0035	0.3807	0.0232	0.0482	0.0007	502	133	328	17	304	5

续表

分析点号	组成/(mg/g)			Th/U	同位素比值						年龄/Ma					
	Pb	Th	U		$^{207}Pb/^{206}Pb$	1σ	$^{207}Pb/^{235}U$	1σ	$^{206}Pb/^{238}U$	1σ	$^{207}Pb/^{206}Pb$	1σ	$^{207}Pb/^{235}U$	1σ	$^{206}Pb/^{238}U$	1σ
ZK0901-1-51	12	147	185	0. 79	0. 0509	0. 0022	0. 3351	0. 0137	0. 0479	0. 0006	235	66	293	10	302	4
ZK0901-1-52	7	69	127	0. 54	0. 0500	0. 0028	0. 3294	0. 0160	0. 0483	0. 0007	195	130	289	12	304	4
ZK0901-1-53	30	71	117	0. 61	0. 0788	0. 0023	2. 2364	0. 0673	0. 2046	0. 0024	1169	62	1193	21	1200	13
ZK0901-1-54	19	103	93	1. 10	0. 0669	0. 0026	1. 3293	0. 0492	0. 1438	0. 0018	835	84	859	22	866	10
ZK0901-1-56	12	118	187	0. 63	0. 0511	0. 0024	0. 3477	0. 0163	0. 0494	0. 0006	243	109	303	12	311	4
ZK0901-1-59	8	74	124	0. 60	0. 0573	0. 0034	0. 3916	0. 0217	0. 0497	0. 0008	502	131	336	16	313	5
ZK0901-1-60	6	46	93	0. 50	0. 0516	0. 0031	0. 3541	0. 0195	0. 0503	0. 0008	265	173	308	15	316	5
ZK0901-1-62	8	79	132	0. 60	0. 0537	0. 0027	0. 3663	0. 0177	0. 0489	0. 0007	367	119	317	13	308	4
ZK0901-1-63	9	111	140	0. 79	0. 0482	0. 0026	0. 3268	0. 0173	0. 0490	0. 0007	109	122	287	13	308	5
ZK0901-1-64	6	54	89	0. 61	0. 0519	0. 0034	0. 3627	0. 0215	0. 0508	0. 0009	280	155	314	16	320	5
ZK0901-1-65	13	184	216	0. 85	0. 0536	0. 0026	0. 3581	0. 0164	0. 0482	0. 0007	367	109	311	12	304	4
ZK0901-1-66	13	154	219	0. 70	0. 0512	0. 0026	0. 3478	0. 0166	0. 0491	0. 0007	250	115	303	13	309	4
ZK0901-1-68	24	332	355	0. 93	0. 0555	0. 0022	0. 3812	0. 0146	0. 0498	0. 0006	432	89	328	11	313	4
ZK0901-1-69	27	356	358	1. 00	0. 0555	0. 0020	0. 4060	0. 0139	0. 0533	0. 0010	432	80	346	10	335	6
ZK0901-1-70	46	83	268	0. 31	0. 0709	0. 0021	1. 4449	0. 0444	0. 1465	0. 0014	967	61	908	18	881	8
ZK0901-1-71	30	207	320	0. 65	0. 0576	0. 0021	0. 5828	0. 0203	0. 0733	0. 0008	522	80	466	13	456	5
ZK0901-1-72	4	51	71	0. 72	0. 0570	0. 0037	0. 3764	0. 0226	0. 0486	0. 0009	500	146	324	17	306	6
ZK0901-1-73	132	153	206	0. 74	0. 1716	0. 0043	11. 014	0. 2499	0. 4638	0. 0054	2573	42	2524	21	2456	24
ZK0901-1-74	10	131	160	0. 82	0. 0581	0. 0034	0. 3875	0. 0215	0. 0487	0. 0008	532	130	333	16	306	5
ZK0901-1-76	20	187	351	0. 53	0. 0548	0. 0025	0. 3543	0. 0149	0. 0471	0. 0006	467	104	308	11	297	4
ZK0901-1-77	12	90	163	0. 55	0. 0600	0. 0029	0. 5057	0. 0222	0. 0616	0. 0009	606	104	416	15	386	6
ZK0901-1-79	11	107	190	0. 56	0. 0551	0. 0027	0. 3582	0. 0165	0. 0475	0. 0006	413	113	311	12	299	4

续表

分析点号	组成/(mg/g)			Th/U	同位素比值						年龄/Ma					
	Pb	Th	U		$^{207}Pb/^{206}Pb$	1σ	$^{207}Pb/^{235}U$	1σ	$^{206}Pb/^{238}U$	1σ	$^{207}Pb/^{206}Pb$	1σ	$^{207}Pb/^{235}U$	1σ	$^{206}Pb/^{238}U$	1σ
ZK0901-1-80	94	182	508	0.36	0.0706	0.0022	1.5456	0.0410	0.1576	0.0017	946	65	949	16	943	10
ZK0901-1-81	14	181	207	0.87	0.0585	0.0029	0.4001	0.0192	0.0499	0.0007	550	109	342	14	314	4
ZK0901-1-82	70	102	238	0.43	0.0867	0.0021	2.9853	0.0712	0.2485	0.0028	1355	52	1404	18	1431	14
ZK0901-1-83	41	241	475	0.51	0.0577	0.0017	0.5803	0.0177	0.0725	0.0008	517	67	465	11	451	5
ZK0901-1-84	37	68	131	0.52	0.0825	0.0023	2.6177	0.0717	0.2287	0.0023	1258	58	1306	20	1327	12
ZK0901-1-85	54	554	605	0.92	0.0582	0.0018	0.5468	0.0166	0.0678	0.0008	539	67	443	11	423	5
ZK0901-1-86	37	311	657	0.47	0.0535	0.0018	0.3485	0.0112	0.0472	0.0005	346	74	304	8	297	3
ZK0901-1-88	17	253	258	0.98	0.0595	0.0036	0.3978	0.0195	0.0493	0.0007	583	127	340	14	310	4
ZK0901-1-89	7	71	78	0.90	0.0503	0.0037	0.5025	0.0330	0.0728	0.0012	206	170	413	22	453	8
ZK0901-1-90	7	63	107	0.59	0.0524	0.0038	0.3704	0.0236	0.0519	0.0009	306	165	320	18	326	5
ZK0901-1-91	44	220	167	1.31	0.0776	0.0024	1.9380	0.0552	0.1799	0.0018	1139	61	1094	19	1066	10
ZK0901-1-92	7	66	111	0.59	0.0545	0.0036	0.3545	0.0206	0.0487	0.0009	391	148	308	16	306	5
ZK0901-1-93	9	101	153	0.66	0.0526	0.0032	0.3556	0.0211	0.0489	0.0007	322	137	309	16	308	5
ZK0901-1-94	41	46	124	0.37	0.1137	0.0035	4.4551	0.1614	0.2827	0.0058	1859	55	1723	30	1605	29
ZK0901-1-95	8	75	121	0.62	0.0579	0.0039	0.3944	0.0258	0.0496	0.0008	524	146	338	19	312	5
ZK0901-1-96	35	92	225	0.41	0.0668	0.0024	1.1942	0.0420	0.1294	0.0014	831	69	798	20	784	8
ZK0901-1-97	8	74	134	0.55	0.0553	0.0035	0.3732	0.0240	0.0485	0.0007	433	141	322	18	305	5
ZK0901-1-98	23	257	357	0.72	0.0489	0.0020	0.3320	0.0135	0.0491	0.0006	143	98	291	10	309	3
ZK0901-1-99	10	102	169	0.60	0.0517	0.0027	0.3418	0.0175	0.0477	0.0007	272	119	299	13	300	4
ZK0901-1-100	3	34	57	0.60	0.0566	0.0058	0.3691	0.0295	0.0476	0.0010	476	228	319	22	300	6

附表 13 华北陆块东部临沂地区铝土质泥岩（181122-02）碎屑锆石 U-Pb 同位素数据

分析点号	组成/(mg/g)			Th/U	同位素比值						年龄/Ma					
	Pb	Th	U		$^{207}Pb/^{206}Pb$	1σ	$^{207}Pb/^{235}U$	1σ	$^{206}Pb/^{238}U$	1σ	$^{207}Pb/^{206}Pb$	1σ	$^{207}Pb/^{235}U$	1σ	$^{206}Pb/^{238}U$	1σ
181122-02-01	213	179	518	0. 35	0. 1143	0. 0011	5. 2629	0. 0846	0. 3335	0. 0039	1869	18	1863	14	1855	19
181122-02-04	155	61	262	0. 23	0. 1788	0. 0020	11. 094	0. 1818	0. 4500	0. 0049	2642	13	2531	15	2395	22
181122-02-05	218	155	493	0. 32	0. 1438	0. 0027	6. 6520	0. 1400	0. 3361	0. 0046	2021	117	1922	54	1831	25
181122-02-08	189	224	280	0. 80	0. 1890	0. 0037	12. 358	0. 4057	0. 4723	0. 0076	2733	32	2632	31	2494	33
181122-02-09	84	70	196	0. 36	0. 1125	0. 0008	5. 5105	0. 0931	0. 3556	0. 0056	1840	13	1902	15	1961	26
181122-02-10	450	638	900	0. 71	0. 1593	0. 0010	8. 5242	0. 0993	0. 3885	0. 0041	2448	10	2289	11	2116	19
181122-02-11	226	277	602	0. 46	0. 1585	0. 0029	6. 2147	0. 1673	0. 2841	0. 0035	2440	41	2007	24	1612	18
181122-02-15	509	373	854	0. 44	0. 1649	0. 0011	11. 315	0. 2634	0. 4981	0. 0118	2506	11	2549	22	2606	51
181122-02-19	171	191	484	0. 39	0. 1639	0. 0014	6. 2455	0. 1136	0. 2764	0. 0047	2496	12	2011	16	1573	24
181122-02-20	121	73	183	0. 40	0. 1896	0. 0015	13. 660	0. 2458	0. 5224	0. 0084	2739	13	2726	17	2709	36
181122-02-21	127	97	340	0. 29	0. 1261	0. 0024	5. 3669	0. 1112	0. 3086	0. 0023	2044	35	1880	18	1734	11
181122-02-22	312	326	854	0. 38	0. 1299	0. 0009	5. 4858	0. 0705	0. 3061	0. 0034	2098	11	1898	11	1721	17
181122-02-24	137	68	227	0. 30	0. 1689	0. 0015	11. 434	0. 1379	0. 4911	0. 0059	2547	15	2559	11	2576	25
181122-02-26	275	614	840	0. 73	0. 1487	0. 0036	5. 2170	0. 1993	0. 2539	0. 0043	2331	60	1855	33	1459	22
181122-02-27	217	54	597	0. 09	0. 1119	0. 0008	4. 9886	0. 0809	0. 3231	0. 0047	1831	13	1817	14	1805	23
181122-02-29	266	328	431	0. 76	0. 1589	0. 0013	10. 271	0. 1719	0. 4686	0. 0073	2444	13	2460	15	2477	32
181122-02-30	22	248	306	0. 81	0. 0546	0. 0015	0. 4095	0. 0114	0. 0544	0. 0006	394	63	349	8	342	4
181122-02-32	169	180	271	0. 67	0. 1653	0. 0012	10. 621	0. 1171	0. 4658	0. 0052	2511	12	2491	10	2465	23
181122-02-33	191	75	522	0. 14	0. 1202	0. 0011	5. 1983	0. 0931	0. 3130	0. 0036	1959	17	1852	15	1755	18
181122-02-34	69	95	109	0. 87	0. 1742	0. 0025	10. 469	0. 1555	0. 4357	0. 0048	2598	29	2477	14	2331	21
181122-02-36	133	42	374	0. 11	0. 1109	0. 0008	4. 7770	0. 0672	0. 3125	0. 0045	1814	8	1781	12	1753	22

续表

分析点号	组成/(mg/g)			Th/U	同位素比值						年龄/Ma					
	Pb	Th	U		$^{207}Pb/^{206}Pb$	1σ	$^{207}Pb/^{235}U$	1σ	$^{206}Pb/^{238}U$	1σ	$^{207}Pb/^{206}Pb$	1σ	$^{207}Pb/^{235}U$	1σ	$^{206}Pb/^{238}U$	1σ
181122-02-37	185	90	488	0. 18	0. 1203	0. 0015	5. 3111	0. 0995	0. 3196	0. 0036	1961	22	1871	16	1788	17
181122-02-38	126	92	347	0. 27	0. 1155	0. 0013	4. 9383	0. 0657	0. 3104	0. 0040	1887	-13	1809	11	1743	20
181122-02-39	65	55	156	0. 35	0. 1184	0. 0016	5. 5116	0. 1396	0. 3367	0. 0058	1932	30	1902	22	1871	28
181122-02-40	116	60	283	0. 21	0. 1166	0. 0010	5. 5202	0. 0854	0. 3429	0. 0045	1905	10	1904	13	1901	21
181122-02-41	61	44	92	0. 48	0. 1740	0. 0024	11. 618	0. 2097	0. 4859	0. 0099	2598	23	2574	17	2553	43
181122-02-42	109	88	292	0. 30	0. 1217	0. 0018	5. 0663	0. 0751	0. 3025	0. 0042	1983	26	1830	13	1704	21
181122-02-43	48	45	63	0. 72	0. 2081	0. 0035	14. 789	0. 3708	0. 5141	0. 0083	2891	27	2802	24	2674	35
181122-02-44	11	143	181	0. 79	0. 0577	0. 0021	0. 3777	0. 0123	0. 0476	0. 0007	517	81	325	9	300	4
181122-02-45	26	274	390	0. 70	0. 0633	0. 0014	0. 4356	0. 0080	0. 0500	0. 0006	717	29	367	6	314	4
181122-02-48	161	180	342	0. 53	0. 1692	0. 0016	8. 2774	0. 1336	0. 3545	0. 0036	2550	21	2262	15	1956	17
181122-02-49	35	457	534	0. 86	0. 0568	0. 0011	0. 3816	0. 0085	0. 0487	0. 0006	483	41	328	6	307	4
181122-02-50	147	71	400	0. 18	0. 1251	0. 0018	5. 3201	0. 1151	0. 3078	0. 0033	2031	26	1872	18	1730	16
181122-02-52	1205	182	2308	0. 08	0. 1651	0. 0012	10. 245	0. 2120	0. 4492	0. 0074	2509	12	2457	19	2392	33
181122-02-54	88	72	232	0. 31	0. 1139	0. 0010	4. 9935	0. 1003	0. 3178	0. 0053	1863	17	1818	17	1779	26
181122-02-55	140	340	307	1. 11	0. 1640	0. 0013	7. 3700	0. 1618	0. 3260	0. 0070	2497	8	2157	20	1819	34
181122-02-56	304	507	580	0. 87	0. 1646	0. 0013	8. 7467	0. 1765	0. 3853	0. 0069	2503	8	2312	18	2101	32
181122-02-57	102	51	292	0. 17	0. 1171	0. 0014	4. 8864	0. 0910	0. 3026	0. 0047	1913	26	1800	16	1704	23
181122-02-58	23	257	331	0. 78	0. 0577	0. 0010	0. 4317	0. 0077	0. 0543	0. 0007	520	44	364	5	341	4
181122-02-59	17	230	242	0. 95	0. 0559	0. 0014	0. 4005	0. 0093	0. 0521	0. 0007	450	57	342	7	327	4
181122-02-60	92	117	134	0. 87	0. 1679	0. 0014	11. 401	0. 1883	0. 4930	0. 0082	2536	13	2557	15	2583	35
181122-02-61	162	114	256	0. 45	0. 2053	0. 0035	13. 916	0. 4897	0. 4875	0. 0103	2869	27	2744	33	2560	45

续表

分析点号	组成/(mg/g)			Th/U	同位素比值						年龄/Ma					
	Pb	Th	U		$^{207}Pb/^{206}Pb$	1σ	$^{207}Pb/^{235}U$	1σ	$^{206}Pb/^{238}U$	1σ	$^{207}Pb/^{206}Pb$	1σ	$^{207}Pb/^{235}U$	1σ	$^{206}Pb/^{238}U$	1σ
181122-02-62	140	137	225	0. 61	0. 1726	0. 0017	11. 279	0. 2427	0. 4733	0. 0081	2583	17	2546	20	2498	36
181122-02-63	80	62	180	0. 35	0. 1247	0. 0012	6. 3085	0. 0702	0. 3678	0. 0051	2024	18	2020	10	2019	24
181122-02-64	135	58	345	0. 17	0. 1166	0. 0012	5. 5608	0. 1359	0. 3452	0. 0067	1906	18	1910	21	1912	32
181122-02-65	33	22	53	0. 41	0. 1707	0. 0017	11. 660	0. 2327	0. 4958	0. 0099	2565	17	2577	19	2596	43
181122-02-66	15	184	268	0. 69	0. 0558	0. 0016	0. 3448	0. 0100	0. 0448	0. 0006	456	60	301	8	282	4
181122-02-67	40	78	55	1. 43	0. 1654	0. 0018	10. 722	0. 1988	0. 4703	0. 0085	2522	19	2499	17	2485	37
181122-02-69	120	90	203	0. 44	0. 1734	0. 0036	11. 374	0. 3728	0. 4728	0. 0078	2591	29	2554	31	2496	34
181122-02-70	84	176	182	0. 97	0. 1694	0. 0019	7. 0793	0. 1945	0. 3027	0. 0075	2552	20	2121	24	1705	37
181122-02-71	8	83	100	0. 83	0. 0636	0. 0022	0. 5072	0. 0176	0. 0578	0. 0009	729	67	417	12	362	6
181122-02-72	59	63	93	0. 68	0. 1686	0. 0015	11. 033	0. 2510	0. 4733	0. 0090	2544	16	2526	21	2498	40
181122-02-73	163	179	280	0. 64	0. 1687	0. 0021	10. 304	0. 1861	0. 4424	0. 0058	2546	20	2462	17	2361	26
181122-02-74	139	130	265	0. 49	0. 1661	0. 0013	9. 2976	0. 1523	0. 4056	0. 0062	2518	13	2368	15	2195	29
181122-02-76	116	339	468	0. 73	0. 0768	0. 0007	2. 0707	0. 0320	0. 1955	0. 0030	1117	23	1139	11	1151	16
181122-02-77	259	487	717	0. 68	0. 1171	0. 0011	5. 0731	0. 0973	0. 3146	0. 0070	1913	18	1832	16	1764	34
181122-02-78	198	198	319	0. 62	0. 1781	0. 0023	11. 656	0. 1649	0. 4742	0. 0041	2635	22	2577	13	2502	18
181122-02-79	24	138	249	0. 56	0. 0587	0. 0009	0. 6457	0. 0133	0. 0797	0. 0012	554	35	506	8	494	7
181122-02-80	11	205	151	1. 36	0. 0541	0. 0015	0. 3753	0. 0106	0. 0504	0. 0008	376	58	324	8	317	5
181122-02-81	238	439	441	1. 00	0. 1508	0. 0017	8. 1774	0. 1867	0. 3925	0. 0072	2355	19	2251	21	2134	34
181122-02-82	35	356	480	0. 74	0. 0629	0. 0018	0. 5003	0. 0138	0. 0578	0. 0008	705	52	412	9	362	5
181122-02-83	177	210	311	0. 68	0. 1820	0. 0022	10. 638	0. 2306	0. 4236	0. 0093	2671	20	2492	20	2277	42
181122-02-84	186	234	376	0. 62	0. 1702	0. 0023	9. 5768	0. 2711	0. 4091	0. 0130	2559	22	2395	26	2211	59

续表

分析点号	组成/(mg/g)			Th/U	同位素比值						年龄/Ma					
	Pb	Th	U		$^{207}Pb/^{206}Pb$	1σ	$^{207}Pb/^{235}U$	1σ	$^{206}Pb/^{238}U$	1σ	$^{207}Pb/^{206}Pb$	1σ	$^{207}Pb/^{235}U$	1σ	$^{206}Pb/^{238}U$	1σ
181122-02-85	23	252	383	0. 66	0. 0659	0. 0023	0. 4255	0. 0161	0. 0467	0. 0005	803	77	360	11	294	3
181122-02-86	36	364	572	0. 64	0. 0588	0. 0012	0. 4067	0. 0095	0. 0500	0. 0006	561	44	346	7	314	4
181122-02-87	15	154	270	0. 57	0. 0570	0. 0032	0. 3424	0. 0186	0. 0435	0. 0005	500	124	299	14	275	3
181122-02-89	11	179	155	1. 15	0. 0519	0. 0015	0. 3553	0. 0106	0. 0497	0. 0008	280	69	309	8	313	5
181122-02-90	292	238	475	0. 50	0. 1639	0. 0012	10. 918	0. 1562	0. 4822	0. 0075	2498	13	2516	13	2537	32
181122-02-91	10	168	127	1. 32	0. 0495	0. 0015	0. 3656	0. 0101	0. 0539	0. 0010	172	72	316	7	338	6
181122-02-92	193	197	302	0. 65	0. 1663	0. 0012	10. 976	0. 1193	0. 4776	0. 0050	2521	12	2521	10	2517	22
181122-02-93	197	45	530	0. 09	0. 1113	0. 0009	5. 0720	0. 0505	0. 3300	0. 0036	1821	15	1831	8	1838	18
181122-02-94	13	237	191	1. 24	0. 0590	0. 0025	0. 3868	0. 0138	0. 0479	0. 0007	565	91	332	10	301	4
181122-02-95	219	454	687	0. 66	0. 1434	0. 0015	5. 1948	0. 1565	0. 2615	0. 0070	2268	25	1852	26	1498	36
181122-02-96	159	226	283	0. 80	0. 1832	0. 0015	10. 295	0. 1378	0. 4068	0. 0053	2682	4	2462	12	2200	24
181122-02-97	9	107	128	0. 84	0. 0590	0. 0018	0. 4163	0. 0123	0. 0512	0. 0007	565	67	353	9	322	4
181122-02-98	227	409	396	1. 03	0. 1645	0. 0012	9. 2002	0. 2046	0. 4047	0. 0088	2502	12	2358	20	2191	41
181122-02-99	351	157	603	0. 26	0. 1606	0. 0012	10. 496	0. 1466	0. 4734	0. 0072	2461	12	2480	13	2499	32
181122-02-100	149	118	244	0. 48	0. 1876	0. 0031	11. 640	0. 2057	0. 4489	0. 0037	2721	27	2576	17	2390	16
181122-02-101	11	85	159	0. 54	0. 0616	0. 0017	0. 4475	0. 0115	0. 0527	0. 0006	662	49	376	8	331	4
181122-02-102	31	298	464	0. 64	0. 0568	0. 0011	0. 4069	0. 0068	0. 0520	0. 0007	483	43	347	5	327	4
181122-02-103	68	78	101	0. 77	0. 1703	0. 0017	11. 230	0. 1089	0. 4780	0. 0059	2561	17	2542	9	2519	26
181122-02-104	179	181	287	0. 63	0. 1643	0. 0013	10. 540	0. 1310	0. 4643	0. 0061	2502	13	2483	12	2459	27

附表 14 华北陆块东部临沂地区土黄色粉砂质泥岩（181122-01）碎屑锆石 U-Pb 同位素数据

分析点号	组成/(mg/g)			Th/U	同位素比值						年龄/Ma					
	Pb	Th	U		$^{207}Pb/^{206}Pb$	1σ	$^{207}Pb/^{235}U$	1σ	$^{206}Pb/^{238}U$	1σ	$^{207}Pb/^{206}Pb$	1σ	$^{207}Pb/^{235}U$	1σ	$^{206}Pb/^{238}U$	1σ
181122-01-01	5	25	85	0. 29	0. 0543	0. 0019	0. 3732	0. 0141	0. 0501	0. 0016	383	78	322	10	315	10
181122-01-02	88	92	202	0. 46	0. 1156	0. 0031	5. 3509	0. 1567	0. 3360	0. 0100	1900	47	1877	25	1867	48
181122-01-03	5	44	83	0. 53	0. 0544	0. 0022	0. 3853	0. 0169	0. 0515	0. 0016	387	88	331	12	324	10
181122-01-04	21	237	344	0. 69	0. 0547	0. 0018	0. 3613	0. 0118	0. 0481	0. 0015	467	72	313	9	303	9
181122-01-05	121	53	345	0. 15	0. 1209	0. 0035	4. 8278	0. 1573	0. 2931	0. 0113	1970	52	1790	27	1657	56
181122-01-06	266	82	795	0. 10	0. 1111	0. 0029	4. 4524	0. 1377	0. 2906	0. 0090	1818	47	1722	26	1645	45
181122-01-07	5	87	76	1. 14	0. 0513	0. 0019	0. 3616	0. 0144	0. 0513	0. 0016	254	87	313	11	323	10
181122-01-08	164	87	416	0. 21	0. 1173	0. 0030	5. 3627	0. 1493	0. 3316	0. 0093	1917	47	1879	24	1846	45
181122-01-09	38	19	56	0. 35	0. 1772	0. 0047	12. 867	0. 3804	0. 5269	0. 0157	2627	44	2670	28	2728	66
181122-01-10	192	87	481	0. 18	0. 1157	0. 0030	5. 6364	0. 1837	0. 3534	0. 0116	1891	47	1922	28	1951	55
181122-01-11	158	42	395	0. 11	0. 1139	0. 0029	5. 4076	0. 1601	0. 3442	0. 0101	1862	46	1886	25	1907	49
181122-01-12	7	19	127	0. 15	0. 0571	0. 0025	0. 3665	0. 0144	0. 0472	0. 0015	498	96	317	11	297	10
181122-01-13	305	251	885	0. 28	0. 1221	0. 0032	5. 1155	0. 1593	0. 3041	0. 0097	1987	46	1839	27	1712	48
181122-01-15	495	452	950	0. 48	0. 1600	0. 0041	9. 0393	0. 2594	0. 4094	0. 0117	2457	43	2342	26	2212	54
181122-01-16	103	67	260	0. 26	0. 1149	0. 0030	5. 3982	0. 1639	0. 3404	0. 0103	1880	47	1885	26	1889	49
181122-01-17	294	375	775	0. 48	0. 1146	0. 0029	5. 0850	0. 1519	0. 3222	0. 0100	1873	47	1834	25	1800	49
181122-01-19	126	53	354	0. 15	0. 1169	0. 0030	5. 1598	0. 1808	0. 3206	0. 0116	1910	52	1846	30	1793	57
181122-01-20	499	1037	944	1. 10	0. 1668	0. 0043	9. 1386	0. 2868	0. 3973	0. 0124	2526	42	2352	29	2156	57
181122-01-21	119	126	298	0. 42	0. 1131	0. 0029	5. 1868	0. 1495	0. 3327	0. 0097	1850	48	1850	25	1851	47
181122-01-22	94	63	235	0. 27	0. 1145	0. 0030	5. 3516	0. 1582	0. 3393	0. 0101	1872	42	1877	25	1883	49

续表

分析点号	组成/(mg/g)			Th/U	同位素比值						年龄/Ma					
	Pb	Th	U		$^{207}Pb/^{206}Pb$	1σ	$^{207}Pb/^{235}U$	1σ	$^{206}Pb/^{238}U$	1σ	$^{207}Pb/^{206}Pb$	1σ	$^{207}Pb/^{235}U$	1σ	$^{206}Pb/^{238}U$	1σ
181122-01-23	39	70	90	0. 78	0. 1118	0. 0030	5. 1071	0. 1529	0. 3314	0. 0097	1829	49	1837	26	1845	47
181122-01-24	89	65	223	0. 29	0. 1147	0. 0030	5. 3816	0. 1636	0. 3403	0. 0103	1876	48	1882	26	1888	49
181122-01-26	183	195	279	0. 70	0. 1674	0. 0043	11. 403	0. 3535	0. 4942	0. 0152	2531	44	2557	29	2589	66
181122-01-27	148	45	387	0. 12	0. 1123	0. 0029	5. 2077	0. 1583	0. 3365	0. 0102	1837	47	1854	26	1870	49
181122-01-28	69	66	134	0. 49	0. 1558	0. 0041	8. 6299	0. 2692	0. 4018	0. 0122	2410	45	2300	28	2177	56
181122-01-29	15	59	266	0. 22	0. 0537	0. 0017	0. 3606	0. 0122	0. 0488	0. 0014	367	74	313	9	307	9
181122-01-33	131	85	330	0. 26	0. 1137	0. 0029	5. 3198	0. 1602	0. 3396	0. 0101	1859	47	1872	26	1885	49
181122-01-34	258	65	703	0. 09	0. 1123	0. 0029	5. 0273	0. 1589	0. 3247	0. 0101	1836	46	1824	27	1813	49
181122-01-35	11	119	172	0. 69	0. 0544	0. 0019	0. 3758	0. 0141	0. 0503	0. 0016	387	80	324	10	316	10
181122-01-37	228	229	357	0. 64	0. 1661	0. 0043	11. 022	0. 3364	0. 4810	0. 0143	2520	43	2525	29	2532	62
181122-01-38	16	277	246	1. 13	0. 0521	0. 0016	0. 3359	0. 0111	0. 0469	0. 0014	300	73	294	9	295	9
181122-01-40	42	39	67	0. 59	0. 1674	0. 0044	10. 486	0. 3248	0. 4547	0. 0139	2532	44	2479	29	2416	62
181122-01-42	19	260	291	0. 89	0. 0529	0. 0017	0. 3564	0. 0122	0. 0489	0. 0015	328	72	310	9	308	9
181122-01-43	4	37	60	0. 62	0. 0535	0. 0028	0. 3657	0. 0169	0. 0503	0. 0016	354	117	316	13	316	10
181122-01-44	46	63	105	0. 60	0. 1146	0. 0031	5. 2805	0. 1657	0. 3344	0. 0101	1873	48	1866	27	1860	49
181122-01-45	145	47	373	0. 13	0. 1143	0. 0030	5. 2409	0. 1635	0. 3324	0. 0103	1869	47	1859	27	1850	50
181122-01-46	24	356	337	1. 06	0. 0537	0. 0017	0. 3759	0. 0131	0. 0509	0. 0016	361	74	324	10	320	10
181122-01-47	21	210	364	0. 58	0. 0518	0. 0016	0. 3350	0. 0114	0. 0470	0. 0015	276	69	293	9	296	9
181122-01-48	219	131	576	0. 23	0. 1114	0. 0029	4. 9580	0. 1423	0. 3226	0. 0091	1822	79	1812	24	1802	44
181122-01-49	97	48	247	0. 19	0. 1137	0. 0030	5. 3297	0. 1586	0. 3397	0. 0100	1861	47	1874	26	1885	48

续表

分析点号	组成/(mg/g)			Th/U	同位素比值						年龄/Ma					
	Pb	Th	U		$^{207}Pb/^{206}Pb$	1σ	$^{207}Pb/^{235}U$	1σ	$^{206}Pb/^{238}U$	1σ	$^{207}Pb/^{206}Pb$	1σ	$^{207}Pb/^{235}U$	1σ	$^{206}Pb/^{238}U$	1σ
181122-01-50	94	51	245	0. 21	0. 1129	0. 0030	5. 1365	0. 1561	0. 3295	0. 0097	1846	48	1842	26	1836	47
181122-01-51	120	52	319	0. 16	0. 1110	0. 0029	4. 9425	0. 1427	0. 3226	0. 0093	1817	47	1810	24	1802	46
181122-01-52	10	166	149	1. 12	0. 0541	0. 0021	0. 3439	0. 0146	0. 0460	0. 0014	376	89	300	11	290	8
181122-01-53	5	35	76	0. 46	0. 0536	0. 0020	0. 3727	0. 0152	0. 0504	0. 0015	354	85	322	11	317	10
181122-01-54	41	25	115	0. 21	0. 1096	0. 0030	4. 7634	0. 1465	0. 3151	0. 0094	1792	50	1778	26	1766	46
181122-01-55	10	127	156	0. 81	0. 0588	0. 0026	0. 3712	0. 0147	0. 0462	0. 0014	561	98	321	11	291	8
181122-01-57	194	50	524	0. 10	0. 1107	0. 0029	4. 9926	0. 1481	0. 3263	0. 0096	1813	48	1818	25	1820	47
181122-01-58	187	141	489	0. 29	0. 1168	0. 0033	5. 2198	0. 1560	0. 3243	0. 0100	1909	51	1856	26	1811	49
181122-01-59	142	484	230	2. 11	0. 1221	0. 0034	6. 0483	0. 1620	0. 3592	0. 0100	1987	49	1983	23	1979	47
181122-01-60	32	361	480	0. 75	0. 0530	0. 0015	0. 3814	0. 0124	0. 0520	0. 0016	332	65	328	9	327	10
181122-01-62	77	48	139	0. 34	0. 1646	0. 0043	10. 006	0. 2805	0. 4400	0. 0123	2503	44	2435	26	2351	55
181122-01-63	235	75	606	0. 12	0. 1128	0. 0029	5. 2538	0. 1523	0. 3373	0. 0099	1856	46	1861	25	1873	48
181122-01-64	112	136	282	0. 48	0. 1092	0. 0029	4. 8931	0. 1487	0. 3243	0. 0097	1787	47	1801	26	1810	47
181122-01-65	128	153	340	0. 45	0. 1114	0. 0029	4. 7359	0. 1403	0. 3078	0. 0092	1833	47	1774	25	1730	46
181122-01-66	247	177	354	0. 50	0. 1872	0. 0048	13. 759	0. 3773	0. 5327	0. 0152	2718	43	2733	26	2753	64
181122-01-67	113	46	288	0. 16	0. 1142	0. 0030	5. 4737	0. 1637	0. 3471	0. 0104	1933	47	1896	26	1921	50
181122-01-68	161	56	424	0. 13	0. 1110	0. 0029	5. 1831	0. 1563	0. 3382	0. 0102	1817	47	1850	26	1878	49
181122-01-69	4	27	68	0. 40	0. 0571	0. 0025	0. 4005	0. 0178	0. 0511	0. 0017	498	96	342	13	321	10
181122-01-70	56	67	87	0. 76	0. 1651	0. 0044	10. 661	0. 3171	0. 4678	0. 0140	2509	44	2494	28	2474	61
181122-01-71	177	62	485	0. 13	0. 1100	0. 0028	4. 9167	0. 1414	0. 3239	0. 0095	1799	52	1805	24	1809	46

续表

分析点号	组成/(mg/g)			Th/U	同位素比值						年龄/Ma					
	Pb	Th	U		$^{207}Pb/^{206}Pb$	1σ	$^{207}Pb/^{235}U$	1σ	$^{206}Pb/^{238}U$	1σ	$^{207}Pb/^{206}Pb$	1σ	$^{207}Pb/^{235}U$	1σ	$^{206}Pb/^{238}U$	1σ
181122-01-72	271	239	453	0. 53	0. 1850	0. 0095	11. 694	0. 8418	0. 4441	0. 0149	2698	85	2580	67	2369	66
181122-01-73	23	294	359	0. 82	0. 0524	0. 0015	0. 3495	0. 0109	0. 0485	0. 0015	302	69	304	8	305	9
181122-01-74	204	111	564	0. 20	0. 1128	0. 0029	4. 9254	0. 1487	0. 3160	0. 0096	1856	47	1807	26	1770	47
181122-01-75	181	53	495	0. 11	0. 1141	0. 0030	5. 0399	0. 1574	0. 3194	0. 0097	1866	51	1826	27	1787	47
181122-01-76	107	65	268	0. 24	0. 1155	0. 0030	5. 3346	0. 1564	0. 3346	0. 0098	1887	46	1874	25	1861	48
181122-01-77	73	136	166	0. 82	0. 1131	0. 0030	5. 1731	0. 1541	0. 3315	0. 0098	1850	42	1848	25	1846	48
181122-01-78	133	52	341	0. 15	0. 1147	0. 0030	5. 3458	0. 1614	0. 3376	0. 0103	1876	47	1876	26	1875	49
181122-01-79	50	212	40	5. 33	0. 1894	0. 0081	12. 373	0. 7673	0. 4643	0. 0153	2739	71	2633	58	2459	68
181122-01-80	143	62	384	0. 16	0. 1129	0. 0029	5. 1144	0. 1512	0. 3285	0. 0098	1856	47	1838	25	1831	48
181122-01-81	322	218	914	0. 24	0. 1173	0. 0030	5. 0444	0. 1713	0. 3113	0. 0104	1917	46	1827	29	1747	51
181122-01-82	231	279	351	0. 80	0. 1755	0. 0045	11. 636	0. 3463	0. 4806	0. 0143	2611	43	2576	28	2530	62
181122-01-83	122	86	309	0. 28	0. 1149	0. 0030	5. 3045	0. 1595	0. 3346	0. 0099	1877	46	1870	26	1861	48
181122-01-84	151	60	386	0. 15	0. 1148	0. 0030	5. 3909	0. 1640	0. 3405	0. 0104	1877	46	1883	26	1889	50
181122-01-85	10	13	15	0. 84	0. 1641	0. 0048	10. 445	0. 3568	0. 4624	0. 0150	2498	50	2475	32	2450	66
181122-01-86	147	113	237	0. 48	0. 1664	0. 0043	11. 023	0. 3297	0. 4805	0. 0145	2522	42	2525	28	2529	63
181122-01-87	92	70	236	0. 30	0. 1147	0. 0030	5. 1880	0. 1647	0. 3276	0. 0100	1876	48	1851	27	1827	49
181122-01-88	151	120	374	0. 32	0. 1147	0. 0030	5. 3207	0. 1590	0. 3362	0. 0097	1876	47	1872	26	1868	47
181122-01-89	169	56	444	0. 13	0. 1163	0. 0030	5. 3140	0. 1607	0. 3315	0. 0101	1902	47	1871	26	1846	49

附表 15　华北陆块东北部淄博地区杂色铝土质泥岩（180318-8）碎屑锆石 U-Pb 同位素数据

分析点号	组成/(mg/g)			Th/U	同位素比值						年龄/Ma					
	Pb	Th	U		$^{207}Pb/^{206}Pb$	1σ	$^{207}Pb/^{235}U$	1σ	$^{206}Pb/^{238}U$	1σ	$^{207}Pb/^{206}Pb$	1σ	$^{207}Pb/^{235}U$	1σ	$^{206}Pb/^{238}U$	1σ
180318-8-01	14	159	226	0.70	0.0515	0.0024	0.3661	0.0170	0.0514	0.0015	261	106	317	13	323	9
180318-8-02	24	378	404	0.93	0.0501	0.0021	0.3292	0.0137	0.0475	0.0013	198	99	289	11	299	8
180318-8-03	14	167	220	0.76	0.0504	0.0023	0.3514	0.0161	0.0506	0.0014	213	110	306	12	318	9
180318-8-04	10	101	176	0.58	0.0509	0.0026	0.3551	0.0177	0.0512	0.0015	239	114	309	13	322	9
180318-8-05	9	84	145	0.58	0.0550	0.0029	0.3719	0.0185	0.0497	0.0015	413	112	321	14	312	9
180318-8-06	10	100	174	0.58	0.0507	0.0026	0.3512	0.0173	0.0507	0.0015	228	120	306	13	319	9
180318-8-07	15	160	254	0.63	0.0496	0.0022	0.3481	0.0152	0.0509	0.0014	176	102	303	11	320	9
180318-8-08	17	233	272	0.86	0.0505	0.0023	0.3544	0.0160	0.0510	0.0014	220	106	308	12	320	9
180318-8-09	9	86	160	0.54	0.0537	0.0027	0.3635	0.0188	0.0492	0.0014	361	117	315	14	310	9
180318-8-10	13	162	215	0.75	0.0522	0.0026	0.3792	0.0183	0.0518	0.0015	295	139	326	14	326	9
180318-8-11	12	137	202	0.68	0.0512	0.0026	0.3601	0.0184	0.0511	0.0015	256	117	312	14	321	9
180318-8-12	11	125	171	0.73	0.0475	0.0028	0.3431	0.0209	0.0526	0.0015	72	137	300	16	330	9
180318-8-13	12	121	197	0.61	0.0544	0.0026	0.3839	0.0178	0.0517	0.0015	391	110	330	13	325	9
180318-8-14	10	107	168	0.64	0.0570	0.0028	0.3943	0.0188	0.0504	0.0014	494	107	338	14	317	9
180318-8-15	36	57	101	0.57	0.0519	0.0032	0.3678	0.0242	0.0509	0.0016	280	143	318	18	320	10
180318-8-16	12	117	195	0.60	0.0540	0.0025	0.3746	0.0171	0.0505	0.0015	372	104	323	13	318	9
180318-8-17	26	381	398	0.96	0.0551	0.0025	0.3855	0.0176	0.0495	0.0014	417	97	331	13	311	8
180318-8-18	7	64	118	0.54	0.0540	0.0030	0.3805	0.0216	0.0511	0.0015	369	131	327	16	321	9
180318-8-19	12	130	194	0.67	0.0571	0.0027	0.3894	0.0184	0.0495	0.0014	494	106	334	13	311	9
180318-8-20	11	129	175	0.74	0.0523	0.0027	0.3601	0.0183	0.0505	0.0015	298	117	312	14	318	9
180318-8-21	12	128	205	0.62	0.0523	0.0026	0.3605	0.0175	0.0504	0.0015	298	110	313	13	317	9
180318-8-22	12	136	191	0.71	0.0531	0.0026	0.3657	0.0178	0.0501	0.0014	332	113	316	13	315	9
180318-8-23	11	125	182	0.69	0.0527	0.0026	0.3690	0.0179	0.0511	0.0015	317	108	319	13	321	9

续表

分析点号	组成/(mg/g)			Th/U	同位素比值						年龄/Ma					
	Pb	Th	U		$^{207}Pb/^{206}Pb$	1σ	$^{207}Pb/^{235}U$	1σ	$^{206}Pb/^{238}U$	1σ	$^{207}Pb/^{206}Pb$	1σ	$^{207}Pb/^{235}U$	1σ	$^{206}Pb/^{238}U$	1σ
180318-8-24	14	155	220	0. 70	0. 0586	0. 0028	0. 4036	0. 0186	0. 0502	0. 0014	554	106	344	14	316	9
180318-8-25	14	158	229	0. 69	0. 0527	0. 0026	0. 3674	0. 0183	0. 0506	0. 0014	317	118	318	14	318	9
180318-8-27	98	61	179	0. 34	0. 1692	0. 0058	10. 658	0. 3685	0. 4539	0. 0125	2550	57	2494	32	2413	56
180318-8-28	15	200	243	0. 82	0. 0589	0. 0032	0. 3985	0. 0210	0. 0495	0. 0015	561	120	341	15	311	9
180318-8-29	30	575	424	1. 36	0. 0537	0. 0023	0. 3746	0. 0160	0. 0505	0. 0014	367	98	323	12	317	9
180318-8-30	14	186	219	0. 85	0. 0554	0. 0028	0. 3831	0. 0197	0. 0498	0. 0014	428	108	329	14	313	9
180318-8-31	33	571	522	1. 09	0. 0588	0. 0026	0. 3968	0. 0173	0. 0489	0. 0014	567	96	339	13	308	9
180318-8-33	12	113	199	0. 57	0. 0568	0. 0028	0. 3841	0. 0177	0. 0495	0. 0015	483	107	330	13	311	9
180318-8-34	8	81	141	0. 58	0. 0521	0. 0031	0. 3557	0. 0203	0. 0501	0. 0015	300	137	309	15	315	9
180318-8-35	21	236	332	0. 71	0. 0511	0. 0023	0. 3605	0. 0162	0. 0508	0. 0014	256	104	313	12	319	9
180318-8-36	9	75	148	0. 51	0. 0484	0. 0030	0. 3317	0. 0199	0. 0499	0. 0015	117	137	291	15	314	9
180318-8-37	11	115	189	0. 61	0. 0475	0. 0023	0. 3305	0. 0159	0. 0505	0. 0015	76	111	290	12	318	9
180318-8-38	26	373	408	0. 91	0. 0531	0. 0024	0. 3758	0. 0175	0. 0508	0. 0015	345	104	324	13	320	9
180318-8-39	8	92	143	0. 64	0. 0529	0. 0033	0. 3545	0. 0216	0. 0487	0. 0015	324	143	308	16	307	9
180318-8-40	12	120	206	0. 59	0. 0556	0. 0029	0. 3810	0. 0196	0. 0497	0. 0015	435	114	328	14	312	9
180318-8-42	17	210	274	0. 77	0. 0500	0. 0026	0. 3393	0. 0168	0. 0493	0. 0014	195	116	297	13	310	9
180318-8-43	20	231	340	0. 68	0. 0520	0. 0023	0. 3539	0. 0151	0. 0494	0. 0014	283	97	308	11	311	9
180318-8-44	15	178	243	0. 73	0. 0514	0. 0024	0. 3656	0. 0171	0. 0514	0. 0015	261	107	316	13	323	9
180318-8-45	13	140	214	0. 65	0. 0562	0. 0029	0. 3913	0. 0194	0. 0505	0. 0015	461	113	335	14	318	9
180318-8-46	19	244	314	0. 78	0. 0536	0. 0024	0. 3679	0. 0168	0. 0496	0. 0014	354	99	318	13	312	9
180318-8-47	15	173	247	0. 70	0. 0537	0. 0028	0. 3616	0. 0187	0. 0491	0. 0014	367	120	313	14	309	9
180318-8-48	11	114	174	0. 66	0. 0548	0. 0030	0. 3845	0. 0214	0. 0508	0. 0015	406	122	330	16	319	9
180318-8-49	17	226	259	0. 87	0. 0492	0. 0024	0. 3406	0. 0162	0. 0502	0. 0014	167	113	298	12	316	9

续表

分析点号	组成/(mg/g)			Th/U	同位素比值						年龄/Ma					
	Pb	Th	U		$^{207}Pb/^{206}Pb$	1σ	$^{207}Pb/^{235}U$	1σ	$^{206}Pb/^{238}U$	1σ	$^{207}Pb/^{206}Pb$	1σ	$^{207}Pb/^{235}U$	1σ	$^{206}Pb/^{238}U$	1σ
180318-8-50	14	187	223	0. 84	0. 0512	0. 0026	0. 3426	0. 0175	0. 0488	0. 0014	256	120	299	13	307	9
180318-8-51	8	83	126	0. 66	0. 0590	0. 0037	0. 4231	0. 0270	0. 0521	0. 0017	565	131	358	19	327	10
180318-8-52	22	290	350	0. 83	0. 0557	0. 0025	0. 3798	0. 0168	0. 0497	0. 0014	443	97	327	12	312	9
180318-8-53	25	430	394	1. 09	0. 0516	0. 0023	0. 3458	0. 0155	0. 0483	0. 0013	333	100	302	12	304	8
180318-8-54	12	152	177	0. 86	0. 0555	0. 0031	0. 4284	0. 0250	0. 0566	0. 0019	432	126	362	18	355	11
180318-8-55	11	98	192	0. 51	0. 0555	0. 0030	0. 3796	0. 0212	0. 0497	0. 0015	435	122	327	16	312	9
180318-8-56	13	146	212	0. 69	0. 0529	0. 0027	0. 3657	0. 0186	0. 0504	0. 0015	324	115	316	14	317	9
180318-8-57	9	95	158	0. 60	0. 0503	0. 0029	0. 3363	0. 0185	0. 0489	0. 0014	209	131	294	14	308	9
180318-8-58	9	66	105	0. 63	0. 0599	0. 0045	0. 4114	0. 0287	0. 0513	0. 0017	598	163	350	21	322	10
180318-8-59	8	66	127	0. 52	0. 0549	0. 0033	0. 3745	0. 0214	0. 0500	0. 0015	409	103	323	16	314	9
180318-8-60	12	130	199	0. 65	0. 0556	0. 0030	0. 3794	0. 0205	0. 0501	0. 0015	435	122	327	15	315	9
180318-8-61	17	204	271	0. 75	0. 0561	0. 0028	0. 3911	0. 0191	0. 0511	0. 0015	454	113	335	14	321	9
180318-8-62	9	96	163	0. 59	0. 0504	0. 0028	0. 3409	0. 0182	0. 0494	0. 0014	213	131	298	14	311	9
180318-8-63	12	160	203	0. 79	0. 0540	0. 0027	0. 3612	0. 0176	0. 0489	0. 0014	372	113	313	13	308	9
180318-8-64	10	120	175	0. 69	0. 0523	0. 0031	0. 3637	0. 0225	0. 0505	0. 0015	298	132	315	17	317	9
180318-8-66	22	305	365	0. 83	0. 0519	0. 0024	0. 3526	0. 0156	0. 0494	0. 0014	283	106	307	12	311	9
180318-8-67	10	102	171	0. 60	0. 0535	0. 0026	0. 3702	0. 0181	0. 0504	0. 0015	350	109	320	13	317	9
180318-8-68	6	51	101	0. 50	0. 0528	0. 0036	0. 3668	0. 0241	0. 0507	0. 0016	320	149	317	18	319	10
180318-8-69	9	113	159	0. 71	0. 0527	0. 0026	0. 3569	0. 0176	0. 0494	0. 0015	317	118	310	13	311	9
180318-8-70	13	146	212	0. 69	0. 0561	0. 0029	0. 3905	0. 0196	0. 0506	0. 0015	457	115	335	14	318	9
180318-8-71	13	150	200	0. 75	0. 0519	0. 0028	0. 3782	0. 0203	0. 0528	0. 0016	280	122	326	15	332	10
180318-8-72	14	161	225	0. 72	0. 0576	0. 0027	0. 4037	0. 0185	0. 0511	0. 0015	517	104	344	13	321	9
180318-8-74	18	229	308	0. 74	0. 0514	0. 0024	0. 3547	0. 0163	0. 0501	0. 0014	257	109	308	12	315	9

续表

分析点号	组成/(mg/g)			Th/U	同位素比值						年龄/Ma					
	Pb	Th	U		$^{207}Pb/^{206}Pb$	1σ	$^{207}Pb/^{235}U$	1σ	$^{206}Pb/^{238}U$	1σ	$^{207}Pb/^{206}Pb$	1σ	$^{207}Pb/^{235}U$	1σ	$^{206}Pb/^{238}U$	1σ
180318-8-75	9	82	166	0.50	0.0546	0.0031	0.3703	0.0209	0.0494	0.0015	398	128	320	16	311	9
180318-8-76	14	154	240	0.64	0.0513	0.0027	0.3650	0.0187	0.0520	0.0015	257	120	316	14	327	9
180318-8-77	12	176	186	0.94	0.0522	0.0031	0.3612	0.0214	0.0504	0.0015	295	133	313	16	317	9
180318-8-78	11	123	190	0.65	0.0536	0.0028	0.3654	0.0182	0.0503	0.0015	354	123	316	14	317	9
180318-8-79	9	83	152	0.54	0.0534	0.0032	0.3778	0.0226	0.0516	0.0016	343	132	325	17	324	10
180318-8-80	12	135	205	0.66	0.0540	0.0029	0.3680	0.0190	0.0501	0.0015	372	122	318	14	315	9
180318-8-81	15	222	242	0.91	0.0523	0.0027	0.3624	0.0187	0.0502	0.0015	298	119	314	14	316	9
180318-8-82	5	46	84	0.55	0.0525	0.0039	0.3471	0.0237	0.0499	0.0017	306	177	303	18	314	10
180318-8-83	13	157	225	0.70	0.0545	0.0027	0.3695	0.0184	0.0492	0.0014	391	111	319	14	310	9
180318-8-84	10	113	159	0.71	0.0544	0.0029	0.3741	0.0198	0.0501	0.0014	387	122	323	15	315	9
180318-8-85	8	95	145	0.65	0.0569	0.0032	0.3746	0.0198	0.0485	0.0014	487	122	323	15	305	9
180318-8-87	17	223	286	0.78	0.0539	0.0025	0.3593	0.0164	0.0487	0.0014	365	112	312	12	306	9
180318-8-88	8	66	126	0.52	0.0558	0.0040	0.3976	0.0286	0.0529	0.0024	443	161	340	21	332	15
180318-8-89	16	132	254	0.52	0.0540	0.0029	0.4006	0.0213	0.0543	0.0016	372	129	342	16	341	10
180318-8-90	9	84	147	0.57	0.0510	0.0027	0.3564	0.0180	0.0508	0.0015	243	125	310	14	319	9
180318-8-91	8	69	132	0.52	0.0499	0.0029	0.3532	0.0203	0.0515	0.0016	191	131	307	15	323	10
180318-8-92	16	218	265	0.82	0.0553	0.0044	0.3811	0.0331	0.0493	0.0014	433	178	328	24	310	8
180318-8-93	15	182	241	0.76	0.0531	0.0022	0.3628	0.0147	0.0494	0.0014	345	97	314	11	311	9
180318-8-94	16	168	269	0.62	0.0540	0.0024	0.3641	0.0163	0.0487	0.0013	369	107	315	12	307	8
180318-8-95	13	175	213	0.82	0.0520	0.0023	0.3596	0.0164	0.0499	0.0014	287	97	312	12	314	9
180318-8-96	17	201	271	0.74	0.0545	0.0022	0.3698	0.0143	0.0492	0.0014	394	91	320	11	310	8
180318-8-97	24	309	393	0.79	0.0527	0.0020	0.3593	0.0135	0.0493	0.0014	317	82	312	10	310	8
180318-8-98	12	167	183	0.91	0.0606	0.0026	0.4122	0.0176	0.0494	0.0014	115	226	285	24	306	9
180318-8-99	6	54	105	0.52	0.0560	0.0028	0.3629	0.0181	0.0472	0.0014	450	108	314	14	297	8

附表 16 华北陆块南部偃龙地区本溪组豆鲕（碎屑）状铝土矿（ZK0008-43）碎屑锆石 Hf 同位素数据

样品点	U-Pb 年龄/Ma	$^{176}Yb/^{177}Hf$	$^{176}Lu/^{177}Hf$	$^{176}Hf/^{177}Hf$	2σ	$\varepsilon_{Hf}(0)$	$\varepsilon_{Hf}(t)$	T_{DM1}/Ma	T_{DM2}/Ma	$f_{(Lu/Hf)}$
ZK0008-43-3	1302	0. 016790	0. 000631	0. 281793	0. 000026	-34. 6	-6. 3	2028	2472	-0. 98
ZK0008-43-4	444	0. 016353	0. 000738	0. 282451	0. 000021	-11. 4	-1. 8	1125	1537	-0. 98
ZK0008-43-5	1000	0. 019148	0. 000752	0. 281945	0. 000023	-29. 3	-7. 7	1826	2327	-0. 98
ZK0008-43-10	987	0. 026719	0. 000984	0. 282212	0. 000023	-19. 8	1. 4	1465	1750	-0. 97
ZK0008-43-34	2974	0. 012508	0. 000538	0. 281020	0. 000023	-62. 0	4. 0	3065	3122	-0. 98
ZK0008-43-38	974	0. 019985	0. 000710	0. 282014	0. 000046	-26. 8	-5. 7	1729	2187	-0. 98
ZK0008-43-39	440	0. 019566	0. 000758	0. 282679	0. 000033	-3. 3	6. 2	807	1029	-0. 98
ZK0008-43-43	438	0. 018226	0. 000704	0. 282649	0. 000026	-4. 3	5. 1	847	1096	-0. 98
ZK0008-43-44	452	0. 010744	0. 000432	0. 282645	0. 000025	-4. 5	5. 3	846	1091	-0. 99
ZK0008-43-46	2476	0. 019818	0. 000746	0. 281281	0. 000024	-52. 7	1. 6	2730	2884	-0. 98
ZK0008-43-60	1917	0. 025845	0. 001020	0. 281519	0. 000022	-44. 3	-2. 9	2425	2727	-0. 97
ZK0008-43-62	1655	0. 016689	0. 000567	0. 281565	0. 000025	-42. 7	-6. 5	2335	2752	-0. 98
ZK0008-43-70	1439	0. 015554	0. 000572	0. 282113	0. 000021	-23. 3	8. 1	1587	1677	-0. 98
ZK0008-43-71	446	0. 028105	0. 001268	0. 282754	0. 000033	-0. 6	8. 8	711	866	-0. 96
ZK0008-43-72	971	0. 038621	0. 001309	0. 282043	0. 000023	-25. 8	-5. 2	1715	2148	-0. 96
ZK0008-43-74	464	0. 032131	0. 001273	0. 282747	0. 000030	-0. 9	8. 9	721	871	-0. 96
ZK0008-43-76	450	0. 018806	0. 000697	0. 282612	0. 000025	-5. 6	4. 1	898	1171	-0. 98
ZK0008-43-79	432	0. 015943	0. 000698	0. 282657	0. 000031	-4. 1	5. 3	836	1081	-0. 98
ZK0008-43-81	456	0. 023078	0. 001023	0. 282809	0. 000026	1. 3	11. 1	628	730	-0. 97
ZK0008-43-86	421	0. 016818	0. 000625	0. 282594	0. 000026	-6. 3	2. 8	923	1230	-0. 98

续表

样品点	U-Pb 年龄/Ma	$^{176}Yb/^{177}Hf$	$^{176}Lu/^{177}Hf$	$^{176}Hf/^{177}Hf$	2σ	$\varepsilon_{Hf}(0)$	$\varepsilon_{Hf}(t)$	T_{DM1}/Ma	T_{DM2}/Ma	$f_{(Lu/Hf)}$
ZK0008-43-91	427	0. 021842	0. 000912	0. 282743	0. 000024	-1. 0	8. 1	720	896	-0. 97
ZK0008-43-92	443	0. 013565	0. 000512	0. 282639	0. 000024	-4. 7	4. 9	858	1113	-0. 98
ZK0008-43-100	2502	0. 008728	0. 000329	0. 281295	0. 000025	-52. 2	3. 4	2683	2795	-0. 99

注：$\varepsilon_{Hf}(0)=[(^{176}Hf/^{177}Hf)_s/(^{176}Hf/^{177}Hf)_{CHUR,0}-1]\times10000$；$f_{(Lu/Hf)}=(^{176}Lu/^{177}Hf)_s/(^{176}Lu/^{177}Hf)_{CHUR}-1$；$\varepsilon_{Hf}(t)=[(^{176}Hf/^{177}Hf)_s/(^{176}Lu/^{177}Hf)_s\times(e^{\lambda t}-1)]/[(^{176}Hf/^{177}Hf)_{CHUR,0}-(^{176}Lu/^{177}Hf)_{CHUR}\times(e^{\lambda t}-1)-1]\times10000$，$(^{176}Hf/^{177}Hf)=(^{176}Hf/^{177}Hf)_s-(^{176}Lu/^{177}Hf)_s\times(e^{\lambda t}-1)$（侯可军等，2007①）；$T_{DM1}=1/\lambda\times\{1+[(^{176}Hf/^{177}Hf)_s-(^{176}Hf/^{177}Hf)_{DM}]/[(^{176}Lu/^{177}Hf)_s-(^{176}Lu/^{177}Hf)_{DM}]\}$；$T_{DM2}=T_{DM1}-(T_{DM1}-t)[(f_{cc}-f_s)/(f_{cc}-f_{DM})]$（吴福元等，2007②）。其中（$^{176}Lu/^{177}Hf)_s$ 和（$^{176}Hf/^{177}Hf)_s$ 为样品测定值，$(^{176}Lu/^{177}Hf)_{CHUR}=0.0332$，$(^{176}Hf/^{177}Hf)_{CHUR,0}=0.282772$，$(^{176}Lu/^{177}Hf)_{DM}=0.0384$，$(^{176}Hf/^{177}Hf)_{DM}=0.28325$，$f_{cc}$，$f_s$，$f_{DM}$ 分别为大陆地壳、样品和亏损地幔的 $f_{(Lu/Hf)}$（Blichert-Toft and Albarède，1997③）。t 为样品形成时间，$\lambda=1.867\times10^{-11}a^{-1}$（Söderlund et al.，2004④）。2σ 为标准偏差。下同。

①侯可军，李延河，邹天人，等. 2007. LA-MC-ICP-MS 锆石 Hf 同位素的分析方法及地质应用［J］. 岩石学报，23（10）：2595-2604.

②吴福元，李献华，郑永飞，等. 2007. Lu-Hf 同位素体系及其岩石学应用［J］. 岩石学报，23（2）：185-220.

③Bilchert-Toft J，Albarède F. 1997. The Lu-Hf isotope geochemistry of chondrites and the evolution of the mantle-crust system［J］. Earth and Planetary Science Letters，148（1-2）：243-258.

④Söderlund U，Patchett P J，Vervoort J D，et al. 2004. The ^{176}Lu decary constant determined by Lu-Hf and U-Pb isotope systematics of Precambrian mafic intrusions［J］. Earth and Planetary Science Letters，219（3）：311-324.

附表 17　华北陆块南部渑池地区本溪组铝土质泥岩（180331-5）碎屑锆石 Hf 同位素数据

样品点	U-Pb 年龄/Ma	$^{176}Yb/^{177}Hf$	$^{176}Lu/^{177}Hf$	$^{176}Hf/^{177}Hf$	2σ	$\varepsilon_{Hf}(0)$	$\varepsilon_{Hf}(t)$	T_{DM1}/Ma	T_{DM2}/Ma	$f_{(Lu/Hf)}$
180331-5-02	1496	0. 027407	0. 001035	0. 281877	0. 000018	-31. 6	0. 6	1933	3073	-0. 97
180331-5-04	1122	0. 019314	0. 000742	0. 282042	0. 000020	-25. 8	-1. 5	1692	2710	-0. 98
180331-5-05	1739	0. 026067	0. 000975	0. 281756	0. 000020	-35. 9	1. 7	2096	3338	-0. 97
180331-5-07	436	0. 025707	0. 001108	0. 282289	0. 000015	-17. 1	-7. 8	1363	2163	-0. 97
180331-5-14	408	0. 027355	0. 001147	0. 282276	0. 000018	-17. 5	-8. 9	1383	2192	-0. 97
180331-5-15	897	0. 012058	0. 000444	0. 282152	0. 000016	-21. 9	-2. 4	1528	2467	-0. 99
180331-5-17	458	0. 017975	0. 000839	0. 282804	0. 000024	1. 1	10. 9	633	1011	-0. 97
180331-5-25	446	0. 027223	0. 001258	0. 282801	0. 000021	1. 0	10. 5	644	1017	-0. 96

续表

样品点	U-Pb 年龄/Ma	$^{176}Yb/^{177}Hf$	$^{176}Lu/^{177}Hf$	$^{176}Hf/^{177}Hf$	2σ	$\varepsilon_{Hf}(0)$	$\varepsilon_{Hf}(t)$	T_{DM1}/Ma	T_{DM2}/Ma	$f_{(Lu/Hf)}$
180331-5-35	1343	0. 027851	0. 001116	0. 282149	0. 000024	-22. 0	6. 8	1559	2474	-0. 97
180331-5-36	987	0. 016143	0. 000582	0. 281922	0. 000015	-30. 1	-8. 6	1849	2975	-0. 98
180331-5-39	864	0. 014268	0. 000571	0. 282289	0. 000018	-17. 1	1. 7	1344	2163	-0. 98
180331-5-45	450	0. 023683	0. 001242	0. 282499	0. 000016	-9. 7	-0. 1	1072	1694	-0. 96
180331-5-47	1861	0. 025359	0. 000884	0. 281517	0. 000015	-44. 4	-4. 0	2419	3861	-0. 97
180331-5-52	1267	0. 026164	0. 000984	0. 282245	0. 000015	-18. 6	8. 6	1420	2261	-0. 97
180331-5-54	637	0. 033455	0. 001210	0. 282301	0. 000016	-16. 7	-3. 1	1350	2137	-0. 96
180331-5-55	1031	0. 023279	0. 000889	0. 282202	0. 000018	-20. 2	2. 1	1476	2357	-0. 97
180331-5-60	893	0. 022152	0. 000625	0. 281898	0. 000018	-30. 9	-11. 6	1883	3027	-0. 98
180331-5-66	793	0. 020769	0. 000648	0. 282082	0. 000017	-24. 4	-7. 2	1631	2620	-0. 98
180331-5-68	1144	0. 013902	0. 000486	0. 281951	0. 000017	-29. 0	-4. 1	1805	2911	-0. 99
180331-5-72	1017	0. 014771	0. 000564	0. 282047	0. 000019	-25. 7	-3. 6	1677	2700	-0. 98
180331-5-73	484	0. 035042	0. 001673	0. 282867	0. 000017	3. 4	13. 5	556	869	-0. 95
180331-5-74	492	0. 028893	0. 001260	0. 282768	0. 000020	-0. 1	10. 3	690	1091	-0. 96
180331-5-75	967	0. 019317	0. 000704	0. 282073	0. 000014	-24. 7	-3. 8	1647	2642	-0. 98
180331-5-79	2329	0. 006704	0. 000258	0. 281065	0. 000018	-60. 4	-8. 7	2984	4843	-0. 99
180331-5-82	984	0. 038095	0. 001435	0. 282196	0. 000018	-20. 4	0. 5	1506	2369	-0. 96
180331-5-86	757	0. 015214	0. 000621	0. 281921	0. 000016	-30. 1	-13. 7	1851	2976	-0. 98
180331-5-89	976	0. 036001	0. 001375	0. 282219	0. 000020	-19. 5	1. 2	1471	2317	-0. 96
180331-5-94	1857	0. 024993	0. 000924	0. 282043	0. 000017	-25. 8	14. 6	1698	2707	-0. 97
180331-5-95	1855	0. 034680	0. 001375	0. 281536	0. 000018	-43. 7	-4. 1	2424	3819	-0. 96
180331-5-98	474	0. 020121	0. 000926	0. 282737	0. 000019	-1. 2	8. 9	729	1162	-0. 97
180331-5-99	1009	0. 031851	0. 001244	0. 282090	0. 000016	-24. 1	-2. 6	1647	2604	-0. 96

附表 18　华北陆块南部禹州地区豆鲕（碎屑）状铝土矿（ZK1006-8）Hf 同位素数据

样品点	U-Pb 年龄/Ma	$^{176}Yb/^{177}Hf$	$^{176}Lu/^{177}Hf$	$^{176}Hf/^{177}Hf$	2σ	$\varepsilon_{Hf}(0)$	$\varepsilon_{Hf}(t)$	T_{DM1}/Ma	T_{DM2}/Ma	$f_{(Lu/Hf)}$
ZK1006-8-03	1056	0. 031704	0. 001215	0. 282063	0. 000025	-25. 1	-2. 6	1683	2051	-0. 96
ZK1006-8-06	1746	0. 024933	0. 000931	0. 281432	0. 000026	-47. 4	-9. 6	2538	3012	-0. 97
ZK1006-8-07	447	0. 045273	0. 001917	0. 282810	0. 000026	1. 3	10. 6	643	752	-0. 94
ZK1006-8-10	870	0. 030635	0. 001254	0. 282174	0. 000024	-21. 2	-2. 7	1530	1916	-0. 96
ZK1006-8-13	428	0. 016413	0. 000768	0. 282625	0. 000024	-5. 2	4. 0	883	1158	-0. 98
ZK1006-8-19	441	0. 014233	0. 000580	0. 282681	0. 000025	-3. 2	6. 3	800	1021	-0. 98
ZK1006-8-20	464	0. 011011	0. 000504	0. 282746	0. 000023	-0. 9	9. 2	707	857	-0. 98
ZK1006-8-21	444	0. 022477	0. 001018	0. 282750	0. 000023	-0. 8	8. 7	711	870	-0. 97
ZK1006-8-23	436	0. 016374	0. 000683	0. 282592	0. 000025	-6. 4	3. 0	927	1226	-0. 98
ZK1006-8-24	460	0. 028262	0. 001177	0. 282397	0. 000025	-13. 3	-3. 5	1214	1657	-0. 96
ZK1006-8-27	445	0. 022161	0. 000899	0. 282709	0. 000025	-2. 2	7. 3	768	961	-0. 97
ZK1006-8-29	429	0. 032053	0. 001468	0. 282832	0. 000023	2. 1	11. 2	603	703	-0. 96
ZK1006-8-34	451	0. 013784	0. 000633	0. 282652	0. 000025	-4. 2	5. 5	842	1080	-0. 98
ZK1006-8-37	2470	0. 022411	0. 000819	0. 281245	0. 000023	-54. 0	0. 0	2785	2974	-0. 98
ZK1006-8-40	1011	0. 024320	0. 000854	0. 282195	0. 000026	-20. 4	1. 4	1484	1768	-0. 97
ZK1006-8-41	412	0. 033844	0. 001216	0. 282541	0. 000023	-8. 2	0. 6	1011	1362	-0. 96
ZK1006-8-42	418	0. 017338	0. 000674	0. 282544	0. 000021	-8. 0	1. 0	993	1343	-0. 98
ZK1006-8-45	1020	0. 046444	0. 001707	0. 282036	0. 000027	-26. 0	-4. 6	1743	2152	-0. 95
ZK1006-8-47	434	0. 016324	0. 000769	0. 282653	0. 000023	-4. 2	5. 1	843	1090	-0. 98
ZK1006-8-48	1994	0. 010586	0. 000408	0. 281374	0. 000029	-49. 4	-5. 5	2582	2947	-0. 99
ZK1006-8-49	1065	0. 022645	0. 000858	0. 282071	0. 000021	-24. 8	-1. 8	1656	2012	-0. 97

续表

样品点	U-Pb 年龄/Ma	$^{176}Yb/^{177}Hf$	$^{176}Lu/^{177}Hf$	$^{176}Hf/^{177}Hf$	2σ	$\varepsilon_{Hf}(0)$	$\varepsilon_{Hf}(t)$	T_{DM1}/Ma	T_{DM2}/Ma	$f_{(Lu/Hf)}$
ZK1006-8-50	438	0. 040643	0. 001560	0. 282241	0. 000023	-18. 8	-9. 6	1448	2025	-0. 95
ZK1006-8-51	423	0. 017331	0. 000742	0. 282569	0. 000024	-7. 2	1. 9	960	1285	-0. 98
ZK1006-8-54	1144	0. 018092	0. 000678	0. 282195	0. 000024	-20. 4	4. 4	1477	1680	-0. 98
ZK1006-8-57	1147	0. 011779	0. 000442	0. 282354	0. 000020	-14. 8	10. 3	1250	1314	-0. 99
ZK1006-8-59	993	0. 028701	0. 001037	0. 282159	0. 000021	-21. 7	-0. 4	1541	1867	-0. 97
ZK1006-8-60	437	0. 016532	0. 000720	0. 282794	0. 000021	0. 8	10. 2	644	770	-0. 98
ZK1006-8-61	2494	0. 020395	0. 000724	0. 281342	0. 000025	-50. 6	4. 2	2645	2737	-0. 98
ZK1006-8-62	467	0. 025315	0. 001046	0. 282706	0. 000032	-2. 3	7. 6	774	956	-0. 97
ZK1006-8-63	999	0. 034249	0. 001312	0. 282069	0. 000023	-24. 9	-3. 6	1679	2075	-0. 96
ZK1006-8-64	2502	0. 023332	0. 000703	0. 281282	0. 000022	-52. 7	2. 3	2725	2861	-0. 98
ZK1006-8-65	969	0. 001875	0. 000050	0. 281980	0. 000025	-28. 0	-6. 6	1745	2238	-1. 00
ZK1006-8-68	2531	0. 015612	0. 000623	0. 281229	0. 000023	-54. 6	1. 2	2792	2951	-0. 98
ZK1006-8-69	1173	0. 027997	0. 001041	0. 282111	0. 000025	-23. 4	1. 8	1609	1867	-0. 97
ZK1006-8-70	1815	0. 019419	0. 000747	0. 281587	0. 000026	-41. 9	-2. 4	2315	2618	-0. 98
ZK1006-8-72	1839	0. 031348	0. 001192	0. 281821	0. 000023	-33. 6	5. 9	2019	2124	-0. 96
ZK1006-8-73	436	0. 021848	0. 000837	0. 282608	0. 000025	-5. 8	3. 5	908	1192	-0. 97
ZK1006-8-77	462	0. 015548	0. 000660	0. 282699	0. 000024	-2. 6	7. 4	777	969	-0. 98
ZK1006-8-80	416	0. 015649	0. 000595	0. 282547	0. 000023	-7. 9	1. 0	986	1336	-0. 98
ZK1006-8-81	997	0. 018260	0. 000636	0. 282009	0. 000020	-27. 0	-5. 3	1731	2180	-0. 98
ZK1006-8-85	426	0. 018518	0. 000715	0. 282616	0. 000027	-5. 5	3. 7	894	1178	-0. 98
ZK1006-8-88	440	0. 017473	0. 000812	0. 282370	0. 000023	-14. 2	-4. 8	1239	1721	-0. 98

附表 19 华北陆块南部焦作地区本溪组铝土质泥岩（613-10）碎屑锆石 Hf 同位素数据

样品点	U-Pb 年龄/Ma	$^{176}Yb/^{177}Hf$	$^{176}Lu/^{177}Hf$	$^{176}Hf/^{177}Hf$	2σ	$\varepsilon_{Hf}(0)$	$\varepsilon_{Hf}(t)$	T_{DM1}/Ma	T_{DM2}/Ma	$f_{(Lu/Hf)}$
613-10-02	453	0. 014758	0. 000645	0. 282598	0. 000017	-6. 1	3. 6	916. 9	1473	-0. 98
613-10-03	458	0. 043493	0. 001864	0. 282843	0. 000017	2. 5	12. 0	593. 6	923	-0. 94
613-10-04	281	0. 022278	0. 000953	0. 282681	0. 000014	-3. 2	2. 8	808. 2	1288	-0. 97
613-10-07	303	0. 028672	0. 001142	0. 282384	0. 000018	-13. 7	-7. 3	1230. 2	1950	-0. 97
613-10-09	297	0. 026388	0. 001061	0. 282680	0. 000017	-3. 2	3. 1	811. 2	1289	-0. 97
613-10-15	313	0. 017726	0. 000721	0. 282666	0. 000020	-3. 8	3. 0	823. 9	1321	-0. 98
613-10-16	292	0. 013731	0. 000564	0. 282677	0. 000016	-3. 4	3. 0	804. 8	1296	-0. 98
613-10-19	306	0. 017820	0. 000719	0. 282649	0. 000015	-4. 4	2. 2	847. 7	1359	-0. 98
613-10-24	325	0. 034223	0. 001341	0. 282654	0. 000014	-4. 2	2. 7	853. 9	1346	-0. 96
613-10-34	299	0. 019518	0. 000802	0. 282635	0. 000016	-4. 9	1. 6	869. 3	1391	-0. 98
613-10-35	442	0. 028608	0. 001149	0. 282133	0. 000016	-22. 6	-13. 2	1583. 1	2509	-0. 97
613-10-40	301	0. 027512	0. 001083	0. 282664	0. 000015	-3. 8	2. 6	835. 1	1326	-0. 97
613-10-45	461	0. 047193	0. 001991	0. 282837	0. 000017	2. 3	11. 8	604. 3	936	-0. 94
613-10-48	314	0. 020664	0. 000835	0. 282673	0. 000015	-3. 5	3. 2	816. 7	1305	-0. 97
613-10-50	307	0. 017555	0. 000711	0. 282631	0. 000016	-5. 0	1. 6	873. 2	1400	-0. 98
613-10-54	812	0. 022514	0. 000814	0. 281941	0. 000029	-29. 4	-11. 9	1833. 3	2932	-0. 98
613-10-56	448	0. 023191	0. 001019	0. 282352	0. 000016	-14. 9	-5. 3	1271. 7	2023	-0. 97
613-10-57	307	0. 017146	0. 000696	0. 282639	0. 000017	-4. 7	1. 9	860. 9	1381	-0. 98
613-10-58	289	0. 017877	0. 000699	0. 282644	0. 000018	-4. 5	1. 7	854. 2	1370	-0. 98
613-10-60	330	0. 030638	0. 001131	0. 282495	0. 000019	-9. 8	-2. 8	1074. 6	1704	-0. 97
613-10-62	302	0. 026417	0. 001130	0. 282651	0. 000016	-4. 3	2. 1	853. 8	1354	-0. 97

续表

样品点	U-Pb 年龄/Ma	$^{176}Yb/^{177}Hf$	$^{176}Lu/^{177}Hf$	$^{176}Hf/^{177}Hf$	2σ	$\varepsilon_{Hf}(0)$	$\varepsilon_{Hf}(t)$	T_{DM1}/Ma	T_{DM2}/Ma	$f_{(Lu/Hf)}$
613-10-64	317	0. 029231	0. 001177	0. 282672	0. 000020	-3. 5	3. 2	825. 1	1307	-0. 96
613-10-66	304	0. 040632	0. 001591	0. 282640	0. 000017	-4. 7	1. 7	880. 8	1380	-0. 95
613-10-69	457	0. 014386	0. 000663	0. 282638	0. 000014	-4. 7	5. 1	862. 1	1384	-0. 98
613-10-70	462	0. 032864	0. 001566	0. 282376	0. 000017	-14. 0	-4. 3	1256. 8	1970	-0. 95
613-10-73	293	0. 019913	0. 000786	0. 282661	0. 000016	-3. 9	2. 4	831. 7	1331	-0. 98
613-10-74	310	0. 023024	0. 000913	0. 282668	0. 000014	-3. 7	3. 0	825. 2	1316	-0. 97

附表 20　华北陆块南部焦作地区本溪组豆鲕（碎屑）状铝土矿（1571-11）碎屑锆石 Hf 同位素数据

样品点	U-Pb 年龄/Ma	$^{176}Yb/^{177}Hf$	$^{176}Lu/^{177}Hf$	$^{176}Hf/^{177}Hf$	2σ	$\varepsilon_{Hf}(0)$	$\varepsilon_{Hf}(t)$	T_{DM1}/Ma	T_{DM2}/Ma	$f_{(Lu/Hf)}$
1571-11-01	2031	0. 024213	0. 000862	0. 281647	0. 000031	-39. 8	4. 4	2239. 9	3578	-0. 97
1571-11-05	426	0. 018974	0. 000800	0. 282387	0. 000024	-13. 6	-4. 5	1215. 1	1944	-0. 98
1571-11-08	1511	0. 010503	0. 000398	0. 281751	0. 000023	-36. 1	-2. 9	2072. 1	3350	-0. 99
1571-11-09	460	0. 031602	0. 001229	0. 282186	0. 000025	-20. 7	-11. 0	1511. 0	2390	-0. 96
1571-11-10	432	0. 021081	0. 000867	0. 282614	0. 000028	-5. 6	3. 7	899. 3	1436	-0. 97
1571-11-13	2503	0. 033381	0. 001484	0. 281127	0. 000020	-58. 2	-4. 5	2994. 6	4704	-0. 96
1571-11-14	965	0. 007733	0. 000265	0. 281992	0. 000021	-27. 6	-6. 4	1738. 3	2821	-0. 99
1571-11-15	1854	0. 019150	0. 000693	0. 281430	0. 000026	-47. 4	-7. 0	2524. 3	4050	-0. 98
1571-11-16	1880	0. 023464	0. 000860	0. 281475	0. 000031	-45. 9	-5. 0	2474. 9	3953	-0. 97
1571-11-17	2592	0. 019642	0. 000686	0. 281069	0. 000024	-60. 2	-3. 2	3010. 9	4832	-0. 98
1571-11-20	1455	0. 018028	0. 000676	0. 281939	0. 000036	-29. 5	2. 2	1829. 5	2937	-0. 98
1571-11-21	312	0. 038953	0. 001564	0. 282856	0. 000035	3. 0	9. 5	569. 7	893	-0. 95

续表

样品点	U-Pb 年龄/Ma	$^{176}Yb/^{177}Hf$	$^{176}Lu/^{177}Hf$	$^{176}Hf/^{177}Hf$	2σ	$\varepsilon_{Hf}(0)$	$\varepsilon_{Hf}(t)$	T_{DM1}/Ma	T_{DM2}/Ma	$f_{(Lu/Hf)}$
1571-11-22	1828	0. 010773	0. 000413	0. 281511	0. 000019	-44. 6	-4. 3	2396. 9	3874	-0. 99
1571-11-28	435	0. 011644	0. 000466	0. 282627	0. 000025	-5. 1	4. 3	872. 5	1408	-0. 99
1571-11-29	454	0. 022349	0. 000952	0. 282557	0. 000024	-7. 6	2. 1	982. 7	1566	-0. 97
1571-11-33	428	0. 021302	0. 000864	0. 282422	0. 000023	-12. 4	-3. 2	1168. 1	1866	-0. 97
1571-11-34	314	0. 032676	0. 001334	0. 282693	0. 000026	-2. 8	3. 8	798. 3	1259	-0. 96
1571-11-40	929	0. 016235	0. 000609	0. 282187	0. 000023	-20. 7	-0. 5	1486. 2	2390	-0. 98
1571-11-42	2488	0. 011415	0. 000487	0. 281320	0. 000031	-51. 3	3. 7	2659. 2	4290	-0. 99
1571-11-43	980	0. 013846	0. 000529	0. 282033	0. 000029	-26. 1	-4. 8	1694. 4	2730	-0. 98
1571-11-48	1056	0. 019928	0. 000710	0. 281999	0. 000026	-27. 3	-4. 5	1748. 9	2805	-0. 98
1571-11-51	1013	0. 020833	0. 000795	0. 282093	0. 000027	-24. 0	-2. 1	1623. 3	2597	-0. 98
1571-11-53	462	0. 028201	0. 001157	0. 282383	0. 000023	-13. 8	-3. 9	1232. 3	1953	-0. 97
1571-11-56	458	0. 027368	0. 001070	0. 282333	0. 000034	-15. 5	-5. 8	1299. 6	2064	-0. 97
1571-11-60	423	0. 038148	0. 001517	0. 282556	0. 000025	-7. 7	1. 2	999. 1	1568	-0. 95
1571-11-62	1567	0. 019480	0. 000753	0. 282035	0. 000028	-26. 1	8. 0	1701. 1	2725	-0. 98
1571-11-63	303	0. 043900	0. 001747	0. 282292	0. 000030	-17. 0	-10. 7	1381. 8	2155	-0. 95
1571-11-64	457	0. 030371	0. 001129	0. 282118	0. 000026	-23. 1	-13. 4	1602. 5	2541	-0. 97
1571-11-67	431	0. 017272	0. 000656	0. 282293	0. 000025	-17. 0	-7. 7	1341. 6	2155	-0. 98
1571-11-70	2369	0. 012718	0. 000487	0. 281254	0. 000028	-53. 7	-1. 4	2748. 0	4433	-0. 99
1571-11-72	470	0. 033651	0. 001393	0. 282217	0. 000027	-19. 6	-9. 7	1474. 4	2322	-0. 96
1571-11-75	449	0. 031254	0. 001411	0. 282646	0. 000025	-4. 4	5. 0	867. 2	1365	-0. 96
1571-11-81	1833	0. 019511	0. 000707	0. 281515	0. 000037	-44. 5	-4. 5	2410. 8	3867	-0. 98

续表

样品点	U-Pb 年龄/Ma	$^{176}Yb/^{177}Hf$	$^{176}Lu/^{177}Hf$	$^{176}Hf/^{177}Hf$	2σ	$\varepsilon_{Hf}(0)$	$\varepsilon_{Hf}(t)$	T_{DM1}/Ma	T_{DM2}/Ma	$f_{(Lu/Hf)}$
1571-11-83	446	0.018560	0.000712	0.282400	0.000030	-13.2	-3.6	1194.8	1916	-0.98
1571-11-88	440	0.038425	0.001585	0.282611	0.000026	-5.7	3.5	921.9	1444	-0.95
1571-11-90	451	0.033143	0.001466	0.282813	0.000028	1.5	11.0	629.8	990	-0.96
1571-11-92	442	0.041081	0.001691	0.282292	0.000027	-17.0	-7.8	1380.4	2156	-0.95
1571-11-96	1459	0.011530	0.000449	0.282069	0.000030	-24.9	7.1	1641.8	2651	-0.99
1571-11-100	444	0.019086	0.000802	0.282446	0.000031	-11.5	-2.0	1133.5	1813	-0.98
1571-11-103	439	0.032157	0.001259	0.282381	0.000028	-13.8	-4.5	1238.2	1957	-0.96

附表 21　华北陆块南部鹤壁地区本溪组杂色铝土质泥岩（180319-2）碎屑锆石 Hf 同位素数据

样品点	U-Pb 年龄/Ma	$^{176}Yb/^{177}Hf$	$^{176}Lu/^{177}Hf$	$^{176}Hf/^{177}Hf$	2σ	$\varepsilon_{Hf}(0)$	$\varepsilon_{Hf}(t)$	T_{DM1}/Ma	T_{DM2}/Ma	$f_{(Lu/Hf)}$
180319-2-01	986	0.026962	0.001035	0.282167	0.000017	-21.4	-0.3	1531	2434	-0.97
180319-2-08	439	0.018722	0.000852	0.282441	0.000020	-11.7	-2.3	1141	1823	-0.97
180319-2-09	1056	0.030283	0.001260	0.282046	0.000018	-25.7	-3.2	1709	2701	-0.96
180319-2-11	537	0.006786	0.000254	0.281716	0.000018	-37.4	-25.6	2112	3428	-0.99
180319-2-12	1773	0.035176	0.001380	0.281827	0.000018	-33.4	4.5	2020	3183	-0.96
180319-2-13	472	0.040910	0.001722	0.282364	0.000019	-14.4	-4.6	1278	1994	-0.95
180319-2-14	1326	0.049048	0.001868	0.282054	0.000020	-25.4	2.4	1725	2682	-0.94
180319-2-15	1620	0.035702	0.001439	0.281942	0.000019	-29.4	5.1	1863	2931	-0.96
180319-2-19	1399	0.032990	0.001179	0.282060	0.000022	-25.2	4.8	1686	2670	-0.96
180319-2-25	2424	0.016098	0.000648	0.281360	0.000021	-49.9	3.4	2616	4203	-0.98
180319-2-33	1506	0.011178	0.000485	0.282061	0.000016	-25.1	7.9	1654	2668	-0.99

续表

样品点	U-Pb 年龄/Ma	$^{176}Yb/^{177}Hf$	$^{176}Lu/^{177}Hf$	$^{176}Hf/^{177}Hf$	2σ	$\varepsilon_{Hf}(0)$	$\varepsilon_{Hf}(t)$	T_{DM1}/Ma	T_{DM2}/Ma	$f_{(Lu/Hf)}$
180319-2-39	436	0. 015531	0. 000715	0. 282612	0. 000017	-5. 7	3. 7	899	1442	-0. 98
180319-2-40	1435	0. 031747	0. 001187	0. 282396	0. 000024	-13. 3	17. 5	1216	1925	-0. 96
180319-2-42	454	0. 019500	0. 000800	0. 282404	0. 000019	-13. 0	-3. 3	1191	1906	-0. 98
180319-2-44	304	0. 044171	0. 001953	0. 282472	0. 000021	-10. 6	-4. 3	1132	1755	-0. 94
180319-2-45	1856	0. 012281	0. 000475	0. 281406	0. 000021	-48. 3	-7. 5	2543	4104	-0. 99
180319-2-50	415	0. 013657	0. 000621	0. 282771	0. 000018	-0. 1	8. 9	675	1086	-0. 98
180319-2-57	1610	0. 023118	0. 000972	0. 281947	0. 000020	-29. 2	5. 6	1833	2918	-0. 97
180319-2-62	1181	0. 033368	0. 001271	0. 282321	0. 000017	-15. 9	9. 3	1323	2090	-0. 96
180319-2-68	445	0. 014370	0. 000589	0. 282283	0. 000028	-17. 3	-7. 7	1353	2176	-0. 98
180319-2-77	321	0. 019704	0. 000825	0. 282300	0. 000019	-16. 7	-9. 8	1338	2139	-0. 98
180319-2-80	2343	0. 014306	0. 000543	0. 281161	0. 000018	-57. 0	-5. 4	2876	4633	-0. 98
180319-2-81	1825	0. 024185	0. 000907	0. 281571	0. 000019	-42. 5	-2. 9	2346	3743	-0. 97
180319-2-86	930	0. 022246	0. 000869	0. 282004	0. 000015	-27. 2	-7. 1	1749	2794	-0. 97
180319-2-01	986	0. 026962	0. 001035	0. 282167	0. 000017	-21. 4	-0. 3	1531	2434	-0. 97
180319-2-08	439	0. 018722	0. 000852	0. 282441	0. 000020	-11. 7	-2. 3	1141	1823	-0. 97
180319-2-09	1056	0. 030283	0. 001260	0. 282046	0. 000018	-25. 7	-3. 2	1709	2701	-0. 96
180319-2-11	537	0. 006786	0. 000254	0. 281716	0. 000018	-37. 4	-25. 6	2112	3428	-0. 99
180319-2-12	1773	0. 035176	0. 001380	0. 281827	0. 000018	-33. 4	4. 5	2020	3183	-0. 96
180319-2-13	472	0. 040910	0. 001722	0. 282364	0. 000019	-14. 4	-4. 6	1278	1994	-0. 95
180319-2-14	1326	0. 049048	0. 001868	0. 282054	0. 000020	-25. 4	2. 4	1725	2682	-0. 94

附表 22　华北陆块南部永城地区铝土质泥岩（ZK0901-1）碎屑锆石 Hf 同位素数据

样品点	U-Pb 年龄/Ma	$^{176}Yb/^{177}Hf$	$^{176}Lu/^{177}Hf$	$^{176}Hf/^{177}Hf$	2σ	$\varepsilon_{Hf}(0)$	$\varepsilon_{Hf}(t)$	T_{DM1}/Ma	T_{DM2}/Ma	$f_{(Lu/Hf)}$
ZK0901-1-3	459	0.032286	0.001204	0.282625	0.000033	-5.2	4.6	892	1146	-0.96
ZK0901-1-4	469	0.038389	0.001400	0.282554	0.000022	-7.7	2.2	998	1304	-0.96
ZK0901-1-8	2673	0.015718	0.000562	0.281191	0.000035	-55.9	3.2	2838	2939	-0.98
ZK0901-1-11	1194	0.021156	0.000887	0.282481	0.000022	-10.3	15.5	1087	1023	-0.97
ZK0901-1-12	325	0.032844	0.001182	0.282211	0.000024	-19.9	-13.0	1475	2152	-0.96
ZK0901-1-13	311	0.015217	0.000657	0.282466	0.000024	-10.8	-4.1	1102	1584	-0.98
ZK0901-1-16	440	0.040107	0.001470	0.282516	0.000025	-9.1	0.2	1054	1407	-0.96
ZK0901-1-18	450	0.016333	0.000677	0.282492	0.000026	-9.9	-0.2	1065	1440	-0.98
ZK0901-1-22	1406	0.002947	0.000079	0.281575	0.000023	-42.3	-11.2	2292	2854	-1.00
ZK0901-1-24	322	0.017071	0.000745	0.282408	0.000020	-12.9	-5.9	1184	1707	-0.98
ZK0901-1-26	2527	0.016357	0.000565	0.281193	0.000026	-55.8	-0.1	2836	3025	-0.98
ZK0901-1-27	318	0.017261	0.000734	0.282439	0.000025	-11.8	-4.9	1141	1640	-0.98
ZK0901-1-28	2424	0.009457	0.000351	0.281309	0.000024	-51.7	2.0	2665	2816	-0.99
ZK0901-1-32	302	0.019553	0.000828	0.282329	0.000024	-15.7	-9.2	1298	1898	-0.98
ZK0901-1-34	307	0.025281	0.001069	0.282491	0.000026	-9.9	-3.4	1078	1534	-0.97
ZK0901-1-41	931	0.002025	0.000055	0.281979	0.000019	-28.0	-7.5	1747	2265	-1.00
ZK0901-1-42	427	0.025145	0.001079	0.282654	0.000021	-4.2	4.9	848	1098	-0.97
ZK0901-1-45	433	0.019978	0.000803	0.282281	0.000018	-17.4	-8.1	1363	1924	-0.98
ZK0901-1-59	313	0.025002	0.001076	0.282476	0.000023	-10.5	-3.8	1100	1566	-0.97
ZK0901-1-60	316	0.012178	0.000539	0.282407	0.000022	-12.9	-6.1	1179	1710	-0.98
ZK0901-1-64	320	0.013783	0.000609	0.282407	0.000026	-12.9	-6.0	1182	1710	-0.98
ZK0901-1-69	335	0.013930	0.000524	0.282423	0.000019	-12.3	-5.1	1157	1663	-0.98
ZK0901-1-73	2573	0.014293	0.000569	0.281322	0.000021	-51.3	5.5	2663	2718	-0.98

续表

样品点	U-Pb 年龄/Ma	$^{176}Yb/^{177}Hf$	$^{176}Lu/^{177}Hf$	$^{176}Hf/^{177}Hf$	2σ	$\varepsilon_{Hf}(0)$	$\varepsilon_{Hf}(t)$	T_{DM1}/Ma	T_{DM2}/Ma	$f_{(Lu/Hf)}$
ZK0901-1-80	943	0.017382	0.000565	0.282070	0.000021	-24.8	-4.3	1645	2076	-0.98
ZK0901-1-83	451	0.025445	0.001099	0.282579	0.000023	-6.8	2.8	956	1254	-0.97
ZK0901-1-84	1258	0.049937	0.001814	0.282243	0.000035	-18.7	7.7	1454	1564	-0.95
ZK0901-1-85	423	0.025984	0.001099	0.282688	0.000022	-3.0	6.0	801	1025	-0.97
ZK0901-1-91	1139	0.030791	0.001174	0.282166	0.000027	-21.4	2.9	1537	1771	-0.96
ZK0901-1-94	1859	0.007700	0.000316	0.281556	0.000027	-43.0	-1.9	2331	2625	-0.99
ZK0901-1-97	305	0.018898	0.000838	0.282478	0.000024	-10.4	-3.9	1090	1562	-0.97
ZK0901-1-98	309	0.025952	0.001110	0.282457	0.000023	-11.1	-4.6	1127	1610	-0.97

附表 23　华北陆块东北部淄博地区本溪组杂色铝土质泥岩（180318-8）碎屑锆石 Hf 同位素数据

样品点	U-Pb 年龄/Ma	$^{176}Yb/^{177}Hf$	$^{176}Lu/^{177}Hf$	$^{176}Hf/^{177}Hf$	2σ	$\varepsilon_{Hf}(0)$	$\varepsilon_{Hf}(t)$	T_{DM1}/Ma	T_{DM2}/Ma	$f_{(Lu/Hf)}$
180318-8-05	312	0.010458	0.000493	0.282376	0.000017	-14.0	-7.2	1220	1968	-0.99
180318-8-06	319	0.016405	0.000794	0.282421	0.000018	-12.4	-5.6	1167	1868	-0.98
180318-8-07	320	0.022321	0.001054	0.282450	0.000018	-11.4	-4.6	1135	1803	-0.97
180318-8-10	326	0.018640	0.000863	0.282421	0.000018	-12.4	-5.5	1171	1870	-0.97
180318-8-12	330	0.018874	0.000896	0.282399	0.000018	-13.2	-6.1	1201	1917	-0.97
180318-8-13	325	0.016431	0.000778	0.282397	0.000015	-13.3	-6.3	1201	1922	-0.98
180318-8-14	317	0.012784	0.000585	0.282191	0.000023	-20.5	-13.7	1479	2380	-0.98
180318-8-16	318	0.020140	0.000953	0.282465	0.000018	-10.8	-4.1	1111	1770	-0.97
180318-8-23	321	0.019406	0.000908	0.282413	0.000021	-12.7	-5.8	1182	1886	-0.97
180318-8-24	316	0.015235	0.000719	0.282410	0.000020	-12.8	-6.0	1181	1894	-0.98
180318-8-27	2550	0.016749	0.000697	0.281386	0.000019	-49.0	7.1	2585	4147	-0.98
180318-8-31	308	0.019845	0.000932	0.282397	0.000018	-13.3	-6.7	1206	1922	-0.97

续表

样品点	U-Pb 年龄/Ma	$^{176}Yb/^{177}Hf$	$^{176}Lu/^{177}Hf$	$^{176}Hf/^{177}Hf$	2σ	$\varepsilon_{Hf}(0)$	$\varepsilon_{Hf}(t)$	T_{DM1}/Ma	T_{DM2}/Ma	$f_{(Lu/Hf)}$
180318-8-33	311	0.022949	0.001082	0.282432	0.000017	-12.0	-5.4	1161	1843	-0.97
180318-8-34	315	0.015119	0.000734	0.282457	0.000017	-11.2	-4.4	1116	1789	-0.98
180318-8-36	314	0.019602	0.000909	0.282373	0.000016	-14.1	-7.4	1238	1975	-0.97
180318-8-39	307	0.016896	0.000806	0.282423	0.000017	-12.3	-5.8	1165	1864	-0.98
180318-8-47	309	0.017463	0.000840	0.282419	0.000016	-12.5	-5.9	1173	1874	-0.97
180318-8-53	304	0.029475	0.001326	0.282327	0.000019	-15.7	-9.3	1317	2078	-0.96
180318-8-54	355	0.016635	0.000784	0.282433	0.000017	-12.0	-4.4	1151	1841	-0.98
180318-8-55	312	0.017321	0.000813	0.282418	0.000017	-12.5	-5.8	1173	1876	-0.98
180318-8-56	317	0.022719	0.001069	0.282443	0.000021	-11.6	-4.9	1145	1819	-0.97
180318-8-58	322	0.023129	0.001085	0.282433	0.000018	-12.0	-5.1	1160	1841	-0.97
180318-8-60	315	0.015151	0.000731	0.282453	0.000018	-11.3	-4.5	1122	1798	-0.98
180318-8-61	321	0.020403	0.000956	0.282452	0.000018	-11.3	-4.5	1129	1799	-0.97
180318-8-62	311	0.029677	0.001309	0.282407	0.000017	-12.9	-6.3	1204	1900	-0.96
180318-8-66	311	0.019225	0.000900	0.282450	0.000017	-11.4	-4.7	1130	1804	-0.97
180318-8-70	318	0.013618	0.000625	0.282377	0.000017	-14.0	-7.1	1223	1966	-0.98
180318-8-79	324	0.016252	0.000774	0.282402	0.000017	-13.1	-6.1	1194	1911	-0.98
180318-8-87	306	0.020545	0.000957	0.282408	0.000015	-12.9	-6.3	1190	1897	-0.97
180318-8-88	332	0.010446	0.000518	0.282450	0.000018	-11.4	-4.2	1119	1803	-0.98
180318-8-89	341	0.023403	0.000935	0.282356	0.000015	-14.7	-7.4	1263	2013	-0.97
180318-8-90	319	0.023607	0.001116	0.282427	0.000016	-12.2	-5.0	1170	1856	-0.97
180318-8-91	323	0.013062	0.000637	0.282398	0.000017	-13.2	-6.0	1194	1919	-0.98
180318-8-96	310	0.021240	0.001014	0.282421	0.000018	-12.4	-6.0	1174	1868	-0.97
180318-8-99	297	0.016077	0.000774	0.282384	0.000015	-13.7	-7.0	1218	1950	-0.98

附表 24　华北陆块南部焦作红砂岭地区本溪组铝土质红色泥岩（180315-4）碎屑锆石 U-Pb 同位素数据

分析点号	组成/(mg/g)			Th/U	同位素比值						年龄/Ma					
	Pb	Th	U		$^{207}Pb/^{206}Pb$	1σ	$^{207}Pb/^{235}U$	1σ	$^{206}Pb/^{238}U$	1σ	$^{207}Pb/^{206}Pb$	1σ	$^{207}Pb/^{235}U$	1σ	$^{206}Pb/^{238}U$	1σ
180315-4-01	6	53	66	0.81	0.0546	0.0035	0.5288	0.0302	0.0708	0.0022	398	172	431	20	441	13
180315-4-02	46	416	485	0.86	0.0534	0.0020	0.5311	0.0208	0.0723	0.0020	346	87	433	14	450	12
180315-4-03	210	633	597	1.06	0.0946	0.0030	3.2829	0.1096	0.2516	0.0070	1520	65	1477	26	1447	36
180315-4-04	34	410	394	1.04	0.0570	0.0022	0.5214	0.0208	0.0671	0.0021	500	55	426	14	419	13
180315-4-05	23	189	257	0.74	0.0544	0.0023	0.5315	0.0228	0.0710	0.0020	387	96	433	15	442	12
180315-4-06	45	411	471	0.87	0.0604	0.0025	0.6232	0.0321	0.0732	0.0023	620	89	492	20	456	14
180315-4-07	13	101	148	0.68	0.0525	0.0027	0.5010	0.0242	0.0705	0.0020	309	117	412	16	439	12
180315-4-08	57	494	650	0.76	0.0554	0.0020	0.5256	0.0185	0.0674	0.0018	428	81	429	12	420	11
180315-4-09	21	203	233	0.87	0.0561	0.0023	0.5170	0.0217	0.0670	0.0019	454	90	423	15	418	11
180315-4-11	18	70	88	0.75	0.0711	0.0032	1.4818	0.0644	0.1521	0.0044	961	86	923	26	913	25
180315-4-12	69	628	842	0.53	0.0559	0.0020	0.4955	0.0178	0.0642	0.0018	456	78	409	12	401	11
180315-4-13	15	102	158	0.93	0.0562	0.0025	0.5810	0.0253	0.0753	0.0021	461	100	465	16	468	13
180315-4-14	22	168	246	0.79	0.0573	0.0024	0.5547	0.0225	0.0704	0.0020	502	91	448	15	439	12
180315-4-15	93	713	1092	0.75	0.0566	0.0019	0.5369	0.0182	0.0686	0.0019	476	40	436	12	428	11
180315-4-16	46	386	500	0.64	0.0557	0.0020	0.5452	0.0192	0.0709	0.0019	443	78	442	13	442	12
180315-4-17	35	315	367	0.68	0.0571	0.0021	0.5688	0.0200	0.0723	0.0020	494	80	457	13	450	12
180315-4-18	24	177	255	0.65	0.0566	0.0023	0.5586	0.0217	0.0713	0.0020	476	89	451	14	444	12
180315-4-19	31	331	334	0.77	0.0583	0.0021	0.5410	0.0185	0.0674	0.0018	539	78	439	12	421	11
180315-4-20	312	475	426	0.86	0.1838	0.0057	12.4604	0.3745	0.4906	0.0134	2688	52	2640	28	2573	58
180315-4-22	54	184	229	0.69	0.0742	0.0025	1.8279	0.0602	0.1784	0.0050	1056	72	1056	22	1058	27

续表

分析点号	组成/(mg/g)			Th/U	同位素比值						年龄/Ma					
	Pb	Th	U		$^{207}Pb/^{206}Pb$	1σ	$^{207}Pb/^{235}U$	1σ	$^{206}Pb/^{238}U$	1σ	$^{207}Pb/^{206}Pb$	1σ	$^{207}Pb/^{235}U$	1σ	$^{206}Pb/^{238}U$	1σ
180315-4-23	28	248	282	0. 99	0. 0605	0. 0022	0. 6167	0. 0226	0. 0738	0. 0021	620	80	488	14	459	13
180315-4-24	27	197	301	1. 12	0. 0602	0. 0022	0. 5776	0. 0200	0. 0698	0. 0019	613	84	463	13	435	12
180315-4-25	24	176	254	0. 81	0. 0592	0. 0024	0. 6204	0. 0256	0. 0755	0. 0021	576	85	490	16	469	13
180315-4-26	45	423	455	0. 88	0. 0571	0. 0021	0. 5894	0. 0201	0. 0731	0. 0020	494	80	471	13	455	12
180315-4-27	137	262	291	0. 65	0. 1208	0. 0038	5. 8122	0. 1783	0. 3476	0. 0095	1968	56	1948	27	1923	46
180315-4-28	80	182	382	0. 69	0. 0712	0. 0026	1. 7323	0. 0552	0. 1718	0. 0046	965	74	1021	21	1022	25
180315-4-29	184	605	907	0. 93	0. 0758	0. 0025	1. 6881	0. 0543	0. 1609	0. 0045	1100	60	1004	21	962	25
180315-4-30	57	637	593	0. 90	0. 0561	0. 0021	0. 5488	0. 0195	0. 0707	0. 0019	457	114	444	13	440	12
180315-4-31	28	338	247	0. 48	0. 0580	0. 0024	0. 6169	0. 0246	0. 0770	0. 0021	528	91	488	15	478	13
180315-4-32	15	150	154	0. 67	0. 0570	0. 0026	0. 5678	0. 0260	0. 0721	0. 0021	500	101	457	17	449	13
180315-4-33	64	496	720	1. 07	0. 0563	0. 0020	0. 5481	0. 0195	0. 0702	0. 0019	465	80	444	13	438	11
180315-4-34	13	101	147	1. 37	0. 0578	0. 0025	0. 5550	0. 0237	0. 0696	0. 0020	520	90	448	15	434	12
180315-4-35	38	455	396	0. 97	0. 0542	0. 0020	0. 5196	0. 0184	0. 0693	0. 0019	376	79	425	12	432	11
180315-4-36	54	397	654	0. 69	0. 0541	0. 0018	0. 5010	0. 0166	0. 0667	0. 0018	376	76	412	11	416	11
180315-4-37	41	492	427	0. 69	0. 0623	0. 0025	0. 5839	0. 0219	0. 0680	0. 0019	683	86	467	14	424	11
180315-4-38	36	175	428	1. 15	0. 0569	0. 0021	0. 5666	0. 0204	0. 0721	0. 0019	487	49	456	13	449	12
180315-4-39	45	104	143	0. 61	0. 0910	0. 0032	3. 0910	0. 1046	0. 2455	0. 0066	1447	67	1430	26	1415	34
180315-4-41	23	182	232	1. 15	0. 0562	0. 0023	0. 5891	0. 0245	0. 0760	0. 0022	461	91	470	16	472	13
180315-4-43	68	547	755	0. 41	0. 0554	0. 0020	0. 5454	0. 0181	0. 0717	0. 0019	428	80	442	12	447	12
180315-4-44	18	196	280	0. 73	0. 0514	0. 0021	0. 3553	0. 0141	0. 0505	0. 0014	261	96	309	11	318	8

续表

分析点号	组成/(mg/g)			Th/U	同位素比值						年龄/Ma					
	Pb	Th	U		$^{207}Pb/^{206}Pb$	1σ	$^{207}Pb/^{235}U$	1σ	$^{206}Pb/^{238}U$	1σ	$^{207}Pb/^{206}Pb$	1σ	$^{207}Pb/^{235}U$	1σ	$^{206}Pb/^{238}U$	1σ
180315-4-45	80	175	432	0.78	0.0716	0.0023	1.5494	0.0509	0.1579	0.0043	976	66	950	20	945	24
180315-4-46	26	211	277	0.72	0.0543	0.0022	0.5490	0.0217	0.0744	0.0020	383	88	444	14	462	12
180315-4-47	55	560	592	0.70	0.0557	0.0019	0.5304	0.0182	0.0698	0.0019	439	78	432	12	435	11
180315-4-48	16	167	252	0.41	0.0527	0.0028	0.3693	0.0191	0.0515	0.0014	317	120	319	14	324	9
180315-4-49	11	72	120	0.76	0.0544	0.0025	0.5447	0.0244	0.0739	0.0021	391	102	442	16	460	12
180315-4-50	22	161	237	0.95	0.0630	0.0032	0.6328	0.0313	0.0739	0.0021	709	107	498	19	459	12
180315-4-51	34	300	356	0.66	0.0558	0.0023	0.5518	0.0218	0.0732	0.0020	456	125	446	14	455	12
180315-4-52	36	300	402	0.60	0.0640	0.0028	0.6047	0.0250	0.0698	0.0019	743	92	480	16	435	11
180315-4-53	96	1079	1099	0.68	0.0556	0.0019	0.5012	0.0167	0.0663	0.0018	435	71	413	11	414	11
180315-4-54	23	229	227	0.84	0.0562	0.0022	0.5672	0.0220	0.0743	0.0020	461	87	456	14	462	12
180315-4-55	56	481	619	0.75	0.0558	0.0019	0.5377	0.0177	0.0708	0.0019	443	78	437	12	441	11
180315-4-56	23	211	242	0.98	0.0557	0.0023	0.5478	0.0221	0.0723	0.0020	439	91	444	15	450	12
180315-4-57	13	113	134	1.01	0.0578	0.0025	0.5662	0.0240	0.0720	0.0020	524	92	456	16	448	12
180315-4-58	243	790	762	0.78	0.0868	0.0027	2.7622	0.0832	0.2317	0.0061	1367	59	1345	22	1344	32
180315-4-59	54	543	575	0.87	0.0559	0.0019	0.5388	0.0181	0.0703	0.0019	456	78	438	12	438	11
180315-4-60	22	392	294	0.84	0.0521	0.0024	0.3719	0.0155	0.0511	0.0014	300	104	321	11	321	9
180315-4-61	32	272	344	1.04	0.0565	0.0021	0.5497	0.0202	0.0704	0.0019	472	83	445	13	439	11
180315-4-62	16	103	183	0.95	0.0612	0.0027	0.5846	0.0243	0.0696	0.0019	656	94	467	16	433	12
180315-4-63	61	532	650	1.33	0.0565	0.0020	0.5580	0.0190	0.0714	0.0020	478	78	450	12	444	12
180315-4-64	26	127	96	0.79	0.0782	0.0029	1.9757	0.0727	0.1838	0.0052	1154	74	1107	25	1088	28

续表

分析点号	组成/(mg/g)			Th/U	同位素比值						年龄/Ma					
	Pb	Th	U		$^{207}Pb/^{206}Pb$	1σ	$^{207}Pb/^{235}U$	1σ	$^{206}Pb/^{238}U$	1σ	$^{207}Pb/^{206}Pb$	1σ	$^{207}Pb/^{235}U$	1σ	$^{206}Pb/^{238}U$	1σ
180315-4-65	52	569	531	0. 56	0. 0568	0. 0020	0. 5591	0. 0195	0. 0711	0. 0019	483	78	451	13	443	12
180315-4-66	24	269	243	0. 82	0. 0559	0. 0022	0. 5434	0. 0207	0. 0704	0. 0019	456	117	441	14	439	12
180315-4-67	80	699	888	1. 32	0. 0568	0. 0019	0. 5470	0. 0178	0. 0680	0. 0018	483	81	443	12	424	11
180315-4-68	6	43	67	1. 07	0. 0548	0. 0037	0. 5263	0. 0337	0. 0699	0. 0021	406	147	429	22	435	13
180315-4-69	203	266	321	1. 11	0. 1649	0. 0050	10. 4818	0. 3218	0. 4590	0. 0122	2506	51	2478	29	2435	54
180315-4-70	30	228	322	0. 79	0. 0599	0. 0024	0. 5926	0. 0242	0. 0714	0. 0020	598	87	473	15	445	12
180315-4-71	91	130	441	0. 64	0. 0753	0. 0025	1. 8292	0. 0613	0. 1758	0. 0048	1076	68	1056	22	1044	26
180315-4-72	9	100	136	0. 83	0. 0587	0. 0033	0. 4234	0. 0237	0. 0522	0. 0015	567	124	358	17	328	9
180315-4-73	70	615	758	0. 71	0. 0563	0. 0018	0. 5523	0. 0182	0. 0707	0. 0019	465	105	447	12	441	11
180315-4-74	51	522	537	0. 29	0. 0554	0. 0019	0. 5348	0. 0189	0. 0695	0. 0019	432	78	435	12	433	11
180315-4-75	30	271	296	0. 73	0. 0552	0. 0022	0. 5758	0. 0213	0. 0757	0. 0021	420	89	462	14	470	12
180315-4-76	22	37	47	0. 81	0. 1150	0. 0041	5. 4272	0. 1915	0. 3416	0. 0095	1879	64	1889	30	1894	46
180315-4-77	17	30	39	0. 97	0. 1184	0. 0047	5. 1980	0. 1960	0. 3183	0. 0090	1933	71	1852	32	1781	44
180315-4-78	92	1149	1189	0. 92	0. 0584	0. 0019	0. 4707	0. 0153	0. 0581	0. 0015	543	70	392	11	364	9
180315-4-79	17	145	180	0. 77	0. 0583	0. 0026	0. 5613	0. 0247	0. 0698	0. 0019	539	98	452	16	435	12
180315-4-81	27	283	299	0. 75	0. 0597	0. 0023	0. 5654	0. 0214	0. 0685	0. 0019	594	85	455	14	427	12
180315-4-82	54	627	553	0. 97	0. 0582	0. 0020	0. 5520	0. 0188	0. 0685	0. 0018	539	78	446	12	427	11
180315-4-83	26	218	292	0. 80	0. 0563	0. 0021	0. 5465	0. 0199	0. 0702	0. 0019	465	77	443	13	437	12
180315-4-84	21	136	240	0. 95	0. 0572	0. 0022	0. 5636	0. 0215	0. 0713	0. 0019	498	90	454	14	444	12

续表

分析点号	组成/(mg/g)			Th/U	同位素比值						年龄/Ma					
	Pb	Th	U		$^{207}Pb/^{206}Pb$	1σ	$^{207}Pb/^{235}U$	1σ	$^{206}Pb/^{238}U$	1σ	$^{207}Pb/^{206}Pb$	1σ	$^{207}Pb/^{235}U$	1σ	$^{206}Pb/^{238}U$	1σ
180315-4-85	31	290	309	1. 13	0. 0588	0. 0022	0. 6138	0. 0232	0. 0755	0. 0021	567	83	486	15	470	12
180315-4-86	27	172	138	0. 75	0. 0708	0. 0025	1. 3346	0. 0467	0. 1363	0. 0037	952	71	861	20	824	21
180315-4-87	12	145	188	0. 57	0. 0512	0. 0028	0. 3560	0. 0184	0. 0508	0. 0014	250	124	309	14	319	9
180315-4-88	15	121	174	0. 94	0. 0554	0. 0024	0. 5087	0. 0222	0. 0669	0. 0019	428	96	418	15	417	11
180315-4-89	12	121	128	1. 25	0. 0569	0. 0030	0. 5621	0. 0286	0. 0721	0. 0020	487	117	453	19	449	12
180315-4-90	18	245	175	0. 77	0. 0551	0. 0024	0. 5409	0. 0233	0. 0713	0. 0020	417	94	439	15	444	12
180315-4-91	21	143	242	0. 70	0. 0559	0. 0023	0. 5357	0. 0230	0. 0692	0. 0019	456	94	436	15	431	12
180315-4-92	27	144	312	0. 95	0. 0524	0. 0020	0. 5280	0. 0206	0. 0730	0. 0021	302	87	431	14	454	12
180315-4-93	20	179	226	1. 40	0. 0540	0. 0023	0. 5127	0. 0220	0. 0689	0. 0020	369	66	420	15	429	12
180315-4-94	24	224	267	0. 59	0. 0548	0. 0025	0. 5191	0. 0226	0. 0691	0. 0020	467	102	425	15	431	12
180315-4-95	23	124	289	0. 46	0. 0550	0. 0025	0. 5091	0. 0217	0. 0678	0. 0019	409	102	418	15	423	12
180315-4-96	12	115	185	0. 79	0. 0537	0. 0049	0. 3843	0. 0286	0. 0528	0. 0018	367	177	330	21	332	11
180315-4-97	23	261	238	0. 84	0. 0576	0. 0022	0. 5667	0. 0221	0. 0711	0. 0020	517	83	456	14	443	12
180315-4-98	85	271	434	0. 43	0. 0686	0. 0021	1. 4872	0. 0458	0. 1568	0. 0042	887	63	925	19	939	23
180315-4-99	33	337	352	0. 62	0. 0563	0. 0020	0. 5504	0. 0190	0. 0709	0. 0019	465	78	445	12	442	12
180315-4-100	22	182	243	1. 10	0. 0597	0. 0022	0. 5874	0. 0211	0. 0712	0. 0019	594	75	469	14	443	12
180315-4-101	9	49	93	0. 62	0. 0611	0. 0027	0. 6323	0. 0284	0. 0749	0. 0021	643	99	498	18	466	13
180315-4-102	46	436	467	0. 96	0. 0565	0. 0019	0. 5708	0. 0191	0. 0732	0. 0020	472	72	459	12	455	12

附表 25　华北陆块南部焦作红砂岭地区本溪组红色砾岩（180315-5）碎屑锆石 U-Pb 同位素数据

分析点号	组成/(mg/g)			Th/U	同位素比值						年龄/Ma					
	Pb	Th	U		$^{207}Pb/^{206}Pb$	1σ	$^{207}Pb/^{235}U$	1σ	$^{206}Pb/^{238}U$	1σ	$^{207}Pb/^{206}Pb$	1σ	$^{207}Pb/^{235}U$	1σ	$^{206}Pb/^{238}U$	1σ
180315-5-01	13	99	144	0. 69	0. 0584	0. 0024	0. 5769	0. 0241	0. 0721	0. 0021	543	91	462	15	449	13
180315-5-02	14	106	151	0. 70	0. 0574	0. 0023	0. 5539	0. 0222	0. 0702	0. 0020	509	89	448	14	437	12
180315-5-03	78	670	879	0. 76	0. 0575	0. 0018	0. 5456	0. 0174	0. 0687	0. 0019	509	75	442	11	428	11
180315-5-04	13	93	126	0. 74	0. 0601	0. 0025	0. 6641	0. 0276	0. 0806	0. 0024	609	88	517	17	500	14
180315-5-05	9	45	106	0. 43	0. 0570	0. 0026	0. 5639	0. 0244	0. 0719	0. 0021	500	102	454	16	448	13
180315-5-07	17	138	195	0. 71	0. 0578	0. 0024	0. 5576	0. 0224	0. 0698	0. 0021	524	89	450	15	435	12
180315-5-08	267	432	344	1. 26	0. 1858	0. 0064	13. 1944	0. 4523	0. 5104	0. 0149	2706	57	2694	32	2658	64
180315-5-09	14	120	163	0. 74	0. 0599	0. 0025	0. 5730	0. 0235	0. 0689	0. 0021	598	91	460	15	429	13
180315-5-10	17	74	193	0. 39	0. 0592	0. 0027	0. 6219	0. 0270	0. 0755	0. 0024	576	98	491	17	469	14
180315-5-11	13	112	148	0. 76	0. 0550	0. 0024	0. 5301	0. 0230	0. 0691	0. 0021	413	94	432	15	431	13
180315-5-12	12	118	131	0. 90	0. 0539	0. 0028	0. 5360	0. 0239	0. 0699	0. 0021	365	110	436	16	436	12
180315-5-13	18	149	204	0. 73	0. 0571	0. 0023	0. 5627	0. 0225	0. 0708	0. 0021	494	92	453	15	441	13
180315-5-14	18	150	208	0. 72	0. 0537	0. 0023	0. 5232	0. 0214	0. 0702	0. 0021	367	96	427	14	437	12
180315-5-15	43	324	485	0. 67	0. 0576	0. 0022	0. 5641	0. 0194	0. 0703	0. 0020	522	83	454	13	438	12
180315-5-16	12	101	123	0. 82	0. 0562	0. 0026	0. 5658	0. 0254	0. 0723	0. 0021	457	106	455	17	450	13
180315-5-17	8	54	87	0. 62	0. 0557	0. 0029	0. 5564	0. 0286	0. 0720	0. 0022	439	115	449	19	448	13
180315-5-18	14	134	140	0. 96	0. 0575	0. 0024	0. 5773	0. 0237	0. 0722	0. 0021	509	91	463	15	450	13
180315-5-19	20	247	269	0. 92	0. 0562	0. 0022	0. 4677	0. 0185	0. 0600	0. 0018	461	87	390	13	375	11
180315-5-20	15	116	166	0. 70	0. 0560	0. 0024	0. 5523	0. 0224	0. 0714	0. 0021	454	96	446	15	445	13

续表

分析点号	组成/(mg/g)			Th/U	同位素比值						年龄/Ma					
	Pb	Th	U		$^{207}Pb/^{206}Pb$	1σ	$^{207}Pb/^{235}U$	1σ	$^{206}Pb/^{238}U$	1σ	$^{207}Pb/^{206}Pb$	1σ	$^{207}Pb/^{235}U$	1σ	$^{206}Pb/^{238}U$	1σ
180315-5-21	46	521	494	1. 05	0. 0543	0. 0019	0. 5144	0. 0173	0. 0683	0. 0019	383	80	421	12	426	12
180315-5-22	24	40	57	0. 71	0. 1103	0. 0041	4. 9557	0. 1715	0. 3237	0. 0092	1806	68	1812	29	1808	45
180315-5-23	85	1544	1071	1. 44	0. 0569	0. 0020	0. 4860	0. 0157	0. 0602	0. 0016	487	76	402	11	377	10
180315-5-24	9	74	104	0. 71	0. 0598	0. 0029	0. 5579	0. 0264	0. 0676	0. 0019	594	107	450	17	421	12
180315-5-25	15	134	151	0. 89	0. 0596	0. 0026	0. 5895	0. 0258	0. 0717	0. 0021	587	90	471	16	447	12
180315-5-26	10	74	120	0. 62	0. 0573	0. 0024	0. 5472	0. 0227	0. 0688	0. 0020	506	93	443	15	429	12
180315-5-27	16	137	173	0. 79	0. 0592	0. 0028	0. 5680	0. 0266	0. 0699	0. 0021	576	99	457	17	435	12
180315-5-28	19	162	212	0. 76	0. 0577	0. 0023	0. 5603	0. 0237	0. 0700	0. 0020	517	86	452	15	436	12
180315-5-29	60	670	730	0. 92	0. 0549	0. 0020	0. 4725	0. 0169	0. 0621	0. 0018	406	80	393	12	389	11
180315-5-30	44	371	464	0. 80	0. 0547	0. 0020	0. 5550	0. 0216	0. 0735	0. 0021	467	83	448	14	457	13
180315-5-31	240	176	288	0. 61	0. 2367	0. 0079	19. 4471	0. 6727	0. 5948	0. 0167	3098	53	3064	33	3009	68
180315-5-32	70	418	824	0. 51	0. 0546	0. 0019	0. 5244	0. 0184	0. 0696	0. 0020	394	78	428	12	434	12
180315-5-33	36	336	373	0. 90	0. 0532	0. 0020	0. 5296	0. 0201	0. 0720	0. 0020	345	82	432	13	448	12
180315-5-34	52	380	600	0. 63	0. 0557	0. 0019	0. 5271	0. 0186	0. 0687	0. 0019	439	78	430	12	428	11
180315-5-35	36	300	398	0. 75	0. 0566	0. 0020	0. 5502	0. 0203	0. 0703	0. 0020	476	80	445	13	438	12
180315-5-36	10	79	109	0. 72	0. 0547	0. 0027	0. 5278	0. 0256	0. 0700	0. 0021	398	107	430	17	436	12
180315-5-37	75	1203	957	1. 26	0. 0566	0. 0019	0. 5095	0. 0180	0. 0651	0. 0019	476	42	418	12	406	11
180315-5-38	19	97	234	0. 42	0. 0541	0. 0022	0. 5321	0. 0220	0. 0713	0. 0021	376	91	433	15	444	12
180315-5-39	15	127	171	0. 75	0. 0575	0. 0025	0. 5557	0. 0238	0. 0704	0. 0020	509	99	449	16	439	12

续表

分析点号	组成/(mg/g)			Th/U	同位素比值						年龄/Ma					
	Pb	Th	U		$^{207}Pb/^{206}Pb$	1σ	$^{207}Pb/^{235}U$	1σ	$^{206}Pb/^{238}U$	1σ	$^{207}Pb/^{206}Pb$	1σ	$^{207}Pb/^{235}U$	1σ	$^{206}Pb/^{238}U$	1σ
180315-5-40	56	384	640	0. 60	0. 0554	0. 0020	0. 5410	0. 0194	0. 0707	0. 0020	428	81	439	13	440	12
180315-5-41	24	240	242	0. 99	0. 0566	0. 0025	0. 5739	0. 0224	0. 0721	0. 0020	476	98	461	14	449	12
180315-5-42	41	354	431	0. 82	0. 0567	0. 0020	0. 5596	0. 0197	0. 0714	0. 0020	480	44	451	13	445	12
180315-5-43	16	130	173	0. 75	0. 0567	0. 0023	0. 5505	0. 0217	0. 0708	0. 0020	480	91	445	14	441	12
180315-5-44	40	466	453	1. 03	0. 0578	0. 0021	0. 5213	0. 0185	0. 0652	0. 0018	524	86	426	12	407	11
180315-5-45	20	166	224	0. 74	0. 0557	0. 0023	0. 5389	0. 0210	0. 0700	0. 0020	443	91	438	14	436	12
180315-5-47	23	140	258	0. 55	0. 0609	0. 0024	0. 5940	0. 0236	0. 0706	0. 0020	635	83	473	15	440	12
180315-5-48	16	122	172	0. 71	0. 0546	0. 0024	0. 5514	0. 0242	0. 0729	0. 0021	398	101	446	16	454	12
180315-5-49	61	537	664	0. 81	0. 0563	0. 0020	0. 5519	0. 0194	0. 0709	0. 0020	461	78	446	13	442	12
180315-5-50	24	168	263	0. 64	0. 0546	0. 0022	0. 5571	0. 0228	0. 0739	0. 0021	394	91	450	15	460	13
180315-5-51	18	175	192	0. 91	0. 0602	0. 0027	0. 5730	0. 0240	0. 0694	0. 0020	609	98	460	16	432	12
180315-5-52	12	92	134	0. 69	0. 0547	0. 0027	0. 5342	0. 0236	0. 0698	0. 0020	398	111	435	16	435	12
180315-5-53	38	96	101	0. 95	0. 0967	0. 0034	3. 7957	0. 1364	0. 2875	0. 0086	1562	67	1592	29	1629	43
180315-5-54	55	802	650	1. 23	0. 0584	0. 0020	0. 5387	0. 0183	0. 0677	0. 0019	546	71	438	12	422	11
180315-5-55	14	130	146	0. 89	0. 0570	0. 0027	0. 5533	0. 0260	0. 0719	0. 0021	500	106	447	17	448	12
180315-5-56	71	549	775	0. 71	0. 0567	0. 0019	0. 5512	0. 0176	0. 0719	0. 0020	480	72	446	12	448	12
180315-5-57	27	211	302	0. 70	0. 0551	0. 0020	0. 5304	0. 0189	0. 0713	0. 0020	417	75	432	13	444	12
180315-5-58	142	1266	1901	0. 67	0. 0575	0. 0019	0. 4682	0. 0151	0. 0607	0. 0017	509	77	390	10	380	10
180315-5-59	50	529	522	1. 01	0. 0581	0. 0021	0. 5431	0. 0181	0. 0698	0. 0019	600	78	440	12	435	12

续表

分析点号	组成/(mg/g)			Th/U	同位素比值						年龄/Ma					
	Pb	Th	U		$^{207}Pb/^{206}Pb$	1σ	$^{207}Pb/^{235}U$	1σ	$^{206}Pb/^{238}U$	1σ	$^{207}Pb/^{206}Pb$	1σ	$^{207}Pb/^{235}U$	1σ	$^{206}Pb/^{238}U$	1σ
180315-5-60	19	198	197	1.00	0.0575	0.0025	0.5326	0.0214	0.0696	0.0019	509	101	434	14	434	12
180315-5-61	58	407	672	0.60	0.0576	0.0021	0.5340	0.0179	0.0695	0.0019	522	80	434	12	433	11
180315-5-62	44	357	476	0.75	0.0566	0.0020	0.5445	0.0184	0.0719	0.0020	476	80	441	12	447	12
180315-5-63	9	82	98	0.83	0.0578	0.0034	0.5410	0.0308	0.0708	0.0021	524	131	439	20	441	13
180315-5-64	6	29	73	0.39	0.0543	0.0028	0.5332	0.0266	0.0731	0.0022	383	119	434	18	455	13
180315-5-65	23	170	249	0.68	0.0551	0.0023	0.5278	0.0194	0.0706	0.0020	417	91	430	13	440	12
180315-5-66	11	70	127	0.56	0.0597	0.0026	0.5702	0.0235	0.0708	0.0021	594	93	458	15	441	12
180315-5-67	23	204	249	0.82	0.0610	0.0027	0.5803	0.0248	0.0702	0.0020	639	103	465	16	438	12
180315-5-68	31	222	351	0.63	0.0584	0.0026	0.5458	0.0226	0.0687	0.0019	546	92	442	15	428	12
180315-5-69	12	86	131	0.66	0.0577	0.0028	0.5524	0.0257	0.0702	0.0020	517	107	447	17	438	12
180315-5-70	15	116	161	0.72	0.0577	0.0027	0.5578	0.0262	0.0701	0.0021	517	104	450	17	437	12
180315-5-71	32	242	365	0.66	0.0592	0.0026	0.5576	0.0238	0.0678	0.0019	576	129	450	15	423	12
180315-5-73	11	53	129	0.41	0.0559	0.0028	0.5493	0.0266	0.0714	0.0021	450	118	445	17	445	13
180315-5-74	56	452	626	0.72	0.0565	0.0023	0.5516	0.0212	0.0703	0.0020	472	89	446	14	438	12
180315-5-75	14	117	148	0.79	0.0618	0.0033	0.5900	0.0293	0.0700	0.0020	733	121	471	19	436	12
180315-5-76	22	142	248	0.57	0.0574	0.0022	0.5612	0.0211	0.0706	0.0019	509	85	452	14	439	12
180315-5-77	21	174	235	0.74	0.0579	0.0026	0.5516	0.0237	0.0692	0.0020	528	94	446	16	431	12
180315-5-78	19	197	189	1.04	0.0573	0.0026	0.5931	0.0266	0.0749	0.0021	502	100	473	17	466	13
180315-5-79	61	462	680	0.68	0.0551	0.0020	0.5386	0.0187	0.0706	0.0019	417	75	437	12	440	11
180315-5-80	9	60	98	0.61	0.0576	0.0032	0.5499	0.0283	0.0696	0.0020	522	122	445	19	433	12

续表

分析点号	组成/(mg/g)			Th/U	同位素比值						年龄/Ma					
	Pb	Th	U		$^{207}Pb/^{206}Pb$	1σ	$^{207}Pb/^{235}U$	1σ	$^{206}Pb/^{238}U$	1σ	$^{207}Pb/^{206}Pb$	1σ	$^{207}Pb/^{235}U$	1σ	$^{206}Pb/^{238}U$	1σ
180315-5-81	135	1331	2233	0. 60	0. 0568	0. 0019	0. 3929	0. 0124	0. 0500	0. 0014	483	72	336	9	314	8
180315-5-82	43	291	484	0. 60	0. 0578	0. 0022	0. 5758	0. 0202	0. 0720	0. 0019	520	88	462	13	448	12
180315-5-83	13	108	148	0. 73	0. 0586	0. 0028	0. 5677	0. 0254	0. 0703	0. 0020	554	99	457	16	438	12
180315-5-84	69	627	783	0. 80	0. 0581	0. 0021	0. 5530	0. 0194	0. 0688	0. 0019	532	80	447	13	429	11
180315-5-85	17	144	183	0. 79	0. 0608	0. 0028	0. 5816	0. 0256	0. 0690	0. 0019	632	100	465	16	430	11
180315-5-86	25	211	288	0. 73	0. 0592	0. 0024	0. 5586	0. 0213	0. 0683	0. 0019	572	87	451	14	426	11
180315-5-87	44	296	124	2. 39	0. 0806	0. 0034	2. 1971	0. 0891	0. 1974	0. 0056	1213	82	1180	28	1161	30
180315-5-88	14	128	154	0. 83	0. 0615	0. 0029	0. 6010	0. 0282	0. 0709	0. 0021	657	106	478	18	441	13
180315-5-89	11	90	124	0. 72	0. 0609	0. 0047	0. 5973	0. 0417	0. 0716	0. 0022	635	167	476	27	446	13
180315-5-90	28	242	308	0. 79	0. 0590	0. 0023	0. 5728	0. 0209	0. 0703	0. 0019	569	85	460	14	438	12
180315-5-91	14	110	161	0. 68	0. 0577	0. 0026	0. 5519	0. 0230	0. 0694	0. 0019	517	98	446	15	433	12
180315-5-92	11	90	118	0. 76	0. 0618	0. 0031	0. 5991	0. 0278	0. 0704	0. 0020	665	101	477	18	439	12
180315-5-93	12	103	136	0. 75	0. 0582	0. 0028	0. 5797	0. 0258	0. 0723	0. 0020	539	106	464	17	450	12
180315-5-94	18	158	182	0. 87	0. 0576	0. 0024	0. 5930	0. 0233	0. 0750	0. 0022	517	93	473	15	466	13
180315-5-95	8	53	93	0. 57	0. 0567	0. 0029	0. 5797	0. 0279	0. 0745	0. 0022	480	112	464	18	463	13
180315-5-96	11	93	121	0. 77	0. 0603	0. 0027	0. 5953	0. 0246	0. 0716	0. 0020	613	92	474	16	446	12
180315-5-97	42	373	450	0. 83	0. 0560	0. 0021	0. 5634	0. 0204	0. 0726	0. 0020	450	118	454	13	452	12
180315-5-98	17	176	178	0. 99	0. 0570	0. 0026	0. 5692	0. 0250	0. 0725	0. 0020	500	102	458	16	451	12
180315-5-99	14	98	156	0. 63	0. 0575	0. 0025	0. 6050	0. 0270	0. 0761	0. 0022	509	101	480	17	473	13
180315-5-100	16	46	34	1. 37	0. 1094	0. 0045	5. 0959	0. 2008	0. 3386	0. 0097	1789	70	1835	33	1880	47

附表 26　华北陆块南部焦作红砂岭地区本溪组石英砂岩（180315-6）碎屑锆石 U-Pb 同位素数据

分析点号	组成/(mg/g)			Th/U	同位素比值						年龄/Ma					
	Pb	Th	U		$^{207}Pb/^{206}Pb$	1σ	$^{207}Pb/^{235}U$	1σ	$^{206}Pb/^{238}U$	1σ	$^{207}Pb/^{206}Pb$	1σ	$^{207}Pb/^{235}U$	1σ	$^{206}Pb/^{238}U$	1σ
180315-6-01	25	276	257	1. 08	0. 0574	0. 0026	0. 5644	0. 0242	0. 0709	0. 0020	506	72	454	16	442	12
180315-6-02	22	149	235	0. 64	0. 0583	0. 0028	0. 6013	0. 0260	0. 0742	0. 0021	543	104	478	17	461	12
180315-6-03	106	638	1359	0. 47	0. 0579	0. 0021	0. 5366	0. 0194	0. 0666	0. 0018	528	75	436	13	415	11
180315-6-04	25	181	271	0. 67	0. 0627	0. 0027	0. 6284	0. 0270	0. 0721	0. 0020	698	88	495	17	449	12
180315-6-05	59	503	629	0. 80	0. 0597	0. 0022	0. 5990	0. 0222	0. 0723	0. 0020	594	81	477	14	450	12
180315-6-06	64	389	699	0. 56	0. 0570	0. 0021	0. 5920	0. 0214	0. 0749	0. 0020	500	80	472	14	466	12
180315-6-07	299	212	454	0. 47	0. 1872	0. 0063	13. 1419	0. 4432	0. 5062	0. 0135	2718	56	2690	32	2641	58
180315-6-08	31	195	336	0. 58	0. 0583	0. 0024	0. 6011	0. 0241	0. 0746	0. 0020	539	86	478	15	464	12
180315-6-10	19	165	200	0. 82	0. 0550	0. 0025	0. 5523	0. 0242	0. 0735	0. 0021	409	102	446	16	457	12
180315-6-11	48	144	200	0. 72	0. 0813	0. 0031	2. 0848	0. 0820	0. 1860	0. 0052	1229	76	1144	27	1100	28
180315-6-12	63	513	680	0. 75	0. 0599	0. 0022	0. 6014	0. 0228	0. 0727	0. 0020	611	81	478	14	452	12
180315-6-13	38	350	382	0. 92	0. 0595	0. 0022	0. 6145	0. 0230	0. 0749	0. 0020	583	81	486	14	466	12
180315-6-14	12	132	119	1. 11	0. 0567	0. 0031	0. 5881	0. 0304	0. 0755	0. 0021	480	120	470	19	469	13
180315-6-15	131	116	210	0. 55	0. 1681	0. 0055	11. 1782	0. 3669	0. 4803	0. 0130	2539	55	2538	31	2529	56
180315-6-16	12	104	125	0. 83	0. 0579	0. 0027	0. 5863	0. 0250	0. 0717	0. 0020	528	106	469	16	446	12
180315-6-17	57	350	671	0. 52	0. 0570	0. 0020	0. 5508	0. 0191	0. 0697	0. 0019	500	78	445	12	434	11
180315-6-18	25	135	278	0. 49	0. 0600	0. 0023	0. 6233	0. 0231	0. 0752	0. 0021	606	83	492	14	467	12
180315-6-19	8	63	90	0. 70	0. 0525	0. 0027	0. 5429	0. 0284	0. 0748	0. 0022	306	119	440	19	465	13
180315-6-20	17	148	184	0. 80	0. 0587	0. 0025	0. 5895	0. 0243	0. 0723	0. 0020	567	97	471	16	450	12
180315-6-21	56	374	661	0. 57	0. 0576	0. 0020	0. 5614	0. 0189	0. 0702	0. 0019	517	78	452	12	437	12
180315-6-22	22	70	153	0. 46	0. 0676	0. 0028	1. 1687	0. 0450	0. 1219	0. 0034	857	87	786	21	742	19

续表

分析点号	组成/(mg/g)			Th/U	同位素比值						年龄/Ma					
	Pb	Th	U		$^{207}Pb/^{206}Pb$	1σ	$^{207}Pb/^{235}U$	1σ	$^{206}Pb/^{238}U$	1σ	$^{207}Pb/^{206}Pb$	1σ	$^{207}Pb/^{235}U$	1σ	$^{206}Pb/^{238}U$	1σ
180315-6-23	91	577	1179	0. 49	0. 0564	0. 0019	0. 5152	0. 0171	0. 0658	0. 0018	478	74	422	11	411	11
180315-6-24	23	237	238	1. 00	0. 0566	0. 0023	0. 5553	0. 0217	0. 0710	0. 0020	476	89	448	14	442	12
180315-6-25	28	259	298	0. 87	0. 0587	0. 0022	0. 5723	0. 0207	0. 0706	0. 0019	554	79	459	13	440	12
180315-6-26	19	148	209	0. 71	0. 0539	0. 0022	0. 5260	0. 0210	0. 0707	0. 0019	369	89	429	14	440	12
180315-6-27	38	413	412	1. 00	0. 0547	0. 0020	0. 5249	0. 0193	0. 0694	0. 0019	398	81	428	13	433	11
180315-6-28	16	142	171	0. 83	0. 0595	0. 0026	0. 5769	0. 0246	0. 0706	0. 0020	583	94	462	16	440	12
180315-6-29	14	108	154	0. 70	0. 0583	0. 0027	0. 5638	0. 0259	0. 0703	0. 0020	539	102	454	17	438	12
180315-6-30	86	682	1056	0. 65	0. 0596	0. 0021	0. 5357	0. 0197	0. 0652	0. 0018	591	78	436	13	407	11
180315-6-31	72	570	910	0. 63	0. 0596	0. 0022	0. 5259	0. 0211	0. 0641	0. 0019	591	114	429	14	401	12
180315-6-32	17	183	171	1. 07	0. 0555	0. 0024	0. 5507	0. 0237	0. 0725	0. 0021	432	98	445	16	451	13
180315-6-33	52	114	135	0. 84	0. 0983	0. 0035	3. 8802	0. 1412	0. 2861	0. 0080	1592	67	1610	29	1622	40
180315-6-34	36	173	281	0. 62	0. 0612	0. 0023	0. 8760	0. 0332	0. 1036	0. 0028	656	80	639	18	635	16
180315-6-35	62	488	647	0. 75	0. 0551	0. 0020	0. 6013	0. 0231	0. 0791	0. 0023	413	81	478	15	491	14
180315-6-36	83	789	848	0. 93	0. 0562	0. 0019	0. 5647	0. 0194	0. 0726	0. 0020	461	108	455	13	452	12
180315-6-38	113	159	198	0. 80	0. 1473	0. 0050	8. 5840	0. 2923	0. 4206	0. 0113	2315	58	2295	31	2263	51
180315-6-39	50	419	548	0. 76	0. 0534	0. 0021	0. 5276	0. 0199	0. 0713	0. 0019	346	91	430	13	444	12
180315-6-40	47	44	48	0. 91	0. 2579	0. 0095	23. 1863	0. 8518	0. 6490	0. 0182	3234	58	3235	36	3224	71
180315-6-41	15	124	165	0. 75	0. 0536	0. 0025	0. 5327	0. 0234	0. 0722	0. 0020	354	106	434	16	449	12
180315-6-42	53	474	556	0. 85	0. 0520	0. 0020	0. 5201	0. 0193	0. 0723	0. 0020	283	89	425	13	450	12
180315-6-43	23	36	52	0. 69	0. 1072	0. 0039	5. 0092	0. 1783	0. 3389	0. 0095	1754	67	1821	30	1882	46
180315-6-44	20	118	230	0. 51	0. 0568	0. 0031	0. 5626	0. 0384	0. 0705	0. 0020	483	116	453	25	439	12

续表

分析点号	组成/(mg/g)			Th/U	同位素比值						年龄/Ma					
	Pb	Th	U		$^{207}Pb/^{206}Pb$	1σ	$^{207}Pb/^{235}U$	1σ	$^{206}Pb/^{238}U$	1σ	$^{207}Pb/^{206}Pb$	1σ	$^{207}Pb/^{235}U$	1σ	$^{206}Pb/^{238}U$	1σ
180315-6-45	152	277	403	0. 69	0. 0959	0. 0031	3. 8994	0. 1263	0. 2933	0. 0080	1546	61	1614	26	1658	40
180315-6-46	11	94	115	0. 82	0. 0505	0. 0023	0. 5147	0. 0230	0. 0741	0. 0021	217	106	422	15	461	13
180315-6-47	19	146	196	0. 74	0. 0535	0. 0023	0. 5496	0. 0230	0. 0746	0. 0021	346	94	445	15	464	13
180315-6-48	48	307	530	0. 58	0. 0512	0. 0019	0. 5204	0. 0190	0. 0735	0. 0020	256	85	425	13	457	12
180315-6-49	5	34	57	0. 61	0. 0563	0. 0030	0. 5722	0. 0294	0. 0743	0. 0023	465	123	459	19	462	14
180315-6-50	74	206	305	0. 68	0. 0707	0. 0025	1. 8833	0. 0660	0. 1923	0. 0053	950	72	1075	23	1134	29
180315-6-51	18	133	205	0. 65	0. 0494	0. 0020	0. 4890	0. 0199	0. 0717	0. 0020	169	90	404	14	446	12
180315-6-52	53	70	85	0. 82	0. 1498	0. 0049	9. 2003	0. 3003	0. 4443	0. 0122	2344	56	2358	30	2370	55
180315-6-53	201	676	940	0. 72	0. 0678	0. 0021	1. 5537	0. 0492	0. 1655	0. 0045	863	66	952	20	987	25
180315-6-54	44	129	184	0. 70	0. 0738	0. 0025	1. 9115	0. 0648	0. 1873	0. 0051	1035	69	1085	23	1107	28
180315-6-55	20	155	228	0. 68	0. 0511	0. 0020	0. 4926	0. 0193	0. 0696	0. 0019	256	95	407	13	434	12
180315-6-56	17	137	183	0. 75	0. 0524	0. 0022	0. 5170	0. 0217	0. 0714	0. 0020	302	94	423	15	445	12
180315-6-57	26	196	239	0. 82	0. 0682	0. 0026	1. 0222	0. 0590	0. 1097	0. 0057	876	78	715	30	671	33
180315-6-58	41	436	418	1. 04	0. 0547	0. 0019	0. 5311	0. 0187	0. 0702	0. 0019	467	80	433	12	437	12
180315-6-59	19	145	210	0. 69	0. 0538	0. 0022	0. 5253	0. 0210	0. 0704	0. 0019	365	60	429	14	438	12
180315-6-60	59	418	663	0. 63	0. 0548	0. 0020	0. 5337	0. 0190	0. 0705	0. 0019	406	80	434	13	439	12
180315-6-61	27	82	125	0. 65	0. 0705	0. 0026	1. 6562	0. 0613	0. 1702	0. 0048	943	76	992	23	1013	27
180315-6-62	56	380	628	0. 61	0. 0552	0. 0020	0. 5459	0. 0194	0. 0713	0. 0019	420	79	442	13	444	12
180315-6-63	15	118	157	0. 75	0. 0582	0. 0024	0. 5737	0. 0231	0. 0719	0. 0020	600	93	460	15	447	12
180315-6-64	200	1411	3445	0. 41	0. 0573	0. 0018	0. 3871	0. 0128	0. 0487	0. 0014	502	70	332	9	307	8
180315-6-65	81	415	982	0. 42	0. 0567	0. 0019	0. 5451	0. 0182	0. 0695	0. 0019	480	74	442	12	433	12

续表

分析点号	组成/(mg/g)			Th/U	同位素比值						年龄/Ma					
	Pb	Th	U		$^{207}Pb/^{206}Pb$	1σ	$^{207}Pb/^{235}U$	1σ	$^{206}Pb/^{238}U$	1σ	$^{207}Pb/^{206}Pb$	1σ	$^{207}Pb/^{235}U$	1σ	$^{206}Pb/^{238}U$	1σ
180315-6-66	133	137	225	0. 61	0. 1583	0. 0049	9. 7762	0. 3043	0. 4448	0. 0119	2439	58	2414	29	2372	53
180315-6-67	14	95	143	0. 66	0. 0620	0. 0031	0. 6345	0. 0314	0. 0741	0. 0022	672	107	499	20	461	13
180315-6-68	19	169	208	0. 81	0. 0551	0. 0023	0. 5377	0. 0219	0. 0708	0. 0020	413	94	437	14	441	12
180315-6-69	21	187	221	0. 85	0. 0537	0. 0022	0. 5356	0. 0206	0. 0719	0. 0020	367	95	435	14	447	12
180315-6-70	28	241	315	0. 77	0. 0586	0. 0023	0. 5669	0. 0211	0. 0699	0. 0019	554	79	456	14	435	12
180315-6-71	25	103	150	0. 68	0. 0671	0. 0026	1. 2254	0. 0463	0. 1315	0. 0037	843	80	812	21	796	21
180315-6-72	47	349	531	0. 66	0. 0560	0. 0020	0. 5532	0. 0196	0. 0713	0. 0020	450	81	447	13	444	12
180315-6-73	65	609	660	0. 92	0. 0544	0. 0019	0. 5556	0. 0189	0. 0736	0. 0020	391	78	449	12	458	12
180315-6-74	68	50	123	0. 41	0. 1451	0. 0049	8. 9413	0. 2834	0. 4434	0. 0121	2300	57	2332	29	2366	54
180315-6-75	26	169	104	1. 63	0. 0718	0. 0029	1. 6454	0. 0629	0. 1621	0. 0045	989	80	988	24	969	25
180315-6-76	58	401	779	0. 52	0. 0593	0. 0021	0. 4928	0. 0163	0. 0600	0. 0016	576	78	407	11	376	10
180315-6-77	27	213	278	0. 77	0. 0540	0. 0021	0. 5622	0. 0211	0. 0749	0. 0021	372	87	453	14	466	12
180315-6-78	117	1111	1495	0. 74	0. 0612	0. 0022	0. 5263	0. 0189	0. 0624	0. 0019	656	77	429	13	390	11
180315-6-79	97	202	120	1. 69	0. 1578	0. 0049	10. 8199	0. 3486	0. 4949	0. 0139	2432	47	2508	30	2592	60
180315-6-81	80	938	1007	0. 93	0. 0566	0. 0018	0. 4562	0. 0150	0. 0582	0. 0016	476	40	382	10	365	10
180315-6-82	49	538	507	1. 06	0. 0543	0. 0018	0. 5284	0. 0181	0. 0703	0. 0019	389	78	431	12	438	12
180315-6-83	57	763	519	1. 47	0. 0534	0. 0018	0. 5397	0. 0178	0. 0730	0. 0020	343	42	438	12	454	12
180315-6-84	54	423	607	0. 70	0. 0534	0. 0018	0. 5324	0. 0181	0. 0719	0. 0020	346	44	433	12	448	12
180315-6-85	23	178	191	0. 93	0. 0569	0. 0022	0. 7237	0. 0276	0. 0919	0. 0025	487	51	553	16	567	15
180315-6-86	100	515	1376	0. 37	0. 0535	0. 0017	0. 4753	0. 0157	0. 0641	0. 0018	350	72	395	11	401	11
180315-6-87	26	59	143	0. 41	0. 0706	0. 0026	1. 5071	0. 0550	0. 1544	0. 0044	946	69	933	22	925	25

续表

分析点号	组成/(mg/g)			Th/U	同位素比值						年龄/Ma					
	Pb	Th	U		$^{207}Pb/^{206}Pb$	1σ	$^{207}Pb/^{235}U$	1σ	$^{206}Pb/^{238}U$	1σ	$^{207}Pb/^{206}Pb$	1σ	$^{207}Pb/^{235}U$	1σ	$^{206}Pb/^{238}U$	1σ
180315-6-89	133	236	408	0.58	0.0938	0.0033	3.4047	0.1160	0.2613	0.0074	1506	67	1505	27	1497	38
180315-6-90	39	365	410	0.89	0.0548	0.0020	0.5449	0.0206	0.0717	0.0021	406	83	442	14	446	13
180315-6-91	10	61	110	0.55	0.0549	0.0026	0.5563	0.0262	0.0734	0.0022	409	112	449	17	456	13
180315-6-92	17	143	189	0.76	0.0580	0.0023	0.5672	0.0229	0.0706	0.0021	532	87	456	15	440	12
180315-6-93	17	164	190	0.87	0.0557	0.0025	0.5255	0.0235	0.0686	0.0020	443	97	429	16	428	12
180315-6-94	28	222	330	0.67	0.0519	0.0021	0.4888	0.0198	0.0678	0.0019	283	91	404	14	423	12
180315-6-95	139	115	209	0.55	0.1719	0.0054	12.2607	0.3960	0.5136	0.0143	2576	52	2625	30	2672	61
180315-6-96	247	65	459	0.14	0.1577	0.0050	10.0869	0.3263	0.4611	0.0129	2431	54	2443	30	2444	57
180315-6-97	12	86	130	0.67	0.0634	0.0026	0.6308	0.0253	0.0723	0.0021	724	89	497	16	450	12
180315-6-98	41	439	439	1.00	0.0544	0.0020	0.5362	0.0191	0.0712	0.0020	391	86	436	13	444	12
180315-6-99	61	631	794	0.79	0.0559	0.0020	0.4727	0.0168	0.0609	0.0017	450	78	393	12	381	10

附表 27　华北陆块南部焦作红砂岭地区本溪组粉砂岩（180324-1）碎屑锆石 U-Pb 同位素数据

分析点号	组成/(mg/g)			Th/U	同位素比值						年龄/Ma					
	Pb	Th	U		$^{207}Pb/^{206}Pb$	1σ	$^{207}Pb/^{235}U$	1σ	$^{206}Pb/^{238}U$	1σ	$^{207}Pb/^{206}Pb$	1σ	$^{207}Pb/^{235}U$	1σ	$^{206}Pb/^{238}U$	1σ
180324-1-01					0.0546	0.0061	0.4522	0.0485	0.0600	0.0019	397	255	379	34	376	11
180324-1-02					0.0768	0.0026	1.9954	0.0642	0.1880	0.0050	1115	29	1114	22	1111	27
180324-1-03					0.0746	0.0026	1.7000	0.0598	0.1644	0.0046	1059	32	1009	22	981	25
180324-1-04					0.0699	0.0026	1.5574	0.0515	0.1613	0.0044	926	31	953	20	964	24
180324-1-05					0.1097	0.0039	5.0982	0.1747	0.3348	0.0093	1795	28	1836	29	1862	45
180324-1-06					0.0796	0.0025	2.2959	0.0725	0.2080	0.0056	1188	28	1211	22	1218	30

续表

分析点号	组成/(mg/g)			Th/U	同位素比值						年龄/Ma					
	Pb	Th	U		$^{207}Pb/^{206}Pb$	1σ	$^{207}Pb/^{235}U$	1σ	$^{206}Pb/^{238}U$	1σ	$^{207}Pb/^{206}Pb$	1σ	$^{207}Pb/^{235}U$	1σ	$^{206}Pb/^{238}U$	1σ
180324-1-07					0.0810	0.0042	2.1183	0.0923	0.1898	0.0054	1221	105	1155	30	1120	29
180324-1-08					0.0574	0.0020	0.5473	0.0187	0.0689	0.0019	506	34	443	12	429	11
180324-1-09					0.0731	0.0024	1.5944	0.0529	0.1577	0.0044	1015	30	968	21	944	25
180324-1-10					0.0595	0.0026	0.5647	0.0242	0.0686	0.0020	585	47	455	16	428	12
180324-1-11					0.0953	0.0088	3.1356	0.2725	0.2386	0.0077	1534	181	1441	67	1379	40
180324-1-12					0.0553	0.0051	0.4328	0.0381	0.0568	0.0017	424	213	365	27	356	10
180324-1-13					0.0559	0.0023	0.5508	0.0211	0.0714	0.0020	447	41	446	14	444	12
180324-1-15					0.0772	0.0024	1.6400	0.0514	0.1529	0.0041	1127	28	986	20	917	23
180324-1-17					0.0773	0.0025	2.1290	0.0678	0.1984	0.0053	1130	29	1158	22	1167	29
180324-1-18					0.0612	0.0022	0.5623	0.0195	0.0663	0.0018	647	35	453	13	414	11
180324-1-19					0.0528	0.0053	0.3977	0.0374	0.0546	0.0019	322	229	340	27	343	11
180324-1-20					0.0595	0.0025	0.5392	0.0197	0.0660	0.0020	587	36	438	13	412	12
180324-1-21					0.0900	0.0030	3.0094	0.0988	0.2415	0.0065	1426	28	1410	25	1395	34
180324-1-22					0.0890	0.0029	2.9012	0.0955	0.2354	0.0065	1404	28	1382	25	1363	34
180324-1-24					0.0527	0.0020	0.3870	0.0143	0.0529	0.0014	316	40	332	10	333	9
180324-1-27					0.0747	0.0026	1.7660	0.0623	0.1710	0.0047	1059	33	1033	23	1018	26
180324-1-28					0.0781	0.0029	2.1648	0.0736	0.2004	0.0054	1149	31	1170	24	1177	29
180324-1-29					0.0568	0.0026	0.5969	0.0268	0.0764	0.0022	482	52	475	17	474	13
180324-1-30					0.0604	0.0049	0.4651	0.0349	0.0558	0.0016	619	179	388	24	350	10
180324-1-31					0.0913	0.0033	3.2734	0.1174	0.2586	0.0070	1453	32	1475	28	1483	36
180324-1-32					0.0620	0.0023	0.5921	0.0213	0.0692	0.0019	674	36	472	14	431	12

续表

分析点号	组成/(mg/g)			Th/U	同位素比值						年龄/Ma					
	Pb	Th	U		$^{207}Pb/^{206}Pb$	1σ	$^{207}Pb/^{235}U$	1σ	$^{206}Pb/^{238}U$	1σ	$^{207}Pb/^{206}Pb$	1σ	$^{207}Pb/^{235}U$	1σ	$^{206}Pb/^{238}U$	1σ
180324-1-33					0. 0605	0. 0056	0. 5372	0. 0470	0. 0644	0. 0018	622	206	437	31	402	11
180324-1-34					0. 0724	0. 0028	1. 5782	0. 0610	0. 1578	0. 0044	996	38	962	24	944	24
180324-1-35					0. 1048	0. 0034	4. 3596	0. 1388	0. 3003	0. 0080	1711	26	1705	26	1693	39
180324-1-36					0. 0622	0. 0028	0. 6163	0. 0247	0. 0719	0. 0019	680	43	487	16	448	12
180324-1-37					0. 0708	0. 0026	1. 5599	0. 0542	0. 1594	0. 0043	950	33	954	22	953	24
180324-1-38					0. 1030	0. 0032	3. 6183	0. 1115	0. 2536	0. 0068	1679	25	1554	25	1457	35
180324-1-39					0. 0630	0. 0024	0. 7931	0. 0294	0. 0911	0. 0025	708	37	593	17	562	15
180324-1-40					0. 0552	0. 0022	0. 5448	0. 0212	0. 0715	0. 0019	419	43	442	14	445	12
180324-1-41					0. 0775	0. 0029	2. 1191	0. 0764	0. 1979	0. 0054	1134	34	1155	25	1164	29
180324-1-42					0. 1041	0. 0033	4. 4465	0. 1392	0. 3084	0. 0083	1699	26	1721	26	1733	41
180324-1-43					0. 0534	0. 0051	0. 4488	0. 0404	0. 0610	0. 0018	345	217	376	28	382	11
180324-1-44					0. 0574	0. 0019	0. 5574	0. 0184	0. 0702	0. 0019	509	33	450	12	437	12
180324-1-45					0. 0663	0. 0026	1. 1941	0. 0452	0. 1304	0. 0035	816	38	798	21	790	20
180324-1-46					0. 0690	0. 0024	1. 6761	0. 0578	0. 1755	0. 0049	899	32	1000	22	1043	27
180324-1-47					0. 0933	0. 0030	3. 4304	0. 1102	0. 2654	0. 0072	1493	27	1511	25	1517	37
180324-1-48					0. 0553	0. 0020	0. 5564	0. 0195	0. 0726	0. 0020	424	36	449	13	452	12
180324-1-49					0. 0748	0. 0027	2. 1008	0. 0741	0. 2027	0. 0056	1063	33	1149	24	1190	30
180324-1-50					0. 0748	0. 0031	1. 8906	0. 0758	0. 1830	0. 0052	1063	39	1078	27	1084	28
180324-1-52					0. 0533	0. 0055	0. 4627	0. 0456	0. 0629	0. 0020	343	236	386	32	393	12
180324-1-53					0. 0525	0. 0027	0. 6324	0. 0312	0. 0854	0. 0024	308	62	498	19	528	14
180324-1-54					0. 0698	0. 0025	1. 6064	0. 0557	0. 1666	0. 0045	923	33	973	22	993	25

续表

分析点号	组成/(mg/g)			Th/U	同位素比值						年龄/Ma					
	Pb	Th	U		$^{207}Pb/^{206}Pb$	1σ	$^{207}Pb/^{235}U$	1σ	$^{206}Pb/^{238}U$	1σ	$^{207}Pb/^{206}Pb$	1σ	$^{207}Pb/^{235}U$	1σ	$^{206}Pb/^{238}U$	1σ
180324-1-55					0. 0584	0. 0023	0. 7297	0. 0290	0. 0908	0. 0027	543	41	556	17	560	16
180324-1-56					0. 0754	0. 0025	1. 9863	0. 0645	0. 1905	0. 0051	1078	29	1111	22	1124	28
180324-1-57					0. 0550	0. 0019	0. 5372	0. 0193	0. 0707	0. 0019	410	38	437	13	440	12
180324-1-58					0. 0554	0. 0021	0. 5532	0. 0204	0. 0724	0. 0020	430	39	447	13	450	12
180324-1-59					0. 0584	0. 0020	0. 6639	0. 0236	0. 0822	0. 0023	546	36	517	14	509	14
180324-1-60					0. 0525	0. 0055	0. 3812	0. 0379	0. 0527	0. 0016	307	238	328	28	331	10
180324-1-61					0. 0947	0. 0031	3. 4179	0. 1129	0. 2614	0. 0071	1521	28	1509	26	1497	36
180324-1-62					0. 0561	0. 0022	0. 5359	0. 0209	0. 0693	0. 0019	456	42	436	14	432	12
180324-1-63					0. 0790	0. 0028	1. 8669	0. 0683	0. 1714	0. 0049	1172	33	1069	24	1020	27
180324-1-64					0. 1206	0. 0037	5. 7516	0. 1800	0. 3452	0. 0092	1964	25	1939	27	1912	44
180324-1-65					0. 0575	0. 0019	0. 5641	0. 0191	0. 0711	0. 0019	510	34	454	12	443	12
180324-1-67					0. 0807	0. 0026	1. 7611	0. 0576	0. 1580	0. 0043	1213	29	1031	21	946	24
180324-1-68					0. 0530	0. 0048	0. 4576	0. 0383	0. 0626	0. 0020	331	205	383	27	391	12
180324-1-70					0. 0709	0. 0027	1. 6403	0. 0615	0. 1681	0. 0047	953	36	986	24	1002	26
180324-1-72					0. 2722	0. 0090	25. 6834	0. 8688	0. 6818	0. 0186	3319	24	3335	33	3351	71
180324-1-73					0. 0728	0. 0027	1. 6580	0. 0618	0. 1650	0. 0046	1008	36	993	24	984	25
180324-1-74					0. 0573	0. 0019	0. 5742	0. 0193	0. 0725	0. 0020	502	34	461	12	451	12
180324-1-75					0. 0557	0. 0023	0. 5309	0. 0214	0. 0693	0. 0020	441	44	432	14	432	12
180324-1-76					0. 0574	0. 0021	0. 5664	0. 0209	0. 0714	0. 0020	506	39	456	14	444	12
180324-1-77					0. 1549	0. 0050	9. 6422	0. 3154	0. 4502	0. 0123	2400	25	2401	30	2396	55
180324-1-78					0. 0722	0. 0025	1. 6064	0. 0537	0. 1612	0. 0044	992	31	973	21	963	24

续表

分析点号	组成/(mg/g)			Th/U	同位素比值						年龄/Ma					
	Pb	Th	U		$^{207}Pb/^{206}Pb$	1σ	$^{207}Pb/^{235}U$	1σ	$^{206}Pb/^{238}U$	1σ	$^{207}Pb/^{206}Pb$	1σ	$^{207}Pb/^{235}U$	1σ	$^{206}Pb/^{238}U$	1σ
180324-1-79					0. 0554	0. 0025	0. 5451	0. 0239	0. 0719	0. 0020	427	51	442	16	447	12
180324-1-80					0. 0761	0. 0025	1. 9099	0. 0625	0. 1813	0. 0048	1098	30	1085	22	1074	26
180324-1-81					0. 0543	0. 0050	0. 5484	0. 0474	0. 0732	0. 0021	385	209	444	31	455	13
180324-1-82					0. 0549	0. 0019	0. 5101	0. 0178	0. 0671	0. 0018	408	36	418	12	419	11
180324-1-83					0. 0614	0. 0020	0. 5466	0. 0179	0. 0644	0. 0017	652	32	443	12	402	11
180324-1-85					0. 0535	0. 0053	0. 4800	0. 0451	0. 0651	0. 0019	349	225	398	31	407	11
180324-1-86					0. 0727	0. 0027	1. 8044	0. 0649	0. 1796	0. 0049	1005	34	1047	23	1065	27
180324-1-87					0. 0566	0. 0020	0. 5342	0. 0185	0. 0681	0. 0018	478	36	435	12	425	11
180324-1-88					0. 0610	0. 0023	0. 5454	0. 0194	0. 0646	0. 0018	639	36	442	13	404	11
180324-1-89					0. 0523	0. 0551	0. 5143	0. 5402	0. 0713	0. 0054	299	1334	421	362	444	33
180324-1-90					0. 0614	0. 0045	0. 9378	0. 0605	0. 1108	0. 0039	653	163	672	32	677	23
180324-1-91					0. 0743	0. 0027	1. 8624	0. 0637	0. 1808	0. 0049	1050	32	1068	23	1071	27
180324-1-92					0. 0565	0. 0022	0. 5481	0. 0198	0. 0702	0. 0019	472	38	444	13	437	11
180324-1-93					0. 0705	0. 0023	1. 6281	0. 0499	0. 1668	0. 0045	942	28	981	19	994	25
180324-1-94					0. 0998	0. 0069	3. 3148	0. 2084	0. 2409	0. 0070	1620	133	1485	49	1392	36
180324-1-95					0. 1463	0. 0045	8. 4599	0. 2660	0. 4158	0. 0114	2304	24	2282	29	2241	52
180324-1-96					0. 0553	0. 0018	0. 5521	0. 0174	0. 0720	0. 0019	424	32	446	11	448	11
180324-1-97					0. 0754	0. 0024	1. 8521	0. 0580	0. 1769	0. 0047	1080	28	1064	21	1050	26
180324-1-98					0. 0746	0. 0024	1. 3303	0. 0435	0. 1288	0. 0038	1058	29	859	19	781	22
180324-1-99					0. 0621	0. 0022	1. 0708	0. 0326	0. 1241	0. 0033	679	29	739	16	754	19

附表 28 华北陆块南部焦作红砂岭地区本溪组砾岩中砾石（180328-1）碎屑锆石 U-Pb 同位素数据

分析点号	组成/(mg/g)			Th/U	同位素比值						年龄/Ma					
	Pb	Th	U		$^{207}Pb/^{206}Pb$	1σ	$^{207}Pb/^{235}U$	1σ	$^{206}Pb/^{238}U$	1σ	$^{207}Pb/^{206}Pb$	1σ	$^{207}Pb/^{235}U$	1σ	$^{206}Pb/^{238}U$	1σ
180328-1-01	52	549	556	0.99	0.0556	0.0019	0.5492	0.0192	0.0715	0.0019	435	78	444	13	445	12
180328-1-02	14	82	164	0.50	0.0545	0.0021	0.5432	0.0215	0.0724	0.0020	391	87	441	14	451	12
180328-1-03	65	558	746	0.75	0.0562	0.0018	0.5441	0.0175	0.0700	0.0019	461	70	441	12	436	11
180328-1-04	75	603	861	0.70	0.0580	0.0018	0.5621	0.0176	0.0701	0.0019	532	69	453	11	437	11
180328-1-05	28	355	272	1.31	0.0568	0.0020	0.5772	0.0204	0.0737	0.0020	483	81	463	13	458	12
180328-1-06	214	190	381	0.50	0.1621	0.0048	9.8524	0.2962	0.4399	0.0118	2480	50	2421	28	2350	53
180328-1-07	58	422	654	0.65	0.0553	0.0018	0.5461	0.0180	0.0716	0.0019	433	74	442	12	446	12
180328-1-08	23	109	103	1.06	0.0735	0.0027	1.6734	0.0610	0.1655	0.0046	1028	75	998	23	987	25
180328-1-09	28	185	317	0.58	0.0561	0.0020	0.5659	0.0207	0.0730	0.0020	457	112	455	13	454	12
180328-1-10	46	51	102	0.50	0.1189	0.0040	5.9442	0.2019	0.3622	0.0102	1940	60	1968	30	1992	48
180328-1-11	12	111	130	0.85	0.0556	0.0025	0.5440	0.0231	0.0714	0.0021	439	128	441	15	445	12
180328-1-12	70	528	817	0.65	0.0555	0.0018	0.5302	0.0173	0.0691	0.0019	432	68	432	11	431	11
180328-1-13	63	634	728	0.87	0.0571	0.0019	0.5456	0.0180	0.0692	0.0019	494	72	442	12	431	11
180328-1-14	68	49	324	0.15	0.0797	0.0025	2.1046	0.0666	0.1911	0.0053	1191	62	1150	22	1127	28
180328-1-15	32	285	337	0.85	0.0551	0.0019	0.5528	0.0188	0.0727	0.0020	417	78	447	12	452	12
180328-1-17	53	408	607	0.67	0.0567	0.0019	0.5528	0.0185	0.0704	0.0019	480	42	447	12	438	12
180328-1-18	74	618	849	0.73	0.0563	0.0018	0.5386	0.0176	0.0692	0.0019	465	105	438	12	431	12
180328-1-19	61	514	684	0.75	0.0566	0.0019	0.5491	0.0180	0.0701	0.0019	476	40	444	12	436	12
180328-1-20	21	153	241	0.63	0.0585	0.0023	0.5696	0.0219	0.0705	0.0020	550	85	458	14	439	12

续表

分析点号	组成/(mg/g)			Th/U	同位素比值						年龄/Ma					
	Pb	Th	U		$^{207}Pb/^{206}Pb$	1σ	$^{207}Pb/^{235}U$	1σ	$^{206}Pb/^{238}U$	1σ	$^{207}Pb/^{206}Pb$	1σ	$^{207}Pb/^{235}U$	1σ	$^{206}Pb/^{238}U$	1σ
180328-1-21	38	236	461	0. 51	0. 0563	0. 0020	0. 5417	0. 0193	0. 0693	0. 0019	465	78	440	13	432	11
180328-1-22	67	147	293	0. 50	0. 0767	0. 0025	2. 0075	0. 0661	0. 1889	0. 0052	1122	60	1118	22	1115	28
180328-1-23	33	66	105	0. 63	0. 0889	0. 0030	3. 0815	0. 1051	0. 2507	0. 0068	1411	33	1428	26	1442	35
180328-1-24	118	201	329	0. 61	0. 0986	0. 0031	3. 9130	0. 1246	0. 2868	0. 0077	1598	59	1616	26	1625	38
180328-1-25	29	117	138	0. 85	0. 0724	0. 0026	1. 6067	0. 0578	0. 1611	0. 0044	996	106	973	23	963	25
180328-1-26	45	404	517	0. 78	0. 0561	0. 0020	0. 5399	0. 0196	0. 0695	0. 0019	454	78	438	13	433	11
180328-1-27	11	85	127	0. 67	0. 0564	0. 0029	0. 5617	0. 0274	0. 0730	0. 0021	478	111	453	18	454	13
180328-1-28	76	171	283	0. 60	0. 0822	0. 0028	2. 4699	0. 0866	0. 2179	0. 0059	1250	68	1263	25	1271	31
180328-1-29	20	259	154	1. 68	0. 0569	0. 0027	0. 6455	0. 0311	0. 0826	0. 0023	487	101	506	19	512	14
180328-1-30	28	63	74	0. 85	0. 0994	0. 0040	3. 9616	0. 1607	0. 2901	0. 0083	1614	74	1626	33	1642	41
180328-1-31	35	60	217	0. 28	0. 0690	0. 0028	1. 3712	0. 0565	0. 1442	0. 0040	898	88	877	24	869	22
180328-1-32	22	175	246	0. 71	0. 0549	0. 0024	0. 5334	0. 0232	0. 0707	0. 0020	409	96	434	15	440	12
180328-1-33	10	65	109	0. 59	0. 0594	0. 0028	0. 6121	0. 0290	0. 0753	0. 0022	589	104	485	18	468	13
180328-1-34	80	599	955	0. 63	0. 0575	0. 0020	0. 5456	0. 0197	0. 0686	0. 0018	522	78	442	13	428	11
180328-1-35	16	121	180	0. 67	0. 0535	0. 0022	0. 5459	0. 0220	0. 0745	0. 0021	350	93	442	14	463	13
180328-1-36	74	770	865	0. 89	0. 0556	0. 0019	0. 5262	0. 0183	0. 0685	0. 0018	435	71	429	12	427	11
180328-1-37	24	222	261	0. 85	0. 0549	0. 0022	0. 5315	0. 0213	0. 0702	0. 0019	406	86	433	14	437	12
180328-1-38	48	482	516	0. 94	0. 0553	0. 0019	0. 5333	0. 0186	0. 0703	0. 0022	433	78	434	12	438	13
180328-1-39	21	166	233	0. 71	0. 0545	0. 0022	0. 5381	0. 0216	0. 0714	0. 0020	391	89	437	14	444	12

续表

分析点号	组成/(mg/g)			Th/U	同位素比值						年龄/Ma					
	Pb	Th	U		$^{207}Pb/^{206}Pb$	1σ	$^{207}Pb/^{235}U$	1σ	$^{206}Pb/^{238}U$	1σ	$^{207}Pb/^{206}Pb$	1σ	$^{207}Pb/^{235}U$	1σ	$^{206}Pb/^{238}U$	1σ
180328-1-40	20	137	245	0. 56	0. 0551	0. 0023	0. 5282	0. 0212	0. 0697	0. 0019	417	93	431	14	434	12
180328-1-41	18	142	208	0. 68	0. 0578	0. 0025	0. 5535	0. 0232	0. 0697	0. 0020	520	96	447	15	434	12
180328-1-42	14	121	157	0. 78	0. 0522	0. 0024	0. 5075	0. 0225	0. 0711	0. 0021	295	106	417	15	443	12
180328-1-43	30	199	355	0. 56	0. 0572	0. 0022	0. 5572	0. 0214	0. 0706	0. 0020	498	88	450	14	440	12
180328-1-44	17	63	146	0. 43	0. 0624	0. 0024	0. 8690	0. 0322	0. 1013	0. 0028	687	81	635	18	622	17
180328-1-45	81	754	923	0. 82	0. 0569	0. 0018	0. 5608	0. 0190	0. 0711	0. 0020	487	77	452	12	443	12
180328-1-46	131	1195	1846	0. 65	0. 0584	0. 0018	0. 4818	0. 0156	0. 0595	0. 0016	546	67	399	11	373	10
180328-1-47	62	42	321	0. 13	0. 0743	0. 0024	1. 9625	0. 0666	0. 1922	0. 0061	1050	67	1103	23	1134	33
180328-1-48	107	566	1423	0. 40	0. 0560	0. 0018	0. 5108	0. 0163	0. 0660	0. 0018	450	66	419	11	412	11
180328-1-49	14	119	161	0. 74	0. 0545	0. 0024	0. 5421	0. 0237	0. 0722	0. 0020	391	94	440	16	449	12
180328-1-50	8	60	84	0. 71	0. 0563	0. 0032	0. 5784	0. 0317	0. 0755	0. 0023	465	119	463	20	469	14
180328-1-51	14	72	110	0. 65	0. 0590	0. 0032	0. 5785	0. 0318	0. 0716	0. 0022	569	120	464	20	446	13
180328-1-52	18	115	172	0. 67	0. 0540	0. 0024	0. 5136	0. 0222	0. 0695	0. 0021	372	66	421	15	433	13
180328-1-53	50	170	562	0. 30	0. 0581	0. 0021	0. 6455	0. 0236	0. 0803	0. 0022	600	80	506	15	498	13
180328-1-54	78	519	1038	0. 50	0. 0565	0. 0019	0. 5108	0. 0172	0. 0654	0. 0018	472	74	419	12	408	11
180328-1-57	40	412	433	0. 95	0. 0538	0. 0021	0. 5261	0. 0201	0. 0706	0. 0019	365	89	429	13	440	12
180328-1-58	77	306	1044	0. 29	0. 0582	0. 0022	0. 5297	0. 0196	0. 0657	0. 0018	600	83	432	13	410	11
180328-1-59	14	104	158	0. 66	0. 0561	0. 0026	0. 5603	0. 0259	0. 0720	0. 0021	454	102	452	17	448	13
180328-1-60	68	559	787	0. 71	0. 0551	0. 0022	0. 5354	0. 0214	0. 0700	0. 0020	417	91	435	14	436	12

续表

分析点号	组成/(mg/g)			Th/U	同位素比值						年龄/Ma					
	Pb	Th	U		$^{207}Pb/^{206}Pb$	1σ	$^{207}Pb/^{235}U$	1σ	$^{206}Pb/^{238}U$	1σ	$^{207}Pb/^{206}Pb$	1σ	$^{207}Pb/^{235}U$	1σ	$^{206}Pb/^{238}U$	1σ
180328-1-61	23	174	247	0. 70	0. 0574	0. 0025	0. 5785	0. 0247	0. 0727	0. 0021	509	101	463	16	453	13
180328-1-62	50	88	250	0. 35	0. 0747	0. 0029	1. 7799	0. 0689	0. 1715	0. 0048	1061	77	1038	25	1020	26
180328-1-63	26	230	275	0. 83	0. 0590	0. 0024	0. 5989	0. 0239	0. 0736	0. 0021	565	89	477	15	458	13
180328-1-64	71	113	354	0. 32	0. 0740	0. 0027	1. 7887	0. 0636	0. 1754	0. 0052	1043	78	1041	23	1042	28
180328-1-65	33	238	390	0. 61	0. 0574	0. 0023	0. 5573	0. 0219	0. 0702	0. 0020	506	87	450	14	437	12
180328-1-67	17	145	202	0. 72	0. 0548	0. 0024	0. 5304	0. 0233	0. 0699	0. 0020	406	96	432	15	436	12
180328-1-68	110	725	1560	0. 46	0. 0571	0. 0019	0. 4761	0. 0165	0. 0602	0. 0017	494	74	395	11	377	10
180328-1-69	13	98	147	0. 67	0. 0588	0. 0027	0. 5728	0. 0271	0. 0709	0. 0021	567	102	460	18	442	13
180328-1-70	19	161	222	0. 73	0. 0579	0. 0025	0. 5561	0. 0240	0. 0700	0. 0021	528	95	449	16	436	13
180328-1-71	66	509	764	0. 67	0. 0573	0. 0020	0. 5550	0. 0204	0. 0701	0. 0020	506	78	448	13	436	12
180328-1-72	71	695	936	0. 74	0. 0591	0. 0021	0. 4946	0. 0177	0. 0607	0. 0017	569	71	408	12	380	10
180328-1-73	47	115	247	0. 47	0. 0705	0. 0024	1. 5575	0. 0536	0. 1603	0. 0044	943	69	953	21	958	25
180328-1-74	127	402	723	0. 56	0. 0709	0. 0022	1. 4314	0. 0465	0. 1462	0. 0040	954	65	902	19	880	23
180328-1-75	94	115	540	0. 21	0. 0718	0. 0023	1. 5606	0. 0506	0. 1573	0. 0043	989	63	955	20	942	24
180328-1-76	20	193	217	0. 89	0. 0582	0. 0025	0. 5562	0. 0229	0. 0697	0. 0019	539	93	449	15	434	12
180328-1-77	45	193	212	0. 91	0. 0721	0. 0025	1. 6025	0. 0551	0. 1614	0. 0044	989	70	971	22	964	24
180328-1-79	26	185	301	0. 61	0. 0572	0. 0022	0. 5621	0. 0220	0. 0714	0. 0020	498	88	453	14	444	12
180328-1-80	103	794	1403	0. 57	0. 0577	0. 0019	0. 4998	0. 0170	0. 0627	0. 0017	520	68	412	12	392	11
180328-1-81	92	71	130	0. 54	0. 2044	0. 0066	15. 2470	0. 5051	0. 5391	0. 0151	2862	52	2831	32	2780	63

续表

分析点号	组成/(mg/g)			Th/U	同位素比值						年龄/Ma					
	Pb	Th	U		$^{207}Pb/^{206}Pb$	1σ	$^{207}Pb/^{235}U$	1σ	$^{206}Pb/^{238}U$	1σ	$^{207}Pb/^{206}Pb$	1σ	$^{207}Pb/^{235}U$	1σ	$^{206}Pb/^{238}U$	1σ
180328-1-82	140	88	623	0. 14	0. 0816	0. 0027	2. 3330	0. 0759	0. 2064	0. 0056	1236	63	1222	23	1209	30
180328-1-83	25	248	279	0. 89	0. 0581	0. 0027	0. 5561	0. 0252	0. 0693	0. 0020	532	102	449	16	432	12
180328-1-84	22	137	246	0. 55	0. 0662	0. 0074	0. 5546	0. 0511	0. 0661	0. 0031	813	235	448	33	413	19
180328-1-85	72	712	779	0. 91	0. 0570	0. 0020	0. 5700	0. 0193	0. 0719	0. 0020	500	76	458	12	447	12
180328-1-86	46	497	452	1. 10	0. 0591	0. 0023	0. 6156	0. 0234	0. 0750	0. 0022	568. 6	83	487	15	466	13
180328-1-87	68	196	325	0. 60	0. 0759	0. 0028	1. 8399	0. 0650	0. 1744	0. 0052	1094	73	1060	23	1036	28
180328-1-88	74	827	798	1. 04	0. 0606	0. 0023	0. 5728	0. 0198	0. 0681	0. 0019	633	81	460	13	425	11
180328-1-89	13	97	152	0. 64	0. 0601	0. 0029	0. 5953	0. 0266	0. 0716	0. 0022	606	106	474	17	446	13
180328-1-90	39	370	436	0. 85	0. 0594	0. 0025	0. 5877	0. 0231	0. 0711	0. 0021	583	93	469	15	443	12
180328-1-91	51	442	593	0. 75	0. 0596	0. 0024	0. 5887	0. 0221	0. 0709	0. 0021	587	87	470	14	441	12
180328-1-92	52	424	615	0. 69	0. 0591	0. 0023	0. 6039	0. 0220	0. 0737	0. 0022	572	85	480	14	458	13
180328-1-93	27	249	299	0. 83	0. 0557	0. 0023	0. 5595	0. 0215	0. 0721	0. 0021	443	91	451	14	449	13
180328-1-95	31	181	373	0. 48	0. 0555	0. 0021	0. 5710	0. 0207	0. 0741	0. 0021	432	88	459	13	461	13
180328-1-96	32	284	350	0. 81	0. 0523	0. 0026	0. 5319	0. 0204	0. 0733	0. 0022	298	110	433	13	456	13
180328-1-97	89	249	308	0. 81	0. 0850	0. 0028	2. 7209	0. 0889	0. 2305	0. 0065	1317	69	1334	24	1337	34
180328-1-98	12	96	140	0. 69	0. 0550	0. 0024	0. 5432	0. 0233	0. 0718	0. 0022	409	98	441	15	447	13

附表 29　华北陆块南部偃龙地区马家沟组灰岩水平溶洞中沉积物（170725-7）碎屑锆石 U-Pb 同位素数据

分析点号	组成/(mg/g)			Th/U	同位素比值						年龄/Ma					
	Pb	Th	U		$^{207}Pb/^{206}Pb$	1σ	$^{207}Pb/^{235}U$	1σ	$^{206}Pb/^{238}U$	1σ	$^{207}Pb/^{206}Pb$	1σ	$^{207}Pb/^{235}U$	1σ	$^{206}Pb/^{238}U$	1σ
170725-7-01	48	605	476	1. 27	0. 0626	0. 0023	0. 6141	0. 0219	0. 0709	0. 0019	694	80	486	14	442	12
170725-7-02	63	814	588	1. 39	0. 0612	0. 0022	0. 6296	0. 0215	0. 0744	0. 0020	656	76	496	13	462	12
170725-7-03	14	178	253	0. 70	0. 0581	0. 0038	0. 3444	0. 0211	0. 0434	0. 0014	532	142	300	16	274	8
170725-7-04	24	95	102	0. 93	0. 0845	0. 0050	2. 0001	0. 1127	0. 1716	0. 0054	1306	115	1116	38	1021	29
170725-7-05	15	109	149	0. 73	0. 0633	0. 0032	0. 6526	0. 0306	0. 0750	0. 0021	717	108	510	19	466	12
170725-7-08	153	239	315	0. 76	0. 1414	0. 0049	7. 2947	0. 2408	0. 3718	0. 0105	2256	61	2148	30	2038	50
170725-7-09	434	265	658	0. 40	0. 1685	0. 0056	12. 1916	0. 3677	0. 5223	0. 0139	2543	56	2619	28	2709	59
170725-7-10	72	447	828	0. 54	0. 0597	0. 0022	0. 5929	0. 0197	0. 0721	0. 0019	594	81	473	13	449	12
170725-7-11	26	179	253	0. 71	0. 0613	0. 0023	0. 6673	0. 0241	0. 0786	0. 0021	650	83	519	15	488	12
170725-7-12	90	1822	527	3. 46	0. 0631	0. 0022	0. 7417	0. 0243	0. 0849	0. 0022	722	72	563	14	525	13
170725-7-17	21	151	203	0. 74	0. 0641	0. 0029	0. 6890	0. 0278	0. 0778	0. 0022	746	92	532	17	483	13
170725-7-18	131	163	453	0. 36	0. 0994	0. 0032	3. 1577	0. 1002	0. 2288	0. 0061	1614	59	1447	24	1328	32
170725-7-19	166	907	1992	0. 46	0. 0555	0. 0018	0. 5408	0. 0177	0. 0703	0. 0019	432	68	439	12	438	12
170725-7-21	208	1086	2687	0. 40	0. 0786	0. 0026	0. 6688	0. 0224	0. 0613	0. 0017	1161	65	520	14	384	10
170725-7-22	23	168	224	0. 75	0. 0609	0. 0024	0. 6366	0. 0239	0. 0759	0. 0021	635	87	500	15	472	12
170725-7-27	26	185	255	0. 72	0. 0640	0. 0027	0. 6679	0. 0262	0. 0758	0. 0021	743	89	519	16	471	12
170725-7-29	167	1122	2232	0. 50	0. 0530	0. 0017	0. 4566	0. 0152	0. 0622	0. 0018	328	72	382	11	389	11
170725-7-34	180	1609	1856	0. 87	0. 0623	0. 0020	0. 7067	0. 0235	0. 0818	0. 0023	683	69	543	14	507	14
170725-7-36	31	122	114	1. 06	0. 0835	0. 0031	2. 2040	0. 0807	0. 1908	0. 0054	1283	72	1182	26	1126	29

续表

分析点号	组成/(mg/g)			Th/U	同位素比值						年龄/Ma					
	Pb	Th	U		$^{207}Pb/^{206}Pb$	1σ	$^{207}Pb/^{235}U$	1σ	$^{206}Pb/^{238}U$	1σ	$^{207}Pb/^{206}Pb$	1σ	$^{207}Pb/^{235}U$	1σ	$^{206}Pb/^{238}U$	1σ
170725-7-38	215	2773	3735	0. 74	0. 0580	0. 0021	0. 3629	0. 0127	0. 0451	0. 0013	532	80	314	9	284	8
170725-7-39	266	1049	1817	0. 58	0. 0703	0. 0025	1. 1967	0. 0438	0. 1225	0. 0036	939	72	799	20	745	21
170725-7-40	31	132	229	0. 57	0. 0664	0. 0028	0. 9590	0. 0421	0. 1039	0. 0033	820	87	683	22	637	20
170725-7-42	44	253	487	0. 52	0. 0598	0. 0023	0. 6069	0. 0234	0. 0732	0. 0020	594	84	482	15	455	12
170725-7-43	24	166	188	0. 88	0. 1155	0. 0057	1. 3105	0. 0657	0. 0815	0. 0023	1887	89	850	29	505	14
170725-7-44	12	74	121	0. 61	0. 0642	0. 0029	0. 6874	0. 0308	0. 0775	0. 0022	750	96	531	19	481	13
170725-7-45	28	242	277	0. 87	0. 0620	0. 0024	0. 6208	0. 0255	0. 0721	0. 0020	676	90	490	16	449	12
170725-7-46	39	303	400	0. 76	0. 0586	0. 0021	0. 6023	0. 0210	0. 0742	0. 0020	550	78	479	13	461	12
170725-7-47	50	544	477	1. 14	0. 0578	0. 0020	0. 5974	0. 0204	0. 0748	0. 0020	520	78	476	13	465	12
170725-7-48	39	259	384	0. 68	0. 0607	0. 0025	0. 6660	0. 0268	0. 0793	0. 0022	628	92	518	16	492	13
170725-7-52	45	199	437	0. 46	0. 0571	0. 0020	0. 6729	0. 0229	0. 0854	0. 0023	494	76	522	14	528	14
170725-7-53	145	1227	1917	0. 64	0. 0596	0. 0019	0. 5318	0. 0181	0. 0646	0. 0020	587	69	433	12	404	12
170725-7-55	31	277	299	0. 93	0. 0629	0. 0025	0. 6575	0. 0259	0. 0758	0. 0021	706	83	513	16	471	13
170725-7-56	196	1459	3107	0. 47	0. 0572	0. 0019	0. 4103	0. 0135	0. 0520	0. 0014	498	68	349	10	326	9
170725-7-57	70	194	291	0. 67	0. 0749	0. 0025	1. 9461	0. 0637	0. 1884	0. 0052	1066	67	1097	22	1112	28
170725-7-60	24	191	238	0. 80	0. 0638	0. 0027	0. 6475	0. 0257	0. 0738	0. 0021	744	89	507	16	459	12
170725-7-63	136	501	781	0. 64	0. 0712	0. 0026	1. 3266	0. 0450	0. 1346	0. 0037	965	76	857	20	814	21
170725-7-64	47	477	434	1. 10	0. 0606	0. 0024	0. 6318	0. 0239	0. 0756	0. 0021	628	92	497	15	470	13
170725-7-66	204	1461	3133	0. 47	0. 0595	0. 0020	0. 4394	0. 0146	0. 0533	0. 0015	583	74	370	10	335	9

续表

分析点号	组成/(mg/g)			Th/U	同位素比值						年龄/Ma					
	Pb	Th	U		$^{207}Pb/^{206}Pb$	1σ	$^{207}Pb/^{235}U$	1σ	$^{206}Pb/^{238}U$	1σ	$^{207}Pb/^{206}Pb$	1σ	$^{207}Pb/^{235}U$	1σ	$^{206}Pb/^{238}U$	1σ
170725-7-67	181	1255	2747	0. 46	0. 0576	0. 0019	0. 4243	0. 0139	0. 0532	0. 0014	522	76	359	10	334	9
170725-7-69	34	252	360	0. 70	0. 0584	0. 0024	0. 5852	0. 0228	0. 0723	0. 0019	546	91	468	15	450	12
170725-7-70	193	103	460	0. 22	0. 1128	0. 0037	5. 4825	0. 1754	0. 3502	0. 0093	1856	60	1898	28	1936	45
170725-7-72	68	398	492	0. 81	0. 0626	0. 0024	0. 8981	0. 0332	0. 1037	0. 0029	694	81	651	18	636	17
170725-7-74	154	425	666	0. 64	0. 0723	0. 0025	1. 8069	0. 0606	0. 1806	0. 0049	994	71	1048	22	1070	27
170725-7-77	31	186	318	0. 58	0. 0561	0. 0020	0. 5988	0. 0215	0. 0770	0. 0021	454	80	476	14	478	13
170725-7-78	214	2295	3993	0. 57	0. 0567	0. 0020	0. 3350	0. 0106	0. 0426	0. 0011	480	50	293	8	269	7
170725-7-81	187	2595	3129	0. 83	0. 0560	0. 0019	0. 3646	0. 0117	0. 0471	0. 0013	450	74	316	9	297	8
170725-7-82	38	461	361	1. 28	0. 0624	0. 0026	0. 6209	0. 0253	0. 0721	0. 0020	687	87	490	16	449	12
170725-7-83	16	113	166	0. 68	0. 0562	0. 0025	0. 5565	0. 0235	0. 0722	0. 0020	457	94	449	15	449	12
170725-7-84	23	97	85	1. 15	0. 0832	0. 0039	2. 0866	0. 0929	0. 1825	0. 0051	1273	87	1144	31	1080	28
170725-7-85	50	297	518	0. 57	0. 0571	0. 0019	0. 6062	0. 0198	0. 0770	0. 0021	494	74	481	13	478	12
170725-7-86	22	241	220	1. 10	0. 0585	0. 0026	0. 5759	0. 0238	0. 0717	0. 0020	546	94	462	15	447	12
170725-7-87	201	2242	3272	0. 69	0. 0536	0. 0016	0. 3852	0. 0128	0. 0520	0. 0015	354	69	331	9	327	9
170725-7-88	192	3162	2662	1. 19	0. 0577	0. 0020	0. 4106	0. 0132	0. 0514	0. 0014	520	78	349	10	323	9

附 图 1

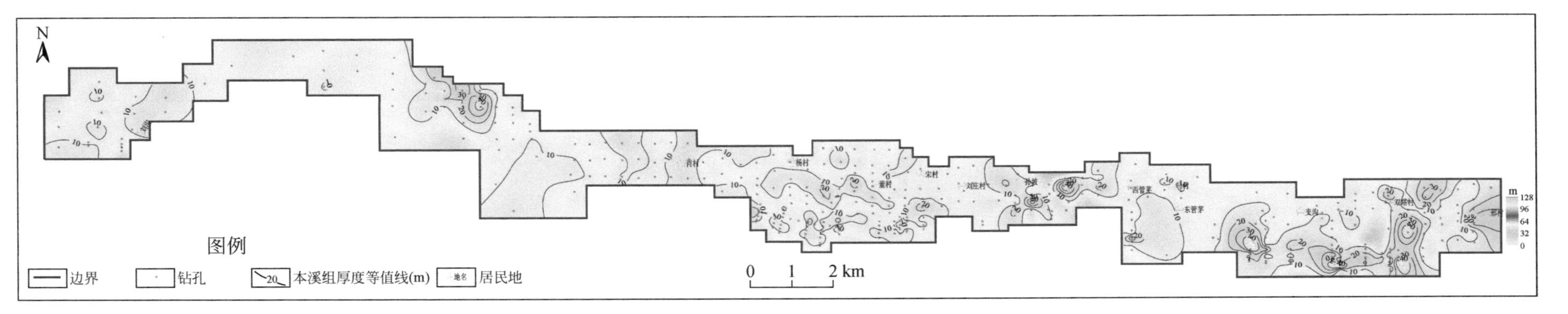

华北陆块南部偃龙地区本溪组含铝岩系厚度等值线图